가스기능사

필기 10일 완성

예문사

PREFACE

머리말

석탄에서 기름, 기름에서 가스로 전환하면서 가스의 사용량이 너무 많아서인지 잊을 만하면 폭발사고가 연례행사처럼 발생하고 있다. 또한 산업현장에서, 가스보일러, 가스냉방 등 그 사용장소가 다양해지면서 가스의 안전관리에 대한 인식은 남녀노소의 구별 없이 반드시 숙지해야만 하는 의무사항이 된 지 오래다.

그래서 최근에는 각종 국가기술자격증 중 가스기사, 가스산업기사, 가스기능사, 가스기능장, 가스기술사에 도전하는 수험생을 주위에서 많이 볼 수 있다. 그중에서도 가장 기본이 되는 것이 가스기능사 자격증이므로 이 자격증 취득을 위해 공부하는 수험생들을 위해 「가스기능사 필기 10일 완성」이라는 책을 기획하여 출간하게 되었다.

본 저자는 이미 과거에도 고압가스기능사, 가스기사, 가스산업기사 등에 관한 기술서적을 저술하였고 최근에는 가스기능장 필기도 저술하여 독자에게 도움이 되고자 하였다. 특히 이번에 선보이는 10일 완성편은 짧은 시간에 누구든지 쉽게 1차 필기시험에 합격이 가능하도록 과년도 기출문제를 위주로 구성하였기에 이 책을 구입하는 독자들께서 알찬 내용의 해설을 숙지하신다면 저자의 노고를 깊이 이해해 주시리라고 믿는다.

끝으로 이 교재가 발간되도록 힘써 주신 도서출판 예문사 정용수 대표님께 감사드리며 편집부 직원 여러분들에게도 감사의 마음을 전한다.

저자 일동

INFORMATION

최신 출제기준

직무분야	안전관리	중직무분야	안전관리	자격종목	가스기능사	적용기간	2025.1.1.~2028.12.31.

○ 직무내용 : 가스 시설의 운용, 유지관리 및 사고예방조치 등의 업무를 수행하는 직무이다.

필기검정방법	객관식	문제수	60	시험시간	1시간

과목명	문제수	주요항목	세부항목	세세항목
가스 법령 활용, 가스사고 예방·관리, 가스시설 유지관리, 가스 특성 활용	60	1. 가스 법령 활용	1. 가스제조 공급·충전	1. 고압가스 특정·일반제조시설 2. 고압가스 공급·충전시설 3. 고압가스 냉동제조시설 4. 액화석유가스 공급·충전시설 5. 도시가스 제조 및 공급시설 6. 도시가스 충전시설 7. 수소 제조 및 충전시설
			2. 가스저장·사용시설	1. 고압가스 저장·사용시설 2. 액화석유가스 저장·사용시설 3. 도시가스 저장·사용시설 4. 수소 저장·사용시설
			3. 고압가스 관련 설비 등의 제조·검사	1. 특정설비 제조 및 검사 2. 가스용품 제조 및 검사 3. 냉동기 제조 및 검사 4. 히트펌프 제조 및 검사 5. 용기 제조 및 검사
			4. 가스판매, 운반·취급	1. 가스 판매시설 2. 가스 운반시설 3. 가스 취급
			5. 가스 관련법 활용	1. 고압가스 안전관리법 활용 2. 액화석유가스의 안전관리 및 사업법 활용 3. 도시가스사업법 활용 4. 수소경제 육성 및 수소 안전관리법률 활용
		2. 가스사고 예방·관리	1. 가스사고 예방·관리 및 조치	1. 사고조사 보고서 작성 2. 사고조사 장비 관리 3. 응급조치
			2. 가스화재·폭발예방	1. 폭발범위·종류 2. 폭발의 피해 영향·방지대책 3. 위험장소 및 방폭구조 4. 위험성 평가
			3. 부식·비파괴 검사	1. 부식의 종류 및 방식 2. 비파괴 검사의 종류

과목명	문제수	주요항목	세부항목	세세항목
가스 법령 활용, 가스사고 예방·관리, 가스시설 유지관리, 가스 특성 활용	60	3. 가스시설 유지관리	1. 가스장치	1. 기화장치 및 정압기 2. 가스장치 요소 및 재료 3. 가스용기 및 저장탱크 4. 압축기 및 펌프 5. 저온장치
			2. 가스설비	1. 고압가스설비 2. 액화석유가스설비 3. 도시가스설비 4. 수소설비
			3. 가스계측기기	1. 온도계 및 압력계측기 2. 액면 및 유량계측기 3. 가스분석기 4. 가스누출검지기 5. 제어기기
		4. 가스 특성 활용	1. 가스의 기초	1. 압력 2. 온도 3. 열량 4. 밀도, 비중 5. 가스의 기초 이론 6. 이상기체의 성질
			2. 가스의 연소	1. 연소현상 2. 연소의 종류와 특성 3. 가스의 종류 및 특성 4. 가스의 시험 및 분석 5. 연소계산
			3. 고압가스 특성 활용	1. 고압가스 특성 및 취급 2. 고압가스의 품질관리·검사기준 적용
			4. 액화석유가스 특성 활용	1. 액화석유가스 특성 및 취급 2. 액화석유가스의 품질관리·검사기준 적용
			5. 도시가스 특성 활용	1. 도시가스 특성 및 취급 2. 도시가스의 품질관리·검사기준 적용
			6. 독성가스 특성 활용	1. 독성가스 특성 및 취급 2. 독성가스 처리

CBT 전면시행에 따른

CBT PREVIEW

수험자 정보 확인

시험장 감독위원이 컴퓨터에 나온 수험자 정보와 신분증이 일치하는지를 확인하는 단계입니다. 수험번호, 성명, 주민등록번호, 응시종목, 좌석번호를 확인합니다.

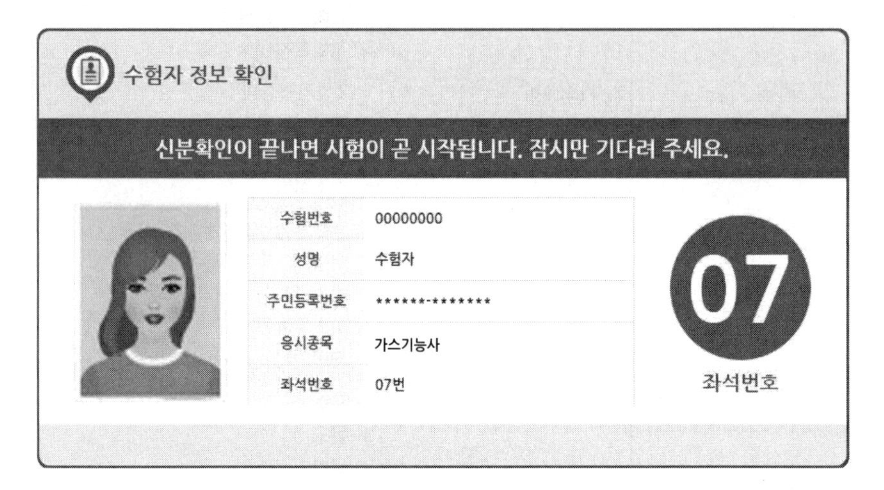

안내사항

시험에 관련된 안내사항이므로 꼼꼼히 읽어보시기 바랍니다.

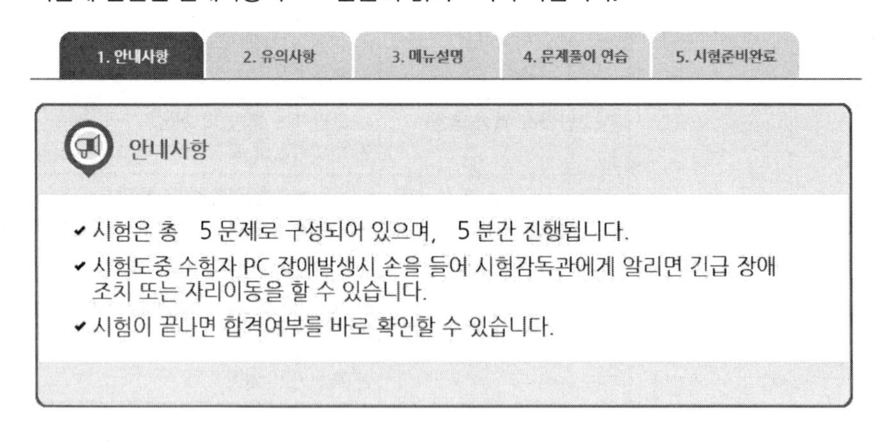

유의사항

부정행위는 절대 안 된다는 점, 잊지 마세요!

유의사항 - [1/3]

- 다음과 같은 부정행위가 발각될 경우 감독관의 지시에 따라 퇴실 조치되고, 시험은 무효로 처리되며, 3년간 국가기술자격검정에 응시할 자격이 정지됩니다.

✔ 시험 중 다른 수험자와 시험에 관련한 대화를 하는 행위
✔ 시험 중에 다른 수험자의 문제 및 답안을 엿보고 답안지를 작성하는 행위
✔ 다른 수험자를 위하여 답안을 알려주거나, 엿보게 하는 행위
✔ 시험 중 시험문제 내용과 관련된 물건을 휴대하여 사용하거나 이를 주고받는 행위

다음 유의사항 보기 ▶

문제풀이 메뉴 설명

문제풀이 메뉴에 대한 주요 설명입니다. CBT에 익숙하지 않다면 꼼꼼한 확인이 필요합니다. (글자크기/화면배치, 전체/안 푼 문제 수 조회, 남은 시간 표시, 답안 표기 영역, 계산기 도구, 페이지 이동, 안 푼 문제 번호 보기/답안 제출)

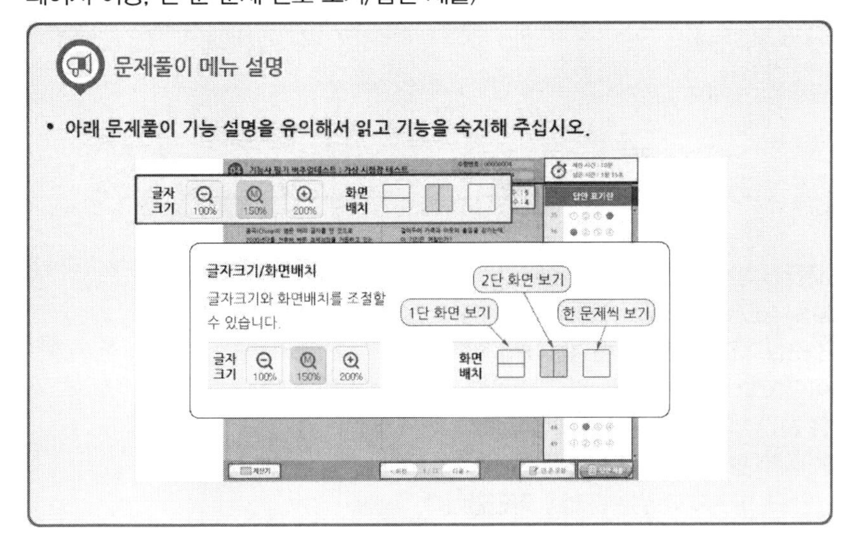

시험준비 완료!

이제 시험에 응시할 준비를 완료합니다.

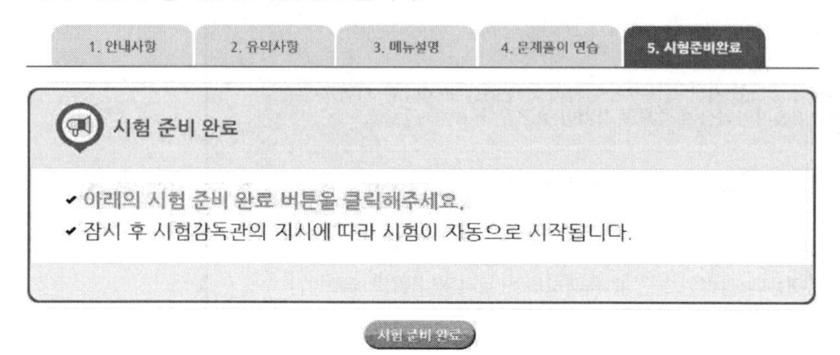

시험화면

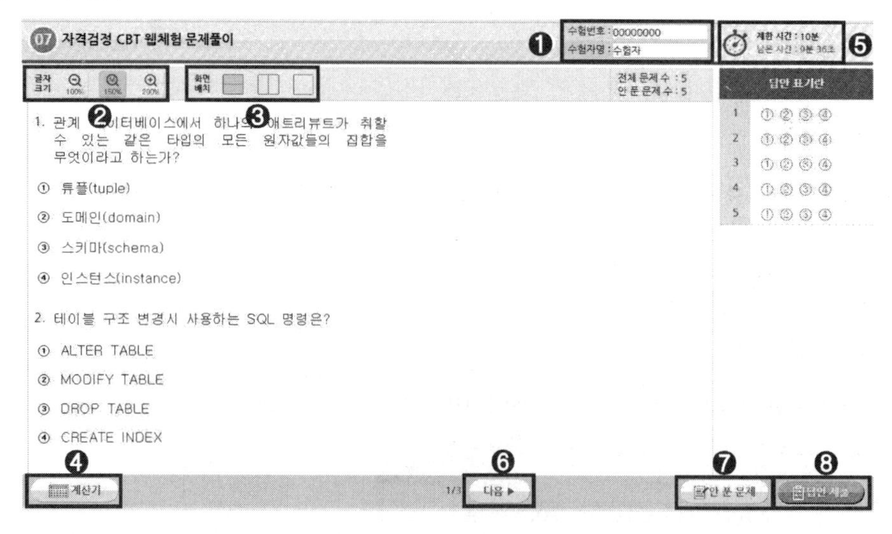

❶ 수험번호, 수험자명 : 본인이 맞는지 확인합니다.
❷ 글자크기 : 100%, 150%, 200%로 조정 가능합니다.
❸ 화면배치 : 2단 구성, 1단 구성으로 변경합니다.
❹ 계산기 : 계산이 필요할 경우 사용합니다.
❺ 제한 시간, 남은 시간 : 시험시간을 표시합니다.
❻ 다음 : 다음 페이지로 넘어갑니다.
❼ 안 푼 문제 : 답안 표기가 되지 않은 문제를 확인합니다.
❽ 답안 제출 : 최종답안을 제출합니다.

답안 제출

문제를 다 푼 후 답안 제출을 클릭하면 위와 같은 메시지가 출력됩니다.
여기서 '예'를 누르면 답안 제출이 완료되며 시험을 마칩니다.

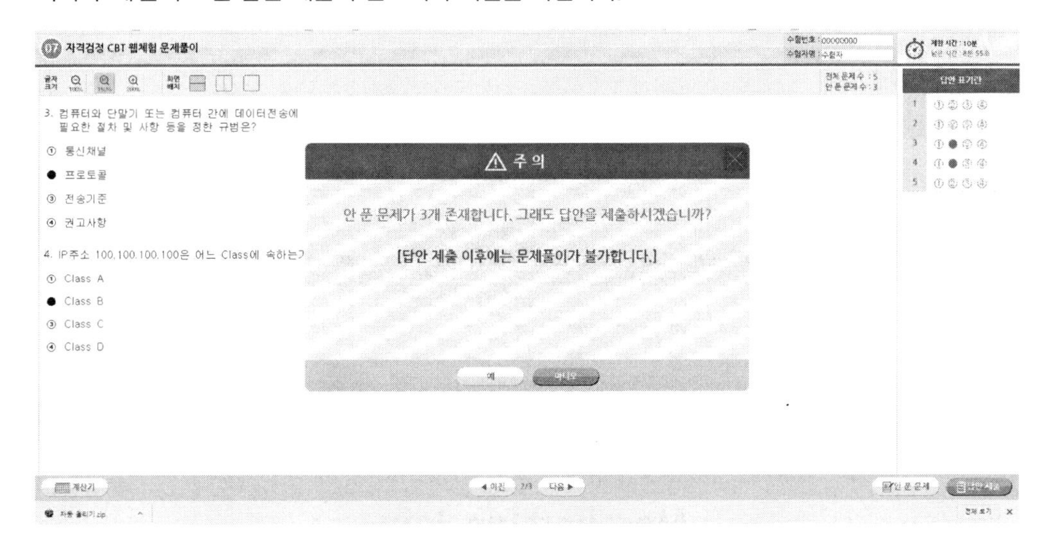

알고 가면 쉬운 CBT 4가지 팁

1. 시험에 집중하자.
기존 시험과 달리 CBT 시험에서는 같은 고사장이라도 각기 다른 시험에 응시할 수 있습니다. 옆 사람은 다른 시험을 응시하고 있으니, 자신의 시험에 집중하면 됩니다.

2. 필요하면 연습지를 요청하자.
응시자의 요청에 한해 시험장에서는 연습지를 제공하고 있습니다. 연습지는 시험이 종료되면 회수되므로 필요에 따라 요청하시기 바랍니다.

3. 이상이 있으면 주저하지 말고 손을 들자.
갑작스럽게 프로그램 문제가 발생할 수 있습니다. 이때는 주저하며 시간을 허비하지 말고, 즉시 손을 들어 감독관에게 문제점을 알려주시기 바랍니다.

4. 제출 전에 한 번 더 확인하자.
시험 종료 이전에는 언제든지 제출할 수 있지만, 한 번 제출하고 나면 수정할 수 없습니다. 맞게 표기하였는지 다시 확인해보시기 바랍니다.

CBT 모의고사 이용 가이드

• 인터넷에서 [예문사]를 검색하여 홈페이지에 접속합니다.
• PC, 휴대폰, 태블릿 등을 이용해 사용이 가능합니다.

STEP 1 회원가입 하기

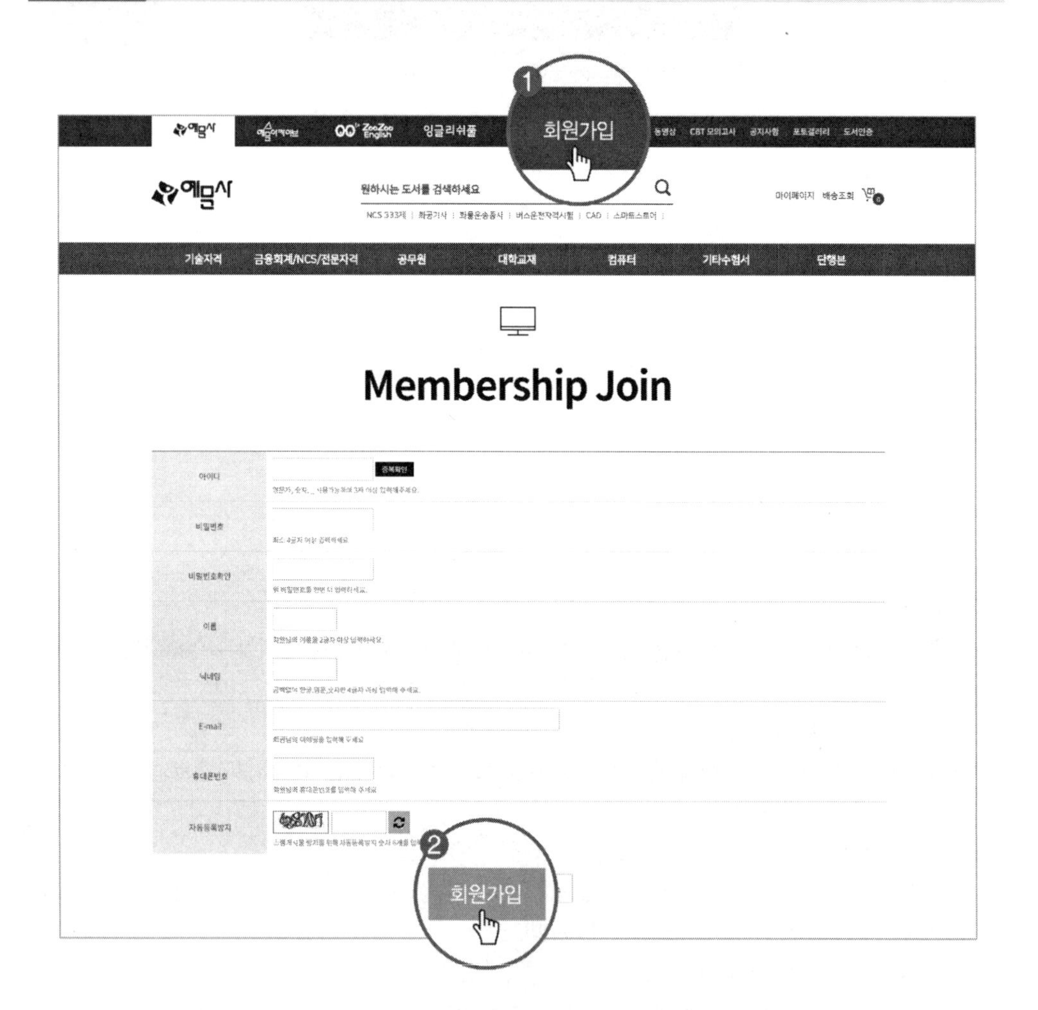

1. 메인 화면 상단의 [회원가입] 버튼을 누르면 가입 화면으로 이동합니다.
2. 입력을 완료하고 아래의 [회원가입] 버튼을 누르면 **인증절차 없이 바로 가입**이 됩니다.

STEP 2 시리얼 번호 확인 및 등록

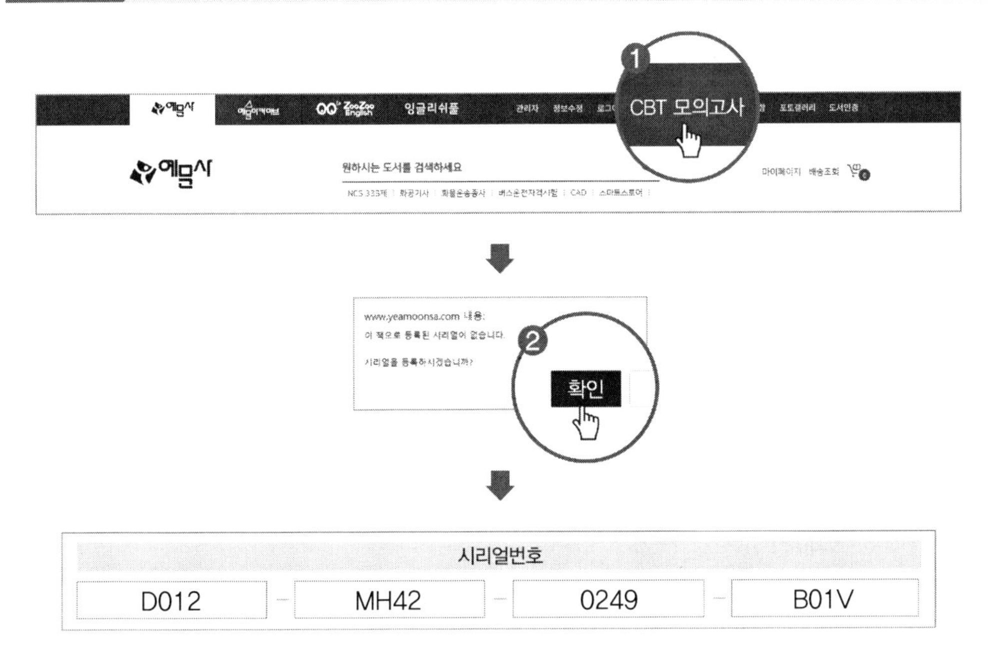

1. 로그인 후 메인 화면 상단의 [CBT 모의고사]를 누른 다음 **수강할 강좌를 선택**합니다.
2. 시리얼 등록 안내 팝업창이 뜨면 [확인]을 누른 뒤 **시리얼 번호를 입력**합니다.

STEP 3 등록 후 사용하기

1. 시리얼 번호 입력 후 [마이페이지]를 클릭합니다.
2. 등록된 CBT 모의고사는 [모의고사]에서 확인할 수 있습니다.

CONTENTS

이책의 차례

제1편 핵심요점 총정리

제2편 과년도 기출문제

CONTENTS

이책의 차례

제3편 CBT 실전모의고사

중요 가연성 가스의 폭발범위 하한치와 상한치

가스명	화학식	폭발범위 하한치 ~ 폭발범위 상한치	가스명	화학식	폭발범위 하한치 ~ 폭발범위 상한치
아세틸렌	C_2H_2	2.5 ~ 81%	메탄	CH_4	5 ~ 15%
산화에틸렌	C_2H_4O	3 ~ 80%	프로판	C_3H_8	2.1 ~ 9.5%
수소	H_2	4 ~ 75%	부탄	C_4H_{10}	1.8 ~ 8.4%
일산화탄소	CO	12.5 ~ 74%	암모니아	NH_3	15 ~ 28%
브롬화메탄	CH_3Br	13.5 ~ 14.5%	에틸렌	C_2H_4	2.7 ~ 36%
시안화수소	HCN	6 ~ 41%	벤젠	C_6H_6	1.3 ~ 7.9%
이황화탄소	CS_2	1.25 ~ 44%	염화메탄	CH_3Cl	8.3 ~ 18.7%
에탄	C_2H_6	3 ~ 12.5%	황화수소	H_2S	4.3 ~ 45%

폭발범위가 넓을수록 위험한 가스이다.
아세틸렌가스의 경우
위험도$(H) = \dfrac{81\% - 2.5\%}{2.5\%} = 31.4$(수치가 클수록 위험하다.)

중요 독성 가스의 허용농도

가스명	화학식	허용농도(ppm)	가스명	화학식	허용농도(ppm)
포스겐	$COCl_2$	0.1	황화수소	H_2S	10
오존	O_3	0.1	시안화수소	HCN	10
불소	F_2	0.1	벤젠	C_6H_6	10
브롬	Br	0.1	브롬화메탄	CH_3Br	20
인화수소	PH_3	0.3	암모니아	NH_3	25
염소	Cl_2	1	일산화질소	NO	25
불화수소	HF	3	산화에틸렌	C_2H_4O	50
염화수소	HCl	5	일산화탄소	CO	50
아황산가스	SO_2	5	염화메탄	CH_3Cl	100

독성 가스의 허용농도가 200ppm 이하인 가스는 독성 가스이며 독성 허용농도가 적은 수치일수록 독성이 많은 가스이다.(예 : 포스겐 가스)

가스기능사 필기 10일 완성

C R A F T S M A N G A S

PART

01

핵심요점 총정리

CHAPTER 01

기초열역학 및 증기

SECTION 01 온도(溫度)

- 온도의 개념은 사람의 지각작용에 의하여 느끼는 감각의 정도라 할 수 있으며 어떤 물체를 만졌을 때 뜨겁다, 차다 하는 감각을 주관적으로 나타내는 것을 말한다.
- 그러나 사람의 감각은 신뢰성이 떨어지며 사람에 따라 느낌이 다소 다르게 나타날 수 있기 때문에 수량적으로 나타낼 수가 없다. 따라서 객관적인 양으로 나타내려면 어떤 계측장치가 반드시 필요하게 되는데, 이것을 위하여 만든 것을 온도계라 한다.
- 따라서 온도측정이란 이 온도계 계측기기의 결과치인 것이다.

1 섭씨온도

스웨덴의 천문학자 셀시우스(Ander Celsius, 1701～1744)가 표준대기압하에서 순수한 물의 빙점을 0℃, 증기점(비등점)을 100℃로 하고 이를 100등분한 한 눈금의 것을 섭씨 1℃로 정한 온도이다.

2 화씨온도

독일의 학자 파렌하이트(Daniel Fahrenheit, 1688～1736)가 물의 빙점을 표준대기압하에서 32°F, 비등점을 212°F로 정하고 이를 180등분하여 화씨 1°F로 정한 눈금으로 미국이나 영국에서 많이 사용하는 온도이다.

참고 섭씨와 화씨의 상관관계식

섭씨 및 화씨를 각각 t℃, t°F라 표시하면

0℃=32°F, 100℃=212°F

$$\frac{t_c}{100} = \frac{(t_F - 32)}{180}$$

즉, $t_c = \frac{5}{9}(t_F - 32)$, $t_F = \frac{9}{5} \times t_c + 32$

3 절대온도

기체는 압력이 일정할 때 온도가 1℃ 상승함에 따라 0℃일 때 체적의 $\frac{1}{273.15}$씩 증가한다.

여기서, $a = \frac{1}{273.15}$을 가스의 열팽창계수라 한다. 이것은 온도가 1℃ 상승할 때마다 0℃때의 압력의 $a = \frac{1}{273.15}$씩 증가하는 것과 같다.

완전가스는 일정한 체적하에서 온도가 1℃씩 감소함에 따라 0℃ 때의 압력의 $\frac{1}{273.15}$씩 감소되어 −273.15℃에 도달하면 기체의 압력이 0이 되어 기체의 분자운동이 정지된다. 따라서 −273.15℃는 최저극한의 온도이며 이것을 온도 정점으로 하고 눈금의 간격을 섭씨와 같은 눈금으로 한 −273.15(−459.67°F)를 절대 0도라 하고 이 온도를 기준으로 나타낸 것이 절대온도이다. 이 온도의 기호는 K(Kelvin)으로 표시하며 화씨의 눈금으로 나타낸 것은 °R(Rankine)으로 표시한다.

참고 절대온도를 K, °R으로 표현하기

$T\text{K} = t℃ + 273.15 \fallingdotseq t℃ + 273$

$T°\text{R} = t°\text{F} + 459.67 \fallingdotseq t°\text{F} + 460$

$\text{K} = \frac{°\text{R}}{1.8}$, $°\text{R} = \text{K} \times 1.8$

0℃ = 273K, 0°F = 460°R

즉, °F = °R − 460, ℃ = K − 273

여기서, K : 켈빈의 절대온도

°R : 랭킨의 절대온도

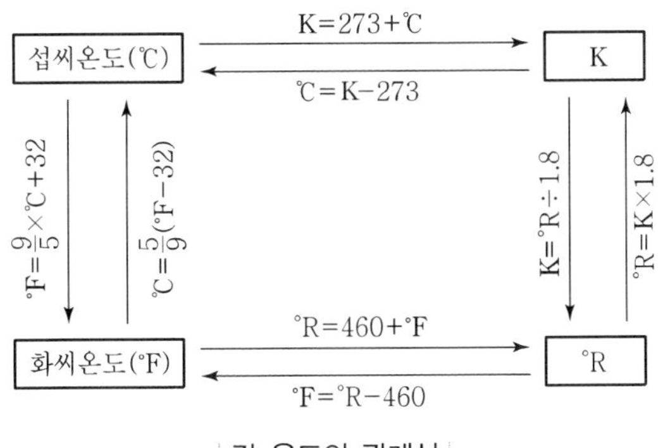

각 온도의 관계식

SECTION 02 열량

- 열은 물질의 분자운동에 의한 에너지의 한 형태이다.
- 분자운동이 활발한 물체는 온도가 높고 분자운동이 완만한 물체는 온도가 낮다.
- 즉, 열은 물체의 온도변화를 변화시키는 원인이 되며 분자의 운동상태를 나타내는 결과가 된다. 이와 같이 같은 물체에서는 열이 많이 들어 있을수록 온도가 높고 열은 온도가 높은 데서 낮은 데로 이동하며, 열의 흐름은 열량이 많고 적은 것에는 관계가 없다.
- 이와 같이 물체가 보유하는 열의 양, 즉 열에너지의 양을 열량이라 한다.

1 열량의 단위

공학에서 일반적으로 사용되는 열량의 단위는 kcal, BTU, CHU(PCU) 등이 있다.

1) **1kcal** : 순수한 물 1kg을 표준대기압하에서 14.5℃에서 15.5℃까지 1℃ 높이는 데 필요한 열량이며 이것을 일명 15℃ kcal($kcal_{15}$)라고도 한다.(MKS 단위계에서는 주로 열량의 단위를 kcal로 사용한다.)
2) **평균 kcal** : 각 온도의 평균치를 나타내는 평균 kcal는 순수한 물 1kg을 표준대기압하에서 0℃로부터 100℃까지 높이는 데 소요된 열량의 $\frac{1}{100}$을 말하며 kcal m로도 표시한다.
3) **1BTU** : 순수한 물 1파운드(lb)를 60°F에서 61°F로 1°F 높이는 데 필요한 열량이다.
4) **1CHU** : 순수한 물 1파운드(0.4536kg)를 14.5℃에서 15.5℃로 1℃ 높이는 데 필요한 열량이다. 또한 1PCU로 표시하기도 한다.

2 단위 환산

1BTU = 0.252kcal = 1054.9J = 0.556CHU

1CHU = 0.4536kcal = 1898.8J = 1.8BTU

1kcal = 3.968BTU = 2.205CHU

$$1\text{BTU} = 0.4536 \times \frac{5}{9} = 0.252\text{kcal}$$

$$1\text{BTU} = 1 \times \frac{5}{9} = 0.5556\text{CHU}$$

1lb = 0.4536kg

SECTION 03 비열과 열용량

- 비열이란 어떤 물질의 단위중량당 열용량으로 공업상으로는 1kg의 중량을 1℃ 높이는 데 필요한 열량이며 그 단위는 kcal/kg ℃이다.
- 1kcal/kg ℃=1BTU/lb ℉=1CHU/lb ℃
- 비열이 큰 물질은 데우기가 어려운 대신 잘 식지 않고, 비열이 작은 물질은 데우기는 쉬우나 금방 냉각된다.

1 기체의 비열

1) 정적비열(등적비열)

기체의 체적을 일정하게 하고 1kg의 온도를 1℃ 높이려 할 때의 비열이며 C_v로 표기한다.

2) 정압비열(등압비열)

기체의 압력이 일정할 때 물질 1kg의 온도를 1℃ 높이는 데 필요한 비열이며 C_p로 표기한다.

2 비열비(K)

비열비란 기체에서 정압비열(C_p)을 정적비열(C_v)로 나눈 값이며 같은 기체라도 항상 정압비열이 정적비열보다 많이 필요하기 때문에 비열비는 언제나 1보다 크다.

즉, $K = \dfrac{C_p}{C_v} > 1$

다만, 고체나 액체에서는 C_p와 C_v의 값의 차이가 거의 없으므로 실용상 구분하여 쓰지 않는다.

참고 주요 가스의 비열비

정압비열은 압력을 일정하게 유지하면서 온도를 상승시키면 체적이 팽창하여야 하기 때문에 분자의 거리가 멀어져서 자체의 충돌열이 부족하여 열량이 많이 필요하며, 정적비열은 체적을 일정하게 한 후 온도를 1℃ 증가시키면 체적증가는 없이 압력이 증가하여 분자 간의 충돌열이 증가하므로 열량이 적게 소비된다. 고로 가스의 정압비열이 같은 기체라도 정적비열보다 열량이 크게 된다.

가스의 종류	비열비	가스의 종류	비열비
공기	1.41	프레온 22	1.183
암모니아	1.313	프레온 12	1.136
염화메틸	1.2		

기체는 비열비와 압축비가 클수록 가스를 압축하면 토출되는 가스의 온도가 높아진다.

3 열용량

열용량이란 어떤 물질의 온도를 1℃ 높이는 데 필요한 열량을 말하며, 그 단위는 kcal/℃로 표시한다.

열용량 = 질량(kg) × 비열(kcal/kg ℃)

SECTION 04 현열과 잠열

1 현열(감열)

1) 어떤 물체에 열을 가할 때 가하는 열에 비례하여 온도가 상승하는 경우와 같이 물체의 온도 상승에 소요되는 열량을 감열 또는 현열이라 한다. 현열의 단위는 kcal/kg이다.
2) 현열에서는 물질의 상태변화가 없이 온도의 변화만 일어난다.

$$Q = G \times C \times \Delta t$$

여기서, Q : 열량(kcal)
G : 물질의 질량(kg)
C : 물질의 비열(kcal/kg ℃)
Δt : 온도차(℃)

2 잠열

1) 액체에 열을 가하면 그 열은 액체의 온도를 상승시키고 일부는 체적팽창을 가져온다.
2) 그러나 액체의 체적변화는 일반적으로 매우 적다. 액체는 일정한 압력하에서 각 물질의 증기점에 달하여 증발이 시작되면 온도 상승은 정지된다. 이때 가열한 열에너지의 일부는 물질의 내부에 저장되고 일부는 체적의 팽창에 소요된다.
3) 일정한 압력하에서 1kg의 액체를 같은 온도, 즉 포화온도의 증기로 만드는 데 필요한 열량을 증발잠열 또는 증발열이라 한다. 잠열하에서는 물체의 온도변화는 없이 상태변화만 일어나고 상태변화 시 소요되는 열이 잠열이다.
4) 물의 증발잠열은 539kcal/kg이며, 얼음의 융해잠열과 물의 응고잠열은 79.68kcal/kg이다.

$$Q = G \times r$$

여기서, Q : 열량(kcal)
G : 물질의 질량(kg)
r : 물질의 잠열(kcal/kg)

3 물질의 삼상태

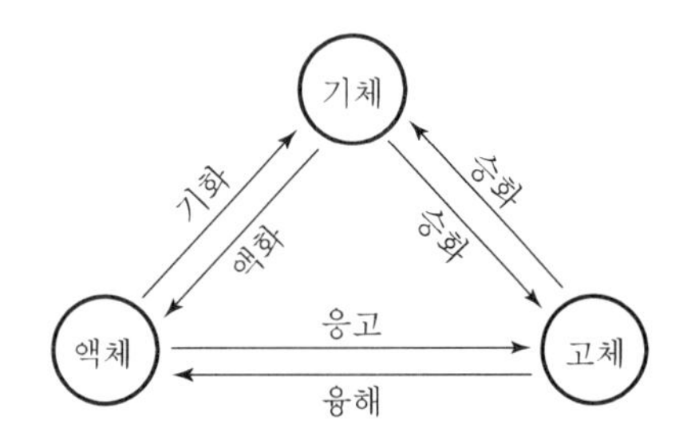

1) **융해열** : 고체에서 액체로 변할 때 필요한 열
2) **응고열** : 액체에서 고체로 변할 때 제거해야 하는 열
3) **증발열(기화열)** : 액체에서 기체로 변화 시 필요한 열
4) **액화열(응축열)** : 기체에서 액체로 변화 시 제거해야 하는 열
5) **승화열** : 고체에서 기체로, 기체에서 고체로 변화 시 필요한 열 또는 제거해야 하는 열

SECTION 05 압력

- 압력이란 단위면적당 작용하는 수직방향력을 말한다.
- 물리학에서는 그 단위로 N/m^2, $dyne/cm^2$, bar 등을 사용하나 열역학에서는 주로 kgf/cm^2을 사용하고 있다.

1 표준대기압

1) 지구중력이 $g=9.80665m/sec^2$이고 0℃에서 수은주 760mmHg로 표시될 때의 압력을 말한다.
2) 이 압력은 1atm으로 쓴다. 기호로는 Aq를 사용하며 mAq, mmAq(mAq의 $\frac{1}{1,000}$) 등으로 표시된다.

   $1atm = 101.325kPa = 760mmHg = 10,332kg/m^2 = 1.0332kg/cm^2 = 10.332mAq$
   $= 10,332mmAq = 14.7psi = 101,325Pa = 101,325N/m^2$

   $1Pa = 1N/m^2 = 10dyne/cm^2 = 10^{-5}bar$
3) 수은주(mmHg)와 수주(mmAq) 등은 미소압력을 나타낼 때 사용된다.

   $$1atm = \frac{1cm^2 \times 76cm \times 13.595g/cm^3}{1cm^2} = 1,033.2g/cm^2a = 1.0332kg/cm^2a$$

• 수은의 밀도 = 13.595g/cm³

• 무게 = 부피 × 밀도

❷ 공학기압

1at = 10,000kg/m² = 1kg/cm² = 735.6mmHg = 10m

Aq = 10,000mmAq = 14.2psi

❸ 계기압력

압력계로 압력을 측정할 때 대기압을 0으로 기준하여 측정한 것을 계기압력이라 한다. 그 기호는 kg/cm²g, atg, atü 등으로 표시한다.

❹ 절대압력

1) 열역학에서 완전진공을 기준으로 하여 측정한 압력을 절대압력이라 하며 그 기호는 kg/cm², abs, ata, at 등으로 표시한다.
2) 계기압력을 P_g, 절대압력을 P_a, 대기압을 P_o라 하면, 이들의 관계식은 다음과 같다.
   • P_a(절대압력) = P_g(계기압력) + P_o(대기압력)
   • P_a(절대압력) = 대기압 − 진공압
   • $P_a = P_g + 1.0332\text{kg/cm}^2$
3) 미국이나 영국에서는 압력의 단위로 psi 또는 lb/in²으로 표시한다.
   1psi = 6,895.0Pa = 0.06895bar = 0.07031kg/cm²
4) 절대압력은 항상 게이지 압력보다 1.0332kg/cm²a만큼 크다.

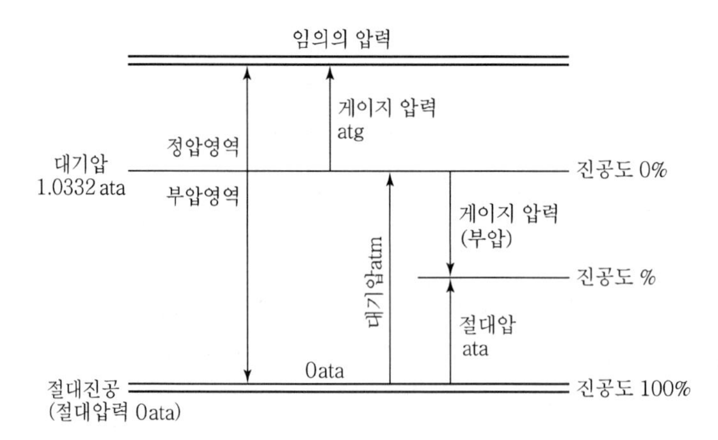

| 압력과의 관계 |

5 진공압력

1) 대기압보다 낮은 압력을 진공이라 하며 진공의 상태는 수은주(mmHgV), 혹은 수주(mmAqV)로 표시된다. 또 진공의 정도를 나타내는 값으로 진공도를 사용한다.
2) 완전진공은 진공도 100이며 표준대기압은 진공도 0이 된다. 즉, 완전진공이란 압력이 전혀 작용하지 않는 상태를 말한다.

참고 진공절대압력을 구하는 식

- cmHgV를 lb/in^2a로 구하려면 $P=14.7\times\left(\frac{76-V}{76}\right)$
- cmHgV를 kg/cm^2a로 구하려면 $P=1.0332\times\left(\frac{76-V}{76}\right)$
- inHgV를 lb/in^2a로 구하려면 $P=14.7\times\left(\frac{30-V}{30}\right)$
- inHgV를 kg/cm^2a로 구하려면 $P=1.0332\times\left(\frac{30-V}{30}\right)$

SECTION 06 일(Work)

1 일의 정의

일이란 어떤 물체에 힘(F)이 작용하여 변위(S)를 일으켰을 때 힘과 힘의 방향에 대한 변위의 곱으로 정의한다. 따라서 힘의 방향과 변위의 방향이 각(θ)을 이루는 경우의 일(W)은 다음과 같다.

$$W=F\cdot S$$

$$W=F\cdot S\cos\theta$$

2 일의 단위

1) 일의 단위는 공학에서는 1kg의 힘에 역행하여 1m를 움직이는 데 필요로 하는 일, 즉 kg · m를 사용하나 미국이나 영국에서는 ft · lb가 사용된다.

1kg · m=7.233ft · lb

2) 일과 열은 본질적으로 서로 전환이 가능하다. 이들 관계는 일정한 수치적 관계를 가지며 줄(Joule)은 실험에 의하여 다음의 값을 정밀하게 구하였다.

$$1\text{kg}\cdot\text{m}=\frac{1}{426.79}\text{kcal}\fallingdotseq\frac{1}{427}\text{kcal}=9.8\text{J}$$

$$1\text{kcal}=426.79\text{kg}\cdot\text{m}\fallingdotseq427\text{kg}\cdot\text{m}$$

SECTION 07 동력

1 동력의 정의

동력이란 단위시간당 행하는 일의 율(率)이며 또한 공률이라고 한다.

2 동력의 단위

동력의 단위는 HP, kW, kg · m/sec, ft · lb/sec, J/sec 등이 사용된다.

1) 동력 단위의 상호관계

① 1HP=76kg · m/s=0.746kW=550ft · lb/sec

② 1PS=75kg · m/s=0.7355kW=542.5ft · lb/sec

③ 1kW=102kg · m/s=1.34HP=1.36PS=1,000J/sec

2) 동력환산표

kW	HP	PS	kg · m/sec	kcal/h
1	1.34	1.36	102	860
0.746	1	1.014	76	642
0.736	0.986	1	75	632

SECTION 08 비체적, 비중량, 밀도

1 비체적

1) 단위질량의 물질이 차지하는 체적을 비체적이라 한다.
2) 단위는 m^3/kg으로 표시한다.
3) 비체적을 v라 하면

$$v = \frac{V}{G}(m^3/kg)$$

여기서, V : 체적(m^3), G : 질량(kg)

2 비중량

1) 단위체적당 물질의 중량을 비중량이라 하며 비체적의 역수이다.
2) 단위는 kgf/m^3으로 표시한다.
3) 비중량을 γ라 하면

$$\gamma = \frac{1}{v} = \frac{G}{V}(kg/m^3)$$

※ 액체, 고체의 비중이란 물리적인 용어로 4℃의 물과 같은 체적의 질량비를 말하며 단위는 무차원 수이다.

3 밀도

1) 단위체적당 물질의 질량을 밀도라 한다.
2) 단위는 kg/m^3 또는 $kg \cdot s^2/m^4$으로 표시한다.
3) 밀도를 ρ라 하면

$$\rho = \frac{\gamma}{g}(kg \cdot s^2/m^4)$$

여기서, γ : 비중량, $g=9.8$

※ 가스의 밀도는 보편적으로 g/L 단위로 표시한다.

SECTION 09 열역학 법칙

1 열역학 제1법칙(에너지 보존의 법칙)

열은 에너지의 한 형태이다. 따라서 열에너지는 다른 에너지로, 또 다른 에너지는 열에너지로 전환할 수 있다. 열역학 제1법칙은 열역학의 기초법칙으로 에너지 보존의 법칙이 성립함을 표시한 것이다.

1) 열은 본질상 에너지의 일종이며 열과 일은 서로 전환이 가능하다. 이때 열과 일 사이에는 일정한 비례관계가 성립된다. 열량의 단위인 kcal와 일의 단위인 kg · m 사이에는 수치적 관계가 성립한다.

2) 기계적 일 W와 열량 Q 사이에는 $Q \rightleftarrows W$, 즉 상호전환성이 있으며 이때 환산계수인 비례상수를 A라 하면

$$Q = AW$$
$$W = \frac{Q}{A} = J \cdot Q$$

여기서, A : 일의 열당량, $J\left(=\frac{1}{A}\right)$: 열의 일당량

① J(열의 일당량)$=426.79$kg · m/kcal$\fallingdotseq 427$kg · m/kcal$=778$ft · lb/BTU

② A(일의 열당량)$=\frac{1}{426.79}$kcal/kg · m$\fallingdotseq\frac{1}{427}$kcal/kg · m$=\frac{1}{778}$BTU/ft · lb

3) 엔탈피

엔탈피란 열역학상의 상태량을 나타내는 중요항 양으로 다음의 식으로 정의한다.

$$h = u + APV(\text{kcal/kg})$$
$$H = U + APV(\text{kcal})$$

여기서, H : 엔탈피(kcal), h : 비엔탈피(kcal/kg)
A : 일의 열당량($\frac{1}{427}$kcal/kg · m)
P : 압력(kg/m^2), V : 비체적(m^3/kg)
U, u : 내부 에너지, APV : 외부 에너지

※ 엔탈피란 보편적으로 어떤 단위중량당의 열량을 말하며 그 단위는 kcal/kg이다.

2 열역학 제2법칙

열을 기계적으로 전환하는 장치, 즉 열기관을 다루는 데는 제1법칙만으로 불충분하다. 따라서 이상의 문제를 해결할 수 있는 어떤 자연의 법칙이 요구된다. 이 법칙이 열역학 제2법칙이다. 열기관이 열

을 일로 바꾸는 과정을 관찰하면 반드시 열을 공급하는 고열원과 열을 방출하는 저열원이 필요하게 된다. 즉, 온도차가 필요하다. 온도차가 없으면 아무리 많은 열량이라도 일로 바꿀 수가 없다.

1) 열과 열의 전환과정에 있어서 열이 열로 바뀌는 것은 자연적 과정이지만 열이 일로 바뀌는 것은 비자연적 과정이며 여기에는 조건이 필요하고 이 조건하에서만 실현이 가능하게 된다. 열역학 제2법칙은 이상에서 말한 바와 같이 열이 일로만 전환이 가능한 근본적인 조건을 명시하고 있다.
2) 어떤 열원으로부터 열원의 온도를 떨어뜨리는 일이 없이 또 외부에 아무런 변화를 일으키지 않고 열을 기계적으로 바꾸는 운동을 상상할 때 이와 같은 운동을 제2종의 영구운동이라고 한다. 그러나 열역학 제2법칙은 제2종의 영구운동이 실제로 존재할 수 없음을 밝혀주는 법칙이다.
3) 제1법칙은 열을 일로 바꿀 수 있고 그 역(逆)도 가능하지만 제2법칙은 그 변화가 일어나는 데 제한이 있음을 말하고 있다. 즉 열이 일로 전환되는 것은 비가역현상임을 나타내고 있는 것이 특징이다.
4) **클라우시우스(Clausius)의 표현**

   열은 그 자신으로는 다른 물체에 아무런 변화를 주지 않고 저온의 물체에서 고온의 물체로 이동하지 않는다.
5) **켈빈-플랑크(Kelvin-Planck)의 표현**

   하나의 열원에서 열을 받고 버리면서 열을 일로 바꿀 수는 없다. 즉 열기관이 동작유체에 의하여 일을 발생시키려면 공급열원보다 더 낮은 열원이 필요하게 된다. 만약 하나의 열원에서 열을 주고받는다면 열을 전부 일로 전환이 가능하다는 결과를 가져오는데 이것은 불가능하다. 따라서 위의 표현은 효율이 100%인 열기관은 제작할 수 없다는 뜻이다.
6) **오스트발트(Ostwald)의 표현**

   제2종 영구운동기관은 존재할 수 없다.
7) **엔트로피**

   현재의 가열량을 dQ, 절대온도를 T라 할 때 dQ와 T의 비를 ds라 하면

   $$ds = \frac{dQ}{T}$$

   $$\therefore \ \Delta s = \int \frac{dQ}{T}$$

   여기서, s로 표시되는 양을 엔트로피라 하며 단위는 1kg당 엔트로피로서 kcal/kg · K이 된다. 엔트로피는 출입하는 열량의 이용가치를 나타내는 양으로 열역학상 중요한 의미를 가진다. 엔트로피는 에너지도 아니고 온도와 같이 감각으로도 알 수 없으며 또한 측정할 수도 없는 물리학상의 상태량이다. 어느 물체에 열을 가하면 엔트로피는 증가하고 냉각하면 감소하는 이상적인 양이다. 단위중량당 엔트로피가 비엔트로피이다.

① 0℃의 물 1kg이 100℃까지 변화하는 동안의 엔트로피 변화량

$$\Delta S_1 = \int_1^2 \frac{C \cdot dT}{T} = C\ln\frac{273+100}{273}$$

$$= 0.312\text{kcal/kg}\cdot\text{K}$$

② 100℃의 물이 100℃의 증기로 변화하는 동안의 엔트로피 변화량

$$\Delta S_2 = \frac{dQ}{T} = \frac{539}{273+100} = 1.445\text{kcal/kg}\cdot\text{K}$$

※ 물의 증발잠열=539kcal/kg

③ 표준대기압하에서 0℃의 물 1kg을 100℃의 건조포화증기가 될 때까지 가열하면 엔트로피 변화량

$$\Delta S_t = \Delta S_1 + \Delta S_2 = 0.312 + 1.445$$

$$= 1.757\text{kcal/kg}\cdot\text{K}$$

④ 0℃의 얼음 1kg이 0℃의 물로 변화하는 동안의 엔트로피 변화량

$$\Delta S_2 = \frac{dQ}{T} = \frac{80}{0+273}$$

$$= 0.293\text{kcal/kg}\cdot\text{K}$$

※ 0℃ 얼음의 융해잠열=80kcal/kg

3 열역학 제3법칙

어떠한 인위적인 방법으로도 어떤 계를 절대 0도(−273℃)에 이르게 할 수 없다는 법칙이다.

4 열역학 제0법칙(열평형의 법칙)

온도차가 있는 물체를 서로 접촉시키면 고온의 물체는 온도가 저하하고 저온의 물체는 온도가 상승하여 결국 두 물체의 온도차가 없어져 열평형이 되며 열의 이동이 중지된다. 이때의 상태를 열평형의 법칙 또는 열역학 제0법칙이라 한다.

SECTION 10 원자 및 분자

1 원자

화학적 방법으로 더 이상 쪼갤 수 없는 입자이다. 물질을 이루는 기본이 된다.

1) **원자의 크기** : 지름 약 10^{-8}cm이다.

2) **원자의 질량** : 10^{-22}~10^{-24} 정도이다.

3) **원자의 구성**

- 원자
  - 원자핵
    - 양성자 : (+)전하를 가진 입자
    - 중성자 : 전기적으로 중성인 입자
  - 전자 : (−)전기를 띤 입자

2 분자

분자는 물질 고유의 특성을 갖는 가장 작은 입자이다. 분자는 몇 개의 원자가 모여서 만들어진다.

1) 물질을 작게 분해하면 분자라는 작은 알갱이가 된다.

2) 같은 물질의 분자는 크기, 모양, 무게가 같다.

3) 분자는 분해되어 원자로 되며 이때 물질의 특성을 잃는다.

4) 모든 물질의 분자 1개 크기는 같다.

5) 분자의 크기는 그 직경이 1Å(1×10^{-8}cm)이다.

참고 분자의 구성

- 1원자 분자 : 아르곤(Ar), 네온(Ne) 등의 불활성 기체
- 2원자 분자 : 산소(O_2), 질소(N_2), 수소(H_2) 등
- 3원자 분자 : 오존(O_3), 수증기(H_2O), 이산화탄소(CO_2) 등
- 4원자 분자 : 암모니아(NH_3), 인화수소(PH_3) 등
- 고분자 : 단백질, 녹말, 고무, 플라스틱 등

※ 같은 원소로 된 분자는 단체라 하며 다른 원소로 이룬 분자는 화합물이 된다.

▼ 중요 원소의 원자량

원소 기호	수소 (H)	헬륨 (He)	탄소 (C)	질소 (N)	산소 (O)	나트륨 (Na)	황 (S)	염소 (Cl)	칼슘 (Ca)	아르곤 (Ar)
원자량	1	4	12	14	16	23	32	35.5	40	40

SECTION 11 증기

1 기체

1) 가스

동작유체로서 내연기관의 연소가스와 같이 액화나 증발현상이 잘 일어나지 않는 상태의 기체

2) 증기

① 증기원동기의 수증기와 냉동기의 냉매와 같이 동작 중 액화 및 기화를 되풀이하는 물질, 즉 액화나 기화가 용이한 동작물질이다.

② 가스는 근사적으로 완전가스로 취급할 수 있으므로 $RV = RT$인 상태식을 만족하나, 증기는 상당한 고온과 저압인 경우를 제외하고는 이와 같은 경우에 간단한 상태식으로 표시할 수 없다.

2 용어의 정의

1) 액체열(감열)

액체(물)에 열을 가하면 가열한 열은 우선 액체의 온도를 상승시키고 일부는 액체의 체적팽창에 따른 일을 한다. 그러나 이 일의 양은 매우 작으므로 가열한 열은 전부 내부 에너지로 저장된다. 이때의 열, 즉 포화상태까지 가열하는 데 소요되는 열량을 액체열이라 한다.

2) 포화온도

액체에 열을 가하면 온도가 상승하고 일정한 압력하에서 어느 온도에 다다르면 액체의 온도상승을 정지하며 증발이 시작된다. 이때 증발온도는 액체의 성질과 액체에 가해지는 압력에 따라 정해지며 이 온도가 포화온도, 이때의 액체가 포화액이다.

3) 포화증기

① 포화온도에서 증발하는 증기가 포화증기이며 포화액과 포화증기의 혼합체가 습포화증기 또는 습증기(Wet Vapour)이다.

② 계속 열을 가하면 모든 액체의 증발이 끝나 액체 전부가 증기가 되는 순간이 존재한다. 이 상태에서 증기의 온도는 포화온도로 일정하며 이때의 증기도 포화증기이나 건도가 1, 즉 $\chi = 1$인 포화증기가 되므로 이를 건포화증기 또는 건증기라 하고, 포화수가 건포화증기로 되는 동안의 소요열량을 증발잠열(증발열)이라 한다.

4) 과열증기

① 건포화증기에 열을 가하면 증기의 온도는 계속 상승하여 포화온도 이상이 된다. 이때의 증기를 과열증기라고 하며 과열증기의 상태는 압력과 온도 여하에 따라 다르다.

② 어떤 상태에서의 과열증기의 온도와 포화온도의 차이를 과열도라 한다. 과열증기의 과열도가 증가함에 따라 증기는 완전가스의 성질에 가까워진다. 압력의 변화는 없고 포화증기에서 온도만 높인 증기이다.

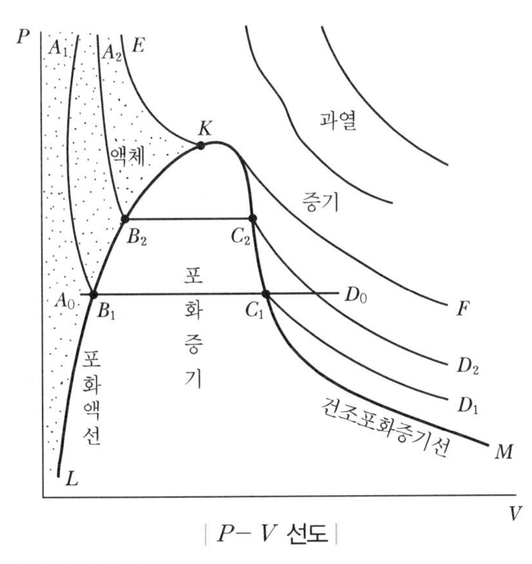

| $P-V$ 선도 |

여기서, B_1 : 포화액의 상태점

C_1 : 건포화증기점

A_0 : 비포화액

D_0 : 과열증기

$A_0 \sim B_1$: 비포화액

$B_1 \sim C_1$: 습증기구역

$C_1 \sim D_0$: 과열증기구역

$A_1B_1C_1D_1$: t_1의 등온선, 이때 $B_1 \sim C_1$구역은 등압선인 동시에 등온선이다.

$A_2B_2C_2D_2$: t_2의 등온선, 이때 먼저보다 높은 압력하의 포화액점은 B_2, 건포화증기점은 C_2이다.

LB_1, B_2K : 포화액선

MC_1C_2K : 건포화증기선

K : 두 포화선이 합쳐지는 임계점

LKM : 임계선, 임계상태(임계온도, 임계압력)에서 액체 및 증기의 비체적은 동일하다.

※ 물의 임계압력은 225.65at, 임계온도는 374.15℃, 임계비체적은 0.00318m³/kg이다.

참고

임계점 이상에서는 액체와 증기의 구분이 불가능하므로 일반적으로 유체라 칭하는 것이 바람직하다. 임계점 이상으로 온도가 높아지면 등온선은 온도 상승에 따라 직각 쌍곡선에 가까워져 $PV=C$인 관계에 접근하여 완전가스의 성질에 가까워진다.

5) 삼중점

증기, 액체, 고체의 3상이 동시에 공존해서 서로 평형을 유지하는 상태이며 이때의 온도와 이에 해당하는 압력에 따라 결정되는 상태점 T가 삼중점이다.

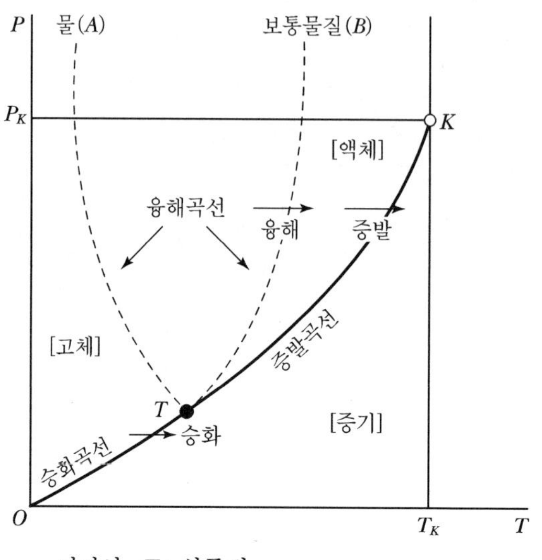

여기서, T : 삼중점
TK : 증발곡선
$T(A) \sim T(B)$: 융해곡선
$O \sim T$: 승화곡선

① 액체와 그때의 증기는 평형을 유지하므로 열을 빼앗아 온도를 내리면 액체가 응고하기 시작하는 온도에 도달한다.

② 삼중점에 도달한 뒤에는 다시 열을 빼앗아도 액체가 모두 응고되기까지는 온도가 내려가지 않는다. 이때의 열을 응고잠열이라 한다.

③ 삼중점 이하의 상태에서는 고체와 증기만이 공존해서 평형을 유지하며 이 상태에서 열을 가하면 고체의 일부는 액체의 상을 거치지 않고 바로 증기로 변하는데, 이와 같은 현상을 승화라고 한다. 이때 승화의 압력은 많은 물질에서 극히 낮다.

3 증기의 교축

증기가 밸브나 오리피스를 통하여 작은 단면을 통과할 때에는 외부에 대해서 일은 하지 않고 압력강하만 일어난다. 이와 같은 과정이 교축과정이며, 유체가 교축되면 유체의 마찰 및 와류 등의 난류현상이 일어나서 압력과 속도가 감소하게 되는데 이 속도에너지의 감소는 열에너지로 바뀌며 이 열은 다시 유체에 회수되므로 엔탈피는 원래의 상태로 복귀된다. 따라서 교축 전후의 엔탈피는 일정하다.

1) 교축과정은 비가역변화이므로 압력이 감소되는 방향으로 일어나는 반면 엔트로피는 항상 증가한다. 습증기를 교축하면 건도가 증가하고 드디어 건도는 1이 되며 건도 1의 증기를 교축하면 과열증기가 된다. 이러한 현상을 이용하여 습포화증기의 건도를 측정하는 계기가 교축열량계이다.
2) 교축의 결과는 유체에 따라 각기 다르다. 완전가스의 경우는 등엔탈피이지만 교축에 의하여 온도 또한 변하지 않는다. 그러나 냉동기에 사용되는 냉매 중 CO_2, NH_3 공기 등은 실제가스라서 교축 후에는 온도가 하강한다. 이런 현상은 줄-톰슨에 의하여 발견되었기 때문에 줄-톰슨 효과라 한다.

4 증기 엔탈피(kcal/kg)

1) 급수 엔탈피

보일러 내로 보급되는 보급수 1kg이 가지는 열량

2) 포화수 엔탈피

보일러동 내부에 있는 포화수 1kg이 가지는 열량

3) 포화증기 엔탈피

포화상태에서 증발하고 있는 증기 1kg이 가지는 열량이며 건조포화증기 엔탈피와 습포화증기 엔탈피가 있다.

4) 과열증기 엔탈피

과열증기 1kg이 가지고 있는 열량

5) 관계식

① 포화수 엔탈피 = 포화증기 엔탈피 − 증발잠열
② 건포화증기 엔탈피 = 포화수 엔탈피 + 증발잠열
③ 습포화증기 엔탈피 = 포화수 엔탈피 + 증발잠열 × 증기의 건조도
④ 증발잠열 = 포화증기 엔탈피 − 포화수 엔탈피
⑤ 과열증기 엔탈피 = 포화증기 엔탈피 + 증기의 비열(과열증기온도 − 포화증기온도)

CHAPTER 02 가스의 상태와 성질 분류

SECTION 01 고압가스의 상태에 따른 분류

1 압축가스

압축가스란 상온에서 용이하게 액화가 되지 않는 공기, 수소, 산소, 질소, 헬륨, 천연가스, 일산화탄소 등의 가스를 용기에 기체로 저장하는 가스이며 특히 비등점이 낮고 임계온도가 낮은 가스 대부분이 압축가스로서 상용온도 또는 35℃에서 10kg/cm^2 이상 되는 가스이다.

2 액화가스

1) 상온에서 가압하면 비교적 쉽게 액화하는 프로판, 부탄, 암모니아, 염소가스 등을 액체로 용기 등에 저장한 가스이다.
2) 상용의 온도 또는 35℃에서 2kg/cm^2 이상의 가스에 해당하나 액화시안화수소, 액화산화에틸렌, 액화브롬화메탄가스 등은 0kg/cm^2 이상의 가스가 액화가스이다.

3 용해가스

1) 불안정하고 반응성이 큰 아세틸렌가스를 안전한 용매에 용해시켜 용기에 저장한 가스이다.
2) 아세틸렌(C_2H_2)가스는 불안정한 화합물로서 가압하거나 가열시키면 분해폭발이 일어나기 때문에 용기 내에 공기구멍이 다수인 다공질 물질을 용기에 채우고 이 다공질물질 내에 용제인 아세톤 [$(CH_3)_2CO$]이나 디메틸포름아미드를 침윤시킨 후 이 용제에 아세틸렌을 용해시켜 저장한 후 사용하며, 아세톤 존재하에서는 155기압하에서도 안정하다. 그리고 아세틸렌 용해가스는 상용온도에서 0kg/cm^2 이상이어야 한다.

참고 고압가스 사용 시의 이점

- 압축가스의 압력이나 팽창을 동력이나 파괴력 등으로 이용한다.
- 액화가스의 증발열을 냉동이나 냉방에 이용한다.
- 가스의 성질과 압력을 화학공업에 이용한다.
- 청량음료수에 이용한다.
- 압력이 높게 압축되었기 때문에 체적이 작아서 수송이나 저장 등의 취급이 용이하다.
- 저온 공업발달에 일조한다.

SECTION 02 고압가스의 성질에 의한 분류

1 가연성 가스

가연성 가스란 공기나 산소 등에서 쉽게 연소가 가능하며 폭발한계의 하한치가 10% 이하이거나 상한과 하한의 차가 20% 이상인 가스이다.

① 아크릴로니트릴 ② 아크릴알데히드 ③ 아세트알데히드 ④ 아세틸렌 ⑤ 암모니아 ⑥ 수소 ⑦ 황화수소 ⑧ 시안화수소 ⑨ 일산화탄소 ⑩ 이황화탄소 ⑪ 메탄 ⑫ 염화메탄 ⑬ 브롬화메탄 ⑭ 에탄 ⑮ 염화에탄 ⑯ 염화비닐 ⑰ 에틸렌 ⑱ 산화에틸렌 ⑲ 프로판 ⑳ 사이크로 프로판 ㉑ 프로필렌 ㉒ 산화프로필렌 ㉓ 부탄 ㉔ 부타디엔 ㉕ 부틸렌 ㉖ 메틸에테르 ㉗ 모노메틸아민 ㉘ 디메틸아민 ㉙ 트리메틸아민 ㉚ 벤젠 ㉛ 에틸아민 ㉜ 에틸벤젠 등의 가스

▼ 상온 상압에서 가연성 가스의 폭발범위

가스명	공기 중		산소 중		가스명	공기 중		산소 중	
	하한	상한	하한	상한		하한	상한	하한	상한
염화비닐(C_2H_3Cl)	4.0	22.0			아세톤[$(CH_3)_2CO$]	3.0	11.0		
황화카보닐(COS)	12.0	29.0			프로필렌(C_3H_6)	2.4	10.3	2.1	53
메틸아민(CH_3NH_2)	4.9	20.7			프로판(C_3H_8)	2.1	9.5	2.5	60
염화메탄(CH_3Cl)	10.7	17.4			벤젠(C_6H_6)	1.4	7.1		
부탄(C_4H_{10})	1.8	8.4			톨루엔(C_7H_8)	1.4	6.7		
펜탄(C_5H_{12})	1.5	7.8			키셀렌(C_8H_{10})	1.0	6.0		
헥산(C_6H_{14})	1.2	7.5			브롬화메탄(CH_3Br)	13.5	14.5		
아세틸렌(C_2H_2)	2.5	81.0	2.5	93	알코올(C_2H_5OH)	4.3	19.0		
산화에틸렌(C_2H_4O)	3.0	80.0			아크릴로니트릴(CH_2CHCN)	3.0	17.0		
수소(H_2)	4.0	75.0	4.0	94	암모니아(NH_3)	15.0	28.0	15.0	79
일산화탄소(CO)	12.5	74.0	12.5	94	디메틸아민[$(CH_3)NH$]	2.8	14.4		
아세트알데히드(CH_3CHO)	4.1	55.0			염화에탄(C_2H_5Cl)	3.8	15.4		
에테르[$(C_2H_5)_2O$]	1.9	48.0			초산비닐($CH_3CO_2C_2H_3$)	2.6	13.4		
이황화탄소(CS_2)	1.2	44.0			피리딘(C_2H_5N)	1.8	12.4		
황화수소(H_2S)	4.3	45.0			이염화에틸렌($C_2H_4Cl_2$)	6.2	16.0		
시안화수소(HCN)	6.0	41.0			트리메틸아민[$(CN_3)_3N$]	2.0	11.6		
에틸렌(C_2H_4)	2.7	36.0	2.7	80	에탄(C_2H_6)	3.0	12.5	3.0	66
메탄올(CH_3OH)	7.3	36.0			메탄(CH_4)	5.0	15.0	5.1	59

2 조연성 가스(지연성 가스)

조연성 가스란 자신은 타지 않고 다른 가스의 연소를 도와주는 가스로서 공기, 산소(O_2), 오존(O_3), 염소(Cl_2), 불소(F_2), 일산화질소(N_2O), 이산화질소(NO_2) 등이 있다.

3 불연성 가스

불연성 가스란 연소가 되지 않으며 또한 조연성이 없는 가스로서 대표적으로 질소(N_2), 이산화탄소(CO_2) 등이 있다.

SECTION 03 고압가스 독성에 의한 분류

1 독성 가스

독성 가스란 공기 중에서 그 허용농도가 200ppm(1ppm은 1백만분의 1에 해당) 이하의 가스이다. 또한 허용농도란 독성 가스를 사용하고 있는 위치나 작업장에서 8시간 기준으로 그 농도에 있어서는 인체에 위해하지 않은 수치에 해당한다.

① 아크릴알데히드 ② 아크릴로니트릴 ③ 아황산가스 ④ 암모니아 ⑤ 일산화탄소 ⑥ 이황화탄소 ⑦ 불소 ⑧ 염소 ⑨ 브롬화메탄 ⑩ 염화메탄 ⑪ 염화프렌 ⑫ 산화에틸렌 ⑬ 시안화수소 ⑭ 황화수소 ⑮ 모노메틸아민 ⑯ 디메틸아민 ⑰ 트리메틸아민 ⑱ 벤젠 ⑲ 포스겐 ⑳ 요오드화수소 ㉑ 브롬화수소 ㉒ 염화수소 ㉓ 불화수소 ㉔ 겨자가스 등의 가스

2 독성이면서 가연성 가스

독성이면서 가연성 가스란 독성의 허용농도가 200ppm 이하에 해당하면서 연소성이 있는 다음과 같은 가스들이다.

① 브롬화메탄 ② 황화수소 ③ 산화에틸렌 ④ 이황화탄소 ⑤ 시안화수소 ⑥ 모노메틸아민 ⑦ 일산화탄소 ⑧ 아크릴로니트릴 ⑨ 암모니아 ⑩ 아크릴알데히드 ⑪ 벤젠 ⑫ 염화메탄 ⑬ 트리메틸아민 ⑭ 디메틸아민

3 비독성 가스

독성이 전혀 없거나 독성의 허용농도가 200ppm을 초과하는 가스들을 총칭하여 비독성 가스라 한다.

① 부탄(C_4H_{10}) ② 헬륨(He) ③ 네온(Ne) ④ 아르곤(Ar) ⑤ 산소(O_2) ⑥ 수소(H_2) ⑦ 메탄(CH_4) 등의 가스

▼ 유독가스 허용한도

가스명	허용한도(ppm)	가스명	허용한도(ppm)	가스명	허용한도(ppm)
암모니아	25	불화수소	3	이산화유황	5
일산화탄소	50	황화수소	10	아세트알데히드	200
이산화탄소	5,000	시안화수소	10	포름알데히드	5
염소	1	브롬메틸	20	니켈 · 카보닐	0.001
불소	0.1	일산화질소	25	니트로에탄	100
취소	0.1	오존	0.1	아크릴레인	0.1
산화에틸렌	50	포스겐	0.1	케틸아민	10
염화수소	5	인화수소	0.3	디에틸아민	25

참고 불활성 가스(희가스)

불활성 가스란 원소주기율표 18족에 속하는 가스로서 다른 원소와 전혀 반응하지 않는 기체들이다.
① 아르곤(Ar) ② 네온(Ne) ③ 헬륨(He)
④ 크립톤(Kr) ⑤ 제논(Xe) ⑥ 라돈(Rn)

SECTION 04 기체의 물리화학 기초

1 몰(mol)

1) 기체 1몰에는 원자 또는 분자의 입자가 6.02×10^{23}개 들어 있다.
2) 아보가드로에 의하면 0℃, 1기압하에서 모든 기체 1몰이 차지하는 부피는 22.4L이고 그 안에는 6.02×10^{23}개의 분자가 들어 있다.
3) 몰수를 구하는 방법

$$몰수=\frac{질량(g)}{분자량}=\frac{부피(L)}{22.4L}=\frac{분자수}{6.02\times10^{23}}$$

※ 질량=몰수×분자량, 부피=몰수×22.4

2 가스의 밀도

$$밀도 = \frac{분자량(g)}{22.4(L)}$$

3 가스의 비체적

$$비체적 = \frac{22.4(L)}{분자량(g)}$$

4 가스의 비중

$$비중 = \frac{가스의\ 분자량}{29}$$

※ 무게(kg) = 부피(m^3) × 밀도(kg/m^3)
부피(m^3) = 무게(kg) × 비체적(m^3/kg)

5 기체의 용해도

1) 기체는 저온 고압에서 용해가 빠르다.
2) 헨리의 법칙에 의하면 기체의 용해도는 무게비로 압력에 비례한다.
3) 염화수소(HCl), 아황산가스(SO_2), 암모니아(NH_3) 등 물에 잘 녹는 기체에는 적용하지 않고 수소(H_2), 산소(O_2), 질소(N_2), 이산화탄소(CO_2) 등 물에 잘 녹지 않는 기체에만 적용한다.

참고 헨리 법칙의 적용상의 한계

사이다나 맥주병의 마개를 열면 많은 거품이 나온다. 이것은 압력이 감소되었기 때문이다. 즉, 이산화탄소(CO_2)의 용해도가 줄어서 기체의 이산화탄소가 나오는 것이다.
일반적으로 용해도가 그다지 크지 않은 기체가 일정온도로 일정량의 액체에 용해되는 무게는 압력에 반비례한다. 이것을 "헨리의 기체 용해의 법칙"이라 한다. 그러나 비교적 고압의 기체나 높은 용해도를 가진 기체에 대해서는 이 법칙을 적용하기 어렵다. 즉, 암모니아, 이산화탄소, 염화수소 등은 저압의 경우 이외에는 용해 측과 전혀 다른 용해도를 나타낸다.

6 그레이엄의 기체확산속도비

1) 기체의 확산속도는 분자량 또는 밀도의 제곱근에 반비례한다. 즉, 일정온도, 일정압력에서 두 기체의 확산속도비는 그들 기체 분자량(밀도)의 제곱근에 반비례한다.

$$\frac{U_1}{U_2} = \sqrt{\frac{M_2}{M_2}} = \sqrt{\frac{d_2}{d_1}}$$

여기서, U : 확산속도, M : 분자량, d : 밀도

2) 일정한 온도와 압력에서 순수한 기체의 밀도는 그 분자량에 비례한다.
3) 일정온도에서 기체분자의 운동에너지는 일정하므로 밀도가 작은 기체일수록 빨리 확산된다.
4) 기체의 확산이란 다른 기체 속으로 고루 섞여 들어가는 현상이다.

7 혼합기체의 성질

1) 돌턴의 분압법칙

① 혼합기체의 전압은 성분기체 분압의 합과 같다.

㉠ 전압$(P) = P_1 + P_2 + P_3 \cdots$

여기서, P : 전체 압력, $P_1 + P_2 + P_3$: 성분기체의 분압

㉡ 분압$=$전압$\times \dfrac{\text{성분 몰수}}{\text{전체 몰수}}$

② 화학반응을 하지 않는 x기체와 y기체의 혼합기체를 생각할 때 이 혼합기체의 전 부피와 같은 부피, 같은 온도의 것으로 x기체가 나타내는 압력을 Px로 표시하고 y기체가 나타내는 압력을 Py라 하면 이 Px와 Py의 혼합기체에서 Px는 x기체의 분압, Py는 y기체의 분압이다.

③ A, B 혼합기체에서 A기체가 $N_a$mol, B기체가 $N_b$mol이라면 전체 몰수는 $(N_a + N_b)$ mol이다.

④ 전체 몰수에 대한 각 성분의 몰비를 몰분율이라 하며 식으로 표시하면

몰분율$= \dfrac{\text{각 성분의 몰수}}{\text{전체 몰수}}$

또 몰분율을 써서 분압을 표시하면 [분압=전압×몰분율]이 된다.

2) 혼합가스의 조성

두 종류 이상의 가스가 혼합된 상태에서 각 성분가스 혼합비율의 표시방법에는 3가지 종류가 있다.

① 몰(mol) %$= \dfrac{\text{어떤 성분의 몰수}}{\text{가스 전체의 몰수}} \times 100$

② 용량 %$= \dfrac{\text{어떤 성분의 용량}}{\text{가스 전체의 용량}} \times 100$

③ 중량 %$= \dfrac{\text{어떤 성분의 중량}}{\text{가스 전체의 중량}} \times 100$

3) 라울의 법칙

① LPG가스용기의 하부에는 프로판 및 부탄의 액화가스, 상부에는 기체 상태의 프로판과 부탄가스가 혼재하고 있다. 즉, 혼합 액화가스이다.

② 라울의 법칙이란 "기체 프로판의 분압은 용기 내에 액상 프로판이 단독으로 존재할 때의 증기압과 액상의 LP가스(프로판, 부탄의 혼합) 내 프로판 액몰분율의 곱과 같다."라고 하는 것이다.

8 보일의 법칙

온도가 일정할 때 기체의 부피는 절대압력에 반비례한다.

$$PV = T(\text{일정})$$

① $P_1V_1 = P_2V_2$　　② $V_2 = V_1 \times \frac{P_1}{P_2}$

9 샤를의 법칙

압력이 일정할 때 기체의 체적은 절대온도에 정비례한다. 즉, 압력이 일정할 때 기체의 부피는 온도가 1℃ 상승할 때마다 그 기체의 0℃ 때 부피의 $\frac{1}{273}$만큼씩 증가한다.

$$\frac{V}{T} = P(\text{일정})$$

① $\frac{V_1}{T_1} = \frac{V_2}{T_2}$　　② $V_2 = V_1 \times \frac{T_2}{T_1}$

10 보일－샤를의 법칙

기체의 부피는 절대압력에 반비례하고 절대온도에 정비례한다.

$$\frac{P_1V_1}{T_1} = \frac{P_2V_2}{T_2}$$

① $V_2 = V_1 \times \frac{T_2}{T_1} \times \frac{P_1}{P_2}$　　② $T_2 = T_1 \times \frac{P_2}{P_1} \times \frac{V_2}{V_1}$　　③ $P_2 = P_1 \times \frac{T_2}{T_1} \times \frac{V_1}{V_2}$

11 이상기체 상태방정식

1) $PV = nRT = \frac{W}{M}RT$

① $P = \frac{\frac{W}{M}RT}{V}$　　② $V = \frac{\frac{W}{M}RT}{P}$　　③ $M = \frac{WRT}{PV}$

여기서, P : 압력(atm), V : 부피(L), n : 몰수(mol)
W : 질량(g), M : 분자량, T : 절대온도(K)
$R(\text{기체상수}) = \frac{1\text{atm} \times 22.4\text{L}}{1\text{mol} \times 273\text{K}} = 0.08205\text{L} \cdot \text{atm/mol} \cdot \text{K}$

2) $PV = ZnRT = Z\frac{W}{M}Rt$

3) $PV = GRT$

① $V = \dfrac{GRT}{P}$　　② $G = \dfrac{PV}{RT}$

여기서, G : 질량(kg), V : 부피(m^3)

P : 압력(kg/m^2a)

R(가스상수)$= \dfrac{848}{\text{가스의 분자량}}(kg \cdot m/kg \cdot K)$

$\overline{R}$(일반기체상수)$= \dfrac{PV}{nT} = \dfrac{1.0332 \times 10^4 kg/m^2a \times 22.4m^3}{1kmol \times 273K} = 848kg \cdot m/kmol \cdot K$

SECTION 05 실제기체와 이상기체

1 기체의 성질

1) 기체의 부피

기체분자가 움직일 수 있는 공간이다.

2) 기체의 압력

① 분자수가 많을수록 압력이 크다.
② 기체분자의 운동이 활발할수록 압력이 크다.
③ 운동공간이 좁을수록 압력이 크다.

3) 기체분자운동론

① 기체의 분자들은 끊임없이 불규칙한 운동을 하고 분자 간에 인력이나 반발력이 없다.
② 기체분자 자체의 크기는 기체의 전체부피에 비하여 무시할 정도로 적다.
③ 기체의 압력은 분자가 그릇 벽에 충돌됨으로써 나타난다.
④ 기체분자는 충돌에 의한 에너지 변화가 없는 완전 탄성체이다.
⑤ 기체분자의 운동에너지는 온도에 의해서만 변화될 수 있고 분자의 종류, 모양, 크기 등에는 무관하다.

4) 기체의 온도와 운동에너지

① 같은 온도에서 모든 기체 분자의 운동에너지는 같다.
② 가벼운 분자는 빠르게 운동하고 무거운 분자는 느리게 운동한다.
③ 기체의 온도를 높이면 기체 분자의 운동에너지는 절대온도에 비례해서 증가한다.

2 실제기체

실제기체는 분자 간의 인력이나 반발력이 있고 분자기체의 부피를 무시할 수 없으므로 이상기체의 상태방정식에서 벗어난다.

1) 실제기체가 이상기체에 가까워지는 조건

① 온도가 높고 압력이 낮을 때
  ㉠ 분자 간의 거리가 멀어져 반발력이나 인력은 무시할 수 있다.
  ㉡ 기체 전체의 부피가 커져서 분자 자체의 부피를 무시할 수 있다.

② 분자의 크기(분자량)가 작을 때
  ㉠ 분자 자체의 부피를 무시할 수 있다.
  ㉡ 분자 간의 인력이 작다.

③ 실제기체 중 이상기체에 가까운 기체는 헬륨(He), 수소(H_2)이다.

2) 실제기체의 상태방정식(반데르발스 법칙)

① 기체가 1mol일 때 $\left(P+\dfrac{a}{V^2}\right)(V-b)=RT$

② 기체가 $n$mol일 때 $\left(P+\dfrac{n^2a}{V^2}\right)(V-nb)=nRT$

여기서, $\dfrac{a}{V^2}$: 기체분자 간의 인력
b : 기체 자신이 차지하는 부피

③ $P=\dfrac{nRT}{V-nb}-\dfrac{n^2a}{V^2}$

여기서, P : 압력(atm)
V : 부피(L)
n : 몰수
a, b : 반데르발스 정수

▼ 실제기체와 이상기체의 비교

구분	실제기체	이상기체
보일-샤를의 법칙	근사적용	완전적용
아보가드로 법칙	근사적용	완전적용
분자의 크기	질량, 부피 모두 존재한다.	질량은 있으나 부피는 무시한다.
고압 저온 시	액화나 응고가 된다.	액화나 응고가 되지 않는다.
분자 간의 인력	있다.	완전탄성체로서 없다.
0K(-273℃)	고체화	기체부피 0

SECTION 06 가스의 상태변화

1 등압변화

그림과 같이 장치 내에 열을 가하면 실린더 내의 압력은 일정한 상태를 유지하면서 가스의 팽창에 의하여 Gkg의 무게를 이동시키게 된다. 이와 같은 변화를 등압변화(정압변화)라 한다.

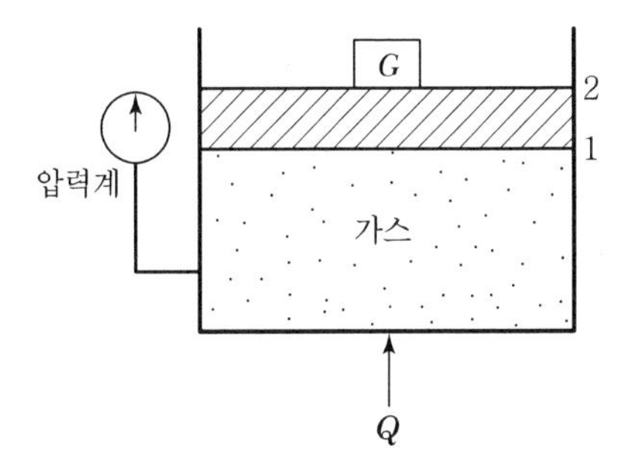

일정한 압력하에서 온도를 T_1에서 T_2로 가열하는 데 필요한 열량은 가스 온도를 상승, 즉 내부에너지를 증가시켰고 외부에 대하여 일을 하였다.

2 등적변화

그림과 같이 용기 속에 들어 있는 물체(가스)에 열을 가하면 체적의 변화는 일어나지 않는다. 즉, 체적이 일정한 상태를 유지한다. 이와 같은 변화가 등적변화이다.

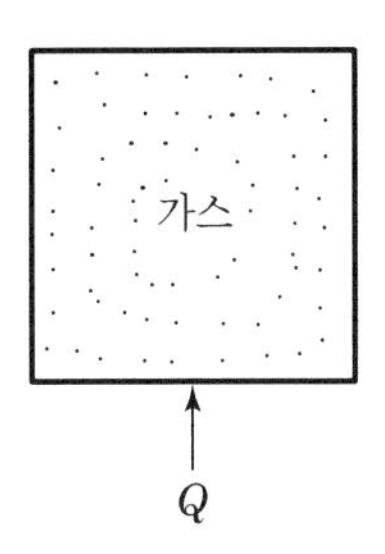

등적과정 중 가열한 열량은 전부 내부에너지로 저장된다. 즉, 내부에너지의 변화량과 같다. 이 과정 중 온도는 T_1에서 T_2까지 상승한다.

3 등온변화

피스톤 실린더 기구에 열을 가하여 실린더 내의 온도를 일정하게 유지하면서 변화하는 경우와 같은 과정을 등온변화라 한다. 변화과정 중 등온을 유지하려면 열을 방출해야 하며 팽창 시에는 외부로부터 가열하여야 한다.

온도를 일정하게 유지하기 위해서는 압축 시에 열을 외부로 방출해야 하는 반면에 팽창 시에는 열을 외부에서 공급해 주어야 한다. 즉, 등온과정에서 엔탈피와 내부에너지는 불변이다. 열기관의 등온상태에서는 급기 및 배기를 행하는 것으로 이때 가열량은 전부 일량으로 변화하므로 가장 이상적이다.

4 단열변화

가스가 상태변화를 하는 동안 외부와 계 간에 열의 이동이 전혀 없는 변화이다. 단열변화과정 중의 일량은 열역학 제1법칙을 이용하면 외부에 하는 일량은 그 계의 내부에너지 감소량과 같다. 따라서 단열변화 중의 전후 온도를 알면 일의 양을 구할 수 있다.

5 폴리트로픽 변화

실제기관인 내연기관과 공기압축기의 동작유체인 공기와 같은 실제가스는 앞에서의 4가지 기본 변화만으로는 설명이 곤란하다. 폴리트로픽 변화에서는 단열변화의 k(단열변화 지수) 대신 n(폴리트로픽 지수)을 사용한다. 또 폴리트로픽 비열 C_n은 등압변화와 등온변화의 중간이고 비열은 +를 취한다.

① $n=0$인 경우 : 등압변화

② $n=1$인 경우 : 등온변화

③ $n=k$인 경우 : 단열변화

④ $1<n<k$인 경우 : 일반적으로 단열 폴리트로픽 팽창인 경우이다. 이 변화에서는 온도가 떨어질 때 열을 가하고 온도가 상승할 때 열을 방출하지 않으면 안 된다.

⑤ $n>k$인 경우 : 폴리트로픽 압축

⑥ $n=\infty$인 경우 : 등적변화

폴리트로픽 지수(n)	폴리트로픽 비열(C_n)	변화
$n=0$	C_p	등압변화
$n=1$	∞	등온변화
$n=k$	0	단열변화
$n=\infty$	C_v	등적변화
n	C_n	폴리트로픽 변화

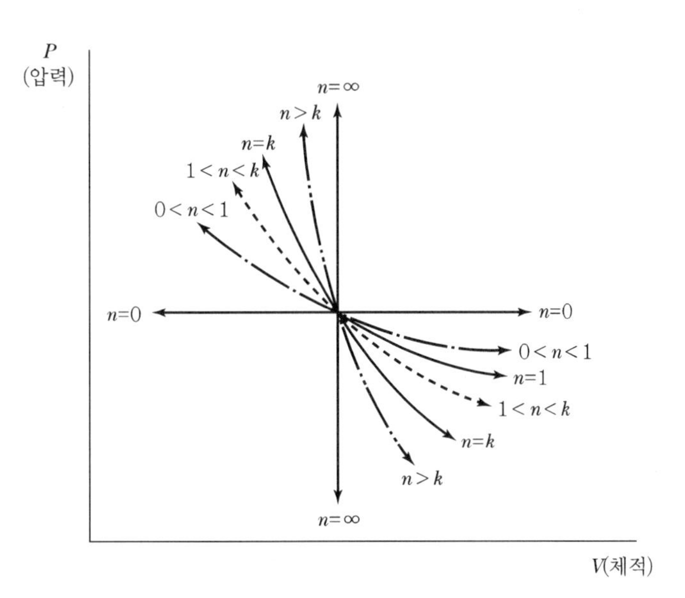

폴리트로픽 변화

6 가스의 압축에 필요한 일량(열량) 및 온도상승

1) 가스압축 시 압축에 소요되는 열량 비교

   단열압축>폴리트로픽 압축>등온압축

2) 압축 시 가스온도 상승 비교

   단열압축>폴리트로픽 압축>등온압축

CHAPTER 03 고압가스의 성질

1. 수소(H_2)

1) 무색, 무미, 무취의 가연성 기체이다.
2) 밀도가 매우 작고 확산속도, 열전도도가 대단히 크다.
3) 고온에서는 강제나 기타 금속재료도 쉽게 투과시킨다.
4) 열전달률이 대단히 크고 열에 대하여 안정하다.
5) 공기 중 폭발범위가 4~75%로 넓다.
6) 산소와 수소의 혼합가스 연소 시 2,900℃의 고온도를 얻는다.
7) 발화온도는 530℃ 이상으로 높지만 파라듐 또는 니켈 촉매하에서는 상온에서도 용이하게 반응한다.
8) 1기압에서 최소발화에너지는 공기와의 혼합물로 약 0.6mJ, 산소와의 혼합기로 약 0.2mJ이므로 정전기 스파크는 연소의 발화원이 될 수 있다.
9) 공기 중에서 수소는 산소와 2 : 1 반응에서 530℃ 이상이면 폭발적으로 반응하여 수소폭명기가 발생한다.
   $2H_2+O_2 \rightarrow 2H_2O+136.6kcal$
10) 할로겐원소인 F_2, Cl_2, Br_2, I_2와 격렬히 반응하여 폭발반응이 일어난다.
    $H_2+Cl_2 \rightarrow 2HCl+44kcal$(염소폭명기)
    $H_2+F_2 \rightarrow 2HF+128kcal$(불화수소 생성)
11) 수소와 염소의 혼합가스는 빛과 접촉하면 염소폭명기가 발생된다.
12) 환원성이 강하고 고온에서 금속의 산화물 또는 염화물과 반응하여 금속을 유리시킨다.
    $CuO+H_2 \rightarrow Cu+H_2O$
    $VCl_2+H_2 \rightarrow V+2HCl$
13) 수소는 고온 · 고압에서 강제 중의 탄소와 반응하여 수소취성을 일으킨다.(40℃ 이하에서는 수소취성이 억제된다.)
    $Fe_3C+2H_2 \rightarrow CH_4+3Fe$
    그러나 크롬을 5~6% 이상 함유한 크롬강이나 스테인리스강에서 수소취성은 일어나기 어렵고 내수소원소는 티탄(Ti), 바나듐(V), 텅스텐(W), 몰리브덴(Mo) 등을 사용한다.
14) 일산화탄소(CO)와 반응하여 알데히드 알코올류를 생성한다.
    $2H_2+CO \rightarrow CH_3OH+24kcal$

2. 산소(O_2)

1) 무색무취의 기체이며 물에는 약간 녹는다.
2) 기체, 액체, 고체를 불문하고 자장의 방향으로 자화되는 상자성체이다.
3) 공기 중에 21% 존재하는 조연성 기체이다.
4) 강력한 조연성 가스(연소성을 돕는 가스)이나 그 자신은 연소하지 않는다.
5) 액화산소는 담청색을 나타낸다.
6) 화학적으로 활발한 원소이며 할로겐 원소, 백금, 금동의 귀금속을 제외한 모든 원소와 직접 화합하여 산화물을 만든다.

   $C + O_2 \rightarrow CO_2$

   $S + O_2 \rightarrow SO_2$

   $4Al + 3O_2 \rightarrow 2Al_2O_3$

   $4Fe + 3O_2 \rightarrow 2Fe_2O_3$

7) 유황(S), 인(P), 마그네슘(Mg) 등은 산소 중에서보다는 공기 중에서 심하게 연소한다.
8) 알루미늄선, 동선, 철선 등도 적열하여 산소 중에 넣으면 눈부시게 빛을 내어 연소한다.
9) 특수한 반응으로서 탄화수소나 탄수화물이 산화하여 알코올이나 알데히드 등이 생기는 완만한 산화가 있다.
10) 산소 또는 공기 중에서 무성방전을 시키면 오존(O_3)이 된다.

    $3O_2 \rightleftarrows 2O_3 - 117.3kcal$

11) 산소농도나 산소분압이 높아지면 연소가 증대하고 연소속도의 급격한 증가, 발화온도의 저하, 화염온도의 상승, 화염의 길이가 증대된다.
12) 가연성 가스는 공기 중보다도 산소 중에서 폭발한계 및 폭굉한계가 현저히 넓어지며 물질의 점화에너지도 저하하여 폭발의 위험성이 증대된다.
13) 산소농도는 공기 중에서 18% 이상 유지하여야 하며 18% 미만에서는 산소결핍을 일으킨다.
14) 산소 60% 이상의 고농도에서 12시간 이상 흡입하면 폐에 충혈을 일으켜 아기나 새끼동물은 실명하거나 사망한다.
15) 산소는 물과의 공존하에서 용존산소 때문에 금속의 부식을 다소 촉진시킨다.
16) 온도가 높은 공기 중에서는 산화부식에 의한 금속표면에 스케일이 커지며 내산화성 강재나 크롬강 등은 고온의 순산소 중에서 사용이 보편적이다.

3. 질소(N_2)

1) 무색, 무미, 무취의 기체이다.
2) 상온에서 다른 원소와 반응하지 않는 기체로서 불연성 가스이다.

3) 분자상의 질소(N_2)는 안정하나 원자상의 질소(N)로 하면 활발해진다.

4) 철, 촉매 등의 존재에서 고온(550℃), 고압(250기압)에서는 수소와 작용시키면 암모니아가 생성된다.

$$N_2 + 3H_2 \xrightarrow[550℃]{\text{철}} 2NH_3$$

5) 전기불꽃 등으로 극히 높은 온도에서 산소와 반응하여 산화질소가 된다.
$N_2 + O_2 \rightarrow 2NO$

6) 마그네슘(Mg), 칼슘(Ca), 리튬(Li) 등과 화합하여 질화마그네슘(Mg_3N_2), 질화칼슘(CaN_2), 질화리튬(Li_3N) 등을 만들며 탄화칼슘과 고온에서 반응하여 칼슘시아나미드($CaCN_2$)가 된다.
$CaC_2 + N_2 \rightarrow CaCN_2 + C$

4. 희가스(불활성 가스)

1) 주기율표 18족에 속하며 화학적으로는 불활성으로 다른 원소와 거의 화합하지 않는 원소이다.
2) 모두가 상온에서 기체이며 불활성 가스라고 한다.
3) 라돈(Rn)을 제외하고는 모두 공기 중에 미량으로 존재한다.
4) 상온에서는 모두가 무색, 무미, 무취의 기체이다.
5) 원자가는 0이고 화학적으로는 반응성이 없으므로 통상의 화학분석에서 검출되지 않는다.
6) 방전관 중에서는 모두 특이한 스펙트럼을 발하므로 이 방법으로 검출이 가능하다.
7) 희가스류는 단원자 분자이므로 원자량, 분자량이 같다.
8) 제논(Xe)에 XeF_4로 표시되는 무색결정의 화합물이 형성되는 것을 발견하였으며 또한 XeF_2, XeF_6, XeO_3 등을 얻었기 때문에 100% 불활성 가스라고는 단정하지 못한다.
9) 희가스를 방전관에 넣어서 방전시키면 각각 특이한 색의 발광을 한다.

원소명	기호	발광색	원소명	기호	발광색
아르곤	Ar	적색	크립톤	Kr	녹자색
네온	Ne	주황색	제논	Xe	청자색
헬륨	He	황백색	라돈	Rn	청록색

5. 일산화탄소(CO)

1) 무색, 무취의 가스로서 석탄이나 석유의 가스화 시에 수소와 함께 생성된다.(공기의 질량과 거의 비슷하다.)
2) 연료로 사용이 가능하나 메탄올(CH_3OH) 합성 이외에는 잘 사용되지 않는다.
3) 물에 잘 녹지 않아 수상치환으로 포집한다.

4) 독성이 강하고 가스중독 사고 및 대기오염 물질의 원인이 된다.
5) 극히 환원성이 강한 가스이며 금속의 산화물을 환원시켜 단체금속을 만든다.
6) 금속과 반응하여 니켈에서는 100℃ 이상, 철과는 고압에서 반응하여 금속카보닐을 생성한다.

$Ni + 4CO \rightarrow Ni(CO)_4$ + 니켈카보닐

$Fe + 5CO \rightarrow Fe(CO)_5$ + 철카보닐

고온 · 고압하에서 사용 시에는 금속카보닐을 방지하기 위하여 철강 용기 내를 은(Ag), 동(Cu), 알루미늄(Al) 등으로 라이닝하는 것이 보통이다.

7) 공기 중에서 연소가 잘된다.

$2CO + O_2 \rightarrow 2CO_2 + 135.4kcal$

8) 상온에서 염소와 동량 반응하여 포스겐($COCl_2$)을 생성한다.

$CO + Cl_2 \rightarrow 2COCl_2$

9) 일산화탄소와 공기가 건조한 상태에서 압력이 증가하면 폭발범위가 좁아지나 공기 중의 질소를 아르곤이나 헬륨으로 치환하면 폭발범위는 압력과 더불어 증대한다.
10) 혼합가스 중에 수증기가 존재하면 예상대로 폭발범위는 압력과 더불어 증대한다.
11) 고온의 일산화탄소가 철합금과 접촉하면 탄소를 생성시켜 이것이 금속조직 내에 확산 침투한다. 이를 침탄작용이라 한다. 금속재료를 약화시키므로 주의가 요망되며 단 크롬강은 침탄되기가 어렵다.
12) 일산화탄소는 200℃에서 철카보닐을 생성하여 (휘발성 철카보닐) 침식이 촉진된다.
13) 고온 · 고압의 일산화탄소는 탄소강 저합금강의 사용을 피하여 Ni－Cr(니켈－크롬계) 스테인리스강을 사용하는 것이 좋다.
14) 메탄올(CH_3OH) 합성의 반응 통에는 동의 라이닝을 하여 CO와 내압용기의 직접적인 접촉을 피한다.

$$CO + 2H_2 \xrightarrow[200\sim300atm]{250\sim400℃} CH_3OH(\text{메탄올})$$

촉매로는 CuO, ZnO, Cr_2O_3 등이 있다.

6. 이산화탄소(CO_2)

1) 상온에서 액화가 가능하기 때문에 액화가스로 저장, 운반이 가능하다.
2) 액화 이산화탄소를 액체공기로 냉각시키거나 급격히 기화시키면 고체 탄산 드라이아이스를 얻을 수 있다.
3) 무색 · 무취의 불연성 기체이다.
4) 산소에 의한 연소성이 큰 마그네슘(Mg), 나트륨(Na) 등은 이산화탄소에서도 연소가 가능하다.

$$Mg + \frac{1}{2}CO_2 \rightarrow MgO + \frac{1}{2}C + 96.6kcal$$

$$2Na + \frac{1}{2}CO_2 \rightarrow Na_2O + \frac{1}{2}C + 52.3kcal$$

5) 물에는 대략 동일체적으로 용해하고 일부 탄산이 되어 약산성을 나타낸다.

$CO_2 + H_2O \rightarrow H_2CO_3$

6) 석탄수(석회수) 중에 취입하면 탄산칼슘의 백색침전을 일으키므로 이산화탄소의 검사에 이용된다.

$Ca(OH)_2 + CO_2 \rightarrow CaCO_3 + H_2O$

7) 독성은 없으나 공기 중에 다량으로 존재하면 산소부족으로 질식한다.

8) 이산화탄소는 건조상태에 있으면 강제에 대하여 거의 영향을 주지 않으나 수분을 함유하면 탄산이 생기므로 강제를 부식시킨다. 이 경우 산소가 공존하거나 고압이 되면 격심하므로 고압세정장치의 재료에는 내산강이 사용된다.

7. 염소(Cl_2)

1) 상온에서 심한 자극성이 있는 황록색의 무거운 기체이다.

2) 비점 −34℃ 이하에서 냉각시켜 상온에서 6~7기압의 압력을 가하면 용이하게 액화가 되면서 갈색의 액체가 된다.

3) 20℃의 물 100cc에 염소는 230cc(0.59g) 용해한다.

4) 조연성 가스이며 독성 가스이다.

5) 화학적 활성이 강하고 휘가스나 탄소, 질소, 산소를 제외한 모든 원소와 화합하여 염화물이 된다.

6) 황린, 안티몬, 구리 등의 분말은 염소가스 중에서도 발화 연소하여 염화물이 된다.

7) 염소는 수분과 작용하여 염산(HCl)을 생성하여 철강을 심하게 부식시킨다.

$Cl_2 + H_2O \rightleftarrows HCl + HClO$

$Fe + 2HCl \rightarrow FeCl_2 + H_2$

8) 완전히 건조된 염소는 상온에서 철과 반응하지 않으므로 철강의 고압용기에 넣을 수 있다.

9) 철에서는 120℃를 넘으면 부식이 진행되며 고온이 되면 급격히 반응하여 염화물이 된다.

10) 염소와 수소의 같은 양의 혼합물은 염소폭명기라 부르며 냉암소에서는 변화하지 않으나 가열 직사광선의 자외선 등에 의해 폭발하여 염화수소가 된다.

$Cl_2 + H_2 \rightarrow 2HCl + 44kcal$

11) 염소는 물에 용해하면 염산과 차아염소산을 생성한다.

$Cl_2 + H_2O \rightleftarrows HCl + HClO$

12) 염소는 물의 존재하에서 염산과 차아염소산을 생성하는데 차아염소산은 불안정하여 발생기 산소를 생성, 산화작용으로 표백과 살균작용을 한다.

$Cl_2 + H_2O \rightarrow HCl + HClO$

$HClO \rightarrow HCl + (O)$

13) 염소는 메탄과 반응하여 여러 가지 염소치환제를 만든다.

$CH_4 + Cl_2 \rightarrow CH_3Cl + HCl$

$CH_3Cl + Cl_2 \rightarrow CH_2Cl_2 + HCl$

$CH_2Cl_2 + Cl_2 \rightarrow CHCl_3 + HCl$

$CHCl_3 + Cl_2 \rightarrow CCl_4 + HCl$

14) 가성소다(NaOH)용액이나 소석회(수산화칼슘)에 용이하게 흡수된다.

$2NaOH + Cl_2 \rightarrow NaClO + NaCl + H_2O$

$Ca(OH)_2 + Cl_2 \rightarrow \underset{\text{표백분}}{CaOCl_2} + H_2O$

15) 암모니아와 반응하여 염화암모늄(흰 연기)을 생성한다. 또한 이 반응으로 상호 누설검출이 가능하다.

$8NH_3 + 3Cl_2 \rightarrow 6NH_4Cl + N_2$

$4NH_3 + 3Cl_2 \rightarrow 3NH_4Cl + NCl_3$

NCl_3는 유상의 폭발성이 대단히 강한 물질이다.

16) 독성이 매우 강하여 흡입하면 호흡기가 상한다. 허용농도가 1ppm이며 공기 중 30ppm이 존재하면 심하게 기침이 나고 40~60ppm에서 30분~1시간 호흡하면 극히 위험하다. 또한 1,000ppm에서는 동물이 단시간에 사망한다.

8. 염화수소(HCl)

1) 물에 용해하면 염산이 된다.(강산성을 표시한다.)
2) 순수한 것은 무색이며 자극성 가스이다.
3) 습공기 중에서는 연무상이 되며 농후한 가스는 흡입하면 유독하다.
4) 이온화 경향이 큰 금속은 기체의 염하수소에 접하면 이것에 침해되어 수소가 발생하고 염화물로 된다. 특히 수분이 존재하면 그 작용이 심하다.

   $Fe + 2HCl \rightarrow FeCl_2$ (염화제1철) $+ H_2$
5) 폭발성은 없으나 또한 인화성도 없으며 염산이 금속을 침해하는 경우에 발생하는 수소가 공기와 혼합하여 폭발을 일으키는 경우가 있다.
6) 염산은 수상, 차아인산, 인산염, 수소화물, 아황산염과 같은 염산보다 강한 산의 염을 분해한다.
7) 크롬산염, 과망간산염과 반응하여 염소를 발생시킨다.
8) 금속산화물, 수산화물, 붕화물, 규화물은 염산에 의해 염화물이 된다.
9) 금속의 과산화물과 반응하여 그 염화물과 염소를 생성한다.
10) 허용농도 5ppm의 독성이며 다량 흡입하면 중독이 된다.
11) 농후한 염화수소 또는 염산미스트를 흡입하면 목, 눈, 코를 자극하여 기침이 나온다.

9. 암모니아(NH_3)

1) 상온에서 또는 상압에서 강한 자극성을 가진 무색의 기체이며 가연성이면서 독성 가스이다.
2) 물에 잘 녹으며 상온 · 상압에서 물 1cc에 대하여 암모니아 기체는 800cc가 용해한다.
3) 가압냉각에 의해서 액화하기 쉽고 20℃에서 8.46atm 가압으로 액화암모니아가 된다.
4) 0℃, 1atm에서 물의 1,146배만큼 용해한다.
5) 증발잠열은 341kcal/kg이나 0℃에서는 301.8kcal/kg이다.
6) 암모니아는 산소 중에서 황색염을 내어 연소하고 질소와 물을 생성한다.
   $4NH_3 + 3O_2 \rightarrow 2N_2 + 6H_2O$
7) 각종 금속에 작용하며 나트륨과 반응 시 나트륨아미드를 만든다.
   $2NH_3 + 2Na \rightarrow 2NH_2Na$(나트륨아미드)$+ H_2$
8) 마그네슘과 고온에서 질화마그네슘을 만든다.
   $2NH_3 + 3Mg \rightarrow Mg_3N_2 + 3H_2$
9) 할로겐과 반응하면 염화암모늄 및 질소를 유리시킨다.
   $8NH_3 + 3Cl_2 \rightarrow 6NH_4Cl + N_2$
10) 염소가 과잉존재하면 황색유상 폭발성의 산염화질소를 만든다.
   $NH_4Cl + 3Cl_2 \rightarrow NCl_3 + 4HCl$
11) 황산과 반응하여 황산암모늄(유안)을 만든다.
   $2NH_3 + H_2SO_4 \rightarrow (NH_4)_2SO_4$
12) 암모니아는 물에 녹으면 물과 화합하여 수산화암모늄을 발생시킨다.
   $NH_3H_2O \rightleftarrows NH_4OH$
   수산화암모늄이 해리하면 수산화이온을 만들기 때문에 알칼리성을 만든다.
   $NH_4OH \rightleftarrows NH_4^+ + OH^-$
13) 암모니아는 상온에서는 안정하나 1,000℃에서 분해하여 질소와 수소로 된다.(단, 철의 촉매하에서는 650℃에서 분해)
   $2NH_3 \rightarrow N_2 + 3H_2$
14) 암모니아는 염화수소와 반응하여 백연기(흰 연기)를 발생시킨다.
   $HCl + NH_3 \rightarrow NH_4Cl$(백연기) 염화암모늄 발생
15) 암모니아는 구리(Cu), 아연(Zn), 은(Ag), 코발트(Co) 등 금속과 이들 금속의 이온과 반응하여 착이온을 만든다.(착이온이란 이온과 분자 또는 이온과 이온이 결합하여 생긴 안정한 이온을 말한다.)
   $Cu(OH)_2 + 4NH_3 \rightarrow Cu(NH_3)_4^{2+} + 2OH^-$
   $AgCl + 2NH_3 \rightarrow Ag(NH_3)_2^+ + Cl^-$

$Zn(OH)_2 + 4NH_3 \rightarrow Zn(NH_3)_4^{2+} + 2OH^-$

16) 암모니아용의 장치 및 계기에 직접 동이나 황동의 사용은 금물이다.
17) 암모니아의 건조제는 알칼리성이므로 진한 황산은 사용하지 못한다. 염기성인 소다석회(CaO와 가성소다 혼합물)를 사용한다.
18) 액체 암모니아는 할로겐 및 강산과 접촉하면 심하게 반응하여 폭발이나 비산하는 경우가 있다.

10. 칼슘카바이드(CaC_2)

1) 흑회색이나 자갈색의 고체이다.(순수한 것은 무색투명하다.)
2) 물이나 습기, 수증기와 직접 반응한다.
3) 고온에서 질소와 반응하며 석화질소($CaCN_2$)가 된다.

$CaC_2 + N_2 \xrightarrow{1,000℃} CaCN_2 + C + 94.6kcal$

4) 15℃, 760mmHg에서 1kg의 순수한 제품에서는 366L의 가스가 발생된다.
5) 시중에 판매되는 칼슘카바이드에는 황(S), 인(P), 질소(N), 규소(Si) 등의 불순물이 포함되어서 황화수소(H_2S), 인화수소(PH_3), 암모니아(NH_3), 규화수소(SiH_4) 등의 유해성 가스가 발생된다.
6) 카바이드 1드럼은 225kg이다.
7) 카바이드는 가스발생량을 기준으로 1~3등급이 있다.
   ① 1급 : 280L 이상
   ② 2급 : 260L 이상
   ③ 3급 : 230L 이상
8) 1892년 캐나다에서 공업용으로 처음 제조하였다.
9) 경도가 매우 작다.
10) 비중이 2.2~2.3이다.
11) 카바이드를 물과 접촉시키면 쉽게 아세틸렌가스가 발생하고 백색의 소석회[$Ca(OH)_2$] 가루가 남는다.

11. 아세틸렌(C_2H_2)

1) 무색의 기체이며 순수한 것은 에테르와 같은 향기가 있지만 불순물로 인해 특유의 냄새가 난다.
2) 비점(−84℃)과 융점(−81℃)이 비슷해서 고체 아세틸렌은 융해하지 않고 승화한다.
3) 액체 아세틸렌은 불안정하나 고체 아세틸렌은 비교적 안전하다,
4) 각종 액체에 잘 용해되며 보통 물에 대해서는 같은 양으로 용해되고 석유에는 2배, 벤젠에는 4배, 알코올에는 6배, 아세톤에는 25배가 용해된다.
5) 406~408℃에서 자연발화하고 505~515℃가 되면 폭발하며 780℃ 이상이면 자연폭발한다.
6) 산소아세틸렌 불꽃의 온도는 3,430℃이다.(산소−수소 2,900℃, 산소−메탄 2,700℃, 산소−

프로판 2,820℃)

7) 아세틸렌은 가스 발생 시 흡열 화합물이 된다.

$2C+H_2 \rightarrow C_2H_2-54.2kcal$

8) 아세틸렌은 150℃에서 2기압 이상의 압력을 가하면 폭발할 우려가 있으며 위험압력은 1.5기압이고 분해폭발 발생이 일어날 우려가 있다.

$C_2H_2 \rightarrow 2C+H_2+54.2kcal$(분해폭발)

9) 아세틸렌 15%, 산소 85%에서 가장 폭발위험이 크다.

10) 아세틸렌가스가 인화수소(PH_3)를 함유하면 자연폭발을 일으킬 위험이 있는데 인화수소 함량이 0.02% 이상이면 폭발성을 갖게 되며 0.06% 이상인 경우에는 대체로 자연발화되어 폭발한다.

11) 아세틸렌은 산화폭발이 있다.

$C_2H_2+2.5O_2 \rightarrow 2CO_2+H_2O$

12) C_2H_2는 압축하면 분해폭발을 일으키므로 압축하여 저장하는 것은 불가능하기 때문에 고압용기에 다공질 물질인 규조토, 석면, 목탄, 석회, 산화철, 탄산마그네슘, 다공성 플라스틱 등으로 된 다공성 물질을 삽입한 후 용제인 아세톤[$(CH_3)_2CO$], 디메틸포름아미드[$HCON(CH_3)_2$]에 스며들게 한 다음 아세틸렌을 용해 충전하여 운반한다.

13) 염화제1동의 암모니아용액에 아세틸렌을 통하게 되면 황색의 동아세틸드(Cu_2C_2)가 침전한다.

14) 암모니아성 질산은 용액에 아세틸렌을 통하면 백색침전하여 은아세틸드(Ag_2C_2)를 얻는다.

15) 금속의 아세틸드는 건조되어 있으면 약간의 충격, 마찰 등으로도 폭발적으로 분해하기 때문에 기폭제가 된다.

16) 아세틸렌은 접촉적으로 수소화하면 에틸렌(C_2H_4), 에탄(C_2H_6)이 된다.

17) 황산수은을 촉매로 하여 수소화하면 아세트알데히드(CH_3CHO)를 얻는다.

$C_2H_2+H_2O \rightarrow CH_3CHO$

18) 염화철 등의 촉매를 사용하여 액상으로 반응을 억제하면서 아세틸렌과 염소를 반응시키면 사염화에탄을 얻는다.

$C_2H_2+2Cl_2 \rightarrow CHCl_2 \cdot CHCl_2$

19) 아세틸렌은 동(Cu), 은(Ag), 수은(Hg) 등의 금속과 화합 시(치환반응) 아세틸라이드를 생성한다.

$C_2H_2+2Cu \rightarrow Cu_2C_2+H_2$

$C_2H_2+2Ag \rightarrow Ag_2C_2+H_2$

$C_2H_2+2Hg \rightarrow Hg_2C_2+H_2$

20) 염화제2수은을 침착시킨 활성탄을 촉매로 염화수소와 반응시키면 염화비닐(CH_2CHCl)을 얻는다.

$C_2H_2+HCl \rightarrow CH_2CHCl$

21) 가성칼리 또는 알칼리알코올레이트를 촉매로 하여 반응압력 20atm(10~20% 포함하에서)하에서 아세틸렌은 각종의 알코올과 반응하여 비닐에테르를 생기게 한다.

22) 아세틸렌을 염화제1동과 염화암모늄의 산성용액 중에 65~80℃로 급속히 통하게 되면 아세틸렌의 2분자 중합반응이 일어나 비닐아세틸렌을 얻는다.(Nieuwland 촉매)

$2CH \equiv CH \rightarrow CH_2 = CH - C \equiv CH$

23) 아세틸렌을 염화제1동과 염화암모늄의 산성용액 같은 촉매 중에서 아세틸렌과 시안화수소를 동시에 흡입하면 아크릴로니트릴(CH_2CHCN)을 얻을 수 있다.

12. 에틸렌(C_2H_4)

1) 가장 간단한 올레핀계 탄화수소가스이다.
2) 무색이며 독특한 감미로운 냄새를 지닌 기체이다.
3) 물에는 거의 용해되지 않고 알코올, 에테르에는 잘 용해된다.
4) 석유화학공업에서 가장 중요한 원료가스이며 많은 유기화학제품이 제조된다.
5) 가연성 가스이나 연료로는 사용하지 않는다.
6) 2중 결합을 가지므로 각종 부가반응을 일으킨다.
7) 염소를 부가하면 이염화에틸렌(CH_2ClCH_2Cl)을 얻는다.

$CH_2 = CH_2 + Cl_2 \rightarrow CH_2ClCH_2Cl$

8) 염산을 부가하면 염화에틸렌(CH_3CH_2Cl)을 얻는다.

$CH_2 = CH_2 + HCl \rightarrow CH_3CH_2Cl$

9) 황산의 존재로 수화하면 에틸렌알코올(CH_3CH_2OH)이 된다.

$CH_2 = CH_2 + H_2SO_4 \rightarrow CH_3CH_2OSO_3H$(황산에틸)

$CH_3CH_2OSO_3H + H_2O \rightarrow CH_3CH_2OH + H_2SO_4$

10) 수소를 300℃ 정도로 니켈 촉매상을 통하게 하거나 상온에서 백금 또는 파라듐상을 통하면 에탄(C_2H_6)이 된다.

$CH_2 = CH_2 + H_2 \xrightarrow[300℃]{Pt \cdot Pb} CH_3CH_3(C_2H_6)$

11) 가연성이며 공기와의 혼합 시 폭발성이 있다.

$C_2H_4 + 3O_2 \rightarrow 2CO_2 + 2H_2O + 337.23kcal$

13. 시안화수소(HCN)

1) 액화가스이며 액체는 무색투명하다.
2) 비점이 27.5℃로 높아서 액화가 용이하다.
3) 독성이며 가연성 가스이다.
4) 복숭아, 감의 특이한 편도가 내는 냄새가스이다.
5) 맹독성(허용농도 10ppm)이며 고농도의 것을 흡입하면 목숨을 잃게 된다.

6) 장기간 오래된 시안화수소는 중합하므로 자체 열로 폭발을 일으킬 수 있다.

7) 순수한 액체 시안화수소(순도 98% 이상)는 안정하나 공업적으로 제조된 것은 소량의 수분을 함유하므로 중합하여 중합폭발을 일으킨다.

8) 암모니아(NH_3), 소다 등의 알칼리성 물질을 함유하면 중합이 촉진되고 황색 → 갈색을 거쳐서 흑갈색의 덩어리가 된다.

9) 중합반응에서는 발열반응이므로 촉매작용이 있어 스스로 폭발하는 경우가 있다.

10) 저장 시에는 안정제(무기산의 황산)를 소량 혼입하면 중합폭발이 방지되며 황산 외에도 동망, 염화칼슘, 인산, 오산화인, 아황산가스 등이 안정제로 사용된다.

11) 물에 잘 용해되며 이 수용액은 약산성 반응을 나타내고 시안화수소산이라 한다.

12) 산을 이용하여 가수분해하면 폼아미드($HCONH_2$)를 거쳐 의산(개미산, HCOOH)과 암모니아(염화암모늄)가 된다.

$$HCN + 2H_2O + HCl \rightarrow HCOOH + NH_4Cl$$

13) 염화제1구리, 염화암모늄의 염산 산성용액 중에서 아세틸렌과 반응하여 아크릴로니트릴($CH_2=CHCN$)로 된다.

$$C_2H_2 + HCN \rightarrow CH_2=CHCN$$

14) 알데히드, 케톤과 알칼리성 물질의 존재하에서 반응하여 에틸시안화드린이 된다.

$$CH_3CHO + HCN \rightarrow CH_3CHOH\text{(에틸시안화드린)}$$

```
                     CH3      OH
                        \    /
(CH3)2CO + HCN  →         O
                        /    \
                     CH3      CN
```

15) 수소(H_2)에 의해 환원되어 메틸아민(CH_3NH_2)이 된다.

$$HCN + 2H_2 \rightarrow CH_3NH_2$$

16) 할로겐과 반응하여 시아노겐 할라이드(ClCN)가 된다.

$$HCN + Cl_2 \rightarrow ClCN + HCl\text{(염화수소)}$$

17) 시안화수소(HCN)는 인화성 액체이며 화염이나 스파크에 의하여 연소된다.

14. 포스겐($COCl_2$, 염화카보닐)

1) 상온에서 자극적인 냄새를 가진 유독한 가스로서 푸른 풀 냄새가 난다.

2) 무색의 액화가스이나 시중 판매용은 담황록색이다.

3) 벤젠이나 에테르에 잘 녹으며 사염화탄소(CCl_4), 초산(아세트산)에 대하여는 20% 전후에서 용해된다.

4) 활성탄을 촉매로 한 일산화탄소와 염소의 혼합체이다.

5) 포스겐을 가수분해하면 이산화탄소(CO_2)와 염산으로 분리된다.

$COCl_2 + H_2O \rightarrow CO_2 + 2HCl$(염산)

6) 포스겐을 가열시키면 일산화탄소와 염소로 분해된다.

$COCl_2 \rightarrow CO + Cl_2$

7) 수산화나트륨(NaOH 가성소다)에는 신속하게 흡수되며 다음과 같은 반응이 일어난다.

$COCl_2 + 4NaOH \rightarrow Na_2CO_2 + 2NaCl + 2H_2O$

8) 포스겐 자체에는 폭발성과 인화성이 없다.

9) 건조상태에서는 공업용 금속재료가 부식되지 않으나, 수분이 존재하면 가수분해하여 염산(HCl)이 생기므로 금속이 부식된다.

15. 산화에틸렌(C_2H_4O)

1) 무색의 가스 또는 액화가스로서 가연성이며 독성 가스이다.

2) 에테르 냄새를 가지며 고농도에서 자극취가 있다.

3) 물이나 알코올, 에테르에 용해되며 대부분의 유기용제에 비율적으로 용해된다.

4) 극히 반응성이 충분하며 많은 유도체가 합성된다.

5) 철, 주석 및 알루미늄의 무수염화물, 산, 알칼리, 산화철, 산화알루미늄 등에 의해 중합 폭발하여 발열한다.

6) 액체 산화에틸렌은 연소하기 쉬우나 폭약 등과 같은 폭발은 하지 않는다.

7) 산화에틸렌 증기를 흡입함으로써 구토를 일으킬 정도의 독성을 갖는다.

8) 산화에틸렌의 증기는 전기 스파크, 화염, 아세틸드 분해 등에 의해 폭발된다.

9) 용기 내에 저장 시 질소, 탄산가스와 같은 불활성 가스를 희석제로 하여 사전에 충전해 두면 폭발의 범위가 좁아지고 폭발을 피할 수 있다.

10) 나트륨아말감과 같은 환제에 의해 또는 접촉 환원에 의해 에틸알코올(CH_3CH_2OH)로 된다.

$H_2C - CH_2 + H_2 \rightarrow CH_3CH_2OH$

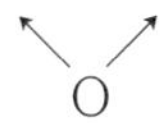

11) 수화반응에 의해 글리콜(HOC_2H_4OH)을 생성한다.

$C_2H_4O + H_2O \rightarrow HOC_2H_4OH$

12) 산화에틸렌은 에틸렌(C_2H_4)을 원료로 하여 에틸렌클로리드린을 거쳐 합성되고 또는 에틸렌의 직접 산화에 의해서도 만들어진다.

$C_2H_4 + H_2O + Cl_2 \rightarrow CH_2ClCH_2OH + HCl$

$2HCH_2ClCH_2OH + Ca(OH)_2 \rightarrow 2C_2H_4O + CaCl_2 + 2H_2O$

13) 암모니아와 산화에틸렌이 반응하여 에탄올아민($HOC_2H_4NH_2$)을 생성한다.

$C_2H_4 + NH_3 \rightarrow HOC_2H_4NH_2$

14) 알코올과 반응하여 글리콜에테르(ROC_2H_4OH)를 생성한다.

$ROH+C_2H_4O \rightarrow ROC_2H_4OH$

16. 황화수소(H_2S)

1) 고산지대의 화산 분출 시 분기 중에 함유되고 또 유황천에서 물에 녹아 용출한다.
2) 무색이며 특유한 계란 썩는 냄새를 가진 기체로서 유독하다.
3) 연소 시에 파란 불꽃(청염)을 내고 이산화유황(SO_2)을 생성한다.
   ① 완전 연소 시 $2H_2S+3O_2 \rightarrow 2H_2O+2SO_2$
   ② 불완전 연소 시 $2H_2S+O_2 \rightarrow 2H_2O+2S$
4) 알칼리와 반응하여 2종류의 염을 생성한다.
   ① $NaOH+H_2S \rightarrow H_2O+NaHS$(수황화소다)
   ② $2NaOH+H_2S \rightarrow 2H_2O+Na_2S$(황화나트륨)
5) 수용액은 강한 이염기산이 된다.
6) 각종 산화물을 환원시킨다.
7) 농질산이나 발열 질산 등의 산화제와는 심하게 반응하므로 위험성이 있다.

17. 이황화탄소(CS_2)

1) 상온에서 무색이며 투명 또는 담황색의 액체이다.
2) 순수한 것은 거의 무취이나 일반적으로는 특유의 불쾌한 냄새가 난다.
3) 대단히 인화되기 쉬운 액체(인화점 −30℃, 발화온도 100℃)로 유독하다.
4) 비교적 불안정하여 상온에서 빛에 의해 서서히 분해된다.
5) 고온에서 수소에 의해 환원되고 황화수소, 탄소, 메탄 등이 생긴다.
6) 니켈 촉매하에 180℃로 반응시키면 메탄디티올[$CH_2(SH)_2$]을 생성하는 등 촉매의 종류에 의해 티올류를 생성한다.

   $CS_2+2H_2 \rightarrow CH_2(SH)_2$
7) 상온에서는 물(H_2O)과 반응하지 않으나 150℃ 이상의 고온에서는 분해하여 CO_2와 황화수소(H_2S)가 생긴다.

   $CS_2+2H_2O \rightarrow CO_2+H_2S$

18. 이산화황(SO_2, 아황산)

1) 강한 자극성을 가진 무색의 기체이다.
2) 안정된 가스이며 고온(200℃)에서도 거의 분해하지 않는다.

3) 20℃에서 물의 36배 정도 용해되며 산성을 표시한다.
$SO_2 + H_2O \rightarrow H_2SO_3$(무수황산)

4) 액체 이산화유황 중에서 티오닐클로라이드($SOCl_2$)는 산성을 표시하고 아황산소다(Na_2SO_3)는 염기성을 표시한다.
$SOCl_2 \rightarrow SO_2^{+} + 2Cl^{-}$
$Na_2SO_3 \rightarrow 2Na^{+} + SO_3^{2-}$
중화하면 염을 생성한다.($Na_2SO_2 + SOCl_2 \rightarrow 2NaCl + 2SO_2$)

5) 물에는 조금밖에 용해하지 않으나 일염화유황에는 모든 비율로 잘 녹는다.

6) 액체 이산화황(SO_2)은 순수한 것은 전도도가 낮으나 용해성의 염을 소량 가하면 전도도가 대단히 높아진다.

19. 염화메틸(CH_3Cl)

1) 상온 · 고압에서는 무색의 기체이며 에테르 취향의 냄새와 단맛이 난다.
2) 염소화 파라핀 중에서도 가장 안전하며 공기가 없으면 400℃에서는 거의 분해하지 않지만 1,400℃의 고온에 이르면 완전히 분해한다.
3) 저온에서는 결정성의 수화물($CH_3Cl \cdot 6H_2O$)을 만든다.
4) 건조된 염화메틸(CH_3Cl)은 알칼리, 알칼리토금속, 마그네슘, 아연, 알루미늄 이외의 보통의 금속과는 반응하지 않는다.
5) 화염을 가까이 하면 백색으로, 주위는 흑색의 화염을 내면서 연소하고 CO_2와 HCl이 된다.
6) 염화메틸은 체내에서 메탄올과 염화수소(HCl)로 분해된다.
7) 염화메틸을 흡입하면 최면상태가 되고 현기증이 나서 결국에는 의식을 잃게 되는 경우가 있다.
8) 수분이 존재하면 가열 시에 서서히 가수분해하여 메탄올(CH_3OH)과 염화수소(HCl)가 된다.
$CH_3Cl + H_2O \rightarrow CH_3OH + HCl$
9) 에테르용액 중에서 나트륨(Na)과 반응하여 에탄(C_2H_6)을 생성한다.
$3CH_3Cl + 2Na \rightarrow C_2H_6 + 2NaCl$
10) 암모니아(NH_3)와 반응시키면 메틸아민(CH_3NH_2)을 생성한다.
$CH_3Cl + NH_3 \rightarrow CH_3NH_2 + HCl \rightarrow CH_3NH_2 \cdot HCl$

20. 브롬화메틸(CH_3Br)

1) 무색, 무취의 가스이다.
2) 대부분의 유기용제에 용해하며 냉수와 결정성의 수화물을 만든다.
3) 가연성 가스이며 독성 가스이다.
4) 400℃ 이상에서 열분해가 시작된다.

5) 공기 중에서 연소범위가 좁기 때문에 실제상 위험은 없다.
6) 수용액 중에서 서서히 가수분해가 진행되고 메탄올(CH_3OH)과 브롬화수소산으로 된다.
7) 알루미늄(Al)과 반응하며 그 외에 건조된 순수한 브롬화메틸과는 반응하지 않지만 물이나 알코올이 있으면 주석, 아연, 철에서는 표면반응이 일어난다.
8) 메틸화 시약으로서 유효하며 아민류, 특히 염기성이 강한 아민과 반응시키면 메틸암모늄 브로마이드를 생성한다.

21. 프레온

1) 불소 또는 염소를 함유한 지방족 탄화수소이다.
2) 무색이며 무취이고 독성이 없다.
3) 불연성이다.
4) 화학적으로 안정하다.
5) 200℃ 이하에서는 대부분의 금속과 반응하지 않는다.(마그네슘(Mg)이나 Mg가 2% 함유된 알루미늄(Al)에시는 부식이 된다.)
6) 기화 시 증발잠열이 다소 크므로 냉매로 사용된다.
7) 산 또는 산화제에 대하여 안정하나, 물이 존재하면 알칼리와 약간 반응하여 용융알칼리 중에서는 분해가 가능하다.

22. 부틸렌(C_4H_8)

1) 천연가스나 원유 중에는 섞여 있지 않기 때문에 이들을 열분해 또는 접촉분해하여 얻는다.
2) 비중이 1.93(공기 1)으로 무거운 가스이며 가연성 가스이고 공기 중 폭발범위 하한(1.8%)이 낮아서 누설 시 바닥에 내려앉아 인화의 위험성이 크다.
3) 일산화탄소(CO)와 수소(H_2)를 첨가하여 아밀알코올을 얻는다.
4) 산소로 접촉 산화시키면 말레이산을 얻는다.

23. 부타디엔(C_4H_6)

1) 가연성 가스이며 고농도에서는 마취성이 있다.(허용농도 1,000ppm)
2) 무색, 무취의 가스이다.
3) 상온에서 공기 중의 산소와 반응하여 중합성의 과산화물을 생성한다.
4) 수소를 부가시키면 부텐과 부탄이 생성된다.
5) 물에는 조금 녹으나 아세톤, 에테르($C_2H_5OC_2H_5$), 벤젠(C_6H_6) 등에는 매우 잘 녹는다.
6) 코발트(Co) 촉매를 사용하여 일산화탄소와 수소를 반응시키면 n-바렐알데히드를 만들고 이것을 수소화하면 펜탄올($C_5H_{11}OH$)이 된다.

7) 오산화바나듐(V_2O_5) 촉매 존재하에 산화시키면 포름알데히드(HCHO), 말레이산을 생성한다.

24. 염화비닐($CH_2=CHCl$)

1) 상온 · 상압에서 무색의 기체이며 가연성 가스이다.
2) 수분 존재 시 미량의 염산(HCl)을 만든 후 철이나 강을 부식시킨다.
3) 물에는 잘 용해하지 않으나 기타 용제에는 대체적으로 용해한다.
4) 열, 직사광선, 라디칼(원자단) 촉매에 의해 쉽게 중합하여 PVC(염화비닐수지)를 만든다. 중합반응 시 몰(mol)당 15~25kcal의 발열이 있으므로 이상 압력상승으로 폭발의 위험성이 따른다.

25. 브롬화수소(HBr)

1) 강한 자극성을 가진 독성 가스이며 무색의 발열성 기체이다.
2) 물에 잘 용해되며 브롬화수소산의 강산성을 나타낸다.
3) 습공기 중에서 심하게 열을 발생시킨다.

26. 불화수소(HF)

1) 무색의 기체이며 맹독성 가스로 증기는 극히 유독하다.
2) 19.4℃ 이하에서 액화하고 상온에서는 H_2F_2로, 또한 30℃ 이상에서는 HF로 존재한다.
3) 물에 잘 용해하고 수용액은 불화수소산(플루오르화수소산)으로 약산성을 나타낸다.
4) 유리를 부식시키므로 유리용기에는 저장하지 못한다.

27. 메탄올(CH_3OH)

1) 별명이 메틸알코올이며 가장 저급 알코올에 속한다.
2) 인화 · 휘발하기 쉽고 무색이며 알코올 냄새가 난다.
3) 독성이 있으며 8~20g에서 실명하고 30~100mL에서 치사한다.
4) 에틸알코올(에탄올 C_2H_5OH)과 비슷하나 유독성이므로 마실 수는 없다.
5) 물에 잘 녹으며 용매로도 쓰인다.
6) 인화점이 11℃이며 온도가 낮으면 폭발성 혼합기체로는 발생되기 어려우나 액온이 인화점 이상이면 인화하고 밀폐된 곳에서는 폭발하기 쉽다.

28. 아크릴로 니트릴($CH_2=CHCN$)

1) 무색이며 투명한 액체이다.
2) 쓴 복숭아 향의 자극적인 냄새를 갖는 독성 가스이다.
3) 독성의 허용농도가 20ppm이다.

4) 가연성 액체이나 증기는 상온에서 폭발성 가스가 된다.
5) 산소 등의 산화성 물질이 존재하거나 빛에 노출되면 중합이 촉진되어 열 발생으로 압력이 상승하고 폭발의 위험성이 증대된다.
6) 중합방지제인 안정제로서는 하이드론퀴논이 사용된다.

29. 메틸아민(CH_3NH_2)

1) 종류로는 모노메틸아민(CH_3NH_2), 디메틸아민[$(CH_3)_2NH$], 트리메틸아민[$(CH_3)_2N$]이 있다.
2) 상온 · 상압에서는 기체나 액화가 되면 무색이다.
3) 허용농도 10ppm의 독성 가스로서 특이한 냄새가 난다.
4) 저급 알코올이나 물에 용해가 잘된다.
5) 가연성이며 독성 가스로서 인화점이 극히 낮고 공기 중에서 쉽게 연소하여 위험하다.

30. 벤젠(C_6H_6)

1) 무색이며 특유한 냄새가 난다.
2) 허용농도 10ppm의 독성 가스이며 휘발성 액체로서 가연성이며 독성 가스이다.
3) 물에는 용해되지 않지만 알코올, 에테르, 아세톤, 유지, 수지에는 용해가 잘된다.
4) 탄화수소수(C_6H_6)가 같아서 산소 중에서 연소 시 그을음이 발생되며 완전연소반응식은 다음과 같다.
   $2C_6H_6 + 15O_2 \rightarrow 12CO_2 + 6H_2O$
5) 공기 중에 2% 정도의 벤젠을 포함한다면 5분 내지 10분 이내에 사망의 우려가 있다.
6) 휘발성 액체이고 인화점이 낮은 가연성이며 화기와는 일정거리를 유지하여야 된다.
7) 치환반응 및 첨가(부가)반응을 일으킨다.

31. 프로필렌(C_3H_6)

1) 가연성 가스로서 에틸렌과 비교적 유사한 반응성을 나타낸다.
2) 향긋한 냄새가 나며 무색이다.
3) 물을 부가시키면 이소프로필알코올을 생성하며 수소화하면 프로판이 된다.
4) 암모니아와 함께 공기 중에서 반응시키면 아크릴로니트릴을 생성한다.
5) 접촉 산화시키면 아크롤레인($CH_2=CHCHO$)을 생성한다.
6) 염소화하면 염화아릴, 2염화프로필렌이 된다.
7) 벤젠과 반응하면 페놀을 생성한다.

32. 에틸벤젠(C_8H_{10})

1) 가연성 액체로서 톨루엔(C_9H_8)과 매우 유사한 성질을 갖는다.
2) 20atm 이하에서 600～700℃의 고온하에 수소를 가하여 탈알킬화하면 벤젠, 톨루엔, 스티렌이 된다.
3) 산소를 이용하여 탈수소하면 스티렌이 된다.

33. 염화메틸(CH_3Cl)

1) 무색의 기체로서 가연성이며 독성 가스이다.
2) 공기 중에서 연소하면 메탄올과 염화수소가 생성된다.
3) 물과 함께 가열하면 서서히 가수분해하여 다음과 같이 된다.
   $CH_3Cl + H_2O \rightarrow HCl$(염화수소)$+ CH_3OH$(메탄올)
4) 일반금속과는 반응을 하지 않으나 마그네슘(Mg), 알루미늄(Al), 아연(Zn)과는 반응한다.
5) 암모니아(NH_3)와 반응하여 메틸아민(CH_3NH_2)을 생성한다.
   $CH_3Cl + NH_3 \rightarrow CH_3NH_2 + HCl$
6) 에테르용액 중에서 나트륨(Na)과 반응하여 에탄(C_2H_6)을 생성한다.
   $2CH_3Cl + 2Na \rightarrow C_2H_6 + 2NaCl$

34. 액화석유가스 프로판(C_3H_8)

1) 연소 시 많은 공기가 필요하다.
2) 폭발한계가 좁다.(2.1～9.5%)
3) 연소속도가 늦다.(4.45m/s)
4) 착화온도가 높다.(460～520℃)
5) 가스의 밀도가 크다.(1.96g/L)
6) 가스의 비용적은 0.5m^3/kg이다.
7) 가스의 비중은 1.52 정도이다.(공기보다 무겁다.)
8) 액체의 비중은 0.508이다.(물보다 가볍다.)
9) 소비 중 용기에 서리가 낀다.
10) 가스는 공기보다 무겁다.
11) 기화나 액화가 용이하다.(7kg/cm^2의 가압으로 액화하거나 상압하에서 −42.1℃로 냉각)
12) 기화하면 체적이 250배로 증가한다.
13) 증발잠열이 101.8kcal/kg이다.
14) 용기 내의 증기압력은 온도에 따라 다르다.
15) 무색, 무독, 무취이다.

16) 고무, 페인트, 그리스, 윤활유 등을 용해한다.
17) 발열량이 12,000kcal/kg으로 크다.

35. 메탄(CH_4)

1) 파라핀계 탄화수소로서 가장 간단한 형의 화합물이며 상당히 안정된 가스이다.
2) 유전가스, 탄전가스 및 수용성 천연가스와 같은 천연가스의 주성분이다.
3) 유기물의 부패나 분해에 따라 항상 발생되는 천연가스이다.
4) 무색, 무미, 무취의 기체이다.
5) 가연성 가스이기 때문에 공기 중에서 연소 시 담청색의 불꽃을 내며 연소한다.
   $CH_4 + 2O_2 \rightarrow CO_2 + 2H_2O + 212.8kcal$
6) 무극성이며 수분자와 결합하는 성질이 없어서 용해도는 적다.
7) 고온에서 산소 및 수증기를 반응시키면 일산화탄소와 수소(H_2)의 혼합가스가 생성된다.(촉매는 니켈(Ni)이다.)
   $CH_4 + \frac{1}{2}O_2 \rightarrow CO + 2H_2 + 8.7kcal$
   $CH_4 + H_2O \rightarrow CO_2 + 3H_2 - 49.3kcal$
8) 염소와 치환반응을 일으켜 염소화합물을 만든다.
   $CH_4 + Cl_2 \rightarrow CH_3Cl$(염화메틸)$+ HCl$
   $CH_3Cl + Cl_2 \rightarrow CH_2Cl_2$(염화메틸렌)$+ HCl$
   $CH_2Cl_2 + Cl_2 \rightarrow CHCl_3$(클로로포름)$+ HCl$
   $CHCl_3 + Cl_2 \rightarrow CCl_4$(사염화탄소)$+ HCl$

참고

- CH_3Cl : 냉매로 사용
- CH_2Cl_2 : 공업용 용제로 사용
- CH_2Cl_3 : 마취제로 사용
- CCl_4 : 소화제로 사용

36. 부탄(C_4H_{10})

1) 밀도가 2.59g/L로 크다.
2) 가스의 비용적이 0.39 m^3/kg이다.
3) 가스의 비중은 2이다.(공기보다 2배)
4) 액체의 비중은 0.581이다.(물보다 가볍다.)

5) 소비 중 서리가 낀다.
6) 가스는 공기보다 무겁다.
7) 기화나 액화가 용이하다.(2kg/cm^{2}로 가압하거나 대기압에서 −0.5℃로 냉각하면 된다.)
8) 기화하면 체적이 230배 팽창한다.
9) 증발잠열이 92.1kcal/kg으로 크다.
10) 용기 내의 증기압은 온도에 따라 다르다.
11) 가스는 무색, 무취, 무독성이다.
12) 고무나 페인트, 그리스, 윤활유 등을 용해한다.
13) 발열량이 12,000kcal/kg이다.
14) 연소 시 많은 공기가 필요하다.
15) 폭발범위가 좁다.(1.8~8.4%)
16) 연소속도가 3.65m/s로 늦다.
17) 착화온도가 430~510℃로 높다.

CHAPTER 04 가스용 고압장치

SECTION 01 가스 저장용기

1 가스 저장용기의 종류

1) 이음매 없는 용기(무계목 용기)

[특징]

① 충전 시 압력이 높은 압축가스 충전 저장용기이다.

② 내압이 높은 액화가스 충전 저장용기이다.

③ 강도가 크며 부식성이 없고 응력분포가 일정하다.

④ 용접을 하지 않고 일체형으로 만든 고압용 용기이다.

⑤ 용접용기에 비하여 가격이 비싸다.

참고 압축가스와 액화가스

- 압축가스 : 헬륨, 수소, 질소, 네온, 공기, 일산화탄소, 불소, 아르곤, 일산화질소, 메탄 등
- 액화가스 : 프로판, 부탄, 암모니아, 시안화수소 등
- 내압이 높은 액화가스 : 에틸렌, 에탄, 이산화탄소

2) 이음매 있는 용기(계목 용기)

[특징]

① 충전압력이 낮은 가스의 충전 저장용기이다.

② 용해가스인 아세틸렌가스 충전 저장용기로 사용된다.

③ 저렴한 강판으로 제작하며 가격이 저렴하다.

④ 용기 형태나 치수 선택이 자유롭다.

⑤ 두께 공차가 적다.

※ 고압용기 제작 중 최대두께와 최소두께는 그 차이가 평균두께의 20% 이하로 제작되어야 한다.

3) 초저온 용기

−50℃ 이하의 액화가스를 충전하기 위한 용기이다. 단열재나 냉동설비로 냉각하는 등의 방법으로 용기 내의 가스온도가 상용의 온도를 초과하지 않도록 한 용기이다.

4) 저온 용기

액화가스를 충전하기 위한 용기로서 단열재로 피복하거나 냉동설비로 냉각하는 등의 방법으로 용기 내의 가스온도가 상용의 온도를 초과하지 아니하도록 한 것 중 초저온 용기 외의 것을 말한다.

2 가스 충전구 나사형식

1) 용기의 가스 충전구 나사형식의 종류

① A형 : 충전구 나사가 수나사인 것
② B형 : 충전구 나사가 왼나사인 것
③ C형 : 충전구 나사가 없는 것

2) 가스종류별 충전구 나사형식

① 왼나사
가연성 가스의 모든 용기밸브 나사(단, 암모니아, 브롬화메탄의 가연성 가스만은 제외한다. 즉, 2가지 가스만은 오른나사이다.)

② 오른나사
㉠ 불연성 가스 충전구 나사
㉡ 조연성 가스 충전구 나사

※ 밸브의 육각너트(그랜드너트)에 영어로 V자홈을 표시한 것은 왼나사, 즉 가연성 가스를 표시한다.

3 용기용 가스별 안전밸브 종류

1) 스프링식

LPG용 충전용기 안전밸브로 많이 사용한다.

2) 가용전(용전)

① 비스무트, 카드뮴, 주석, 납 등의 합금으로 제작한다.
② 일반적으로 용융온도는 65~68℃ 정도이다.
③ 암모니아용의 용융온도는 62℃이다.
④ 염소가스 용기용의 용융온도는 65~68℃이다.
⑤ 아세틸렌가스 용기용의 용융온도는 105±5℃ 내외이다.

3) 파열판식

박판식이며 부식성 유체, 괴상물질을 함유한 유체에 적합하고 1회용이므로 재사용은 어렵다.

참고

1) 각종 안전밸브의 작동압력 조절
   ① 용기의 경우 : 내압시험압력×8/10 이하
   ② 고압장치, 저장설비 : 내압시험압력×0.8배 이하
2) 내압시험(TP)
   ① 용기의 경우
      • 최고충전압력(FP)의 5/3배 이상
      • 아세틸렌용기(최고충전압력의 3배 이상)
   ② 고압장치 및 저장설비
      상용압력의 1.5배 이상

SECTION 02 용기의 검사

1 수조식 및 비수조식

1) 수조식 영구증가량 시험

① 영구증가량 계산=(영구증가량/전증가량)×100%

② 검사 후 연구증가량(항구증가량) 값이 10% 이하이면 용기검사 합격이다.

2 초저온 용기의 단열성능시험

1) 침입열량

① 용기 내용적 1,000L 미만의 용기
   0.0005kcal/HCl 이하이면 합격

② 용기 내용적 1,000L 이상의 용기
   0.002kcal/HCl 이하이면 합격

2) 초저온 용기의 단열성능시험 대상 액화가스

① 액화질소

② 액화산소

③ 액화아르곤

SECTION 03 저장탱크

1 원통형 탱크

1) 입형, 횡치원통형

2) 경판의 모양에 따라 반구형, 반타원형, 표준접시형, 접시형, 평형, 원추형이 있다.

2 구형

1) 특징

① 기초 및 구조가 단순하며 공사가 용이하다.

② 고압 저장탱크로 사용하면서도 건설비가 저렴하다.

③ 형태가 아름다우면서도 강도가 크다.

④ 보존 면에서 유리하고 누설이 완전히 방지된다.

⑤ 동일 용량의 가스 또는 액화가스 저장 시 표면적이 작다.

CHAPTER 05 액화석유가스

SECTION 01 액화석유가스(Liquefied Petroleum Gas)

LPG는 C_3H_8, C_4H_{10}을 주성분으로 하고 있으며 이외에도 프로필렌(C_3H_6), 부틸렌(C_4H_8), 부타디엔(C_4H_6) 등의 저급탄화수소로 이루어져 있다.

1 LPG의 일반적인 특성

1) 무색 투명하고 냄새가 없다.
   LPG는 원칙적으로 무취이나 누설 시 조기에 발견하기 위해서 LPG에 부취제를 첨가하였기 때문에 냄새가 나는 것이다.

2) 기화 또는 액화가 쉽다.
   비등점이 상온(20℃)보다 낮으므로 기화가 쉬우며 또한 비등점이 다른 가스에 비해 비교적 높기 때문에 액화가 쉬워 액화가스로 취급한다. 비등점은 C_3H_8이 −42.1℃이며, C_4H_{10}이 −0.5℃ 정도이다.

3) 기체인 경우 공기보다 무겁다.
   ① 가스비중
      ㉠ C_3H_8 : $\frac{44}{29} = 1.52$
      ㉡ C_4H_{10} : $\frac{58}{29} = 2$
   ② LPG는 공기보다 1.52~2배 정도 무거우므로 누설 시 바닥에 체류하게 되어 인화되기 쉽다.

4) 액체상태에서는 물보다 가볍다.
   ① 액비중
      ㉠ C_3H_8 : 0.509kg/L
      ㉡ C_4H_{10} : 0.582kg/L
   ② 물의 비중은 1kg/L로서 LPG는 약 0.5kg/L로 물보다 반 정도 가볍다.

5) 증발잠열(기화잠열)이 크다.
   ① 증발잠열
      ㉠ C_3H_8 : 101.8kcal/kg

㉡ C_4H_{10} : 92kcal/kg

6) 기화되면 체적이 커진다.

① C_3H_8 : 부피 = 무게 × 비체적 = $509g \times \frac{22.4L}{44g}$ = 259.13 = 약 250배

② C_4H_{10} : 부피 = 무게 × 비체적 = $582g \times \frac{22.4L}{58g}$ = 224.77 = 약 230배

7) 공기 중에 $\frac{1}{1,000}$(0.1%) 누설 시 감지할 수 있도록 부취제를 첨가한다. 부취제로는 모노메르캅탄이나 에틸메르캅탄이 쓰인다.

8) LPG는 천연고무를 용해하므로 합성고무(실리콘 고무)를 사용한다.

※ LPG를 취급하는 배관계통이나 밸브계통 등에서 누설방지용 패킹을 사용할 경우 패킹제로 천연고무를 사용하면 천연고무가 용해되므로 실리콘 고무를 사용한다.

9) 용기 내의 증기압은 온도, 가스의 종류에 따라 다르다.

10) 절연성이 좋아 액의 유동에 의하여 정전기를 발생시켜 인화 위험이 있으므로 주의한다.

2 LPG의 연소 특성

1) 발열량이 크다.

① C_3H_8 : 12,000kcal/kg

$C_3H_8 + 5O_2 \rightarrow 3CO_2 + 4H_2O + 530kcal/mol$

C_3H_8 1mol(44g)당 발열량은 530kcal이고 1kg(1,000g)당 발열량은 비례식으로

44g : 530kcal = 1,000g : x, $x = \frac{530 \times 1,000}{44}$ = 12,045kcal/mol

② C_4H_{10} : 11,800kcal/kg

$C_4H_{10} + 6.5O_2 \rightarrow 4CO_2 + 5H_2O + 688kcal/mol$

C_4H_{10} 1mol(58g)당 발열량은 688kcal이고 1kg(1,000g)당 발열량은 비례식으로

58g : 688kcal = 1,000g : x, $x = \frac{688 \times 1,000}{58}$ = 11,862kcal/kg

2) 발화온도(착화온도)가 높다.

① C_3H_8 : 460~520℃

② C_4H_{10} : 430~510℃

③ 발화온도가 다른 가연물에 비해 비교적 높아 열에 대하여 안정성이 있다. 탄화수소는 탄소수가 많을수록 발화온도는 낮아진다.

3) 폭발범위(연소범위)가 좁다.

① C_3H_8 : 2.1~9.5%

② C_4H_{10} : 1.8~8.4%

③ 다른 가연성 가스에 비해 폭발범위의 상한과 하한의 차가 좁지만 폭발범위의 하한계가 낮아 위험하다.

4) 연소속도(화염속도)가 느리다.

연소속도란 가연성 가스가 산소와 반응하는 속도를 말하는데 일반적으로 C_3H_8은 4.45m/s, C_4H_{10}은 3.65m/s로 비교적 느리기 때문에 안정성이 있다.

5) 연소 시 다량의 공기가 필요하다.

① C_3H_8 : $A_o = \dfrac{O_o}{0.21} = \dfrac{5}{0.21} = 23.8 =$약 24배

② C_4H_{10} : $A_o = \dfrac{O_o}{0.21} = \dfrac{6.5}{0.21} = 30.95 =$약 31배

③ **완전연소 반응식**

㉠ $C_3H_8 + 5O_2 \rightarrow 3CO_2 + 4H_2O + 530kcal$

㉡ $C_4H_{10} + 6.5O_2 \rightarrow 4CO_2 + 5H_2O + 688kcal$

※ 탄화수소계 가스의 완전연소 반응식

$$C_mH_n + \left(m + \frac{n}{4}\right)O_2 \rightarrow mCO_2 + \frac{n}{2}H_2O$$

④ LPG는 연소 시 다량의 공기가 필요하므로 연소시킬 경우 공기의 공급을 충분하게 하여 연소시켜야 한다. 공기 공급이 부족하면 불완전 연소되어 독성 가스인 CO가 발생하여 중독사고를 일으킬 우려가 있다.

6) 완전연소 시 CO_2, H_2O가 발생하고, 불완전연소 시 CO가 발생한다.

SECTION 02 LPG의 특징

1 LPG의 장단점

1) 장점

① 열용량이 크기 때문에 작은 배관경으로 공급할 수 있다.

② 열량이 높기 때문에 최소 연소장치로서 최고의 열량을 낼 수 있다.

③ LPG의 특유증기압을 갖고 있으므로 특별한 가압장치가 필요 없다.

④ 입지적 제약 조건이 없다.

⑤ 자가공급이므로 가스공급 부족현상이 없어 일정한 공급을 할 수 있다.

⑥ 공급가스압력을 자유로이 설정할 수 있어 다방면으로 이용된다.

2) 단점

① 저장탱크 또는 용기의 집합 공급장치가 필요하다.

② 겨울철에 부탄을 소비할 경우 재액화 방지를 고려해야 한다.

③ 공급을 중단시키지 않기 위하여 예비용기를 확보해야 한다.

④ 연소용 공기가 다량 필요하다.

2 LPG 용기 상태

1) 용접용기로서 재질은 탄소강을 사용한다.

2) 안전밸브는 스프링식이며 용기 원밸브의 재질은 단조황동이다.

3) 용기의 내압시험압력(TP)은 2.6MPa 이상, 기밀시험압력(AP)은 1.56MPa 이상으로 실시한다.

4) 용기밸브의 TP는 3MPa 이상, AP는 1.8MPa 이상으로 실시한다.

5) 일반용기의 바탕색은 회색이며 가스명칭과 충전기한은 적색이고 가연성 가스이지만 ㉨자 표시는 하지 않는다.

※ 용기에 가연성 가스일 경우에는 ㉨, 독성 가스일 경우에는 ㉧, 독성이면서 가연성일 경우에는 ㉧㉨을 표시하는데, LPG는 일반적으로 가연성 가스로 인식하고 있기 때문에 특별하게 ㉨자 표시를 하지 않는다.

3 LPG 누설 시 주의(조치)사항

1) 주위에 있는 화기를 제거한다.

2) 중간밸브 및 용기 원밸브를 닫는다.

3) 창문을 열고 환기를 시킨다.

4) 판매업자에게 연락하여 조치를 받는다.

4 LPG의 용도

1) 가정용이나 공업의 연료용
2) 금속절단용
3) 가스라이터 및 자동차 연료

SECTION 03 LPG 설비

1 LPG 이송설비

차량에 적재된 탱크로리에서 충전소의 저장탱크까지 이송하는 방법에는 다음과 같이 3가지 방법이 있다.

1) 압축기를 이용하는 방법

[특징]

① 펌프에 비해 충전시간이 짧다.
② 잔가스 회수가 가능하다.
③ 베이퍼록 현상이 없다.
※ 베이퍼록(Vaporlock) : 저비점의 액체 이송 시 마찰열에 의해서 액이 기화되는 현상
④ 조작이 간단하다.
⑤ 부탄의 경우 저온에서 재액화의 우려가 있다.
⑥ 압축기의 오일이 탱크에 들어가 드레인의 원인이 된다.

2) 펌프를 이용하는 방법

[특징]

① 충전시간이 길다.
② 잔가스 회수가 불가능하다.
③ 베이퍼록 현상의 우려가 있다.
④ 재액화의 우려가 없다.
⑤ 드레인 현상이 없다.
※ 이 · 충전에 사용되는 펌프는 기어펌프, 베인(편심)펌프, 원심펌프 등이다.

3) 차압에 의한 방법

펌프 및 압축기 등의 동력을 사용하지 않고 탱크로리와 저장탱크와의 압력차를 이용하여 이송하는 방법으로 현재는 거의 사용하지 않는다.

참고 탱크로리 충전작업 중 작업을 중단해야 하는 경우

- 저장탱크에 과충전이 되는 경우
- 주위에 화재 발생 시
- 압축기 사용 시 액압축(워터해머링)이 일어나는 경우
- 펌프 사용 시 베이퍼록이 발생할 경우
- 탱크로리와 저장탱크를 연결한 호스 또는 로딩암 커플링의 접속이 빠지거나 누설되는 경우

2 LPG 수송 방법

1) 용기에 의한 방법
2) 탱크로리에 의한 방법
3) 철도차량에 의한 방법
4) 유조선에 의한 방법
5) 파이프 라인(Pipe Line)에 의한 방법

3 LPG 공급 방식

공급방식은 자연기화방식과 강제기화방식으로 구분한다.

- 자연기화방식 : C_3H_8
- 강제기화방식 : C_4H_{10}

1) 자연기화방식

용기 내의 LPG가 대기 중의 열을 흡수해서 기화되는 방법

[특징]

① 용기 수량이 많이 필요하다.
② 발열량의 변화가 크다.
③ 가스의 조성 변화가 크다.
④ 기화능력에 한계가 있어 소량 소비 시에 적당하다.

2) 강제기화방식

기화기에 의해 공급하는 방식으로 비점이 높은 부탄이나 소비량이 많은 경우 및 한랭지에서 사용하며 공급방식은 3가지 방식이 있다.

① **생가스 공급방식** : 기화기에서 나온 가스를 그대로 공급하는 방법

㉠ 부탄은 온도가 0℃ 이하로 내려가면 재액화되기 쉬우므로 배관을 보온해야 한다.

㉡ 고발열량을 필요로 하는 경우 사용하며 열량 조정이 필요 없고 발생압력이 높으며 서지탱크가 필요하지 않다.

㉢ 장치가 간단하지만 재액화의 문제가 있다.

② **공기혼합가스 공급방식** : 기화기에서 기화된 부탄가스에 공기를 혼합하여 공급하는 방법

※ 공기혼합 목적 : 재액화 방지, 발열량 조절, 연소효율 증대, 누설 시 손실 및 체류 감소

③ **변성가스 공급방식** : 부탄을 고온촉매로 분해하여 CH_4, H_2, CO 등의 가스로 변성시켜 공급하는 방법

㉠ 재액화 방지 및 특수한 용도(금속의 열처리, 도시가스용)에 사용된다.

㉡ LPG를 변성하여 도시가스로 공급하는 방법에는 공기혼합방식, 직접혼입방식, 변성혼입방식의 3가지가 있다.

3) 기화장치(Vaporizer)

기화기(증발기)는 가스에 열을 공급하여 기화시키는 장치이다.

① **부속기기의 역할**

㉠ 기화부(열교환기) : 액상의 LPG를 열교환기에 의해 가스화시키는 부분

㉡ 온도제어장치 : 열매의 온도를 일정범위 내로 유지하기 위한 장치

㉢ 과열방지장치 : 열매가 이상과열되었을 경우 입열을 차단하는 장치

㉣ 액면제어장치 : 액상의 LPG가 기화기 밖으로 유출되는 것을 방지하는 장치

㉤ 조정기 : 기화부에서 나온 가스를 소비 목적에 따라 일정한 압력으로 조정하는 장치

㉥ 안전밸브 : 기화기의 내압이 이상상승했을 때 장치 내의 가스를 외부로 방출하는 장치

② **열매체** : 온수, 증기, 공기

③ **기화기 사용 시 장점**

㉠ 소비량이 많은 경우 및 한랭 시에도 연속공급이 가능하다.

㉡ 공기가스의 조성이 일정하다.

㉢ 기화량의 가감 조정이 용이하다.

㉣ 설비장소를 적게 차지한다.

㉤ 설비비 및 인건비가 절감된다.

④ **기화장치의 구성** : 기화부, 제어부, 조압부

SECTION 04 연소기구

1 LPG의 연소기구

1) 연소기구의 구비조건

① LP가스를 완전연소시킬 수 있을 것
② 연소열을 가장 유효하게 이용할 수 있을 것
③ 취급이 간단하고 안전성이 있을 것

2) 연소기구의 특징

① 버너의 구조가 간단하다.
② 매연 발생이 적다.
③ 연소의 제어가 신속하고 자동제어에 적합하다.
④ 국부가열을 할 수 있고 전열면의 오손이 거의 없다.
⑤ 연소량의 조절범위가 넓고 연소조절이 용이하다.

3) 연소방식에 의한 분류

① **적화식 연소방식** : 연소에 필요한 공기를 모두 2차 공기로 취하는 것으로 단순히 가스를 대기 중에 분출하여 연소시킨다.(순간온수기, 각종 파일럿 버너, 에어퍼지 버너)
② **분젠식 연소방식** : 1차 공기 및 2차 공기를 혼합하여 연소시키는 방식으로 1차 공기는 60%, 2차 공기는 40% 정도로 혼합하여 연소시킨다.(일반 가스기구, 온수기, 가스레인지)
③ **세미분젠식 연소방식(반분젠식)** : 적화식과 분젠식의 중간적인 형태로 1차 공기와 2차 공기를 모두 취하지만 1차 공기량이 분젠식보다 적다.(목욕탕 버너, 소형 온수기)
④ **전 1차 공기식 연소방식** : 연소에 필요한 공기를 모두 1차 공기로만 취하는 형식(소각용 각종 가열건조로, 난방용 가스보일러, 공업용 보일러)

4) 급기 · 배기방식에 의한 분류

① **개방형 연소기구** : 연소에 필요한 공기를 실내에서 취하고 연소 후 발생하는 폐가스도 실내로 방출하는 형식(가스난로, 가스레인지, 소형 순간온수기)
※ 개방형 연소기구를 사용할 경우 공기의 공급량이 충분하지 못하면 불완전연소되어 CO의 발생에 의해 중독사할 우려가 있으므로 환기 및 배기를 충분히 하여 연소시킨다.
② **반밀폐형 연소기구** : 연소에 필요한 공기를 실내에서 취하고 연소 후 발생하는 폐가스는 배기통을 이용하여 옥외로 방출하는 형식(난방용 가스보일러, 대형 온수기)
③ **밀폐형 연소기구** : 연소에 필요한 공기를 급기통을 통해 옥외에서 취하고 연소 후 발생하는 폐가스도 배기통을 통해 옥외로 방출하는 형식(대형 보일러)

5) 연소상의 문제점

① **역화(Flash Back)** : 가스의 연소속도가 유출속도보다 크게 될 때 불꽃이 염공에서 버너 내부로 침입하여 연소를 일으키는 현상

[원인]

㉠ 가스의 공급압력이 너무 낮아질 때

㉡ 부식에 의하여 염공이 크게 될 때

㉢ 콕의 노즐 직경이 너무 작거나 노즐과 콕의 구멍에 먼지가 묻어 구멍이 작아진 경우

㉣ 버너가 과열되었을 경우

㉤ 댐퍼가 과다하게 열려 연소속도가 빠르게 된 경우

※ 댐퍼(Damper)란 공기 조절기를 말한다.

② **선화(Lifting)** : 염공으로부터의 가스 유출속도가 연소속도보다 크게 될 때 화염이 염공을 떠나 공간에서 연소하는 현상

[원인]

㉠ 가스의 공급압력이 지나치게 높을 경우

㉡ 노즐 직경이 지나치게 클 경우

㉢ 가스의 공급량이 지나치게 과대할 때

㉣ 버너의 염공에 먼지 등이 부착하여 염공이 작아졌을 때

㉤ 환기 및 배기 불충분 등에 의하여 2차 공기 중의 산소농도가 저하된 경우

㉥ 댐퍼를 지나치게 열어 공기량이 너무 많아질 때

③ **옐로우 팁(Yellow Tip)** : 연소반응의 도중에 탄화수소가 열분해되어 탄소입자가 발생하여 미연소된 채 적열되어 염의 선단이 적황색으로 변하여 연소하는 현상

[원인]

㉠ 주물 밑부분에 철가루 존재 시

㉡ 1차 공기가 부족한 경우

④ **불완전연소** : LP가스 등이 산화반응을 완전히 일으키지 않은 상태에서 연소하여 CO 및 그을음 등이 발생하는 현상

[원인]

㉠ 환기 불충분
㉡ 배기 불충분
㉢ 공기 공급량 부족
㉣ 프레임의 냉각
㉤ 가스 조성이 맞지 않을 때
㉥ 가스기구 및 연소기구가 맞지 않을 때

2 LPG 배관 시설

LP가스 배관은 가정용, 공업용으로 3m 이내에는 고무호스를 사용하고 원거리 시나 공급량이 많을 경우에는 금속배관을 사용한다.

1) 배관 설계 시 고려할 사항

① 배관 내의 압력손실(허용압력강하)
② 가스 소비량 결정(최대가스유량)
③ 배관 경로의 결정(배관의 길이)
④ 관지름의 결정
⑤ 용기의 크기 및 필요본수 결정
⑥ 감압방식의 결정 및 조정기의 선정

참고 배관 경로 선정 시 4대 요소

- 최단거리로 할 것(짧게)
- 은폐나 매설을 피할 것(노출)
- 구부러짐이나 오르내림이 적을 것(굴곡이 없을 것)
- 가능한 한 옥외에 설치할 것(옥외)

2) 배관 내의 압력손실

① 마찰저항에 의한 압력손실

㉠ 유속의 2승에 비례한다.(유속이 2배이면 압력손실은 4배이다.)
㉡ 관 내경의 5승에 반비례한다.(내경이 1/2이면 압력손실은 32배이다.)
㉢ 관의 길이에 비례한다.(길이가 2배이면 압력손실은 2배이다.)
㉣ 유체의 점도에 관계된다.
㉤ 관 내벽 상태에 관계된다.
㉥ 압력과는 무관하다.

※ 압력손실과의 관계는 관경을 구하는 공식을 이용하여 알아볼 수 있다.

$$Q = K\sqrt{\frac{D^5 h}{SL}} \rightarrow Q^2 = K^2 \frac{D^5 h}{SL} \rightarrow h = \frac{Q^2 \cdot S \cdot L}{K^2 \cdot D^5}$$

여기서, h : 압력손실, K : 유량계수
S : 가스 비중, L : 배관 길이
Q : 가스 유량, D : 관 지름

② 입상배관에 의한 압력손실

입상배관(오름배관)에 의한 압력손실은 가스 비중이 클수록 커진다.

3) LPG 공급, 소비설비의 압력손실 요인

① 배관의 직관부에서 일어나는 압력손실

② 관의 입상에 의한 압력손실

③ 엘보, 티, 밸브 등에 의한 압력손실

④ 가스미터, 콕 등에 의한 압력손실

4) 배관지름 결정 방법

① 저압배관의 관경 결정

$$Q = K\sqrt{\frac{D^5 \cdot h}{S \cdot L}}$$

$$D^5 = \frac{Q^2 \cdot S \cdot L}{K^2 \cdot h}$$

② 중 · 고압배관의 관경 결정

$$Q = K\sqrt{\frac{D^5(P_1^2 - P_2^2)}{S \cdot L}}$$

$$D^5 = \frac{Q^2 \cdot S \cdot L}{K^2 \cdot (P_1^2 - P_2^2)}$$

여기서, Q : 가스 유량(m^3/h)
D : 관 지름(cm)
L : 관 길이(m)
h : 허용압력 손실(mmH_2O)
P_1 : 초압(kg/cm^2a)
P_2 : 종압(kg/cm^2a)
S : 가스 비중(공기를 1로 한 경우)
K(저압) : 폴의 정수(0.707)
K(중 · 고압) : 콕의 정수(52.31)

5) 노즐에서 LP가스 분출량 계산

$$Q = 0.009D^2\sqrt{\frac{h}{d}}$$

여기서, Q : 분출 가스양(m^3/h)
D : 노즐 직경(mm)
h : 노즐 직전의 가스 압력(mmAq)
d : 가스 비중

SECTION 05 부속기구

1 조정기(Regulater)

1) 조정기의 역할

① 용기에서 유출되어 연소기구에 공급되는 가스의 압력을 그 연소기구에 알맞은 압력(230~330mmH_2O)으로 감압시킨다.

② 용기 내 가스를 소비하는 동안 공급가스의 압력을 일정하게 유지하며 소비가 중지되었을 때는 공급되는 가스를 차단시킨다.

2) 조정기의 사용목적

가스의 공급압력(유출압력)을 조정하여 연소기에서 완전연소에 알맞은 압력으로 유지함으로써 안정된 연소를 도모하기 위함이다.

3) 조정기의 감압방식

① 1단(단단) 감압방식 : 용기 내의 가스압력을 사용압력까지 한번에 낮추는 방식

장점	• 조작이 간단하다. • 장치가 간단하다.
단점	• 최종 공급압력에 정확을 기하기 어렵다. • 배관의 직경이 비교적 굵어진다.

② 2단 감압방식 : 용기 내의 가스압력을 소비압력보다 약간 높은 상태로 감압하고 2차 조정기에서 소비압력까지 낮추는 방식

장점	• 공급압력이 안정하다. • 중간배관이 가늘어도 된다. • 입상배관에 의한 압력손실을 보정할 수 있다. • 각 연소기구에 알맞은 압력으로 공급이 가능하다.
단점	• 설비가 복잡하다. • 검사방법이 복잡하다. • 조정기가 많이 소요된다. • 재액화의 우려가 있다.

참고 자동 교체식 조정기의 특징

- 용기 교환주기의 폭을 넓힐 수 있다.
- 잔액이 거의 없어질 때까지 소비된다.
- 전체 용기 수량이 수동교체식의 경우보다 작아도 된다.
- 분리형을 사용할 경우 단단 감압식의 경우에 비해 도관의 압력손실을 크게 해도 된다.

4) 조정기에 표시되는 사항

① 품질보증기간
② 입구압력 및 조정압력
③ 품명 및 제조자명
④ 약호 및 제조번호
⑤ 로트번호
⑥ 용량
⑦ 가스의 흐름방향(화살표)
⑧ 핸들의 조임 및 풀림방향(나사방향)
※ 조정기의 규격용량은 사용 연소기구 총가스소비량의 150%(1.5배) 이상일 것
가스 계량기의 용량은 총가스소비량의 120%(1.2배) 이상일 것

CHAPTER 06 도시가스

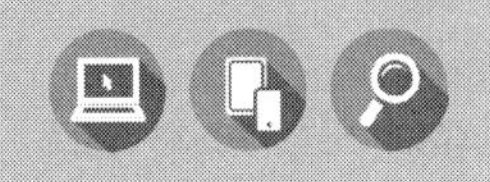

SECTION 01 도시가스

1 도시가스의 성분

도시가스의 성분은 CH_4, H_2를 주성분으로 하거나 C_3H_8을 주성분으로 하는데, 이외에도 CO_2, CO, 석탄가스, C_4H_{10} 등이 소량씩 첨가되어 있다.

2 도시가스의 특성

1) **비중** : CH_4이나 H_2가 주성분인 가스는 공기보다 가볍고 C_3H_8이 주성분인 가스는 공기보다 무거워진다.
2) **폭발범위** : 일반적으로 하한치가 5% 이내, 상한치가 20~30% 정도이며 도시가스의 성분에 따라 변화될 수 있다.
3) **발열량** : 약 7,000~11,000kcal/m³ 정도로 LP가스 발열량(C_3H_8 : 24,000kcal/m³, C_4H_{10} : 31,000kcal/m³)보다 비교적 낮다.
4) **연소속도** : H_2 함유량에 따라 변화가 생긴다. H_2의 함유량이 많으면 연소속도가 빨라지고 적으면 느려진다.

※ 웨베지수 구하는 공식

$$WI = \frac{H_g}{\sqrt{d}}$$

여기서, WI : 웨베지수
H_g : 도시가스의 총발열량(kcal/m³)
d : 도시가스의 비중(공기=1)

3 도시가스의 원료

1) **고체원료** : 코크스, 석탄
2) **기체원료** : 천연가스, 정유가스(Off 가스)
3) **액체원료** : LNG(액화천연가스), LPG(액화석유가스), 나프타

참고 도시가스의 원료

① **천연가스** : 지하에서 발생하는 탄화수소를 주성분으로 하는 가연성 가스로서 광천가스, 탄광가스, 온천가스, 석유광상가스 등이 있으나 일반적으로 유광상 가스를 천연가스라고 한다.

② **나프타** : 원유의 상압증류에 의하여 얻어지는 비점 200℃ 이하의 유분을 나프타라고 하며 비점이 30~120℃의 것을 경질나프타, 100~200℃의 것을 중질나프타라고 한다.

※ PONA 수치(나프타의 성질이 가스화에 미치는 영향을 판정하는 수치)

- P : 파라핀계 탄화수소
- O : 올레핀계 탄화수소
- N : 나프탄계 탄화수소
- A : 방향족 탄화수소

③ **LNG(Liquefied Natural Gas)** : 지하에서 산출한 CH_4을 주성분으로 한 천연가스를 −162℃의 저온까지 냉각하여 액화한 것을 말한다.

[일반적 성질]

- CH_4이 주성분으로 C_2H_6, C_3H_8, C_4H_{10} 등의 저급탄화수소가 포함된다.
- 연소 시 발열량은 약 11,000kcal/m^3 정도이다.
- 액비중은 약 0.415로서 물보다 가볍고 기체비중은 약 0.55로서 공기보다 가볍다.
- 대기압 상태에서 액화하면 체적이 1/600로 줄어든다.

④ **SNG(Substitute Natural Gas)** : 천연가스 이외의 원유, 나프타, 석탄, LPG 등의 각종 탄화수소 원료에서 천연가스의 물리적, 화학적 성질과 거의 일치하는 가스를 제조한 것으로 CH_4이 주성분이다. 대체 천연가스 또는 합성 천연가스라 한다.

⑤ **정유가스(Off 가스)** : 석유화학계열 공간 또는 석유정제에서 부생되는 가스로서 석유화학공장에서는 H_2 13%, CH_4 70%, 발열량 6,680kcal/m^3의 가스가 발생하며 석유정제 시에는 H_2 66%, CH_4 19%, 발열량 9,800kcal/m^3의 가스가 발생한다.

SECTION 02 가스 제조

1 가스 제조방식에 따른 분류

1) 열분해 공정
2) 부분 연소 공정
3) 대체 천연가스 공정
4) 수소화 분해 공정
5) **접촉분해(수증기 개질) 공정** : 사이클링식 접촉분해, 고온수증기 개질, 중온수증기 개질, 저온수증기 개질

2 원료 송입법에 따른 분류

1) 연속식
2) 배치식
3) 사이클링식

3 가열방식에 따른 분류

1) 외열식
2) 축열식(내열식)
3) 부분연소식
4) 자열식

SECTION 03 가스 공급

1 도시가스의 공급방식

1) 저압공급방식

가스홀더의 압력만을 이용하여 공급하는 방식으로 공급량이 적고 공급구역이 비교적 좁은 일반주택의 공급에 적합하다.

[특징]

① 압송비용이 극히 저렴하다.
② 공급계통이 간단하므로 유지관리가 쉽다.
③ 수송량이 많거나 수송거리가 길 경우에는 관경이 큰 도관을 사용해야 하므로 비경제적이다.
④ 도관 및 가스미터에서 수분을 제거하는 수취기가 필요하다.(유수식의 경우)
⑤ 정전 시에도 공급이 중단되지 않기 때문에 공급의 안전성이 있다.

2) 중압공급방식

압송기로 공장에서 가스를 중압으로 압송하고 공급지역의 적당한 위치에 설치된 정압기에 의해 저압으로 감압되어 수요자에게 공급하는 방식이다.

[특징]

① 작은 관경의 도관으로도 넓은 지역에 대하여 균일한 압력으로 공급할 수 있다.
② 도관이 중압, 저압 2계통이며, 압송기 및 정압기가 있으므로 유지관리가 어렵고 공급비가 많아진다.

③ 가스가 압송기에서 압축되어 재팽창되므로 건조하여 수분에 의한 장애가 적다.
④ 정전에 의하여 압송기의 운전 정지 등의 영향을 받아 공급에 지장을 일으키나 중압 가스홀더가 있는 경우에는 단시간의 정전으로는 영향을 받지 않는다.

3) 고압공급방식

고압 압송기로 공장에서 송출된 가스를 정압기에 의해 중압으로 감압한 후 중압도관으로 공급하고 다시 중압 정압기에 의해 정압으로 감압하여 수요자에게 공급하는 방식이다.

① **특징**

㉠ 작은 지름의 배관으로 많은 양의 가스를 수송할 수 있다.
㉡ 고압 압송기 및 고압 배관, 고압 정압기 등의 유지관리가 어려워지고 압송비도 많아진다.
㉢ 고압 홀더가 있을 경우에는 정전 등의 고장에 대하여 안전성이 있고 고압 및 중압 본관 설계를 경제적으로 할 수 있다.
㉣ 공급 가스는 고압으로 압축되어 수분이 제거된 후 팽창된 것으로 건조되어 있으므로 배관 내의 녹 건조에 의해 정압기 및 가스미터 등의 고무막이 건조 및 열화되어 고장을 일으키므로 방지책이 필요하다.

② 고압가스에서 고압이라 함은 1MPa 이상(액화 : 0.2MPa 이상)이며, 중압은 0.1MPa 이상에서 1MPa 미만(액화 : 0.01MPa 이상에서 0.2MPa 미만), 저압은 0.1MPa 미만(액화 : 0.01MPa 미만)을 말한다.

2 도시가스 공급시설

1) 가스홀더

가스 수요량의 급격한 변화에 대응하여 제조량 및 수요량을 조절하고 정제된 가스의 품질을 일정하게 유지하기 위하여 가스를 일시 저장하였다가 수요량에 따라 공급하기 위한 압력탱크를 말한다.

① **기능(역할)**

㉠ 사용가스의 시간적 변동에 대응하여 원활한 가스공급을 확보한다.
㉡ 정전, 배관공사 등 제조 및 공급시설의 일시적인 지장에 대하여 공급의 안전성을 확보한다.
㉢ 조성이 변동하는 가스를 혼합하여 공급가스의 성분, 열량, 연소성 등의 성질을 균일화한다.
㉣ 각 지역에 가스홀더를 설치하여 피크 시에 각 지구의 공급을 가스홀더에 의해 공급함과 동시에 배관의 수송효율을 높인다.

② **종류** : 유수식, 무수식, 고압홀더의 3가지가 있다.

㉠ 유수식 가스홀더

[특징]

• 제조설비가 저압인 경우에 많이 사용된다.

- 구형 가스홀더에 비해 유효 가동량이 많다.
- 압력이 가스의 수요에 따라 변동한다.
- 많은 물을 필요로 하기 때문에 기초비가 많이 든다.
- 한랭지에 있어서 물의 동결 방지를 필요로 한다.
- 가스가 건조해 있으면 수조의 수분을 흡수한다.

㉡ 무수식 가스홀더

[특징]

- 대용량의 경우에 적합하다.
- 유수식에 비해 작동 중 가스압력이 일정하다.
- 수조가 없으므로 기초가 간단하고 설비가 절감된다.
- 저장가스를 건조한 상태에서 저장할 수 있다.

㉢ 고압홀더(서지 탱크)

2) 압송기

가스 공급지역이 넓어 수요량이 증대된 경우에는 압력이 낮아져서 가스 공급을 원활히 할 수 없다. 이때 공급압력을 높여주는 장치를 압송기라 한다.

① 용도

㉠ 재승압을 할 필요가 있을 경우

㉡ 도시가스를 제조공장에서 원거리 수송할 필요가 있을 경우

㉢ 가스홀더의 압력으로 피크 시 모든 수요량을 보낼 수 없을 경우

3) 정압기(Governor)

공급되는 가스의 압력을 설정된 압력까지 조정하여 일정한 압력으로 공급하기 위한 것이다.

종류	특징	사용압력
Fisher 식	• Loading 형 • 정특성, 동특성이 양호하다. • 비교적 콤팩트하다.	• 고압 → 중압 A • 중압 A → 중압 A, 중압 B • 중압 A → 중압 B, 저압
Axial – flow 식	• 변칙 Unloading 형 • 정특성, 동특성이 양호하다. • 고차압이 될수록 특성이 양호하다. • 극히 콤팩트하다.	• 고압 → 중압 A • 중압 A → 중압 A, 중압 B • 중압 A → 중압 B, 저압
Reynolds 식	• Unloading 형 • 정특성은 좋으나 안정성이 부족하다. • 다른 것에 비하여 크다.	• 중압 B → 저압 • 저압 → 저압

① 정압기의 설치기준

㉠ 침수위험이 있는 경우 및 수분동결에 의하여 정압기 기능을 저해할 우려가 있는 경우에는 침수방지 조치를 한다.

㉡ 정압기 입구에는 가스차단장치를 설치한다.

㉢ 정압기 출구에는 가스압력의 이상 상승 방지장치를 설치한다.

㉣ 정압기 출구에는 가스의 압력을 측정 및 기록할 수 있는 장치를 설치한다.

㉤ 정압기의 입구에는 불순물 제거장치를 설치한다.

㉥ 정압기실에는 가스누설검지 경보장치를 설치한다.

㉦ 정압기실은 항상 통풍이 양호하여야 한다.

㉧ 정압기실의 전기설비는 방폭설비를 하여야 한다.

㉨ 정압기는 설치 후 2년에 1회 이상 분해점검 및 1주에 1회 이상 작동상황을 점검한다.(단, 단독 정압기의 경우 분해점검은 3년에 1회 이상으로 한다.)

② 정압기의 특성

㉠ 정특성 : 정상상태에 있어서의 유량과 2차 압력의 관계를 말한다.

㉡ 동특성(응답속도 및 안정성) : 부하변화가 큰 곳에 사용되는 정압기에 대한 중요한 특성으로 부하변동에 대한 응답의 신속성과 안정성을 말한다.

㉢ 유량특성 : 주 밸브의 열림과 유량의 관계를 말한다.

㉣ 사용최대차압 : 주 밸브에는 1차 압력과 2차 압력의 차압이 작용하여 정압성능에 영향을 주나 이것이 실용적으로 사용할 수 있는 범위에서 최대로 되었을 때의 차압을 말한다.

㉤ 작동최소차압 : 1차 압력과 2차 압력의 차압이 어느 정도 이상이 되지 않으면 파일럿 정압기는 작동할 수 없게 되는데 이 최솟값을 말한다.

SECTION 04 부취제

1 도시가스의 부취제

1) 부취제

도시가스 및 LPG는 원칙적으로 무취이므로 가스가 누설하여도 냄새로 확인할 수 없기 때문에 매우 위험하다. 이때 가스 속에 첨가하는 향료가 바로 부취제이다.

2) 부취제 첨가 목적

가스가 누설하였을 때 조기에 발견하여 폭발사고나 중독사고를 방지하기 위해 첨가한다.

3) 부취제의 종류 및 특성

① THT(Tetra Hydro Thiophene)
석탄가스 냄새가 나고, 취기가 보통이며, 토양에 대한 투과성은 보통이다.

② TBM(Tertiary Buthyl Mercaptan)
양파 썩는 냄새가 나고, 취기가 가장 강하며, 토양에 대한 투과성이 우수하다.

③ DMS(Dimetyle Sulfide)
마늘 냄새가 나고, 취기가 가장 약하며, 토양에 대한 투과성이 가장 우수하다.

4) 부취제의 구비조건

① 화학적으로 안정할 것
② 독성이 없을 것
③ 부식성이 없을 것
④ 물에 용해되지 말 것
⑤ 토양에 대한 투과성이 클 것
⑥ 가스배관이나 가스미터에 흡착되지 말 것
⑦ 일상적인 일반생활의 냄새와 명확히 구분될 것
⑧ 배관 내에서 응축하지 말 것
⑨ 완전연소하고 연소 후 유해물질을 남기지 말 것
⑩ 가격이 저렴할 것

5) 부취체의 주입 설비

① **액체주입방식** : 펌프주입방식, 적하주입방식, 미터연결 바이패스 방식
② **증발식 부취설비(기체주입방식)** : 위크 증발식, 바이패스 증발식

6) 부취제 누설 시 제거 방법

① 화학적 산화처리
② 활성탄에 의한 흡착법
③ 연소법

CHAPTER 07 가스미터기

SECTION 01 계량기

1 가스계량기(Gas Meter)

1) 사용 목적

소비자에게 공급하는 가스의 체적을 측정하기 위함이다.

2) 종류

LPG는 독립내기식이 많이 사용되며 도시가스용과 LPG용 양자병용으로 구별한다.

3) 종류별 특징

분류	막식 가스미터	습식 가스미터	루트미터
장점	• 저가이다. • 부착 후의 유지관리에 시간을 요하지 않는다.	• 계량이 정확하다. • 사용 중에 기차의 변동이 거의 없다.	• 대용량의 가스측정에 적합하다. • 중압가스의 유량측정이 가능하다. • 설치 스페이스가 작다.
단점	대용량에서는 설치 스페이스가 크다.	• 사용 중에 수위조정 등의 관리가 필요하다. • 설치 스페이스가 크다.	• 스트레이너의 설치 및 설치 후의 유지관리가 필요하다. • 소유량(0.5m^3/h 이하)에서는 부동의 우려가 있다.
일반적 용도 용량범위	일반 수요가 1.5~200m^3/h	기준기, 실험실용 0.2~3,000m^3/h	대량 수요가 100~5,000m^3/h

4) 가스미터의 표시사항

① 미터의 형식

② MAX 1.5m^3/h : 사용최대유량이 1.5m^3/h임을 표시

③ 0.5L/rev : 계량실의 1주기의 체적이 0.5L

④ 형식승인 제○○호 : 산업기술총합연구소(AIST)의 형식승인 합격번호

⑤ 병용 : 도시가스, LP가스 중 어느 것도 사용 가능함을 표시

⑥ 가스의 유입방향(화살표 표시)

⑦ 검정증인 $\frac{99}{4}$(99년 4월까지 유효)

⑧ 합격증인

5) 가스미터의 성능

① **가스미터의 기밀시험압력** : 1,000mmH_2O와 기밀시험에 합격한 것이어야 하나 최근에는 1,500 mmH_2O의 기밀시험에 합격한 것도 많다.

② **가스미터의 선편** : 막식 가스미터를 통하여 출구로 나오고 있는 가스는 2개의 계량실로부터 1/4 주기의 위상차를 갖고 배출되는 가스양의 합계를 말한다.

③ **가스미터의 압력손실** : 일반적으로 가스미터를 포함한 배관 전체의 압력손실의 허용 최대치는 수주 30mm로 되어 있다.

④ **사용공차** : 가스미터(막식)의 정도는 실제 사용되고 있는 상태에서 ±4%가 되어야 한다.

⑤ **검정공차** : 계량법에서 정해진 검정 시의 오차의 한계(검정공차)는 사용최대유량의 20~80%의 범위에서 ±1.5%이다.

⑥ **감도유량** : 가스미터가 작동하는 최소유량을 말하며 계량법에서 일반 가정용의 LP가스미터는 5L/h 이하로 되어 있고 일반 가스미터(막식)의 감도는 3L/h 이하로 되어 있다.

⑦ **검정 유효기간** : 계량법에 의한 유효기간이며 유효기간을 넘긴 것은 분해수리하여 재검사를 받는다. 유효기간 중이라도 사용공차 이상의 기차가 있는 것과 파손고장을 일으킨 것 등도 재검사를 받아 사용해야 한다.

⑧ **계량실의 체적** : 계량단위는 명판에 [L/주기]의 단위로 표시되어 있다. 이 계량단위는 미터 기준의 가스체적이며 이 수치를 작게 하면 미터의 외형을 소형으로 할 수가 있지만 압력손실이나 내구력에 문제가 발생하기 쉬운 결점이 있다.

SECTION 02 가스미터의 설치

1 가스미터의 설치(부착)장소의 조건

1) 습도가 낮을 것
2) 건물의 외부에 높이는 1.6m 이상 2m 이내로 수직 수평으로 설치하고 밴드 등으로 고정할 것
3) 화기로부터 2m 이상 떨어지거나 또는 화기에 대하여 차열판을 설치하여 놓을 것
4) 전선으로부터 가스미터까지는 15cm 이상, 전기개폐기 및 안전기에 대하여는 60cm 이상 떨어진 장소일 것
5) 직사광선 또는 빗물을 받을 우려가 있는 곳에 설치할 때에는 격납상자 내에 설치할 것
6) 부식성의 가스 또는 용액이 비산하는 장소가 아닐 것
7) 진동이 적은 장소일 것
8) 검침이 용이한 장소일 것
9) 부착 및 교환작업이 용이할 것
10) 용기 등의 접촉에 의해 가스미터가 파손되지 않는 장소일 것

참고 가스미터의 부착기준

- 수평으로 부착할 것
- 입구와 출구의 구별을 혼돈하지 말 것
- 가스미터 또는 배관에 상호 부당한 힘이 가해지지 않도록 주의할 것
- 배관에 접촉할 때는 배관 중에 먼지, 오수 등의 이물을 배제한 후에 부착할 것
- 가스미터의 입구 배관에는 드레인을 부착할 것

2 가스미터의 이상현상

1) **부동** : 가스는 미터를 통과하나 미터지침이 작동하지 않는 현상
2) **불통** : 가스가 미터를 통과하지 않는 현상
3) **기차불량** : 사용 중의 가스미터는 계량하고 있는 가스의 영향을 받거나 부품의 마모 등에 의하여 기차가 변화하는 경우가 있다. 이때 기차가 변화하여 계량법에 사용공차(±4% 이내)를 넘어서는 현상을 말한다.
4) **감도불량** : 가스미터에 감도유량을 흘렸을 때 미터의 지침이 시도에 변화가 나타나지 않는 현상
5) **이물질에 의한 영향**

참고 막식(디이어프램) 가스미터의 감도유량[KSB 5327]

- 0.5m^3/h 이하 : 5L/h
- 1m^3/h 초과~1.5m^3/h 이하 : 15L/h
- 1.5m^3/h 초과~3m^3/h 이하 : 20L/h
- 3m^3/h 초과~5m^3/h 이하 : 30L/h
- 5m^3/h 초과 : 50L/h

CHAPTER 08 고압가스 관련법규 요약

SECTION 01 고압가스의 종류

1 불연성가스

1) 개요

스스로 연소하지도 못하고, 다른 물질을 연소시키는 성질도 갖지 않은 가스

2) 종류

질소, 이산화탄소, 아르곤을 포함한 희가스 6종, 수증기, 아황산가스

2 조연성가스

1) 개요

자기 자신은 연소하지 않고 가연성가스가 연소하는 데 도움을 주는 가스

2) 종류

산소, 오존, 공기, 불소, 염소, 이산화질소, 일산화질소

3 가연성가스

아크릴로니트릴, 아크릴알데히드, 아세트알데히드, 아세틸렌, 암모니아, 수소, 황화수소, 시안화수소, 일산화탄소, 이황화탄소, 메탄, 염화메탄, 브롬화메탄, 에탄, 염화에탄, 염화비닐, 에틸렌, 산화에틸렌, 프로판, 시클로프로판, 프로필렌, 산화프로필렌, 부탄, 부타디엔, 부틸렌, 메틸에테르, 모노메틸아민, 디메틸아민, 트리메틸아민, 에틸아민, 벤젠, 에틸벤젠 및 그 밖에 공기 중에서 폭발한계(공기와 혼합된 경우 연소를 일으킬 수 있는 공기 중의 가스농도 한계를 말한다)의 하한이 10% 이하인 것과 폭발한계의 상한과 하한의 차가 20% 이상인 것을 말한다.

4 독성가스

아크릴로니트릴, 아크릴알데히드, 아황산가스, 암모니아, 일산화탄소, 이황화탄소, 불소, 염소, 브롬화메탄, 염화메탄, 염화프렌, 산화에틸렌, 시안화수소, 황화수소, 모노메틸아민, 디메틸아민, 트리메틸아민, 벤젠, 포스핀, 요오드화수소, 브롬화수소, 염화수소, 불화수소, 겨자가스, 알진, 모노실란, 디실란, 디보레인, 세렌화수소, 포스핀, 모노게르만 및 그 밖에 공기 중에서 일정량 이상 존재하는 경우 인체에 유해한 독성을 가진 가스로서 허용농도(해당가스를 성숙한 흰쥐 집단에게 대기 중에서 1시간 동안 계속하여 노출시킨 경우 14일 이내에 그 흰쥐의 2분의 1 이상이 죽게 되는 가스의 농도를 말한다)가 100만분의 5,000 이하인 가스를 말한다.

5 가연성가스이면서 독성가스

1) 개요

연소성이 있는 가스로서 독성이 있는 가스

2) 종류(16개)

아크릴로리트릴, 아크릴알데히드, 암모니아, 일산화탄소, 이황화탄소, 브롬화메탄, 염화메탄, 산화에틸렌, 시안화수소, 황화수소, 모노메틸아민, 디메틸아민, 트리메틸아민, 벤젠, 염화메탄, 시안화수소

SECTION 02 고압가스 안전관리법 시행령

1 가스안전관리자

1) 종류

① **안전관리 총괄자** : 해당 사업자 (법인인 경우 그 대표자) 또는 특정고압가스 사용신고시설을 관리하는 최상급자이다.

② **안전관리 부총괄자** : 해당 사업장의 시설을 직접 관리하는 최고 책임자(자격증 취득자)이다.

③ **안전관리 책임자**(자격증 취득자)

④ **안전관리원**(자격증 취득자)

2) 안전관리 자격자 및 채용 선임 인원

시행령 [별표 3]을 기준으로 한다.

3) 업무

- 사업소 또는 사용신고시설의 시설, 용기 등 또는 작업과정의 안전유지
- 용기 등의 제조공정관리
- 가스공급자의 의무이행 확인
- 안전관리규정의 시행 및 그 기록의 작성 · 보존
- 사업소 또는 사용신고시설의 종사자(사업소 또는 사용신고 시설을 개수 또는 보수하는 업체의 직원을 포함)에 대한 안전관리를 위하여 필요한 지휘 · 감독
- 그 밖의 위해방지 조치

① **안전관리 총괄자** : 해당 사업소 또는 사용신고시설의 안전에 관한 업무의 총괄
② **안전관리 부총괄자** : 안전관리 총괄자를 보좌하여 해당 가스시설의 안전에 대한 직접 관리
③ **안전관리 책임자**
㉠ 안전관리 부총괄자를 보좌하여 사업장의 안전에 관한 기술적인 사항의 관리 및 안전관리에 대한 지휘, 감독
㉡ 안전관리 부총괄자가 없는 경우에는 안전관리 총괄자를 보좌
④ **안전관리원** : 안전관리 책임자의 지시에 따라 안전관리자의 직무 수행

참고

안전관리 책임자, 안전관리원은 이 고압가스 안전관리법 시행령에 특별한 규정이 있는 경우 외에는 안전관리업무 외의 다른 일을 맡아서는 아니 된다.

4) 부재 중 대책

안전관리사를 선임한 사업자는 나음과 같이 안전관리자가 부재중인 경우 다음의 기간 동안 대리자를 지정하여 그 직무를 대행하게 하여야 한다.
① 안전관리자가 여행 · 질병이나 그 밖의 사유로 일시적으로 그 직무를 수행할 수가 없는 경우
: 직무를 수행할 수 없는 30일 이내의 기간
② 안전관리자의 해임 또는 퇴직과 동시에 다른 안전관리자를 아직 선임하지 못한 경우
: 다른 안전관리자가 선임될 때까지의 기간

2 고압가스의 상태에 따른 종류와 범위

「고압가스 안전관리법」의 적용을 받는 고압가스의 종류 및 범위는 다음과 같다. 다만, 시행령 [별표 1]에 정하는 고압가스는 제외한다.
① 상용의 온도에서 압력(게이지압력을 말한다)이 1MPa 이상이 되는 압축가스로서 실제로 그 압력이 1MPa 이상이 되는 것 또는 섭씨 35도의 온도에서 압력이 1MPa 이상이 되는 압축가스(아세틸렌가스는 제외)
② 섭씨 15도의 온도에서 압력이 0Pa을 초과하는 아세틸렌가스
③ 상용의 온도에서 압력이 0.2MPa 이상이 되는 액화가스로서 실제로 그 압력이 0.2MPa 이상이 되는 것 또는 압력이 0.2MPa 이상이 되는 경우의 온도가 35도 이하인 액화가스
④ 섭씨 35도의 온도에서 압력이 0Pa을 초과하는 액화가스 중 액화시안화수소 · 액화브롬화메탄 및 액화산화에틸렌가스

SECTION 03 고압가스 안전관리법 시행규칙

1 용어설명

- **액화가스** : 가압(加壓) · 냉각 등의 방법에 의하여 액체상태로 되어 있는 것으로서 대기압에서의 끓는점이 섭씨 40도 이하 또는 상용 온도 이하인 것
- **압축가스** : 일정한 압력에 의하여 압축되어 있는 가스
- **저장설비** : 고압가스를 충전 · 저장하기 위한 설비로서 저장탱크 및 충전용기보관설비
- **저장능력** : 저장설비에 저장할 수 있는 고압가스의 양으로서 시행규칙 [별표 1]에 따라 산정된 것
- **저장탱크** : 고압가스를 충전 · 저장하기 위하여 지상 또는 지하에 고정 설치된 탱크
- **초저온저장탱크** : 섭씨 영하 50도 이하의 액화가스를 저장하기 위한 저장탱크로서 단열재를 씌우거나 냉동설비로 냉각시키는 등의 방법으로 저장탱크 내의 가스온도가 상용의 온도를 초과하지 아니하도록 한 것
- **저온저장탱크** : 액화가스를 저장하기 위한 저장탱크로서 단열재를 씌우거나 냉동설비로 냉각시키는 등의 방법으로 저장탱크 내의 가스온도가 상용의 온도를 초과하지 아니하도록 한 것 중 초저온저장탱크와 가연성가스 저온저장탱크를 제외한 것
- **가연성가스 저온저장탱크** : 대기압에서의 끓는점이 섭씨 0도 이하인 가연성가스를 섭씨 0도 이하인 액체 또는 해당 가스의 기상부의 상용 압력이 0.1MPa 이하인 액체상태로 저장하기 위한 저장탱크로서 단열재를 씌우거나 냉동설비로 냉각하는 등의 방법으로 저장탱크 내의 가스온도가 상용 온도를 초과하지 아니하도록 한 것
- **차량에 고정된 탱크** : 고압가스의 수송 · 운반을 위하여 차량에 고정 설치된 탱크
- **초저온용기** : 섭씨 영하 50도 이하의 액화가스를 충전하기 위한 용기로서 단열재를 씌우거나 냉동설비로 냉각시키는 등의 방법으로 용기 내의 가스온도가 상용 온도를 초과하지 아니하도록 한 것
- **저온용기** : 액화가스를 충전하기 위한 용기로서 단열재를 씌우거나 냉동설비로 냉각시키는 등의 방법으로 용기 내의 가스온도가 상용의 온도를 초과하지 아니하도록 한 것 중 초저온용기 외의 것
- **충전용기** : 고압가스의 충전질량 또는 충전압력의 2분의 1 이상이 충전되어 있는 상태의 용기
- **잔가스용기** : 고압가스의 충전질량 또는 충전압력의 2분의 1 미만이 충전되어 있는 상태의 용기

- **가스설비** : 고압가스의 제조 · 저장 · 사용 설비(제조 · 저장 · 사용 설비에 부착된 배관을 포함하며, 사업소 밖에 있는 배관은 제외) 중 가스(제조 · 저장되거나 사용 중인 고압가스, 제조공정 중에 있는 고압가스가 아닌 상태의 가스, 해당 고압가스제조의 원료가 되는 가스 및 고압가스가 아닌 상태의 수소)가 통하는 설비

- **고압가스설비** : 가스설비 중 다음의 설비를 말한다.
  ㉠ 고압가스가 통하는 설비
  ㉡ ㉠에 따른 설비와 연결된 것으로서 고압가스가 아닌 상태의 수소가 통하는 설비. 다만, 「수소경제 육성 및 수소 안전관리에 관한 법률」에 따른 수소연료사용시설에 설치된 설비는 제외한다.

- **처리설비** : 압축 · 액화나 그 밖의 방법으로 가스를 처리할 수 있는 설비 중 고압가스의 제조(충전을 포함한다)에 필요한 설비와 저장탱크에 딸린 펌프 · 압축기 및 기화장치

- **감압설비** : 고압가스의 압력을 낮추는 설비

- **처리능력** : 처리설비 또는 감압설비에 의하여 압축 · 액화나 그 밖의 방법으로 1일에 처리할 수 있는 가스의 양(온도 섭씨 0도, 게이지압력 0Pa의 상태를 기준으로 한다)

- **불연재료(不燃材料)** : 「건축법 시행령」에 따른 불연재료

- **방호벽(防護壁)** : 높이 2미터 이상, 두께 12센티미터 이상의 철근콘크리트 또는 이와 같은 수준 이상의 강도를 가지는 구조의 벽

- **보호시설** : 제1종보호시설 및 제2종보호시설로서 시행규칙 [별표 2]에서 정한 것

- **용접용기** : 동판 및 경판(동체의 양 끝부분에 부착하는 판을 말한다)을 각각 성형하고 용접하여 제조한 용기

- **이음매 없는 용기** : 동판 및 경판을 일체(一體)로 성형하여 이음매가 없이 제조한 용기

- **접합 또는 납붙임용기** : 동판 및 경판을 각각 성형하여 심(Seam)용접이나 그 밖의 방법으로 접합하거나 납붙임하여 만든 내용적(內容積) 1리터 이하인 일회용 용기

- **충전설비** : 용기 또는 차량에 고정된 탱크에 고압가스를 충전하기 위한 설비로서 충전기와 저장탱크에 딸린 펌프 · 압축기를 말한다.

- **특수고압가스** : 압축모노실란 · 압축디보레인 · 액화알진 · 포스핀 · 세렌화수소 · 게르만 · 디실란 및 그 밖에 반도체의 세정 등 산업통상자원부장관이 인정하는 특수한 용도에 사용되는 고압가스

2 저장능력

"산업통상자원부령으로 정하는 일정량"이란 다음 내용에 따른 저장능력을 말한다.

① 액화가스 : 5톤. 다만, 독성가스인 액화가스의 경우에는 1톤(허용농도가 100만분의 200 이하인 독성가스인 경우에는 100킬로그램)

② 압축가스 : 500세제곱미터. 다만, 독성가스인 압축가스의 경우에는 100세제곱미터(허용농도가 100만분의 200 이하인 독성가스인 경우에는 10세제곱미터)

3 냉동능력

"산업통상자원부령으로 정하는 냉동능력"이란 시행규칙 [별표 3]에 따른 냉동능력 산정기준에 따라 계산된 냉동능력 3톤을 말한다.

4 안전설비

"산업통상자원부령으로 정하는 것"이란 다음 내용의 어느 하나에 해당하는 안전설비를 말하며, 그 안전설비의 구체적인 범위는 산업통상자원부장관이 정하여 고시한다.

① 독성가스 검지기

② 독성가스 스크러버

③ 밸브

5 고압가스 관련 설비

"산업통상자원부령으로 정하는 고압가스 관련 설비"란 다음의 설비를 말한다.

① 안전밸브 · 긴급차단장치 · 역화방지장치

② 기화장치

③ 압력용기

④ 자동차용 가스 자동주입기

⑤ 독성가스배관용 밸브

⑥ 냉동설비를 구성하는 압축기 · 응축기 · 증발기 또는 압력용기. 다만 일체형 냉동기는 제외한다.

⑦ 고압가스용 실린더캐비닛

⑧ 자동차용 압축천연가스 완속충전설비(처리능력이 시간당 18.5세제곱미터 미만인 충전설비)

⑨ 액화석유가스용 용기 잔류가스회수장치

⑩ 차량에 고정된 탱크

PART

02

과년도 기출문제

2009년 1회 가스기능사

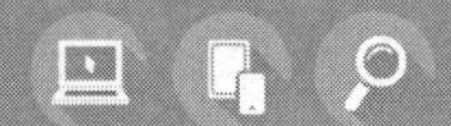

01 아르곤(Ar)가스 충전용기의 도색은 어떤 색상으로 하여야 하는가?

① 백색 ② 녹색
③ 갈색 ④ 회색

해설 아르곤가스
• 방전관의 발광색은 적색
• 용기도색은 기타 가스이므로 회색

02 가스 도매사업의 가스공급 시설 · 기술기준에서 배관을 지상에 설치할 경우 원칙적으로 배관에 도색하여야 하는 색상은?

① 흑색 ② 황색
③ 적색 ④ 회색

해설 가스 도매사업에서 지상배관의 도색은 황색

03 충전용기를 차량에 적재하여 운반하는 도중에 주차하고자 할 때 주의사항으로 옳지 않은 것은?

① 충전용기를 싣거나 내릴 때를 제외하고는 제1종 보호시설의 부근 및 제2종 보호시설이 밀집된 지역을 피한다.
② 주차 시는 엔진을 정지시킨 후 주차제동장치를 걸어 놓는다.
③ 주차를 하고자 하는 주위의 교통상황 · 지형조건 · 화기 등을 고려하여 안전한 장소를 택하여 주차한다.
④ 주차 시에는 긴급한 사태를 대비하여 바퀴 고정목을 사용하지 않는다.

해설 충전용기 차량 주차 시에는 반드시 바퀴 고정목을 사용한다.

04 가스의 폭발에 대한 설명 중 틀린 것은?

① 폭발범위가 넓은 것은 위험하다.
② 가스의 비중이 큰 것은 낮은 곳에 체류할 위험이 있다.
③ 안전간격이 큰 것일수록 위험하다.
④ 폭굉은 화염전파속도가 음속보다 크다.

해설 안전간격이 적을수록 위험한 가스이다.

05 방 안에서 가스난로를 사용하다가 사망한 사고가 발생하였다. 다음 중 이 사고의 주된 원인은?

① 온도상승에 의한 질식
② 산소부족에 의한 질식
③ 탄산가스에 의한 질식
④ 질소와 탄산가스에 의한 질식

해설 방 안에서 가스난로 사용 시에는 반드시 환기시켜 산소부족을 방시한다.

06 배관의 표지판은 배관이 설치되어 있는 경로에 따라 배관의 위치를 정확히 알 수 있도록 설치하여야 한다. 지상에 설치된 배관은 표지판을 몇 m 이하의 간격으로 설치하여 하는가?

① 100 ② 300
③ 500 ④ 1,000

해설 지상배관 위치 표지판의 간격은 1,000m 이하이다.

07 국내 일반가정에 공급되는 도시가스(LNG)의 발열량은 약 몇 kcal/m^{3}인가?(단, 도시가스 월사용예정량의 산정기준에 따른다.)

① 9,000 ② 10,000
③ 11,000 ④ 12,000

해설 LNG의 기준발열량은 11,000kcal/m^{3}이다.

08 일산화탄소와 공기의 혼합가스 폭발범위는 고압일수록 어떻게 변하는가?

① 넓어진다. ② 변하지 않는다.
③ 좁아진다. ④ 일정치 않다.

1. ④ 2. ② 3. ④ 4. ③ 5. ② 6. ④ 7. ③ 8. ③ | ANSWER

해설 CO 가스는 고압일수록 폭발범위가 좁아진다. 다른 가연성 가스와는 반대현상이다.

09 도시가스가 안전하게 공급되어 사용되기 위한 조건으로 옳지 않은 것은?

① 공급하는 가스에 공기 중의 혼합비율의 용량이 $\frac{1}{1,000}$ 상태에서 감지할 수 있는 냄새가 나는 물질을 첨가해야 한다.
② 정압기 출구에서 측정한 가스압력은 1.5kPa 이상 2.5kPa 이내를 유지해야 한다.
③ 웨버지수는 표준 웨버지수의 ±4.5% 이내를 유지해야 한다.
④ 도시가스 중 유해성분은 건조한 도시가스 $1m^3$당 황전량은 0.5g 이하를 유지해야 한다.

해설 정압기 출구 압력은 2.3~3.3kPa 이내이어야 한다.

10 가연성 가스의 제조설비 중 전기설비를 방폭성능을 가지는 구조로 갖추지 아니하여도 되는 가스는?

① 암모니아 ② 염화메탄
③ 아크릴알데히드 ④ 산화에틸렌

해설 가연성이기는 하나 폭발범위가 좁아서 암모니아 가스 및 브롬화메탄가스는 방폭성능이 필요 없다.

11 고압가스의 분출에 대하여 정전기가 가장 발생되기 쉬운 경우는?

① 가스가 충분히 건조되어 있을 경우
② 가스 속에 고체의 미립자가 있을 경우
③ 가스분자량이 작은 경우
④ 가스비중이 큰 경우

해설 고압가스 분출 시 정전기가 발생하기 쉬운 경우는 가스 속에 고체의 미립자가 있을 경우이다.

12 고압가스의 제조장치에서 누출되고 있는 것을 그 냄새로 알 수 있는 가스는?

① 일산화탄소 ② 이산화탄소
③ 염소 ④ 아르곤

해설 염소(Cl_2)가스는 상온에서 황록색의 기체이며 자극성이 강한 맹독성 가스이다.

13 긴급용 벤트스택 방출구의 위치는 작업원이 정상작업을 하는데 필요한 장소 및 작업원이 항시 통행하는 장소로부터 몇 m 이상 떨어진 곳에 설치하여야 하는가?

① 5 ② 7
③ 10 ④ 15

해설 벤트스택 방출구의 위치는 작업원이 통행하는 장소로부터 10m 이상 떨어진 곳에 설치한다.

14 용기 내부에서 가연성 가스의 폭발이 발생할 경우 그 용기가 폭발압력에 견디고 접합면, 개구부 등을 통하여 외부의 가연성 가스에 인화되지 아니하도록 한 방폭구조는?

① 내압방폭구조 ② 압력방폭구조
③ 유입방폭구조 ④ 안전증방폭구조

해설 내압방폭구조
용기 내부에서 그 용기가 폭발압력에 견디는 방폭구조

15 도시가스 매설배관의 보호판은 누출가스가 지면으로 확산되도록 구멍을 뚫는데 그 간격의 기준으로 옳은 것은?

① 1m 이하 간격 ② 2m 이하 간격
③ 3m 이하 간격 ④ 5m 이하 간격

해설 도시가스 매설배관의 경우 보호판은 누출가스가 지면으로 확산되도록 구멍을 뚫는데 그 간격 기준은 3m 이하이다.

ANSWER | 9. ② 10. ① 11. ② 12. ③ 13. ③ 14. ① 15. ③

16 **LP가스 충전설비의 작동 상황 점검주기로 옳은 것은?**

① 1일 1회 이상　② 1주일 1회 이상
③ 1월 1회 이상　④ 1년 1회 이상

해설 LP가스 충전설비 작동 상황 점검은 1일 1회 이상 실시한다.

17 **긴급차단장치의 조작 동력원이 아닌 것은?**

① 액압　② 기압
③ 전기　④ 차압

해설 긴급차단장치의 조작 동력원 : 액압, 기압, 전기 등이다.

18 **액화염소가스 1,375kg을 용량 50L인 용기에 충전하려면 몇 개의 용기가 필요한가?(단, 액화염소가스의 정수(C)는 0.8이다.)**

① 20　② 22
③ 25　④ 27

해설 $W=\frac{50}{0.8}=62.5\text{kg}$

$\therefore \frac{1,375}{62.5}=22\text{EA}$

19 **도시가스사용시설의 노출배관에 의무적으로 표시하여야 하는 사항이 아닌 것은?**

① 최고사용압력　② 가스흐름방향
③ 사용가스명　④ 공급자명

해설 도시가스 노출배관 표시사항
- 최고사용압력
- 가스흐름 방향
- 사용가스명

20 **다음 중 고압가스 운반기준 위반사항은?**

① LPG와 산소를 동일 차량에 그 충전용기의 밸브가 서로 마주보지 않도록 적재하였다.
② 운반 중 충전용기를 40℃ 이하로 유지하였다.
③ 비독성 압축가연성 가스 500m³를 운반 시 운반책임자를 동승시키지 않고 운반하였다.
④ 200km 이상의 거리를 운행하는 경우에 중간에 충분한 휴식을 취하였다.

해설 비독성 압축천연 가연성 가스는 300m³ 이상 운반 시 운반책임자가 동승하여야 한다.

21 **독성 가스의 충전용기를 차량에 적재하여 운반 시 그 차량의 앞뒤 보기 쉬운 곳에 반드시 표시해야 할 사항이 아닌 것은?**

① 위험 고압가스　② 독성 가스
③ 위험을 알리는 도형　④ 제조회사

해설 충전용기에는 제조자명이 표시된다.

22 **다음 중 고압가스 처리설비로 볼 수 없는 것은?**

① 저장탱크에 부속된 펌프
② 저장탱크에 부속된 안전밸브
③ 저장탱크에 부속된 압축기
④ 저장탱크에 부속된 기화장치

해설 안전밸브 : 부속설비 중 안전장치이다.

23 **도시가스 배관의 관경이 25mm인 것은 몇 m마다 고정하여야 하는가?**

① 1　② 2
③ 3　④ 4

해설
- 13~33mm 이하 : 2m 마다 고정
- 13mm 이하 : 1m 마다 고정
- 33mm 초과 : 3m 마다 고정

24 **가스보일러 설치기준에 따라 반드시 내열실리콘으로 마감조치를 하여 기밀이 유지되도록 하여야 하는 부분은?**

① 배기통과 가스보일러의 접속부
② 배기통과 배기통의 접속부
③ 급기통과 배기통의 접속부
④ 가스보일러와 급기통의 접속부

16. ① 17. ④ 18. ② 19. ④ 20. ③ 21. ④ 22. ② 23. ② 24. ① | ANSWER

해설 배기통과 가스보일러의 접속부는 기밀이 유지되도록 내열 실리콘 마감재가 필요하다.

25 고압가스 저장능력 산정기준에서 액화가스의 저장탱크 저장능력을 구하는 식은?(단, Q, W는 저장능력, P는 최고충전압력, V는 내용적, C는 가스종류에 따른 정수, d는 가스의 비중이다.)

① $Q=(10P+1)V$ ② $Q=10PV$
③ $W=\frac{V}{C}$ ④ $W=0.9dV$

해설 저장탱크 저장능력
$W=0.9dV$(kg)

26 다음 중 2중 배관으로 하지 않아도 되는 가스는?

① 일산화탄소 ② 시안화수소
③ 염소 ④ 포스겐

해설 2중 배관이 필요한 가스
염소, 포스겐, 불소, 아크릴알데히드, 아황산가스, 시안화수소, 황화수소 등

27 도시가스 본관 중 중압 배관의 내용적이 $9m^3$일 경우, 자기압력기록계를 이용한 기밀시험 유지시간은?

① 24분 이상 ② 40분 이상
③ 216분 이상 ④ 240분 이상

해설 $9m^3$=9,000L
저압 또는 중압의 경우
- $1m^3$ 이상~$10m^3$ 미만 : 240분 이상
- $1m^3$ 미만 : 24분

28 가스의 경우 폭굉(Detonation)의 연소속도는 약 몇 m/s 정도인가?

① 0.03~10 ② 10~50
③ 100~600 ④ 1,000~3,000

해설 폭굉 화염전파속도는 1,000~3,500m/s이다.

29 수소의 폭발한계는 4~75v%이다. 수소의 위험도는 약 얼마인가?

① 0.9 ② 17.75
③ 18.7 ④ 19.75

해설 $H=\frac{U-L}{L}=\frac{75-4}{4}=17.75$

30 다음 가스폭발의 위험성 평가기법 중 정량적 평가방법은?

① HAZOP(위험성운전 분석기법)
② FTA(결함수 분석기법)
③ Check List법
④ WHAT-IF(사고예상질문 분석기법)

해설 FTA : 사고를 일으키는 장치의 이상이나 운전사 실수의 조합을 연역적으로 분석하는 정량적 안전성 평가기법

31 왕복펌프에 사용하는 밸브 중 점성액이나 고형물이 들어 있는 액에 적합한 밸브는?

① 원판밸브 ② 윤형밸브
③ 플래트밸브 ④ 구밸브

해설 구밸브
왕복동 펌프에 사용하며 점성액이나 고형물이 들어 있는 액에 적합한 밸브이다.

32 가스액화분리장치의 축랭기에 사용되는 축랭체는?

① 규조토 ② 자갈
③ 암모니아 ④ 회가스

해설 가스액화분리장치 축랭기의 축랭체는 자갈이다.

33 주로 탄광 내에서 CH_4의 발생을 검출하는 데 사용되며 청염(푸른 불꽃)의 길이로써 그 농도를 알 수 있는 가스검지기는?

① 안전등형 ② 간섭계형
③ 열선형 ④ 흡광 광도형

ANSWER | 25. ④ 26. ① 27. ④ 28. ④ 29. ② 30. ② 31. ④ 32. ② 33. ①

해설 탄광 내에서 메탄가스(CH_4)의 가스검지기는 안전등형 가연성 검출기를 사용한다.(불꽃길이 측정용)

34 압력계의 측정방법에는 탄성을 이용하는 것과 전기적 변화를 이용하는 방법 등이 있다. 다음 중 전기적 변화를 이용하는 압력계는?

① 부르동관 압력계　② 벨로스 압력계
③ 스트레인게이지　④ 다이어프램 압력계

해설 스트레인 게이지는 전기적 변화를 이용하는 압력계이다.(전기저항 변화이용)

35 다음 중 비접촉식 온도계에 해당되지 않는 것은?

① 광전관 온도계　② 색 온도계
③ 방사 온도계　④ 압력식 온도계

해설 압력식 온도계(접촉식)
- 증기압식
- 액체팽창식
- 기체압력식

36 다음 중 저온단열법이 아닌 것은?

① 분말섬유단열법　② 고진공단열법
③ 다층진공단열법　④ 분말진공단열법

해설 저온단열법
- 고진공단열법
- 다층진공단열법
- 분말진공단열법

37 20RT의 냉동능력을 갖는 냉동기에서 응축온도가 30℃, 증발온도가 −25℃일 때 냉동기를 운전하는 데 필요한 냉동기의 성적계수(COP)는 약 얼마인가?

① 4.5　② 7.5
③ 14.5　④ 17.5

해설 $273+30=303K$, $273-25=248K$

$\therefore COP=\frac{248}{303-248}=4.5$

38 언로딩형과 로딩형이 있으며 대용량이 요구되고 유량제어 범위가 넓은 경우에 적합한 정압기는?

① 피셔식 정압기　② 레이놀드식 정압기
③ 파일럿식 정압기　④ 액시얼플로식 정압기

해설 파일럿식 정압기 : 언로딩형과 로딩형이 있다.

39 나사압축기(Screw Compressor)의 특징에 대한 설명으로 틀린 것은?

① 흡입, 압축, 토출의 3행정으로 이루어져 있다.
② 기체에는 맥동이 없고 연속적으로 압축한다.
③ 토출압력의 변화에 의한 용량변화가 크다.
④ 소음방지장치가 필요하다.

해설 나사압축기(스크루 압축기)는 토출압력에 따른 용량변화가 적다.

40 유속이 일정한 장소에서 전압과 정압의 차이를 측정하여 속도수두에 따른 유속을 구하여 유량을 측정하는 형식의 유량계는?

① 피토관식 유량계　② 열선식 유량계
③ 전자식 유량계　④ 초음파식 유량계

해설 피토관식 유량계는 전압과 정압의 차이를 측정하여 속도수두에 따른 유속을 구하여 유량을 측정한다.

41 요오드화칼륨지(KI 전분지)를 이용하여 어떤 가스의 누출여부를 검지한 결과 시험지가 청색으로 변하였다. 이때 누출된 가스의 명칭은?

① 시안화수소　② 아황산가스
③ 황화수소　④ 염소

해설 염소가스의 가스검지 시 시험지는 KI 전분지(누설 시는 청색 변화)

42 2종 금속의 양끝의 온도차에 따른 열기전력을 이용하여 온도를 측정하는 온도계는?

① 베크만 온도계　② 바이메탈식 온도계
③ 열전대 온도계　④ 전기저항 온도계

34. ③ 35. ④ 36. ① 37. ① 38. ③ 39. ③ 40. ① 41. ④ 42. ③ | ANSWER

해설 열전대 온도계 : 2종 금속의 열기전력 이용

43 액화산소 등과 같은 극저온 저장탱크의 액면 측정에 주로 사용되는 액면계는?

① 햄프슨식 액면계 ② 슬립 튜브식 액면계
③ 크랭크식 액면계 ④ 마그네틱식 액면계

해설 햄프슨식 액면계 : 액화산소 등과 같은 극저온 저장탱크의 액면 측정

44 적외선 흡광방식으로 차량에 탑재하여 메탄의 누출 여부를 탐지하는 것은?

① FID(Flame Ionization Detector)
② OMD(Optical Methane Detector)
③ ECD(Electron Capture Detector)
④ TCD(Thermal Conductivity Detector)

해설 OMD : 적외선 흡광방식으로 차량에 탑재하여 CH_4(메탄)의 누출여부 확인

45 가스용 금속플렉시블호스에 대한 설명으로 틀린 것은?

① 이음쇠는 플레어(Flare) 또는 유니언(Union)의 접속기능이 있어야 한다.
② 호스의 최대길이는 10,000mm 이내로 한다.
③ 호스길이의 허용오차는 −2% ~ +3% 이내로 한다.
④ 튜브는 금속제로서 주름가공으로 제작하여 쉽게 굽혀질 수 있는 구조로 한다.

해설 가스용 금속플렉시브 호스의 길이(표준길이)는 제일 짧은 것은 200mm, 가장 긴 것은 3,000mm로 한다.(단, 길이 허용오차는 +3%, −2%이다.) 다만, 주문자와 제조자의 합의에 따라 최대 5,000mm 이내로 한다.

46 다음 [보기]의 성질을 갖는 기체는?

> [보기]
> • 2중 결합을 가지므로 각종 부가반응을 일으킨다.
> • 무색, 독특한 감미로운 냄새를 지닌 기체이다.
> • 물에는 거의 용해되지 않으나 알코올, 에테르에는 잘 용해된다.
> • 아세트알데히드, 산화에틸렌, 에탄올, 이산화에틸렌 등을 얻는다.

① 아세틸렌 ② 프로판
③ 에틸렌 ④ 프로필렌

해설 C_2H_4(에틸렌)은 2중 결합을 가지므로 각종 부가반응을 일으킨다.(폭발범위는 2.7~36%이다.)

47 다음 중 수분이 존재하였을 때 일반강재를 부식시키는 가스는?

① 일산화탄소 ② 수소
③ 황화수소 ④ 질소

해설 황화수소(H_2S)가스는 수분이 존재하면 일반강재를 부식시킨다.

48 산소(O_2)에 대한 설명 중 틀린 것은?

① 무색, 무취의 기체이며, 물에는 약간 녹는다.
② 가연성 가스이나 그 자신은 연소하지 않는다.
③ 용기의 도색은 일반 공업용이 녹색, 의료용이 백색이다.
④ 저장용기는 무계목 용기를 사용한다.

해설 산소는 가연성 가스의 연소성을 돕는 조연성 가스이다.

49 수소의 성질에 대한 설명 중 틀린 것은?

① 무색, 무미, 무취의 가연성 기체이다.
② 가스 중 최소의 밀도를 가진다.
③ 열전도율이 작다.
④ 높은 온도일 때에는 강재, 기타 금속재료라도 쉽게 투과한다.

해설 수소(H_2)가스는 열전도율이 대단히 크고 열에 대해 안정하다.

ANSWER | 43. ① 44. ② 45. ② 46. ③ 47. ③ 48. ② 49. ③

50 가스의 비열비의 값은?

① 언제나 1보다 작다.
② 언제나 1보다 크다.
③ 1보다 크기도 하고 작기도 하다.
④ 0.5와 1사이의 값이다.

해설 비열비(K)
$K = \frac{정압비열}{정적비열}$ (항상 1보다 크다.)

51 다음 중 독성 가스에 해당되는 것은?

① 에틸렌 ② 탄산가스
③ 시클로프로판 ④ 산화에틸렌

해설 산화에틸렌가스(C_2H_4O)
• 폭발범위 : 3~80%(가연성)
• 독성 : 50ppm(독성)

52 다음 중 가스크로마토그래피의 캐리어가스로 사용되는 것은?

① 헬륨 ② 산소
③ 불소 ④ 염소

해설 캐리어 가스(전개제)
Ar(아르곤), He(헬륨), H_2(수소), N_2(질소) 등

53 다음 압력이 가장 큰 것은?

① 1.01MPa ② 5atm
③ 100inHg ④ 88psi

해설 ① $1MPa = 10kg/cm^2$, $1.01MPa = 10.1kg/cm^2$
② $1atm = 1.033kg/cm^2$, $5atm = 5.165kg/cm^2$
③ $100inHg = 3.44kg/cm^2$
④ $1.033kg/cm^2 = 14.7psi$, $88psi = 6.18kg/cm^2$

54 LPG(액화석유가스)의 일반적인 특징에 대한 설명으로 틀린 것은?

① 저장탱크 또는 용기를 통해 공급된다.
② 발열량이 크고 열효율이 높다.
③ 가스는 공기보다 무거우나 액체는 물보다 가볍다.
④ 물에 녹지 않으며, 연소 시 메탄에 비해 공기량이 적게 소요된다.

해설 ㉠ LPG
• 프로판(C_3H_8)의 액비중 0.509
• 부탄(C_4H_{10})의 액비중 0.582
㉡ 공기량
• $C_3H_8 + 5O_2 \rightarrow 3CO_2 + 4H_2O$
• $C_4H_{10} + 6.5O_2 \rightarrow 4CO_2 + 5H_2O$
• $CH_4 + 2O_2 \rightarrow CO_2 + 2H_2O$(산소요구량이 적으면 공기량도 적다.)

55 기준물질의 밀도에 대한 측정물질의 밀도의 비를 무엇이라고 하는가?

① 비중량 ② 비용
③ 비중 ④ 비체적

해설 • $\frac{측정물질의\ 요소}{기준물질의\ 요소} = 비중$
• 비중 측정 시 가스는 공기와 비교, 고체 액체는 물에 비교

56 탄소 2kg을 완전연소시켰을 때 발생되는 연소가스는 약 몇 kg인가?

① 3.67 ② 7.33
③ 5.87 ④ 8.89

해설 $C + O_2 \rightarrow CO_2$
$12kg + 32kg \rightarrow 44kg$
$12 : 44 = 2 : x$
$x = 44 \times \frac{2}{12} = 7.33kg$

57 섭씨온도 −40℃는 화씨온도로 약 몇 ℉인가?

① 32 ② 45
③ 273 ④ −40

해설 $℉ = \frac{9}{5} \times ℃ + 32 = 1.8 \times ℃ + 32$
$\therefore 1.8 \times (-40) + 32 = -40℉$

50. ② 51. ④ 52. ① 53. ① 54. ④ 55. ③ 56. ② 57. ④ | ANSWER

58 프로판(C_3H_8) $1m^3$를 완전연소시킬 때 필요한 이론 산소량은 몇 m^3인가?

① 5 ② 10
③ 15 ④ 20

해설 $C_3H_8 + 5O_2 \rightarrow 3CO_2 + 4H_2O$
$1m^3$ $5m^3$ $3m^3$ $4m^3$

59 다음 중 SI 기본단위가 아닌 것은?

① 질량 : 킬로그램(kg) ② 주파수 : 헤르츠(Hz)
③ 온도 : 켈빈(K) ④ 물질량 : 몰(mol)

해설 SI 기본단위
- 질량
- 온도
- 물질량
- 시간
- 길이
- 광도
- 전류

60 다음 중 "제2종 영구기관은 존재할 수 없다. 제2종 영구기관의 존재가능성을 부인한다."라고 표현되는 법칙은?

① 열역학 제0법칙 ② 열역학 제1법칙
③ 열역학 제2법칙 ④ 열역학 제3법칙

해설
- 열역학 제2법칙 : 제2종 영구기관은 존재할 수 없다.
- 제2종 영구기관 : 입력과 출력이 같은 기관
- 제1종 영구기관 : 입력보다 출력이 더 큰 기관 즉 열효율이 100% 이상인 기관, 열역학 제1법칙에 위배된다.

ANSWER | 58. ① 59. ② 60. ③

2009년 2회 가스기능사

01 도시가스 사용시설 중 호스의 길이는 연소기까지 몇 m 이내로 하는가?

① 1 ② 2
③ 3 ④ 4

해설 도시가스 사용시설의 호스길이 → 연소기까지는 3m 이내로

02 고압가스 용기보관의 기준에 대한 설명으로 틀린 것은?

① 용기보관장소 주위 2m 이내에는 화기를 두지 말 것
② 가연성 가스 · 독성 가스 및 산소의 용기는 각각 구분하여 용기보관장소에 놓을 것
③ 가연성 가스를 저장하는 곳에는 방폭형 휴대용 손전등 외의 등화를 휴대하지 말 것
④ 충전용기와 잔가스용기는 서로 단단히 결속하여 넘어지지 않도록 할 것

해설 충전용기와 잔가스용기는 서로 따로 저장하여야 한다.

03 하천의 바닥이 경암으로 이루어져 도시가스 배관의 매설깊이를 유지하기 곤란하여 배관을 보호조치한 경우에는 배관의 외면과 하천 바닥면의 경암 상부와의 최소거리는 얼마이어야 하는가?

① 1.0m ② 1.2m
③ 2.5m ④ 4m

해설 하천의 도시가스 배관 매설 시 배관의 보호조치를 한 경우는 1.2m 이상의 깊이가 필요하다.

04 고압가스 저장능력 산정 시 액화가스의 용기 및 차량에 고정된 탱크의 산정식은?(단, W는 저장능력(kg), d는 액화가스의 비중(kg/L), V_2는 내용적(L), C는 가스의 종류에 따르는 정수이다.)

① $W=0.9dV_2$ ② $W=\frac{V_2}{C}$
③ $W=0.9dC^2$ ④ $W=\frac{V_2}{C^2}$

해설 $W=\frac{V_2}{C}$ (kg)

05 공기 중에서 가연성 물질을 연소시킬 때 공기 중의 산소농도를 증가시키면 연소속도와 발화온도는 각각 어떻게 되는가?

① 연소속도는 빨라지고, 발화온도는 높아진다.
② 연소속도는 빨라지고, 발화온도는 낮아진다.
③ 연소속도는 느려지고, 발화온도는 높아진다.
④ 연소속도는 느려지고, 발화온도는 낮아진다.

해설 가연성 물질이 연소 시 산소농도가 증가하면 연소속도는 빨라지고 발화온도는 낮아진다.

06 탄화수소에서 탄소수가 증가할수록 높아지는 것은?

① 증기압 ② 발화점
③ 비등점 ④ 폭발하한계

해설 탄화수소 가스에서 탄소(C)수가 증가하면 비등점이 높아진다.

07 LPG 사용시설에서 가스누출경보장치 검지부 설치높이의 기준으로 옳은 것은?

① 지면에서 30cm 이내 ② 지면에서 60cm 이내
③ 천장에서 30cm 이내 ④ 천장에서 60cm 이내

해설 LPG 사용 시는 가스무게가 공기보다 무거워서 가스누출경보장치 검지부 설치높이는 지면 바닥에서 30cm 이내로 한다.

08 비중이 공기보다 무거워 바닥에 체류하는 가스로만 된 것은?

① 프로판, 염소, 포스겐
② 프로판, 수소, 아세틸렌
③ 염소, 암모니아, 아세틸렌
④ 염소, 포스겐, 암모니아

1.③ 2.④ 3.② 4.② 5.② 6.③ 7.① 8.① | ANSWER

해설 분자량이 공기의 29보다 크면 바닥에 체류한다.(프로판 44, 염소 71, 포스겐 99)

09 가스누출자동차단기를 설치하여도 설치목적을 달성할 수 없는 시설이 아닌 것은?

① 개방된 공장의 국부난방시설
② 경기장의 성화대
③ 상하 방향, 전후 방향, 좌우 방향 중에 2방향 이상이 외기에 개방된 가스사용시설
④ 개방된 작업장에 설치된 용접 또는 절단시설

해설 외기에 동서남북으로 개방된 가스사용시설은 가스누출 차단기를 설치하여도 효과가 미미하다.

10 공정에 존재하는 위험요소들과 공정의 효율을 떨어뜨릴 수 있는 운전상의 문제점을 찾아내어 그 원인을 제거하는 정성적 안전성 평가기법을 의미하는 것은?

① FTA ② ETA
③ CCA ④ HAZOP

해설
- 위험과 운전분석 : HAZOP
- 결함수 분석 : FTA
- 사건수 분석 : ETA
- 원인결과 분석 : CCA

11 다음 중 가연성이며 독성인 가스는?

① 아세틸렌, 프로판
② 수소, 이산화탄소
③ 암모니아, 산화에틸렌
④ 아황산가스, 포스겐

해설 ㉠ 암모니아
- 연소범위 : 15~28%
- 독성농도 : 25ppm

㉡ 산화에틸렌
- 연소범위 : 3~80%
- 독성범위 : 50ppm

12 아세틸렌가스를 2.5MPa의 압력으로 압축할 때 사용되는 희석제가 아닌 것은?

① 질소
② 메탄
③ 일산화탄소
④ 아세톤

해설 아세틸렌 희석제 : 질소, 메탄, CO, 에틸렌, 탄산가스 등

13 가스가 누출된 경우에 제2의 누출을 방지하기 위해서 방류둑을 설치한다. 방류둑을 설치하지 않아도 되는 저장탱크는?

① 저장능력 1,000톤의 액화질소탱크
② 저장능력 10톤의 액화암모니아탱크
③ 저장능력 1,000톤의 액화산소탱크
④ 저장능력 5톤의 액화염소탱크

해설 질소는 불연성 무독성 가스이므로 방류둑 설치에서 제외된다.

14 수소폭명기는 수소와 산소의 혼합비가 얼마일 때를 말하는가?(단, 수소 : 산소의 비이다.)

① 1 : 2 ② 2 : 1
③ 1 : 3 ④ 3 : 1

해설
- 수소폭명기 : $2H_2 + O_2 \rightarrow 2H_2O + 136.6kcal$
- 염소폭명기 : $Cl_2 + H_2 \rightarrow 2HCl + 44kcal$

※ 촉매는 직사광선이다.

15 배관을 지하에 매설하는 경우 배관은 그 외면으로부터 도로 밑의 다른 시설물과 몇 m 이상의 거리를 유지하여야 하는가?

① 0.2 ② 0.3
③ 0.5 ④ 1

해설 A배관 $\xrightarrow{\text{0.3m 이상}}$ B배관

16 **고압가스 일반제조시설의 저장탱크를 지하에 매설하는 경우의 기준에 대한 설명으로 틀린 것은?**

① 저장탱크 외면에는 부식방지코팅을 한다.
② 저장탱크는 천장, 벽, 바닥의 두께가 각각 10cm 이상의 콘크리트로 설치한다.
③ 저장탱크 주위에는 마른 모래를 채운다.
④ 저장탱크에 설치한 안전밸브에는 지면에서 5m 이상의 높이에 방출구가 있는 가스방출관을 설치한다.

해설 콘크리트 두께 : 30cm 이상

17 **발화온도와 폭발등급에 의한 위험성을 비교하였을 때 위험도가 가장 큰 것은?**

① 부탄 ② 암모니아
③ 이세트알데히드 ④ 메탄

해설
- 부탄 : G_2
- 아세트알데히드 : G_4
- 암모니아 : G_1
- 메탄 : G_1
- 이황화탄소 : G_5

18 **액화석유가스는 공기 중의 혼합비율의 용량이 얼마인 상태에서 감지할 수 있도록 냄새가 나는 물질을 섞어 용기에 충전하여야 하는가?**

① $\frac{1}{10}$ ② $\frac{1}{100}$
③ $\frac{1}{1,000}$ ④ $\frac{1}{10,000}$

해설 부취제 혼합비율 : $\frac{1}{1,000}$

19 **사람이 사망하기 시작하는 폭발압력은 약 몇 kPa인가?**

① 70 ② 700
③ 1,700 ④ 2,700

해설
- 700kPa = 7.1428kgf/cm^2
- 1kgf/cm^2 = 98kPa
- 1atm = 102kPa

20 **독성 가스를 사용하는 내용적이 몇 L 이상인 수액기 주위에 액상의 가스가 누출된 경우에 대비하여 방류둑을 설치하여야 하는가?**

① 1,000 ② 2,000
③ 5,000 ④ 10,000

해설 독성 가스 수액기 용량이 10,000L 이상이면 방류둑이 필요하다.

21 **가스설비의 설치가 완료된 후에 실시하는 내압시험 시 공기를 사용하는 경우 우선 사용압력의 몇 %까지 승압하는가?**

① 30 ② 40
③ 50 ④ 60

해설 가스설비 내압시험원 유체가 공기이면 우선 상용압력의 50%까지 승압시킨다.

22 **고압가스용기 파열사고의 원인으로 가장 거리가 먼 것은?**

① 용기의 내(耐)압력 부족
② 용기의 재질 불량
③ 용접상의 결함
④ 이상압력 저하

해설 이상압력이 저하되면 파열사고는 방지된다.

23 **제조소에 설치하는 긴급차단장치에 대한 설명으로 옳지 않은 것은?**

① 긴급차단장치는 저장탱크 주밸브의 외측에 가능한 한 저장탱크의 가까운 위치에 설치해야 한다.
② 긴급차단장치는 저장탱크 주밸브와 겸용으로 하여 신속하게 차단할 수 있어야 한다.
③ 긴급차단장치의 동력원은 그 구조에 따라 액압, 기압, 전기 또는 스프링 등으로 할 수 있다.
④ 긴급차단장치는 당해 저장탱크 외면으로부터 5m 이상 떨어진 곳에서 조작할 수 있어야 한다.

해설 긴급차단장치와 주밸브는 겸용이 불가하다.

16. ② 17. ③ 18. ③ 19. ② 20. ④ 21. ③ 22. ④ 23. ② | ANSWER

24 도시가스 배관에 설치하는 전위측정용 터미널의 간격을 옳게 나타낸 것은?

① 희생양극법 : 300m 이내, 외부전원법 : 400m 이내
② 희생양극법 : 300m 이내, 외부전원법 : 500m 이내
③ 희생양극법 : 400m 이내, 외부전원법 : 500m 이내
④ 희생양극법 : 400m 이내, 외부전원법 : 600m 이내

해설 전위측정용 터미널 간격
- 희생양극법 : 300m 이내
- 외부전원법 : 500m 이내

25 LPG 충전 · 저장 · 집단공급 · 판매시설 · 영업소의 안전성 확인 적용대상 공정이 아닌 것은?

① 지하탱크를 지하에 매설한 후의 공정
② 배관의 지하매설 및 비파괴시험 공정
③ 방호벽 또는 지상형 저장탱크의 기초설치 공정
④ 공정상 부득이하여 안전성 확인 시 실시하는 내압 · 기밀시험 공정

해설
- LPG가스 안전성 확인 적용대상 공정은 "나, 다, 라"항의 공정이 필요하다.
- 지하탱크는 지하에 매설하기 전 안전성 확인 공정이 필요하다.

26 액화석유가스 사용시설에서 소형저장탱크의 저장능력이 몇 kg 이상인 경우에 과압안전장치를 설치하여야 하는가?

① 100 ② 150
③ 200 ④ 250

해설 저장능력 250kg 이상의 LPG는 과압안전장치가 필요하다.

27 다음 ( ) 안에 들어갈 수 있는 경우로 옳지 않은 것은?

> 액화천연가스의 저장설비 및 처리설비는 그 외면으로부터 사업소 경계까지 일정규모 이상의 안전거리를 유지하여야 한다. 이때 사업소 경계가 ( )의 경우에는 이들의 반대편 끝을 경계로 보고 있다.

① 산 ② 호수
③ 하천 ④ 바다

해설 사업소 경계가 호수, 하천, 바다일 경우에는 사업소 경계가 반대편 끝이 된다.

28 가연성 가스와 산소의 혼합비가 완전산화에 가까울수록 발화지연은 어떻게 되는가?

① 길어진다. ② 짧아진다.
③ 변함이 없다. ④ 일정치 않다.

해설 가연성 가스와 산소의 혼합비가 완전산화에 가까울수록 발화지연은 짧아진다.

29 유독성 가스를 검지하고자 할 때 하리슨 시험지를 사용하는 가스는?

① 염소 ② 아세틸렌
③ 황화수소 ④ 포스겐

해설 ① 염소 : KI 전분지
② 아세틸렌 : 염화제1동 착염지
③ 황화수소 : 초산납 시험지(연당지)

30 0℃, 101,325Pa의 압력에서 건조한 도시가스 $1m^3$당 유해성분인 암모니아는 몇 g을 초과하면 안 되는가?

① 0.02 ② 0.2
③ 0.3 ④ 0.5

해설
- 황전량 : 0.5g
- 황화수소 : 0.02g
- 암모니아 : 0.2g

31 암모니아 합성법 중에서 고압합성에 사용되는 방식은?

① 카자레법 ② 뉴파우더법
③ 케미크법 ④ 구데법

해설
- 고압법(60～100MPa) : 클로우드법, 카자레법
- 중압합성법(30MPa) : 케미크법, 뉴 파우더법
- 저압합성법(15MPa) : 구데법, 켈로그법

32 액화석유가스 이송용 펌프에서 발생하는 이상현상으로 가장 거리가 먼 것은?

① 캐비테이션 ② 수격작용
③ 오일포밍 ④ 베이퍼록

해설 오일포밍 현상은 압축기 이송설비에서 발생

33 대기개방식 가스보일러가 반드시 갖추어야 하는 것은?

① 과압방지용안전장치 ② 저수위안전장치
③ 공기자동빼기장치 ④ 압력팽창탱크

해설 대기개방식 가스보일러는 운전 중 저수위 안전장치가 반드시 필요하다.

34 2단 감압 조정기의 장점이 아닌 것은?

① 공급압력이 안정하다.
② 배관이 가늘어도 된다.
③ 장치가 간단하다.
④ 각 연소기구에 알맞은 압력으로 공급이 가능하다.

해설 2단 감압 조정기는 장치가 복잡하다.

35 재료에 인장과 압축하중을 오랜 시간 반복적으로 작용시키면 그 응력이 인장강도보다 작은 경우에도 파괴되는 현상은?

① 인성파괴 ② 피로파괴
③ 취성파괴 ④ 크리프파괴

해설 피로파괴 : 재료에 인장, 압축하중을 오랜 시간 반복하면 파괴되는 현상

36 LP가스 용기의 재질로서 가장 적당한 것은?

① 주철 ② 탄소강
③ 알루미늄 ④ 두랄루민

해설 LP가스 용기 재료 : 탄소강

37 냉동설비 중 흡수식 냉동설비의 냉동능력 정의로 옳은 것은?

① 발생기를 가열하는 24시간의 입열량 6,640kcal를 1일의 냉동능력 1톤으로 봄
② 발생기를 가열하는 1시간의 입열량 3,320kcal를 1일의 냉동능력 1톤으로 봄
③ 발생기를 가열하는 1시간의 입열량 6,640kcal를 1일의 냉동능력 1톤으로 봄
④ 발생기를 가열하는 24시간의 입열량 3,320kcal를 1일의 냉동능력 1톤으로 봄

해설 흡수식 냉동기 1RT : 6,640kcal/hr

38 다음 각종 온도계에 대한 설명으로 옳은 것은?

① 저항 온도계는 이종금속 2종류의 양단을 용접 또는 납붙임으로 양단의 온도가 다를 때 발생하는 열기전력의 변화를 측정하여 온도를 구한다.
② 유리제 온도계의 봉입액으로 수은을 쓴 것은 −30∼350℃ 정도의 범위에서 사용된다.
③ 온도계의 온도검출부는 열용량이 크면 좋다.
④ 바이메탈식 온도계는 온도에 따른 전기적 변화를 이용한 온도계이다.

해설
- 열전대온도계 : 열기전력 이용
- 전기저항식 온도계 : 저항변화 이용
- 유리제 온도계 : −30∼350℃ 범위

39 가스액화분리장치의 구성 3요소가 아닌 것은?

① 한랭발생장치
② 정류장치
③ 불순물 제거장치
④ 유회수장치

해설 가스액화 분리장치 구성
- 한랭발생장치
- 정류장치
- 불순물 제거장치

32. ③ 33. ② 34. ③ 35. ② 36. ② 37. ③ 38. ② 39. ④ | ANSWER

40 **액주식 압력계에 사용되는 액체의 구비조건으로 틀린 것은?**

① 화학적으로 안정되어야 한다.
② 모세관 현상이 없어야 한다.
③ 점도와 팽창계수가 작아야 한다.
④ 온도변화에 의한 밀도변화가 커야 한다.

해설 액주식 압력계는 온도변화 시 밀도변화가 작아야 한다.

41 **다음 중 왕복식 펌프에 해당하지 않는 것은?**

① 플런저 펌프　　② 피스톤 펌프
③ 다이어프램 펌프　　④ 기어 펌프

해설 기어펌프 : 회전식 펌프

42 **내용적 50L의 용기에 수압 30kgf/cm²를 가해 내압시험을 하였다. 이 경우 30kgf/cm²의 수압을 걸었을 때 용기의 용적이 50.5L로 늘어났고 압력을 제거하여 대기압으로 하니 용기용적은 50.025L로 되었다. 항구증가율은 얼마인가?**

① 0.3%　　② 0.5%
③ 3%　　④ 5%

해설 50.5−50=0.5L
50.025−50=0.025L
$\therefore \frac{0.025}{0.5} \times 100 = 5\%$

43 **공기액화분리장치의 내부 세정액으로 가장 적당한 것은?**

① 가성소다　　② 사염화탄소
③ 물　　④ 묽은 염산

해설 내부세정액 : 사염화탄소

44 **다음 중 방폭구조의 표시방법으로 잘못된 것은?**

① 안전증방폭구조 : e　　② 본질안전방폭구조 : b
③ 유입방폭구조 : o　　④ 내압방폭구조 : d

해설 본질안전증방폭구조 : ia 또는 ib

45 **유체가 5m/s의 속도로 흐를 때 이 유체의 속도수두는 약 몇 m인가?(단, 중력가속도는 9.8m/s²이다.)**

① 0.98　　② 1.28
③ 12.2　　④ 14.1

해설 $\gamma = k\sqrt{2gh}$
$5 = \sqrt{2 \times 9.8 \times h}$
$\therefore h = \frac{5^2}{2 \times 9.8} = 1.2755\text{m}$

46 **다음 중 염소의 용도로 적합하지 않은 것은?**

① 소독용으로 쓰인다.
② 염화비닐 제조의 원료이다.
③ 표백제로 쓰인다.
④ 냉매로 사용된다.

해설 염소는 맹독성 가스이며 잠열이 적어서 냉매사용은 금물이다.

47 **아세틸렌 충전 시 첨가하는 다공질물질의 구비조건이 아닌 것은?**

① 화학적으로 안정할 것
② 기계적인 강도가 클 것
③ 가스의 충전이 쉬울 것
④ 다공도가 작을 것

해설 다공물질은 다공도가 클 것

48 **냄새가 나는 물질(부취제)의 구비조건이 아닌 것은?**

① 독성이 없을 것
② 저농도에서도 냄새를 알 수 있을 것
③ 완전연소하고 연소 후에는 유해물질을 남기지 말 것
④ 일상생활의 냄새와 구분되지 않을 것

해설 부취제는 일상생활의 냄새와 확실하게 구분이 되어야 된다.

ANSWER | 40. ④ 41. ④ 42. ④ 43. ② 44. ② 45. ② 46. ④ 47. ④ 48. ④

49 염화메탄의 특징에 대한 설명으로 틀린 것은?

① 무취이다.
② 공기보다 무겁다.
③ 수분 존재 시 금속과 반응한다.
④ 유독한 가스이다.

해설 염화메틸(CH_3Cl)
- 에테르 냄새가 나며 허용농도가 100ppm인 독성 가스
- 폭발범위는 8.32%~18.7%

50 압력에 대한 설명으로 옳은 것은?

① 표준대기압이란 0℃에서 수은주 760mmHg에 해당하는 압력을 말한다.
② 진공압력이란 대기압보다 낮은 압력으로 대기압력과 절대압력을 합한 것이다.
③ 용기 내벽에 가해지는 기체의 압력을 게이지압력이라 하며, 대기압과 압력계에 나타난 압력을 합한 것이다.
④ 절대압력이란 표준대기압 상태를 0으로 기준하여 측정한 압력을 말한다.

해설
- 절대압력=게이지압력+대기압
- 대기압을 0으로 본 상태의 압력은 게이지 압력이다.

51 화씨 86°F는 절대온도로 몇 K인가?

① 233 ② 303
③ 490 ④ 522

해설 $℃=\frac{5}{9}\times(°F-32)=\frac{5}{9}\times(86-32)=30℃$

$K=℃+273=30+273=303K$

52 산소의 성질에 대한 설명으로 틀린 것은?

① 자신은 연소하지 않고 연소를 돕는 가스이다.
② 물에 잘 녹으며 백금과 화합하여 산화물을 만든다.
③ 화학적으로 활성이 강하여 다른 원소와 반응하여 산화물을 만든다.
④ 무색, 무취의 기체이다.

해설 산소는 물에 약간 녹으며 액체산소는 담청색을 띤다.(액비중은 1.14kg/L)

53 이상기체에 대한 설명으로 옳은 것은?

① 일정온도에서 기체부피는 압력에 비례한다.
② 일정압력에서 부피는 온도에 반비례한다.
③ 일정부피에서 압력은 온도에 반비례한다.
④ 보일－샤를의 법칙을 따르는 기체를 말한다.

해설 이상기체 : 보일－샤를의 법칙을 따르는 기체이다.

54 다음 중 불연성 가스는?

① 수소 ② 헬륨
③ 아세틸렌 ④ 히드라진

해설 헬륨(희가스)
- 분자량 4
- 비점 －268.9℃
- 발광색(황백색)
- 불연성 가스

55 산소가스가 27℃에서 130kgf/cm²의 압력으로 50kg이 충전되어 있다. 이때 부피는 몇 m³인가? (단, 산소의 정수는 26.5kgf · m/kg · K이다.)

① 0.25 ② 0.28
③ 0.30 ④ 0.43

해설 $PV=GRT,\ V=\frac{GRT}{P}$

$\therefore V=\frac{50\times26.5\times(27+273)}{130\times10^4}=0.305m^3$

56 프로판의 착화온도는 약 몇 ℃ 정도인가?

① 460~520 ② 550~590
③ 600~660 ④ 680~740

해설 프로판의 착화온도 : 460~520℃

49. ① 50. ① 51. ② 52. ② 53. ④ 54. ② 55. ③ 56. ① | ANSWER

57 다음 중 가장 낮은 압력은?

① 1bar　　② 0.99atm
③ 28.56inHg　　④ 10.3mH_2O

해설 • 1bar = 1.01kgf/cm^2
• 28.56inHg = 1kgf/cm^2

58 '가연성 가스'라 함은 폭발한계의 상한과 하한의 차가 몇 % 이상인 것을 말하는가?

① 5　　② 10
③ 15　　④ 20

해설 가연성 가스
• 폭발범위 하한치가 10% 이하
• 상한치 − 하한치 = 20% 이상

59 '어떠한 방법으로라도 어떤 계를 절대온도 0도에 이르게 할 수 없다.'는 열역학 제 몇 법칙인가?

① 열역학 제0법칙　　② 열역학 제1법칙
③ 열역학 제2법칙　　④ 열역학 제3법칙

해설 열역학 제3법칙 : 절대온도 0도(273K)에 이르게 할 수 없다는 법칙이다.

60 염소가스의 건조제로 사용되는 것은?

① 진한 황산　　② 염화칼슘
③ 활성 알루미나　　④ 진한 염산

해설 염소가스 건조제 : 진한 황산

ANSWER | 57. ③ 58. ④ 59. ④ 60. ①

2009년 3회 가스기능사

01 의료용 가스용기의 도색 구분 표시로 틀린 것은?

① 산소－백색　② 질소－청색
③ 헬륨－갈색　④ 에틸렌－자색

해설 의료용 질소가스 용기도색 : 흑색

02 고압가스 제조장치의 취급에 대한 설명으로 틀린 것은?

① 안전밸브는 천천히 작동하게 한다.
② 압력계의 밸브는 천천히 연다.
③ 액화가스를 탱크에 처음 충전할 때 천천히 충전한다.
④ 제조장치의 압력을 상승시킬 때 천천히 상승시킨다.

해설 안전밸브는 설정압력 초과 시 신속하게 작동하여 파열을 방지한다.

03 특정고압가스사용시설 중 고압가스의 저장량이 몇 kg 이상인 용기 보관실의 벽을 방호벽으로 설치하여야 하는가?

① 100　② 200
③ 300　④ 500

해설 고압가스 저장량 300kg 이상의 용기보관실 벽은 방호벽이 필요하다.(압축가스의 경우에는 $1m^3$를 5kg으로 본다.)

04 지상에 설치하는 액화석유가스 저장탱크의 외면에는 그 주위에서 보기 쉽도록 가스의 명칭을 표시해야 하는데 무슨 색으로 표시하여야 하는가?

① 은백색　② 황색
③ 흑색　④ 적색

해설 액화석유가스 저장탱크 외면의 가스명칭 색 : 적색

05 도시가스 공급배관을 차량이 통행하는 폭 8m 이상인 도로에 매설할 때의 깊이는 몇 m 이상으로 하여야 하는가?

① 1.0　② 1.2
③ 1.5　④ 2.0

해설 도시가스 공급배관 매설깊이
㉠ 차량 통행 폭 8m 이상 도로 : 지하매설배관깊이 1.2m 이상(저압은 1m 이상)
㉡ 공동주택부지 내 : 0.6m 이상
㉢ ㉠, ㉡ 외에는 1m 이상(저압은 0.8m 이상)

06 다음 중 독성 가스가 아닌 것은?

① 아크릴로니트릴
② 벤젠
③ 암모니아
④ 펜탄

해설 펜탄 : 석유류 제품

07 프로판의 표준상태에서의 이론적인 밀도는 몇 kg/m^3인가?

① 1.52　② 1.96
③ 2.96　④ 3.52

해설 C_3H_8 $22.4m^3 = 44kg$

$\therefore \frac{44}{22.4} = 1.96kg/m^3$

08 차량에 고정된 탱크 중 독성 가스는 내용적을 얼마 이하로 하여야 하는가?

① 12,000L　② 15,000L
③ 16,000L　④ 18,000L

해설 자동차 고정탱크 독성 가스 내용적 : 12,000L 이하

1.② 2.① 3.③ 4.④ 5.② 6.④ 7.② 8.① | ANSWER

09 도시가스 배관의 해저설치 시의 기준으로 틀린 것은?

① 배관은 원칙적으로 다른 배관과 교차하지 아니하도록 한다.
② 배관의 입상부에는 방호 시설물을 설치한다.
③ 배관은 해저면 위에 설치한다.
④ 배관은 원칙적으로 다른 배관과 30m 이상의 수평거리를 유지한다.

해설 해저설치 시 도시가스 배관은 해저면 밑에 설치한다.

10 20kg LPG 용기의 내용적은 몇 L인가?(단, 충전상수 C는 2.35이다.)

① 8.51 ② 20
③ 42.3 ④ 47

해설
$$20 = \frac{x}{2.35}$$
$\therefore\ x = 20 \times 2.35 = 47\text{L}$

11 사업소 내에서 긴급사태 발생시 필요한 연락을 하기 위해 안전관리자가 상주하는 사업소와 현장 사업소 간에 설치하는 통신설비가 아닌 것은?

① 구내전화 ② 인터폰
③ 페이징설비 ④ 메가폰

해설 메가폰 : 사업소 내 전체에 설치한다.

12 독성 가스를 운반하는 차량에 반드시 갖추어야 할 용구나 물품에 해당되지 않는 것은?

① 방독면 ② 제독제
③ 고무장갑 ④ 소화장비

해설 소화장비 : 가연성 가스의 소화물품

13 아세틸렌가스 충전 시 첨가하는 희석제가 아닌 것은?

① 메탄 ② 일산화탄소
③ 에틸렌 ④ 이산화황

해설 희석제
메탄, CO, 에틸렌, N_2, CO_2 등

14 가연성 가스 제조시설의 고압가스설비는 그 외면으로부터 산소 제조시설의 고압가스 설비와 몇 m 이상의 거리를 유지하여야 하는가?

① 5 ② 8
③ 10 ④ 15

해설 가연성 가스 고압가스설비는 그 외면으로부터 산소 제조시설의 고압가스설비와 10m 이상 이격거리 유지

15 고압가스특정제조사업소의 고압가스설비 중 특수반응설비와 긴급차단장치를 설치한 고압가스설비에서 이상사태가 발생하였을 때 그 설비 내의 내용물을 설비 밖으로 긴급하고 안전하게 이송하여 연소시키기 위한 것은?

① 내부반응감시장치 ② 벤트스택
③ 인터록 ④ 플레어스택

해설 플레어스택
이상사태 발생시 그 설비 내의 내용물을 설비 밖으로 긴급히 안전하게 이송하여 연소시킨다.

16 암모니아를 사용하는 냉동장치의 시운전에 사용할 수 없는 가스는?

① 질소 ② 산소
③ 아르곤 ④ 이산화탄소

해설 암모니아는 가연성 가스이므로 조연성 가스인 산소를 시운전하는 것은 금물이다.

17 방류둑의 성토는 수평에 대하여 몇 도 이하의 기울기로 하여야 하는가?

① 15 ② 30
③ 45 ④ 60

해설 방류둑의 성토는 수평에 대하여 45도 이하의 기울기로 한다.

ANSWER | 9. ③ 10. ④ 11. ④ 12. ④ 13. ④ 14. ③ 15. ④ 16. ② 17. ③

18 **저장탱크에 설치한 안전밸브에는 지면에서 몇 m 이상의 높이에 방출구가 있는 가스방출관을 설치하여야 하는가?**

① 2　　② 3
③ 5　　④ 10

해설 안전밸브 방출구는 지면에서 5m 이상 높이에 설치한다.

19 **도시가스배관의 전기방식 전류가 흐르는 상태에서 자연전위와의 전위변화는 최소한 몇 mV 이하이어야 하는가?(단, 다른 금속과 접촉하는 배관은 제외한다.)**

① −100　　② −200
③ −300　　④ −500

해설 자연전위와의 전위변화는 최소한 −300mV 이하이어야 한다.

20 **독성 가스 배관은 2중관 구조로 하여야 한다. 이때 외층관 내경은 내층관 외경의 몇 배 이상을 표준으로 하는가?**

① 1.2　　② 1.5
③ 2　　④ 2.5

해설 독성 가스 이중관

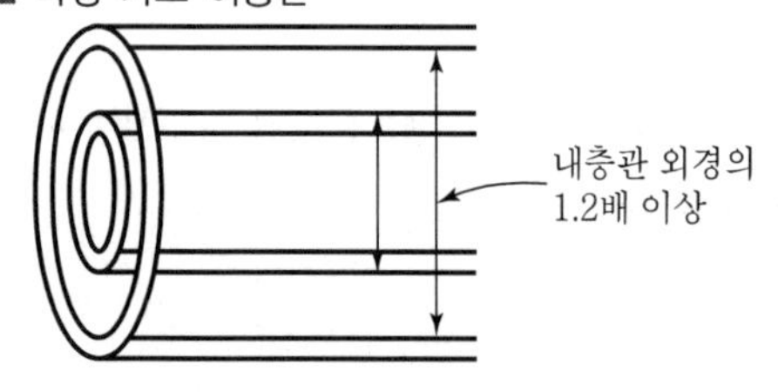

21 **액화석유가스 저장시설의 액면계 설치기준으로 틀린 것은?**

① 액면계는 평형반사식 유리액면계 및 평형투시식 유리액면계를 사용할 수 있다.
② 유리액면계에 사용되는 유리는 KS B 6208(보일러용 수면계유리) 중 기호 B 또는 P의 것 또는 이와 동등 이상이어야 한다.
③ 유리를 사용한 액면계에는 액면의 확인을 명확하게 하기 위하여 덮개 등을 하지 않는다.
④ 액면계 상하에는 수동식 및 자동식 스톱밸브를 각각 설치한다.

해설 유리액면계는 액면확인을 필요한 최소 면적 이외의 부분은 금속제 등의 덮개로 보호하여 그 파손을 방지한다.

22 **가스누출경보기의 검지부를 설치할 수 있는 장소는?**

① 증기, 물방울, 기름기 섞인 연기 등이 직접 접촉될 우려가 있는 곳
② 주위온도 또는 복사열에 의한 온도가 섭씨 40℃ 미만이 되는 곳
③ 설비 등에 가려져 누출가스의 유동이 원활하지 못한 곳
④ 차량, 그 밖의 작업 등으로 인하여 경보기가 파손될 우려가 있는 곳

해설 가스누출경보기 검지부 설치장소는 주위온도 또는 복사열에 의한 온도가 40℃ 미만이 되는 곳에 설치한다.

23 **고압가스판매 허가를 득하여 사업을 하려는 경우 각각의 용기보관실 면적은 몇 m^2 이상이어야 하는가?**

① 7　　② 10
③ 12　　④ 15

해설 고압가스판매 용기보관실 면적은 $10m^2$ 이상

24 **용기보관장소의 충전용기 보관기준으로 틀린 것은?**

① 충전용기와 잔가스용기는 서로 넘어지지 않게 단단히 결속하여 놓는다.
② 가연성 · 독성 및 산소용기는 각각 구분하여 용기보관장소에 놓는다.
③ 용기는 항상 40℃ 이하의 온도를 유지하고, 직사광선을 받지 않게 한다.
④ 작업에 필요한 물건(계량기 등) 이외에는 두지 않는다.

해설 충전용기와 잔가스용기는 별도로 설치한다.

18. ③ 19. ③ 20. ① 21. ③ 22. ② 23. ② 24. ① | ANSWER

25 **고압가스의 인허가 및 검사의 기준이 되는 "처리능력"을 산정함에 있어 기준이 되는 온도 및 압력은?**

① 온도 : 섭씨 15도, 게이지압력 : 0파스칼
② 온도 : 섭씨 15도, 게이지압력 : 1파스칼
③ 온도 : 섭씨 0도, 게이지압력 : 0파스칼
④ 온도 : 섭씨 0도, 게이지압력 : 1파스칼

해설 고압가스 기준온도 기준압력
0℃, 게이지압력 0Pa

26 **방폭지역이 0종인 장소에는 원칙적으로 어떤 방폭구조의 것을 사용하여야 하는가?**

① 내압방폭구조 ② 압력방폭구조
③ 본질안전방폭구조 ④ 안전증방폭구조

해설 0종 장소
상용의 상태에서 가연성 가스의 농도가 연속해서 폭발한계 이상으로 되는 장소에서 방폭구조는 본질안전방폭구조로 한다.

27 **가스의 종류를 가연성에 따라 구분한 것이 아닌 것은?**

① 가연성 가스 ② 조연성 가스
③ 불연성 가스 ④ 압축가스

해설 가연성 구분
가연성, 조연성, 불연성

28 **2005년 2월에 제조되어 신규검사를 득한 LPG 20kg용 용접용기(내용적 47L)의 최초의 재검사년월은?**

① 2007년 2월 ② 2008년 2월
③ 2009년 2월 ④ 2010년 2월

해설 용접용기 500L 미만 재검사 주기는 2015년 법규 개정됨

29 **고압가스특정제조시설에서 안전구역을 설정하기 위한 연소열량의 계산공식을 옳게 나타낸 것은?(단, Q는 연소열량, W는 저장설비 또는 처리설비에 따라 정한 수치, K는 가스의 종류 및 상용온도에 따라 정한 수치이다.)**

① $Q=K+W$ ② $Q=\frac{W}{K}$
③ $Q=\frac{K}{W}$ ④ $Q=K\times W$

해설 안전구역 연소열량 계산공식
연소열량$(Q)=K+W$

30 **액화질소 35톤을 저장하려고 할 때 사업소 밖의 제1종 보호시설과 유지하여야 하는 안전거리는 최소 몇 m인가?**

① 8 ② 9
③ 11 ④ 13

해설 35톤 액화질소=35,000kg이므로 처리능력 3만 초과~4만 이하에서
• 제1종 보호시설안전거리 : 13m
• 제2종 보호시설안전거리 : 9m

31 **실린더 중에 피스톤과 보조 피스톤이 있고, 상부에 팽창기, 하부에 압축기로 구성되어 있으며, 수소, 헬륨을 냉매로 하는 것이 특징인 공기액화장치는?**

① 카르노식 액화장치
② 필립스식 액화장치
③ 린데식 액화장치
④ 클라우드식 액화장치

해설 필립스식 액화장치 냉매 : 수소, 헬륨

32 **로터리 압축기에 대한 설명으로 틀린 것은?**

① 왕복식 압축기에 비해 부품수가 적고 구조가 간단하다.
② 압축이 단속적이므로 저진공에 적합하다.
③ 기름윤활방식으로 소용량이다.
④ 구조상 흡입기체에 기름이 혼입되기 쉽다.

해설 회전식 압축기(로터사용 로터리 압축기)는 압축이 연속적이고 고진공을 얻기 쉽다.

ANSWER | 25. ③ 26. ③ 27. ④ 28. ③ 29. ④ 30. ④ 31. ② 32. ②

33 **다음 가스분석법 중 흡수분석법에 해당하지 않는 것은?**

① 헴펠법 ② 산화동법
③ 오르자트법 ④ 게겔법

해설 수소가스분석법에 산화동법에 의한 연소법이 사용된다.

34 **LP가스용 용기밸브의 몸통에 사용되는 재료로 가장 적당한 것은?**

① 단조용 황동 ② 단조용 강재
③ 절삭용 주물 ④ 인발용 구리

해설 LP가스용 용기밸브 몸통 : 단조용 황동

35 **초저온 저장탱크의 측정에 많이 사용되며 차압에 의해 액면을 측정하는 액면계는?**

① 햄프슨식 액면계 ② 전지저항식 액면계
③ 초음파식 액면계 ④ 클링커식 액면계

해설 햄프슨식 액면계
초저온 저장탱크 측정용으로서 차압에 의한 측정액면계이다.

36 **도시가스에서 사용하는 부취제의 종류가 아닌 것은?**

① THT ② TBM
③ MMA ④ DMS

해설 부취제 종류
- THT
- TBM
- DMS

37 **가스 충전구에 따른 분류 중 가스 충전구에 나사가 없는 것은 무슨 형으로 표시하는가?**

① A ② B
③ C ④ D

해설
- A : 충전구 나사가 수나사
- B : 충전구 나사가 암나사
- C : 충전구 나사가 없는 것

38 **스크루 펌프는 어느 형식의 펌프에 해당하는가?**

① 축류식 ② 원심식
③ 회전식 ④ 왕복식

해설 스크루 펌프(나사펌프) : 회전식 펌프

39 **유체 중에 인위적인 소용돌이를 일으켜 와류의 발생 수, 즉 주파수가 유속에 비례한다는 사실을 응용하여 유량을 측정하는 유량계는?**

① 볼텍스 유량계 ② 전자 유량계
③ 초음파 유량계 ④ 임펠러 유량계

해설 와류식 유량계
- 델타 유량계
- 스와르미터 유량계
- 카르만 유량계
- 볼텍스 유량계

40 **배관 속을 흐르는 액체의 속도를 급격히 변화시키면 물이 관벽을 치는 현상이 일어나는데 이런 현상을 무엇이라 하는가?**

① 캐비테이션 현상
② 워터해머링 현상
③ 서징 현상
④ 맥동 현상

해설 워터해머링(수격작용)은 배관 내 액체의 속도를 급격히 변화시킬 때 일어나는 현상이다.

41 **포화황산동 기준전극으로 매설 배관의 방식전위를 측정하는 경우 몇 V 이하이어야 하는가?**

① −0.75V
② −0.85V
③ −0.95V
④ −2.5V

해설 포화황산동 기준전극으로 매설배관의 방식전위 측정 시 −0.85V 이하이어야 한다.

33. ② 34. ① 35. ① 36. ③ 37. ③ 38. ③ 39. ① 40. ② 41. ② | ANSWER

42 **LP가스 자동차충전소에서 사용하는 디스펜서(Dispenser)에 대하여 옳게 설명한 것은?**

① LP가스 충전소에서 용기에 일정량의 LP가스를 충전하는 충전기기이다.
② LP가스 충전소에서 용기에 충전하는 가스용적을 계량하는 기기이다.
③ 압축기를 이용하여 탱크로리에서 저장탱크로 LP가스를 이송하는 장치이다.
④ 펌프를 이용하여 LP가스를 저장탱크로 이송할 때 사용하는 안전장치이다.

해설 LP가스 디스펜서
LP가스 분배기(일정량의 충전기)

43 **도시가스의 총발열량이 10,400kcal/m³, 공기에 대한 비중이 0.55일 때 웨베지수는 얼마인가?**

① 11,023 ② 12,023
③ 13,023 ④ 14,023

해설 $WI = \frac{H_g}{\sqrt{d}} = \frac{10,400}{\sqrt{0.55}} = 14,023$

44 **상용압력이 10MPa인 고압가스설비에 압력계를 설치하려고 한다. 압력계의 최고눈금 범위는?**

① 11～15MPa ② 15～20MPa
③ 18～20MPa ④ 20～25MPa

해설 압력계는 상용압력의 1.5배 이상～2배 이하 범위이어야 하므로 10MPa 설비에는 15～20MPa용이 필요하다.

45 **가스히트펌프(GHP)는 다음 중 어떤 분야로 분류되는가?**

① 냉동기 ② 특정설비
③ 가스용품 ④ 용기

해설 가스용 히트펌프 : 냉동기 분야에 포함된다.

46 **다음 중 1atm을 환산한 값으로 틀린 것은?**

① 14.7psi ② 760mmHg
③ 10.332mH₂O ④ 1.013kgf/m²

해설 1atm(표준대기압)=1.0332kgf/m²

47 **다음 중 탄소와 수소의 중량비(C/H)가 가장 큰 것은?**

① 에탄 ② 프로필렌
③ 프로판 ④ 메탄

해설 C/H(탄화수소비)가 큰 경우 C가 많다.
① 에탄(C_2H_4) ② 프로필렌(C_3H_6)
③ 프로판(C_3H_8) ④ 메탄(CH_4)

48 **액체는 무색 투명하고, 특유의 복숭아향을 가진 맹독성 가스는?**

① 일산화탄소 ② 포스겐
③ 시안화수소 ④ 메탄

해설 HCl(시안화수소) : 복숭아향을 가진 맹독성 가스

49 **공기 중에 10vol% 존재 시 폭발의 위험성이 없는 가스는?**

① CH_3Br ② C_2H_6
③ C_2H_4O ④ H_2S

해설 브롬화메탄(CH_3Br) 가스의 폭발범위
• 폭발범위 : 13.5～14.5%
• 독성 허용농도 : 20ppm

50 **단위 넓이에 수직으로 작용하는 힘을 무엇이라고 하는가?**

① 압력 ② 비중
③ 일률 ④ 에너지

해설

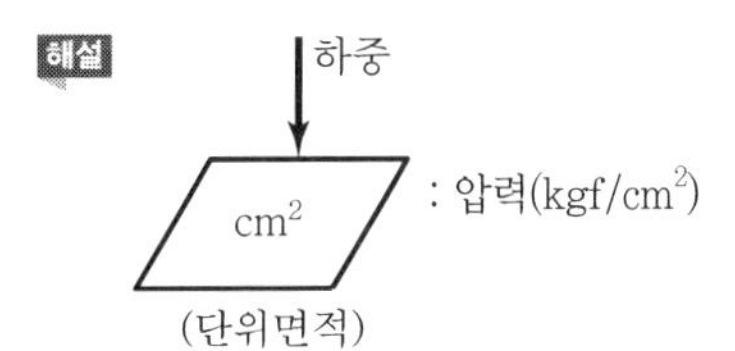

51 **완전진공을 0으로 하여 측정한 압력을 의미하는 것은?**

① 절대압력 ② 게이지압력
③ 표준대기압 ④ 진공압력

해설 • 절대압력 : 완전진공을 0으로 측정한 압력
• 게이지압력 : 대기압을 0으로 측정한 압력

52 **액비중에 대한 설명으로 옳은 것은?**

① 4℃ 물의 밀도와의 비를 말한다.
② 0℃ 물의 밀도와의 비를 말한다.
③ 절대 영도에서 물의 밀도와의 비를 말한다.
④ 어떤 물질이 끓기 시작한 온도에서의 질량을 말한다.

해설 액비중 측정은 4℃의 물의 밀도와의 비(비중은 단위가 없다.)

53 **다음 중 공기 중에서 가장 무거운 가스는?**

① C_4H_{10} ② SO_2
③ C_2H_4O ④ $COCl_2$

해설 ① 부탄(C_4H_{10}) : 분자량 58(비중 2)
② 아황산(SO_2) : 분자량 64(비중 2.21)
③ 산화에틸렌(C_2H_4O) : 분자량 44(비중 1.52)
④ 포스겐($COCl_2$) : 분자량 98(비중 3.38)

54 **질소가스의 특징에 대한 설명으로 틀린 것은?**

① 암모니아 합성원료이다.
② 공기의 주성분이다.
③ 방전용으로 사용된다.
④ 산화방지제로 사용된다.

해설 방전관에 넣은 가스는 휘가스(불활성 가스)
He, Ne, Ar, Kr, Xe, Rn 가스

55 **고압가스의 일반적 성질에 대한 설명으로 옳은 것은?**

① 암모니아는 동을 부식하고 고온고압에서는 강재를 침식한다.
② 질소는 안정한 가스로서 불활성 가스라고도 하고 고온에서도 금속과 화합하지 않는다.
③ 산소는 액체공기를 분류하여 제조하는 반응성이 강한 가스로 자신은 잘 연소한다.
④ 염소는 반응성이 강한 가스로 강재에 대하여 상온에서도 건조한 상태로 현저히 부식성을 갖는다.

해설 암모니아가스는 구리, 아연, 은, 알루미늄, 코발트 등으로 금속이온과 반응하여 착이온을 만든다.(탄소강을 사용한다.)

56 **도시가스의 주원료인 메탄(CH_4)의 비점은 약 얼마인가?**

① −50℃ ② −82℃
③ −120℃ ④ −162℃

해설 CH_4 비점 : −162℃

57 **500kcal/h의 열량을 일(kgf · m/s)로 환산하면 얼마가 되겠는가?**

① 59.3 ② 500
③ 4,215.5 ④ 213,500

해설 1kcal = 427kg · m
500kcal = 213,500kg · m/h
$\therefore \dfrac{213,500}{60\text{분} \times 60\text{초}} = 59.3\text{kg} \cdot \text{m/s}$

58 **0℃, 1atm에서 5L인 기체가 273℃, 1atm에서 차지하는 부피는 약 몇 L인가?(단, 이상기체로 가정한다.)**

① 2 ② 5
③ 8 ④ 10

해설
$$V_2 = V_1 \times \frac{T_2}{T_1} = 5 \times \frac{273+273}{273} = 10\text{L}$$

59 **수소 20v%, 메탄 50v%, 에탄 30v% 조성의 혼합가스가 공기와 혼합된 경우 폭발하한계의 값은?(단, 폭발하한계값은, 각각 수소는 4v%, 메탄은 5v%, 에탄은 3v%이다.)**

① 3 ② 4
③ 5 ④ 6

51. ① 52. ① 53. ④ 54. ③ 55. ① 56. ④ 57. ① 58. ④ 59. ② | ANSWER

해설 $\frac{100}{L} = \frac{100}{\frac{20}{4} + \frac{50}{5} + \frac{30}{3}} = \frac{100}{5+10+10} = 4\%$

60 산소의 농도를 높임에 따라 일반적으로 감소하는 것은?

① 연소속도　② 폭발범위
③ 화염속도　④ 점화에너지

해설 산소농도가 높아지면 가연성 가스의 점화에너지가 감소한다.

2009년 4회 가스기능사

01 **가스의 폭발범위에 영향을 주는 인자로서 가장 거리가 먼 것은?**

① 비열 ② 압력
③ 온도 ④ 조성

해설 비열
어떤 물질 1kg을 1℃ 높이는 데 필요한 열량(kJ/kg · K, kcal/kg · K)

02 **액화석유가스 지상 저장탱크 주위에는 저장능력이 얼마 이상일 때 방류둑을 설치하여야 하는가?**

① 300kg ② 1,000kg
③ 300톤 ④ 1,000톤

해설 LPG 저장탱크가 1,000톤 이상이면 방류둑 설치가 필요하다.

03 **산소가 충전되어 있는 용기의 온도가 15℃일 때 압력은 15MPa이었다. 이 용기가 직사일광을 받아 온도가 40℃로 상승하였다면, 이때의 압력은 약 몇 MPa이 되겠는가?**

① 6 ② 10.3
③ 16.3 ④ 40.0

해설
$$P_2 = P_1 \times \frac{T_2}{T_1} = 15 \times \frac{273+40}{273+15} = 16.3\text{MPa}$$

04 **고압가스 충전용기의 운반기준으로 틀린 것은?**

① 염소와 아세틸렌, 암모니아 또는 수소는 동일 차량에 적재하여 운반하지 아니한다.
② 가연성 가스와 산소를 동일 차량에 적재하여 운반할 때에는 그 충전용기의 밸브가 서로 마주보도록 적재한다.
③ 충전용기와 소방기본법에서 정하는 위험물과는 동일 차량에 적재하여 운반하지 아니한다.
④ 독성 가스를 차량에 적재하여 운반할 때는 그 독성 가스의 종류에 따른 방독면, 고무장갑, 고무장화 그 밖의 보호구를 갖춘다.

해설 가연성 가스용기와 산소용기를 동일 차량에 적재하여 운반하려면 그 충전용기의 밸브는 서로 바라보지 않고서 운반한다.

05 **고압가스안전관리법상 "충전용기"라 함은 고압가스의 충전질량 또는 충전압력의 몇 분의 몇 이상이 충전되어 있는 상태의 용기를 말하는가?**

① $\frac{1}{5}$ ② $\frac{1}{4}$
③ $\frac{1}{2}$ ④ $\frac{3}{4}$

해설 충전용기
충전질량 또는 충전압력의 $\frac{1}{2}$ 이상의 용기이다.

06 **액화석유가스의 안전관리에 필요한 안전관리자가 해임 또는 퇴직하였을 때에는 원칙적으로 그 날로부터 며칠 이내에 다른 안전관리자를 선임하여야 하는가?**

① 10일 ② 15일
③ 20일 ④ 30일

해설 안전관리자 선 · 해임, 퇴직하였을 때 그 날로 30일 이내에 다른 안전관리자를 선임하여야 한다.

07 **도시가스 배관의 설치장소나 구경에 따라 적절한 배관재료와 접합방법을 선정하여야 한다. 다음 중 배관재료 선정기준으로 틀린 것은?**

① 배관 내의 가스흐름이 원활한 것으로 한다.
② 내부의 가스압력과 외부로부터의 하중 및 충격하중 등에 견디는 강도를 갖는 것으로 한다.
③ 토양 · 지하수 등에 대하여 강한 부식성을 갖는 것으로 한다.
④ 절단가공이 용이한 것으로 한다.

해설 도시가스 배관은 토양이나 지하수 등에 대하여 부식성이 없는 곳에 설치한다.

1. ① 2. ④ 3. ③ 4. ② 5. ③ 6. ④ 7. ③ | ANSWER

08 내용적이 1천L 이상인 초저온가스용 용기의 단열성능 시험결과 합격 기준은 몇 kcal/h · ℃ · L 이하인가?

① 0.0005 ② 0.001
③ 0.002 ④ 0.005

해설 • 1,000L 이상 : 0.002kcal/h ℃ L 이하
• 1,000L 미만 : 0.0005kcal/h ℃ L 이하

09 고압가스안전관리법시행규칙에서 정의한 "처리능력"이라 함은 처리설비 또는 감압 · 설비에 의하여 며칠에 처리할 수 있는 가스의 양을 말하는가?

① 1일 ② 7일
③ 10일 ④ 30일

해설 처리설비능력 : 1일에 처리할 수 있는 가스의 양

10 다음 중 분해에 의한 폭발을 하지 않는 가스는?

① 시안화수소 ② 아세틸렌
③ 히드라진 ④ 산화에틸렌

해설 시안화수소(HCN)가스는 H_2O에 의해 중합폭발로 발생한다.

11 액화석유가스 공급시설 중 저장설비의 주위에는 경계책 높이를 몇 m 이상으로 설치하도록 하고 있는가?

① 0.5 ② 1.0
③ 1.5 ④ 2.0

해설 LPG 공급시설 경계책 높이 : 1.5m 이상

12 다음 중 안전관리상 압축을 금지하는 경우가 아닌 것은?

① 수소 중 산소의 용량이 3% 함유되어 있는 경우
② 산소 중 에틸렌의 용량이 3% 함유되어 있는 경우
③ 아세틸렌 중 산소의 용량이 3% 함유되어 있는 경우
④ 산소 중 프로판의 용량이 3% 함유되어 있는 경우

해설 산소와 프로판가스의 경우 산소용량이 전용량의 4% 이상이면 압축이 금지된다.

13 고압가스안전관리법에서 정하고 있는 특정설비가 아닌 것은?

① 안전밸브
② 기화장치
③ 독성 가스배관용 밸브
④ 도시가스용 압력조정기

해설 압력용기는 고압가스 관련 설비, 도시가스용 압력조정기는 특정설비에서 제외한다.

14 도시가스 중 유해성분 측정대상인 가스는?

① 일산화탄소 ② 시안화수소
③ 황화수소 ④ 염소

해설 도시가스 유해성분 측정(0℃, 1.013250bar) 시 건조한 도시가스 $1m^3$당
• 황전량은 0.5g을 초과하지 않는다.
• 황화수소는 0.02g을 초과하지 못한다.
• 암모니아는 0.2g을 초과하지 못한다.

15 가스 중 음속보다 화염전파 속도가 큰 경우 충격파가 발생하는데 이때 가스의 연소 속도로서 옳은 것은?

① 0.3~100m/s
② 100~300m/s
③ 700~800m/s
④ 1,000~3,500m/s

해설 폭굉속도 : 1,000~3,500m/s

16 후부취출식 탱크에서 탱크 주밸브 및 긴급차단장치에 속하는 밸브와 차량의 뒷범퍼와의 수평거리는 얼마 이상 떨어져 있어야 하는가?

① 20cm ② 30cm
③ 40cm ④ 60cm

해설 후부취출식
40cm 이상 떨어진다.

ANSWER | 8. ③ 9. ① 10. ① 11. ③ 12. ④ 13. ④ 14. ③ 15. ④ 16. ③

17 **산소 또는 천연메탄을 수송하기 위한 배관과 이에 접속하는 압축기와의 사이에 반드시 설치하여야 하는 것은?**

① 표시판　② 압력계
③ 수취기　④ 안전밸브

해설 산소나 천연메탄 수송 시 배관과 압축기 사이에 수취기를 설치한다.

18 **다음 중 같은 저장실에 혼합 저장이 가능한 것은?**

① 수소와 염소가스
② 수소와 산소
③ 아세틸렌가스와 산소
④ 수소와 질소

해설 수소(가연성), 질소(불연성)와는 저장실에 같이 혼합저장이 가능하다.

19 **LPG 용기보관소 경계표지의 "연"자 표시의 색상은?**

① 흑색　② 적색
③ 황색　④ 흰색

해설 LPG 가연성 가스의 경계표시 ㉧자의 색상은 적색이다.

20 **내부반응 감시장치를 설치하여야 할 특수반응 설비에 해당하지 않는 것은?**

① 암모니아 2차 개질로
② 수소화 분해반응기
③ 사이클로헥산 제조시설의 벤젠 수첨 반응기
④ 산화에틸렌 제조시설의 아세틸렌 중합기

해설 산화에틸렌(C_2H_4O)가스 저장탱크는 질소가스 또는 탄산가스로 치환하고 5℃ 이하로 유지할 것

21 **다음 중 허용농도 1ppb에 해당하는 것은?**

① $\frac{1}{10^3}$　② $\frac{1}{10^6}$
③ $\frac{1}{10^9}$　④ $\frac{1}{10^{10}}$

해설 1ppb(십억분율의 1) $= \frac{1}{10^9}$

22 **노출된 도시가스배관의 보호를 위한 안전조치 시 노출되어 있는, 배관부분의 길이가 몇 m를 넘을 때 점검자가 통행이 가능한 점검통로를 설치하여야 하는가?**

① 10　② 15
③ 20　④ 30

해설 노출된 도시가스가 15m 이상 넘을 때 점검자가 통행이 가능하도록 한다.

23 **다음 중 가스에 대한 정의가 잘못된 것은?**

① 압축가스란 일정한 압력에 의하여 압축되어 있는 가스를 말한다.
② 액화가스란 가압 · 냉각 등의 방법에 의하여 액체상태로 되어 있는 것으로서 대기압에서의 비점이 40℃ 이하 또는 상용 온도 이하인 것을 말한다.
③ 독성 가스란 인체에 유해한 독성을 가진 가스로서 허용농도가 100만분의 3,000 이하인 것을 말한다.
④ 가연성 가스란 공기 중에서 연소하는 가스로서 폭발한계의 하한이 10% 이하인 것과 폭발한계의 상한과 하한의 차가 20% 이상인 것을 말한다.

해설 독성 가스란 허용농도가 100만분의 200 이하인 가스이다.

24 **다음 [보기]의 가스 중 독성이 강한 순서부터 바르게 나열된 것은?**

[보기]
㉠ H_2S　㉡ CO
㉢ Cl_2　㉣ $COCl_2$

① ㉣>㉢>㉠>㉡　② ㉢>㉣>㉡>㉠
③ ㉣>㉡>㉠>㉢　④ ㉣>㉢>㉡>㉠

해설 독성 허용농도가 작을수록 독성이 강하다.
㉠ 황화수소(H_2S) : 10ppm
㉡ 일산화탄소(CO) : 50ppm
㉢ 염소(Cl_2) : 1ppm
㉣ 포스겐($COCl_2$) : 0.1ppm

17. ③ 18. ④ 19. ② 20. ④ 21. ③ 22. ② 23. ③ 24. ① | ANSWER

25 **정압기실 주위에는 경계책을 설치하여야 한다. 이때 경계책을 설치한 것으로 보지 않는 경우는?**

① 철근콘크리트로 지상에 설치된 정압기실
② 도로의 지하에 설치되어 사람과 차량의 통행에 영향을 주는 장소로서 경계책 설치가 부득이한 정압기실
③ 정압기가 건축물 안에 설치되어 있어 경계책을 설치할 수 있는 공간이 없는 정압기실
④ 매몰형 정압기

해설 도시가스 정압기는 매몰을 금지한다.

26 **다음 중 지연성(조연성) 가스가 아닌 것은?**

① 네온
② 염소
③ 이산화질소
④ 오존

해설 네온 : 불활성 가스

27 **내압시험압력 및 기밀시험압력의 기준이 되는 압력으로서 사용상태에서 해당설비 등의 각부에 작용하는 최고사용압력을 의미하는 것은?**

① 작용압력 ② 상용압력
③ 사용압력 ④ 설정압력

해설 상용압력
내압시험, 기밀시험 압력의 기준이 되는 압력

28 **공기 중에서의 폭발범위가 가장 넓은 가스는?**

① 황화수소 ② 암모니아
③ 산화에틸렌 ④ 프로판

해설 폭발범위
① 황화수소 : 4.3~45%
② 암모니아 : 15~28%
③ 산화에틸렌 : 3~80%
④ 프로판 : 2.1~9.5%

29 **방폭 전기기기의 구조별 표시방법 중 내압방폭구조의 표시방법은?**

① d ② o
③ p ④ e

해설 ① d : 내압방폭구조
② o : 유입방폭구조
③ p : 압력방폭구조
④ e : 안전증방폭구조

30 **고정식 압축천연가스 자동차 충전의 시설기준에서 저장설비, 처리설비, 압축가스설비 및 충전설비는 인화성 물질 또는 가연성 물질 저장소로부터 얼마 이상의 거리를 유지하여야 하는가?**

① 5m ② 8m
③ 12m ④ 20m

해설 고정식 압축천연가스의 설비에서 인화성 또는 가연성 물질 저장소와는 8m 이상의 거리를 유지하여야 한다.

31 **관 도중에 조리개(교축기구)를 넣어 조리개 전후의 차압을 이용하여 유량을 측정하는 계측기기는?**

① 오벌식 유량계
② 오리피스 유량계
③ 막식 유량계
④ 터빈 유량계

해설 오리피스 차압식유량계 : 교축기구사용 유량계

32 **원통형의 관을 흐르는 물의 중심부의 유속을 피토관으로 측정하였더니 수주의 높이가 10m이었다. 이때 유속은 약 몇 m/s인가?**

① 10 ② 14
③ 20 ④ 26

해설 $v = \sqrt{2gh} = 14\text{m/s}$

ANSWER | 25. ④ 26. ① 27. ② 28. ③ 29. ① 30. ② 31. ② 32. ②

33 **오르자트 가스분석기에는 수산화칼륨(KOH)용액이 들어있는 흡수피펫이 내장되어 있는데 이것은 어떤 가스를 측정하기 위한 것인가?**

① CO_2　　② C_2H_6
③ O_2　　④ CO

해설 CO_2 : KOH 용액으로 성분분석

34 **개방형 온수기에 반드시 부착하지 않아도 되는 안전장치는?**

① 소화안전장치
② 전도안전장치
③ 과열방지장치
④ 불완전연소방지장치 또는 산소결핍안전장치

해설 개방형 온수기에는 전도안전장치는 부착하지 않아도 된다.

35 **고압가스설비에 설치하는 벤트스택과 플레어스택에 대한 설명으로 틀린 것은?**

① 플레어스택에는 긴급이송설비로부터 이송되는 가스를 연소시켜 대기로 안전하게 방출시킬 수 있는 파일럿버너 또는 항상 작동할 수 있는 자동점화장치를 설치한다.
② 플레어스택의 설치위치 및 높이는 플레어스택 바로 밑의 지표면에 미치는 복사열이 4,000kcal/m^2 · h 이하가 되도록 한다.
③ 가연성 가스의 긴급용 벤트스택의 높이는 착지농도가 폭발하한계값 미만이 되도록 충분한 높이로 한다.
④ 벤트스택은 가능한 공기보다 무거운 가스를 방출해야 한다.

해설 벤트스택은 가능한 공기보다 가벼운 가스를 방출하는 기구이다.

36 **정압기를 평가 · 선정할 경우 고려해야 할 특성이 아닌 것은?**

① 정특성　　② 동특성
③ 유량특성　　④ 압력특성

해설 정압기의 특성
정특성, 동특성, 유량특성

37 **LPG의 연소방식이 아닌 것은?**

① 적화식　　② 세미분젠식
③ 분젠식　　④ 원지식

해설 LPG 연소방식
적화식, 세미분젠식, 분젠식

38 **회전펌프의 특징에 대한 설명으로 틀린 것은?**

① 토출압력이 높다.
② 연속토출되어 맥동이 많다.
③ 점성이 있는 액체에 성능이 좋다.
④ 왕복펌프와 같은 흡입 · 토출밸브가 없다.

해설 회전식 펌프는 연속송출로 액의 맥동이 적다.

39 **오리피스미터로 유량을 측정하는 것은 어떤 원리를 이용한 것인가?**

① 베르누이의 정리
② 패러데이의 법칙
③ 아르키메데스의 원리
④ 돌턴의 법칙

해설 오리피스 차압식 유량계는 베르누이의 정리를 이용한 유량계이다.

40 **저온장치에 사용되고 있는 단열법 중 단열을 하는 공간에 분말, 섬유 등의 단열재를 충전하는 방법으로 일반적으로 사용되는 단열법은?**

① 상압의 단열법　　② 고진공 단열법
③ 다층 진공단열법　　④ 린데식 단열법

해설 상압 단열법
단열공간에 분말, 섬유 등의 단열재를 충진하는 단열법

33. ① 34. ② 35. ④ 36. ④ 37. ④ 38. ② 39. ① 40. ① | ANSWER

41 펌프의 회전수를 1,000rpm에서 1,200rpm으로 변화시키면 동력은 약 몇 배가 되는가?

① 1.3 ② 1.5
③ 1.7 ④ 2.0

해설 $P' = P \times \left(\frac{N_2}{N_1}\right)^3 = 1 \times \left(\frac{1,200}{100}\right)^3 = 1.728$

42 극저온저장탱크의 액면측정에 사용되며 고압부와 저압부의 차압을 이용하는 액면계는?

① 초음파식 액면계 ② 크린카식 액면계
③ 슬립튜브식 액면계 ④ 햄프슨식 액면계

해설 햄프슨식 액면계 : 극저온 저장탱크의 액면계

43 스테판-볼츠만의 법칙을 이용하여 측정 물체에서 방사되는 전방사 에너지를 렌즈 또는 반사경을 이용하여 온도를 측정하는 온도계는?

① 색 온도계 ② 방사 온도계
③ 열전대 온도계 ④ 광전관 온도계

해설 방사고온계 : 스테판-볼츠만의 법칙을 이용한 비접촉식 고온계

44 압력변화에 의한 탄성변위를 이용한 탄성압력계에 해당되지 않는 것은?

① 플로트식 압력계 ② 부르동관식 압력계
③ 다이어프램식 압력계 ④ 벨로스식 압력계

해설 플로트식 압력계 : 부자식 압력계(침종식 압력계)

45 자동제어계의 제어동작에 의한 분류시 연속동작에 해당되지 않는 것은?

① ON-Off 제어 ② 비례동작
③ 적분동작 ④ 미분동작

해설 On-Off 제어 : 불연속 2위치 동작

46 대기압이 1.0332kgf/cm²이고, 계기압력이 10kgf/cm² 일 때 절대압력은 약 몇 kgf/cm²인가?

① 8.9668 ② 10.332
③ 11.0332 ④ 103.32

해설 abs = 1.0332 + 10 = 11.0332kgf/cm²

47 다음 중 가연성 가스 취급장소에서 사용 가능한 방폭공구가 아닌 것은?

① 알루미늄 합금공구 ② 베릴륨 합금공구
③ 고무공구 ④ 나무공구

해설 알루미늄 합금공구는 가연성 가스 취급장소에서는 사용이 불가능한 공구이다.

48 일기예보에서 주로 사용하는 1헥토파스칼은 약 몇 N/m²에 해당하는가?

① 1 ② 10
③ 100 ④ 1,000

해설 1헥토파스칼 = 100Pa(100N/m²)

49 다음 중 헨리법칙이 잘 적용되지 않는 가스는?

① 수소 ② 산소
③ 이산화탄소 ④ 암모니아

해설 헨리의 법칙은 물에 잘 녹지 않는 기체만 적용, 시안화수소, 아황산가스, 암모니아는 물에 잘 녹아서 헨리의 법칙에 적용하지 않는다.

50 다음 중 임계압력(atm)이 가장 높은 가스는?

① CO ② C_2H_4
③ HCN ④ Cl_2

해설 임계압력(atm)
① 일산화탄소(CO) : 35
② 에틸렌(C_2H_4) : 50.5
③ 시안화수소(HCN) : 53.2
④ 염소(Cl_2) : 76.1

ANSWER | 41. ③ 42. ④ 43. ② 44. ① 45. ① 46. ③ 47. ① 48. ③ 49. ④ 50. ④

51 **천연가스의 성질에 대한 설명으로 틀린 것은?**

① 주성분은 메탄이다.
② 독성이 없고 청결한 가스이다.
③ 공기보다 무거워 누출 시 바닥에 고인다.
④ 발열량은 약 9,500~10,500kcal/m^2 정도이다.

해설 천연가스는 주성분(메탄)의 비중이 0.55이므로 누설시 천장으로 뜬다.

52 **액화석유가스에 대한 설명으로 틀린 것은?**

① 프로판, 부탄을 주성분으로 한 가스를 액화한 것이다.
② 물에 잘 녹으며 유지류 또는 천연고무를 잘 용해시킨다.
③ 기체의 경우 공기보다 무거우나 액체의 경우 물보다 가볍다.
④ 상온, 상압에서 기체이나 가압이나 냉각을 통해 액화가 가능하다.

해설 액화석유가스는 물보다 가볍고 천연고무를 용해한다.(실리콘 고무사용)

53 **도시가스의 주성분인 메탄가스가 표준상태에서 1m^3 연소하는 데 필요한 산소량은 약 몇 m^3인가?**

① 2 ② 2.8
③ 8.89 ④ 9.6

해설 $CH_4 + 2O_2 \rightarrow CO_2 + 2H_2O$

54 **"열은 스스로 다른 물체에 아무런 변화도 주지 않고 저온 물체에서 고온 물체로 이동하지 않는다."라고 표현되는 법칙은?**

① 열역학 제0법칙 ② 열역학 제1법칙
③ 열역학 제2법칙 ④ 열역학 제3법칙

해설 열역학 제2법칙
열은 스스로 다른 물체에 아무런 변화도 주지 않고 저온물체에서 고온물체로 이동하지 않는 법칙

55 **공기액화분리장치의 폭발원인으로 볼 수 없는 것은?**

① 공기취입구로부터 O_2 혼입
② 공기취입구로부터 C_2H_2 혼입
③ 액체 공기 중에 O_3 혼입
④ 공기 중에 있는 NO_2의 혼입

해설 공기액화분리장치의 물질제조
- 산소
- 질소
- 아르곤

56 **질소의 용도가 아닌 것은?**

① 비료에 이용 ② 질산제조에 이용
③ 연료용에 이용 ④ 냉매로 이용

해설 질소는 불연성 가스이다.(연료용 사용이 불가하다.)

57 **섭씨온도와 화씨온도가 같은 경우는?**

① −40℃ ② 32°F
③ 273℃ ④ 45°F

해설 −40℃는 $°F = \frac{9}{5} \times ℃ + 32 = 1.8 \times (-40) + 32 = -40°F$

58 **10Joule의 일의 양을 cal 단위로 나타내면?**

① 0.39 ② 1.39
③ 2.39 ④ 3.39

해설 1Joule=0.239cal
10J=2.39cal

59 **표준상태(0℃, 1기압)에서 프로판의 가스밀도는 약 몇 g/L인가?**

① 1.52 ② 1.97
③ 2.52 ④ 2.97

해설 C_3H_8(프로판) 22.4L=44g(분자량)

$$\rho = \frac{44}{22.4} = 1.97\text{g/L}$$

51. ③ 52. ② 53. ① 54. ③ 55. ① 56. ③ 57. ① 58. ③ 59. ② | ANSWER

60 공기비(m)가 클 경우 연소에 미치는 영향에 대한 설명으로 가장 거리가 먼 것은?

① 미연소에 의한 열손실이 증가한다.
② 연소가스 중에 SO_3의 양이 증대한다.
③ 연소가스 중에 NO_2의 발생이 심해진다.
④ 통풍력이 강하여 배기가스에 의한 열손실이 커진다.

해설 공기비가 크면 연소용 공기량이 풍부하여 미연소가스 발생이 억제된다. 완전연소가 가능하나 노내 온도가 저하하고 배기가스양이 많아서 열손실이 발생된다.

2010년 1회 가스기능사

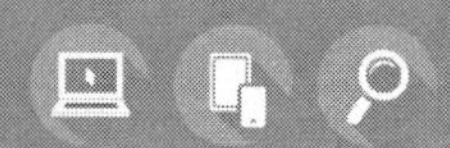

01 아세틸렌이 은, 수은과 반응하여 폭발성의 금속 아세틸라이드를 형성하여 폭발하는 형태는?

① 분해폭발 ② 화합폭발
③ 산화폭발 ④ 압력폭발

해설 화합(치환)폭발
- $C_2H_2 + 2Cu \rightarrow Cu_2C_2$(동아세틸라이드)$+H_2$
- $C_2H_2 + 2Hg \rightarrow Hg_2C_2$(수은아세틸라이드)$+H_2$
- $C_2H_2 + 2Ag \rightarrow Ag_2C_2$(은아세틸라이드)$+H_2$

02 일반도시가스사업자 정압기 입구 측의 압력이 0.6 MPa일 경우 안전밸브 분출부의 크기는 얼마 이상으로 해야 하는가?

① 20A 이상 ② 30A 이상
③ 50A 이상 ④ 100A 이상

해설
- 0.5MPa 이상 : 50A 이상
- 0.5MPa 미만 : 25~50A 이상

03 독성 가스 배관은 안전한 구조를 갖도록 하기 위해 2중관구조로 하여야 한다. 다음 가스 중 2중관으로 하지 않아도 되는 가스는?

① 암모니아 ② 염화메탄
③ 시안화수소 ④ 에틸렌

해설 에틸렌(C_2H_4)가스는 올레핀계 탄화수소가스이다. 가연성 가스(폭발범위 : 2.7~36%)이고 물에는 용해되지 않으나 알코올, 에테르에는 잘 용해된다.

04 다음 가스의 일반적인 성질에 대한 설명 중 틀린 것은?

① 염산(HCl)은 암모니아와 접촉하면 흰연기를 낸다.
② 시안화수소(HCN)는 복숭아 냄새가 나는 맹독성 기체이다.
③ 염소(Cl_2)는 황녹색의 자극성 냄새가 나는 맹독성 기체이다.
④ 수소(H_2)는 저온 · 저압하에서 탄소강과 반응하여 수소취성을 일으킨다.

해설 수소는 170℃, 250atm의 고온고압하에서 탈탄작용으로 ($Fe_3C + 2H_2 \rightarrow CH_4 + 3Fe$) 수소취성을 일으킨다.

05 C_2H_2 제조설비에서 제조된 C_2H_2를 충전용기에 충전 시 위험한 경우는?

① 아세틸렌이 접촉되는 설비부분에 동함량 72%의 동합금을 사용하였다.
② 충전 중의 압력을 2.5MPa 이하로 하였다.
③ 충전 후에 압력이 15℃에서 1.5MPa 이하로 될 때까지 정치하였다.
④ 충전용 지관은 탄소함유량 0.1% 이하의 강을 사용하였다.

해설 아세틸렌의 치환폭발(동 62% 초과 위험)
$C_2H_2 + 2Cu(동) \rightarrow \underline{Cu_2C_2} + H_2$
동아세틸라이드 발생

06 고압가스 용기의 어깨부분에 "FP : 15MPa"라고 표기되어 있다. 이 의미를 옳게 설명한 것은?

① 사용압력이 15MPa이다.
② 설계압력이 15MPa이다.
③ 내압시험압력이 15MPa이다.
④ 최고충전압력이 15MPa이다.

해설
- FP : 최고충전압력
- TP : 내압시험압력
- AP : 기밀시험압력

07 부탄(C_4H_{10})의 위험도는 약 얼마인가?(단, 폭발범위는 1.9~8.5%이다.)

① 1.23 ② 2.27
③ 3.47 ④ 4.58

해설 위험도$(H) = \dfrac{u-L}{L} = \dfrac{8.5-1.9}{1.9} = 3.4746$

1. ② 2. ③ 3. ④ 4. ④ 5. ① 6. ④ 7. ③ | ANSWER

08 다음 방류둑의 구조에 대한 설명으로 틀린 것은?

① 방류둑의 재료는 철근콘크리트, 철골 · 철근콘크리트, 흙 또는 이들을 조합하여 만든다.
② 철근콘크리트는 수밀성 콘크리트를 사용한다.
③ 성토는 수평에 대하여 45° 이하의 기울기로 하여 다져 쌓는다.
④ 방류둑은 액밀하지 않은 것으로 한다.

해설 방류둑은 액밀한 구조이어야 한다.

09 초저온 용기에 대한 정의로 옳은 것은?

① 임계온도가 50℃ 이하인 액화가스를 충전하기 위한 용기
② 강판과 동판으로 제조된 용기
③ −50℃ 이하인 액화가스를 충전하기 위한 용기로서 용기 내의 가스온도가 상용의 온도를 초과하지 않도록 한 용기
④ 단열재로 피복하여 용기 내의 가스온도가 상용의 온도를 초과하도록 조치된 용기

해설 ③항의 내용은 초저온 용기의 정의이다.

10 가스계량기와 전기개폐기와의 이격거리는 최소 얼마 이상이어야 하는가?

① 10cm ② 15cm
③ 30cm ④ 60cm

해설 가스계량기 ←(60cm 이상, 이격거리)→ 전기개폐기

11 고압가스안전관리법에 정하고 있는 저장능력 산정기준에 대한 설명으로 옳은 것은?

① 압축가스와 액화가스의 저장탱크능력 산정식은 동일하다.
② 저장능력 합산 시에는 액화가스 10kg을 압축가스 10m³로 본다.
③ 저장탱크 및 용기가 배관으로 연결된 경우에는 각각의 저장능력을 합산한다.
④ 액화가스 용기 저장능력 산정식은 $W=0.9dV_2$이다.

해설
- 압축가스, 액화가스 저장탱크 능력 산정식은 다르다.
- 액화가스 용기저장능력 $W=\frac{V_1}{C}$ 이다.
- 저장탱크(액화가스) 저장능력 $W=0.9dV_2$ 이다.

12 가연성 물질을 취급하는 설비는 그 외면으로부터 몇 m 이내에 온도상승방지 설비를 하여야 하는가?

① 10m ② 15m
③ 20m ④ 30m

해설 온도상승방지 설비
가연성 물질의 경우 그 외면으로부터 20m 이내에 설비한다.

13 포스겐의 취급 사항에 대한 설명 중 틀린 것은?

① 포스겐을 함유한 폐기액은 산성 물질로 충분히 처리한 후 처분할 것
② 취급 시에는 반드시 방독마스크를 착용할 것
③ 환기시설을 갖출 것
④ 누설 시 용기부식의 원인이 되므로 약간의 누설에도 주의할 것

해설 포스겐은 제독제로서 가성소다수용액 및 소석회[$Ca(OH)_2$]를 사용한다. 건조제는 진한 황산(H_2SO_4)이다.

14 압축, 액화 그 밖의 방법으로 처리할 수 있는 가스의 용적이 1일 100m³ 이상인 사업소에는 표준이 되는 압력계를 몇 개 이상 비치하여야 하는가?

① 1개 ② 2개
③ 3개 ④ 4개

해설 가스용적 1일 100m³ 이상 처리하는 사업소에는 압력계는 2개 이상 비치한다.

15 액화석유가스를 저장하는 저장능력 10,000리터의 저장탱크가 있다. 긴급차단장치를 조작할 수 있는 위치는 해당 저장탱크로부터 몇 미터 이상에서 조작할 수 있어야 하는가?

① 3m ② 4m
③ 5m ④ 6m

ANSWER | 8. ④ 9. ③ 10. ④ 11. ③ 12. ③ 13. ① 14. ② 15. ③

해설 긴급차단장치
해당저장탱크에서 5m 이상에서 조작이 가능하여야 한다.

16 **LPG의 충전용기와 잔가스 용기의 보관장소는 얼마 이상의 간격을 두어 구분이 되도록 해야 하는가?**

① 1.5m 이상　　② 2m 이상
③ 2.5m 이상　　④ 3m 이상

해설 LPG가스 충전용기와 잔가스 용기의 보관장소는 1.5m 이상의 간격을 둔다.

17 **가연성 가스 제조시설의 고압가스설비(저장탱크 및 배관은 제외한다.)에는 그 외면으로부터 다른 가연성 가스 제조시설의 고압가스설비와 몇 m 이상의 거리를 유지하여야 하는가?**

① 2　　② 3
③ 5　　④ 10

해설
가연성 가스 제조시설 ← 5m 이상 → 다른 가연성 가스 설비

18 **공기 중의 산소 농도나 분압이 높아지는 경우의 연소에 대한 설명으로 틀린 것은?**

① 연소속도 증가　　② 발화온도 상승
③ 점화 에너지의 감소　　④ 화염온도의 상승

해설 공기 중의 산소농도가 많아지면 발화온도가 낮아진다.

19 **독성 가스의 저장탱크에는 과충전 방지장치를 설치하도록 규정되어 있다. 저장탱크의 내용적이 몇 %를 초과하여 충전되는 것을 방지하기 위한 것인가?**

① 80%　　② 85%
③ 90%　　④ 95%

해설 독성 가스 저장탱크에는 과충전 방지장치를 위하여 저장탱크 내용적의 90%를 초과하여 저장하지 않는다.

20 **고압가스안전관리법에서 규정한 특정고압가스에 해당하지 않는 것은?**

① 삼불화질소　　② 사불화규소
③ 수소　　④ 오불화비소

해설 특정고압가스 사용신고 대상
- 압축모노실란
- 압축디보레인
- 액화알진
- 포스핀
- 셀렌화수소
- 게르만
- 디실란
- 오불화비소
- 오불화인
- 삼불화인
- 삼불화질소
- 삼불화붕소
- 사불화유황
- 사불화규소
- 액화염소
- 액화암모니아

21 **사업자 등은 그의 시설이나 제품과 관련하여 가스사고가 발생한 때에는 한국가스안전공사에 통보하여야 한다. 사고의 통보 시에 통보내용에 포함되어야 하는 사항으로 규정하고 있지 않은 사항은?**

① 피해현황(인명 및 재산)
② 시설현황
③ 사고내용
④ 사고원인

해설 사고원인은 전문가에게 일임하거나 한국가스안전공사에서 조사한다.

22 **압축천연가스자동차 충전의 저장설비 및 완충탱크 안전장치의 방출관 시설기준으로 옳은 것은?**

① 방출관은 지상으로부터 20m 이상의 높이 또는 저장탱크 및 완충탱크의 정상부로부터 10m의 높이 중 높은 위치로 한다.
② 방출관은 지상으로부터 15m 이상의 높이 또는 저장탱크 및 완충탱크의 정상부로부터 5m의 높이 중 높은 위치로 한다.
③ 방출관은 지상으로부터 10m 이상의 높이 또는 저장탱크 및 완충탱크의 정상부로부터 3m의 높이 중 높은 위치로 한다.
④ 방출관은 지상으로부터 5m 이상의 높이 또는 저장탱크 및 완충탱크의 정상부로부터 2m의 높이 중 높은 위치로 한다.

16. ① 17. ③ 18. ② 19. ③ 20. ③ 21. ④ 22. ④ | ANSWER

해설 방출관 시설기준
- 지상에서 5m 이상의 높이까지 연결
- 완충탱크 정상부에서 2m 높이 중 높은 위치

23 **염소의 재해 방지용으로 사용되는 제독제가 될 수 없는 것은?**

① 소석회　② 탄산소다 수용액
③ 가성소다 수용액　④ 물

해설 다량의 물
아황산가스, 암모니아, 산화에틸렌, 염화메탄의 제독제

24 **가연성 가스의 검지경보장치 중 반드시 방폭성능을 갖지 않아도 되는 가스는?**

① 수소　② 일산화탄소
③ 암모니아　④ 아세틸렌

해설 가연성 가스 중 암모니아, 브롬화메탄의 경우에는 방폭구조를 갖추지 않아도 된다.

25 **액화석유가스 자동차용기 충전소에 설치하는 충전기의 충전호스 기준에 대한 설명으로 틀린 것은?**

① 충전호스에 과도한 인장력이 가해졌을 때 충전기와 가스주입기가 분리될 수 있는 안전장치를 설치한다.
② 충전호스에 부착하는 가스주입기는 원터치형으로 한다.
③ 자동차 제조공정 중에 설치된 충전호스에 부착하는 가스주입기는 원터치형으로 하지 않을 수 있다.
④ 자동차 제조공정 중에 설치된 충전호스의 길이는 5m 이상으로 할 수 있다.

해설 자동차 충전호스에 부착하는 가스주입기는 반드시 원터치형으로 한다.

26 **가스보일러 설치기준에 따라 반밀폐성 가스보일러의 공동배기방식에 대한 기준으로 틀린 것은?**

① 공동배기구의 정상부에서 최상층 보일러의 역풍방지장치 개구부 하단까지의 거리가 5m일 경우 공동배기구에 연결시킬 수 있다.
② 공동배기구 유효단면적 계산식($A = Q \times 0.6 \times K \times F + P$)에서 P는 배기통의 수평투영면적(mm^2)을 의미한다.
③ 공동배기구는 굴곡 없이 수직으로 설치하여야 한다.
④ 공동배기구는 화재에 의한 피해확산 방지를 위하여 방화댐퍼(Damper)를 설치하여야 한다.

해설 공동배기구 및 배기통에는 방화댐퍼를 설치하지 말 것

27 **염소(Cl_2)가스의 위험성에 대한 설명으로 틀린 것은?**

① 독성 가스이다.
② 무색이고 자극적인 냄새가 난다.
③ 수분 존재 시 금속에 강한 부식성을 갖는다.
④ 유기화합물과 반응하여 폭발적인 화합물을 형성한다.

해설 염소가스는 상온 상압에서 황록색의 기체이다. 또한 자극성이 강한 맹독성 가스이다.

28 **플레어스택의 높이는 지표면에 미치는 복사열이 얼마 이하가 되도록 설치하여야 하는가?**

① 1,000kcal/m^2 · hr　② 2,000kcal/m^2 · hr
③ 3,000kcal/m^2 · hr　④ 4,000kcal/m^2 · hr

해설 복사열 : 4,000kcal/m^2 · hr 이하

29 **저장탱크의 지하설치기준에 대한 설명으로 틀린 것은?**

① 천장, 벽 및 바닥의 두께가 각각 30cm 이상인 방수조치를 한 철근콘크리트로 만든 곳에 설치한다.
② 지면으로부터 저장탱크의 정상부까지의 깊이는 1m 이상으로 한다.
③ 저장탱크에 설치한 안전밸브에는 지면에서 5m 이상의 높이에 방출구가 있는 가스방출관을 설치한다.
④ 저장탱크를 매설한 곳의 주위에는 지상에 경계표지를 설치한다.

ANSWER | 23. ④ 24. ③ 25. ③ 26. ④ 27. ② 28. ④ 29. ②

해설 지하저장탱크는 지면으로부터 저장탱크의 정상부까지 깊이를 60cm 이상으로 한다.

30 다음 중 1종 보호시설이 아닌 것은?

① 대지면적이 2,000제곱미터에 신축한 주택
② 국보 제1호인 숭례문
③ 시장에 있는 공중목욕탕
④ 건축연면적이 300제곱미터인 유아원

해설 • 주택은 제2종 보호시설에 해당
• 건축물은 $100m^2$ 이상~$1,000m^2$ 미만은 제2종 보호시설

31 오리피스, 벤투리관 및 플로노즐에 의하여 유량을 구할 때 가장 관계가 있는 것은?

① 유로의 교축기구 전후의 압력차
② 유로의 교축기구 전후의 성상차
③ 유로의 교축기구 전후의 온도차
④ 유로의 교축기구 전후의 비중차

해설 차압식 유량계는 유로의 교축기구 전후의 압력차로 유량을 측정한다.

32 촉매를 사용하여 사용온도 400~800℃에서 탄화수소와 수증기를 반응시켜 메탄, 수소, 일산화탄소, 이산화탄소로 변환하는 방법은?

① 열분해공정 ② 접촉분해공정
③ 부분연소공정 ④ 수소화분해공정

해설 접촉분해공정
촉매를 사용하여 탄화수소와 수증기를 반응시켜 메탄, 수소, CO, CO_2로 변환하는 방법이다.

33 압축천연가스(CNG) 자동차 충전소에 설치하는 압축가스설비의 설계압력이 25MPa인 경우 압축가스설비에 설치하는 압력계의 법적 최대지시눈금은 최소 얼마 이상으로 하여야 하는가?

① 25.0MPa ② 27.5MPa
③ 37.5MPa ④ 50.0MPa

해설 압력계 최대지시눈금
P×1.5배=25×1.5=37.5MPa

34 고압식 공기액화 분리장치에서 구조상 없는 부분은?

① 아세틸렌 흡착기 ② 열교환기
③ 수소액화기 ④ 팽창기

해설 고압식 공기액화 분리장치에서 수소액화기는 설치되지 않는다.

35 다음 ( ) 안에 알맞은 말은?

> 도시가스용 압력조정기의 유량시험은 조절스프링을 고정하고 표시된 입구압력 범위 안에서 (㉠)을 통과시킬 경우 출구압력은 제조자가 제시한 설정압력의 ±(㉡)% 이내로 한다.

① ㉠ 최대표시유량, ㉡ 10
② ㉠ 최대표시유량, ㉡ 20
③ ㉠ 최대출구유량, ㉡ 10
④ ㉠ 최대출구유량, ㉡ 20

해설 ㉠ 최대표시유량 ㉡ 20%

36 압축기에서 다단압축을 하는 주된 목적은?

① 압축일과 체적효율 증가
② 압축일 증가와 체적효율 감소
③ 압축일 감소와 체적효율 증가
④ 압축일과 체적효율 감소

해설 다단압축의 주된 목적 : 압축일 감소와 체적효율 증가

37 배관용 밸브 제조자가 안전관리규정에 따라 자체검사를 적정하게 수행하기 위해 갖추어야 하는 계측기기에 해당하는 것은?

① 내전압시험기 ② 토크미터
③ 대기압계 ④ 표면온도계

해설 토크미터(Torque Meter)
동력측정 및 축의 토크계측으로서 비틀림 동력계이다.

30. ① 31. ① 32. ② 33. ③ 34. ③ 35. ② 36. ③ 37. ② | ANSWER

38 **강의 표면에 타 금속을 침투시켜 표면을 경화시키고 내식성, 내산화성을 향상시키는 것을 금속침투법이라 한다. 그 종류에 해당되지 않는 것은?**

① 세라다이징(Sheradizing)
② 칼로라이징(Calorizing)
③ 크로마이징(Chromizing)
④ 도우라이징(Dowrizing)

해설 금속침투법
강의 표면에 타 금속을 침투시켜 표면을 경화시키고 내식성 내산화성을 향상시키는 금속침투법은 ①, ②, ③항이다.

39 **침종식 압력계에서 사용하는 측정원리(법칙)는 무엇인가?**

① 아르키메데스의 원리 ② 파스칼의 원리
③ 뉴턴의 법칙 ④ 돌턴의 법칙

해설 침종식 압력계
아르키메데스의 원리를 이용한 압력계

40 **액체질소 순도가 99.999%이면 불순물은 몇 ppm인가?**

① 1 ② 10
③ 100 ④ 1,000

해설 불순물 = 100 − 99.999 = 0.001%

$1\text{ppm} = \frac{1}{10^6}$

$\frac{0.001}{100} = 10^{-5}$

$\therefore \frac{10^{-6}}{10^{-5}} = 10$

41 **다음 중 일체형 냉동기로 볼 수 없는 것은?**

① 냉매설비 및 압축용 원동기가 하나의 프레임 위에 일체로 조립된 것
② 냉동설비를 사용할 때 스톱밸브 조작이 필요한 것
③ 응축기 유닛과 증발기 유닛이 냉매배관으로 연결된 것으로서 1일 냉동능력이 10톤 미만인 공조용 패키지 에어컨
④ 사용장소에 분할 · 반입하는 경우에 냉매설비에 용접 또는 절단을 수반하는 공사를 하지 아니하고 재조립하여 냉동제조용으로 사용할 수 있는 것

해설 일체평, 분리형에서 스톱밸브는 부착이 가능하다.

42 **고온 · 고압의 가스 배관에 주로 쓰이며 분해, 보수 등이 용이하나 매설배관에는 부적당한 접합방법은?**

① 플랜지 접합
② 나사 접합
③ 차입 접합
④ 용접 접합

해설 플랜지 접합
고온고압의 가스배관에서 분해, 보수 등이 용이한 접합이다.

43 **공기액화분리장치에 들어가는 공기 중에 아세틸렌 가스가 혼입되면 안 되는 주된 이유는?**

① 질소와 산소의 분리에 방해가 되므로
② 산소의 순도가 나빠지기 때문에
③ 분리기 내의 액체산소의 탱크 내에 들어가 폭발하기 때문에
④ 배관 내에서 동결되어 막히므로

해설 아세틸렌가스는 공기액화분리장치에 들어가면 분리기 내의 액체산소의 탱크 내에 들어가서 폭발하기 때문에

44 **기어펌프로 10kg 용기에 LP가스를 충전하던 중 베이퍼록이 발생되었다면 그 원인으로 틀린 것은?**

① 저장탱크의 긴급차단 밸브가 충분히 열려 있지 않았다.
② 스트레이너에 녹, 먼지가 끼었다.
③ 펌프의 회전수가 적었다.
④ 흡입측 배관의 지름이 가늘었다.

해설 펌프의 회전수가 증가하면 베이퍼록(가스액이 기화하는 현상) 발생이 증가한다.

ANSWER | 38. ④ 39. ① 40. ② 41. ② 42. ① 43. ③ 44. ③

45 **수소취성을 방지하기 위하여 첨가되는 원소가 아닌 것은?**

① Mo ② W
③ Ti ④ Mn

해설 수소취성 방지 금속
- 크롬(Cr) • 타이타늄(Ti)
- 바나듐(V) • 텅스텐(W)
- 몰리브덴(Mo) • 나이오븀(Nb)

46 **다음 온도의 환산식 중 틀린 것은?**

① $°F=1.8℃+32$ ② $℃=\frac{5}{9}(°F-32)$
③ $°R=460+°F$ ④ $°R=\frac{5}{9}K$

해설 $°R(랭킨절대온도)=\frac{9}{5}K$

47 **다음 중 NH_3의 용도가 아닌 것은?**

① 요소 제조 ② 질산 제조
③ 유안 제조 ④ 포스겐 제조

해설 암모니아의 용도
- 질소비료 원료 • 냉매
- 나일론 및 소다회 제조 • 드라이아이스

48 **기체상태의 가스를 액화시킬 수 있는 최고의 온도를 무엇이라고 하는가?**

① 화씨온도 ② 절대온도
③ 임계온도 ④ 액화온도

해설 기체상태의 가스를 액화시킬 수 있는 최고의 온도는 임계온도이다.

49 **NG(천연가스), LPG(액화석유가스), LNG(액화천연가스) 등 기체연료의 특징에 대한 설명으로 틀린 것은?**

① 공해가 거의 없다.
② 적은 공기비로 완전 연소한다.
③ 연소효율이 높다.
④ 저장이나 수송이 용이하다.

해설 기체연료는 저장이나 수송이 불편하다.

50 **다음 중 부취제의 토양투과성의 크기가 순서대로 된 것은?**

① DMS > TBM > THT ② DMS > THT > TBM
③ TBM > DMS > THT ④ THT > TBM > DMS

해설 부취제의 토양투과성의 크기
DMS(마늘 냄새) > TBM(양파 썩는 냄새) > THT(석탄가스 냄새)

51 **도시가스의 유해성분 · 열량 · 압력 및 연소성 측정에 관한 설명으로 틀린 것은?**

① 매일 2회 도시가스 제조소의 출구에서 자동열량측정기로 열량을 측정한다.
② 정압기 출구 및 가스공급시설 끝부분의 배관(일반가정의 취사용)에서 측정한 가스압력은 0.5kPa 이상, 1.5kPa 이내를 유지한다.
③ 도시가스 원료가 LNG 및 LPG+Air가 아닌 경우 황전량, 황화수소 및 암모니아 등 유해성분 측정을 매주 1회 검사한다.
④ 도시가스 성분 중 유해성분의 양은 0℃, 101.325 Pa에서 건조한 도시가스 $1m^3$당 황전량은 0.5g, 황화수소는 0.02g, 암모니아는 0.2g을 초과하지 못한다.

해설 ②항에서 1kPa 이상~2.5kPa 이내를 유지한다.

52 **표준상태에서 프로판 22g을 완전 연소시켰을 때 얻어지는 이산화탄소의 부피는 몇 L인가?**

① 23.6 ② 33.6
③ 35.6 ④ 67.6

해설 프로판 $C_3H_8 + 5O_2 \rightarrow 3CO_2 + 4H_2O$
44g 5×22.4L → 3×22.4L + 4×22.4L
44g : 3×22.4 = 22g : x
$\therefore x = 3\times22.4\times\frac{22}{44} = 33.6L$

45. ④ 46. ④ 47. ④ 48. ③ 49. ④ 50. ① 51. ② 52. ② | ANSWER

53 다음 압력에 대한 설명으로 옳은 것은?

① 공기가 누르는 대기 압력은 지역이나 기후 조건에 관계없이 일정하다.
② 고압가스 용기 내벽에 가해지는 기체의 압력은 절대압력을 나타낸다.
③ 지구 표면에서 거리가 멀어질수록 공기가 누르는 힘은 커진다.
④ 표준기압보다 낮은 압력을 진공압력이라 하며 진공도로 표시할 수 있다.

해설 진공압력(부압) : 표준대기압보다 낮다.

54 가연성 가스이면서 독성 가스인 것은?

① 일산화탄소 ② 프로판
③ 메탄 ④ 불소

해설 $CO+\frac{1}{2}O_2 \rightarrow CO_2$(가연성, 독성 가스)

55 가스의 정상연소속도를 가장 옳게 나타낸 것은?

① 0.03~10m/s ② 30~100m/s
③ 350~500m/s ④ 1,000~3,500m/s

해설 가스의 정상연소속도는 0.03~10m/s 이하이다.

56 암모니아 가스를 저장하는 용기에 대한 설명으로 틀린 것은?

① 용접용기로 재질은 탄소강으로 한다.
② 검지경보장치는 방폭성능을 가지지 않아도 된다.
③ 충전구의 나사형식은 왼나사로 한다.
④ 용기의 바탕색은 백색으로 한다.

해설 암모니아 가스는 가연성이 낮아서 충전구 나사형식은 오른나사이다.

57 고온, 고압에서 질화작용과 수소취화 작용이 일어나는 가스는?

① NH_3 ② SO_2
③ Cl_2 ④ C_2H_2

해설 암모니아(NH_3) 가스는 고온 고압조건에서 수소(H_2)에 의한 수소취성과 N_2에 의한 질화작용을 일으킨다.

58 메탄의 성질에 대한 설명으로 틀린 것은?

① 무색, 무취의 기체이다.
② 파란색 불꽃을 내며 탄다.
③ 공기 및 산소와의 혼합물에 불을 붙이면 폭발한다.
④ 불안정하여 격렬히 반응한다.

해설 CH_4(메탄) $+ 2O_2 \rightarrow CO_2 + 2H_2O$
안정한 가스이다.(가연성 가스)

59 아세틸렌 중의 수분을 제거하는 건조제로 주로 사용되는 것은?

① 염화칼슘 ② 사염화탄소
③ 진한 황산 ④ 활성알루미나

해설 아세틸렌(C_2H_2)가스의 수분건조제는 염화칼슘($CaCl_2$)이다.

60 1Pa는 몇 N/m^2인가?

① 1 ② 10^2
③ 10^3 ④ 10^4

해설 1Pa(파스칼) = $1N/m^2$

2010년 2회 가스기능사

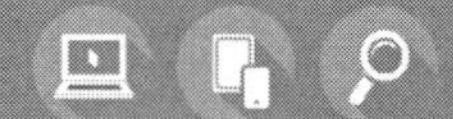

01 아세틸렌의 주된 연소 형식은?

① 확산연소 ② 증발연소
③ 분해연소 ④ 표면연소

해설 아세틸렌은 가연성 기체이므로 확산연소 형태로 연소한다.

02 독성 가스 제조시설 식별표지의 글씨 색상은?(단, 가스의 명칭은 제외한다.)

① 백색 ② 적색
③ 황색 ④ 흑색

해설

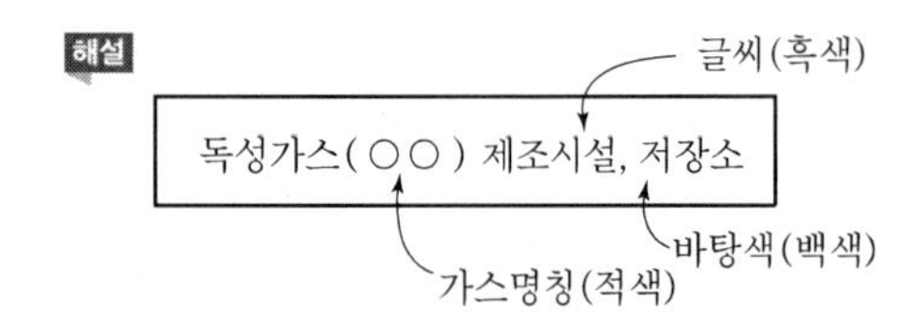

03 운전 중의 제조설비에 대한 일일점검 항목이 아닌 것은?

① 회전기계의 진동, 이상음, 이상온도상승
② 인터록의 작동
③ 가스설비로부터의 누출
④ 가스설비의 조업조건의 변동상황

해설 인터록은 제조설비 등의 사용개시 전 점검사항이다.

04 다음 중 상온에서 압축 시 액화되지 않는 가스는?

① 염소 ② 부탄
③ 메탄 ④ 프로판

해설 메탄가스(CH_4)의 비점은 −161.5℃이므로 상온(18~20℃)에서는 액화되지 않는다.

05 처리능력이라 함은 처리설비 또는 감압설비에 의하여 며칠에 처리할 수 있는 가스양을 말하는가?

① 1일 ② 3일
③ 5일 ④ 7일

해설 처리능력(가스양 기준) : 1일

06 배관 내의 상용입력이 4MPa인 도시가스 배관의 압력이 상승하여 경보장치의 경보가 울리기 시작하는 압력은?

① 4MPa 초과 시 ② 4.2MPa 초과 시
③ 5MPa 초과 시 ④ 5.2MPa 초과 시

해설 경보기준(배관 내)
- 상용압력의 1.05배 이상에서 경보가 울린다.
- 4MPa 이상인 경우에는 상용압력에 0.2MPa를 더한 압력 (4+0.2=4.2MPa) 초과 시 경보가 울린다.

07 액화가스 충전시설의 정전기 제거조치의 기준으로 옳은 것은?

① 탑류, 저장탱크, 열교환기 등은 단독으로 되어 있도록 한다.
② 밴트스택은 본딩용 접속으로 접속하여 공동접지한다.
③ 접지저항의 총합은 200Ω 이하로 한다.
④ 본딩용 접속선의 단면적은 3mm² 이상의 것을 사용한다.

해설 정전기를 제거하는 조치는 탑류, 저장탱크, 열교환기, 회전기계, 벤트스택 등 단독으로 되어 있을 것(공동 접지는 제외) 총합 100Ω, 5.5mm² 이상

08 용기에 충전하는 시안화수소의 순도는 몇 % 이상으로 규정되어 있는가?

① 90 ② 95
③ 98 ④ 99.5

해설 시안화수소(HCN) 가스의 순도가 98% 이상에서 용기에 충전된다.

1. ① 2. ④ 3. ② 4. ③ 5. ① 6. ② 7. ① 8. ③ | ANSWER

09 내용적이 300L인 용기에 액화암모니아를 저장하려고 한다. 이 저장설비의 저장능력은 얼마인가?(단, 액화암모니아의 충전정수는 1.86이다.)

① 161kg ② 232kg
③ 279kg ④ 558kg

해설 $G=\frac{W}{C}=\frac{300}{1.86}=161\text{kg}$

10 LPG 용기 충전시설에 설치되는 긴급차단장치에 대한 기준으로 틀린 것은?

① 저장탱크 외면에서 5m 이상 떨어진 위치에서 조작하는 장치를 설치한다.
② 기상 가스배관 중 송출배관에는 반드시 설치한다.
③ 액상의 가스를 이입하기 위한 배관에는 역류방지밸브로 갈음할 수 있다.
④ 소형 저장탱크에는 의무적으로 설치할 필요가 없다.

해설 긴급차단장치는 저장탱크, 인입탱크 배관에 설치한다.(LPG 용기 충전시설 중)

11 에어졸 제조시설에는 온수시험탱크를 갖추어야 한다. 에어졸 충전용기의 가스누출시험 온수온도의 범위는?

① 26℃ 이상 30℃ 미만
② 36℃ 이상 40℃ 미만
③ 46℃ 이상 50℃ 미만
④ 56℃ 이상 60℃ 미만

해설 에어졸 제조시설에서 온수탱크(온수시험) 온수의 온도가 46℃ 이상~50℃ 미만에서 충전용기의 가스누출시험을 실시한다.

12 다음 가스 중 위험도가 가장 큰 것은?

① 프로판 ② 일산화탄소
③ 아세틸렌 ④ 암모니아

해설 $u=\frac{\text{폭발상한계}-\text{폭발하한계}}{\text{폭발하한계}}$

① 프로판$=\frac{9.5-2.1}{2.1}=3.52$

② CO$=\frac{74-12.5}{12.5}=4.92$

③ 아세틸렌$=\frac{81-2.5}{2.5}=31.4$

④ 암모니아$=\frac{28-15}{15}=0.85$

13 어떤 고압설비의 상용압력이 1.6MPa일 때, 이 설비의 내압시험 압력은 몇 MPa 이상으로 실시하여야 하는가?

① 1.6 ② 2.0
③ 2.4 ④ 2.7

해설 내압시험＝상용압력×1.5배＝1.6×1.5＝2.4MPa

14 다음 중 연소의 3요소에 해당되는 것은?

① 공기, 산소공급원, 열
② 가연물, 연료, 빛
③ 가연물, 산소공급원, 공기
④ 가연물, 공기, 점화원

해설 연소의 3요소 : 가연물(연료), 공기, 점화원

15 도시가스 배관의 굴착공사 작업에 대한 설명 중 틀린 것은?

① 가스 배관과 수평거리 1m 이내에서는 파일박기를 하지 아니한다.
② 항타기는 가스배관과 수평거리가 2m 이상 되는 곳에 설치한다.
③ 가스배관의 주위를 굴착하고자 할 때에는 가스배관의 좌우 1m 이내의 부분은 인력으로 굴착한다.
④ 줄파기 1일 시공량 결정은 시공속도가 가장 느린 천공작업에 맞추어 결정한다.

해설 도시가스 배관의 굴착공사 시에 도시가스 배관과 수평거리 30cm 이내에는 파일박기 금지

16 다음 독성 가스 중 제독제로 물을 사용할 수 없는 것은?

① 암모니아 ② 아황산가스
③ 염화메탄 ④ 황화수소

해설 황화수소(H_2S)가스 제독제
- 가성소다 수용액
- 탄산소다 수용액

17 인체용 에어졸 제품의 용기에 기재할 사항으로 틀린 것은?

① 특정부위에 계속하여 장시간 사용하지 말 것
② 가능한 한 인체에서 10cm 이상 떨어져서 사용할 것
③ 온도가 40℃ 이상 되는 장소에 보관하지 말 것
④ 불 속에 버리지 말 것

해설 인체용 에어졸 제품의 용기 기재사항은 ①, ③, ④항이다.

18 차량이 통행하기 곤란한 지역의 경우 액화석유가스 충전용기를 오토바이에 적재하여 운반할 수 있다. 다음 중 오토바이에 적재하여 운반할 수 있는 충전용기 기준에 적합한 것은?

① 충전량이 10kg인 충전용기 : 적재 충전용기 2개
② 충전량이 13kg인 충전용기 : 적재 충전용기 3개
③ 충전량이 20kg인 충전용기 : 적재 충전용기 3개
④ 충전량이 20kg인 충전용기 : 적재 충전용기 4개

해설 오토바이 적재운반
충전량이 20kg 이하인 경우 적재 충전용기는 2개를 초과하지 않는다.

19 도시가스에 대한 설명 중 틀린 것은?

① 국내에서 공급하는 대부분의 도시가스는 메탄을 주성분으로 하는 천연가스이다.
② 도시가스는 주로 배관을 통하여 수요가에게 공급된다.
③ 도시가스의 원료로 LPG를 사용할 수 있다.
④ 도시가스는 공기와 혼합만 되면 폭발한다.

해설 가스는 폭발범위 안에서만 폭발이 가능하다.

20 일반도시가스 공급시설의 시설기준으로 틀린 것은?

① 가스공급 시설을 설치한 곳에는 누출된 가스가 머물지 아니하도록 환기설비를 설치한다.
② 공동구 안에는 환기장치를 설치하며 전기설비가 있는 공동구에는 그 전기설비를 방폭구조로 한다.
③ 저장탱크의 안전장치인 안전밸브나 파열판에는 가스방출관을 설치한다.
④ 저장탱크의 안전밸브는 다이어프램식 안전밸브로 한다.

해설 일반도시가스 공급시설에서 저장탱크 안전밸브는 스프링식 안전밸브를 장착시킨다.

21 다음 중 냄새로 누출 여부를 쉽게 알 수 있는 가스는?

① 질소, 이산화탄소 ② 일산화탄소, 아르곤
③ 염소, 암모니아 ④ 에탄, 부탄

해설 염소(Cl_2), 암모니아(NH_3)가스는 강한 자극성 냄새를 풍긴다.

22 고압가스용 재충전금지 용기는 안전성 및 호환성을 확보하기 위하여 일정 치수를 갖는 것으로 하여야 한다. 이에 대한 설명 중 틀린 것은?

① 납붙임 부분은 용기 몸체 두께의 4배 이상의 길이로 한다.
② 최고충전압력(MPa)의 수치와 내용적(L)의 수치와의 곱이 100 이하로 한다.
③ 최고충전압력이 35.5MPa 이하이고 내용적은 20리터 이하로 한다.
④ 최고충전압력이 3.5MPa 이상인 경우에 내용적은 5리터 이하로 한다.

해설 재충전금지 용기는 최고충전압력이 3.5MPa 이상에서 내용적이 5L 이하 등 ①, ②, ④ 기준에 맞춰야 한다.

16. ④ 17. ② 18. ① 19. ④ 20. ④ 21. ③ 22. ③ | ANSWER

23 **도시가스의 배관에 표시하여야 할 사항이 아닌 것은?**

① 사용가스명 ② 최고사용압력
③ 가스의 흐름방향 ④ 가스공급자명

해설 도시가스 배관의 표시사항
- 사용가스명
- 최고사용압력
- 가스의 흐름방향

24 **흡수식 냉동설비의 냉동능력 정의로 올바른 것은?**

① 발생기를 가열하는 1시간의 입열량 3,320kcal를 1일의 냉동능력 1톤으로 본다.
② 발생기를 가열하는 1시간의 입열량 6,640kcal를 1일의 냉동능력 1톤으로 본다.
③ 발생기를 가열하는 24시간의 입열량 3,320kcal를 1일의 냉동능력 1톤으로 본다.
④ 발생기를 가열하는 24시간의 입열량 6,640kcal를 1일의 냉동능력 1톤으로 본다.

해설 흡수식 냉동설비 1RT=3,320×2=6,640kcal/h의 능력이다.

25 **고압가스 일반제조시설에서 아세틸렌가스를 용기에 충전하는 경우에 방호벽을 설치하지 않아도 되는 곳은?**

① 압축기의 유분리기와 고압건조기 사이
② 압축기와 아세틸렌가스 충전장소 사이
③ 압축기와 아세틸렌가스 충전용기 보관장소 사이
④ 충전장소와 아세틸렌 충전용 주관밸브 조작밸브 사이

해설 ①항에는 역류방지밸브를 설치한다.

26 **습식 아세틸렌 발생기의 표면온도는 몇 ℃ 이하를 유지하여야 하는가?**

① 70 ② 90
③ 100 ④ 110

해설 습식 아세틸렌 발생기의 표면온도는 70℃ 이하를 유지시킨다.(발생기 종류 : 침지식, 주수식, 투입식)

27 **운전 중인 액화석유가스 충전설비의 작동상황에 대하여 주기적으로 점검하여야 한다. 점검주기는?**

① 1일에 1회 이상
② 1주일에 1회 이상
③ 3월에 1회 이상
④ 6월에 1회 이상

해설 운전 중인 액화석유가스 충전설비의 작동상황은 1일에 1회 이상 주기적으로 점검한다.

28 **독성 가스의 제독작업에 필요한 보호구 장착훈련의 주기는?**

① 1개월마다 1회 이상
② 2개월마다 1회 이상
③ 3개월마다 1회 이상
④ 6개월마다 1회 이상

해설 독성 가스의 제독작업에 필요한 보호구 장착훈련의 주기는 3개월마다 1회 이상 훈련한다.

29 **특정설비 재검사 면제대상이 아닌 것은?**

① 차량에 고정된 탱크
② 초저온 압력용기
③ 역화방지장치
④ 독성 가스배관용 밸브

해설 차량에 고정된 탱크의 특정설비는 재검사 면제대상에서 제외된다.

30 **내용적 1L 이하의 일회용 용기로서 라이터충전용, 연료가스용 등으로 사용하는 용기는?**

① 용접용기
② 이음매 없는 용기
③ 접합 또는 납붙임용기
④ 융착용기

해설 내용적 1L 이하의 일회용 용기로서 라이터충전용, 연료가스용 등으로 사용하는 용기는 접합 또는 납붙임용기로 제조한다.

ANSWER | 23. ④ 24. ② 25. ① 26. ① 27. ① 28. ③ 29. ① 30. ③

31 **가연성 가스의 제조설비 내에 설치하는 전기기기에 대한 설명으로 옳은 것은?**

① 1종 장소에는 원칙적으로 전기설비를 설치해서는 안 된다.
② 안전증 방폭구조는 전기기기의 불꽃이나 아크를 발생하여 착화원이 될 염려가 있는 부분을 기름 속에 넣은 것이다.
③ 2종 장소는 정상의 상태에서 폭발성 분위기가 연속하여 또는 장시간 생성되는 장소를 말한다.
④ 가연성 가스가 존재할 수 있는 위험장소는 1종 장소, 2종 장소 및 0종 장소로 분류하고 위험장소에서는 방폭형 전기기기를 설치하여야 한다.

해설 위험장소 : 1종, 2종, 0종 장소로 분류하고 위험장소에서는 방폭형 전기기기가 설치되어야 한다.

32 **발연황산 시약을 사용한 오르자트법 또는 브롬 시약을 사용한 뷰렛법에 의한 시험에서 순도가 98% 이상이고, 질산은 시약을 사용한 정성시험에서 합격한 것을 품질검사기준으로 하는 가스는?**

① 시안화수소 ② 산화에틸렌
③ 아세틸렌 ④ 산소

해설 아세틸렌가스 : 오르자트법에서 발연황산 시약으로 순도가 98% 이상이어야 한다.

33 **진탕형 오토클레이브의 특징이 아닌 것은?**

① 가스 누출의 가능성이 없다.
② 고압력에 사용할 수 있고 반응물의 오손이 없다.
③ 뚜껑판에 뚫어진 구멍에 촉매가 끼여 들어갈 염려가 있다.
④ 교반효과가 뛰어나며 교반형에 비해 효과가 크다.

해설 진탕형에 비해 교반형이 교반효과가 크다.

34 **압축기에서 두압이란?**

① 흡입 압력이다.
② 증발기 내의 압력이다.
③ 크랭크 케이스 내의 압력이다.
④ 피스톤 상부의 압력이다.

해설 압축기 두압이란 피스톤 상부의 압력이다.

35 **저장탱크 및 가스홀더는 가스가 누출되지 않는 구조로 하고 얼마 이상의 가스를 저장하는 것에는 가스방출장치를 설치하는가?**

① $1m^3$ ② $3m^3$
③ $5m^3$ ④ $10m^3$

해설 저장탱크나 가스홀더는 용량이 $5m^3$ 이상이면 가스가 누출되지 않는 구조로 하며 가스방출장치를 설치하여야 한다.

36 **탱크로리 충전작업 중 작업을 중단해야 하는 경우가 아닌 것은?**

① 탱크 상부로 충전 시 ② 과충전 시
③ 가스 누출 시 ④ 안전밸브 작동 시

해설 탱크로리 충전작업 중 중단해야 하는 원인
- 과충전 시
- 가스 누출 시
- 안전밸브 작동 시

37 **다음 그림은 무슨 공기액화장치인가?**

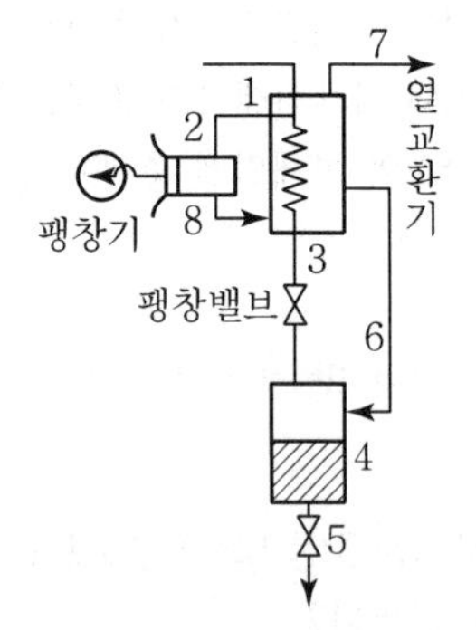

① 클라우드식 액화장치 ② 린데식 액화장치
③ 캐피자식 액화장치 ④ 필립스식 액화장치

해설 클라우드식 공기액화 사이클은 피스톤식 팽창기(줄-톰슨 효과 이용)를 사용하기 때문에 린데식보다는 효율적이다.

31. ④ 32. ③ 33. ④ 34. ④ 35. ③ 36. ① 37. ① | ANSWER

38 암모니아용 부르동관 압력계의 재질로서 가장 적당한 것은?

① 황동 ② Al강
③ 청동 ④ 연강

해설 부르동관 압력계(암모니아 가스용)의 재질은 연강이다.

39 증기압축식 냉동기에서 냉매가 순환되는 경로로 옳은 것은?

① 압축기 → 증발기 → 응축기 → 팽창밸브
② 증발기 → 응축기 → 압축기 → 팽창밸브
③ 증발기 → 팽창밸브 → 응축기 → 압축기
④ 압축기 → 응축기 → 팽창밸브 → 증발기

해설 증기압축식 냉동기 냉매 순환경로
압축기 → 응축기 → 팽창밸브 → 증발기

40 도시가스배관의 접합방법 중 강관의 접합방법으로 사용하지 않는 것은?

① 나사접합 ② 용접접합
③ 플렌지접합 ④ 압축접합

해설 압축접합은 20mm 이하의 동관접합에 유리하다.

41 터보식 펌프로서 비교적 저양정에 적합하며, 효율 변화가 비교적 급한 펌프는?

① 원심 펌프 ② 축류 펌프
③ 왕복 펌프 ④ 베인 펌프

해설 축류 펌프는 터보식 펌프로서 비교적 저양정에 적합하며 효율변화가 비교적 급한 펌프이다.

42 연료의 배기가스를 화학적으로 액 속에 흡수시켜 그 용량의 감소로 가스의 농도를 분석하며 3개의 피펫과 1개의 뷰렛, 2개의 수준병으로 구성된 가스분석방법은?

① 헴펠(Hempel)법 ② 오르자트(Orsat)법
③ 게겔(Gockel)법 ④ 직접법(Iodimetry)법

해설 오르자트 가스분석계 : 3개의 피펫과 1개의 뷰렛, 2개의 수준병으로 구성된다.

43 차압식 유량계의 계측 원리는?

① 베르누이의 정리를 이용
② 피스톤의 회전을 적산
③ 전열선의 저항값을 이용
④ 전자유도법칙을 이용

해설 차압식 유량계 계측원리 : 베르누이의 정리 이용

44 온도계의 선정방법에 대한 설명 중 틀린 것은?

① 지시 및 기록 등을 쉽게 행할 수 있을 것
② 견고하고 내구성이 있을 것
③ 취급하기가 쉽고 측정하기 간편할 것
④ 피측온체의 화학반응 등으로 온도계에 영향이 있을 것

해설 온도계는 피측온체의 화학반응 등으로 인하여 온도계에 영향이 없을 것

45 아세틸렌 용기에 충전하는 다공성 물질이 아닌 것은?

① 석면 ② 목탄
③ 폴리에틸렌 ④ 다공성 플라스틱

해설 다공성 물질 : 석면, 목탄, 다공성 플라스틱 등

46 다음 중 압력환산 값을 서로 옳게 나타낸 것은?

① $1lb/ft^2 ≒ 0.142kg/cm^2$
② $1kg/cm^2 ≒ 13.7lb/in^2$
③ $1atm ≒ 1,033g/cm^2$
④ $76cmHg ≒ 1,013dyne/cm^2$

해설 ① 1lb = 0.454kg
② $1kg/cm^2 = 14.2lb/in^2$
③ $1atm = 1,033g/cm^2$
④ 76cmHg = 1,013mbar

ANSWER | 38. ④ 39. ④ 40. ④ 41. ② 42. ② 43. ① 44. ④ 45. ③ 46. ③

47 고압가스안전관리법령에 따라 "상용의 온도에서 압력이 1MPa 이상이 되는 압축가스로서 실제로 그 압력이 1MPa 이상이 되는 경우에는 고압가스에 해당한다." 여기에서 압력은 어떠한 압력을 말하는가?

① 대기압 ② 게이지압력
③ 절대압력 ④ 진공압력

해설 용기나 저장탱크, 배관에서 나타내는 가스의 압력은 게이지 압력이다.(kg/cm^2g)

48 다음 중 유해한 유황화합물 제거방법에서 건식법에 속하지 않는 것은?

① 활성탄 흡착법
② 산화철 접촉법
③ 몰리큘러시브 흡착법
④ 시이볼트법

해설 유황화합물 건식 제거방법
- 활성탄 흡착법
- 산화철 접촉법
- 몰리큘러시브 흡착법

49 표준대기압에서 물의 동결(凍結)온도로서 값이 틀린 하나는?

① 0°F ② 0℃
③ 273K ④ 492°R

해설 물의 동결
- 0℃(273K)
- 32°F(492°R)

50 포스겐에 대한 설명으로 옳은 것은?

① 순수한 것은 무색, 무취의 기체이다.
② 수산화나트륨에 빨리 흡수된다.
③ 폭발성과 인화성이 크다.
④ 화학식은 COCl이다.

해설 포스겐($COCl_2$)가스의 특징
- 상온에서 자극적 냄새가 나는 염화카보닐
- 무색의 액체이나 시판용은 담황록색
- 에테르, 벤젠에는 잘 용해하며 초산, 사염화탄소에 대하여 20% 전후에서 용해
- 수산화나트륨에는 극히 신속하게 흡수된다.
  $COCl_2 + 4NaOH \rightarrow Na_2CO_3 + 2NaCl + 2H_2O$

51 어떤 액체의 비중이 13.6이다. 액체 표면에서 수직으로 15m 깊이에서의 압력은?

① $2.04kg/cm^2$ ② $20.4kg/cm^2$
③ $2.04kg/m^2$ ④ $20.4kg/mm^2$

해설 $P = rh$

$\therefore \frac{13.6 \times 10^3 \times 15}{10^4} = 20.4kg/cm^2$

52 아세틸렌의 성질에 대한 설명으로 옳은 것은?

① 분해폭발성이 있는 가스이므로 단독으로 가압하여 충전할 수 없다.
② 염소와 반응하여 염화비닐을 만든다.
③ 염화수소와 반응하여 사염화에탄이 생성된다.
④ 융점은 약 82℃ 정도이다.

해설 아세틸렌가스 저장 시 분해폭발방지를 위하여 용제를 투여하여 가압충전한다.(단독 가압은 금물이다.)

53 다음 중 냉매로 사용되며 무독성인 기체는?

① CCl_2F_2 ② NH_3
③ CO ④ SO_2

해설 R-12 : CCl_2F_2 냉매는 무독성 기체

54 에틸렌 제조의 원료로 사용되지 않는 것은?

① 나프타 ② 에탄올
③ 프로판 ④ 염화메탄

해설 에틸렌(C_2H_4)의 제조
- 탄화수소의 열분해(프로판 등)
- 나프타의 열분해
- 아세틸렌을 수소화하여 제조
- 황산존재하에 수화반응시키면 에틸렌이 에탄올이 된다.

47. ② 48. ④ 49. ① 50. ② 51. ② 52. ① 53. ① 54. ④ | ANSWER

55 공기 중 함유량이 큰 것부터 차례로 나열된 것은?

① 네온 > 아르곤 > 헬륨
② 네온 > 헬륨 > 아르곤
③ 아르곤 > 네온 > 헬륨
④ 아르곤 > 헬륨 > 네온

해설 공기의 함유성분
질소 > 산소 > 아르곤 > 네온 > 헬륨

56 가열로에서 20℃ 물 1,000kg을 80℃ 온수로 만들려고 한다. 프로판 가스는 약 몇 kg이 필요한가? (단, 가열로의 열효율은 90%이며, 프로판가스의 열량은 12,000kcal/kg이다.)

① 4.6 ② 5.6
③ 6.6 ④ 7.6

해설 물의 현열 = 1,000 × 1 × (80 − 20) = 6,000kcal

$$\therefore G = \frac{60,000}{12,000 \times 0.9} = 5.6\text{kg}$$

57 "기체 혼합물의 전 부피는 동일 온도 및 압력하에서 각 성분 기체의 부분부피의 합과 같다."는 혼합기체의 법칙은?

① Amagat의 법칙 ② Boyle의 법칙
③ Charles의 법칙 ④ Dalton의 법칙

해설 기체 혼합물의 전 부피법칙 : Amagat 법칙

58 수소와 산소의 비가 얼마일 때 폭명기라고 하는가?

① 2 : 1 ② 1 : 1
③ 1 : 2 ④ 3 : 2

해설
- 염소폭명기 : $Cl_2 + H_2 \rightarrow 2HCl + 44\text{kcal}$
- 수소폭명기 : $2H_2 + O_2 \rightarrow 2H_2O + 136.6\text{kcal}$

59 다음 ( ) 안에 알맞은 것은?

> 천연가스의 주성분인 메탄(CH_4)은 1kg당 0℃ 1기압에서 기체상태로 1.4m^3이며 이것을 (㉠)℃, 1기압으로 액화하면 체적이 0.0024m^3으로 되어 약 (㉡)로 줄어든다.

① ㉠ −42.1 ㉡ 1/600
② ㉠ −162 ㉡ 1/250
③ ㉠ −162 ㉡ 1/600
④ ㉠ −62 ㉡ 1/250

해설 천연가스(메탄)의 비점은 −162℃이며 액화 시 그 부피가 $\frac{1}{600}$로 축소된다.

60 고체연료인 석탄의 공업분석 항목으로 옳은 것은?

① 탄소 ② 회분
③ 수소 ④ 질소

해설 고체연료 석탄의 공업분석
- 고정탄소
- 수분
- 휘발분
- 회분

2010년 3회 가스기능사

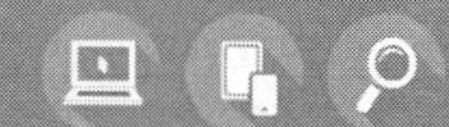

01 액화석유가스 사용시설에서 저장능력이 2톤인 경우 저장설비가 화기 취급장소와 유지하여야 하는 우회거리는 얼마 이상이어야 하는가?

① 2m ② 3m
③ 5m ④ 8m

해설 화기와 우회거리
- 1톤 미만 : 2m
- 1톤 이상~3톤 미만 : 5m
- 3톤 이상 : 8m

02 고압가스 운반책임자를 꼭 동승하여야 하는 경우로서 틀린 것은?

① 압축가스인 수소 500m^3를 적재하여 운반할 경우
② 압축가스인 산소 800m^3를 적재하여 운반할 경우
③ 액화석유가스를 충전한 납붙임용기 1,000kg을 적재하여 운반하는 경우
④ 액화천연가스를 충전한 탱크로리로서 3,000kg을 적재하여 운반하는 경우

해설 액화석유가스는 가연성 가스이므로 3,000kg 이상이면 고압가스 운반책임자를 동승하여야 한다.

03 고압가스 충전용기의 운반기준으로 틀린 것은?

① 충전용기를 차량에 적재하여 운반할 때는 붉은 글씨로 "위험고압가스"라는 경계표시를 할 것
② 운반 중의 충전용기는 항상 50℃ 이하를 유지할 것
③ 하역작업 시에는 완충판 위에서 취급하며 이를 항상 차량에 비치할 것
④ 충격을 방지하기 위하여 로프 등으로 결속할 것

해설 운반 중의 충전용기는 항상 40℃ 이하를 유지할 것

04 배관용 탄소강관에 아연(Zn)을 도금하는 주된 이유는?

① 미관을 아름답게 하기 위해
② 보온성을 증대하기 위해
③ 내식성을 증대하기 위해
④ 부식성을 증대하기 위해

해설 아연도금의 주된 이유는 배관용 탄소강관의 내식성을 증대시킨다.

05 에어졸 제조설비 및 에어졸 충전용기 저장소는 화기 및 인화성 물질과 얼마 이상의 우회거리를 유지하여야 하는가?

① 5m ② 8m
③ 12m ④ 20m

해설 에어졸 제조설비 및 에어졸 충전용기 저장소는 화기 및 인화성 물질과 8m 이상의 우회거리를 유지시킨다.

06 도시가스의 유해성분 측정대상이 아닌 것은?

① 황 ② 황화수소
③ 이산화탄소 ④ 암모니아

해설 도시가스 유해성분 측정대상 가스
- 황
- 황화수소
- 암모니아

07 고압가스안전관리법의 적용을 받는 가스는?

① 철도차량의 에어컨디셔너 안의 고압가스
② 냉동능력 3톤 미만인 냉동설비 안의 고압가스
③ 용접용 아세틸렌가스
④ 액화브롬화메탄제조설비 외에 있는 액화브롬화메탄

해설 15℃ 온도에서 압력이 0Pa을 초과하는 C_2H_2(아세틸렌) 가스는 고압가스이다.

1. ③ 2. ③ 3. ② 4. ③ 5. ② 6. ③ 7. ③ | ANSWER

08 다음 중 동일 차량에 적재하여 운반할 수 없는 경우는?

① 산소와 질소
② 질소와 탄산가스
③ 탄산가스와 아세틸렌
④ 염소와 아세틸렌

해설 염소와 동일 차량에 적재할 수 없는 가스
- 수소
- 아세틸렌
- 암모니아

09 가연성 가스의 발화도 범위가 85℃ 초과 100℃ 이하는 다음 발화도 범위에 따른 방폭전기기기의 온도등급 중 어디에 해당하는가?

① T_3　② T_4
③ T_5　④ T_6

해설
- T_1 : 450℃ 초과
- T_2 : 300℃ 초과~450℃ 이하
- T_3 : 200℃ 초과~300℃ 이하
- T_4 : 135℃ 초과~200℃ 이하
- T_5 : 100℃ 초과~135℃ 이하
- T_6 : 85℃ 초과~100℃ 이하

10 고압가스를 차량으로 운반할 때 몇 km 이상의 거리를 운행하는 경우에 중간에 휴식을 취한 후 운행하도록 되어 있는가?

① 100　② 200
③ 300　④ 400

해설 200km 이상 거리 운행 시 반드시 휴식을 취한다.

11 가연성 가스라 함은 공기 중에서 연소하는 가스로서 폭발한계의 하한과 폭발한계의 상한을 규정하고 있다. 하한값으로 옳은 것은?

① 10퍼센트 이하　② 20퍼센트 이하
③ 10퍼센트 이상　④ 20퍼센트 이상

해설 가연성 가스 : 폭발범위 하한이 10% 이하

12 고압가스 배관에서 상용압력이 0.2MPa 이상 1MPa 미만인 경우 공지의 폭은 얼마로 정해져 있는가?(단, 전용 공업지역 이외의 경우이다.)

① 3m 이상　② 5m 이상
③ 9m 이상　④ 15m 이상

해설 공지의 폭
- 0.2MPa 미만의 가스 : 5m
- 0.2MPa 이상~1MPa 미만 : 9m
- 1MPa 이상 : 15m

13 액화석유가스를 자동차에 충전하는 충전호스의 길이는 몇 m 이내이어야 하는가?(단, 자동차 제조공정 중에 설치된 것을 제외한다.)

① 3　② 5
③ 8　④ 10

해설 자동차 충전호스 길이 : 5m 이내

14 액화석유가스(LPG)의 기화장치의 액유출방지장치와 관련한 설명으로 틀린 것은?

① 액유출방지장치 작동 여부는 기화장치의 압력계로 확인이 가능하다.
② 액유출현상의 발생이 감지되면 신속히 기화장치의 입구밸브를 잠가 더 이상의 액상가스 유입을 막아야 한다.
③ 액유출현상이 발생되면 대부분 조정기 전단에서 결로현상이나 성애가 끼는 현상이 발생한다.
④ 액유출현상이 발생하면 액 팽창에 의해 조정기 및 계량기가 파손될 수 있다.

해설 액유출 현상이 발생되면 대부분 조정기 후단에서 결로나 성애가 끼는 현상이 발생할 가능성이 높다.

15 가스난방기구가 보급되면서 급배기 불량으로 인명사고가 많이 발생한다. 그 이유로 가장 옳은 것은?

① N_2 발생
② CO_2 발생
③ CO 발생
④ 연소되지 않은 생가스 발생

ANSWER | 8. ④ 9. ④ 10. ② 11. ① 12. ③ 13. ② 14. ③ 15. ③

해설 가스난방기구에서 급배기 불량이면 CO 가스에 의해 인명사고가 발생한다.

16 부탄가스용 연소기의 명판에 기재할 사항이 아닌 것은?

① 연소기명 ② 제조자의 형식호칭
③ 연소기 재질명 ④ 제조(로트)번호

해설 부탄가스 연소기 명판 기재사항
- 연소기명
- 제조자의 형식호칭
- 로트번호

17 가스를 사용하려 하는데 밸브에 얼음이 얼어 붙었다. 이때 조치방법으로 가장 적절한 것은?

① 40℃ 이하의 더운물을 사용하여 녹인다.
② 80℃의 램프로 가열하여 녹인다.
③ 100℃의 뜨거운 물을 사용하여 녹인다.
④ 가스토치로 가열하여 녹인다.

해설 가스에서 밸브의 얼음은 녹이려면 40℃ 이하의 더운물로 녹인다.

18 아황산가스의 제독제로 갖추어야 할 것이 아닌 것은?

① 가성소다수용액 ② 소석회
③ 탄산소다수용액 ④ 물

해설 아황산가스의 제독제
- 가성소다수용액
- 탄산소다수용액
- 다량의 물

19 수소 취급 시 주의사항 중 옳지 않은 것은?

① 수소용기의 안전밸브는 가용전식과 파열판식을 병용한다.
② 용기밸브는 오른나사이다.
③ 수소가스는 피로갈롤 시약을 사용한 오르자트법에 의한 시험법에서 순도가 98.5% 이상이어야 한다.
④ 공업용 용기 도색은 주황색이고, "연"자 표시는 백색이다.

해설 수소(가연성 가스)의 용기밸브는 왼나사이다.

20 다음 중 같은 용기보관실에 저장이 가능한 가스는?

① 산소, 수소 ② 염소, 질소
③ 아세틸렌, 염소 ④ 암모니아, 산소

해설 염소와 질소는 같은 장소에 저장이 가능하다.

21 원심식 압축기를 사용하는 냉동설비는 원동기 정격출력 얼마를 1일의 냉동능력 1톤으로 하는가?

① 1.2kW ② 2.4kW
③ 3.6kW ④ 4.8kW

해설 원심식 압축기 1RT : 1.2kW 용량

22 고압가스배관을 지하에 매설하는 경우의 설치기준으로 틀린 것은?

① 배관은 건축물과는 1.5m, 지하도로 및 터널과는 10m 이상의 거리를 유지한다.
② 독성 가스의 배관은 그 가스가 혼입될 우려가 있는 수도시설과는 300m 이상의 거리를 유지한다.
③ 배관은 그 외면으로부터 지하의 다른 시설물과 0.3m 이상의 거리를 유지한다.
④ 지표면으로부터 배관의 외면까지 매설깊이는 산이나 들에서는 1.2m 이상, 그 밖의 지역에서는 1.0m 이상으로 한다.

해설
- 산이나 들 : 1m 이상
- 그 밖의 지역 : 1.2m 이상

23 고압가스에 대한 사고예방설비기준으로 옳지 않은 것은?

① 가연성 가스의 가스설비 중 전기설비는 그 설치장소 및 그 가스의 종류에 따라 적절한 방폭성능을 가지는 것일 것
② 고압가스설비에는 그 설비 안의 압력이 내압압력을 초과하는 경우 즉시 그 압력을 내압압력 이하

16. ③ 17. ① 18. ② 19. ② 20. ② 21. ① 22. ④ 23. ② | ANSWER

로 되돌릴 수 있는 안전장치를 설치하는 등 필요한 조치를 할 것

③ 폭발 등의 위해가 발생할 가능성이 큰 특수반응설비에는 그 위해의 발생을 방지하기 위하여 내부반응 감시설비 및 위험사태발생 방지설비의 설치 등 필요한 조치를 할 것

④ 저장탱크 및 배관에는 그 저장탱크 및 배관이 부식되는 것을 방지하기 위하여 필요한 조치를 할 것

해설 고압가스에는 설비 내의 압력이 상승하면 안전밸브를 설치하여 위험을 방지한다.

24 도시가스 사업소 내에서는 긴급사태 발생 시 필요한 연락을 신속히 할 수 있도록 통신시설을 갖추어야 한다. 이때 인터폰을 설치하는 경우의 통신범위는 어느 것인가?

① 안전관리자가 상주하는 사업소와 현장 사업소와의 사이
② 사업소 내 전체
③ 종업원 상호 간
④ 사업소 책임자와 종업원 상호 간

해설 ①항의 사업장에 해당하면 인터폰, 구내방송설비, 페이징설비, 구내전화가 필요하다.

25 고압가스용기의 안전점검 기준에 해당되지 않는 것은?

① 용기의 부식, 도색 및 표시 확인
② 용기의 캡이 씌워져 있거나 프로텍터의 부착 여부 확인
③ 재검사 기간의 도래 여부를 확인
④ 용기의 누출을 성냥불로 확인

해설 고압가스 안전점검에서 성냥불, 가스라이터 등은 금물이다.

26 일반도시가스 사업자 정압기의 분해점검 실시 주기는?

① 3개월에 1회 이상
② 6개월에 1회 이상
③ 1년에 1회 이상
④ 2년에 1회 이상

해설 일반도시가스 사업자 정압기 분해점검시기 : 2년에 1회 이상

27 다음 중 폭발한계의 범위가 가장 좁은 것은?

① 프로판 ② 암모니아
③ 수소 ④ 아세틸렌

해설 폭발범위
① 프로판 : 2.1~9.4%
② 암모니아 : 15~28%
③ 수소 : 4~75%
④ 아세틸렌 : 2.5~81%

28 고압가스 특정제조시설의 배관시설에 검지경보장치의 검출부를 설치하여야 하는 장소가 아닌 것은?

① 긴급차단장치의 구분
② 방호구조물 등에 의하여 개방되어 설치된 배관의 부분
③ 누출된 가스가 체류하기 쉬운 구조인 배관의 부분
④ 슬리브관, 이중관 등에 의하여 밀폐되어 설치된 배관의 부분

해설 방호구조물 등은 안전조치가 이루어진 장소이므로 검지경보장치의 검출부는 해당되지 않는다.

29 고압장치 운전 중 점검사항으로 가장 거리가 먼 것은?

① 가스경보기의 상태 ② 진동 및 소음상태
③ 누출상태 ④ 벨트의 이완상태

해설 벨트의 이완상태는 운전 중이 아니라 운전 전 점검이 용이하다.

30 0℃, 1atm에서 4L인 기체는 273℃, 1atm일 때 몇 L가 되는가?

① 2 ② 4
③ 8 ④ 12

해설
$$V_2 = V_1 \times \frac{T_2}{T_1} = 4 \times \frac{273+273}{273+0} = 8\text{L}$$

31 수소취성을 방지하기 위해 강에 첨가하는 원소로서 옳은 것은?

① Cr ② Al
③ Mn ④ P

해설 수소취성 방지 원소
크롬(Cr), 타이타늄(Ti), 바나듐(V), 텅스텐(W), 몰리브덴(Mo), 나이오븀(Nb)

32 원심펌프를 직렬로 연결시켜 운전하면 무엇이 증가하는가?

① 양정 ② 동력
③ 유량 ④ 효율

해설
- 직렬 ┌ 양정증가
  └ 유량일정
- 병렬 ┌ 유량증가
  └ 양정일정

33 펌프가 운전 중에 한숨을 쉬는 것과 같은 상태가 되어 토출구 및 흡입구에서 압력계의 바늘이 흔들리며 동시에 유량이 변화하는 현상을 무엇이라고 하는가?

① 캐비테이션(공동현상)
② 워터해머링(수격작용)
③ 바이브레이션(진동현상)
④ 서징(맥동현상)

해설 서징(맥동)현상 시 압력계 지침이 흔들린다.

34 수은을 이용한 U자관 압력계에서 액주높이(h) 600 mm, 대기압(P_1)은 1kg/cm²일 때 P_2는 약 몇 kg/cm²인가?

① 0.22 ② 0.92
③ 1.82 ④ 9.16

해설
$P_1 = 1.033 \times \frac{600}{760} = 0.8155\text{kg/cm}^2$
$\therefore \text{abs} = P_1 + P = 1 + 0.8155 \fallingdotseq 1.82\text{kg/cm}^2$

35 액면계로부터 가스가 방출되었을 때 인화 또는 중독의 우려가 없는 가스에만 사용할 수 있는 액면계가 아닌 것은?

① 고정 튜브식 ② 회전 튜브식
③ 슬립 튜브식 ④ 평형 튜브식

해설 액면계 종류
- 고정 튜브식
- 회전 튜브식
- 슬립 튜브식

36 무급유압축기의 종류가 아닌 것은?

① 카본(Carbon)링식
② 테프론(Teflon)링식
③ 다이어프램(Diaphram)식
④ 브론즈(Bronze)식

해설 무급유압축기
- 카본링식
- 테프론링식
- 다이어프램식

37 계측과 제어의 목적이 아닌 것은?

① 조업조건의 안정화 ② 고효율화
③ 작업인원의 증가 ④ 안전위생관리

해설 계측과 제어를 하면 작업인원이 감소한다.

38 공기액화 분리장치의 이산화탄소 흡수탑에서 가성소다로 이산화탄소를 제거한다. 이 반응식으로 옳은 것은?

① $2NaOH + CO_2 \rightarrow Na_2CO_3 + H_2O$
② $2NaOH + 3CO_2 \rightarrow Na_2CO_3 + 2CO + H_2O$
③ $NaOH + CO_2 \rightarrow Na_2CO_3 + H_2O$
④ $NaOH + 2CO_2 \rightarrow NaCO_3 + CO + H_2O$

해설 $2NaOH + CO_2 \rightarrow Na_2CO_3 + H_2O$
(고체 드라이아이스가 제거된다.)

31. ① 32. ① 33. ④ 34. ③ 35. ④ 36. ④ 37. ③ 38. ① | ANSWER

39 **다음 중 용기 파열사고의 원인으로 보기 어려운 것은?**

① 용기의 내압력 부족
② 용기 내압의 상승
③ 안전밸브의 작동
④ 용기 내에서 폭발성 혼합가스에 의한 발화

해설 안전밸브가 작동하면 용기의 파열이 방지된다.

40 **고압가스 일반제조시설의 배관 중 압축가스 배관에 반드시 설치하여야 하는 계측기기는?**

① 온도계 ② 압력계
③ 풍향계 ④ 가스분석계

해설 압축가스 배관(1MPa 이상)에는 압력계의 설치가 필수적이다.

41 **가스 액화분리장치 중 원료 가스를 저온에서 분리, 정제하는 장치는?**

① 한랭장치 ② 정류장치
③ 열교환장치 ④ 불순물제거장치

해설 액화분리장치에서 저온에서 분리 정제하는 장치는 정류장치

42 **고압가스 관련 설비에 해당되지 않는 시설은?**

① 안전밸브
② 긴급차단장치
③ 특정고압가스용 실린더캐비닛
④ 압력조정기

해설 압력조정기가 아닌 압력용기는 관련 설비에 해당된다.

43 **원심식 압축기의 회전속도를 1.2배로 증가시키면 약 몇 배의 동력이 필요한가?**

① 1.2배 ② 1.4배
③ 1.7배 ④ 2.0배

해설 동력 = $(회전수\ 증가)^3$
$\therefore (1.2)^3 = 1.728$배

44 **저온정밀증류법을 이용하여 주로 분석할 수 있는 가스는?**

① 탄화수소의 혼합가스
② SO_2 가스
③ CO_2 가스
④ O_2 가스

해설 저온정밀증류법 : 탄화수소의 혼합가스 분석

45 **다음 배관재료 중 사용온도 350℃ 이하, 압력 1MPa 이상 10MPa까지의 LPG 및 도시가스의 고압관에 사용되는 것은?**

① SPP ② SPW
③ SPPW ④ SPPS

해설 압력배관용 탄소강관(SPPS)
10~100kg/cm^2(1MPa 이상~10MPa 이하) 사용 고압관이다.

46 **표준대기압에서 1BTU의 의미는?**

① 순수한 물 1kg을 1℃ 변화시키는 데 필요한 열량
② 순수한 물 1lb을 1℃ 변화시키는 데 필요한 열량
③ 순수한 물 1kg을 1°F 변화시키는 데 필요한 열량
④ 순수한 물 1lb을 1°F 변화시키는 데 필요한 열량

해설 1BTU
순수한 물 1파운드(lb)를 1°F 변화시키는 데 필요한 열량

47 **다음 중 가스와 그 용도가 옳게 짝지어진 것은?**

① 수소 : 경화유제조, 산소 : 용접, 절단용
② 수소 : 경화유제조, 이산화탄소 : 포스겐제조
③ 산소 : 용접, 절단용, 이산화탄소 : 포스겐제조
④ 수소 : 경화유제조, 염소 : 청량음료

해설
- 수소가스 : 경화유의 제조
- 산소 : 용접 및 절단용
- 염소 : 염산의 원료
- CO_2 : 청량음료 제조
- 포스겐 : 염소와 일산화탄소 제조

ANSWER | 39. ③ 40. ② 41. ② 42. ④ 43. ③ 44. ① 45. ④ 46. ④ 47. ①

48 다음 중 독성이며 가연성의 가스는?

① 수소 ② 일산화탄소
③ 이산화탄소 ④ 헬륨

해설 일산화탄소(CO)
- 가연성 : 12.5~74%
- 독성농도 : 50ppm

49 산소의 일반적인 특징에 대한 설명으로 틀린 것은?

① 수소와 반응하여 격렬하게 폭발한다.
② 유지류와 접촉 시 폭발의 위험이 있다.
③ 공기 중에서 무성방전시키면 과산화수소(H_2O_2)가 발생된다.
④ 산소의 분압이 높아지면 폭굉범위가 넓어진다.

해설 산소는 공기 중에서 무성방전시키면 오존(O_3)이 발생한다.

50 다음 화합물 중 탄소의 함유량이 가장 많은 것은?

① CO_2 ② CH_4
③ C_2H_4 ④ CO

해설 ① $CO_2 \rightarrow CO_2$(탄소 1)
② $CH_4 \rightarrow CO_2$(탄소 1)
③ $C_2H_4 \rightarrow 2CO_2$(탄소 2)
④ $CO \rightarrow CO_2$(탄소 1)
※ 탄소의 원자량은 12

51 다음 중 저장소의 바닥환기에 가장 중점을 두어야 하는 가스는?

① 메탄 ② 에틸렌
③ 아세틸렌 ④ 부탄

해설 분자량이 공기(29)보다 크면 바닥환기에 중점을 둔다.
① 메탄(16)
② 에틸렌(28)
③ 아세틸렌(26)
④ 부탄(58)

52 염소의 특징에 대한 설명 중 틀린 것은?

① 염소 자체는 폭발성, 인화성은 없다.
② 상온에서 자극성의 냄새가 있는 맹독성 기체이다.
③ 염소와 산소의 1 : 1 혼합물을 염소폭명기라고 한다.
④ 수분이 있으면 염산이 생성되어 부식성이 강해진다.

해설 염소폭명기

$$Cl_2 + H_2 \xrightarrow{\text{日光}} 2HCl + 44\text{kcal}$$

53 8kg의 물을 18℃에서 98℃까지 상승시키는 데 표준상태에서 0.034m^3의 LP가스를 연소시켰다. 프로판의 발열량이 24,000kcal/m^3이라면 이때의 열효율은 약 몇 %인가?

① 48.6 ② 59.3
③ 66.6 ④ 78.4

해설 물의 현열(Q) = 8 × 1 × (98 − 18) = 640kcal
가스 소비열(Q) = 24,000 × 0.034 = 816kcal

$$\therefore \eta = \frac{640}{816} \times 100 = 78.43\%$$

54 천연가스의 주성분인 물질의 분자량은?

① 16 ② 32
③ 44 ④ 58

해설 천연가스(NG)의 주성분 : CH_4(분자량은 16)

55 1kW의 열량을 환산한 것으로 옳은 것은?

① 536kcal/h ② 632kcal/h
③ 720kcal/h ④ 860kcal/h

해설

$$1\text{kWh} = 102\text{kg}\cdot\text{m/s} \times 1\text{hr} \times 3{,}600\text{sec/h} \times \frac{1}{427}\text{kcal/kg}\cdot\text{m} = 860\text{kcal} = 3{,}600\text{kJ}$$

48. ② 49. ③ 50. ③ 51. ④ 52. ③ 53. ④ 54. ① 55. ④ | ANSWER

56 다음 중 $1Nm^3$의 총발열량이 가장 큰 가스는?

① 프로판　　② 부탄
③ 수소　　④ 도시가스

해설 ① 프로판 : 23,200kcal/Nm^3
② 부탄 : 32,000kcal/Nm^3
③ 수소 : 3,050kcal/Nm^3
④ 도시가스 : 4,500kcal/Nm^3

57 도시가스제조소의 패널에 의한 부취제의 농도측정방법이 아닌 것은?

① 냄새주머니법　　② 오더미터법
③ 주사기법　　④ 가스분석기법

해설 부취제의 농도측정법
- 냄새주머니법
- 오더미터법
- 주사기법

58 화씨온도 86°F는 몇 ℃인가?

① 30　　② 35
③ 40　　④ 45

해설 $℃ = \frac{5}{9}(°F - 32) = \frac{5}{9} \times (86 - 32) = 30℃$

59 아연, 구리, 은, 코발트 등과 같은 금속과 반응하여 착이온을 만드는 가스는?

① 암모니아　　② 염소
③ 아세틸렌　　④ 질소

해설 암모니아(NH_3)는 구리(Cu), 아연(Zn), 은(Ag), 알루미늄(Al), 코발트(Co) 등의 금속과 반응하여 착이온을 만든다.

60 LPG의 증기압력과 온도와의 관계로서 옳은 것은?

① 온도가 올라감에 따라 압력도 증가한다.
② 온도와 압력과는 관련이 없다.
③ 온도가 올라감에 따라 압력은 떨어진다.
④ 온도가 내려감에 따라 압력은 증가한다.

해설
- 프로판(−30℃) : 0.6kg/cm^2
- 프로판(40℃) : 13.2kg/cm^2
- 부탄(−30℃) : 압력 무
- 부탄(40℃) : 3.3kg/cm^2

2010년 4회 가스기능사

01 고압가스판매자가 실시하는 용기의 안전점검 및 유지관리의 기준으로 틀린 것은?

① 용기 아래부분의 부식상태를 확인할 것
② 완성검사 도래 여부를 확인할 것
③ 밸브의 그랜드너트가 고정핀으로 이탈방지를 위한 조치가 되어 있는지의 여부를 확인 할 것
④ 용기캡이 씌워져 있거나 프로텍터가 부착되어 있는지의 여부를 확인할 것

해설 용기는 용기의 재검사 도래 여부를 확인한다.

02 LP가스의 특징에 대한 설명으로 틀린 것은?

① LP가스는 공기보다 무거워 낮은 곳에 체류하기 쉽다.
② 액체상태의 LP가스는 물보다 가볍고 증발잠열이 매우 작다.
③ 고무, 페인트, 윤활유를 용해시킬 수 있다.
④ 액체상태 LP가스를 기화하면 부피가 약 260배로 현저히 증가한다.

해설 • 액비중 : 0.582(부탄), 0.509(프로판)
• 잠열 : 101.8kcal/kg(프로판), 92kcal/kg(부탄)

03 가연성 가스의 제조설비 중 전기설비는 방폭성능을 가진 구조로 하여야 한다. 이에 해당되지 않는 가스는?

① 수소 ② 프로판
③ 일산화탄소 ④ 암모니아

해설 암모니아, 브롬화메탄은 방폭성능 구조에서 불필요한 가스

04 산소가스를 용기에 충전할 때의 주의사항에 대한 설명으로 옳은 것은?

① 충전압력은 용기 내부의 산소가 30℃로 되었을 때의 상태로 규제한다.
② 용기 제조일자를 조사하여 유효기간이 경과한 미검용기는 절대로 충전하지 않는다.
③ 미량의 기름이라면 밸브 등에 묻어 있어도 상관없다.
④ 고압밸브를 개폐 시에는 신속히 조작한다.

해설 용기의 유효기간이 경과한 경우는 재검사 후 합격용기에 한하여 충전하여야 한다.

05 공기액화분리장치에서의 액화산소통 내의 액화산소 5L 중 아세틸렌의 질량이 얼마를 초과할 때 폭발방지를 위하여 운전을 중지하고 액화산소를 방출시켜야 하는가?

① 0.1mg ② 5mg
③ 50mg ④ 500mg

해설 아세틸렌가스 : 5mg 이상, 탄화수소 : 500mg 이상

06 가연성 가스를 취급하는 장소에는 누출된 가스의 폭발사고를 방지하기 위하여 전기설비를 방폭구조로 한다. 다음 중 방폭구조가 아닌 것은?

① 안전증방폭구조 ② 내열방폭구조
③ 압력방폭구조 ④ 내압방폭구조

해설 방폭구조 : ①, ③, ④ 외에 본질안전방폭구조, 유입방폭구조가 있다.

07 도시가스사용시설 중 자연배기식 반밀폐식 보일러에서 배기톱의 옥상돌출부는 지붕면으로부터 수직거리로 몇 cm 이상으로 하여야 하는가?

① 30 ② 50
③ 90 ④ 100

해설 배기톱의 옥상돌출부는 지붕면으로부터 수직 90cm 이상

08 도시가스용 가스계량기와 전기개폐기와의 이격거리는 몇 cm 이상으로 하여야 하는가?

① 15 ② 30
③ 45 ④ 60

1. ② 2. ② 3. ④ 4. ② 5. ② 6. ② 7. ③ 8. ④ | ANSWER

해설 가스계량기 ←(60cm 이상 / 이격거리)→ 전기계폐기

09 용기 파열사고의 원인으로 가장 거리가 먼 것은?

① 용기의 내압력 부족
② 용기의 내압력 상승
③ 용기 내에서 폭발성 혼합가스에 의한 발화
④ 안전밸브의 작동

해설 안전밸브가 작동되면 용기 파열사고가 방지된다.

10 고압가스시설의 가스누출검지경보장치 중 검지부 설치 수량의 기준으로 틀린 것은?

① 건축물 내에 설치되어 있는 압축기, 펌프 및 열교환기 등 고압가스설비군의 바닥면 둘레가 22m인 시설에 검지부 2개 설치
② 에틸렌제조시설의 아세틸렌수첨탑으로서 그 주위에 누출한 가스가 체류하기 쉬운 장소의 바닥면 둘레가 30m인 경우에 검지부 3개 설치
③ 가열로가 있는 제조설비의 주위에 가스가 체류하기 쉬운 장소의 바닥면, 둘레가 18m인 경우에 검지부 1개 설치
④ 염소충전용 접속구 군의 주위에 검지부 2개 설치

해설
- 건축물 내 : 10m에 대하여 1개 이상
- 건축물 밖 : 20m에 대하여 1개 이상
- 특수반응 설비 : 10m에 대하여 1개 이상

11 액화석유가스의 사용시설 중 관경이 33mm 이상의 배관은 몇 m마다 고정 · 부착하는 조치를 하여야 하는가?

① 1　② 2
③ 3　④ 4

해설
- 13mm 미만 : 1m
- 13mm 이상~33mm 미만 : 2m
- 33mm 이상 : 3m

12 차량에 고정된 탱크 중 독성 가스는 내용적을 얼마 이하로 하여야 하는가?

① 12,000L　② 15,000L
③ 16,000L　④ 18,000L

해설 독성 가스 : 12,000L 이하(암모니아는 제외)

13 산소압축기의 내부 윤활유로 사용되는 것은?

① 물 또는 10% 묽은 글리세린수
② 진한 황산
③ 양질의 광유
④ 디젤엔진유

해설 산소압축기 내부 윤활유
- 물
- 10% 이하의 묽은 글리세린 수

14 상온에서 압축하면 비교적 쉽게 액화되는 가스는?

① 수소　② 질소
③ 메탄　④ 프로판

해설 프로판 가스는 상온에서 비교적 압축하여 액화가 용이하다.

15 다음 중 가장 높은 압력은?

① $8.0mH_2O$　② $0.82kg/cm^2$
③ $9,000kg/m^2$　④ 500mmHg

해설 $8.0mH_2O = 0.8kg/cm^2$
$9,000kg/m^2 = 0.9kg/cm^2$
$500mmHg = \left(1.033 \times \frac{500}{760}\right) = 0.679kg/cm^2$

16 고압가스 용기 보관의 기준에 대한 설명으로 틀린 것은?

① 용기보관장소 주위 2m 이내에는 화기를 두지 말 것
② 가연성 가스 · 독성 가스 및 산소의 용기는 각각 구분하여 용기 보관 장소에 놓을 것
③ 가연성 가스를 저장하는 곳에는 방폭형 휴대용 손전등 외의 등화를 휴대하지 말 것
④ 충전용기와 잔가스 용기는 서로 단단히 결속하여 넘어가지 않도록 할 것

ANSWER | 9. ④ 10. ① 11. ③ 12. ① 13. ① 14. ④ 15. ③ 16. ④

해설 충전용기와 잔가스 용기는 별도의 장소에 각기 저장한다.

17 LPG를 수송할 때의 주의사항으로 틀린 것은?

① 운전 중이나 정차 중에도 허가된 장소를 제외하고는 담배를 피워서는 안 된다.
② 운전자는 운전기술 외에 LPG의 취급 및 소화기 사용 등에 관한 지식을 가져야 한다.
③ 누출됨을 알았을 때는 가까운 경찰서, 소방서까지 직접 운행하여 알린다.
④ 주차할 때는 안전한 장소에 주차하며, 운반책임자와 운전자는 동시에 차량에서 이탈하지 않는다.

해설 LPG 수송 시 누출되면 즉시 운전을 중지하고 비상연락을 취한다.

18 다음 중 용기보관 장소에 대한 설명으로 틀린 것은?

① 용기보관소 경계표지는 해당 용기보관소 또는 보관실의 출입구 등 외부로부터 보기 쉬운 곳에 게시한다.
② 수소 용기보관 장소에는 겨울철 실내온도가 내려가므로 상부의 통풍구를 막아야 한다.
③ 용기보관장소에는 계량기 등 작업에 필요한 물건 외에는 두지 않는다.
④ 가연성 가스와 산소의 용기는 각각 구분하여 용기보관 장소에 놓는다.

해설 가스용기(수소 등)는 가스의 누설을 위하여 통풍구를 개방시켜 저장한다.

19 가연성 가스와 산소의 혼합비가 완전 산화에 가까울수록 발화지연은 어떻게 되는가?

① 길어진다. ② 짧아진다.
③ 변함이 없다. ④ 일정치 않다.

해설 가연성 가스와 산소의 혼합비가 완전 산화에 가까울수록 발화지연은 짧아진다.

20 액화석유가스를 충전하는 충전용 주관의 압력계는 국가표준법에 의한 교정을 받는 압력계로 몇 개월마다 한번 이상 그 기능을 검사하여야 하는가?

① 1개월 ② 2개월
③ 3개월 ④ 6개월

해설 액화석유가스 충전용 주관의 압력계는 1개월 마다 그 기능을 검사하여야 한다.(단, 그 밖의 압력계는 3개월 마다)

21 다음 중 가연성이며 독성인 가스는?

① 아세틸렌, 프로판
② 수소, 이산화탄소
③ 암모니아, 산화에틸렌
④ 아황산가스, 포스겐

해설
• 암모니아 : 가연성 범위 15~28%, 독성 허용농도 25ppm
• 산화에틸렌 : 가연성 범위 3~81%, 독성 허용농도 50ppm

22 국내 일반가정에 공급되는 도시가스(LNG)의 발열량은 약 몇 kcal/m³인가?(단, 도시가스 월사용예정량의 산정기준에 따른다.)

① 9,000 ② 10,000
③ 11,000 ④ 12,000

해설 가스사용시설 월사용 예정량 계산

$$Q=\frac{(A\times240)+(B\times90)}{11,000}(\text{m}^3)$$

23 다음 중 아세틸렌, 암모니아 또는 수소와 동일 차량에 적재 운반할 수 없는 가스는?

① 염소
② 액화석유가스
③ 질소
④ 일산화탄소

해설 염소 : 아세틸렌, 암모니아, 수소와는 동일 차량에 적재운반 금지

17. ③ 18. ② 19. ② 20. ① 21. ③ 22. ③ 23. ① | ANSWER

24 **저장설비나 가스설비를 수리 또는 청소할 때 가스 치환작업을 생략할 수 있는 경우가 아닌 것은?**

① 가스설비의 내용적이 $2m^3$ 이하일 경우
② 작업원이 설비 내부로 들어가지 않고 작업할 경우
③ 출입구의 밸브가 확실하게 폐지되어 있고 내용적 $5m^3$ 이상의 밸브를 설치한 경우
④ 설비의 간단한 청소, 가스켓의 교환이나 이와 유사한 경미한 작업일 경우

해설 당해 가스설비의 내용적이 $1m^3$ 이하이면 가스치환을 생략할 수 있다.

25 **시안화수소 충전 시 사용되는 안정제가 아닌 것은?**

① 암모니아 ② 황산
③ 염화칼슘 ④ 인산

해설 시안화수소의 안정제
- 아황산 가스
- 황산 등

26 **특정고압가스 사용시설의 시설기준 및 기술기준으로 틀린 것은?**

① 저장시설의 주위에는 보기 쉽게 경계표지를 할 것
② 가스설비에는 그 설비의 안전을 확보하기 위하여 습기 등으로 인한 부식방지조치를 할 것
③ 독성 가스의 감압설비와 그 가스의 반응설비 간의 배관에는 일류방지장치를 할 것
④ 고압가스의 저장량이 300kg 이상인 용기 보관실의 벽은 방호벽으로 할 것

해설 일류방지장치가 아닌 가스가 역류되는 것을 효과적으로 차단할 수 있는 조치가 필요하다.

27 **내용적이 $1m^3$인 밀폐된 공간에 프로판을 누출시켜 폭발시험을 하려고 한다. 이론적으로 최소 몇 L의 프로판을 누출시켜야 폭발이 이루어지겠는가?(단, 프로판의 폭발범위는 2.1~9.5%이다.)**

① 2.1 ② 9.5
③ 21 ④ 95

해설 $1m^3$(1,000L)의 2.1%이므로
1,000×0.021L=21L(하한치)
0.095=95L(상한치)

28 **프레온 냉매가 실수로 눈에 들어갔을 경우 눈세척에 사용되는 약품으로 가장 적당한 것은?**

① 바세린 ② 약한 붕산 용액
③ 농피크린산 용액 ④ 유동 파라핀

해설 프레온가스 눈세척제 : 약한 붕산 용액

29 **액화가스를 충전하는 탱크는 그 내부에 액면요동을 방지하기 위하여 무엇을 설치하여야 하는가?**

① 방파판 ② 안전밸브
③ 액면계 ④ 긴급차단장치

해설 방파판 : 액화가스 탱크 내 액면요동방지

30 **가스 검지 시의 지시약과 그 반응색의 연결이 옳지 않은 것은?**

① 산성가스 - 리트머스지 : 적색
② $COCl_2$ - 하리슨씨시약 : 심등색
③ CO - 염화팔라듐지 : 흑색
④ HNC - 질산구리벤젠지 : 적색

해설 시안화수소(HCN) : 누설 시 청색변화
(질산구리벤젠지=초산벤젠지)

31 **다음 중 고압가스 충전시설 시설기준에서 풍향계를 설치하여야 하는 가스는?**

① 액화석유가스
② 압축산소가스
③ 액화질소가스
④ 아모니아가스

해설 암모니아는 독성, 가연성 가스이므로 충전시설 시설기준에서 풍향계 설치가 필요하다.

ANSWER | 24. ① 25. ① 26. ③ 27. ③ 28. ② 29. ① 30. ④ 31. ④

32 LP가스를 도시가스와 비교하여 사용 시 장점으로 옳지 않은 것은?

① LP가스는 열용량이 크기 때문에 작은 배관경으로 공급할 수 있다.
② LP가스는 연소용 공기 또는 산소가 다량으로 필요하지 않는다.
③ LP가스는 입지적 제약이 없다.
④ LP가스는 조성이 일정하다.

해설 LP가스는 연소용 공기가 다량으로 필요하다.

33 다음 정압기 중 고차압이 될수록 특성이 좋아지는 것은?

① Reynolds 식 ② Axial Flow 식
③ Fisher 식 ④ KRF 식

해설 Axial Flow 식 정압기는 정특성 · 동특성 양호, 고차압이 될수록 특성이 양호하고 구조상 매우 콤팩트하다.

34 압축기가 과열 운전되는 원인으로 가장 거리가 먼 것은?

① 압축비 증대 ② 윤활유 부족
③ 냉동부하의 감소 ④ 냉매량 부족

해설 냉동부하가 감소하면 압축기의 과열이 방지된다.

35 다음 중 아세틸렌 및 합성용 가스의 제조에 사용되는 반응장치는?

① 축열식 반응기
② 탑식 반응기
③ 유동층식 접촉반응기
④ 내부연소식 반응기

해설 내부연소식 반응기
• 합성용 가스 제조
• 아세틸렌 제조

36 백금 – 백금로듐 열전대 온도계의 온도 측정범위로 옳은 것은?

① −180~350℃ ② −20~800℃
③ −0~1,600℃ ④ −300~2,000℃

해설 백금 – 백금로듐 열전대 온도계의 측정범위
0~1,600℃

37 한쪽 조건이 충족되지 않으면 다른 제어는 정지되는 자동제어방식은?

① 피드백 ② 시퀀스
③ 인터록 ④ 프로세스

해설 인터록 : 한쪽 조건이 충족되지 않으면 다른 제어는 정지되는 제어방식

38 압축기에 사용하는 윤활유 선택시 주의사항으로 틀린 것은?

① 사용가스와 화학반응을 일으키지 않을 것
② 인화점이 높을 것
③ 정제도가 높고 잔류탄소의 양이 적을 것
④ 점도가 적당하고 항유화성이 적을 것

해설 윤활유는 항유화성이 커야 한다.

39 다음 중 흡수분석법의 종류가 아닌 것은?

① 헴펠법 ② 활성알루미나겔법
③ 오르자트법 ④ 게겔법

해설 가스의 흡수분석법
• 헴펠법
• 오르자트법
• 게겔법(저급탄화수소 분석용)

40 다음 중 2차 압력계이며 탄성을 이용하는 대표적인 압력계는?

① 부르동관식 압력계 ② 수은주 압력계
③ 벨로스식 압력계 ④ 자유피스톤형 압력계

32. ② 33. ② 34. ③ 35. ④ 36. ③ 37. ③ 38. ④ 39. ② 40. ① | ANSWER

해설 부르동관식 압력계 : 2차 압력계(탄성식 압력계)로서 고압 측정용 압력계(2.5~3,000kg/cm^2 측정)

41 다음 중 초저온 저장탱크에 사용하는 재질로 적당하지 않은 것은?

① 탄소강 ② 18-8 스테인리스강
③ 9% Ni강 ④ 동합금

해설 초저온 저장탱크 재질
- 9% Ni강
- 18-8 스테인리스강
- 동합금

42 아세틸렌의 정성시험에 사용되는 시약은?

① 질산은 ② 구리암모니아
③ 염산 ④ 피로갈롤

해설 아세틸렌
- 오르자트법 : 발연황산 시약
- 뷰렛법 : 브롬 시약
- 정성시험 : 질산은 시약

43 크로멜-알루멜(K형) 열전대에서 크로멜의 구성 성분은?

① Ni-Cr ② Cu-Cr
③ Fe-Cr ④ Mn-Cr

해설 K형 열전대
- ⊕측 Ni, Cr
- ⊖측 Ni, Al, Mn, Si

44 외경이 300mm이고, 두께가 30mm인 가스용 폴리에틸렌(PE)관의 사용압력범위는?

① 0.4MPa 이하 ② 0.25MPa 이하
③ 0.2MPa 이하 ④ 0.1MPa 이하

해설

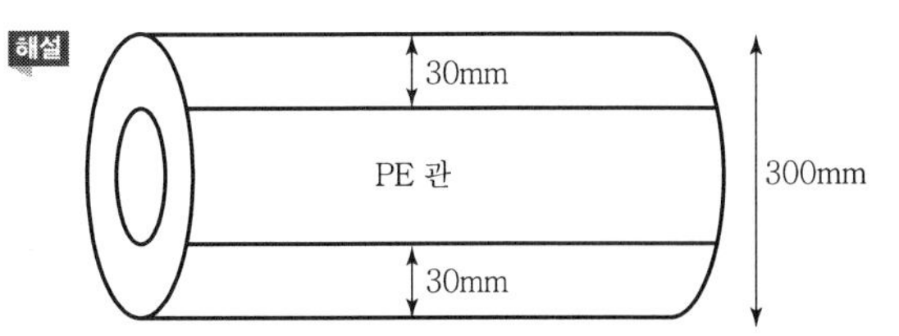

사용압력범위 : 0.4MPa 이하

45 액화가스 충전에는 액펌프와 압축기가 사용될 수 있다. 이때 압축기를 사용하는 경우의 특징이 아닌 것은?

① 충전시간이 짧다.
② 베이퍼록 등 운전상 장애가 일어나기 쉽다.
③ 재액화현상이 일어날 수 있다.
④ 잔가스의 회수가 가능하다.

해설 액펌프 충전 시에는 베이퍼록 등 운전상의 장애가 일어나기 쉽다.

46 대기압이 1.033kgf/cm^2일 때 산소 용기에 달린 압력계의 읽음이 10kgf/cm^2이었다. 이때의 계기압력은 몇 kgf/cm^2인가?

① 1.033 ② 8.976
③ 10 ④ 11.033

해설 abs=atg+atm=1.033+10=11.033kg/cm^2
atg=10kg/cm^2(1MPa)

47 다음 중 희(稀)가스가 아닌 것은?

① He ② Kr
③ Xe ④ O_3

해설 희가스(Rare Gas) : He(헬륨), Ne(네온), Ar(아르곤), Kr(크립톤), Xe(제논), Rn(라돈)

48 수돗물의 살균과 섬유의 표백용으로 주로 사용되는 가스는?

① F_2 ② Cl_2
③ O_2 ④ CO_2

ANSWER | 41. ① 42. ① 43. ① 44. ① 45. ② 46. ③ 47. ④ 48. ②

해설 $Cl_2 + Ca(OH)_2 \rightarrow CaOCl_2$(표백제) $+ H_2O$

49 1기압, 150℃에서의 가스상 탄화수소의 점도가 가장 높은 것은?

① 메탄 ② 에탄
③ 프로필렌 ④ n－부탄

해설 메탄은 고온에서 점도가 높다.

50 다음 중 산화철이나 산화알루미늄에 의해 중합반응을 하는 가스는?

① 산화에틸렌 ② 시안화수소
③ 에틸렌 ④ 아세틸렌

해설 C_2H_4O(산화에틸렌) 중합폭발 인자
- 주석
- 철
- 알루미늄의 무수 염화물
- 산 및 알칼리
- 산화알루미늄 등

51 수분이 존재할 때 일반 강재를 부식시키는 가스는?

① 일산화탄소 ② 수소
③ 황화수소 ④ 질소

해설 황화수소(H_2S)는 수분 존재하에서 무수황산(H_2SO_3)이 생성되어 강재의 부식을 촉진(H_2SO_4, 진한 황산)한다.

52 산화에틸렌에 대한 설명으로 틀린 것은?

① 산화에틸렌의 저장탱크에는 그 저장탱크 내용적의 90%를 초과하는 것을 방지하는 과충전 방지 조치를 한다.
② 산화에틸렌 제조설비에는 그 설비로부터 독성 가스가 누출될 경우 그 독성 가스로 인한 중독을 방지하기 위하여 제독설비를 설치한다.
③ 산화에틸렌 저장탱크는 45℃에서 그 내부가스의 압력이 0.4MPa 이상이 되도록 탄산가스를 충전한다.
④ 산화에틸렌을 충전한 용기는 충전 후 24시간 정치하고 용기에 충전 연월일을 명기한 표지를 붙인다.

해설 시안화수소가스는 충전 후 24시간 정치한다.

53 이산화탄소에 대한 설명으로 틀린 것은?

① 공기보다 무겁다.
② 무색, 무취의 기체이다.
③ 상온에서 액화가 가능하다.
④ 물에 녹이면 강알칼리성을 나타낸다.

해설 이산화탄소(CO_2)는 물에 녹으면 약산성 탄산을 만든다.
$H_2O + CO_2 \rightarrow H_2CO_3$(탄산)

54 다음 중 착화온도가 가장 낮은 것은?

① 메탄 ② 일산화수소
③ 프로판 ④ 수소

해설 프로판, 메탄은 착화온도가 높고 CO, 수소가스 등도 착화온도가 450℃를 초과하는데 이 중 프로판의 착화온도가 다소 낮다.

55 수소가스와 등량 혼합 시 폭발성이 있는 가스는?

① 질소 ② 염소
③ 아세틸렌 ④ 암모니아

해설 $H_2 + Cl_2 \xrightarrow{\text{직사광선}} 2HCl + 44kcal$

56 가스의 기초법칙에 대한 설명으로 옳은 것은?

① 열역학 제1법칙 : 100% 효율을 가지고 있는 열기관은 존재하지 않는다.
② 그라함(Graham)의 확산법칙 : 기체의 확산(유출)속도는 그 기체의 분자량(밀도)의 제곱근에 반비례한다.
③ 아마가트(Amagat)의 분압법칙 : 이상기체 혼합물의 전체압력은 각 성분의 기체의 합과 같다.
④ 돌턴(Dalton)의 분용법칙 : 이상기체 혼합물의 전체 부피는 각 성분의 부피의 합과 같다.

49. ① 50. ① 51. ③ 52. ④ 53. ④ 54. ③ 55. ② 56. ② | ANSWER

해설 그라함의 확산법칙 : 기체의 확산속도는 그 기체의 분자량(밀도)의 제곱근에 반비례

$$\frac{U_1}{U_2} = \sqrt{\frac{M_2}{M_1}} = \sqrt{\frac{d_2}{d_1}}$$

57 가스의 연소와 관련하여 공기 중에서 점화원 없이 연소하기 시작하는 최저온도를 무엇이라 하는가?

① 인화점　② 발화점
③ 끓는점　④ 융해점

해설 발화점(착화점) : 점화원 없이 연소하기 시작하는 최저온도

58 내용적이 $48m^3$인 LPG 저장탱크에 부탄 18톤을 충전한다면 저장탱크 내의 액체 부탄의 용적은 상용의 온도에서 저장탱크 내용적의 약 몇 %가 되겠는가? (단, 저장탱크의 상온온도에 있어서의 액체 부탄의 비중은 0.55로 한다.)

① 58　② 68
③ 78　④ 88

해설 $48m^3 = 48{,}000L$
$48{,}000 \times 0.55 = 26{,}400kg$
18톤 $= 18{,}000kg$
$\therefore \frac{18{,}000}{26{,}400} \times 100 = 68\%$

59 다음 LNG와 SNG에 대한 설명으로 옳은 것은?

① LNG는 액화석유가스를 말한다.
② SNG는 각종 도시가스의 총칭이다.
③ 액체상태의 나프타를 LNG라 한다.
④ SNG는 대체 천연가스 또는 합성 천연가스를 말한다.

해설 • LNG : 액화천연가스
• SNG : 합성 천연가스, 대체 천연가스

60 수소의 용도에 대한 설명으로 가장 거리가 먼 것은?

① 암모니아 합성가스의 연료로 이용
② 2,000℃ 이상의 고온을 얻어 인조보석, 유리제조 등에 이용
③ 산화력을 이용하여 니켈 등 금속의 산화에 사용
④ 기구나 풍선 등에 충전하여 부양용으로 사용

해설 수소는 환원성을 이용한 금속 제련용 또는 메탄올(CH_3OH)의 원료 등 외 ①, ②, ④항이 용도이다.

ANSWER | 57. ② 58. ② 59. ④ 60. ③

2011 년 1 회 가스기능사

01 공기 중에서 폭발범위가 가장 넓은 가스는?

① C_2H_4O　② CH_4
③ C_2H_4　④ C_3H_8

해설 가스폭발범위
① 산화에틸렌(C_2H_4O) : 3～80%
② 메탄(CH_4) : 5～15%
③ 에틸렌(C_2H_4) : 2.7～36%
④ 프로판(C_3H_8) : 2.1～9.5%

02 아세틸렌을 용기에 충전 시 미리 용기에 다공물질을 채우는데 이때 다공도의 기준은?

① 75% 이상 92% 미만　② 80% 이상 95% 미만
③ 95% 이상　④ 98% 이상

해설
- 다공도 기준 : 75% 이상～92% 미만
- 다공물질 : 다공성플라스틱, 석면, 규조토, 점토, 산화철, 목탄

03 헬라이드 토치를 사용하여 프레온의 누출검사를 할 때 다량으로 누출될 때의 색깔은?

① 황색　② 청색
③ 녹색　④ 자색

해설 프레온냉매가스 누출검사
- 누설이 없으면 : 청색
- 소량 누설 시 : 녹색
- 중량 누설 시 : 자주색
- 다량으로 매우 많이 누설 시 : 불이 꺼진다.

04 다음은 어떤 안전설비에 대한 설명인가?

> 설비가 잘못 조작되거나 정상적인 제조를 할 수 없는 경우 자동으로 원재료의 공급을 차단시키는 등 고압가스 제조설비 안의 제조를 제어하는 기능을 한다.

① 안전밸브　② 긴급차단장치
③ 인터록기구　④ 벤트스택

해설 인터록기구
가스설비의 제조제어 기능(설비 잘못 조작 및 정상적인 제조가 불가능한 경우 원재료 공급차단)

05 물체의 상태변화 없이 온도변화만 일으키는 데 필요한 열량을 무엇이라 하는가?

① 현열　② 잠열
③ 열용량　④ 대사량

해설
- 현열 : 물체의 온도변화 시 소요되는 열
- 잠열 : 물체의 상태변화 시 필요한 열(액화가스를 기화시킬 때 잠열 소비)

06 조정압력이 3.3kPa 이하인 LP가스용 조정기 안전장치의 작동정지압력은?

① 5.04～7.0kPa　② 5.60～7.0kPa
③ 5.04～8.4kPa　④ 5.60～8.4kPa

해설
- 작동정지압력 : 5.04～8.4kPa
- 작동개시압력 : 5.6～8.4kPa
- 분출개시압력 : 7.0kPa

07 다음 각 금속재료의 가스 작용에 대한 설명으로 옳은 것은?

① 수분을 함유한 염소는 상온에서도 철과 반응하지 않으므로 철강의 고압용기에 충전할 수 있다.
② 아세틸렌은 강과 직접 반응하여 폭발성의 금속아세틸라이드를 생성한다.
③ 일산화탄소는 철족의 금속과 반응하여 금속카르보닐을 생성한다.
④ 수소는 저온, 저압하에서 질소와 반응하여 암모니아를 생성한다.

해설 ① 수분을 함유한 염소는 철과 반응하여 부식
② 아세틸렌은 구리, 은, 수은과 반응
④ 수소는 고온 고압하에서 질소와 반응, 암모니아 생성

1.① 2.① 3.④ 4.③ 5.① 6.③ 7.③ | ANSWER

08 **LPG 사용시설의 고압배관에서 이상 압력 상승 시 압력을 방출할 수 있는 안전장치를 설 치하여야 하는 저장능력의 기준은?**

① 100kg 이상 ② 150kg 이상
③ 200kg 이상 ④ 250kg 이상

해설 LPG는 저장능력이 250kg 이상이면 안전장치를 부착하여야 한다.

09 **고압가스 판매소의 시설기준에 대한 설명으로 틀린 것은?**

① 충전용기의 보관실은 불연재료를 사용한다.
② 가연성 가스 · 산소 및 독성 가스의 저장실은 각각 구분하여 보관한다.
③ 용기보관실 및 사무실은 동일 부지 안에 설치하지 않는다.
④ 산소, 독성 가스 또는 가연성 가스를 보관하는 용기보관실의 면적은 각 고압가스별로 $10m^2$ 이상으로 한다.

해설 용기보관실 및 사무실은 동일부지 안에 설치가 가능하다.

10 **차량에 고정된 탱크운반차량에서 돌출부속품의 보호조치에 대한 설명으로 틀린 것은?**

① 후부취출식 탱크의 주밸브는 차량의 뒷범퍼와의 수평거리가 30cm 이상 떨어져 있어야 한다.
② 부속품이 돌출된 탱크는 그 부속품의 손상으로 가스가 누출되는 것을 방지하는 조치를 하여야 한다.
③ 탱크주밸브와 긴급차단장치에 속하는 밸브를 조작상자 내에 설치한 경우 조작상자와 차량의 뒷범퍼와의 수평거리는 20cm 이상 떨어져 있어야 한다.
④ 탱크주밸브 및 긴급차단장치에 속하는 중요한 부속품이 돌출된 저장탱크는 그 부속품을 차량의 좌측면이 아닌 곳에 설치한 단단한 조작상자 내에 설치하여야 한다.

해설 • 후부취출식은 이격거리가 40cm 이상이다.
• 후부취출식이 아니면 이격거리 30cm 이상이다.

11 **고압가스 설비에 설치하는 압력계의 최고눈금에 대한 측정범위의 기준으로 옳은 것은?**

① 상용압력의 1.0배 이상, 1.2배 이하
② 상용압력의 1.2배 이상, 1.5배 이하
③ 상용압력의 1.5배 이상, 2.0배 이하
④ 상용압력의 2.0배 이상, 3.0배 이하

해설 압력계 최고눈금범위 : 상용압력의 1.5배 이상, 2.0배 이하

12 **고압가스의 분출에 대하여 정전기가 가장 발생되기 쉬운 경우는?**

① 가스가 충분히 건조되어 있을 경우
② 가스 속에 고체의 미립자가 있을 경우
③ 가스의 분자량이 작은 경우
④ 가스의 비중이 큰 경우

해설 가스 속에 고체의 미립자가 있을 경우 고압가스 분출에 대하여 정전기가 발생되기 쉽다.

13 **고압가스 일반제조시설의 밸브가 돌출한 충전용기에서 고압가스를 충전한 후 넘어짐 방지조치를 하지 않아도 되는 용량의 기준은 내용적이 몇 L 미만일 때인가?**

① 5 ② 10
③ 20 ④ 50

해설 고압가스 내용적이 5L 미만의 경우 넘어짐 방지조치가 불필요하다.

14 **LPG 충전 · 집단공급 저장시설의 공기에 의한 내압시험 시 상용압력의 일정 압력 이상으로 승압한 후 단계적으로 승압시킬 때, 상용압력의 몇 %씩 증가시켜 내압시험압력에 달하였을 때 이상이 없어야 하는가?**

① 5 ② 10
③ 15 ④ 20

해설 LPG 집단공급 저장시설의 경우 공기로 내압시험을 실시할 때 상용압력의 10%씩 증가시켜 내압시험을 실시한다.

ANSWER | 8. ④ 9. ③ 10. ① 11. ③ 12. ② 13. ① 14. ②

15 염소가스 저장탱크의 과충전 방지장치는 가스 충전량이 저장탱크 내용적의 몇 %를 초과할 때 가스충전이 되지 않도록 동작하는가?

① 60% ② 70%
③ 80% ④ 90%

해설 염소가스 저장탱크 내용적의 90% 초과 시 과충전 방지장치가 작동한다.

16 가연성 가스라 함은 폭발한계의 상한과 하한의 차가 몇 % 이상인 것을 말하는가?

① 10% ② 20%
③ 30% ④ 40%

해설 가연성 가스는 폭발한계의 상한과 하한의 차가 20% 이상이면 가연성 가스이다.

17 액화석유가스(LPG) 이송방법과 관련이 먼 것은?

① 압력차에 의한 방법 ② 온도차에 의한 방법
③ 펌프에 의한 방법 ④ 압축기에 의한 방법

해설 LPG 이송방법
- 압력차에 의한 방법
- 펌프에 의한 방법
- 압축기에 의한 방법

18 고압가스 용기보관실에 충전용기를 보관할 때의 기준으로 틀린 것은?

① 충전용기와 잔가스용기는 각각 구분하여 용기보관장소에 놓는다.
② 용기보관장소의 주위 5m 이내에는 화기 또는 인화성 물질이나 발화성 물질을 두지 아니한다.
③ 충전용기는 항상 40℃ 이하의 온도를 유지하고, 직사광선을 받지 않도록 조치한다.
④ 가연성 가스 용기보관장소에는 방폭형 휴대용 손전등 외의 등화를 휴대하고 들어가지 아니한다.

해설 화기나 인화성 물질의 경우 8m 이내에는 가스용기를 보관하지 않는다.

19 충전용기를 차량에 적재하여 운반하는 도중에 주차하고자 할 때의 주의사항으로 옳지 않은 것은?

① 충전용기를 적재한 차량은 제1종 보호시설로부터 15m 이상 떨어지고, 제2종 보호시설이 밀집된 지역은 가능한 한 피한다.
② 주차 시에는 엔진을 정지시킨 후 주차브레이크를 걸어 놓는다.
③ 주차를 하고자 하는 주위의 교통상황 · 지형조건 · 화기 등을 고려하여 안전한 장소를 택하여 주차한다.
④ 주차 시에는 긴급한 사태에 대비하여 바퀴 고정목을 사용하지 않는다.

해설 고압가스 충전용기 주차 시에는 긴급사태에 대비하여 바퀴 고정목을 사용한다.

20 다음 중 지진감지장치를 반드시 설치하여야 하는 도시가스시설은?

① 가스도매사업자 인수기지
② 가스도매사업자 정압기지
③ 일반도시가스사업자 제조소
④ 일반도시가스사업자 정압기

해설 가스도매사업자 정압기지에는 반드시 지진감지장치를 설치한다.

21 다음 중 아황산가스의 제독제가 아닌 것은?

① 소석회 ② 가성소다 수용액
③ 탄산소다 수용액 ④ 물

해설 소석회 : 염소, 포스겐 등의 독성 가스 제독제

22 암모니아가스 검지경보장치는 검지에서 발신까지 걸리는 시간을 얼마 이내로 하는가?

① 30초 ② 1분
③ 2분 ④ 3분

해설 가스누출 검지경보장치의 검지에서 발신까지 걸리는 시간 30초 이내(단, 암모니아, 일산화탄소는 1분 이내)

15. ④ 16. ② 17. ② 18. ② 19. ④ 20. ② 21. ① 22. ② | ANSWER

23 **가정에서 액화석유가스(LPG)가 누출될 때 가장 쉽게 식별할 수 있는 방법은?**

① 냄새로써 식별
② 리트머스 시험지 색깔로 식별
③ 누출 시 발생되는 흰색 연기로 식별
④ 성냥 등으로 점화시켜 봄으로써 식별

해설 가정용 LPG 누출 식별
냄새로써 식별, 비눗물로써 검출

24 **압축 또는 액화 그 밖의 방법으로 처리할 수 있는 가스의 용적이 1일 100m³ 이상인 사업소는 압력계를 몇 개 이상 비치하도록 되어 있는가?**

① 1 ② 2
③ 3 ④ 4

해설 가스의 용적이 $100m^3$ 이상 사업소 : 압력계 2개 이상 비치

25 **도시가스 공급시설 중 저장탱크 주위의 온도상승 방지를 위하여 설치하는 고정식 물분무장치의 단위면적당 방사능력의 기준은?(단, 단열재를 피복한 준내화구조 저장탱크가 아니다.)**

① $2.5L/분 \cdot m^2$ 이상 ② $5L/분 \cdot m^2$ 이상
③ $7.5L/분 \cdot m^2$ 이상 ④ $10L/분 \cdot m^2$ 이상

해설 온도상승방지 고정식 물분무장치
- 저장탱크 표면적 : $5L/m^2 \cdot min$
- 저온저장탱크 및 준내화구조 저장탱크 : $2.5L/m^2 \cdot min$

26 **고압가스 저장탱크 및 처리설비에 대한 설명으로 틀린 것은?**

① 가연성 저장탱크를 2개 이상 인접 설치 시에는 0.5m 이상의 거리를 유지한다.
② 지면으로부터 매설된 저장탱크 정상부까지의 깊이는 60cm 이상으로 한다.
③ 저장탱크를 매설한 곳의 주위에는 지상에 경계 표지를 한다.
④ 독성 가스 저장탱크실과 처리설비실에는 가스누출검지경보장치를 설치한다.

해설 저장탱크가 가연성의 경우 2개 이상이면 두 저장탱크의 최대지름을 합산한 거리인 길이의 1/4 이상에 해당하는 거리를 유지한다.

27 **수성가스의 주성분으로 바르게 이루어진 것은?**

① CO, CO_2 ② CO_2, N_2
③ CO, H_2O ④ CO, H_2

해설
- 수성가스 주성분 : CO, H_2
- 수성가스 : 석탄의 화염 등에 H_2O를 투입하여 CO, H_2 가스 발생

28 **용기의 내부에 절연유를 주입하여 불꽃, 아크 또는 고온발생 부분이 기름 속에 잠기게 함으로써 기름면 위에 존재하는 가연성 가스에 인화되지 않도록 한 방폭구조는?**

① 압력방폭구조 ② 유입방폭구조
③ 내압방폭구조 ④ 안전증방폭구조

해설 유입방폭구조 : 용기의 내부에 절연유 주입

29 **프로판 15vol%와 부탄 85vol%로 혼합된 가스의 공기 중 폭발하한 값은 얼마인가?(단, 프로판의 폭발하한값은 2.1%로 하고, 부탄은 1.8%로 한다.)**

① 1.84 ② 1.88
③ 1.94 ④ 1.98

해설
$$\frac{100}{L}=\frac{V_1}{L_1}+\frac{V_2}{L_2}=\frac{15}{2.1}+\frac{85}{1.8}=7.14+47.2$$
$$\therefore \frac{100}{L}=\frac{100}{7.14+47.2}=\frac{100}{54.36}=1.84$$

30 **체적 0.8m³의 용기에 16kg의 가스가 들어 있다면 이 가스의 밀도는?**

① $0.05kg/m^3$ ② $8kg/m^3$
③ $16kg/m^3$ ④ $20kg/m^3$

해설
$$밀도(\rho)=\frac{질량}{체적}=\frac{16}{0.8}=20kg/m^3$$

31 햄프슨식이라고도 하며 저장조 상부로부터 압력과 저장조 하부로부터의 압력의 차로써 액면을 측정하는 것은?

① 부자식 액면계　② 차압식 액면계
③ 편위식 액면계　④ 유리관식 액면계

해설 햄프슨식 액면계 : 차압식 액면계

32 코일장에 감겨진 백금선의 표면으로 가스가 산화반응할 때의 발열에 의해 백금선의 저항 값이 변화하는 현상을 이용한 가스검지방법은?

① 반도체식　② 기체열전도식
③ 접촉연소식　④ 액체열전도식

해설 접촉연소식 가스검지방법 : 백금선의 저항 값이 변화하는 현상을 이용

33 대기차단식 가스보일러에서 반드시 갖추어야 할 장치가 아닌 것은?

① 저수위안전장치　② 압력계
③ 압력팽창탱크　④ 헛불방지장치

해설
- 저수위안전장치 : 산업용 보일러용
- 헛불방지장치 : 소형가스 보일러용

34 원심펌프를 직렬로 연결하여 운전할 때 양정과 유량의 변화는?

① 양정 : 일정, 유량 : 일정
② 양정 : 증가, 유량 : 증가
③ 양정 : 증가, 유량 : 일정
④ 양정 : 일정, 유량 : 증가

해설
- 직렬 연결 : 양정증가, 유량일정
- 병렬 연결 : 유량증가, 양정일정

35 초저온용 가스를 저장하는 탱크에 사용되는 단열재의 구비조건으로 틀린 것은?

① 밀도가 클 것
② 흡수성이 없을 것
③ 열전도도가 작을 것
④ 화학적으로 안정할 것

해설 보온단열재는 밀도(kg/m^3)가 작아야 열전달을 차단할 수 있다.

36 다음 중 특정설비가 아닌 것은?

① 차량에 고정된 탱크　② 안전밸브
③ 긴급차단장치　④ 압력조정기

해설 압력조정기 : 가스의 압력을 소정의 압력으로 감압시키는 가스용기기이다.

37 고속회전하는 임펠러의 원심력에 의해 속도에너지를 압력에너지로 바꾸어 압축하는 형식으로서 유량이 크고 설치면적을 적게 차지하는 압축기의 종류는?

① 왕복식　② 터보식
③ 회전식　④ 흡수식

해설 터보식 압축기 : 원심력 압축기(비용적식)

38 루트미터에 대한 설명으로 옳은 것은?

① 설치공간이 크다.
② 일반 수용가에 적합하다.
③ 스트레이너가 필요 없다.
④ 대용량 가스 측정에 적합하다.

해설 루트미터 가스미터기
- 대용량 측정가능(100~5,000m^3/h)
- 설치 스페이스가 적다.
- 여과기를 설치해야 한다.

39 액화산소 및 LNG 등에 사용할 수 없는 재질은?

① Al합금　② Cu합금
③ Cr강　④ 18-8스테인리스강

해설 크롬(Cr)강 : 내열성, 내식성, 내마모성, 담금질성 강(초저온 용기에는 부적당)

31. ② 32. ③ 33. ① 34. ③ 35. ① 36. ④ 37. ② 38. ④ 39. ③ | ANSWER

40 액주식 압력계에 사용되는 액체의 구비 조건으로 틀린 것은?

① 화학적으로 안정되어야 한다.
② 모세관 현상이 없어야 한다.
③ 점도와 팽창계수가 작아야 한다.
④ 온도변화에 의한 밀도변화가 커야 한다.

해설 액주식 압력계 액체는 온도변화에 따른 밀도의 변화가 적을 것

41 다음 중 액면계의 측정방식에 해당하지 않는 것은?

① 압력식 ② 정전용량식
③ 초음파식 ④ 환상천평식

해설 환상천평식 : 수은을 이용한 300atm까지 압력을 측정할 수 있다.

42 흡입압력이 대기압과 같으며 최종압력이 $15kgf/cm^2 \cdot g$인 4단 공기압축기의 압축비는 약 얼마인가?(단 대기압은 $1kgf/cm^2$로 한다.)

① 2 ② 4
③ 8 ④ 16

해설

$$p_m = \sqrt[z]{\frac{p_2}{p_1}} = \sqrt[4]{\frac{15+1}{1+1}} = 2$$

43 LP가스의 이송설비에서 펌프를 이용한 것에 비해 압축기를 이용한 충전방법의 특징이 아닌 것은?

① 충전시간이 길다.
② 잔가스회수가 가능하다.
③ 압축기의 오일이 탱크에 들어가 드레인의 원인이 된다.
④ 베이퍼록 현상이 없다.

해설 LP가스 이송설비에서 압축기를 이용하면 충전시간이 짧아진다.(펌프이송 시 충전시간이 길다.)

44 저온장치 진공단열법에 해당되지 않는 것은?

① 고진공단열법 ② 격막진공단열법
③ 분말진공단열법 ④ 다층진공단열법

해설 진공단열법
- 고진공단열법
- 분말진공단열법
- 다층진공단열법

45 고압가스 용기에 사용되는 강의 성분원소 중 탄소, 인, 황 및 규소의 작용에 대한 설명으로 옳지 않은 것은?

① 탄소량이 증가하면 인장강도는 증가한다.
② 황은 적열취성의 원인이 된다.
③ 인은 상온취성의 원인이 된다.
④ 규소량이 증가하면 충격치는 증가한다.

해설 ① 탄소(C)량이 증가하면 인장강도 증가
② 황은 800℃ 정도에서 적열취성 원인
③ 인은 상온(18~20℃)에서 취성발생
④ 규소(Si) : 내열성 증가, 자기특성 발생

46 다음과 같은 특징을 가지는 가스는?

> [보기]
> - 맹독성이고 자극성 냄새의 황록색 기체
> - 임계온도는 약 144℃, 임계압력은 약 76.1atm
> - 수은법, 격막법 등에 의해 제조

① CO ② Cl_2
③ $COCl_2$ ④ H_2S

해설 염소(Cl_2)
- 맹독성(허용농도 1ppm 가스)
- 임계압력 76.1atm
- 임계온도 144℃

47 프로판 용기에 50kg의 가스가 충전되어 있다. 이때 액상의 LP가스는 몇 L의 체적을 갖는가?(단, 프로판의 액 비중량은 0.5kg/L이다.)

① 25 ② 50
③ 100 ④ 150

해설 프로판 1L=0.5kg

$$\therefore V = \frac{50}{0.5} = 100L$$

48 $1.0332kg/cm^2 \cdot a$는 게이지 압력($kg/cm^2 \cdot g$)으로 얼마인가?(단, 대기압은 $1.0332kg/cm^2$이다.)

① 0　② 1
③ 1.0332　④ 2.0664

해설 게이지 압력 = 표준대기압과 절대압력의 차이가 되므로
$atg = abs - atm = 1.0332 - 1.0332 = 0kg/cm^2g$

49 압력의 단위로 사용되는 SI 단위는?

① atm　② Pa
③ psi　④ bar

해설 압력의 SI 단위 : Pa, kPa, MPa 등

50 아세틸렌에 대한 설명으로 틀린 것은?

① 공기보다 무겁다.
② 일반적으로 무색, 무취이다.
③ 폭발위험성이 있다.
④ 액체 아세틸렌은 불안정하다.

해설 아세틸렌가스 분자량은 26이므로
$$비중 = \frac{가스\ 분자량}{29} = \frac{26}{29} = 0.896$$
∴ 공기보다 가볍다.(공기비중은 1)

51 도시가스에 첨가하는 부취제가 갖추어야 할 성질로 틀린 것은?

① 독성이 없을 것
② 극히 낮은 농도에서도 냄새가 확인될 수 있을 것
③ 가스관이나 가스미터에 흡착이 잘 될 것
④ 배관 내의 상용온도에서 응축하지 않을 것

해설 부취제는 가스관이나 가스미터에 흡착되지 말 것(부취제 : 누설 시 냄새로 누설파악)

52 다음 중 물과 접촉 시 아세틸렌가스를 발생하는 것은?

① 탄화칼슘　② 소석회
③ 가성소다　④ 금속칼륨

해설
- 카바이드(탄화칼슘 CaC_2) : 칼슘카바이드
- $CaO + 3C \rightarrow CaC_2 + CO$
- $CaC_2 + 2H_2O \rightarrow Ca(OH) + C_2H_2$(아세틸렌)

53 일산화탄소 가스의 용도로 알맞은 것은?

① 메탄올 합성　② 용접 절단용
③ 암모니아 합성　④ 섬유의 표백용

해설 메탄올(메틸알코올 : CH_3OH)
$$CO + 2H_2 \xrightarrow[200\sim300atm]{250\sim400℃} CH_3OH(메탄올\ 발생)$$

54 다음 중 조연성(지연성) 가스는?

① H_2　② O_3
③ Ar　④ NH_3

해설 조연성 가스 : O_2, O_3, Cl_2, 공기, F_2, NO_2, NO(연소성을 도와주는 가스)

55 고압고무호스에 사용하는 부품 중 조정기 연결부이음쇠의 재료로서 가장 적당한 것은?

① 단조용 황동　② 쾌삭 황동
③ 스테인리스 스틸　④ 아연 합금

해설 단조용 황동 : 고압고무 호스에 사용하는 조정기 연결부 이음쇠 재료

56 주기율표의 0족에 속하는 불활성 가스의 성질이 아닌 것은?

① 상온에서 기체이며, 단원자 분자이다.
② 다른 원소와 잘 화합한다.
③ 상온에서 무색, 무미, 무취의 기체이다.
④ 방전관에 넣어 방전시키면 특유의 색을 낸다.

해설 불활성 가스는 다른 원소와 화합하지 않는다.(He, Ne, Ar, Kr, Xe, Rn 등의 가스)

48. ① 49. ② 50. ① 51. ③ 52. ① 53. ① 54. ② 55. ① 56. ② | ANSWER

57 **프로판의 착화온도는 약 몇 ℃ 정도인가?**

① 460~520　② 550~590
③ 600~660　④ 680~740

해설 프로판 가스(C_3H_8 Gas)의 착화온도는 460~520℃이다.

58 **표준대기압 상태에서 물의 끓는점을 °R로 나타낸 것은?**

① 373　② 560
③ 672　④ 772

해설 °R(랭킨절대온도)=°F+460
물의 끓는점은 212°F
∴ °R=212+462=672

59 **다음 중 온도의 단위가 아닌 것은?**

① 섭씨온도　② 화씨온도
③ 켈빈온도　④ 헨리온도

해설 헨리의 법칙 : 기체의 용해도 법칙(기체는 온도가 낮고 압력이 높을수록 잘 용해된다.)

60 **다음 중 표준대기압에 대하여 바르게 나타낸 것은?**

① 적도지방 연평균 기압
② 토리첼리의 진공실험에서 얻어진 압력
③ 대기압을 0으로 보고 측정한 압력
④ 완전진공을 0으로 했을 때의 압력

해설 표준대기압 : 토리첼리의 진공실험에서 얻어진 압력
1atm=101.325kPa=1.0332kg/cm^2=10.332mAq
=14.7psi=101,325N/m^2=101,325Pa
③항은 게이지압력, ④항은 절대압력을 나타낸다.

2011년 2회 가스기능사

01 액화천연가스 저장설비의 안전거리 산정식으로 옳은 것은?(단, L : 유지하여야 하는 거리(m), C : 상수, W : 저장능력(톤)의 제곱근이다.)

① $L = C\sqrt[3]{143,000W}$
② $L = W\sqrt{143,000C}$
③ $L = C\sqrt{143,000W}$
④ $W = L\sqrt{143,000C}$

해설 액화천연가스 저장설비 안전거리 산정식(L)
$L = C\sqrt[3]{143,000W}$(m)

02 다음 굴착공사 중 굴착공사를 하기 전에 도시가스사업자와 협의를 하여야 하는 것은?

① 굴착공사 예정지역 범위에 묻혀 있는 도시가스배관의 길이가 110m인 굴착공사
② 굴착공사 예정지역 범위에 묻혀 있는 도시가스배관의 길이가 200m인 굴착공사
③ 해당 굴착공사로 인하여 압력이 3.2kPa인 도시가스배관의 길이가 30m 노출될 것으로 예상되는 굴착공사
④ 해당 굴착공사로 인하여 압력이 0.8MPa인 도시가스배관의 길이가 8m 노출될 것으로 예상되는 굴착공사

해설 도시가스의 배관길이가 100m 이상인 굴착공사는 반드시 안전에 관하여 협의하여야 한다.

03 독성 가스 제독작업에 반드시 갖추지 않아도 되는 보호구는?

① 공기 호흡기 ② 격리식 방독 마스크
③ 보호장화 ④ 보호용 면수건

해설 공기호흡기, 보호용 장갑, 보호장화가 필요하다.

04 도시가스 공급배관에서 입상관의 밸브는 바닥으로부터 얼마의 범위에 설치하여야 하는가?

① 1m 이상, 1.5m 이내
② 1.6m 이상, 2m 이내
③ 1m 이상, 2m 이내
④ 1.5m 이상, 3m 이내

해설 입상관 밸브
바닥에서 1.6m 이상~2m 이내에 설치한다.

05 가연물의 종류에 따른 화재의 구분이 잘못된 것은?

① A급 : 일반화재 ② B급 : 유류화재
③ C급 : 전기화재 ④ D급 : 식용유 화재

해설 • D급 : 금속화재
• E급 : 가스화재

06 도시가스사업법에서 규정하는 도시가스사업이란 어떤 종류의 가스를 공급하는 것을 말하는가?

① 제조용 가스 ② 연료용 가스
③ 산업용 가스 ④ 압축가스

해설 도시가스사업 : 연료용 가스공급사업

07 도시가스시설의 설치공사 또는 변경공사를 하는 때에 이루어지는 전공정 시공감리 대상은?

① 도시가스사업자 외의 가스공급시설설치자의 배관 설치공사
② 가스도매사업자의 가스공급시설 설치공사
③ 일반도시가스사업자의 정압기 설치공사
④ 일반도시가스사업자의 제조소 설치공사

해설 ①항 배관설치검사는 도시가스사업법 시행규칙 제23조 제3항에 의해 전공정 시공감리 대상이다.

1. ① 2. ① 3. ④ 4. ② 5. ④ 6. ② 7. ① | ANSWER

08 가스의 폭발한계에 대한 설명으로 틀린 것은?

① 메탄계 탄화수소가스의 폭발한계는 압력이 상승함에 따라 넓어진다.
② 가연성 가스에 불활성 가스를 첨가하면 폭발범위는 좁아진다.
③ 가연성 가스에 산소를 첨가하면 폭발범위는 넓어진다.
④ 온도가 상승하면 폭발하한은 올라간다.

해설 온도가 상승하면 가연성 가스의 폭발범위가 넓어진다.

09 도시가스의 고압배관에 사용되는 관재료가 아닌 것은?

① 배관용 아크용접 탄소강관
② 압력배관용 탄소강관
③ 고압배관용 탄소강관
④ 고온배관용 탄소강관

해설 배관용 아크용접 탄소강관 : SPW이며 사용압력이 1MPa ($10kg/cm^2$)의 낮은 증기, 물, 가스, 기름, 공기배관용(350~1,500A에 사용)

10 독성 가스의 저장탱크에는 가스의 용량이 그 저장탱크 내용적의 90%를 초과하는 것을 방지하는 장치를 설치하여야 한다. 이 장치를 무엇이라고 하는가?

① 경보장치 ② 액면계
③ 긴급차단장치 ④ 과충전방지장치

해설 과충전방지장치 : 그 저장탱크 내용적의 90% 초과방지장치 역할

11 다음 중 폭발방지대책으로서 가장 거리가 먼 것은?

① 압력계 설치
② 정전기 제거를 위한 접지
③ 방폭성능 전기설비 설치
④ 폭발하한 이내로 불활성 가스에 의한 희석

해설 압력계 : 증기나 가스 등의 압력을 측정하여 압력초과 방지에 사용되는 계측기기

12 가스공급자는 안전유지를 위하여 안전관리자를 선임하여야 한다. 다음 중 안전관리자의 업무가 아닌 것은?

① 용기 또는 작업과정의 안전유지
② 안전관리규정의 시행 및 그 기록의 작성 · 보존
③ 사업소 종사자에 대한 안전관리를 위하여 필요한 지휘 · 감독
④ 공급시설의 정기검사

해설 공급시설의 정기검사와 가스안전관리자의 업무와는 관련이 없다.

13 압축 가연성 가스를 몇 m^3 이상을 차량에 적재하여 운반하는 때에 운반책임자를 동승시켜 운반에 대한 감독 또는 지원을 하도록 되어 있는가?

① 100 ② 300
③ 600 ④ 1,000

해설 압축가스 운반책임자 동승기준
- 가연성 : $300m^3$ 이상
- 독성 : $100m^3$ 이상
- 조연성 : $600m^3$ 이상

14 방류둑의 성토 윗부분의 폭은 얼마 이상으로 규정되어 있는가?

① 30cm 이상 ② 50cm 이상
③ 100cm 이상 ④ 120cm 이상

해설 방류둑의 성토 윗부분 : 30cm 이상

15 산소의 저장설비 외면으로부터 얼마의 거리에서 화기를 취급할 수 없는가?(단, 자체 설비 내의 것을 제외한다.)

① 2m 이내 ② 5m 이내
③ 8m 이내 ④ 10m 이내

해설
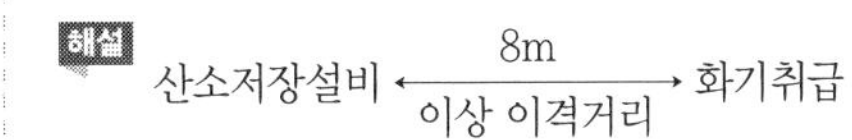

16 가연성 가스가 폭발할 위험이 있는 장소에 전기설비를 할 경우 위험 장소의 등급 분류에 해당하지 않는 것은?

① 0종 ② 1종
③ 2종 ④ 3종

해설 위험장소의 등급 분류
1종 장소, 2종 장소, 0종 장소(3등급으로 분류)

17 고압가스 냉매설비의 기밀시험 시 압축공기를 공급할 때 공기의 온도는 몇 ℃ 이하로 정해져 있는가?

① 40℃ 이하 ② 70℃ 이하
③ 100℃ 이하 ④ 140℃ 이하

해설 고압가스 냉매설비 기밀시험 시 압축공기는 140℃ 이하로 한다.

18 고압가스의 용어에 대한 설명으로 틀린 것은?

① 액화가스란 가압, 냉각 등의 방법에 의하여 액체 상태로 되어 있는 것으로서 대기압에서의 끓는점이 섭씨 40도 이하 또는 상용의 온도 이하인 것을 말한다.
② 독성 가스란 공기 중에 일정량이 존재하는 경우 인체에 유해한 독성을 가진 가스로서 허용농도가 100만분의 2,000 이하인 가스를 말한다.
③ 초저온 저장탱크라 함은 섭씨 영하 50도 이하의 액화가스를 저장하기 위한 저장탱크로서 단열재로 씌우거나 냉동설비로 냉각하는 등의 방법으로 저장탱크 내의 가스온도가 상용의 온도를 초과하지 아니하도록 한 것을 말한다.
④ 가연성 가스라 함은 공기 중에서 연소하는 가스로서 폭발한계의 하한이 10% 이하인 것과 폭발한계의 상한과 하한의 차가 20% 이상인 것을 말한다.

해설 독성 가스
허용농도 200ppm($\frac{200}{10^6}$) 이하인 가스

19 도시가스 사용시설인 배관의 내용적이 10L 초과 50L 이하일 때 기밀시험압력 유지시간은 얼마인가?

① 5분 이상 ② 10분 이상
③ 24분 이상 ④ 30분 이상

해설 기밀시험압력 유지 소요시간
- 10L 이하 : 5분
- 10L 초과~50L 이하 : 10분
- 50L 초과 : 24분

20 액상의 염소가 피부에 닿았을 경우의 조치로서 가장 적당한 것은?

① 암모니아로 씻어낸다.
② 이산화탄소로 씻어낸다.
③ 소금물로 씻어낸다.
④ 맑은 물로 씻어낸다.

해설 염소의 제독제
- 가성소다 수용액
- 탄산소다 수용액
- 소석회

※ 피부에 닿으면 맑은 물로 씻어낸다.

21 다음 중 용기의 설계단계검사 항목이 아닌 것은?

① 용접부의 기계적 성능
② 단열성능
③ 내압성능
④ 작동성능

해설 용기의 설계단계검사 항목
- 용접부의 기계적 성능
- 단열성능
- 내압성능

22 아세틸렌을 용기에 충전할 때에는 미리 용기에 다공물질을 고루 채운 후 침윤 및 충전을 하여야 한다. 이때 다공도는 얼마로 하여야 하는가?

① 75% 이상 92% 미만
② 70% 이상 95% 미만
③ 62% 이상 75% 미만
④ 92% 이상

16. ④ 17. ④ 18. ② 19. ② 20. ④ 21. ④ 22. ① | ANSWER

해설 C_2H_2가스 저장 시 용기의 다공도(다공물질)
75% 이상~92% 미만

23 다음 방폭구조에 대한 설명 중 틀린 것은?

① 용기 내부에 보호가스를 압입하여 내부압력을 유지함으로써 가연성 가스가 용기 내부로 유입되지 않도록 한 구조를 압력방폭구조라 한다.
② 용기 내부에 절연유를 주입하여 불꽃 아크 또는 고온발생부분이 기름 속에 잠기게 함으로써 기름면 위에 존재하는 가연성 가스에 인화되지 않도록 한 구조를 유입방폭구조라 한다.
③ 정상운전 중에 가연성 가스의 점화원이 될 전기불꽃 아크 또는 고온 부분 등의 발생을 방지하기 위해 기계적 전기적 구조상 또는 온도상승에 대해 특히 안전도를 증가시킨 구조를 특수방폭구조라 한다.
④ 정상 시 및 사고 시에 발생하는 전기불꽃 아크 또는 고온부로 인하여 가연성 가스가 점화되지 않는 것이 점화시험 그 밖의 방법에 의해 확인된 구조를 본질안전방폭구조라 한다.

해설 ③항은 안전증방폭구조에 대한 설명이다.

24 도로굴착공사에 의한 도시가스배관 손상 방지기준으로 틀린 것은?

① 착공 전 도면에 표시된 가스배관과 기타 지장물 매설유무를 조사하여야 한다.
② 도로굴착자의 굴착공사로 인하여 노출된 배관 길이가 10m 이상인 경우에는 점검통로 및 조명시설을 하여야 한다.
③ 가스배관이 있을 것으로 예상되는 지점으로부터 2m 이내에서 줄파기를 할 때에는 안전관리전담자의 입회하에 시행하여야 한다.
④ 가스배관의 주위를 굴착하고자 할 때에는 가스배관의 좌우 1m 이내의 부분은 인력으로 굴착한다.

해설 ②항은 15m 이상 노출배관 시 적용사항이다.

25 다음 중 산소 없이 분해폭발을 일으키는 물질이 아닌 것은?

① 아세틸렌　② 히드라진
③ 산화에틸렌　④ 시안화수소

해설 시안화수소(HCN) : 폭발범위 6~41% 가연성 가스이며 허용농도 10ppm의 독성 가스이다.

26 내화구조의 가연성 가스 저장탱크에서 탱크 상호간의 거리가 1m 또는 두 저장 탱크의 최대지름을 합산한 길이의 1/4 길이 중 큰 쪽의 거리를 유지하지 못한 경우 물분무 장치의 수량기준으로 옳은 것은?

① $4L/m^2 \cdot min$　② $5L/m^2 \cdot min$
③ $6.5L/m^2 \cdot min$　④ $8L/m^2 \cdot min$

해설
- 저장탱크 전표면 : 8L/min
- 내화구조 압면두께 25mm 이상 : 4L/min
- 준내화구조 : 6.5L/min

27 다음 중 가연성 가스에 해당되지 않는 것은?

① 산화에틸렌　② 암모니아
③ 산화질소　④ 아세트알데히드

해설 산화질소(NO) : 허용농도 25ppm 독성 가스

28 독성 가스를 사용하는 내용적이 몇 L 이상인 수액기 주위에 액상의 가스가 누출될 경우에 대비하여 방류둑을 설치하여야 하는가?

① 1,000　② 2,000
③ 5,000　④ 10,000

해설 방류둑 기준
- 산소 : 1,000톤 이상
- 독성(액화가스) : 5톤 이상
- 암모니아(액화가스) : 10,000톤 이상

29 공기 중에서 폭발범위가 가장 넓은 가스는?

① 메탄　② 프로판
③ 에탄　④ 일산화탄소

ANSWER | 23. ③ 24. ② 25. ④ 26. ① 27. ③ 28. ④ 29. ④

해설 폭발범위
① 메탄 : 5~15%
② 프로판 : 2.1~9.5%
③ 에탄 : 2.7~36%
④ 일산화탄소 : 12.5~74%

30 가연성 액화가스 저장탱크의 내용적이 $40m^3$일 때 제1종 보호시설과의 거리는 몇 m 이상을 유지하여야 하는가?(단, 액화가스의 비중은 0.52이다.)

① 17m ② 21m
③ 24m ④ 27m

해설 가연성 가스 $40m^3 = 40,000L$
$40,000 \times 0.52 = 20,800kg$
$20,800 \times 0.9 = 18,720kg$ 저장
(탱크 내 90%만 저장 가능)
∴ 1만 초과~2만kg 이하의 경우
• 제1종 : 21m
• 제2종 : 14m

31 수소와 염소에 직사광선이 작용하여 폭발하였다. 폭발의 종류는?

① 산화폭발 ② 분해폭발
③ 중합폭발 ④ 촉매폭발

해설 $Cl_2 + H_2 \xrightarrow[\text{촉매}]{\text{직사광선}} 2HCl + 44kcal$(염소폭명기)
※ Cl_2(염소), H_2(수소), HCl(염화수소)

32 LP가스 이송설비 중 압축기에 의한 이송방식에 대한 설명으로 틀린 것은?

① 잔가스 회수가 용이하다.
② 베이퍼록 현상이 없다.
③ 펌프에 비해 이송시간이 짧다.
④ 저온에서 부탄가스가 재액화되지 않는다.

해설 LP가스(프로판+부탄)는 압축기에 의한 이송(기체가스) 중 저온이 되면 부탄가스 등은 재액화가 될 우려가 크다.

33 압축기의 실린더를 냉각할 때 얻는 효과가 아닌 것은?

① 압축효율이 증가되어 동력이 증가한다.
② 윤활기능이 향상되고 적당한 점도가 유지된다.
③ 윤활유의 탄화나 열화를 막는다.
④ 체적효율이 증가한다.

해설 암모니아 등 압축기의 실린더를 냉각시키면 압축효율이 증가되어 동력이 감소한다.

34 빙점 이하의 낮은 온도에서 사용되며 LPG탱크, 저온에서도 인성이 감소되지 않는 화학공업 배관 등에 주로 사용되는 관의 종류는?

① SPLT ② SPHT
③ SPPH ④ SPPS

해설 ① SPLT : 저온용 탄소강 강관
② SPHT : 고온배관용 탄소강 강관
③ SPPH : 고압배관용 탄소강 강관
④ SPPS : 압력배관용 탄소강 강관

35 다음 중 캐비테이션(Cavitation)의 발생 방지법이 아닌 것은?

① 펌프의 회전수를 높인다.
② 흡입관의 배관을 간단하게 한다.
③ 펌프의 위치를 흡수면에 가깝게 한다.
④ 흡입관의 내면에 마찰저항이 적게 한다.

해설 캐비테이션(펌프의 공동현상 : 펌프에서 주기적으로 액체가 기화하는 현상)을 방지하려면 펌프의 회전수를 낮추어 준다.

36 손잡이를 돌리면 원통형의 폐지밸브가 상하로 올라가고 내려가 밸브 개폐를 함으로써 폐쇄가 양호하고 유량조절이 용이한 밸브는?

① 플러그 밸브 ② 게이트 밸브
③ 글로브 밸브 ④ 볼 밸브

해설 글로브 밸브 : 유량조절밸브

30. ② 31. ④ 32. ④ 33. ① 34. ① 35. ① 36. ③ | ANSWER

37 **1,000L의 액산 탱크에 액산을 넣어 방출밸브를 개방하여 12시간 방치하였더니 탱크 내의 액산이 4.8kg 방출되었다면 1시간당 탱크에 침입하는 열량은 약 몇 kcal인가?(단, 액산의 증발잠열은 60kcal/kg이다.)**

① 12 ② 24
③ 70 ④ 150

해설 증발열 $= 60 \times 4.8 = 288$kcal

$\therefore$ 침입열량 $= \dfrac{288}{12} = 24$kcal/h

38 **다음 가스계량기 중 측정 원리가 다른 하나는?**

① 오리피스미터 ② 벤투리미터
③ 피토관 ④ 로터미터

해설
- 로터미터 : 면적식 유량계
- 오리피스미터, 벤투리미터 : 차압식 유량계
- 피토관 : 유속식 유량계

39 **압축 도시가스자동차 충전의 냄새첨가장치에서 냄새가 나는 물질의 공기 중 혼합비율은 얼마인가?**

① 공기 중 혼합비율이 용량의 10분의 1
② 공기 중 혼합비율이 용량의 100분의 1
③ 공기 중 혼합비율의 용량이 1,000분의 1
④ 공기 중 혼합비율의 용량이 10,000분의 1

해설 가스 부취제 혼합비율

공기 중 혼합비율의 용량이 $\dfrac{1}{1,000}$ 정도 혼합

40 **펌프를 운전할 때 송출 압력과 송출 유량이 주기적으로 변동하여 펌프의 토출구 및 흡입구에서 압력계의 지침이 흔들리는 현상을 무엇이라고 하는가?**

① 맥동(Surging)현상
② 진동(Vibration)현상
③ 공동(Cavitation)현상
④ 수격(Water Hammering)현상

해설 맥동(서징)현상은 펌프를 운전할 때 송출 압력과 송출 유량이 주기적으로 변동하여 펌프의 토출구 및 흡입구에서 압력계의 지침이 흔들리는 현상을 말한다.

41 **암모니아 합성공정 중 중압합성에 해당되지 않는 것은?**

① 1G법 ② 뉴파우더법
③ 케미크법 ④ 켈로그법

해설 암모니아 저압합성법 : 구데법, 켈로그법

42 **설치 시 공간을 많이 차지하여 신축에 따른 응력을 수반하나 고압에 잘 견디어 고온 고압용 옥외 배관에 많이 사용되는 신축 이음쇠는?**

① 벨로스형 ② 슬리브형
③ 루프형 ④ 스위블형

해설 루프형 신축이음(옥외 대형 배관용)

43 **다음 연소기 중 가스용품 제조 기술기준에 따른 가스레인지로 보기 어려운 것은?(단, 사용압력은 3.3kPa 이하로 한다.)**

① 전가스소비량이 9,000kcal/h인 3구 버너를 가진 연소기
② 전가스소비량이 11,000kcal/h인 4구 버너를 가진 연소기
③ 전가스소비량이 13,000kcal/h인 6구 버너를 가진 연소기
④ 전가스소비량이 15,000kcal/h인 2구 버너를 가진 연소기

해설 가스레인지는 16.7kW(14,400kcal/h) 이하의 가스에 해당된다.(버너 1개 소비량은 5.8kW : 5,000kcal/h 이하)

44 **용기의 내용적이 105L인 액화암모니아 용기에 충전할 수 있는 가스의 충전량은 몇 kg인가?(단, 액화암모니아의 가스정수 C값은 1.86이다.)**

① 20.5 ② 45.5
③ 56.5 ④ 117.5

해설 전량(W) $= \frac{V_2}{C} = \frac{105}{1.86} = 56.4516$kg

45 물체에 힘을 가하면 변형이 생긴다. 이 후크의 법칙에 의해 작용하는 힘과 변형이 비례하는 원리를 이용하는 압력계는?

① 액주식 압력계　② 분동식 압력계
③ 전기식 압력계　④ 탄성식 압력계

해설 탄성식 압력계 : 부르동관 압력계 등 후크의 법칙을 이용한 압력계

46 다음 중 LPG(액화석유가스)의 성분 물질로 가장 거리가 먼 것은?

① 프로판　② 이소부탄
③ n-부탈렌　④ 메탄

해설 메탄(CH_4)가스
액화천연가스(LPG)의 주성분

47 다음 염소에 대한 설명 중 틀린 것은?

① 상온, 상압에서 황록색의 기체로 조연성이 있다.
② 강한 자극성의 취기가 있는 독성기체이다.
③ 수소와 염소의 등량 혼합기체를 염소폭명기라 한다.
④ 건조상태의 상온에서 강재에 대하여 부식성을 갖는다.

해설 염소(Cl_2)는 습한 상태에서 강재에 대한 부식성을 갖는다.
$H_2O + Cl_2 \rightarrow HCl + HClO$
Fe(철) $+ 2HCl \rightarrow FeCl_2 + H_2$

48 다음 중 표준상태에서 가스상 탄화수소의 점도가 가장 높은 가스는?

① 에탄　② 메탄
③ 부탄　④ 프로판

해설 ① 에탄 : C_2H_6
② 메탄 : CH_4(가스상 점도가 높다.)
③ 부탄 : C_4H_{10}
④ 프로판 : C_3H_8
가스의 점성도는 보통 0.01cP(1cP $= 10^{-2}$g/cm · s) 이하

49 다음 중 일산화탄소의 용도가 아닌 것은?

① 요소나 소다회 원료
② 메탄올 합성
③ 포스겐 원료
④ 개미산이나 화학공업 원료

해설 • 암모니아 : 요소비료 원료
• 이산화탄소 : 소다회 원료

50 다음 중 시안화수소의 중합을 방지하는 안정제가 아닌 것은?

① 아황산가스　② 가성소다
③ 황산　④ 염화칼슘

해설 • 시안화수소의 중합폭발원인은 소량의 수분 또는 장기간 저장
• 중합방지제 : 황산, 동망, 염화칼슘, 인산, 오산화인, 아황산가스 등

51 도시가스의 연소성을 측정하기 위한 시험방법을 틀린 것은?

① 매일 6시 30분부터 9시 사이와 17시부터 20시 30분 사이에 각각 1회씩 실시한다.
② 가스홀더 또는 압송기 입구에서 연소속도를 측정한다.
③ 가스홀더 또는 압송기 출구에서 웨버지수를 측정한다.
④ 측정된 웨버지수는 표준웨버지수의 ±4.5% 이내를 유지해야 한다.

해설 도시가스 연소성 측정
①, ③, ④ 외에도 가스홀더 또는 압송기출구에서 연소속도 및 웨버지수 측정

45. ④ 46. ④ 47. ④ 48. ② 49. ① 50. ② 51. ② | ANSWER

52 70℃는 랭킨온도로 몇 °R인가?

① 618 ② 688
③ 736 ④ 792

해설 °R=°F+460

$°F = \frac{9}{5} \times ℃ + 32$

∴ (1.8×70+32)+460=618°R

53 1MPa과 같은 압력은 어느 것인가?

① $10N/cm^2$ ② $100N/cm^2$
③ $1,000N/cm^2$ ④ $10,000N/cm^2$

해설 $1MPa = 10kgf/cm^2 = 98N/cm^2$
1kgf=9.8N

54 아세틸렌가스를 온도에 불구하고 2.5MPa의 압력으로 압축할 때 첨가하는 희석제가 아닌 것은?

① 질소 ② 메탄
③ 에틸렌 ④ 산소

해설 아세틸렌가스(C_2H_2)의 희석제
- C_2H_4(에탄)
- CH_4(메탄)
- CO
- N_2(질소)

55 표준상태에서 부탄가스의 비중은 약 얼마인가?(단, 부탄의 분자량은 58이다.)

① 1.6 ② 1.8
③ 2.0 ④ 2.2

해설 공기의 분자량=29

$가스비중 = \frac{가스분자량}{29}$

C_4H_{10}(부탄가스) 분자량=58

∴ $부탄가스 분자량 = \frac{58}{29} = 2$

56 다공물질 내용적이 $100m^3$, 아세톤의 침윤 잔용적이 $20m^3$일 때 다공도는 몇 %인가?

① 60% ② 70%
③ 80% ④ 90%

해설 $100 - 20 = 80m^3$

∴ $다공도 = \frac{80}{100} \times 100 = 80\%$

57 아세틸렌(C_2H_2)에 대한 설명 중 틀린 것은?

① 카바이드(CaC_2)에 물을 넣어 제조한다.
② 구리와 접촉하여 구리아세틸라이드를 만들므로 구리 함유량이 62% 이상을 설비로 사용한다.
③ 흡열화합물이므로 압축하면 폭발을 일으킬 수 있다.
④ 공기 중 폭발범위는 약 2.5~81%이다.

해설 $C_2H_2 + 2Cu$(구리) → $Cu_2C_2 + H_2$
※ Cu_2C_2(동아세틸라이드) : 화합폭발

58 연소 시 공기비가 클 경우 나타나는 연소현상으로 틀린 것은?

① 연소가스 온도 저하
② 배기가스양 증가
③ 불완전연소 발생
④ 연료소모 증가

해설 공기비($\frac{실제공기량}{이론공기량}$)가 크면 연소용 공기량이 풍부하여 완전연소가 용이하다.

59 시안화수소의 임계온도는 약 몇 ℃인가?

① −140 ② 31
③ 183.5 ④ 195.8

해설 시안화수소(HCN) 액화가스(독성, 가연성)
- 임계온도 : 183.5℃
- 임계압력 : 53.2atm
- 폭발범위 : 6~41%
- 독성 허용농도 : 10ppm

ANSWER | 52. ① 53. ② 54. ④ 55. ③ 56. ③ 57. ② 58. ③ 59. ③

60 **다음 중 아세틸렌의 폭발과 관계가 없는 것은?**

① 산화폭발 ② 중합폭발
③ 분해폭발 ④ 화합폭발

해설 ㉠ 아세틸렌 폭발
- 산화폭발
- 분해폭발
- 화합폭발(치환폭발)

㉡ 시안화수소(HCN)
- 중합폭발
- 산화폭발

60. ② | ANSWER

2011년 3회 가스기능사

01 프로판가스의 위험도(H)는 약 얼마인가?(단, 공기 중의 폭발범위는 2.1~9.5v%이다.)

① 2.1 ② 3.5
③ 9.5 ④ 11.6

해설 위험도$(H) = \frac{\text{상한계} - \text{하한계}}{\text{하한계}} = \frac{9.5-2.1}{2.1} = 3.52$

02 산소 제조 시 가스분석주기는?

① 1일 1회 이상 ② 주 1회 이상
③ 3일 1회 이상 ④ 주 3회 이상

해설 산소의 제조 시 가스분석주기(품질검사)는 1일 1회 이상 가스제조장에서 99.5% 이상인가 확인하여야 한다.

03 다음 가스의 일반적인 성질에 대한 설명 중 틀린 것은?

① 염산(HCl)은 암모니아와 접촉하면 흰 연기를 낸다.
② 시안화수소(HCN)는 복숭아 냄새가 나는 맹독성의 기체이다.
③ 염소(Cl_2)는 황녹색의 자극성 냄새가 나는 맹독성의 기체이다.
④ 수소(H_2)는 저온 · 저압하에서 탄소강과 반응하여 수소취성을 일으킨다.

해설 수소(H_2)가스는 고온 · 고압(170℃, 250atm)에서 강 중의 탄소와 반응하여 탈탄작용에 의해 수소취성($Fe_3C + 2H_2 \rightarrow CH_4 + 3Fe$)을 일으킨다.

04 압력용기의 내압부분에 대한 비파괴 시험으로 실시되는 초음파탐상시험 대상은?

① 두께가 35mm인 탄소강
② 두께가 5mm인 9% 니켈강
③ 두께가 15mm인 2.5% 니켈강
④ 두께가 30mm인 저합금강

해설 초음파 대상시험 대상조건
- 50mm 이상만 해당(탄소강)
- 6mm 이상만 해당(니켈강)
- 13mm 이상이고 2.5% 니켈강 또는 3.5% 니켈강
- 초음파탐상시험에서 38mm 이상 저합금강

05 도시가스 중 에틸렌, 프로필렌 등을 제조하는 과정에서 부산물로 생성되는 가스로서 메탄이 주성분인 가스를 무엇이라 하는가?

① 액화천연가스 ② 석유가스
③ 나프타부생가스 ④ 바이오가스

해설 나프타부생가스
도시가스 중 에틸렌(C_2H_4), 프로필렌(C_3H_6) 등을 제조하는 과정에서 부산물로 생성되는 가스이며 주성분은 CH_4이다.

06 고압가스 일반제조시설의 저장탱크를 지하에 매설하는 경우의 기준에 대한 설명으로 틀린 것은?

① 저장탱크 외면에는 부식방지코팅을 한다.
② 저장탱크는 천장, 벽, 바닥의 두께가 각각 10cm 이상의 콘크리트로 설치한다.
③ 저장탱크 주위에는 마른 모래를 채운다.
④ 저장탱크에 설치한 안전밸브에는 지면에서 5m 이상의 높이에 방출구가 있는 가스방출관을 설치한다.

해설 ②항은 30cm 이상 콘크리트를 설치한다.

07 다음 각 가스의 공업용 용기 도색이 옳지 않게 짝지어진 것은?

① 질소(N_2) – 회색
② 수소(H_2) – 주황색
③ 액화암모니아(NH_3) – 백색
④ 액화염소(Cl_2) – 황색

해설 액화염소 – 갈색

ANSWER | 1. ② 2. ① 3. ④ 4. ③ 5. ③ 6. ② 7. ④

08 독성 가스의 정의는 다음과 같다. 괄호 안에 알맞은 LC_{50} 값은?

> "독성 가스"라 함은 공기 중에 일정량 이상 존재하는 경우 인체에 유해한 독성을 가진 가스로서 허용농도(해당가스를 성숙한 흰쥐 집단에게 대기 중에서 1시간 동안 계속하여 노출시킨 경우 14일 이내에 그 흰쥐의 2분의 1 이상이 죽게 되는 가스의 농도를 말한다.)가 ( ) 이하인 것을 말한다.

① 100만분의 2,000 ② 100만분의 3,000
③ 100만분의 4,000 ④ 100만분의 5,000

해설 독성 가스

아크릴로니트릴, 아크릴알데히드, 아황산가스, 암모니아, 일산화탄소, 이황화탄소, 불소, 염소, 브롬화메탄, 염화메탄, 염화프렌, 산화에틸렌, 시안화수소, 황화수소, 모노메틸아민, 디메틸아민, 트리메틸아민, 벤젠, 포스겐, 요오드화수소, 브롬화수소, 염화수소, 불화수소, 겨자가스, 알진, 모노실란, 디실란, 디보레인, 세렌화수소, 포스핀, 모노게르만

- 해당 가스를 성숙한 흰쥐 집단에게 대기 중에서 1시간 동안 계속하여 노출시킨 경우 14일 이내에 그 흰쥐의 2분의 1 이상이 죽게 되는 가스의 농도를 말한다.
- 허용농도 100만분의 5,000 이하인 것을 말한다.(과거 TLV－TWA 기준으로는 100만분의 200 이하인 것)
- LC_{50}(치사농도 : Lethal Concentration 50)

LC_{50}에 의한 독성 가스 허용농도(단위 : ppm)

- 알진 : 20
- 포스겐 : 5
- 불소 : 185
- 인화수소 : 20
- 염소 : 293
- 불화수소 : 966
- 염화수소 : 3,124
- 아황산가스 : 2,520
- 시안화수소 : 140
- 황화수소 : 444
- 브롬화메틸 : 850
- 아크릴로니트릴 : 666
- 일산화탄소 : 3,760
- 산화에틸렌 : 2,900
- 암모니아 : 7,338
- 염화메탄 : 8,300
- 실란 : 19,000
- 삼불화질소 : 6,700

TLV－TWA 규정 독성 가스 허용농도(단위 : ppm)

- 알진(A_5H_3) : 0.05
- 니켈카르보닐 : 0.05
- 디보레인(B_2H_6) : 0.1
- 포스겐($COCl_2$) : 0.1
- 브롬(Br_2) : 0.1
- 불소(F_2) : 0.1
- 오존(O_3) : 0.1
- 인화수소(PH_3) : 0.3
- 모노실란 : 0.5
- 염소(Cl_2) : 1
- 불화수소(HF) : 3
- 염화수소(HCl) : 5
- 아황산가스(SO_2) : 2
- 브롬알데히드 : 5
- 염화비닐(C_2H_3Cl) : 5
- 시안화수소(HCN) : 10
- 황화수소(H_2S) : 10
- 메틸아민(CH_3NH_2) : 10
- 디메틸아민[$(CH_3)_2NH$] : 10
- 에틸아민 : 10
- 벤젠(C_6H_6) : 10
- 트리메틸아민$(CH_3)_3N$: 10
- 브롬화메틸(CH_3Br) : 20
- 이황화탄소(CS_2) : 20
- 아크릴로니트릴(CH_2CHCN) : 20
- 암모니아(NH_3) : 25
- 산화질소(NO) : 25
- 일산화탄소(CO) : 50
- 산화에틸렌(C_2H_4O) : 50
- 염화메탄(CH_3Cl) : 50
- 아세트알데히드 : 200
- 이산화탄소(CO_2) : 5,000

09 다음 가스 중 2중관 구조로 하지 않아도 되는 것은?

① 아황산가스 ② 산화에틸렌
③ 염화메탄 ④ 브롬화메탄

해설 2중관이 필요한 고압가스

염소, 포스겐, 불소, 아크릴알데히드, 아황산가스, 시안화수소, 황화수소

10 차량에 고정된 탱크의 안전운행을 위하여 차량을 점검할 때의 점검순서로 가장 적합한 것은?

① 원동기 → 브레이크 → 조향장치 → 바퀴 → 시운전
② 바퀴 → 조향장치 → 브레이크 → 원동기 → 시운전
③ 시운전 → 바퀴 → 조향장치 → 브레이크 → 원동기
④ 시운전 → 원동기 → 브레이크 → 조향장치 → 바퀴

해설 차량에 고정된 탱크의 안전운행을 위한 점검순서

원동기 → 브레이크 → 조향장치 → 바퀴 → 시운전

11 부탄가스의 공기 중 폭발범위(v%)에 해당하는 것은?

① 1.3～7.9 ② 1.8～8.4
③ 2.2～9.5 ④ 2.5～12

해설 부탄(C_4H_{10})가스 폭발범위 : 1.8～8.4%

8. ④ 9. ④ 10. ① 11. ② | ANSWER

12 다음 중 제1종 보호시설이 아닌 것은?

① 학교 ② 여관
③ 주택 ④ 시장

해설 주택, 연면적 $100m^2$ 이상~$1,000m^2$ 미만 주거시설은 제2종 보호시설이다.

13 2개 이상의 탱크를 동일한 차량에 고정하여 운반할 때 충전관에 설치하는 것이 아닌 것은?

① 안전밸브 ② 온도계
③ 압력계 ④ 긴급탈압밸브

해설 충전관에 설치하는 것 : 안전밸브, 압력계, 긴급탈압밸브

14 액화가스가 통하는 가스공급시설에서 발생하는 정전기를 제거하기 위한 접지접속선(Bonding)의 단면적은 얼마 이상으로 하여야 하는가?

① $3.5mm^2$ ② $4.5mm^2$
③ $5.5mm^2$ ④ $6.5mm^2$

해설 본딩용 접속선 및 접지접속선의 단면적은 $5.5mm^2$ 이상이어야 한다.

15 LPG 사용시설의 기준에 대한 설명 중 틀린 것은?

① 연소기 사용압력이 3.3kPa를 초과하는 배관에는 배관용 밸브를 설치할 수 있다.
② 배관이 분기되는 경우에는 주배관에 배관용 밸브를 설치한다.
③ 배관의 관경이 33mm 이상의 것은 3m 마다 고정장치를 한다.
④ 배관의 이음부(용접이음 제외)와 전기 접속기와는 15cm 이상의 거리를 유지한다.

해설
- 전기계량기, 전기개폐기 : 60cm 이상
- 굴뚝, 전기점멸기, 전기접속기 : 30cm 이상
- 절연조치를 하지 아니한 전선 : 15cm 이상

16 압력용기 제조 시 A387 Gr22 강 등을 Annealing 하거나 900℃ 전후로 Tempering하는 과정에서 충격값이 현저히 저하되는 현상으로 Mn, Cr, Ni 등을 품고 있는 합금계의 용접금속에서 C, N, O 등이 입계에 편석함으로써 입계가 취약해지기 때문에 주로 발생한다. 이러한 현상을 무엇이라고 하는가?

① 적열취성 ② 청열취성
③ 뜨임취성 ④ 수소취성

해설 뜨임취성
어닐링(Annealing), 탬퍼링 과정에서 충격값이 현저히 저하되는 현상

17 고압가스 설비는 상용압력의 몇 배 이상에서 항복을 일으키지 아니하는 두께이어야 하는가?

① 1.5배 ② 2배
③ 2.5배 ④ 3배

해설 고압가스 설비는 상용압력의 2배 이상에서 항복을 일으키지 아니하는 두께이어야 한다.

18 도시가스사용시설에 정압기를 2012년에 설치하고 2015년에 분해점검을 실시하였다. 다음 중 이 정압기의 차기 분해점검 만료기간으로 옳은 것은?

① 2017년 ② 2018년
③ 2019년 ④ 2020년

해설
- 가스사용시설 압력조정기 : 매년 1회 이상 점검(필터나 스트레이너는 3년에 1회 이상 청소)
- 정압기와 필터는 설치 후 3년까지는 1회, 그 이후에는 4년에 1회 이상 분해점검 실시

19 다음 중 분해에 의한 폭발을 하지 않는 가스는?

① 시안화수소 ② 아세틸렌
③ 히드라진 ④ 산화에틸렌

해설 시안화수소(HCN) : 2% 정도 소량의 수분이나 장기간 저장 시 중합이 되어 중합폭발을 일으킨다.

ANSWER | 12. ③ 13. ② 14. ③ 15. ④ 16. ③ 17. ② 18. ③ 19. ①

20 **20kg LPG 용기의 내용적은 몇 L인가?(단, 충전상수 C는 2.35이다.)**

① 8.51 ② 20
③ 42.3 ④ 47

해설 $V = W \times C$
$\therefore 20 \times 2.35 = 47L$

21 **차량에 고정된 저장탱크로 염소를 운반할 때 용기의 내용적(L)은 얼마 이하가 되어야 하는가?**

① 10,000 ② 12,000
③ 15,000 ④ 18,000

해설 염소 등 독성 가스의 용기 내용적은 12,000L 이하(단, 암모니아는 제외한다.)

22 **시안화수소(HCN)의 위험성에 대한 설명으로 틀린 것은?**

① 인화온도가 아주 낮다.
② 오래된 시안화수소는 자체 폭발할 수 있다.
③ 용기에 충전한 후 60일을 초과하지 않아야 한다.
④ 호흡 시 흡입하면 위험하나 피부에 묻으면 아무 이상이 없다.

해설 시안화수소(HCN)
- 독성 가스(10ppm), 가연성(6~41%)
- 복숭아 향이 나며 중합폭발 발생
- 고농도를 흡입하면 사망발생(피부에 묻지 않게 한다.)

23 **고압가스특정제조시설기준 중 도로 밑에 매설하는 배관에 대한 기준으로 틀린 것은?**

① 시가지의 도로 밑에 배관을 설치하는 경우에는 보호관을 배관의 정상부로부터 30cm 이상 떨어진 그 배관의 직상부에 설치한다.
② 배관은 그 외면으로부터 도로의 경계와 수평거리로 1m 이상을 유지한다.
③ 배관은 자동차 하중의 영향이 적은 곳에 매설한다.
④ 배관은 그 외면으로부터 다른 시설물과 60cm 이상의 거리를 유지한다.

해설 ④항에서는 30cm 이상의 거리 유지가 필요하다.

24 **다음 가스 중 허용농도 값이 가장 적은 것은?**

① 염소 ② 염화수소
③ 아황산가스 ④ 일산화탄소

해설 8번 문제 해설 참조

25 **윤활유 선택 시 유의할 사항에 대한 설명 중 틀린 것은?**

① 사용 기체와 화학반응을 일으키지 않을 것
② 정도가 적당할 것
③ 인화점이 낮을 것
④ 전기 전연 내력이 클 것

해설 윤활유(압축기용)는 인화점이 높은 것으로 사용한다.

26 **도시가스도매사업자 배관을 지하 또는 도로 등에 설치할 경우 매설깊이의 기준으로 틀린 것은?**

① 산이나 들에서는 1m 이상의 깊이로 매설한다.
② 시가지의 도로 노면 밑에는 1.5m 이상의 깊이로 매설한다.
③ 시가지 외의 도로 노면 밑에는 1.2m 이상의 깊이로 매설한다.
④ 철도를 횡단하는 배관은 지표면으로부터 배관 외면까지 1.5m 이상의 깊이로 매설한다.

해설 ④항에서는 1.2m 이상의 깊이가 요구된다.

27 **압축천연가스자동차 충전의 시설기준에서 배관 등에 대한 설명으로 틀린 것은?**

① 배관, 튜브, 피팅 및 배관요소 등은 안전율이 최소 4 이상 되도록 설계한다.
② 자동차 주입호스는 5m 이하이어야 한다.
③ 배관의 단열재료는 불연성 또는 난연성 재료를 사용하고 화재나 열 · 냉기 · 물 등에 노출 시 그 특성이 변하지 아니하는 것으로 한다.

20. ④ 21. ② 22. ④ 23. ④ 24. ① 25. ③ 26. ④ 27. ② | ANSWER

④ 배관지지물은 화재나 초저온 액체의 유출 등을 충분히 견딜 수 있고 과다한 열전달을 예방하도록 설계한다.

해설 ②항은 법규에서 제외된 내용이다.

28 용기에 의한 고압가스 판매시설의 충전용기 보관실 기준으로 옳지 않은 것은?

① 가연성 가스 충전용기 보관실은 불연재료나 난연성의 재료를 사용한 가벼운 지붕을 설치한다.
② 가연성 가스 충전용기 보관실에는 가스누출검지경보장치를 설치한다.
③ 충전용기 보관실은 가연성 가스가 새어나오지 못하도록 밀폐구조로 한다.
④ 용기보관실의 주변에는 화기 또는 인화성 물질이나 발화성 물질을 두지 않는다.

해설 충전용기 보관실은 개방식 구조로 하여 가스가 고이는 것을 방지한다.

29 용기 종류별 부속품의 기호 중 압축가스를 충전하는 용기밸브의 기호는?

① PG ② LG
③ AG ④ LT

해설 ① PG : 압축가스 충전용기 부속품기호
② LG : LPG 외의 액화가스 충전용기 부속품기호
③ AG : 아세틸렌가스 충전용기 부속품기호
④ LT : 초저온 및 저온용기 부속품기호

30 가연성 가스의 검지경보장치 중 반드시 방폭성능을 갖지 않아도 되는 가스는?

① 수소 ② 일산화탄소
③ 암모니아 ④ 아세틸렌

해설 암모니아가스, 브롬화메탄가스의 검지경보장치는 방폭성능을 갖지 않아도 된다.

31 단열공간 양면 간에 복사방지용 실드판으로서의 알루미늄박과 글라스울을 서로 다수 포개어 고진공 중에 둔 단열법은?

① 상압 단열법 ② 고진공 단열법
③ 다층진공 단열법 ④ 분말진공 단열법

해설 다층진공 단열법 : 단열공간 양면 간에 알루미늄박, 글라스울로 다수 포개어 고진공 중에 단열한다.

32 저온을 얻는 기본적인 원리로 압축된 가스를 단열팽창시키면 온도가 강하한다는 원리를 무엇이라고 하는가?

① 줄-톰슨 효과 ② 돌턴 효과
③ 정류 효과 ④ 헨리 효과

해설 줄-톰슨 효과 : 저온을 얻는 기본적인 원리

33 다음 배관재료 중 사용온도 350℃ 이하, 압력이 10MPa 이상의 고압관에 사용되는 것은?

① SPP ② SPPH
③ SPPW ④ SPPG

해설 SPPH(고압배관용 탄소강관) : 10MPa 이상용

34 압송기 출구에서 도시가스의 연소성을 측정한 결과 총 발열량이 10,700kcal/m³, 가스비중이 0.56이었다. 웨베지수(WI)는 얼마인가?

① 14,298 ② 19,107
③ 1.8 ④ 6.9×10^{-5}

해설

$$\text{웨베지수(WI)}=\frac{H_g}{\sqrt{d}}=\frac{10,700}{\sqrt{0.56}}=\frac{10,700}{0.74833}=14,298$$

35 펌프는 주로 임펠러의 입구에서 캐비테이션이 많이 발생한다. 다음 중 그 이유로 가장 적당한 것은?

① 액체의 온도가 높아지기 때문
② 액체의 압력이 낮아지기 때문
③ 액체의 밀도가 높아지기 때문
④ 액체의 유량이 적어지기 때문

ANSWER | 28. ③ 29. ① 30. ③ 31. ③ 32. ① 33. ② 34. ① 35. ②

해설 캐비테이션(공동현상) 발생원인은 펌프에서 유체액의 압력이 갑자기 저하하면 발생한다.

36 터보 압축기의 특징이 아닌 것은?

① 유량이 크므로 설치면적이 작다.
② 고속회전이 가능하다.
③ 압축비가 적어 효율이 낮다.
④ 유량조절 범위가 넓으나 맥동이 많다.

해설 터보형은 유량조절범위가 70~100%로 비교적 어렵고 조정범위가 좁다.

37 자동제어의 용어 중 피드백 제어에 대한 설명으로 틀린 것은?

① 자동제어에서 기본적인 제어이다.
② 출력 측의 신호를 입력 측으로 되돌리는 현상을 말한다.
③ 제어량의 값을 목표치와 비교하여 그것들을 일치하도록 정정동작을 행하는 제어이다.
④ 미리 정해진 순서에 따라서 제어의 각 단계가 순차적으로 진행되는 제어이다.

해설 ④항은 시퀀스 제어에 대한 내용이다.

38 가스누출을 감지하고 차단하는 가스누출 자동차단기의 구성요소가 아닌 것은?

① 제어부 ② 중앙통제부
③ 검지부 ④ 차단부

해설 가스누출 자동차단기 구성요소
제어부, 검지부, 차단부가 있다.

39 2단 감압조정기 사용 시의 장점에 대한 설명으로 가장 거리가 먼 것은?

① 공급 압력이 안정하다.
② 용기 교환주기의 폭을 넓힐 수 있다.
③ 중간 배관이 가늘어도 된다.
④ 입상에 의한 압력손실을 보정할 수 있다.

해설 2단 감압은 자동교체식 조정기의 경우에만 용기 교환주기의 폭을 넓힐 수 있다.

40 가스압력을 적당한 압력으로 감압하는 직동식 정압기의 기본구조의 구성요소에 해당되지 않는 것은?

① 스프링 ② 다이어프램
③ 메인밸브 ④ 파일럿

해설 정압기
- 직동식 : 스프링, 메인밸브, 다이어프램으로 구성
- 파일럿식 : 다이어프램, 스프링, 파일럿으로 구성

41 가스분석방법 중 연소 분석법에 해당되지 않는 것은?

① 완만연소법 ② 분별연소법
③ 폭발법 ④ 크로마토그래피법

해설 크로마토그래피법(FID, TCD, ECD법)은 기기분석법이다.

42 액화석유가스 충전용 주관 압력계의 기능검사 주기는?

① 매월 1회 이상 ② 3월에 1회 이상
③ 6월에 6회 이상 ④ 매년 1회 이상

해설 액화석유가스 충전용 주관 압력계의 기능검사 주기는 매월 1회 이상 검사한다.

43 다음 중 저온 재료로 부적당한 것은?

① 주철 ② 황동
③ 9% 니켈 ④ 18−8스테인리스강

해설 주철은 충격 값에 약하고 저온용 재료에는 부적당하다.

44 연소 배기가스 분석목적으로 가장 거리가 먼 것은?

① 연소가스 조성을 알기 위하여
② 연소가스 조성에 따른 연소상태를 파악하기 위하여
③ 열정산 자료를 얻기 위하여
④ 열전도도를 측정하기 위하여

36. ④ 37. ④ 38. ② 39. ② 40. ④ 41. ④ 42. ① 43. ① 44. ④ | ANSWER

해설 연소 배기가스 분석목적은 ①, ②, ③항에 해당된다.

45 **지름 9cm인 관속의 유속이 30m/s이었다면 유량은 약 몇 m^3/s인가?**

① 0.19　② 2.11
③ 2.7　④ 19.1

해설 유량(Q)=단면적×유속

단면적$(A) = \frac{\pi}{4}D^2 = \frac{3.14}{4} \times (0.09)^2 = 0.0063585\text{m}^2$

$\therefore Q = 0.0063585 \times 30 = 0.190\text{m}^3/\text{s}$

※ 9cm=0.09m

46 **프로판을 완전연소시켰을 때 주로 생성되는 물질은?**

① CO_2, H_2　② CO_2, H_2O
③ C_2H_4, H_2O　④ C_4H_{10}, CO

해설 프로판(C_3H_8) 연소반응식

$C_3H_8 + 5O_2 \rightarrow 3CO_2 + 4H_2O$

47 **다음 각 가스의 특성에 대한 설명으로 틀린 것은?**

① 수소는 고온, 고압에서 탄소강과 반응하여 수소 취성을 일으킨다.
② 산소는 공기액화분리장치를 통해 제조하며, 질소와 분리 시 비등점 차이를 이용한다.
③ 일산화탄소는 담황색의 무취 기체로 허용농도는 TLV－TWA 기준으로 50ppm이다.
④ 암모니아는 붉은 리트머스를 푸르게 변화시키는 성질을 이용하여 검출할 수 있다.

해설 일산화탄소는 무색, 무취의 가스로서 TLV－TWA 기준으로 독성 허용농도는 50ppm이다.

48 **도시가스의 웨베지수에 대한 설명으로 옳은 것은?**

① 도시가스의 총발열량(kcal/m^3)을 가스 비중의 평방근으로 나눈 값을 말한다.
② 도시가스의 총발열량(kcal/m^3)을 가스 비중으로 나눈 값을 말한다.
③ 도시가스의 가스 비중을 총발열량(kcal/m^3)의 평방근으로 나눈 값을 말한다.
④ 도시가스의 가스 비중을 총발열량(kcal/m^3)으로 나눈 값을 말한다.

해설 웨베지수(WI)$= \frac{H_g(\text{발열량})}{\sqrt{\text{가스비중}}}$

49 **1Therm에 해당하는 열량을 바르게 나타낸 것은?**

① 10^3BTU
② 10^4BTU
③ 10^5BTU
④ 10^6BTU

해설 1썸(Therm)=10^5BTU 열량
(10만 BTU 열량=1썸)

50 **LP가스가 불완전연소되는 원인으로 가장 거리가 먼 것은?**

① 공기 공급량 부족 시
② 가스의 조성이 맞지 않을 때
③ 가스기구 및 연소기구가 맞지 않을 때
④ 산소 공급이 과잉일 때

해설 산소 공급이 과잉이면 완전연소 가능, 노내온도 저하, 배기가스양 증가, 열손실 증가, CO_2 감소

51 **프로판가스 224L가 완전 연소하면 약 몇 kcal의 열이 발생되는가?(단, 표준상태기준이며, 1mol당 발열량은 530kcal이다.)**

① 530　② 1,060
③ 5,300　④ 12,000

해설 1몰=22.4L(C_3H_8 44g)

$\frac{224}{22.4} = 10\text{몰}$

$\therefore 10 \times 530 = 5,300\text{kcal}$

52 **다음 각종 가스의 공업적 용도에 대한 설명 중 옳지 않은 것은?**

① 수소는 암모니아 합성원료, 메탄올의 합성, 인조 보석 제조 등에 사용된다.
② 포스겐은 알코올 또는 페놀과의 반응성을 이용해 의약, 농약, 가소제 등을 제조한다.
③ 일산화탄소는 메탄올 합성연료에 사용된다.
④ 암모니아는 열분해 또는 불완전연소시켜 카본블랙의 제조에 사용된다.

해설 암모니아는 카본블랙 제조와는 연관성이 없다.

53 **다음 중 제백효과(Seebeck Effect)를 이용한 온도계는?**

① 열전대 온도계
② 광고온도계
③ 서미스터 온도계
④ 전기저항 온도계

해설 • 제백효과를 이용한 온도계 : 열전대 온도계
• 열전대 온도계 : 백금－백금로듐, 크로멜－알루멜, 철－콘스탄탄, 구리－콘스탄탄

54 **다음 압력 중 가장 높은 압력은?**

① $1.5kg/cm^2$　② $10mH_2O$
③ 745mmHg　④ 0.6atm

해설
② $10mH_2O = 1.033 \times \frac{10}{10.33} = 1kg/cm^2$
③ $745mmHg = 1.033 \times \frac{745}{760} = 1.01kg/cm^2$
④ $0.6atm = 0.6198kg/cm^2$

55 **다음 F_2의 성질에 대한 설명 중 틀린 것은?**

① 담황색의 기체로 특유의 자극성을 가진 유독한 기체이다.
② 활성이 강한 원소로 거의 모든 원소와 화합한다.
③ 전기음성도가 작은 원소로서 강한 환원제이다.
④ 수소와 냉암소에서도 폭발적으로 반응한다.

해설 불소(F_2)의 성질
• 담황색의 기체로 특유의 자극성이 있다.
• 허용농도 0.1ppm 독성 가스이다.
• 활성이 강한 원소로 거의 모든 원소와 화합한다.
• 수소와 냉암소에서도 폭발적으로 반응한다.

56 **가스의 연소 시 수소성분의 연소에 의하여 수증기를 발생한다. 가스발열량의 표현식으로 옳은 것은?**

① 총발열량＝진발열량＋현열
② 총발열량＝진발열량＋잠열
③ 총발열량＝진발열량－현열
④ 총발열량＝진발열량－잠열

해설 • 총발열량(고위발열량)＝진발열량＋잠열
• 진발열량(저위발열량)＝총발열량－잠열

57 **아세틸렌 충전 시 첨가하는 다공물질의 구비조건이 아닌 것은?**

① 화학적으로 안정할 것
② 기계적인 강도가 클 것
③ 가스의 충전이 쉬울 것
④ 다공도가 적을 것

해설 다공물질
다공성 플라스틱, 석면, 규조토, 점토, 산화철, 목탄 등이며 다공도가 커야 한다.

58 **다음 중 LP가스의 특성으로 옳은 것은?**

① LP가스의 액체는 물보다 가볍다.
② LP가스의 기체는 공기보다 가볍다.
③ LP가스의 푸른 색상을 띠며 강한 취기를 가진다.
④ LP가스의 알코올에는 녹지 않으나 물에는 잘 녹는다.

해설 LP가스
• 액비중이 0.5kg/L로 물보다 가볍다.
• 공기보다 가스의 비중은 무겁다.
• 무색 무취의 가스이다.
• 물에는 녹지 않는다.

52. ④ 53. ① 54. ① 55. ③ 56. ② 57. ④ 58. ① | ANSWER

59 수성가스(Water Gas)의 조성에 해당하는 것은?

① $CO+H_2$ ② CO_2+H_2
③ $CO+N_2$ ④ CO_2+N_2

해설 수성가스의 주성분 : $CO+H_2$ 성분

60 1기압, 25℃의 온도에서 어떤 기체 부피가 88mL이었다. 표준상태에서 부피는 얼마인가?(단, 기체는 이상기체로 간주한다.)

① 56.8mL ② 73.3mL
③ 80.6mL ④ 88.8mL

해설 V_2 : 25℃에서 88mL
V_1 : 0℃, 1기압(273K, 1atm)
25+273=298K
$\therefore V_1 = 88 \times \frac{273}{298} = 80.6\text{mL}$

2011년 4회 가스기능사

01 고압가스 제조설비에서 누출된 가스의 확산을 방지할 수 있는 제해조치를 하여야 하는 가스가 아닌 것은?

① 황화수소 ② 시안화수소
③ 아황산가스 ④ 탄산가스

해설 탄산가스는 무독성 가스이므로 확산방지나 제해조치가 필요 없는 가스이다.

02 고압가스 제조장치의 취급에 대한 설명 중 틀린 것은?

① 압력계의 밸브를 천천히 연다.
② 액화가스를 탱크에 처음 충전할 때에는 천천히 충전한다.
③ 안전밸브는 천천히 작동한다.
④ 제조장치의 압력을 상승시킬 때 천천히 상승시킨다.

해설 고압가스 안전밸브는 설정압력이 초과하면 신속히 작동하여 가스를 외부로 방출시킨다.

03 재충전 금지용기의 안전을 확보하기 위한 기준으로 틀린 것은?

① 용기와 용기부속품을 분리할 수 있는 구조로 한다.
② 최고충전압력 22.5MPa 이하이고 내용적 25L 이하로 한다.
③ 납붙임 부분은 용기 몸체 두께의 4배 이상의 길이로 한다.
④ 최고충전압력이 3.5MPa 이상인 경우에는 내용적이 5L 이하로 한다.

해설 재충전금지용기는 용기의 안전을 확보하기 위해 용기와 용기부속품을 분리할 수 없는 구조일 것

04 다음 특정설비 중 재검사 대상에서 제외되는 것이 아닌 것은?

① 역화방지장치
② 자동차용 가스 자동주입기
③ 차량에 고정된 탱크
④ 독성 가스 배관용 밸브

해설 차량에 고정된 탱크(특정설비)의 재검사 주기는 5년이며 불합격되어 수리한 것은 3년마다 재검사가 필요하다.

05 공기 중에서의 폭발범위가 가장 넓은 가스는?

① 황화수소 ② 암모니아
③ 산화에틸렌 ④ 프로판

해설 가스폭발범위(가연성 가스)
① 황화수소(H_2S) : 4.3~45%
② 암모니아(NH_3) : 15~28%
③ 산화에틸렌(C_2H_4O) : 3~80%
④ 프로판(C_3H_8) : 2.1~9.5%

06 다음 중 용기의 도색이 백색인 가스는?(단, 의료용 가스용기를 제외한다.)

① 액화염소 ② 질소
③ 산소 ④ 액화암모니아

해설 공업용 용기도색
① 액화염소 : 갈색 ② 질소 : 회색
③ 산소 : 녹색 ④ 액화암모니아 : 백색

07 LPG가 충전된 납붙임 또는 접합용기는 얼마의 온도에서 가스누출시험을 할 수 있는 온수시험탱크를 갖추어야 하는가?

① 20~32℃ ② 35~45℃
③ 46~50℃ ④ 60~80℃

해설 납붙임 또는 적합용기의 온수시험탱크온도 : 46~50℃

1. ④ 2. ③ 3. ① 4. ③ 5. ③ 6. ④ 7. ③ | ANSWER

08 포스겐의 취급 방법에 대한 설명 중 틀린 것은?

① 포스겐을 함유한 폐기액은 산성 물질로 충분히 처리한 후 처분한다.
② 취급 시에는 반드시 방독마스크를 착용한다.
③ 환기시설을 갖추어 작업한다.
④ 누출 시 용기가 부식되는 원인이 되므로 약간의 누출에도 주의한다.

해설
• 포스겐은 수산화나트륨에 신속하게 흡수된다.
$COCl_2 + 4NaOH \rightarrow Na_2CO_3 + 2NaCl + 2H_2O$
• 포스겐 제해제 : 가성소다 수용액, 소석회로 처분한다.

09 독성 가스용 가스누출검지경보장치의 경보 농도 설정치는 얼마 이하로 정해져 있는가?

① ±5%　② ±10%
③ ±25%　④ ±30%

해설
• 가연성 가스 : ±25% 이하
• 독성 가스 : ±30% 이하

10 도시가스시설 설치 시 일부 공정 시공감리대상이 아닌 것은?

① 일반도시가스사업자의 배관
② 가스도매사업자의 가스공급시설
③ 일반도시가스사업자의 배관(부속시설 포함) 이외의 가스공급시설
④ 시공감리의 대상이 되는 사용자 공급관

해설 일반 도시가스사업자의 배관은 일부 공정 시공감리대상이 아니고 전 공정 시공감리 대상자이다.

11 고압가스배관을 도로에 매설하는 경우에 대한 설명으로 틀린 것은?

① 원칙적으로 자동차 등의 하중의 영향이 적은 곳에 매설한다.
② 배관의 외면으로부터 도로의 경계까지 1m 이상의 수평거리를 유지한다.
③ 배관은 그 외면으로부터 도로 밑의 다른 시설물과 0.6m 이상의 거리를 유지한다.
④ 시가지의 도로 밑에 배관을 설치하는 경우 보호판을 배관의 정상부로부터 30cm 이상 떨어진 그 배관의 직상부에 설치한다.

해설 배관은 그 외면으로부터 도로 밑의 다른 시설물과 0.3m 이상의 거리를 유지할 것

12 가연성 가스 제조공장에서 착화의 원인으로 가장 거리가 먼 것은?

① 정전기
② 베릴륨 합금제 공구에 의한 충격
③ 사용 촉매의 접촉 작용
④ 밸브의 급격한 조작

해설 안전공구(불꽃이 나지 않는 공구)
②항 외에 고무, 나무, 플라스틱, 베아론 합금, 가죽 등

13 일산화탄소에 대한 설명으로 틀린 것은?

① 공기보다 가볍고 무색, 무취이다.
② 산화성이 매우 강한 기체이다.
③ 독성이 강하고 공기 중에서 잘 연소한다.
④ 철족의 금속과 반응하여 금속카르보닐을 생성한다.

해설 일산화탄소(CO)는 환원성이 강한 가스이다.

14 이상기체 1mol이 100℃, 100기압에서 0.1기압으로 등온 가역적으로 팽창할 때 흡수되는 최대 열량은 약 몇 cal인가?(단, 기체상수는 1.987cal/mol · K이다.)

① 5,020　② 5,080
③ 5,120　④ 5,190

해설 등온변화이므로 $T = C$

$${}_1W_2 = W_t = RT\ln\left(\frac{P_2}{P_1}\right)$$
$$= 1.987(100+273)\ln\left(\frac{0.1}{100}\right) = -5,120\text{cal}$$
$\therefore \Delta H = 5,120\text{cal}$

15 고압가스 용기 제조의 시설기준에 대한 설명 중 틀린 것은?

① 용기 동판의 최대두께와 최소두께와의 차이는 평균두께의 20% 이하로 한다.
② 초저온 용기는 오스테나이트계 스테인리스강 또는 알루미늄합금으로 제조한다.
③ 아세틸렌용기에 충전하는 다공질물은 다공도 72% 이상 95% 미만으로 한다.
④ 용기에는 프로텍터 또는 캡을 고정식 또는 체인식으로 부착한다.

해설
- 다공물질(규조토, 점토, 목탄, 석회, 산화철, 다공성 플라스틱, 탄산마그네슘)
- 다공도 : 75% 이상~92% 미만

16 도시가스 누출 시 폭발사고를 예방하기 위하여 냄새가 나는 물질인 부취제를 혼합시킨다. 이때 부취제의 공기 중 혼합비율의 용량은?

① 1/1,000 ② 1/2,000
③ 1/3,000 ④ 1/5,000

해설 도시가스 부취제(THT, TBM, DMS)의 혼합비율 용량은 $\frac{1}{1,000}$ 이다.

17 다음 고압가스 압축작업 중 작업을 즉시 중단해야 하는 경우가 아닌 것은?

① 아세틸렌 중 산소용량이 전 용량의 2% 이상의 것
② 산소 중 가연성 가스(아세틸린, 에틸렌 및 수소를 제외한다.)의 용량이 전 용량의 4% 이상의 것
③ 산소 중 아세틸렌, 에틸렌 및 수소의 용량 합계가 전 용량의 2% 이상인 것
④ 시안화수소 중 산소용량이 전 용량의 2% 이상의 것

해설 시안화수소(HCN)는 압축금지대상가스에서 제외된다.

18 다음 중 가스의 폭발범위가 틀린 것은?

① 일산화탄소 : 12.5~74%
② 아세틸렌 : 2.5~81%
③ 메탄 : 2.1~9.3%
④ 수소 : 4~75%

해설 메탄가스 : 5~15%(가연성 가스)

19 액화석유가스 저장탱크의 저장능력 산정 시 저장능력은 몇 ℃에서의 액비중을 기준으로 계산하는가?

① 0 ② 15
③ 25 ④ 40

해설 액화석유가스(LPG) 저장능력은 40℃에서 액비중으로 저장탱크의 저장능력을 계량한다.

20 이동식 압축도시가스자동차 시설기준에서 처리설비, 이동충전차량 및 충전설비의 외면으로부터 화기를 취급하는 장소까지 몇 m 이상의 우회거리를 유지하여야 하는가?

① 5m ② 8m
③ 12m ④ 20m

해설 화기와의 가연성 가스는 우회거리 : 8m 이상

21 고압가스를 운반하는 차량의 경계표지 크기의 가로치수는 차체 폭의 몇 % 이상으로 하여야 하는가?

① 10% ② 20%
③ 30% ④ 50%

해설
- 가로치수 : 30% 이상
- 세로치수 : 가로치수의 20% 이상 직사각형

22 독성 가스를 운반하는 차량에 반드시 갖추어야 할 용구나 물품에 해당되지 않는 것은?

① 방독면 ② 제독제
③ 고무장갑 ④ 소화장비

해설 소화장비 : 가연성 가스에서 갖추어야 한다.

15. ③ 16. ① 17. ④ 18. ③ 19. ④ 20. ② 21. ③ 22. ④ | ANSWER

23 아세틸렌에 대한 설명 중 틀린 것은?

① 액체 아세틸렌은 비교적 안정하다.
② 접촉적으로 수소화하면 에틸렌, 에탄이 된다.
③ 압축하면 탄소와 수소로 자기분해한다.
④ 구리 등의 금속과 화합시 금속아세틸라이드를 생성한다.

해설 고체 아세틸렌(카바이드, CaC_2)은 안전하다.

24 프로판가스의 위험도(H)는 약 얼마인가?

① 2.2 ② 3.3
③ 9.5 ④ 17.7

해설 위험도(H)

$$= \frac{\text{폭발범위 상한치} - \text{폭발범위 하한치}}{\text{폭발범위 하한치}}$$

$$= \frac{u-L}{L} = \frac{9.5-2.1}{2.1} = 3.3$$

※ 위험도가 클수록 위험하다.

25 고압가스 일반제조시설에서 저장탱크를 지상에 설치한 경우 다음 중 방류둑을 설치하여야 하는 것은?

① 액화산소 저장능력 900톤
② 염소 저장능력 4톤
③ 암모니아 저장능력 10톤
④ 액화질소 저장능력 1,000톤

해설 방류둑
- 산소 : 1천톤 이상 저장능력 지상탱크
- 독성 가스 : 5톤 이상 저장능력 지상탱크

※ 염소, 암모니아 : 독성 가스
액화질소 : 무독성 가스

26 용기의 재검사 주기에 대한 기준으로 틀린 것은?

① 용접용기로서 신규검사 후 15년 이상 20년 미만인 용기는 2년마다 재검사
② 500L 이상 이음매 없는 용기는 5년마다 재검사
③ 저장탱크가 없는 곳에 설치한 기화기는 2년마다 재검사
④ 압력용기는 4년마다 재검사

해설 저장탱크가 없는 곳에 설치한 기화기는 3년마다 재검사

27 고압가스 저장탱크 2개를 지하에 인접하여 설치하는 경우 상호 간에 유지하여야 할 최소거리 기준은?

① 0.6m 이상 ② 1m 이상
③ 1.2m 이상 ④ 1.5m 이상

해설 지하저장탱크 상호 간의 이격거리는 최소 1m 이상이어야 한다.

28 용기에 표시된 각인 기호 중 연결이 잘못된 것은?

① FP－최고충전압력 ② TP－검사일
③ V－내용적 ④ W－질량

해설 TP－내압시험압력

29 고압가스 운반기준에 대한 설명 중 틀린 것은?

① 밸브가 돌출한 충전용기는 고정식 프로텍터나 캡을 부착하여 밸브의 손상을 방지한다.
② 충전용기를 차에 실을 때에는 넘어지거나 부딪침 등으로 충격을 받지 않도록 주의하여 취급한다.
③ 소방기본법이 정하는 위험물과 충전용기를 동일 차량에 적재 시에는 1m 정도 이격시킨 후 운반한다.
④ 염소와 아세틸렌 · 암모니아 또는 수소는 동일 차량에 적재하여 운반하지 않는다.

해설 충전용기와 소방법이 정하는 위험물들은 동일 차량에 적재하여 운반하지 않는다.

30 일정 압력, 20℃에서 체적 1L의 가스는 40℃에서는 약 몇 L가 되는가?

① 1.07 ② 1.21
③ 1.30 ④ 2

해설 $T_1 = 20 + 273 = 293\text{K}$

$T_2 = 40 + 273 = 313\text{K}$

$$\therefore V_2 = 1 \times \frac{313}{293} = 1.07\text{L}$$

ANSWER | 23. ① 24. ② 25. ③ 26. ③ 27. ② 28. ② 29. ③ 30. ①

31 액화가스의 비중이 0.8, 배관 직경이 50mm이고 유량이 15ton/h일 때 배관 내의 평균유속은 약 몇 m/s인가?

① 1.80　② 2.66
③ 7.56　④ 8.52

해설 유속$(V)=\dfrac{유량(m^3/s)}{단면적(m^2)}$, 1시간=3,600초

$$\therefore V=\dfrac{\dfrac{15}{0.8}}{\dfrac{3.14}{4}\times(0.05)^2\times 3{,}600}=2.66\text{m/s}$$

32 100A용 가스누출 경보차단장치의 차단시간은 얼마 이내이어야 하는가?

① 20초　② 30초
③ 1분　④ 3분

해설 가스누출검지경보장치
- 경보농도 1.6배 농도에서 보통 30초 이내일 것
- 암모니아, 일산화탄소는 60초 이내일 것

33 다음 열전대 중 측정온도가 가장 높은 것은?

① 백금 - 백금 · 로듐형
② 크로멜 - 알루멜형
③ 철 - 콘스탄탄형
④ 동 - 콘스탄탄형

해설 ① 0~1,600℃
② 0~1,200℃
③ -200~800℃
④ -200~350℃

34 초저온 저장탱크의 측정에 많이 사용되며 차압에 의해 액면을 측정하는 액면계는?

① 햄프슨식 액면계　② 전기저항식 액면계
③ 초음파식 액면계　④ 크링카식 액면계

해설 햄프슨식(차압식) 액면계
액화산소 등과 같은 극저온의 저장탱크에 사용

35 회전식 펌프의 특징에 대한 설명으로 틀린 것은?

① 고점도액에도 사용할 수 있다.
② 토출압력이 낮다.
③ 흡입양정이 적다.
④ 소음이 크다.

해설 회전식 펌프(로터리 펌프)
고점도의 유체 수송에 적합한 유압펌프이다. 흡입 및 토출밸브가 없다.(연속 송출로 액의 맥동이 적다.)

36 펌프의 유량이 $100m^3/s$, 전양정 50m, 효율이 75%일 때 회전수를 20% 증가시키면 소요 동력은 몇 배가 되는가?

① 1.44　② 1.73
③ 2.36　④ 3.73

해설 동력=회전수 증가의 3승에 비례
1+0.2=1.2

$$\therefore \left(\frac{1.2}{1}\right)^3=1.73$$

37 다음 중 실측식 가스미터가 아닌 것은?

① 루트식　② 로터리 피스톤식
③ 습식　④ 터빈식

해설 가스미터 추측식
- 오리피스식
- 터빈식
- 선근차식

38 가스 배관 설비에 전단응력이 일어나는 원인으로 가장 거리가 먼 것은?

① 파이프의 구배
② 냉간가공의 응력
③ 내부압력의 응력
④ 열팽창에 의한 응력

해설 파이프의 구배와 전단응력과는 관련성이 없다.

31. ② 32. ② 33. ① 34. ① 35. ② 36. ② 37. ④ 38. ① | ANSWER

39 부취제 중 황화합물의 화학적 안전성을 순서대로 바르게 나열한 것은?

① 이황화물 > 메르캅탄 > 환상황화물
② 메르캅탄 > 이황화물 > 환상황화물
③ 환상황화물 > 이황화물 > 메르캅탄
④ 이황화물 > 환상황화물 > 메르캅탄

해설 • 부취제 중 황화합물의 화학적 안전성 순서
환상황화물 > 이황화물 > 메르캅탄
• 부취제의 종류 : THT, TBM, DMS

40 다음 가스에 대한 가스용기의 재질로 적절하지 않은 것은?

① LPG : 탄소강　② 산소 : 크롬강
③ 염소 : 탄소강　④ 아세틸렌 : 구리합금강

해설 아세틸렌가스는 Cu, Ag, Hg와의 접촉 시 금속아세틸라이드를 생성하여 화합폭발을 일으킨다.
• $C_2H_2 + 2Cu$(구리) → $Cu_2C_2 + H_2$
• $C_2H_2 + 2Hg$(수은) → $Hg_2C_2 + H_2$
• $C_2H_2 + 2Ag$(은) → $Ag_2C_2 + H_2$

41 진탕형 오토클레이브의 특징이 아닌 것은?

① 가스 누출의 가능성이 없다.
② 고압력에 사용할 수 있고 반응물의 오손이 없다.
③ 뚜껑판에 뚫어진 구멍에 촉매가 끼어들어갈 염려가 있다.
④ 교반효과가 뛰어나며 교반형에 비하여 효과가 크다.

해설 교반형 오토클레이브는 횡형 교반의 경우가 교반효과가 우수하며 진탕식에 비해 효과가 크다.

42 가스 액화 사이클 중 비점이 점차 낮은 냉매를 사용하여 저비점의 기체를 액화하는 사이클로서 다원 액화 사이클이라고도 하는 것은?

① 클라우드식 공기액화 사이클
② 캐피자식 공기액화 사이클
③ 필립스의 공기액화 사이클
④ 캐스케이드식 공기액화 사이클

해설 캐스케이드식 공기액화사이클은 비점이 점차 낮은 냉매를 사용하여 저비점의 기체를 액화시키는 다원 액화 사이클이라 한다.

43 쉽게 고압이 얻어지고 유량조정범위가 넓어 LPG 충전소에 주로 설치되어 있는 압축기는?

① 스크루 압축기　② 스크롤 압축기
③ 베인 압축기　④ 왕복식 압축기

해설 왕복식 압축기
쉽게 고압이 얻어지고 유량조정범위가 넓어 LPG 충전소에 주로 사용된다.

44 면적 가변식 유량계의 특징이 아닌 것은?

① 소용량 측정이 가능하다.
② 압력손실이 크고 거의 일정하다.
③ 유효 측정범위가 넓다.
④ 직접 유량을 측정한다.

해설 면적 가변식 유량계
압력손실이 작고 고점도 유체나 소유량 측정이 가능한 순간 유량계(직접식)로서 액체나 기체 또는 부식성 유체 슬러리 측정에 적합하다. 플로트식과 게이트식이 있다.

45 배관용 보온재의 구비조건으로 옳지 않은 것은?

① 장시간 사용온도에 견디며, 변질되지 않을 것
② 가공이 균일하고 비중이 적을 것
③ 시공이 용이하고 열전도율이 클 것
④ 흡습, 흡수성이 적을 것

해설 배관용 보온재는 열전도율(kJ/mh)이 작아야 한다.

46 이상기체 상태방정식의 R 값을 옳게 나타낸 것은?

① 8.314L · atm/mol · R
② 0.082L · atm/mol · K
③ $8.314m^3$ · atm/mol · K
④ 0.082Joule/mol · K

ANSWER | 39. ③ 40. ④ 41. ④ 42. ④ 43. ④ 44. ② 45. ③ 46. ②

해설 $R=\frac{PV}{n \cdot T}=\frac{1atm \times 22.4L}{1mol \times 273K}=0.082L \cdot atm/mol \cdot K$

$R=\frac{PV}{n \cdot T}=\frac{1.0332 \times 10^4 kg/cm^2 a \times 22.4m^3}{1kmol \times 273K}$

$=848kg \cdot m/kmol \cdot K$

47 다음 중 불연성 가스는?

① CO_2 ② C_3H_6
③ C_2H_2 ④ C_2H_4

해설 • 불연성 가스 : CO_2, N_2, SO_2 등
• 가연성 가스 : C_3H_8, C_2H_2, C_2H_4 등

48 다음 중 가장 높은 압력을 나타내는 것은?

① 101.325kPa ② 10.33mH$_2$O
③ 1,013hPa ④ 30.69psi

해설 ② 10.33mH$_2$O=102kPa
③ 1,013hPa×100=101,300Pa=101.3kPa
④ (30.69psi/14.7psi)=2.09atm
2.09×102=213kPa

49 1몰의 프로판을 완전 연소시키는 데 필요한 산소의 몰수는?

① 3몰 ② 4몰
③ 5몰 ④ 6몰

해설 $C_3H_8 + 5O_2 \rightarrow 3CO_2 + 4H_2O$
1몰 + 5몰 → 3몰 + 4몰
1몰=22.4L
∴ 5×22.4=112L

50 도시가스의 제조공정이 아닌 것은?

① 열분해 공정 ② 접촉분해 공정
③ 수소화분해 공정 ④ 상압증류 공정

해설 도시가스 제조공정
①, ②, ③ 외에도 부분연소공정, 대체천연가스공정 등이 있다.

51 표준상태 하에서 증발열이 큰 순서에서 적은 순으로 옳게 나열된 것은?

① NH_3－LNG－H_2O－LPG
② NH_3－LPG－LNG－H_2O
③ H_2O－NH_3－LNG－LPG
④ H_2O－LNG－LPG－NH_3

해설 증발열 : 액화가스에서 기화될 때 필요한 잠열
$H_2O > NH_3 >$ LNG $>$ LPG

52 대기압하의 공기로부터 순수한 산소를 분리하는 데 이용되는 액체산소의 끓는점은 몇 ℃인가?

① －140 ② －183
③ －196 ④ －273

해설 • 액체 산소의 비점 : －183℃
• 액체 질소의 비점 : －196℃

53 다음 중 임계압력(atm)이 가장 높은 가스는?

① CO ② C_2H_4
③ HCN ④ Cl_2

해설 • 가스가 임계압력 이상이면 액화가 어렵다.
• 임계압력 : 염소(76.1atm), CO(35atm), C_2H_4(50.1atm)

54 공기액화분리장치의 폭발원인으로 볼 수 없는 것은?

① 공기취입구로부터 O_2 혼입
② 공기취입구로부터 C_2H_2 혼입
③ 액체 공기 중에 O_3 혼입
④ 공기 중에 있는 NO_2의 혼입

해설 공기(액체공기) 중의 오존(O_3)의 혼입이나 공기취입구로부터 C_2H_2(아세틸렌)의 혼입이 공기액화분리장치의 폭발원인이 된다.

55 일정한 압력에서 20℃인 기체의 부피가 2배 되었을 때의 온도는 몇 ℃인가?

① 293 ② 313
③ 323 ④ 486

47. ① 48. ④ 49. ③ 50. ④ 51. ③ 52. ② 53. ④ 54. ① 55. ② | ANSWER

해설 $273+20=293K$
$\therefore 293\times2=586K$
$586-273=313℃$

56 다음 중 공기보다 가벼운 가스는?

① O_2 ② SO_2
③ CO ④ CO_2

해설 공기의 분자량 29보다 가벼운 가스는 CO가스이다.
① 산소(O_2) : 분자량 32
② 아황산(SO_2) : 분자량 64
③ 일산화탄소(CO) : 분자량 28
④ 탄산가스(CO_2) : 분자량 44

57 LNG와 LPG에 대한 설명으로 옳은 것은?

① LPG는 대체 천연가스 또는 합성 천연가스를 말한다.
② 액체상태의 나프타를 LNG라 한다.
③ LNG는 각종 석유가스의 총칭이다.
④ LNG는 액화천연가스를 말한다.

해설
- LNG : 액화천연가스(CH_4)
- LPG : 액화석유가스(C_3H_8, C_4H_{10})

58 다음 암모니아 제법 중 중압합성방법이 아닌 것은?

① 카자레법 ② 뉴우데법
③ 케미크법 ④ 뉴파우더법

해설 암모니아(NH_3) 고압합성법
- 압력 : 60~100MPa
- 방법 : 카자레법, 클로우드법

59 아세틸렌(C_2H_2)에 대한 설명 중 옳지 않은 것은?

① 시안화수소와 반응 시 아세트알데히드를 생성한다.
② 폭발범위(연소범위)는 약 2.5~81%이다.
③ 공기 중에서 연소하면 잘 탄다.
④ 무색이고 가연성이다.

해설 아세틸렌(C_2H_2)가스는 황산수은($HgSO_4$)을 촉매로 하여 물(H_2O)을 부가시키면 아세트알데히드(CH_3CHO)가 된다.

60 천연가스의 성질에 대한 설명으로 틀린 것은?

① 주성분은 메탄이다.
② 독성이 없고 청결한 가스이다.
③ 공기보다 무거워 누출 시 바닥에 고인다.
④ 발열량은 약 9,500~10,500kcal/m³ 정도이다.

해설 천연가스 CH_4의 분자량=16
비중$=\frac{분자량}{29}=\frac{16}{29}=0.553$
(공기보다 가볍다.)

2012년 1회 가스기능사

01 탱크를 지상에 설치하고자 할 때 방류둑을 설치하지 않아도 되는 저장탱크는?

① 저장능력 1,000톤 이상의 질소탱크
② 저장능력 1,000톤 이상의 부탄탱크
③ 저장능력 1,000톤 이상의 산소탱크
④ 저장능력 5톤 이상의 염소탱크

해설 질소가스는 불연성 무독성 가스이기 때문에 흘러 넘쳐도 방류둑이 필요하지 않다.

02 액화석유가스 충전소에서 저장탱크를 지하에 설치하는 경우에는 철근콘크리트로 저장탱크실을 만들고 그 실내에 설치하여야 한다. 이때 저장탱크 주위의 빈 공간에는 무엇을 채워야 하는가?

① 물 ② 마른 모래
③ 자갈 ④ 콜타르

해설 가스용 지하 저장탱크 설치 시 탱크 주위 공간에 마른 모래를 채워 넣어서 고정시킨다.

03 독성 가스 배관은 안전한 구조를 갖도록 하기 위해 2중관 구조로 하여야 한다. 다음 가스 중 2중관으로 하지 않아도 되는 가스는?

① 암모니아 ② 염화메탄
③ 시안화수소 ④ 에틸렌

해설
- 2중관 가스배관 : 염소, 포스겐, 불소, 아크릴알데히드, 아황산가스, 시안화수소, 황화수소
- C_2H_4(에틸렌) : 가연성 가스(폭발범위 2.7~36%)

04 자연환기설비 설치 시 LP가스의 용기 보관실 바닥 면적이 $3m^2$라면 통풍구의 크기는 몇 cm^2 이상으로 하도록 되어 있는가?(단, 철망 등이 부착되어 있지 않은 것으로 간주한다.)

① 500 ② 700
③ 900 ④ 1,100

해설 자연환기 통풍구 기준은 바닥면적 $1m^2$당 $300cm^2$
$\therefore 300 \times 3 = 900cm^2$

05 자동차 용기 충전시설에 게시한 "화기엄금"이라 표시한 게시판의 색상은?

① 황색바탕에 흑색문자 ② 백색바탕에 적색문자
③ 흑색바탕에 황색문자 ④ 적색바탕에 백색문자

해설 충전시설 화기엄금표시
- 바탕색 : 백색
- 글자색 : 적색

06 제조소의 긴급용 벤트스택 방출구의 위치는 작업원이 항시 통행하는 장소로부터 얼마나 이격되어야 하는가?

① 5m 이상 ② 10m 이상
③ 15m 이상 ④ 30m 이상

해설 가스제조소 벤드스택 방출구 : 작업원이 항시 통행하는 장소로부터 10m 이상 이격거리 필요

07 내용적이 1천L를 초과하는 염소용기의 부식여유두께의 기준은?

① 2mm 이상 ② 3mm 이상
③ 4mm 이상 ④ 5mm 이상

해설 염소가스 용기의 부식여유두께
- 1천L 이하 : 3mm 이상
- 1천L 초과 : 5mm 이상

08 고압가스 용접용기 제조 시 용기동판의 최대 두께와 최소 두께의 차이는 평균 두께의 몇 % 이하로 하여야 하는가?

① 10% ② 20%
③ 30% ④ 40%

1. ① 2. ② 3. ④ 4. ③ 5. ② 6. ② 7. ④ 8. ② | ANSWER

해설 고압가스 용접용기 제조 시 용기동판의 최대↔최소 두께 차이는 평균 두께의 20% 이하로 한다.

09 일반도시가스사업자가 선임하여야 하는 안전점검원 선임의 기준이 되는 배관길이 산정시 포함되는 배관은?

① 사용자공급관
② 내관
③ 가스사용자 소유 토지 내의 본관
④ 공공 도로 내의 공급관

해설 공공 도로 내의 도시가스 공급관을 배관길이당 법으로 정한 길이에 따라 안전점검원을 선임하여야 한다.

10 가연성 가스로 인한 화재의 종류는?

① A급 화재 ② B급 화재
③ C급 화재 ④ D급 화재

해설 ① A급 화재 : 일반 화재
② B급 화재 : 유류, 가스(가연성용)
③ C급 화재 : 전기
④ D급 화재 : 금속 화재

11 고압가스(산소, 아세틸렌, 수소)의 품질검사 주기의 기준은?

① 1월 1회 이상 ② 1주 1회 이상
③ 3일 1회 이상 ④ 1일 1회 이상

해설 산소, 아세틸렌, 수소는 품질검사가 필요하며 그 주기는 1일 1회 이상이다.

12 도시가스 사용시설의 배관은 움직이지 아니하도록 고정부착하는 조치를 하도록 규정하고 있는데 다음 중 배관의 호칭지름에 따른 고정간격의 기준으로 옳은 것은?

① 배관의 호칭지름 20mm인 경우 2m마다 고정
② 배관의 호칭지름 32mm인 경우 3m마다 고정
③ 배관의 호칭지름 40mm인 경우 4m마다 고정
④ 배관의 호칭지름 65mm인 경우 5m마다 고정

해설
- 호칭 13mm 미만 배관 : 1m마다 고정
- 호칭 13mm 이상~33mm 미만 : 2m마다 고정
- 호칭 33mm 이상 : 3m마다 고정

13 일반도시가스사업의 가스공급시설에서 중압 이하의 배관과 고압배관을 매설하는 경우 서로 몇 m 이상의 거리를 유지하여 설치하여야 하는가?

① 1 ② 2
③ 3 ④ 5

해설 도시가스 공급시설 배관매설
중압 이하 배관 $\xleftrightarrow[\text{이격거리}]{\text{2m 이상}}$ 고압배관

14 고압가스 일반제조소에서 저장탱크 설치 시 물분무장치는 동시에 방사할 수 있는 최대 수량을 몇 분 이상 연속하여 방사할 수 있는 수원에 접속되어 있어야 하는가?

① 30분 ② 45분
③ 60분 ④ 90분

해설 고압가스 물 분무장치는 저장탱크에 동시에 방사할 수 있는 최대수량은 30분 이상 방사가 가능한 수원에 접속되어야 한다.

15 아세틸렌을 용기에 충전할 때에는 미리 용기에 다공물질을 고루 채운 후 침윤 및 충전을 하여야 한다. 이 때 다공도는 얼마로 하여야 하는가?

① 75% 이상 92% 미만
② 70% 이상 95% 미만
③ 62% 이상 75% 미만
④ 92% 이상

해설 아세틸렌가스(C_2H_2)는 폭발범위가 넓고 분해 폭발을 방지하기 위해 다공물질을 채우는데, 그 다공도는 75% 이상~92% 미만이어야 한다.

16 다음 중 냄새로 누출 여부를 쉽게 알 수 있는 가스는?

① 질소, 이산화탄소 ② 일산화탄소, 아르곤
③ 염소, 암모니아 ④ 에탄, 부탄

해설 염소(독성 허용농도 1ppm)와 암모니아(독성 허용농도 25 ppm)는 독성 가스이므로 누출 여부를 냄새로 알 수 있다.

17 다음 중 독성이면서 가연성인 가스는?

① SO_2 ② $COCl_2$
③ HCN ④ C_2H_6

해설
- 독성 가스 : SO_2(아황산), $COCl_2$(포스겐), HCN(시안화수소)
- 가연성 : 시안화수소, 에탄(C_2H_6)

18 저장능력이 1ton인 액화염소 용기의 내용적(L)은? (단, 액화염소 정수(C)는 0.80이다.)

① 400 ② 600
③ 800 ④ 1,000

해설 $W=\frac{V}{C}$, $V=W\times C=(1\times 1{,}000)\times 0.8=800\text{L}$

19 고압가스 운반 등의 기준으로 틀린 것은?

① 고압가스를 운반하는 때에는 재해방지를 위하여 필요한 주의사항을 기재한 서면을 운전자에게 교부하고 운전 중 휴대하게 한다.
② 차량의 고장, 교통사정 또는 운전자의 휴식 등 부득이한 경우를 제외하고는 장시간 정차하여서는 안 된다.
③ 고속도로 운행 중 점심식사를 하기 위해 운반책임자와 운전자가 동시에 차량을 이탈할 때에는 시건장치를 하여야 한다.
④ 지정한 도로, 시간, 속도에 따라 운반하여야 한다.

해설 고압가스 운반에서 운반책임자와 운전자가 동시에 차량에서 이탈하면 안 된다.

20 정압기지의 방호벽을 철근콘크리트 구조로 설치할 경우 방호벽 기초의 기준에 대한 설명 중 틀린 것은?

① 일체로 된 철근콘크리트 기초로 한다.
② 높이 350mm 이상, 되메우기 깊이는 300mm 이상으로 한다.
③ 두께 200mm 이상, 간격 3,200mm 이하의 보조벽을 본체와 직각으로 설치한다.
④ 기초의 두께는 방호벽 최하부 두께의 120% 이상으로 한다.

해설 보조벽 ③은 수평설치가 맞다.

21 고압가스 제조설비의 계장회로에는 제조하는 고압가스의 종류 · 온도 및 압력과 제조설비의 상황에 따라 안전확보를 위한 주요 부문에 설비가 잘못 조작되거나 정상적인 제조를 할 수 없는 경우에 자동으로 원재료의 공급을 차단시키는 등 제조설비 안의 제조를 제어할 수 있는 장치를 설치하는데 이를 무엇이라 하는가?

① 인터록제어장치 ② 긴급차단장치
③ 긴급이송설비 ④ 벤트스택

해설 인터록제어장치 : 고압가스 제조설비 안전 제어장치

22 다음 중 독성(TLV-TWA)이 가장 강한 가스는?

① 암모니아 ② 황화수소
③ 일산화탄소 ④ 아황산가스

해설 독성 농도(ppm)
① 암모니아 : 25
② 황화수소 : 10
③ 일산화탄소 : 50
④ 아황산가스 : 5

23 독성 가스 배관을 지하에 매설할 경우 배관은 그 가스가 혼입될 우려가 있는 수도시설과 몇 m 이상의 거리를 유지하여야 하는가?

① 50m ② 100m
③ 200m ④ 300m

16. ③ 17. ③ 18. ③ 19. ③ 20. ③ 21. ① 22. ④ 23. ④ | ANSWER

해설 독성 가스 배관 ←――――――→ 수도시설
(300m 이상 이격거리가 필요하다.)

24 다음 중 같은 성질을 가진 가스로만 나열된 것은?

① 에탄, 에틸렌 ② 암모니아, 산소
③ 오존, 아황산가스 ④ 헬륨, 염소

해설
- 가연성 : 에탄(C_2H_6), 에틸렌(C_2H_4)
- 독성 : 오존(O_3), 아황산가스(SO_2), 염소(Cl_2)
- 무독성 : 산소(O_2), 헬륨(He)
- 조연성 : 산소, 오존, 염소

25 고압가스 용기의 안전점검 기준에 해당되지 않는 것은?

① 용기의 부식, 도색 및 표시 확인
② 용기의 캡이 씌워져 있거나 프로텍터의 부착 여부 확인
③ 재검사 기간의 도래 여부 확인
④ 용기의 누출을 성냥불로 확인

해설 고압가스 용기의 가스누출 확인 : 비눗물

26 가스 공급시설의 임시사용 기준 항목이 아닌 것은?

① 도시가스 공급이 가능한지의 여부
② 도시가스의 수급상태를 고려할 때 해당지역에 도시가스의 공급이 필요한지의 여부
③ 공급의 이익 여부
④ 가스공급시설을 사용할 때 안전을 해칠 우려가 있는지의 여부

해설 가스 공급시설의 임시사용 기준 항목에서 공급의 이익 여부는 생략한다.

27 용기의 파열사고 원인으로 가장 거리가 먼 것은?

① 용기의 내압력 부족
② 용기의 내압 상승
③ 용기 내에서 폭발성 혼합가스에 의한 발화
④ 안전밸브의 작동

해설 안전밸브(안전장치)가 작동하면 용기의 파열사고가 미연에 방지된다.

28 도시가스 배관의 철도궤도 중심과 이격거리 기준으로 옳은 것은?

① 1m 이상 ② 2m 이상
③ 4m 이상 ④ 5m 이상

해설 철도부지 매설배관
배관 외면 ←4m 이상→ 궤도 중심

29 충전용기 보관실의 온도는 항상 몇 ℃ 이하를 유지하여야 하는가?

① 40℃ ② 45℃
③ 50℃ ④ 55℃

해설 가스 충전용기는 항상 40℃ 이하를 유지한다.

30 시안화수소 가스는 위험성이 매우 높아 용기에 충전 보관할 때에는 안정제를 첨가하여야 한다. 적합한 안정제는?

① 염산 ② 이산화탄소
③ 황산 ④ 질소

해설 시안화수소(HCN) : 복숭아 향 가스
- 폭발범위 : 6~41%
- 중합폭발 방지를 위해 안정제는 황산, 동망, 염화칼슘, 인산, 오산화인, 아황산가스 등

31 가스 폭발 사고의 근본적인 원인으로 가장 거리가 먼 것은?

① 내용물의 누출 및 확산
② 화학반응열 또는 잠열의 축적
③ 누출경보장치의 미비
④ 착화원 또는 고온물의 생성

해설 가스에서 화학반응열이나 잠열은 폭발사고와는 관련성이 없다.

ANSWER | 24. ① 25. ④ 26. ③ 27. ④ 28. ③ 29. ① 30. ③ 31. ②

32 **정압기의 선정 시 유의사항으로 가장 거리가 먼 것은?**

① 정압기의 내압성능 및 사용 최대차압
② 정압기의 용량
③ 정압기의 크기
④ 1차 압력과 2차 압력 범위

해설 정압기의 크기는 정압기의 선정 시 유의사항에서 거리가 멀다. ①, ②, ③항이 선정사항이다.

33 **가스용품제조허가를 받아야 하는 품목이 아닌 것은?**

① PE 배관 ② 매몰형 정압기
③ 로딩암 ④ 연료전지

해설 허가품목 : ②, ③, ④ 외에도 압력조정기, 가스누출차단장치, 가스누출차단장치, 정압기용 필터, 호스, 배관용 밸브, 콕, 배관이음반, 강제혼합식가스버너, 연소기, 다기능가스안전계량기, 연료진지

34 **다음 그림은 무슨 공기 액화장치인가?**

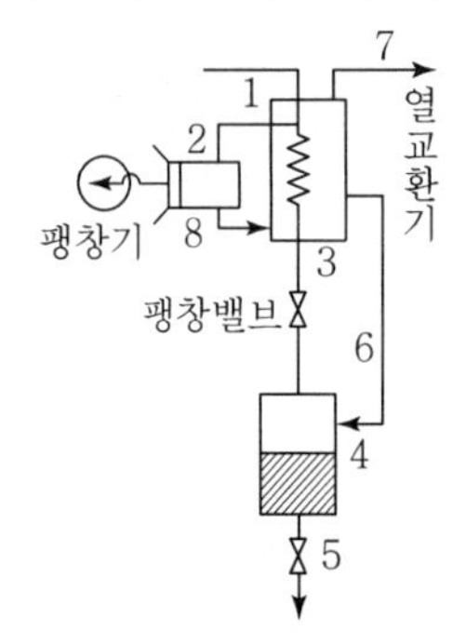

① 클라우드식 액화장치 ② 린데식 액화장치
③ 캐피자식 액화장치 ④ 필립스식 액화장치

해설 클라우드식 액화장치 : 줄－톰슨 효과를 이용하기 때문에(피스톤식 팽창기 이용) 린데식보다는 효율적이다.

35 **2,000rpm으로 회전하는 펌프를 3,500rpm으로 변환하였을 경우 펌프의 유량과 양정은 각각 몇 배가 되는가?**

① 유량 : 2.65, 양정 : 4.12
② 유량 : 3.06, 양정 : 1.75
③ 유량 : 3.06, 양정 : 5.36
④ 유량 : 1.75, 양정 : 3.06

해설 유량$=\left(\frac{N_2}{N_1}\right)=\left(\frac{3,500}{2,000}\right)=1.75$배

양정$=\left(\frac{N_2}{N_1}\right)^2=\left(\frac{3,500}{2,000}\right)^2=3.06$배

36 **액주식 압력계가 아닌 것은?**

① U자관식 ② 경사관식
③ 벨로스식 ④ 단관식

해설 탄성식 압력계 : 벨로스식, 다이어프램식, 부르동관식

37 **가스분석 시 이산화탄소 흡수제로 주로 사용되는 것은?**

① NaCl ② KCl
③ KOH ④ $Ca(OH)_2$

해설 이산화탄소(CO_2) 흡수용액 : 수산화칼륨(KOH)용액 33%

38 **이동식 부탄연소기의 용기연결방법에 따른 분류가 아닌 것은?**

① 카세트식 ② 직결식
③ 분리식 ④ 일체식

해설 이동식 부탄연소기의 용기연결방법
- 카세트식
- 직결식
- 분리식

39 **파일럿 정압기 중 구동압력이 증가하면 개도도 증가하는 방식으로서 정특성·동특성이 양호하고 비교적 컴팩트한 구조의 로딩형 정압기는?**

① Fisher식 ② Axial Flow식
③ Reynolds식 ④ KRF식

해설 피셔식(Fisher)식 : 구동압력이 증가하면 개도가 증가하고 정특성·동특성이 양호하며 비교적 컴팩트하다.

32. ③ 33. ① 34. ① 35. ④ 36. ③ 37. ③ 38. ④ 39. ① | ANSWER

40 다음 가스분석법 중 흡수분석법에 해당하지 않는 것은?

① 헴펠법 ② 구데법
③ 오르자트법 ④ 게겔법

해설 켈로그법, 구데법 : 암모니아 합성공정(저압합성법)

41 땅속의 애노드에 강제 전압을 가하여 피방식 금속제를 캐소드로 하는 전기방식법은?

① 희생양극법 ② 외부전원법
③ 선택배류법 ④ 강제배류법

해설 외부전원법 : 땅속의 애노드에 강제 전압을 가하여 피방식 금속제를 캐소드로 하는 전기방식이다.

42 화학적 부식이나 전기적 부식의 염려가 없고 0.4MPa 이하의 매몰배관으로 주로 사용하는 배관의 종류는?

① 배관용 탄소강관 ② 폴리에틸렌피복강관
③ 스테인리스강관 ④ 폴리에틸렌관

해설 폴리에틸렌관(PE관) : 화학적 부식이나 전기적 부식의 염려가 없는 0.4MPa 이하의 매몰배관이다.

43 도시가스의 총발열량이 10,400kcal/m³, 공기에 대한 비중이 0.55일 때 웨베지수는 얼마인가?

① 11,023 ② 12,023
③ 13,023 ④ 14,023

해설 웨베지수(WI) $= \frac{H_g}{\sqrt{d}} = \frac{10,400}{\sqrt{0.55}} = 14,023$

44 가연성 가스 검출기 중 탄광에서 발생하는 CH_4의 농도를 측정하는 데 주로 사용되는 것은?

① 간섭계형 ② 안전등형
③ 열선형 ④ 반도체형

해설 안전등형 : 탄광에서 메탄(CH_4)의 농도 측정

45 서로 다른 두 종류의 금속을 연결하여 폐회로를 만든 후, 양접점에 온도차를 두면 금속 내에 열기전력이 발생하는 원리를 이용한 온도계는?

① 광전관식 온도계
② 바이메탈 온도계
③ 서미스터 온도계
④ 열전대 온도계

해설 열전대 온도계(접촉식) : 서로 다른 두 종류의 금속을 연결하여 폐회로를 만든 후 양접점에 온도차를 주면 금속에 열기전력이 발생하는 원리를 이용한 온도계(백금－백금모듐 온도계)

46 다음 중 액화가 가장 어려운 가스는?

① H_2 ② He
③ N_2 ④ CH_4

해설 가스의 융점(비점) : 비점이 낮으면 액화하기가 곤란하다.
① 수소(H_2) : －252℃
② 헬륨(He) : －272.2℃
③ 질소(N_2) : －196℃
④ 메탄(CH_4) : －162℃

47 다음 중 압력이 가장 높은 것은?

① 10 lb/in² ② 750mmHg
③ 1atm ④ 1kg/cm²

해설 1atm＝1.033kg/cm²＝760mmHg
＝14.7 lb/in²＝10.33mmAg＝101,325Pa

48 자동절체식 조정기의 경우 사용 쪽 용기 안의 압력이 얼마 이상일 때 표시 용량의 범위에서 예비 쪽 용기에서 가스가 공급되지 않아야 하는가?

① 0.05MPa ② 0.1MPa
③ 0.15MPa ④ 0.2MPa

해설 0.1MPa(1kg/cm² 압력 이상일 때 예비 쪽 용기에서 가스가 공급되지 않는다.

ANSWER | 40. ② 41. ② 42. ④ 43. ④ 44. ② 45. ④ 46. ② 47. ③ 48. ②

49 산소의 성질에 대한 설명 중 옳지 않은 것은?

① 자신은 폭발위험이 없으나 연소를 돕는 조연제이다.
② 액체산소는 무색, 무취이다.
③ 화학적으로 활성이 강하며 많은 원소와 반응하여 산화물을 만든다.
④ 상자성을 가지고 있다.

해설 액체산소 : 담청색(비점 −183℃)

50 '성능계수(ε)가 무한정한 냉동기의 제작은 불가능하다.'라고 표현되는 법칙은?

① 열역학 제0법칙　② 열역학 제1법칙
③ 열역학 제2법칙　④ 열역학 제3법칙

해설 • 열역학 제2법칙 Ostwald의 표현 : 자연계에 아무런 변화도 남기지 않고 어느 열원의 열을 계속해서 일로 바꾸는 제2종 영구기관은 존재하지 않는다.
• 제2종 영구기관 : 입력과 출력이 같은 기관, 즉 효율이 100%인 기관(열역학 제2법칙에 위배)

51 60K를 랭킨온도로 환산하면 약 몇 °R인가?

① 109　② 117
③ 126　④ 135

해설 $°R = °F + 460 = K \times 1.8$
$°F = \frac{9}{5} \times ℃ + 32$
여기서, °R : 랭킨절대온도, K : 켈빈절대온도
°F : 화씨온도, ℃ : 섭씨온도
∴ 60K×1.8배≒109°R

52 밀폐된 공간 안에서 LP가스가 연소되고 있을 때의 현상으로 틀린 것은?

① 시간이 지나감에 따라 일산화탄소가 증가된다.
② 시간이 지나감에 따라 이산화탄소가 증가된다.
③ 시간이 지나감에 따라 산소농도가 감소된다.
④ 시간이 지나감에 따라 아황산가스가 증가된다.

해설 밀폐공간 LP가스는 연소 시 CO가스가 또는 CO_2가 증가한다.(공기 내 산소부족)

53 탄소 12g을 완전연소시킬 경우에 발생되는 이산화탄소는 약 몇 L인가?(단, 표준상태일 때를 기준으로 한다.)

① 11.2　② 12
③ 22.4　④ 32

해설 탄소(C) 1mol(1몰) = 12g
$C + O_2 \rightarrow CO_2$
12g + 22.4L → 22.4L

54 공기 중에서 폭발하한이 가장 낮은 탄화수소는?

① CH_4　② C_4H_{10}
③ C_3H_8　④ C_2H_6

해설 폭발범위(하한값~상한값)
① 메탄(CH_4) : 5~15%
② 부탄(C_4H_{10}) : 1.8~8.4%
③ 프로판(C_3H_8) : 2.1~9.5%
④ 에탄(C_2H_6) : 3~12.5%

55 에틸렌 제조의 원료로 사용되지 않는 것은?

① 나프타
② 에탄올
③ 프로판
④ 염화메탄

해설 에틸렌 제조원료
• 탄화수소(프로판, 에탄올)
• 나프타
• 아세틸렌

56 다음 중 비중이 가장 작은 가스는?

① 수소　② 질소
③ 부탄　④ 프로판

해설 비중 = $\frac{29(\text{공기분자량})}{\text{가스분자량}}$
• 가스분자량이 작으면 비중이 작다.
• 분자량 : 수소(2), 질소(28), 부탄(58), 프로판(44)

49. ② 50. ③ 51. ① 52. ④ 53. ③ 54. ② 55. ④ 56. ① | ANSWER

57 가연성 가스의 정의에 대한 설명으로 맞는 것은?

① 폭발한계의 하한이 10% 이하인 것과 폭발한계의 상한과 하한의 차가 20% 이상인 것을 말한다.
② 폭발한계의 하한이 20% 이하인 것과 폭발한계의 상한과 하한의 차가 10% 이상인 것을 말한다.
③ 폭발한계의 상한이 10% 이하인 것과 폭발한계의 상한과 하한의 차가 20% 이하인 것을 말한다.
④ 폭발한계의 상한이 10% 이상인 것과 폭발한계의 상한과 하한의 차가 10% 이하인 것을 말한다.

해설 ①항의 내용은 가연성 가스의 정의이다.

58 다음 중 아세틸렌의 발생방식이 아닌 것은?

① 주수식 : 카바이드에 물을 넣는 방법
② 투입식 : 물에 카바이드를 넣는 방법
③ 접촉식 : 물과 카바이드를 소량씩 접촉시키는 방법
④ 가열식 : 카바이드를 가열하는 방법

해설 아세틸렌 발생 제조법

- 주수식
- 투입식
- 접촉식

59 암모니아 가스의 특성에 대한 설명으로 옳은 것은?

① 물에 잘 녹지 않는다.
② 무색의 기체이다.
③ 상온에서 아주 불안정하다.
④ 물에 녹으면 산성이 된다.

해설 암모니아

- 자극성 냄새가 난다.
- 물에 녹는다.
- 무색의 기체이다.
- 상온에서 안정하다.

60 질소에 대한 설명으로 틀린 것은?

① 질소는 다른 원소와 반응하지 않아 기기의 기밀시험용 가스로 사용된다.
② 촉매 등을 사용하여 상온(350℃)에서 수소와 반응시키면 암모니아를 생성한다.
③ 주로 액체 공기를 비점 차이로 분류하여 산소와 같이 얻는다.
④ 비점이 대단히 낮아 극저온의 냉매로 이용된다.

해설 질소를 고온 · 고압에서 수소(H_2)와 반응시켜 암모니아(NH_3)를 제조한다.

$$N_2 + 3H_2 \xrightarrow[250\ \text{atm}]{550\ ℃} 2NH_3$$

2012년 2회 가스기능사

01 도시가스 사용시설 중 가스계량기의 설치기준으로 틀린 것은?

① 가스계량기는 화기(자체 화기는 제외)와 2m 이상의 우회 거리를 유지하여야 한다.
② 가스계량기($30m^3/h$ 미만)의 설치 높이는 바닥으로부터 1.6m 이상, 2m 이내이어야 한다.
③ 가스계량기를 격납상자 내에 설치하는 경우에는 설치 높이의 제한을 받지 아니한다.
④ 가스계량기는 절연조치를 하지 아니한 전선과 30cm 이상의 거리를 유지하여야 한다.

해설 가스계량기 : 절연조치를 하지 아니한 전선과는 15cm 이상 거리를 유지한다.

02 지상에 설치하는 액화석유가스의 저장탱크 안전밸브에 가스 방출관을 설치하고자 한다. 저장탱크의 정상부가 8m일 경우 방출관의 방출구 높이는 지상에서 얼마 이상의 높이에 설치하여야 하는가?

① 5m ② 8m
③ 10m ④ 12m

해설 저장탱크의 정상부 높이+2m 이상 높은 위치
∴ 8+2=10m 이상 높이에 가스방출관 설치

03 다음 중 지식경제부령이 정하는 특정설비가 아닌 것은?

① 저장탱크
② 저장탱크의 안전밸브
③ 조정기
④ 기화기

해설 특정설비
• 저장탱크 및 그 부속품
• 차량에 고정된 탱크 및 그 부속품
• 저장탱크와 함께 설치된 기화기

04 지하에 매설된 도시가스 배관의 전기방식 기준으로 틀린 것은?

① 전기방식전류가 흐르는 상태에서 토양 중에 있는 배관 등의 방식전위 상한값은 포화황산동 기준전극으로 −0.85V 이하일 것
② 전기방식전류가 흐르는 상태에서 자연전위와의 전위변화가 최소한 −300mV 이하일 것
③ 배관에 대한 전위측정은 가능한 배관 가까운 위치에서 실시할 것
④ 전기방식시설의 관대지 전위 등을 2년에 1회 이상 점검할 것

해설 • 전기방식시설의 관대지 전위 등은 1년에 1회 이상 점검
• 계기류 확인(전기방식시설) 등은 3개월에 1회 이상(외부전원법이나 배류법에 한하여)

05 가스용 폴리에틸렌관의 굴곡허용반경은 외경의 몇 배 이상으로 하여야 하는가?

① 10 ② 20
③ 30 ④ 50

해설 가스용 폴리에틸렌관의 굴곡허용 반경은 외경의 20배 이상으로 한다.(다만, 굴곡반경이 외경의 20배 미만일 경우에는 엘보를 사용한다.)

06 압력용기의 내압부분에 대한 비파괴 시험으로 실시되는 초음파탐상시험 대상은?

① 두께가 35mm인 탄소강
② 두께가 5mm인 9% 니켈강
③ 두께가 15mm인 2.5% 니켈강
④ 두께가 30mm인 저합금강

해설 초음파 탐상시험 재료(압력용기)
• 탄소강 : 50mm 이상
• 니켈강 : 두께 13mm 이상인 2.5% 니켈강 및 3.5% 니켈강
• 저합금강 : 두께가 38mm 이상

1. ④ 2. ③ 3. ③ 4. ④ 5. ② 6. ③ | ANSWER

07 프로판 15vol%와 부탄 85vol%로 혼합된 가스의 공기 중 폭발하한 값은 약 몇 %인가?(단, 프로판의 폭발하한 값은 2.1%이고, 부탄은 1.8%이다.)

① 1.84　② 1.88
③ 1.94　④ 1.98

해설 $\frac{100}{L}=\frac{V_1}{L_1}+\frac{V_2}{L_2}=\left(\frac{15}{2.1}+\frac{85}{1.8}\right)=54.37$

$\therefore \frac{100}{54.37}=1.84$

08 특정고압가스용 실린더캐비닛 제조설비가 아닌 것은?

① 가공설비　② 세척설비
③ 패널설비　④ 용접설비

해설 특정고압가스용 실린더캐비닛 제조설비
- 가공설비
- 세척설비
- 용접설비

09 가스설비를 수리할 때 산소의 농도가 약 몇 % 이하가 되면 산소결핍현상을 초래하게 되는가?

① 8%　② 12%
③ 16%　④ 20%

해설 산소농도가 16% 이하 : 산소결핍현상

10 인체용 에어졸 제품의 용기에 기재하여야 할 사항으로 틀린 것은?

① 특정부위에 계속하여 장시간 사용하지 말 것
② 가능한 한 인체에서 10cm 이상 떨어져서 사용할 것
③ 온도가 40℃ 이상 되는 장소에 보관하지 말 것
④ 불 속에 버리지 말 것

해설 인체용 에어졸 제품의 용기 기재사항
- 특정부위에 계속 장시간 사용하지 말 것(20cm 이상 이격거리 유지)
- 온도가 40℃ 이상 되는 장소에 보관하지 말 것
- 불 속에 버리지 말 것

11 도시가스의 유해성분 측정에 있어 암모니아는 도시가스 $1m^3$당 몇 g을 초과해서는 안 되는가?

① 0.02　② 0.2
③ 0.5　④ 1.0

해설 도시가스 유해성분 측정(0℃, 1.013250bar)
건조한 도시가스 $1m^3$당 다음을 초과하지 못한다.
- 황전량 : 0.5g
- 황화수소 : 0.02g
- 암모니아 : 0.2g

12 용기 동판의 최대 두께와 최소 두께와의 차이는 평균 두께의 몇 % 이하로 하여야 하는가?

① 5%　② 10%
③ 20%　④ 30%

해설 고압가스 용기 동판의 최대 두께와 최소 두께와의 차이는 평균 두께의 20% 이하로 한다.

13 저장능력 $300m^3$이상인 2개의 가스홀더 A, B 간에 유지해야 할 거리는?(단, A와 B의 최대지름은 각각 8m, 4m이다.)

① 1m　② 2m
③ 3m　④ 4m

해설 가스홀더 유지거리
홀더 합산지름 $\times \frac{1}{4}$ 이상

$\therefore 8+4=12m,\ 12\times\frac{1}{4}=3m$ 이상

14 다음 중 가연성이면서 유독한 가스는?

① NH_3　② H_2
③ CH_4　④ N_2

해설
- 가연성 : 수소(H_2), 메탄(CH_4), 암모니아(NH_3)
- 불연성 : 질소(N_2)

※ 암모니아 : 폭발범위 15~28%, 독성 허용농도 25ppm

ANSWER | 7. ① 8. ③ 9. ③ 10. ② 11. ② 12. ③ 13. ③ 14. ①

15 부취제의 구비조건으로 적합하지 않은 것은?

① 연료가스 연소 시 완전 연소될 것
② 일상생활의 냄새와 확연히 구분될 것
③ 토양에 쉽게 흡수될 것
④ 물에 녹지 않을 것

해설 부취제(가스양의 $\frac{1}{1,000}$ 혼합)의 특성
• THT : 석탄가스 냄새
• TBM : 양파 썩는 냄새
• DMS : 마늘 냄새
※ 토양에 대한 투과성이 클 것

16 가스보일러의 설치기준 중 자연배기식 보일러의 배기통 설치방법으로 옳지 않은 것은?

① 배기통의 굴곡수는 6개 이하로 한다.
② 배기통의 끝은 옥외로 뽑아낸다.
③ 배기통의 입상높이는 원칙적으로 10m 이하로 한다.
④ 배기통의 가로 길이는 5m 이하로 한다.

해설 가스보일러(자연배기식)의 배기통 굴곡수는 4개소 이내로 할 것

17 가스누출자동차단장치 및 가스누출자동차단기의 설치기준에 대한 설명으로 틀린 것은?

① 가스공급이 불시에 자동 차단됨으로써 재해 및 손실이 클 우려가 있는 시설에는 가스누출경보차단장치를 설치하지 않을 수 있다.
② 가스누출자동차단기를 설치하여도 설치목적을 달성할 수 없는 시설에는 가스누출자동차단기를 설치하지 않을 수 있다.
③ 월사용예정량이 $1,000m^3$ 미만으로서 연소기에 소화안전장치가 부착되어 있는 경우에는 가스누출경보차단장치를 설치하지 않을 수 있다.
④ 지하에 있는 가정용 가스사용시설은 가스누출경보차단장치의 설치대상에서 제외된다.

해설 특정가스사용시설에서 월 사용예정량 $2,000m^3$ 미만으로서 연소기가 연결된 각 배관에 퓨즈콕, 상자콕 등 각 연소기에 소화안전장치가 부착되어 있는 경우 가스누출자동차단기를 설치하지 않을 수 있다.

18 다음 가스 중 독성이 가장 강한 것은?

① 염소
② 불소
③ 시안화수소
④ 암모니아

해설 독성 허용농도(ppm) : 허용농도가 작을수록 독성이 강하다.
① 염소 : 1
② 불소 : 0.1
③ 시안화수소 : 10
④ 암모니아 : 25

19 도시가스 배관을 지하에 설치 시공 시 다른 배관이나 타 시설물과의 이격거리 기준은?

① 30cm 이상 ② 50cm 이상
③ 1m 이상 ④ 1.2m 이상

해설 도시가스 지하배관 $\xleftrightarrow[\text{이상}]{30cm}$ 다른 배관 또는 타 시설물

20 고압가스 충전용기의 적재 기준으로 틀린 것은?

① 차량의 최대적재량을 초과하여 적재하지 아니한다.
② 충전 용기의 차량에 적재하는 때에는 뉘여서 적재한다.
③ 차량의 적재함을 초과하여 적재하지 아니한다.
④ 밸브가 돌출한 충전용기는 밸브의 손상을 방지하는 조치를 한다.

해설 고압가스 충전용기는 차량에 적재하는 경우 세워서 적재한다.

21 방류둑에는 계단, 사다리 또는 토사를 높이 쌓아올림 등에 의한 출입구를 둘레 몇 m마다 1개 이상을 두어야 하는가?

① 30 ② 50
③ 75 ④ 100

해설 방류둑에는 계단, 사다리 등을 출입구 둘레 50m마다 1개 이상 두어야 한다.

15. ③ 16. ① 17. ③ 18. ② 19. ① 20. ② 21. ② | ANSWER

22 **아세틸렌가스 압축 시 희석제로서 적당하지 않은 것은?**

① 질소　　② 메탄
③ 일산화탄소　　④ 산소

해설 아세틸렌가스 압축 시 희석제
- 에틸렌
- 메탄
- 일산화탄소
- 질소 등

23 **가스가 누출된 경우 제2의 누출을 방지하기 위하여 방류둑을 설치한다. 방류둑을 설치하지 않아도 되는 저장탱크는?**

① 저장능력 1,000톤의 액화질소탱크
② 저장능력 10톤의 액화암모니아탱크
③ 저장능력 1,000톤의 액화산소탱크
④ 저장능력 5톤의 액화염소탱크

해설 질소는 독성이나 가연성이 아니므로 방류둑이 필요없다.

24 **냉동기 제조시설에서 내압성능을 확인하기 위한 시험압력의 기준은?**

① 설계압력 이상
② 설계압력의 1.25배 이상
③ 설계압력의 1.5배 이상
④ 설계압력의 2배 이상

해설 냉동기 제조에서 내압성능시험 : 설계압력의 1.5배 이상

25 **충전용기를 차량에 적재하여 운반 시 차량의 앞뒤 보기 쉬운 곳에 표시하는 경계표시의 글씨 색깔 및 내용으로 적합한 것은?**

① 노랑 글씨–위험고압가스
② 붉은 글씨–위험고압가스
③ 노랑 글씨–주의고압가스
④ 붉은 글씨–주의고압가스

해설 충전용기 차량 경계표시
- 글씨 : 적색
- 내용 : 위험고압가스

26 **고압가스 운반, 취급에 관한 안전사항 중 염소와 동일 차량에 적재하여 운반이 가능한 가스는?**

① 아세틸렌
② 암모니아
③ 질소
④ 수소

해설 염소가스와 동일 차량에 적재가 불가능한 가스
아세틸렌, 암모니아, 수소 등

27 **사고를 일으키는 장치의 이상이나 운전자 실수의 조합을 연역적으로 분석하는 정량적 위험성 평가기법은?**

① 사건수분석(ETA)기법
② 결함수분석(FTA)기법
③ 위험과 운전분석(HAZOP)기법
④ 이상위험도분석(FMECA)기법

해설 FTA(결함수분석)
사고를 일으키는 장치의 이상이나 운전자 실수의 조합을 연역적으로 분석하는 정량적 안정성 평가기법

28 **가스배관의 주위를 굴착하고자 할 때에는 가스배관의 좌우 얼마 이내의 부분을 인력으로 굴착해야 하는가?**

① 30cm 이내　　② 50cm 이내
③ 1m 이내　　④ 1.5m 이내

해설 가스배관 주위 굴착 시 가스배관의 좌우 1m 이내의 부분은 인력으로 굴착한다.

29 **천연가스의 발열량이 10,400kcal/Sm^{3}이다. SI 단위인 MJ/Sm^{3}으로 나타내면?**

① 2.47　　② 43.68
③ 2.476　　④ 43,680

해설 1kcal = 4.2kJ
10,400 × 4.2 = 43,680kJ(43,680,000J/Sm^3)
= 43.68MJ

ANSWER | 22. ④ 23. ① 24. ③ 25. ② 26. ③ 27. ② 28. ③ 29. ②

30 시안화수소 충전 시 한 용기에서 60일을 초과할 수 있는 경우는?

① 순도가 90% 이상으로서 착색이 된 경우
② 순도가 90% 이상으로서 착색되지 아니한 경우
③ 순도가 98% 이상으로서 착색이 된 경우
④ 순도가 98% 이상으로서 착색되지 아니한 경우

해설 용기용 시안화수소 독성 가스는 순도가 98% 이상이면 착색되지 아니한 경우 60일을 초과할 수 있다.

31 액화가스의 고압가스설비에 부착되어 있는 스프링식 안전밸브는 상용의 온도에서 그 고압가스 설비 내의 액화가스의 상용의 체적이 그 고압가스설비 내의 몇 %까지 팽창하게 되는 온도에 대응하는 그 고압가스설비 안의 압력에서 작동하는 것으로 하여야 하는가?

① 90 ② 95
③ 98 ④ 99.5

해설 스프링식 안전밸브 : 상용체적이 고압가스 설비 내 98%까지 팽창하게 되는 온도에 대응하는 압력에서 작용하여야 한다.

32 안정된 불꽃으로 완전연소를 할 수 있는 염공의 단위 면적당 인풋(Input)을 무엇이라고 하는가?

① 염공부하 ② 연소실부하
③ 연소효율 ④ 배기열손실

해설 염공부하 : 안정된 불꽃으로 완전연소를 할 수 있는 염공의 단위 면적당 인풋

33 자동교체식 조정기 사용 시 장점으로 틀린 것은?

① 전체용기 수량이 수동식보다 적어도 된다.
② 배관의 압력손실을 크게 해도 된다.
③ 잔액이 거의 없어질 때까지 소비된다.
④ 용기교환 주기의 폭을 좁힐 수 있다.

해설 자동교체식 조정기 사용 시에는 용기 교환주기의 폭을 넓힐 수 있다.

34 저장능력 50톤인 액화산소 저장탱크 외면에서 사업소경계선까지의 최단거리가 50m일 경우 이 저장탱크에 대한 내진설계등급은?

① 내진 특등급 ② 내진 1등급
③ 내진 2등급 ④ 내진 3등급

해설 다음에 해당하면 내진설계 2등급에 해당한다.
- 저장능력 : 10톤 초과~100톤 이하
- 사업소경계선까지 최단거리 : 40m 초과~90m 이하

35 다음 중 흡수분석법의 종류가 아닌 것은?

① 헴펠법
② 활성알루미나겔법
③ 오르자트법
④ 게겔법

해설 가스 흡수분석법 : 헴펠법, 오르자트법, 게겔법

36 LPG 기화장치의 작동원리에 따른 구분으로 저온의 액화가스를 조정기를 통화여 감압한 후 열교환기에 공급해 강제 기화시켜 공급하는 방식은?

① 해수가열 방식 ② 가온감압 방식
③ 감압가열 방식 ④ 중간매체 방식

해설 감압가열 방식(LPG 기화장치) : 저온의 액화가스를 조정기를 통하여 감압한 후 열교환기에 공급해 강제기화시킨다.

37 특정가스 제조시설에 설치한 가연성 독성 가스 누출검지 경보장치에 대한 설명으로 틀린 것은?

① 누출된 가스가 체류하기 쉬운 곳에 설치한다.
② 설치수는 신속하게 감지할 수 있는 숫자로 한다.
③ 설치위치는 눈에 잘 보이는 위치로 한다.
④ 기능은 가스의 종류에 적합한 것으로 한다.

해설 독성 가스 누출검지 경보기 설치 : 설치위치는 가스비중, 주위상황, 가스설비 높이 또는 가스종류 등 조건에 따라서 결정한다.

30. ④ 31. ③ 32. ① 33. ④ 34. ③ 35. ② 36. ③ 37. ③ | ANSWER

38 **열전대 온도계는 열전쌍회로에서 두 접점의 발생되는 어떤 현상의 원리를 이용한 것인가?**

① 열기전력　　② 열팽창계수
③ 체적변화　　④ 탄성계수

해설 열전대 온도계 : 열기전력 이용

39 **도시가스 제조공정에서 사용되는 촉매의 열화와 가장 거리가 먼 것은?**

① 유황화합물에 의한 열화
② 불순물의 표면 피복에 의한 열화
③ 단체와 니켈과의 반응에 의한 열화
④ 불포화탄화수소에 의한 열화

해설 도시가스 제조 공정에서 촉매의 열화는 ①, ②, ③에 의한 열화가 많다.

40 **액화천연가스(LNG) 저장탱크 중 액화천연가스의 최고 액면을 지표면과 동등 또는 그 이하가 되도록 설치하는 형태의 저장탱크는?**

① 지상식 저장탱크(Aboveground Storage Tank)
② 지중식 저장탱크(Inground Storage Tank)
③ 지하식 저장탱크(Underground Storage Tank)
④ 단일방호식 저장탱크(Single Containment Tank)

해설 지중식 저장탱크 : LNG 저장탱크 중 액화천연가스의 최고 액면을 지표면과 동등 또는 그 이하가 되도록 설치한다.

41 **모듈 3, 잇수 10개, 기어의 폭이 12mm인 기어펌프를 1,200rpm으로 회전할 때 송출량은 약 얼마인가?**

① 9,030cm^3/s　　② 11,260cm^3/s
③ 12,160cm^3/s　　④ 13,570cm^3/s

해설 기어펌프 배출량

$$Q=2\pi Z(M)^2\times B\times\frac{\text{rpm}}{60}\times\eta_v(\text{cm}^3/\text{s})$$

기어의 폭 12mm(1.2cm)

$\therefore\ Q=(2\times3.14\times10\times3^2\times1.2)\times1,200$
$=13,565\text{cm}^3/\text{s}$

42 **고압가스 배관재료로 사용되는 동관의 특징에 대한 설명으로 틀린 것은?**

① 가공성이 좋다.　　② 열전도율이 적다.
③ 시공이 용이하다.　　④ 내식성이 크다.

해설 동관 : 열전도율이 매우 크다.

43 **공기보다 비중이 가벼운 도시가스의 공급시설로서 공급시설이 지하에 설치된 경우의 통풍구조에 대한 설명으로 옳은 것은?**

① 환기구를 2방향 이상 분산하여 설치한다.
② 배기구는 천장면으로부터 50cm 이내에 설치한다.
③ 흡입구 및 배기구의 관경은 80mm 이상으로 한다.
④ 배기가스 방출구는 지면에서 5m 이상의 높이에 설치한다.

해설 공기보다 비중이 가벼운 도시가스의 공급시설로서 공급시설이 지하에 설치된 경우 통풍구조는 환기구를 2방향 이상 분산하여 설치한다.

44 **원통형의 관을 흐르는 물의 중심부의 유속을 피토관으로 측정하였더니 수주의 높이가 10m이었다. 이때 유속은 약 몇 m/s인가?**

① 10　　② 14
③ 20　　④ 26

해설 유속$(V)=\sqrt{2gh}$ (m/s)
$=\sqrt{2\times9.8\times10}=14\text{m/s}$

45 **실린더 중에 피스톤과 보조 피스톤이 있고 양 피스톤의 작용으로 상부에 팽창기가 있는 액화사이클은?**

① 클라우드 액화사이클
② 캐피자 액화사이클
③ 필립스 액화사이클
④ 캐스케이드 액화사이클

해설 필립스 액화사이클
실린더 중에 피스톤과 보조피스톤이 있고 양 피스톤의 작용으로 상부에 팽창기가 있어 공기를 액화시킨다.

ANSWER | 38. ① 39. ④ 40. ② 41. ④ 42. ② 43. ① 44. ② 45. ③

46 **다음 중 메탄의 제조방법이 아닌 것은?**

① 석유를 크레킹하여 제조한다.
② 천연가스를 냉각시켜 분별 증류한다.
③ 초산나트륨에 소다회를 가열하여 얻는다.
④ 니켈을 촉매로 하여 일산화탄소에 수소를 작용시킨다.

해설 메탄(CH_4)가스 제조방법은 ②, ③, ④ 방법이 있다.
①은 LPG 제조방법이다.

47 **아세틸렌의 특징에 대한 설명으로 옳은 것은?**

① 압축 시 산화폭발한다.
② 고체 아세틸렌은 융해하지 않고 승화한다.
③ 금과는 폭발성 화합물을 생성한다.
④ 액체 아세틸렌은 안정하다.

해설 아세틸렌(C_2H_2)
- 분해폭발(압축 시)
- 액체 아세틸렌은 불안정
- 구리, 은, 수은과 접촉 시 아세틸라이드 생성

48 **도시가스의 주원료인 메탄(CH_4)의 비점은 약 얼마인가?**

① −50℃ ② −82℃
③ −120℃ ④ −162℃

해설 메탄의 비점 : −162℃

49 **다음 중 휘발분이 없는 연료로서 표면연소를 하는 것은?**

① 목탄, 코크스 ② 석탄, 목재
③ 휘발유, 등유 ④ 경유, 유황

해설 목탄, 코크스
- 휘발분이 없다.
- 표면연소를 한다.

50 **다음 가스 중 상온에서 가장 안정한 것은?**

① 산소 ② 네온
③ 프로판 ④ 부탄

해설 불활성 가스인 네온(Ne), 헬륨(He), 아르곤(Ar), 크립톤(Kr), 제논(Xe), 라돈(Rn)은 상온에서 안정하다.

51 **다음 중 카바이드와 관련이 없는 성분은?**

① 아세틸렌(C_2H_2)
② 석회석($CaCO_3$)
③ 생석회(CaO)
④ 염화칼슘($CaCl_2$)

해설 염화칼슘 : 흡습제

52 **설비나 장치 및 용기 등에서 취급 또는 운용되고 있는 통상의 온도를 무슨 온도라 하는가?**

① 상용온도
② 표준온도
③ 화씨온도
④ 켈빈온도

해설 통상의 운용온도 : 상용온도

53 **다음 화합물 중 탄소의 함유율이 가장 많은 것은?**

① CO_2 ② CH_4
③ C_2H_4 ④ CO

해설 탄소의 분자량은 12이다.
① 탄산가스(CO_2) : 탄소 12
② 메탄(CH_4) : 탄소 12
③ 에틸렌(C_2H_4) : 탄소 24
④ 일산화탄소(CO) : 탄소 12

54 **어떤 물질의 질량은 30g이고 부피는 600cm^3이다. 이것의 밀도(g/cm^3)는 얼마인가?**

① 0.01 ② 0.05
③ 0.5 ④ 1

해설 $밀도 = \frac{질량}{체적} = \frac{30}{600} = 0.05g/cm^3$

46. ① 47. ② 48. ④ 49. ① 50. ② 51. ④ 52. ① 53. ③ 54. ② | ANSWER

55 브롬화메탄에 대한 설명으로 틀린 것은?

① 용기가 열에 노출되면 폭발할 수 있다.
② 알루미늄을 부식하므로 알루미늄 용기에 보관할 수 없다.
③ 가연성이며 독성 가스이다.
④ 용기의 충전구 나사는 왼나사이다.

해설
- 암모니아, 브롬화메탄 용기의 충전구 나사는 오른나사이다.(불연성 가스도 오른나사이다.)
- 가연성은 용기 충전구 나사가 왼나사이다.

56 대기압이 1.0332kgf/cm²이고, 계기압력이 10kgf/cm²일 때 절대압력은 약 몇 kgf/cm²인가?

① 8.9668 ② 10.332
③ 11.0332 ④ 103.32

해설 절대압력(abs)=atm+atg
=1.0332+10
=11.0332kg/cm²

57 도시가스 정압기의 특성으로 유량이 증가됨에 따라 가스가 송출될 때 출구 측 배관(밸브 등)의 마찰로 인하여 압력이 약간 저하되는 상태를 무엇이라 하는가?

① 히스테리시스(Hysteresis) 효과
② 록업(Lock-up) 효과
③ 충돌(Impingement) 효과
④ 형상(Body-Configuration) 효과

해설 도시가스 정압기가 출구 측 배관의 마찰로 인하여 압력이 약간 저하되는 상태를 히스테리시스 효과라 한다.

58 0℃ 물 10kg을 100℃ 수증기로 만드는 데 필요한 열량은 약 몇 kcal인가?

① 5,390 ② 6,390
③ 7,390 ④ 8,390

해설 0℃ 물 → 100℃ 수증기로 변화
물의 현열=10kg×1kcal/kg · ℃×(100−0)
=1,000kcal
물의 증발잠열=539kcal/kg×10kg
=5,390kcal
∴ Q=1,000+5,390=6,390kcal

59 다음 중 압력단위의 환산이 잘못된 것은?

① 1kg/cm²≒14.22psi
② 1psi≒0.0703kg/cm²
③ 1mbar≒14.7psi
④ 1kg/cm²≒98.07kPa

해설 1atm=1,013mbar=14.7psi
=1.0332kg/cm²=10.33mH$_2$O
=101,325N/m²=101,325Pa

60 다음 중 온도의 단위가 아닌 것은?

① °F ② ℃
③ °R ④ °T

해설 온도의 단위
① 화씨온도(°F) : $\frac{9}{5}$×℃+32
② 섭씨온도(℃) : $\frac{5}{9}$×(°F−32)
③ 랭킨의 절대온도(°R) : °F+460
④ 켈빈의 절대온도(K) : ℃+273

ANSWER | 55. ④ 56. ③ 57. ① 58. ② 59. ③ 60. ④

2012년 3회 가스기능사

01 안전관리자가 상주하는 사무소와 현장사무소와의 사이 또는 현장사무소 상호 간에는 신속히 통보할 수 있도록 통신시설을 갖추어야 하는데 이에 해당되지 않는 것은?

① 구내방송 설비　　② 메가폰
③ 인터폰　　④ 페이징 설비

해설 메가폰은 사무소와 사무소 간이 아닌 사업소 내 전체 통신시설은 필요하다.
- 구내방송 설비
- 사이렌
- 휴대용 확성기
- 페이징 설비
- 메가폰

02 1몰의 아세틸렌가스를 완전연소하기 위하여 몇 몰의 산소가 필요한가?

① 1몰　　② 1.5몰
③ 2.5몰　　④ 3몰

해설 C_2H_2(아세틸렌) + $2.5O_2 \rightarrow 2CO_2 + H_2O$
1몰　2.5몰　2몰　1몰

03 고압가스의 용어에 대한 설명으로 틀린 것은?

① 액화가스란 가압, 냉각 등의 방법에 의하여 액체상태로 되어 있는 것으로서 대기압에서의 끓는 점이 섭씨 40도 이하 또는 상용의 온도 이하인 것을 말한다.
② 독성 가스란 공기 중에 일정량이 존재하는 경우 인체에 유해한 독성을 가진 가스로서 허용농도가 100만분의 2,000 이하인 가스를 말한다.
③ 초저온저장탱크라 함은 섭씨 영하 50도 이하의 액화가스를 저장하기 위한 저장탱크로서 단열재로 씌우거나 냉동설비로 냉각하는 등의 방법으로 저장탱크 내의 가스온도가 상용의 온도를 초과하지 아니하도록 한 것을 말한다.
④ 가연성 가스라 함은 공기 중에서 연소하는 가스로서 폭발한계의 하한이 10% 이하인 것과 폭발한계의 상한과 하한의 차가 20% 이상인 것을 말한다.

해설 독성 가스 허용농도
허용농도는 $\frac{200}{100만}$ppm 이하 가스만 해당된다.

04 고압가스안전관리법에서 정하고 있는 특수고압가스에 해당되지 않는 것은?

① 아세틸렌　　② 포스핀
③ 압축모노실란　　④ 디실란

해설 특수고압가스
압축모노실란, 압축디보레인, 액화알진, 포스핀, 세렌화수소, 게르만, 디실란(고압가스시행규칙 2조)

05 다음 중 동일 차량에 적재하여 운반할 수 없는 경우는?

① 산소와 질소
② 질소와 탄산가스
③ 탄산가스와 아세틸렌
④ 염소와 아세틸렌

해설 염소와 동일 차량에 적재가 불가능한 가스
- 아세틸렌
- 수소
- 암모니아

06 천연가스 지하 매설 배관의 퍼지용으로 주로 사용되는 가스는?

① N_2　　② Cl_2
③ H_2　　④ O_2

해설 N_2(질소가스)는 지하 매설 배관의 퍼지용으로 주로 사용된다.

07 독성 가스 제조시설 식별표지의 글씨 색상은?(단, 가스의 명칭은 제외한다.)

① 백색　　② 적색
③ 황색　　④ 흑색

1. ② 2. ③ 3. ② 4. ① 5. ④ 6. ① 7. ④ | ANSWER

해설 식별표지
- 바탕 : 백색
- 글씨 : 흑색
- 문자의 크기 : 가로×세로 10cm 이상
- 30m 이상 떨어진 위치에서 알 수 있게 한다.

08 다음 중 폭발성이 예민하므로 마찰 타격으로 격렬히 폭발하는 물질에 해당되지 않는 것은?

① 메틸아민 ② 유화질소
③ 아세틸라이드 ④ 염화질소

해설 메틸아민(CH_3NH_2)
- 허용농도 : 10ppm 독성 가스
- 폭발범위 : 4.9~20.7%
- 특이한 냄새가 난다.
- 상온 상압에서 기체이며, 액화하면 무색의 액체이다.
- 저급알코올, 물에 잘 녹는다.

09 고압가스를 제조하는 경우 가스를 압축해서는 아니 되는 경우에 해당하지 않는 것은?

① 가스연가스(아세틸렌, 에틸렌 및 수소 제외) 중 산소용량이 전체 용량의 4% 이상인 것
② 산소 중의 가연성 가스의 용량이 전체 용량의 4% 이상인 것
③ 아세틸렌, 에틸렌 또는 수소 중의 산소용량이 전체 용량의 2% 이상인 것
④ 산소 중의 아세틸렌, 에틸렌 및 수소의 용량 합계가 전체용량의 4% 이상인 것

해설 ④항에서는 2% 이상이면 압축하지 않는다.

10 지하에 설치하는 지역정압기에서 시설의 조작을 안전하고 확실하게 하기 위하여 필요한 조명도는 얼마를 확보하여야 하는가?

① 100럭스 ② 150럭스
③ 200럭스 ④ 250럭스

해설 지하 지역정압기 조작 시 필요한 조명은 150lux이다.

11 공기 중에서의 폭발 하한값이 가장 낮은 가스는?

① 황화수소 ② 암모니아
③ 산화에틸렌 ④ 프로판

해설 가스 폭발범위(하한값~상한값)
① 황화수소(H_2S) : 4.3~45%
② 암모니아(NH_3) : 5~28%
③ 산화에틸렌(C_2H_4O) : 3~80%
④ 프로판(C_3H_8) : 2.1~9.5%

12 가스도매사업의 가스공급시설 중 배관을 지하에 매설할 때의 기준으로 틀린 것은?

① 배관은 그 외면으로부터 수평거리로 건축물까지 1.0m 이상을 유지한다.
② 배관은 그 외면으로부터 지하의 다른 시설물과 0.3m 이상의 거리를 유지한다.
③ 배관을 산과 들에 매설할 때는 지표면으로부터 배관의 외면까지의 매설깊이를 1m 이상으로 한다.
④ 배관은 지반 동결로 손상을 받지 아니하는 깊이로 매설한다.

해설 ①항에서는 1.5m 이상의 거리를 두어야 한다.

13 아세틸렌을 용기에 충전하는 때에 사용하는 다공물질에 대한 설명으로 옳은 것은?

① 다공도가 55% 이상 75% 미만의 석회를 고루 채운다.
② 다공도가 65% 이상 82% 미만의 옥탄을 고루 채운다.
③ 다공도가 75% 이상 92% 미만의 규조토를 고루 채운다.
④ 다공도가 95% 이상인 다공성 플라스틱을 고루 채운다.

해설 아세틸렌 용기 충전(다공질)
다공도가 75% 이상~92% 미만의 규조토 등을 사용한다.
(분해 폭발 방지를 위하여)

14 고압가스안전관리법에서 정하고 있는 보호시설이 아닌 것은?

① 의원 ② 학원
③ 가설건축물 ④ 주택

해설 가설건축물 : 보호시설에서 제외된다.

15 다음 가스폭발의 위험성 평가기법 중 정량적 평가방법은?

① HAZOP(위험성운전 분석기법)
② FTA(결함수 분석기법)
③ Check List법
④ WHAT－IF(사고예상질문 분석기법)

해설 FTA(Fault Tree Analysis)
사고를 일으키는 장치의 이상이나 운전자의 실수의 조합을 연역적으로 분석하는 정량적 안전성 평가기법

16 도시가스사업법령에 따른 안전관리자의 종류에 포함되지 않는 것은?

① 안전관리 총괄자
② 안전관리 책임자
③ 안전관리 부책임자
④ 안전점검원

해설 도시가스 안전관리자
• 안전관리 총괄자
• 안전관리 책임자
• 안전점검원

17 독성 가스 배관은 2중관 구조로 하여야 한다. 이때 외층관 내경은 내층관 외경의 몇 배 이상을 표준으로 하는가?

① 1.2 ② 1.5
③ 2 ④ 2.5

해설 독성 가스 2중관 배관의 외층관 내경은 내층관 외경의 1.2배 이상이어야 한다.

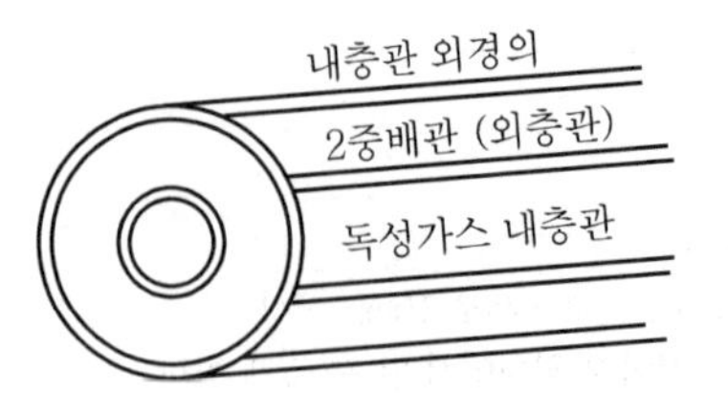

18 액화석유가스 충전사업자의 영업소에 설치하는 용기 저장소 용기보관실 면적의 기준은?

① $9m^2$ 이상 ② $12m^2$ 이상
③ $19m^2$ 이상 ④ $21m^2$ 이상

해설 액화석유가스 충전사업자의 영업소에 설치하는 용기저장소 용기보관실 면적기준 : $19m^2$ 이상

19 자연발화의 열의 발생 속도에 대한 설명으로 틀린 것은?

① 초기 온도가 높은 쪽이 일어나기 쉽다.
② 표면적이 작을수록 일어나기 쉽다.
③ 발열량이 큰 쪽이 일어나기 쉽다.
④ 촉매 물질이 존재하면 반응 속도가 빨라진다.

해설 자연발화는 열의 발생속도가 표면적이 클수록 일어나기 쉽다.

20 암모니아 충전용기로서 내용적이 1,000L 이하인 것은 부식여유치가 A이고, 염소 충전용기로서 내용적이 1,000L 초과하는 것은 부식여유치가 B이다. A와 B항의 알맞은 부식여유치는?

① A : 1mm, B : 2mm
② A : 1mm, B : 3mm
③ A : 2mm, B : 5mm
④ A : 1mm, B : 5mm

해설 부식여유수치

용기종류		부식여유 수치
암모니아 충전용기	내용적 1천 L 이하	1
	내용적 1천 L 초과	2
염소 충전용기	내용적 1천 L 이하	3
	내용적 1천 L 초과	5

14. ③ 15. ② 16. ③ 17. ① 18. ③ 19. ② 20. ④ | ANSWER

21 다음 중 고압가스 관련 설비가 아닌 것은?

① 일반압축가스 배관용 밸브
② 자동차용 압축천연가스 완속충전설비
③ 액화석유가스용 용기잔류가스 회수장치
④ 안전밸브, 긴급차단장치, 역화방지장치

해설 고압가스 관련 설비
- 안전밸브, 긴급차단장치, 역화방지장치
- 기화장치
- 압력용기
- 자동차용 가스자동주입기
- 독성 가스 배관용 밸브
- 냉동설비
- 특정 고압가스용 실린더 캐비닛
- 자동차용 압축천연가스 완속충전설비
- 액화석유가스용 용기잔류가스 회수장치

22 고압가스일반제조시설의 저장탱크 지하 설치기준에 대한 설명으로 틀린 것은?

① 저장탱크 주위에는 마른 모래를 채운다.
② 지면으로부터 저장탱크 정상부까지의 깊이는 30 cm 이상으로 한다.
③ 저장탱크를 매설한 곳의 주위에는 지상에 경계표지를 설치한다.
④ 저장탱크에 설치한 안전밸브는 지면에서 5m 이상 높이에 방출구가 있는 가스방출관을 설치한다.

해설 고압가스 지하 탱크

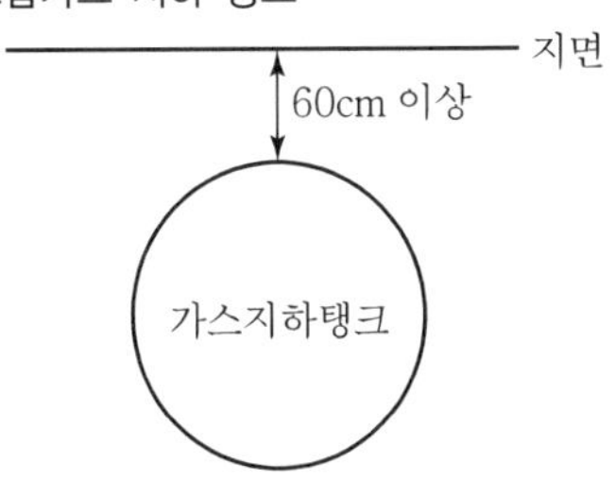

23 아황산가스의 제독제로 갖추어야 할 것이 아닌 것은?

① 가성소다수용액 ② 소석회
③ 탄산소다수용액 ④ 물

해설 아황산가스의 제독제
- 가성소다수용액
- 탄산소다수용액
- 물

24 산소 압축기의 윤활유로 사용되는 것은?

① 석유류 ② 유지류
③ 글리세린 ④ 물

해설 산소(조연성 가스) 압축기 : 물 사용(윤활유 대용)

25 아세틸렌이 은, 수은과 반응하여 폭발성의 금속 아세틸라이드를 형성하여 폭발하는 형태는?

① 분해폭발 ② 화합폭발
③ 산화폭발 ④ 압력폭발

해설 C_2H_2(아세틸렌)의 금속아세틸라이드(구리, 은, 수은)
- $C_2H_2 + 2Cu \rightarrow Cu_2C_2 + H_2$ (2Cu: 구리, Cu_2C_2: 동아세틸라이드)
- $C_2H_2 + 2Hg \rightarrow HgC_2 + H_2$ (2Hg: 수은, HgC_2: 수은아세틸라이드)
- $C_2H_2 + 2Ag \rightarrow Ag_2C_2 + H_2$ (2Ag: 은, Ag_2C_2: 은아세틸라이드)

26 가연성 가스 또는 독성 가스의 제조시설에서 자동으로 원재료의 공급을 차단시키는 등 제조설비 안의 제조를 제어할 수 있는 장치를 무엇이라고 하는가?

① 인터록기구 ② 벤트스택
③ 플레어스택 ④ 가스누출검지경보장치

해설 인터록
제조설비에서 자동으로 원재료의 공급을 차단시키는 제어장치(안전장치)

27 지상에 설치하는 정압기실 방호벽의 높이와 두께 기준으로 옳은 것은?

① 높이 2m, 두께 7cm 이상의 철근콘크리트벽
② 높이 1.5m, 두께 12cm 이상의 철근콘크리트벽
③ 높이 2m, 두께 12cm 이상의 철근콘크리트벽
④ 높이 1.5m, 두께 15cm 이상의 철근콘크리트벽

ANSWER | 21. ① 22. ② 23. ② 24. ④ 25. ② 26. ① 27. ③

해설 지상용 정압기실 방호벽 기준
- 높이 2m 이상
- 두께 12cm 이상

28 도시가스 도매사업 제조소에 설치된 비상공급시설 중 가스가 통하는 부분은 최소사용압력의 몇 배 이상의 압력으로 기밀시험이나 누출검사를 실시하여야 이상이 없는 것으로 간주하는가?

① 1.1 ② 1.2
③ 1.5 ④ 2.0

해설 도시가스 도매사업 제조소 비상공급시설의 가스가 통하는 부분은 최소사용압력의 1.1배 이상 압력으로 (기밀시험, 누출검사) 실시

29 용기 종류별 부속품의 기호 중 압축가스를 충전하는 용기의 부속품을 나타낸 것은?

① LG ② PG
③ LT ④ AG

해설 ① LG : 그 밖의 가스용
② PG : 압축가스용
③ LT : 저온 및 초저온가스용
④ AG : 아세틸렌가스용

30 다음 ( ) 안에 알맞은 말은?

> 시 · 도지사는 도시가스를 사용하는 자에게 퓨즈콕 등 가스안전 장치의 설치를 ( )할 수 있다.

① 권고 ② 강제
③ 위탁 ④ 시공

해설 퓨즈콕은 가스안전장치 설치의 (권고) 사항이다.

31 고압식 액화산소 분리장치에서 원료공기는 압축기에서 어느 정도 압축되는가?

① 40~60atm ② 70~100atm
③ 80~120atm ④ 150~200atm

해설 고압식 액화산소 분리장치(공기액화 분리장치)에서 원료공기는 압축기에서 150~200atm 정도로 압축시킨다.

32 수은을 이용한 U자관 압력계에서 액주높이(h) 600 mm, 대기압(P_1)은 1kg/cm²일 때 P_2는 약 몇 kg/cm²인가?

① 0.22 ② 0.92
③ 1.82 ④ 9.16

해설
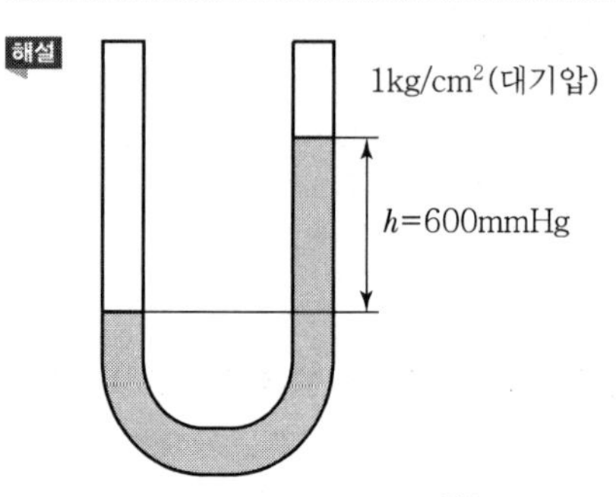

$$P_2 = P_1 + h = 1 + (1.033 \times \frac{600}{760}) = 1.82\text{kg/cm}^2$$

33 조정기를 사용하여 공급가스를 감압하는 2단 감압방법의 장점이 아닌 것은?

① 공급압력이 안정하다.
② 중간배관이 가늘어도 된다.
③ 각 연소기구에 알맞은 압력으로 공급이 가능하다.
④ 장치가 간단하다.

해설 2단 감압조정기는 단단감압에 비하여 장치가 복잡하다.

34 LNG의 주성분인 CH_4의 비점과 임계온도를 절대온도(K)로 바르게 나타낸 것은?

① 435K, 355K ② 111K, 355K
③ 435K, 283K ④ 111K, 283K

해설 LNG(CH_4)의 비점은 약 −162℃, 임계온도는 82℃
- 비점 : ℃+273=(−162)+273=111K
- 임계점 : ℃+273=82+273=355K

28. ① 29. ② 30. ① 31. ④ 32. ③ 33. ④ 34. ② | ANSWER

35 **저온하에서의 재료의 성질에 대한 설명으로 가장 거리가 먼 것은?**

① 강은 암모니아 냉동기용 재료로서 적당하다.
② 탄소강은 저온도가 될수록 인장강도가 감소한다.
③ 구리는 액화분리장치용 금속재료로서 적당하다.
④ 18－8 스테인리스강은 우수한 저온장치용 재료이다.

해설
- 탄소강은 온도가 저하될수록 인장강도가 감소되는 것이 아니라 충격값이 저하된다.
- 탄소강 충격값 0 : －70℃(임계취성온도)
- 탄소강은 200～300℃에서 인장강도가 최대이다.

36 **수소취성을 방지하는 원소로 옳지 않은 것은?**

① 텅스텐(W) ② 바나듐(V)
③ 규소(Si) ④ 크롬(Cr)

해설 수소취성 방지 원소
크롬(Cr), 타이타늄(Ti), 바나듐(V), 텅스텐(W), 몰리브덴(Mo), 나이오븀(Nb)

37 **온도계의 선정방법에 대한 설명 중 틀린 것은?**

① 지시 및 기록 등을 쉽게 행할 수 있을 것
② 견고하고 내구성이 있을 것
③ 취급하기가 쉽고 측정하기 간편할 것
④ 피측 온체의 화학반응 등으로 온도계에 영향이 있을 것

해설 온도계는 피측 온체의 화학반응 등으로 온도계에 영향이 없어야 한다.

38 **펌프의 캐비테이션에 대한 설명으로 옳은 것은?**

① 캐비테이션은 펌프 임펠러의 출구 부근에 더 일어나기 쉽다.
② 유체 중에 그 액온의 증기압보다 압력이 낮은 부분이 생기면 캐비테이션이 발생한다.
③ 캐비테이션은 유체의 온도가 낮을수록 생기기 쉽다.
④ 이용 NPSH＞필요 NPSH일 때 캐비테이션이 발생한다.

해설 펌프의 캐비테이션
유체 중에 그 액온의 증기압보다 압력이 낮은 부분에서 캐비테이션(공동현상)이 발생한다.

39 **LP가스를 자동차용 연료로 사용할 때의 특징에 대한 설명 중 틀린 것은?**

① 완전연소가 쉽다.
② 배기가스에 독성이 적다.
③ 기관의 부식 및 마모가 적다.
④ 시동이나 급가속이 용이하다.

해설 LPG 자동차의 단점
- 용기부착으로 장소와 중량이 많아진다.
- 급속한 가속은 곤란하다.(소요공기가 많이 필요하여 온소 속도 완만)
- 누설가스가 차 내에 들어오지 않도록 트렁크와 차실 간을 완전히 밀폐시켜야 한다.

40 **원거리 지역에 대량의 가스를 공급하기 위하여 사용되는 가스공급방식은?**

① 초저압 공급 ② 저압 공급
③ 중압 공급 ④ 고압 공급

해설 가스의 고압 공급 : 1MPa 이상으로 공급하며 원거리 지역에 대량의 가스 공급에 이상적이다.

41 **다음은 어떤 압력계에 대한 설명인가?**

주름관이 내압변화에 따라서 신축되는 것을 이용한 것으로 진공압 및 차압 측정에 주로 사용된다.

① 벨로스 압력계
② 다이어프램 압력계
③ 부르동관 압력계
④ U자관식 압력계

해설 벨로스 탄성식 압력계 : 주름관 사용 신축압력계(진공압 및 차압 측정용)

ANSWER | 35. ② 36. ③ 37. ④ 38. ② 39. ④ 40. ④ 41. ①

42 공기의 액화 분리에 대한 설명 중 틀린 것은?

① 질소가 정류탑의 하부로 먼저 기화되어 나간다.
② 대량의 산소, 질소를 제조하는 공업적 제조법이다.
③ 액화의 원리는 임계온도 이하로 냉각시키고 임계압력 이상으로 압축하는 것이다.
④ 공기 액화 분리장치에서는 산소가스가 가장 먼저 액화된다.

해설
- 공기액화 분리기에서 질소는 정류탑 상부로, 산소는 정류탑 하부로 배출된다.
- 기화순서 : 질소>아르곤>산소(비점이 낮으면 기화가 먼저 된다.)

43 증기압축식 냉동기에서 실제적으로 냉동이 이루어지는 곳은?

① 증발기　② 응축기
③ 팽창기　④ 압축기

해설 증발기
냉매액이 포화온도에서 증발잠열을 흡수하고 냉매증기가 된다.

44 직동식 정압기의 기본 구성요소가 아닌 것은?

① 안전밸브　② 스프링
③ 메인 밸브　④ 다이어프램

해설 직동식 정압기의 기본 구성요소
- 스프링
- 메인 밸브
- 다이어프램

45 가연성 가스의 제조설비 내에 설치하는 전기기기에 대한 설명으로 옳은 것은?

① 1종 장소에는 원칙적으로 전기설비를 설치해서는 안 된다.
② 안전 중 방폭구조는 전기기기의 불꽃이나 아크를 발생하여 착화원이 될 염려가 있는 부분을 기름 속에 넣은 것이다.
③ 2종 장소는 정상의 상태에서 폭발성 분위기가 연속하여 또는 장시간 생성되는 장소를 말한다.
④ 가연성 가스가 존재할 수 있는 위험장소는 1종 장소, 2종 장소 및 0종 장소로 분류하고 위험장소에는 방폭형 전기기기를 설치하여야 한다.

해설 가연성 가스의 위험장소 구분(방폭형 전기기기 설치)
제1종, 제2종, 제0종 장소로 구분

46 다음 중 온도가 가장 높은 것은?

① 450°R　② 220K
③ 2°F　④ −5℃

해설
① 450°R = −10°F (460+(−10°F))
② 220K = −53℃ (273+(−53))
③ $2°F = \frac{5}{9}(2-32) = -17℃$
④ −5℃ = −5℃

47 다음 중 염소의 용도로 적합하지 않는 것은?

① 소독용으로 사용된다.
② 염화비닐 제조의 원료이다.
③ 표백제로 사용된다.
④ 냉매로 사용된다.

해설 염소의 용도
- 염산 제조
- 포스겐 원료
- 수돗물 살균
- 펄프 및 종이 제조용
- 섬유의 표백분
- 염화비닐, 클로로포름, 사염화탄소의 원료

48 부탄(C_4H_{10}) 용기에서 액체 580g이 대기 중에 방출되었다. 표준상태에서 부피는 몇 L가 되는가?

① 150　② 210
③ 224　④ 230

해설 C_4H_{10}(부탄) + $6.5O_2 \rightarrow 4CO_2 + 5H_2O$
58g(22.4L)
58 : 22.4 = 580 : x
$\therefore x = 22.4 \times \frac{580}{58} = 224L$

42. ① 43. ① 44. ① 45. ④ 46. ④ 47. ④ 48. ③ | ANSWER

49 다음 중 비점이 가장 낮은 기체는?

① NH_3 ② C_3H_8
③ N_2 ④ H_2

해설 가스의 비점(비점이 낮으면 기화가 용이하다.)
① 암모니아(NH_3) : −33.3℃
② 프로판(C_3H_8) : −42℃
③ 질소(N_2) : −198℃
④ 수소(H_2) : −252℃

50 도시가스에 첨가되는 부취제 선정 시 조건으로 틀린 것은?

① 물에 잘 녹고 쉽게 액화될 것
② 토양에 대한 투과성이 좋을 것
③ 독성 및 부식성이 없을 것
④ 가스배관에 흡착되지 않을 것

해설 ㉠ 부취제는 물에 용해되지 말고 부식성이 없을 것
㉡ 부취제
- THT : 석탄가스 냄새
- TBM : 양파 썩는 냄새
- DMS : 마늘 냄새

㉢ 부취제 냄새 강도 : TBM > THT > DMS

51 가연성 가스 배관의 출구 등에서 공기 중으로 유출하면서 연소하는 경우는 어느 연소 형태에 해당하는가?

① 확산연소 ② 증발연소
③ 표면연소 ④ 분해연소

해설 • 가연성 가스 연소 : 확산연소
• 가연성 가스+공기 : 예혼합연소

52 다음 중 수소가스와 반응하여 격렬히 폭발하는 원소가 아닌 것은?

① O_2 ② N_2
③ Cl_2 ④ F_2

해설 • $N_2+O_2 \rightarrow 2NO$(산화질소)
• $N_2+3H_2 \rightarrow 2NH_3$(암모니아)
• $N_2+CaC_2 \rightarrow CaCN_2$(석회질소)$+C$
※ 액체질소는 급속냉동용 가스이다.

53 다음에서 설명하는 법칙은?

> 모든 기체 1몰의 체적(V)은 같은 온도(T), 같은 압력(P)에서는 모두 일정하다.

① Dalton의 법칙 ② Henry의 법칙
③ Avogadro의 법칙 ④ Hess의 법칙

해설 아보가드로(Avogadro) 법칙
모든 기체 1몰(22.4L)은 같은 온도, 같은 압력에서는 모두 일정하다.

54 액화석유가스에 관한 설명 중 틀린 것은?

① 무색투명하고 물에 잘 녹지 않는다.
② 탄소의 수가 3~4개로 이루어진 화합물이다.
③ 액체에서 기체로 될 때 체적은 150배로 증가한다.
④ 기체는 공기보다 무거우며, 천연고무를 녹인다.

해설 액화석유가스(LPG)
• 프로판(C_3H_8) : 44g=22.4L
• 부탄(C_4H_{10}) : 58g=22.4L

55 0℃에서 온도를 상승시키면 가스의 밀도는?

① 높게 된다. ② 낮게 된다.
③ 변함이 없다. ④ 일정하지 않다.

해설 가스는 온도가 높아지면 용적이 팽창하고 밀도는 감소한다.
• 밀도의 단위 : g/L
• 비중량의 단위 : g/L
• 비체적의 단위 : L/g

56 이상기체에 잘 적용될 수 있는 조건에 해당되지 않는 것은?

① 온도가 높고 압력이 낮다.
② 분자 간 인력이 작다.
③ 분자크기가 작다.
④ 비열이 작다.

해설 실제기체가 이상기체에 가까워지기 위해서는 압력을 낮추고 온도를 높이면 된다.(저압, 고온)
※ 비열 : 어떤 물질 1kg을 1℃ 상승시키는 데 필요한 열

ANSWER | 49. ④ 50. ① 51. ① 52. ② 53. ③ 54. ③ 55. ② 56. ④

57 60℃의 물 300kg과 20℃의 물 800kg을 혼합하면 약 몇 ℃의 물이 되겠는가?

① 28.2　② 30.9
③ 33.1　④ 37

해설

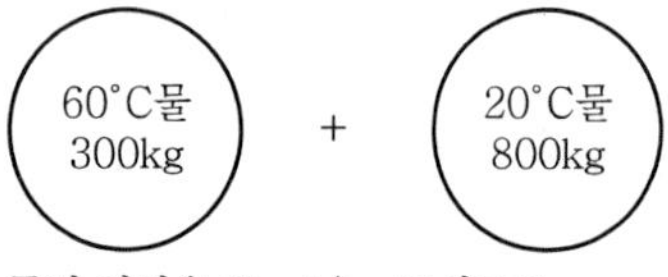

물의 비열은 1kcal/kg ℃이므로

$300 \times 1 \times (60-0) = 18{,}000\text{kcal}$

$800 \times 1 \times (20-0) = 16{,}000\text{kcal}$

$\therefore t_m = \dfrac{18{,}000 + 16{,}000}{(300 \times 1) + (800 \times 1)} = 30.9℃$

58 착화원이 있을 때 가연성 액체나 고체의 표면에 연소하한계 농도의 가연성 혼합기가 형성되는 최저온도는?

① 인화온도　② 임계온도
③ 발화온도　④ 포화온도

해설 인화온도
착화원이 있을 때 가연성 액체나 고체의 표면에 연소하한계 농도의 가연성 혼합기가 형성되는 최저온도

59 암모니아의 성질에 대한 설명으로 옳은 것은?

① 상온에서 약 8.46atm이 되면 액화한다.
② 불연성의 맹독성 가스이다.
③ 흑갈색의 기체로 물에 잘 녹는다.
④ 염화수소와 만나면 검은 연기를 발생한다.

해설 암모니아(NH_3) 가스
- 가연성 가스이다.(15~28%)
- 가연성이며 허용농도 25ppm의 독성 가스이다.
- 물에 800배로 녹는다.
- 염화수소와 반응하면 염화암모늄(흰 연기)이 발생한다.
  $HCl + NH_3 \rightarrow NH_4Cl$

60 표준상태에서 에탄 2mol, 프로판 5mol, 부탄 3mol로 구성된 LPG에서 부탄의 중량은 몇 %인가?

① 13.2　② 24.6
③ 38.3　④ 48.5

해설
- 에탄(C_2H_4) : 분자량(30) × 2 = 60
- 프로판(C_3H_8) : 분자량(44) × 5 = 220
- 부탄(C_4H_{10}) : 분자량(58) × 3 = 174
  총분자량 = 60 + 220 + 174 = 454g

부탄가스 중량(%) $= \dfrac{174}{454} = 0.383 = 38.3\%$

57. ② 58. ① 59. ① 60. ③ | ANSWER

2012년 4회 가스기능사

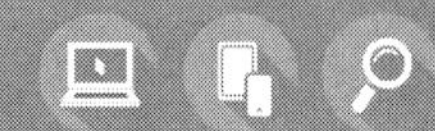

01 도시가스사용시설에서 배관의 용접부 중 비파괴시험을 하여야 하는 것은?

① 가스용 폴리에틸렌관
② 호칭지름 65mm인 매몰된 저압배관
③ 호칭지름 150mm인 노출된 저압배관
④ 호칭지름 65mm인 노출된 중압배관

해설
- 호칭지름 65mm인 노출된 중압배관 : 용접부 비파괴시험이 필요하다.
- 도시가스 중압의 용접부와 저압의 용접부(80mm 미만은 제외)는 비파괴시험을 실시한다.

02 고압가스 특정제조시설 중 비가연성 가스의 저장탱크는 몇 m^3 이상일 경우에 지진영향에 대한 안전한 구조로 설계하여야 하는가?

① 300　② 500
③ 1,000　④ 2,000

해설 지진영향에 대한 안전한 구조설계 기준(저장탱크)
- 가연성 : 5,000m^3 이상
- 비가연성 : 1,000m^3 이상

03 다음은 어떤 안전설비에 대한 설명인가?

> 설비가 잘못 조작되거나 정상적인 제조를 할 수 없는 경우 자동으로 원재료의 공급을 차단시키는 등 고압가스 제조설비 안의 제조를 제어하는 기능을 한다.

① 안전밸브　② 긴급차단장치
③ 인터록기구　④ 벤트스택

해설 인터록기구 : 안전설비로서 설비의 이상상태가 발생될 때 자동으로 원재료의 공급을 차단하는 기능이다.

04 0℃, 1atm에서 6L인 기체가 273℃, 1atm일 때 몇 L가 되는가?

① 4　② 8
③ 12　④ 24

해설 $V_2 = V_1\dfrac{T_2}{T_1} = 6 \times \dfrac{273+273}{273} = 12\text{L}$

05 다음 가스 중 폭발범위의 하한값이 가장 높은 것은?

① 암모니아　② 수소
③ 프로판　④ 메탄

해설 가연성 가스별 폭발범위의 하한값 · 상한값

가스명	하한값(%)	상한값(%)
암모니아(NH_3)	15	28
수소(H_2)	4	75
프로판(C_3H_8)	2.1	9.5
메탄(CH_4)	5	15

06 일반도시가스 공급시설의 시설기준으로 틀린 것은?

① 가스공급 시설을 설치한 곳에는 누출된 가스가 머물지 아니하도록 환기설비를 설치한다.
② 공동구 안에는 환기장치를 설치하여 전기설비가 있는 공동구에는 그 전기설비를 방폭구조로 한다.
③ 저장탱크의 안전장치인 안전밸브나 파열판에는 가스 방출관을 설치한다.
④ 저장탱크의 안전밸브는 다이어프램식 안전밸브로 한다.

해설 도시가스 안전밸브 : 스프링식을 많이 사용한다.

07 다음 중 2중관으로 하여야 하는 고압가스가 아닌 것은?

① 수소　② 아황산가스
③ 암모니아　④ 황화수소

해설 하천 등 횡단설치 방법에서 독성 가스 중 2중관이 필요한 고압가스는 염소, 포스겐, 불소, 아크릴알데히드, 아황산가스, 시안화수소, 황화수소 등이다.

ANSWER | 1. ④ 2. ③ 3. ③ 4. ③ 5. ① 6. ④ 7. ①

08 고압용기에 각인되어 있는 내용적의 기호는?

① V ② FP
③ TP ④ W

해설 ① V : 내용적
② FP : 최고충전압력
③ TP : 내압시험압력
④ W : 질량

09 고압가스의 충전 용기를 차량에 적재하여 운반하는 때의 기준에 대한 설명으로 옳은 것은?

① 염소와 아세틸렌 충전 용기는 동일 차량에 적재하여 운반이 가능하다.
② 염소와 수소 충전 용기는 동일 차량에 적재하여 운반이 가능하다.
③ 독성 가스가 아닌 300m^3의 압축 가연성 가스를 차량에 적재하여 운반하는 때에는 운반책임자를 동승시켜야 한다.
④ 독성 가스가 아닌 2,000kg의 액화 조연성 가스를 차량에 적재하여 운반하는 때에는 운반책임자를 동승시켜야 한다.

해설 ① 동일 차량 적재운반 불가
② 동일 차량 적재운반 불가
④ 1,000kg 이상 운반 시(독성)운반 책임자 동승

10 고압가스 특정제조시설에서 배관을 해저에 설치하는 경우의 기준으로 틀린 것은?

① 배관의 해저면 밑에 매설한다.
② 배관은 원칙적으로 다른 배관과 교차하지 아니하여야 한다.
③ 배관은 원칙적으로 다른 배관과 수평거리로 20m 이상을 유지하여야 한다.
④ 배관의 입상부에는 방호시설물을 설치한다.

해설 ③항의 경우는 수평거리로 30m 이상을 유지해야 한다.

11 도시가스사업법상 제1종 보호시설이 아닌 것은?

① 아동 50명이 다니는 유치원
② 수용인원이 350명인 예식장
③ 객실 20개를 보유한 여관
④ 250세대 규모의 개별난방 아파트

해설 제2종 보호시설
• 250세대 개별난방 아파트
• 주택
• 연면적 100m^2 이상 1,000m^2 미만의 건축물

12 가스도매사업의 가스공급시설에서 배관을 지하에 매설할 경우의 기준으로 틀린 것은?

① 배관을 시가지 외의 도로 노면 밑에 매설할 경우 노면으로부터 배관 외면까지 1.2m 이상 이격할 것
② 배관의 깊이는 산과 들에서는 1m 이상으로 할 것
③ 배관을 시가지의 도로 노면 밑에 매설할 경우 노면으로부터 배관 외면까지 1.5m 이상 이격할 것
④ 배관을 철도부지에 매설할 경우 배관 외면으로부터 궤도 중심까지 5m 이상 이격할 것

해설 배관 외면 $\xleftrightarrow{\text{4m 이상}}$ 철도부지 궤도 중심

13 다음 중 LNG의 주성분은?

① CH_4 ② CO
③ C_2H_4 ④ C_2H_2

해설 LNG(액화천연가스)의 주성분 : 메탄(CH_4)

14 방폭전기 기기의 구조별 표시방법으로 틀린 것은?

① 내압방폭구조 – s
② 유압방폭구조 – o
③ 압력방폭구조 – p
④ 본질안전방폭구조 – ia

해설 내압방폭구조 – d

8. ① 9. ③ 10. ③ 11. ④ 12. ④ 13. ① 14. ① | ANSWER

15 **아세틸렌 제조설비의 기준에 대한 설명으로 틀린 것은?**

① 압축기와 충전장소 사이에는 방호벽을 설치한다.
② 아세틸렌 충전용 교체밸브는 충전장소와 격리하여 설치한다.
③ 아세틸렌 충전용 지관에는 탄소 함유량이 0.1% 이하의 강을 사용한다.
④ 아세틸렌에 접촉하는 부분에는 동 또는 동 함유량이 72% 이하의 것을 사용한다.

해설 아세틸렌(C_2H_2) 가스의 밸브재질로는 단조강 또는 동 함유량이 62% 이하의 청동이나 황동을 사용한다.

16 **가연성 가스 및 방폭 전기기기의 폭발등급 분류 시 사용하는 최소점화전류비는 어느 가스의 최소 점화전류를 기준으로 하는가?**

① 메탄　② 프로판
③ 수소　④ 아세틸렌

해설 메탄(CH_4)가스 : 가연성 가스 및 방폭 전기기기의 폭발등급 분류 시 최소점화 전류비의 기준이 되는 가스이다.

17 **고압가스 배관에 대하여 수압에 의한 내압시험을 하려고 한다. 이때 압력은 얼마 이상으로 하는가?**

① 사용압력×1.1배　② 사용압력×2배
③ 상용압력×1.5배　④ 상용압력×2배

해설 고압가스배관 수압에 의한 내압시험=상용압력×1.5배

18 **다음 중 가연성이면서 독성인 가스는?**

① 아세틸렌, 프로판
② 수소, 이산화탄소
③ 암모니아, 산화에틸렌
④ 아황산가스, 포스겐

해설 가연성이면서 독성인 가스
암모니아, 산화에틸렌, 일산화탄소, 이황화탄소, 염화메탄, 황화수소, 시안화수소 등

19 **고압가스 냉동제조의 시설 및 기술기준에 대한 설명으로 틀린 것은?**

① 냉동제조시설 중 냉매설비에는 자동제어장치를 설치할 것
② 가연성 가스 또는 독성 가스를 냉매로 사용하는 냉매설비 중 수액기에 설치하는 액면계는 환형유리관액면계를 사용할 것
③ 냉매설비에는 압력계를 설치할 것
④ 압축기 최종단에 설치한 안전장치는 1년에 1회 이상 점검을 실시할 것

해설 ①, ③, ④항은 고압가스 냉동제조시설의 기술 및 시설기준이다.

20 **허용농도가 100만분의 200 이하인 독성 가스 용기 운반차량은 몇 km 이상의 거리를 운행할 때 중간에 충분한 휴식을 취한 후 운행하여야 하는가?**

① 100km　② 200km
③ 300km　④ 400km

해설 독성 가스 용기운반차량 기사는 200km 이상의 거리를 운행할 때 충분한 휴식을 취한다.

21 **도시가스사용시설에서 입상관과 화기 사이에 유지하여야 하는 거리는 우회거리 몇 m 이상인가?**

① 1m　② 2m
③ 3m　④ 5m

해설 입상관 ←(우회거리 / 2m 이상)→ 화기

22 **일반도시가스 사업자는 공급권역을 구역별로 분할하고 원격조작에 의한 긴급차단장치를 설치하여 대형 가스누출, 지진발생 등 비상시 가스차단을 할 수 있도록 하고 있는데 이 구역의 설정기준은?**

① 수요자 수가 20만 명 미만이 되도록 설정
② 수요자 수가 25만 명 미만이 되도록 설정
③ 배관길이가 20km 미만이 되도록 설정
④ 배관길이가 25km 미만이 되도록 설정

ANSWER | 15. ④ 16. ① 17. ③ 18. ③ 19. ② 20. ② 21. ② 22. ①

해설 긴급차단장치 설정기준 : 도시가스 수요자 수가 20만 명 미만이 되도록 설정

23 **방류둑의 성토는 수평에 대하여 몇 도 이하의 기울기로 하여야 하는가?**

① 30° ② 45°
③ 60° ④ 75°

해설 가연성 · 독성 가스의 저장탱크 설치 시 방류둑의 성토는 45° 이하의 기울기가 필요하다.

24 **도시가스공급시설에 대하여 공사가 실시하는 정밀안전진단의 실시시기 및 기준에 의거 본관 및 공급관에 대하여 최초로 시공감리증명서를 받은 날부터 ( )년이 지난 날이 속하는 해 및 그 이후 매 ( )년이 지난 날이 속하는 해에 받아야 한다. ( ) 안에 각각 들어갈 숫자는?**

① 10, 5 ② 15, 5
③ 10, 10 ④ 15, 10

해설 정밀안전진단 : 본관 및 공급관에 대하여 최초로 시공감리증명서를 받은날로부터 15년이 지난 날이 속하는 해 및 그 이후 매 5년이 지난 날이 속하는 해에 받는다.

25 **가스제조시설에 설치하는 방호벽의 규격으로 옳은 것은?**

① 철근콘크리트 벽으로 두께 12cm 이상, 높이 2m 이상
② 철근콘크리트블록 벽으로 두께 20cm 이상, 높이 2m 이상
③ 박강판 벽으로 두께 3.2cm 이상, 높이 2m 이상
④ 후강판 벽으로 두께 10mm 이상, 높이 2.5m 이상

해설
- 방호벽(철근콘크리트) : 두께 12cm 이상, 높이 2m 이상이 필요하다.
- 콘크리트블록 : 두께 15cm 이상, 높이 2m 이상
- 박강판 : 3.2mm 이상, 높이 2m 이상
- 후강판 : 두께 6mm 이상, 높이 2m 이상

26 **고압가스에 대한 사고예방설비기준으로 옳지 않은 것은?**

① 가연성 가스의 가스설비 중 전기설비는 그 설치장소 및 그 가스의 종류에 따라 적절한 방폭성능을 가지는 것일 것
② 고압가스설비에는 그 설비 안의 압력이 내압압력을 초과하는 경우 즉시 그 압력을 내압압력 이하로 되돌릴 수 있는 안전장치를 설치하는 등 필요한 조치를 할 것
③ 폭발 등의 위해가 발생할 가능성이 큰 특수반응설비에는 그 위해의 발생을 방지하기 위하여 내부반응 감시 설비 및 위험사태발생 방지설비의 설치 등 필요한 조치를 할 것
④ 저장탱크 및 배관에는 그 저장탱크 및 배관이 부식되는 것을 방지하기 위하여 필요한 조치를 할 것

해설 고압가스설비에서 그 설비 안의 압력이 상용압력(설정압력)을 초과하면 그 압력을 설정압력 이하로 되돌릴 수 있는 안전장치를 확보할 것

27 **다음 중 풍압대와 관계없이 설치할 수 있는 방식의 가스 보일러는?**

① 자연배기식(CF) 단독배기통 방식
② 자연배기식(CF) 복합배기통 방식
③ 강제배기식(FE) 단독배기통 방식
④ 강제배기식(FE) 공동배기구 방식

해설 풍압대
- 풍압대와 관계없이 설치가 가능한 가스보일러 : 강제배기방식의 단독배기통 방식
- 주택 벽면에 바람이 불어오면 압력이 높아지는 부분(배기통은 여기에 설치하면 역류현상으로 사고 발생)

28 **고압가스 저장탱크 및 가스홀더의 가스방출장치는 가스저장량이 몇 m^3 이상인 경우 설치하여야 하는가?**

① $1m^3$ ② $3m^3$
③ $5m^3$ ④ $10m^3$

해설 고압가스 저장탱크 및 가스홀더 가스방출장치의 설치기준 가스저장량이 $5m^3$ 이상

23. ② 24. ② 25. ① 26. ② 27. ③ 28. ③ | ANSWER

29 **액화석유가스 저장탱크에 가스를 충전하고자 한다. 내용적이 $15m^3$인 탱크에 안전하게 충전할 수 있는 가스의 최대 용량은 몇 m^3인가?**

① 12.75 ② 13.5
③ 14.25 ④ 14.7

해설 가스충전량＝내용적×0.9＝15×0.9＝13.5m^3

30 **고압가스특정제조시설에서 플레어스택의 설치기준으로 틀린 것은?**

① 파일럿 버너를 항상 꺼두는 등 플레어스택에 관련된 폭발을 방지하기 위한 조치가 되어 있는 것으로 한다.
② 긴급이송설비로 이송되는 가스를 안전하게 연소시킬 수 있는 것으로 한다.
③ 플레어스택에서 발생하는 복사열이 다른 제조시설에 나쁜 영향을 미치지 아니하도록 안전한 높이 및 위치에 설치한다.
④ 플레어스택에서 발생하는 최대열량에 장시간 견딜 수 있는 재료 및 구조로 되어 있는 것으로 한다.

해설 플레어스택
- 공장에서 방출하는 폐가스 중의 유해성분을 연소시켜 무해화하는 소각탑
- 특정제조시설에서 플레어스택은 파일럿 버너를 항상 켜두는(점화) 방식이며 플레어스택에 관련된 폭발을 방지하기 위한 조치가 필요하다.

31 **관 도중에 조리개(교축기구)를 넣어 조리개 전후의 차압을 이용하여 유량을 측정하는 계측기는?**

① 오벌식 유량계
② 오리피스 유량계
③ 막식 유량계
④ 터빈 유량계

해설 차압식(교축식) 유량계
- 오리피스
- 플로 노즐
- 벤투리미터

32 **유리 온도계의 특징에 대한 설명으로 틀린 것은?**

① 일반적으로 오차가 적다.
② 취급은 용이하나 파손이 쉽다.
③ 눈금 읽기가 어렵다.
④ 일반적으로 연속 기록 자동제어를 할 수 있다.

해설 유리제 저온 온도계(직접식)는 연속기록 자동제어는 불가능하다.

33 **부탄(C_4H_{10})의 제조시설에 설치하는 가스누출 경보기는 가스누출 농도가 얼마일 때 경보를 울려야 하는가?**

① 0.45% 이상
② 0.53% 이상
③ 1.8% 이상
④ 2.1% 이상

해설 가연성 가스의 경보 설정치는 폭발범위 하한치의 $\frac{1}{4}$ 이하로 한다. 부탄(C_4H_{10})가스의 폭발범위가 : 1.8~8.4%이므로

$\therefore$ 1.8%×$\frac{1}{4}$＝0.45% 이상

34 **재료에 하중을 작용하여 항복점 이상의 응력을 가하면, 하중을 제거하여도 본래의 형상으로 돌아가지 않도록 하는 성질을 무엇이라고 하는가?**

① 피로 ② 크리프
③ 소성 ④ 탄성

해설 소성 : 하중을 제거하여도 본래의 형상으로 돌아가지 않도록 하는 현상

35 **카플러안전기구와 과류차단안전기구가 부착된 것으로서 배관과 카플러를 연결하는 구조의 콕은?**

① 퓨즈콕 ② 상자콕
③ 노즐콕 ④ 커플콕

해설 상자콕 : 카플러안전기구와 과류차단안전기구가 부착된 것으로 배관과 카플러를 연결하는 콕

36 **펌프가 운전 중에 한숨을 쉬는 것과 같은 상태가 되어 토출구 및 흡입구에서 압력계의 바늘이 흔들리며 동시에 유량이 변화하는 현상을 무엇이라고 하는가?**

① 캐비테이션 ② 워터해머링
③ 바이브레이션 ④ 서징

해설 펌프의 서징 현상 : 펌프 운전 중 연속적으로 한숨을 쉬는 것과 같은 상태가 되어 토출구 및 흡입구에서 압력계 바늘이 흔들리며 유량이 변화하는 현상

37 **자유 피스톤식 압력계에서 추와 피스톤의 무게가 15.7kg일 때 실린더 내의 액압과 균형을 이루었다면 게이지 압력은 몇 kg/cm²이 되겠는가?(단, 피스톤의 지름은 4cm이다.)**

① 1.25kg/cm² ② 1.57kg/cm²
③ 2.5kg/cm² ④ 5kg/cm²

해설
$$단면적(A)=\frac{\pi}{4}d^2=\frac{3.14}{4}\times 4^2=12.56\text{cm}^2$$
$$\therefore P=\frac{15.7}{12.56}=1.25\text{kg/cm}^2$$

38 **다음 중 저온장치의 가스 액화 사이클이 아닌 것은?**

① 린데식 사이클 ② 클라우드식 사이클
③ 필립스식 사이클 ④ 카자레식 사이클

해설 암모니아 고압합성법 : 클라우드법, 카자레법 (600~1,000kg/cm²에서 제조)

39 **자동차에 혼합적재가 가능한 것끼리 연결된 것은?**

① 염소－아세틸렌 ② 염소－암모니아
③ 염소－산소 ④ 염소－수소

해설 염소는 독성 가스, 산소는 조연성 가스이므로 혼합적재가 가능하다.

40 **왕복식 압축기에서 피스톤과 크랭크 샤프트를 연결하여 왕복운동을 시키는 역할을 하는 것은?**

① 크랭크 ② 피스톤링
③ 커넥팅로드 ④ 톱 클리어런스

해설 커넥팅로드 : 왕복동압축기에서 피스톤과 크랭크샤프트(축)를 연결하여 왕복운동을 시킨다.

41 **실린더의 단면적 50cm², 행정 10cm, 회전수 200rpm, 체적효율 80%인 왕복 압축기의 토출량은?**

① 60L/min ② 80L/min
③ 120L/min ④ 140L/min

해설 토출량＝단면적×행정×회전수×효율
＝$50\times 10\times 200\times 0.8=80{,}000\text{cm}^3=80\text{L}$

42 **액화천연가스(LNG) 저장탱크 중 내부탱크의 재료로 사용되지 않는 것은?**

① 자기 지지형(Self Supporting) 9% 니켈강
② 알루미늄 합금
③ 멤브레인식 스테인레스강
④ 프리스트레스트 콘크리트(PC ; Prestressed Concrete)

해설 LNG 저장탱크 중 내부탱크 재료
- 9% 니켈강
- 알루미늄합금
- 멤브레인식 스테인레스강

43 **공기에 의한 전열이 어느 압력까지 내려가면 급히 압력에 비례하여 적어지는 성질을 이용하는 저온장치에 사용되는 진공단열법은?**

① 고진공 단열법 ② 분말진공 단열법
③ 다층진공 단열법 ④ 자연진공 단열법

해설 고진공 단열법
공기에 의한 전열이 어느 압력까지 내려가면 급히 압력에 비례하여 적어지는 성질을 이용한 저온단열법

44 **고압식 액체산소분리장치에서 원료공기는 압축기에서 압축된 후 압축기의 중간단에서는 몇 atm 정도로 탄산가스 흡수기에 들어가는가?**

① 5atm ② 7atm
③ 15atm ④ 20atm

36. ④ 37. ① 38. ④ 39. ③ 40. ③ 41. ② 42. ④ 43. ① 44. ③ | ANSWER

해설 고압식 액체산소분리장치 원료공기는 압축기 중간단에서 15atm 정도로 탄산가스 흡수기에 들어간다.

45 펌프의 축봉장치에서 아웃사이드 형식이 쓰이는 경우가 아닌 것은?

① 구조재, 스프링재가 액의 내식성에 문제가 있을 때
② 점성계수가 100cP를 초과하는 고점도 액일 때
③ 스타핑 복스 내가 고진공일 때
④ 고응고점 액일 때

해설 메커니컬 실
- 세트형식 : 인사이드형(내장형), 아웃사이드형(외장형)
- 아웃사이드 형식의 용도는 ①, ②, ③ 등이 있다.

46 가스누출자동차단기의 내압시험 조건으로 맞는 것은?

① 고압부 1.8MPa 이상, 저압부 8.4～10MPa
② 고압부 1MPa 이상, 저압부 0.1MPa 이상
③ 고압부 2MPa 이상, 저압부 0.2MPa 이상
④ 고압부 3MPa 이상, 저압부 0.3MPa 이상

해설 가스누출자동차단기 내압시험 조건
- 고압부 : 3MPa 이상
- 저압부 : 0.3MPa 이상

47 염소의 특징에 대한 설명 중 틀린 것은?

① 염소 자체는 폭발성 · 인화성이 없다.
② 상온에서 자극성의 냄새가 있는 맥동성 기체이다.
③ 염소와 산소의 1 : 1 혼합물을 염소 폭명기라고 한다.
④ 수분이 있으면 염산이 생성되어 부식성이 가해진다.

해설 염소(Cl_2) 폭명기(염소 : 수소)

$$Cl_2 + H_2 \xrightarrow{\text{직사광선}} 2HCl + 44kcal$$

48 다음 중 불꽃의 표준온도가 가장 높은 연소방식은?

① 분젠식
② 적화식
③ 세미분젠식
④ 전 1차 공기식

해설 분젠식 연소방식
- 1차 공기 60%, 2차 공기 40% 연소
- 일반가스기구 · 온수기 · 가스레인지 등
- 불꽃의 표준온도가 가장 높은 연소방식

49 도시가스의 유해성분을 측정하기 위한 도시가스 품질검사의 성분분석은 주로 어떤 기기를 사용하는가?

① 기체크로마토그래피
② 분자흡수분광기
③ NMR
④ ICP

해설 도시가스의 유해성분을 측정하기 위한 가스분석기 기체크로마토그래피법 사용

50 다음 중 독성도 없고 가연성도 없는 기체?

① NH_3 ② C_2H_4O
③ CS_2 ④ $CHClF_2$

해설 $CHClF_2$ 냉매(R-22 냉매)
- 1의 자릿수 : F의 수
- 10의 자릿수 : H의 수+1을 한다.
- 100의 자릿수 : C의 수-1을 한다.

51 다음 중 드라이아이스의 제조에 사용되는 가스는?

① 일산화탄소
② 이산화탄소
③ 아황산가스
④ 염화수소

해설
- 드라이아이스 제조가스 : CO_2(이산화탄소)
- 100atm까지 압축 후 -25℃까지 냉각단열 팽창시키면 드라이아이스가 발생한다.

ANSWER | 45. ④ 46. ④ 47. ③ 48. ① 49. ① 50. ④ 51. ②

52 **가스의 비열비의 값은?**

① 언제나 1보다 작다.
② 언제나 1보다 크다.
③ 1보다 크기도 하고 작기도 하다.
④ 0.5와 1 사이의 값이다.

해설 가스의 비열비$(K)=\frac{\text{정압비열}}{\text{정적비열}}$ (항상 1보다 크다.)
기체는 (정압비열/정적비열)에서 정압비열이 크기 때문이다.

53 **염화수소(HCl)의 용도가 아닌 것은?**

① 강판이나 강재의 녹 제거
② 필름 제조
③ 조미료 제조
④ 향료, 염료, 의약 등의 중간물 제조

해설 염화수소의 용도에는 ①, ③, ④ 등이 있으며, 허용농도는 5ppm(독성 가스)이다.

54 **국가표준기본법에서 정의하는 기본단위가 아닌 것은?**

① 질량－kg ② 시간－s
③ 전류－A ④ 온도－℃

해설 국가표준기본단위 온도＝K(켈빈의 절대온도)
K＝℃＋273

55 **47L 고압가스 용기에 20℃의 온도, 15MPa의 게이지압력으로 충전하였다. 40℃로 온도를 높이면 게이지압력은 약 얼마가 되겠는가?**

① 16.031MPa ② 17.132MPa
③ 18.031MPa ④ 19.031MPa

해설
$$P_2=P_1\times\frac{T_2}{T_1}=15\times\frac{273+40}{273+20}=16.03\text{MPa}$$

56 **10%의 소금물 500g을 증발시켜 400g으로 농축하였다면 이 용액은 몇 %의 용액인가?**

① 10 ② 12.5
③ 15 ④ 20

해설 $10:500=x:400$
$\therefore x=10\times\frac{500}{400}=12.5\%$

57 **천연가스(NG)의 특징에 대한 설명으로 틀린 것은?**

① 메탄이 주성분이다.
② 공기보다 가볍다.
③ 연소에 필요한 공기량은 LPG에 비해 적다.
④ 발열량(kcal/m^3)은 LPG에 비해 크다.

해설 천연가스(CH_4)와 LPG($C_3H_8+C_4H_{10}$) 중 액화석유가스인 LPG의 발열량이 2～3배 크다.

58 **다음 중 암모니아 가스의 검출방법이 아닌 것은?**

① 네슬러시약을 넣어 본다.
② 초산연 시험지를 대어본다.
③ 진한 염산에 접촉시켜 본다.
④ 붉은 리트머스지를 대어본다.

해설 초산연 시험지(초산납 시험지, 연당지)
황화수소(H_2S)가스 누설검지에 사용

59 **다음 중 표준상태에서 비점이 가장 높은 것은?**

① 나프타 ② 프로판
③ 에탄 ④ 부탄

해설 비점(비등점)
① 나프타 : 30～200℃ ② 프로판 : －42.1℃
③ 에탄 : －88.6℃ ④ 부탄 : －0.5℃

60 **절대온도 300K은 랭킨온도(°R)로 약 몇 도인가?**

① 27 ② 167
③ 541 ④ 572

해설
- °R(랭킨온도)＝K×1.8＝300×1.8＝540°R
- K(켈빈온도)＝°R$\times\frac{5}{9}$

52. ② 53. ② 54. ④ 55. ① 56. ② 57. ④ 58. ② 59. ① 60. ③ | ANSWER

2013년 1회 가스기능사

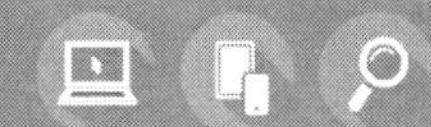

01 액화석유가스 또는 도시가스용으로 사용되는 가스용 염화비닐호스는 그 호스의 안전성, 편리성 및 호환성을 확보하기 위하여 안지름 치수를 규정하고 있는데 그 치수에 해당하지 않는 것은?

① 4.8mm ② 6.3mm
③ 9.5mm ④ 12.7mm

해설 염화비닐호스규격(mm) : 6.3, 9.5, 12.7

02 가스 누출 자동차단장치의 검지부 설치금지 장소에 해당하지 않는 것은?

① 출입구 부근 등으로서 외부의 기류가 통하는 곳
② 가스가 체류하기 좋은 곳
③ 환기구 등 공기가 들어오는 곳으로부터 1.5m 이내의 곳
④ 연소기의 폐가스에 접촉하기 쉬운 곳

해설 가스가 체류하기 좋은 곳에는 반드시 가스누출 자동차단장치 검지부를 설치한다.

03 가연성 고압가스 제조소에서 다음 중 착화원인이 될 수 없는 것은?

① 정전기
② 베릴륨 합금제 공구에 의한 타격
③ 사용 촉매의 접촉
④ 밸브의 급격한 조작

해설 베릴륨 합금제, 베아론 공구 사용은 공구 타격 시 불꽃이나 착화를 방지하여 가스사고를 예방할 수 있다.

04 LP가스의 일반적인 성질에 대한 설명 중 옳은 것은?

① 공기보다 무거워 바닥에 고인다.
② 액의 체적팽창률이 적다.
③ 증발잠열이 적다.
④ 기화 및 액화가 어렵다.

해설 LP가스(액화석유가스 : 프로판, 부탄가스)는 공기보다 무거워(비중 1.53~2) 바닥에 고이므로 가스폭발사고가 많이 발생한다.

05 도시가스 사용시설에서 배관의 호칭지름이 25mm인 배관은 몇 m 간격으로 고정하여야 하는가?

① 1m마다 ② 2m마다
③ 3m마다 ④ 4m마다

해설
- 13mm 미만 배관 : 1m마다 고정
- 13~33mm 미만 배관 : 2m마다 고정
- 33mm 이상 : 3m마다 고정

06 액화석유가스는 공기 중의 혼합비율의 용량이 얼마인 상태에서 감지할 수 있도록 냄새가 나는 물질을 섞어 용기에 충전하여야 하는가?

① $\frac{1}{10}$ ② $\frac{1}{100}$
③ $\frac{1}{1,000}$ ④ $\frac{1}{10,000}$

해설 액화석유가스의 부취제 물질 함량은 $\frac{1}{1,000}$ 상태에서 냄새가 나도록 메르캅탄류 등의 부취제를 용기에 섞는다.

07 다음 중 천연가스(LNG)의 주성분은?

① CO ② CH_4
③ C_2H_4 ④ C_2H_2

해설 LNG(액화천연가스) 주성분 : 메탄(CH_4)

08 건축물 안에 매설할 수 없는 도시가스 배관의 재료는?

① 스테인리스강관
② 동관
③ 가스용 금속플렉시블 호스
④ 가스용 탄소강관

ANSWER | 1. ① 2. ② 3. ② 4. ① 5. ② 6. ③ 7. ② 8. ④

해설 가스용 탄소강관은 부식성이 높아서 건축물 안에 매설이 불가능하다.

09 고압가스용 용접용기 동판의 최대 두께와 최소 두께의 차이는?

① 평균두께의 5% 이하
② 평균두께의 10% 이하
③ 평균두께의 20% 이하
④ 평균두께의 25% 이하

해설 고압가스용 용접용기(계목용기) 동판의 최대두께와 최소두께의 차이는 평균두께의 10% 이하가 기준이다.

10 공기 중에서 폭발 범위가 가장 넓은 가스는?

① 메탄 ② 프로판
③ 에탄 ④ 일산화탄소

해설 가연성 가스 폭발범위
① 메탄(CH_4) : 5~15%
② 프로판(C_3H_8) : 2.1~9.5%
③ 에탄(C_2H_6) : 3~12.5%
④ 일산화탄소(CO) : 12.5~74%

11 다음 중 마찰, 타격 등으로 격렬히 폭발하는 예민한 폭발물질로서 가장 거리가 먼 것은?

① AgN_2 ② H_2S
③ Ag_2C_2 ④ N_4S_4

해설 예민한 폭발물질
- AgN_2 : 아질화은
- Ag_2C_2 : 아세틸렌은
- N_4S_4 : 유화질소
- HN_3 : 질화수소산
- HgN_6 : 질화수은
- Cu_2C_2 : 동아세틸라이드
- $C_2H_5ON_{10}$: 테트라센
- NH_3, N_3Cl, N_3I : 할로겐치환제

※ 황화수소(H_2S) : 가연성, 독성 가스

12 독성 가스 용기운반기준에 대한 설명으로 틀린 것은?

① 차량의 최대 적재량을 초과하여 적재하지 아니한다.
② 충전용기는 자전거나 오토바이에 적재하여 운반하지 아니한다.
③ 독성 가스 중 가연성 가스와 조연성 가스는 같은 차량의 적재함으로 운반하지 아니한다.
④ 충전용기를 차량에 적재하여 운반할 때에는 적재함에 넘어지지 않게 뉘어서 운반한다.

해설 독성 가스 용기는 차량에 세워서 운반한다.

13 도시가스계량기와 화기 사이에 유지하여야 하는 거리는?

① 2m 이상 ② 4m 이상
③ 5m 이상 ④ 8m 이상

해설

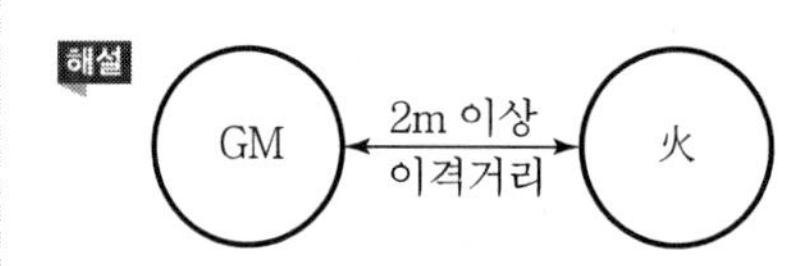

14 용기밸브 그랜드너트의 6각 모서리에 V형의 홈을 낸 것은 무엇을 표시하기 위한 것인가?

① 왼나사임을 표시 ② 오른나사임을 표시
③ 암나사임을 표시 ④ 수나사임을 표시

해설

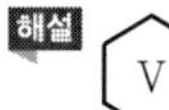

용기밸브 그랜드너트 6각 모서리의 V형 홈은 가연성 가스 용기밸브 표시(왼나사 표시용 표기)이다.

15 부탄가스용 연소기의 명판에 기재할 사항이 아닌 것은?

① 연소기명 ② 제조자의 형식 호칭
③ 연소기 재질 ④ 제조(로트) 번호

해설 부탄가스용 연소기 명판 기재사항
- 연소기명
- 제조자의 형식 호칭
- 제조번호(로트번호)

9. ② 10. ④ 11. ② 12. ④ 13. ① 14. ① 15. ③ | ANSWER

16 도시가스도매사업자가 제조소에 다음 시설을 설치하고자 한다. 다음 중 내진 설계를 하지 않아도 되는 시설은?

① 저장능력이 2톤인 지상식 액화천연가스 저장탱크의 지지구조물
② 저장능력이 300m^3인 천연가스 홀더의 지지구조물
③ 처리능력이 10m^3인 압축기의 지지구조물
④ 처리능력이 15m^3인 펌프의 지지구조물

해설 저장능력 2톤인 경우 저장량이 적어서 내진설계가 불필요하다.

17 저장탱크의 지하설치기준에 대한 설명으로 틀린 것은?

① 천장, 벽 및 바닥의 두께가 각각 30cm 이상인 방수조치를 한 철근콘크리트로 만든 곳에 설치한다.
② 지면으로부터 저장탱크의 정상부까지의 깊이는 1m 이상으로 한다.
③ 저장탱크에 설치한 안전밸브에는 지면에서 5m 이상의 높이에 방출구가 있는 가스방출관을 설치한다.
④ 저장탱크를 매설한 곳의 주위에는 지상에 경계표지를 설치한다.

해설

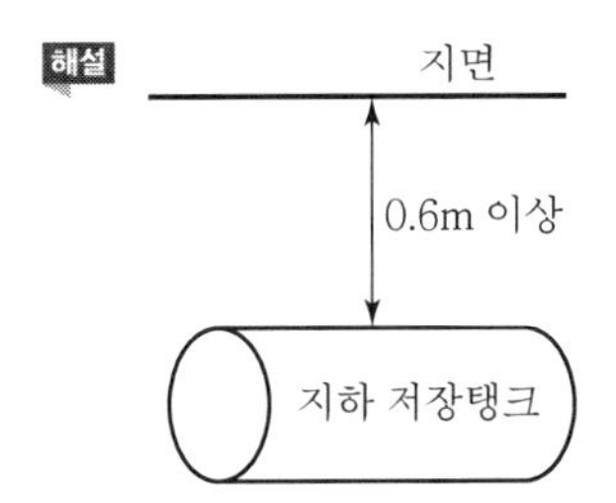

18 가스 중 음속보다 화염전파속도가 큰 경우 충격파가 발생하는데 이때 가스의 연소 속도로써 옳은 것은?

① 0.3~100m/s
② 100~300m/s
③ 700~800m/s
④ 1,000~3,500m/s

해설 디토네이션(폭굉)
음속보다 화염전파 속도가 큰 충격파로서 가스의 연소속도는 1,000~3,500m/s이다.

19 도시가스사용시설의 가스계량기 설치기준에 대한 설명으로 옳은 것은?

① 시설 안에서 사용하는 자체 화기를 제외한 화기와 가스 계량기의 유지하여야 하는 거리는 3m 이상이어야 한다.
② 시설 안에서 사용하는 자체 화기를 제외한 화기와 입상관의 유지하여야 하는 거리는 3m 이상이어야 한다.
③ 가스계량기와 단열조치를 하지 아니한 굴뚝과의 거리는 10cm 이상 유지하여야 한다.
④ 가스계량기와 전기개폐기와의 거리는 60cm 이상 유지하여야 한다.

해설 ① 2m 이상 ② 2m 이상
③ 15cm 이상 ④ 60cm 이상

20 비등액체팽창증기폭발(BLEVE)이 일어날 가능성이 가장 낮은 곳은?

① LPG 저장탱크
② 액화가스 탱크로리
③ 천연가스 지구정압기
④ LNG 저장탱크

해설 천연가스 지구정압기의 가스는 액화된 LNG가 기화된 후 공급되는 지구의 정압기이므로 비등액체증기폭발과는 관련성이 없다.

21 액화석유가스를 탱크로리로부터 이·충전할 때 정전기를 제거하는 조치로 접지하는 접지접속선의 규격은?

① 5.5mm^2 이상
② 6.7mm^2 이상
③ 9.6mm^2 이상
④ 10.5mm^2 이상

해설 본딩용 접속선 및 접지접속선 : 단면적 5.5mm^2 이상

22 가연성 가스, 독성 가스 및 산소설비의 수리 시에 설비 내의 가스 치환용으로 주로 사용되는 가스는?

① 질소
② 수소
③ 일산화탄소
④ 염소

ANSWER | 16. ① 17. ② 18. ④ 19. ④ 20. ③ 21. ① 22. ①

해설 가연성, 독성, 산소설비의 수리시 가스 치환용 가스는 질소가스(N_2)이다.

23 다음 중 지연성 가스에 해당되지 않는 것은?

① 염소 ② 불소
③ 이산화질소 ④ 이황화탄소

해설
- CS_2(이황화탄소) : 발화 5등급, 폭발 3등급의 가스로서 가연성 가스이면서 독성 가스이다.
- 지연성 가스 : 가연성 가스 연소를 촉진하는 조연성 가스이다.

24 내용적이 300L인 용기에 액화암모니아를 저장하려고 한다. 이 저장설비의 저장능력은 얼마인가?(단, 액화암모니아의 충전정수는 1.86이다.)

① 161kg ② 232kg
③ 279kg ④ 558kg

해설 저장능력(액화가스) : 용기 및 차량에 고정된 저장능력

$$W=\frac{V_2}{C}=\frac{300}{1.86}=161\text{kg}$$

25 다음 중 방류둑을 설치하여야 할 기준으로 옳지 않은 것은?

① 저장능력이 5톤 이상인 독성 가스 저장탱크
② 저장능력이 300톤 이상인 가연성 가스 저장탱크
③ 저장능력이 1,000톤 이상인 액화석유가스 저장탱크
④ 저장능력이 1,000톤 이상인 액화산소 저장탱크

해설 방류둑 설치기준(액화가스 저장탱크 기준)
- 가연성 가스 : 500톤 이상
- 독성 가스 : 5톤 이상
- 산소 : 1,000톤 이상
- LPG : 1,000톤 이상

26 다음은 도시가스사용시설의 월사용예정량을 산출하는 식이다. 이 중 기호 "A"가 의미하는 것은?

$$Q=\frac{(A\times 240)+(B\times 90)}{11{,}000}$$

① 월사용예정량
② 산업용으로 사용하는 연소기의 명판에 기재된 가스소비량의 합계
③ 산업용이 아닌 연소기의 명판에 기재된 가스소비량의 합계
④ 가정용 연소기의 가스소비량 합계

해설
- A : ②항 기준
- B : ③항 기준
- Q : ①항 기준(단위 : m^3)

27 LPG용 압력조정기 중 1단 감압식 저압조정기의 조정압력 범위는?

① 2.3~3.3kPa
② 2.55~3.3kPa
③ 57~83kPa
④ 5.0~30kPa 이내에서 제조자가 설정한 기준압력의 ±20%

해설 LPG 압력조정기 중 1단 감압식 저압조정기 조정압력범위 2.3~3.3kPa

28 용기의 내용적 40L에 내압시험 압력의 수압을 걸었더니 내용적이 40.24L로 증가하였고, 압력을 제거하여 대기압으로 하였더니 용적은 40.02L가 되었다. 이 용기의 항구 증가량과 또 이 용기의 내압시험에 대한 합격 여부는?

① 1.6%, 합격 ② 1.6%, 불합격
③ 8.3%, 합격 ④ 8.3%, 불합격

해설 40.24−40=0.24L(압력증가량)
40.02−40=0.02L(항구증가량)

$$\text{항구증가율}=\frac{0.02}{0.24}\times 100=8.3\%$$

(항구증가율 10% 이하이면 내압시험 합격)

23. ④ 24. ① 25. ② 26. ② 27. ① 28. ③ | ANSWER

29 **산소가스 설비의 수리를 위한 저장탱크 내의 산소를 치환할 때 산소측정기 등으로 치환 결과를 수시로 측정하여 산소의 농도가 원칙적으로 몇 % 이하가 될 때까지 치환하여야 하는가?**

① 18% ② 20%
③ 22% ④ 24%

해설 산소가스 설비 수리(저장탱크 내의 산소 치환) : 치환결과 산소농도가 22% 이하가 될 때까지 치환한다.

30 **최근 시내버스 및 청소차량연료로 사용되는 CNG 충전소 설계 시 고려하여야 할 사항으로 틀린 것은?**

① 압축장치와 충전설비 사이에는 방호벽을 설치한다.
② 충전기에는 90kgf 미만의 힘에서 분리되는 긴급분리장치를 설치한다.
③ 자동차 충전기(디스펜서)의 충전호스 길이는 8m 이하로 한다.
④ 펌프 주변에는 1개 이상 가스누출검지경보장치를 설치한다.

해설 긴급분리장치 : 100kgf 이상 힘에서 설치

31 **다이어프램식 압력계의 특징에 대한 설명 중 틀린 것은?**

① 정확성이 높다.
② 반응속도가 빠르다.
③ 온도에 따른 영향이 적다.
④ 미소압력을 측정할 때 유리하다.

해설 다이어프램식 탄성식 압력계 특징
①, ②, ④의 특징 외에도
- 부식성 유체의 측정이 가능하다.
- 온도의 영향을 받기 쉬우므로 주의한다.

32 **어떤 도시가스의 발열량이 15,000kcal/Sm^{3}일 때 웨버지수는 얼마인가?(단, 가스의 비중은 0.5로 한다.)**

① 12,121 ② 20,000
③ 21,213 ④ 30,000

해설 웨버지수 $WI = \frac{H_g}{\sqrt{d}} = \frac{15,000}{\sqrt{0.5}} = 21,213$

33 **염화파라듐지로 검지할 수 있는 가스는?**

① 아세틸렌 ② 황화수소
③ 염소 ④ 일산화탄소

해설 시험지 검색상태(가스누설시)
① 아세틸렌 : 염화제1동 착염지(적색)
② 황화수소 : 초산납시험지(흑색)
③ 염소 : KI 전분지(청색)
④ CO : 염화파라듐지(흑색)

34 **전위측정기로 관대지전위(Pipe To Soil Potential) 측정 시 측정방법으로 적합하지 않은 것은?(단, 기준전극은 포화황산동전극이다.)**

① 측정선 말단의 부식부분을 연마한 후에 측정한다.
② 전위측정기의 (+)는 T/B(Test Box), (−)는 기준전극에 연결한다.
③ 콘크리트 등으로 기준전극을 토양에 접지할 수 없을 경우에는 물에 적신 스폰지 등을 사용하여 측정한다.
④ 전위측정은 가능한 한 배관에서 먼 위치에서 측정한다.

해설 전위측정은 가능한 한 배관에서 가까운 위치에서 실시한다.

35 **주로 탄광 내에서 CH_4의 발생을 검출하는 데 사용되며 청염(푸른 불꽃)의 길이로써 그 농도를 알 수 있는 가스 검지기는?**

① 안전등형 ② 간섭계형
③ 열선형 ④ 흡광광도형

해설 ㉠ 가연성 가스 검출기
- 안전등형 : 탄광 내 메탄(CH_4)가스 검출
- 간섭계형 : CH_4 및 가연성 측정
- 열선형(열전도식, 연소식) : 가스농도 지시

㉡ 화학분석법(가스분석기)
- 적정법 • 중량법 • 흡광광도법

ANSWER | 29. ③ 30. ② 31. ③ 32. ③ 33. ④ 34. ④ 35. ①

36 **다음 중 용적식 유량계에 해당하는 것은?**

① 오리피스 유량계 ② 플로노즐 유량계
③ 벤투리관 유량계 ④ 오벌기어식 유량계

해설 용적식 유량계
- 오벌기어식
- 가스미터기
- 루트식
- 회전원판식

37 **가스난방기의 명판에 기재하지 않아도 되는 것은?**

① 제조자의 형식호칭(모델번호)
② 제조자명이나 그 약호
③ 품질보증기간과 용도
④ 열효율

해설 가스난방기 명판 기재사항 : ①, ②, ③ 내용

38 **진탕형 오토클레이브의 특징에 대한 설명으로 틀린 것은?**

① 가스누출의 가능성이 적다.
② 고압력에 사용할 수 있고 반응물의 오손이 적다.
③ 장치 전체가 진동하므로 압력계는 본체로부터 떨어져 설치한다.
④ 뚜껑판에 뚫어진 구멍에 촉매가 끼어들어갈 염려가 없다.

해설
- 오토글레이브(고압반응기) : 교반형, 진탕형, 회전형, 가스교반형
- 진탕형 특징 : ①, ②, ③항 외 횡형 타입으로서 뚜껑판에 뚫어진 구멍에 혼입될 우려가 있다.

39 **송수량 12,000L/min, 전양정 45m인 볼류트 펌프의 회전수를 1,000rpm에서 1,100rpm으로 변화시킨 경우 펌프의 축동력은 약 몇 PS인가?(단, 펌프의 효율은 80%이다.)**

① 165 ② 180
③ 200 ④ 250

해설
$$\text{동력} = \left(\frac{N_2}{N_1}\right)^3 = \left(\frac{1,100}{1,000}\right)^3 \times 150 \fallingdotseq 200\text{PS}$$

$$※\ \text{PS} = \frac{r\phi H}{75 \times 60 \times \eta} = \frac{1,000 \times \left(\frac{12,000}{1,000}\right) \times 45}{75 \times 60 \times 0.8} = 150(\text{1차 동력})$$

40 **펌프의 실제 송출유량을 Q, 펌프 내부에서의 누설 유량을 ΔQ, 임펠러 속을 지나는 유량을 $Q+\Delta Q$라 할 때 펌프의 체적효율(η_v)을 구하는 식은?**

① $\eta_v = \dfrac{Q}{Q+\Delta Q}$ ② $\eta_v = \dfrac{Q+\Delta Q}{Q}$
③ $\eta_v = \dfrac{Q-\Delta Q}{Q+\Delta Q}$ ④ $\eta_v = \dfrac{Q+\Delta Q}{Q-\Delta Q}$

해설 펌프의 체적효율$(\eta_v) = \dfrac{Q}{Q+\Delta Q}$

41 **염화메탄을 사용하는 배관에 사용하지 못하는 금속은?**

① 주강 ② 강
③ 동합금 ④ 알루미늄 합금

해설 염화메탄(CH_3C)의 금속반응(사용불가 금속)
- 마그네슘
- 알루미늄
- 아연

42 **고압가스용기의 관리에 대한 설명으로 틀린 것은?**

① 충전 용기는 항상 40℃ 이하를 유지하도록 한다.
② 충전 용기는 넘어짐 등으로 인한 충격을 방지하는 조치를 하여야 하며 사용한 후에는 밸브를 열어둔다.
③ 충전용기 밸브는 서서히 개폐한다.
④ 충전 용기 밸브 또는 배관을 가열하는 때에는 열습포나 40℃ 이하의 더운물을 사용한다.

해설 충전용기는 사용이 끝나면 반드시 밸브를 잠가둔다.

36. ④ 37. ④ 38. ④ 39. ③ 40. ① 41. ④ 42. ② | ANSWER

43 저온장치의 분말진공단열법에서 충진용 분말로 사용되지 않는 것은?

① 펄라이트 ② 알루미늄 분말
③ 글라스울 ④ 규조토

해설 • 진공단열법 : 고진공단열, 분말진공단열, 다층진공단열
• 분말진공단열 충진용 분말 : 펄라이트, 알루미늄 분말, 규조토 등

44 다음 중 저온을 얻는 기본적인 원리는?

① 등압팽창 ② 단열팽창
③ 등온팽창 ④ 등적팽창

해설 저온을 얻는 기본적 원리
단열팽창, 팽창기 사용

45 압축기를 이용한 LP가스 이 · 충전 작업에 대한 설명으로 옳은 것은?

① 충전시간이 길다.
② 잔류가스를 회수하기 어렵다.
③ 베이퍼록 현상이 일어난다.
④ 드레인 현상이 일어난다.

해설 LPG 이송설비
• 압축기 이용 : 드레인 현상이 발생한다.
• 펌프 이용 : 드레인 현상이 없다.
※ ①, ②, ③항은 펌프를 이용한 이 · 충전 작업에 해당한다.

46 다음 중 가장 높은 압력은?

① 1atm ② 100kPa
③ $10mH_2O$ ④ 0.2MPa

해설 ① $1atm = 1.033kg/cm^2$
② $100kPa = 0.1MPa = 1kg/cm^2$
③ $10mH_2O = 1kg/cm^2 = 0.1MPa$
④ $0.2MPa = 2kg/cm^2 = 20mH_2O$

47 다음 중 비점이 가장 낮은 것은?

① 수소 ② 헬륨
③ 산소 ④ 네온

해설 가스비점
① 수소 : −252℃
② 헬륨 : −272.2℃
③ 산소 : −183℃
④ 네온 : −248.67℃

48 공기 중에 10vol% 존재 시 폭발의 위험성이 없는 가스는?

① CH_3Br ② C_2H_6
③ C_2H_4O ④ H_2S

해설 폭발범위
① 브롬화메탄(CH_3Br) : 13.5~14.5%
② 에탄(C_2H_6) : 3~12.5%
③ 산화에틸렌(C_2H_4O) : 3~80%
④ 황화수소(H_2S) : 4.3~45%

49 다음 중 LP가스의 일반적인 연소특성이 아닌 것은?

① 연소 시 다량의 공기가 필요하다.
② 발열량이 크다.
③ 연소속도가 늦다.
④ 착화온도가 낮다.

해설 LP가스
• 프로판 착화온도 : 460~520℃
• 부탄 착화온도 : 430~510℃
※ 액화석유가스는 착화온도가 다소 높다.

50 LNG의 특징에 대한 설명 중 틀린 것은?

① 냉열을 이용할 수 있다.
② 천연에서 산출한 천연가스를 약 −162℃까지 냉각하여 액화시킨 것이다.
③ LNG는 도시가스, 발전용 이외에 일반 공업용으로도 사용된다.
④ LNG로부터 기화한 가스는 부탄이 주성분이다.

해설 메탄(CH_4) : LNG(액화천연가스)의 주성분
- 분자량 16
- 비중 0.55
- 비점 −161.5℃
- 연소반응식 : $CH_4 + 2O_2 \rightarrow CO_2 + 2H_2O$

51 가정용 가스보일러에서 발생하는 가스중독사고의 원인으로 배기가스의 어떤 성분에 의하여 주로 발생하는가?

① CH_4　② CO_2
③ CO　④ C_3H_8

해설 $C + O_2 \rightarrow CO_2$(탄산가스)
$C + \frac{1}{2}O_2 \rightarrow CO$(일산화탄소 : 독성 가스)

52 순수한 물 1g을 온도 14.5℃에서 15.4℃까지 높이는 데 필요한 열량을 의미하는 것은?

① 1cal　② 1BTU
③ 1J　④ 1CHU

해설 1cal : 순수한 물 1g을 14.5℃~15.4℃까지 높이는 데 필요한 열량

53 물질이 융해, 응고, 증발, 응축 등과 같은 상의 변화를 일으킬 때 발생 또는 흡수하는 열을 무엇이라 하는가?

① 비열　② 현열
③ 잠열　④ 반응열

해설
- 얼음의 융해, 응고(잠열) : 79.68kcal/kg
- 물의 증발, 응축(잠열) : 538.8kcal/kg

54 에틸렌(C_2H_4)의 용도가 아닌 것은?

① 폴리에틸렌의 제조　② 산화에틸렌의 원료
③ 초산비닐의 제조　④ 메탄올 합성의 원료

해설 CO 가스 용도

$$CO + 2H_2 \xrightarrow[200\sim300kg/cm^2]{250\sim400℃} CH_3OH \text{ (메탄올 합성용)}$$

55 공기 100kg 중에는 산소가 약 몇 kg 포함되어 있는가?

① 12.3kg　② 23.2kg
③ 31.5kg　④ 43.7kg

해설 공기 중 산소
- 체적당 : 21%
- 중량당 : 23.2%

∴ 100×0.232=23.2kg

56 100°F를 섭씨온도로 환산하면 약 몇 ℃인가?

① 20.8　② 27.8
③ 37.8　④ 50.8

해설 $℃ = \frac{5}{9}(°F - 32) = \frac{5}{9} \times (100 - 32) = 37.8℃$

57 0℃, 2기압하에서 1L의 산소와 0℃, 3기압 2L의 질소를 혼합하여 2L로 하면 압력은 몇 기압이 되는가?

① 2기압　② 4기압
③ 6기압　④ 8기압

해설 산소=1L×2기압=2L
질소=2L×3기압=6L
용기 부피를 2L로 한다면
압력 $= \frac{2L + 6L}{2L} = 4$기압

58 다음 중 상온에서 비교적 낮은 압력으로 가장 쉽게 액화되는 가스는?

① CH_4　② C_3H_8
③ O_2　④ H_2

해설 C_3H_8(프로판) : $7kg/cm^2$ 가압 액화

51. ③ 52. ① 53. ③ 54. ④ 55. ② 56. ③ 57. ② 58. ② | ANSWER

59 완전연소 시 공기량을 가장 많이 필요로 하는 가스는?

① 아세틸렌 ② 메탄
③ 프로판 ④ 부탄

해설
- 아세틸렌 : $C_2H_2 + \boxed{2.5} O_2 \rightarrow 2CO_2 + H_2O$
- 메탄 : $CH_4 + \boxed{2} O_2 \rightarrow CO_2 + 2H_2O$
- 프로판 : $C_3H_8 + \boxed{5} O_2 \rightarrow 3CO_2 + 4H_2O$
- 부탄 : $C_4H_{10} + \boxed{6.5} O_2 \rightarrow 4CO_2 + 5H_2O$

공기량 = 산소량 $\times \frac{1}{0.21}$

※ 산소(O_2) 요구량이 많으면 공기량이 많이 필요하다.

60 산소의 물리적 성질에 대한 설명 중 틀린 것은?

① 물에 녹지 않으며 액화산소는 담녹색이다.
② 기체, 액체, 고체 모두 자성이 있다.
③ 무색, 무취, 무미의 기체이다.
④ 강력한 조연성 가스로서 자신은 연소하지 않는다.

해설 산소는 물에 약간 녹으며 액체 산소는 담청색이다.

01 산소 저장설비에서 저장능력이 9,000m³일 경우 1종 보호 시설 및 2종 보호시설과의 안전거리는?

① 8m, 5m ② 10m, 7m
③ 12m, 8m ④ 14m, 9m

해설 고압가스의 처리설비 및 저장설비의 경우 그 외면으로부터 보호시설까지 이격거리

처리능력 및 저장능력	산소의 처리설비 및 저장설비		독성 가스 또는 가연성 가스의 처리설비 및 저장설비		그 밖의 가스의 처리설비 및 저장설비	
	제1종 보호시설	제2종 보호시설	제1종 보호시설	제2종 보호시설	제1종 보호시설	제2종 보호시설
1만 이하	12m	8m	17m	12m	8m	5m
1만 초과 2만 이하	14m	9m	21m	14m	9m	7m
2만 초과 3만 이하	16m	11m	24m	16m	11m	8m
3만 초과 4만 이하	18m	13m	27m	18m	13m	9m
4만 초과 5만 이하	20m	14m	30m	20m	14m	10m
5만 초과 99만 초과			30m (가연성 가스 저온저장 탱크는 120m)	20m (가연성 가스 저온저장 탱크는 80m)		

02 다음의 고압가스의 용량을 차량에 적재하여 운반할 때 운반책임자를 동승시키지 않아도 되는 것은?

① 아세틸렌 : 400m³
② 일산화탄소 : 700m³
③ 액화염소 : 6,500kg
④ 액화석유가스 : 2,000kg

해설 고압가스를 200km 이상의 거리를 운반할 때에는 운반책임자를 동승시킨다.

[운반책임자 동승기준]

가스의 종류		기준
액화가스	독성 가스	1,000kg 이상
	가연성 가스	3,000kg 이상
	조연성 가스	6,000kg 이상
압축가스	독성 가스	100m³ 이상
	가연성 가스	300m³ 이상
	조연성 가스	600m³ 이상

03 독성 가스 여부를 판정할 때 기준이 되는 "허용농도"를 바르게 설명한 것은?

① 해당 가스를 성숙한 흰쥐 집단에게 대기 중에서 1시간 동안 계속하여 노출시킨 경우 7일 이내에 그 흰쥐의 1/2 이상이 죽게 되는 가스의 농도를 말한다.
② 해당 가스를 성숙한 흰쥐 집단에게 대기 중에서 24시간 동안 계속하여 노출시킨 경우 7일 이내에 그 흰쥐의 1/2 이상이 죽게 되는 가스의 농도를 말한다.
③ 해당 가스를 성숙한 흰쥐 집단에게 대기 중에서 1시간 동안 계속하여 노출시킨 경우 14일 이내에 그 흰쥐의 1/2 이상이 죽게 되는 가스의 농도를 말한다.
④ 해당 가스를 성숙한 흰쥐 집단에게 대기 중에서 24시간 동안 계속하여 노출시킨 경우 14일 이내에 그 흰쥐의 1/2 이상이 죽게 되는 가스의 농도를 말한다.

해설 독성 가스는 독성을 가진 가스로서 허용농도가 5,000ppm 이하인 것이며 허용농도는 당해 가스를 성숙한 흰쥐 집단에게 대기 중에서 1시간 동안 계속하여 노출시킨 경우 14일 이내에 그 흰쥐의 1/2 이상이 죽게 되는 가스의 농도를 말한다.

04 고압가스 특정제조시설 중 철도부지 밑에 매설하는 배관에 대한 설명으로 틀린 것은?

① 배관의 외면으로부터 그 철도부지의 경계까지는 1m 이상의 거리를 유지한다.

1. ③ 2. ④ 3. ③ 4. ② | ANSWER

② 지표면으로부터 배관의 외면까지의 깊이를 60 cm 이상 유지한다.
③ 배관은 그 외면으로부터 궤도 중심과 4m 이상 유지한다.
④ 지하철도 등을 횡단하여 매설하는 배관에는 전기 방식조치를 강구한다.

해설 배관을 철도부지에 매설하는 경우에는 배관의 외면으로부터 궤도 중심까지 4m 이상, 그 철도부지 경계까지는 1m 이상의 거리를 유지하고, 지표면으로부터 배관의 외면까지의 깊이를 1.2m 이상으로 한다.

05 도시가스 사용시설 중 가스계량기와 다음 설비와의 안전거리 기준으로 옳은 것은?

① 전기계량기와는 60cm 이상
② 전기접속기와는 60cm 이상
③ 전기점멸기와는 60cm 이상
④ 절연조치를 하지 않는 전선과는 30cm 이상

해설 배관의 이음매와 전기계량기 및 전기개폐기와의 거리는 60cm 이상, 전기점멸기 및 전기접속기와의 거리는 30cm 이상, 절연전선과의 거리는 10cm 이상, 절연조치를 하지 않은 전선 및 단열조치를 하지 않은 굴뚝과의 거리는 15cm 이상의 거리를 유지할 것

06 특정고압가스사용시설 중 고압가스 저장량이 몇 kg 이상인 용기보관실에 있는 벽을 방호벽으로 설치하여야 하는가?

① 100 ② 200
③ 300 ④ 500

해설 특정고압가스 저장량이 300kg 이상 시 방호벽을 설치한다.

07 다음 가연성 가스 중 공기 중에서의 폭발범위가 가장 좁은 것은?

① 아세틸렌
② 프로판
③ 수소
④ 일산화탄소

해설 가연성 가스의 폭발범위
① 아세틸렌 : 2.5~81%
② 프로판 : 2.1~9.5%
③ 수소 : 4~75%
④ 일산화탄소 : 12.5~74%

08 도시가스 중 음식물쓰레기, 가축 · 분뇨, 하수슬러지 등 유기성 폐기물로부터 생성된 기체를 정제한 가스로서 메탄이 주성분인 가스를 무엇이라 하는가?

① 천연가스 ② 나프타부생가스
③ 석유가스 ④ 바이오가스

해설 바이오가스란 생물반응에 의해 생성되는 연료용 가스의 총칭이며 가축분료 음식물쓰레기 하수슬러지 등 유기성 폐기물로부터 생성되는 것으로는 메탄과 수소가 있다. 메탄은 폐기물처리에 의해 얻을 수 있는 에너지원으로 유망하다.

09 용기 부속품에 각인하는 문자 중 질량을 나타내는 것은?

① TP ② W
③ AG ④ V

해설 용기부속품 각인 사항
- 부속품제조업자의 명칭 또는 약호
- 바목의 규정에 의한 부속품의 기호와 번호
- 질량(기호 : W, 단위 : kg)
- 부속품검사에 합격한 연월
- 내압시험압력(기호 : TP, 단위 : MPa)

10 원심식 압축기를 사용하는 냉동설비는 그 압축기의 원동기 정격출력 몇 kW를 1일의 냉동능력 1톤으로 산정하는가?

① 1.0 ② 1.2
③ 1.5 ④ 2.0

해설 원심식 압축기를 사용하는 냉동설비는 그 압축기의 원동기 정격출력 1.2kW를 1일의 냉동능력 1톤으로 보고, 흡수식 냉동설비는 발생기를 가열하는 1시간의 입열량 6,640 kcal를 1일의 냉동능력 1톤으로 본다.

ANSWER | 5. ① 6. ③ 7. ② 8. ④ 9. ② 10. ②

11 다음 중 화학적 폭발로 볼 수 없는 것은?

① 증기폭발 ② 중합폭발
③ 분해폭발 ④ 산화폭발

해설 증기폭발은 압력에 의한 폭발로 물리적인 작용으로 본다.

12 다음 중 같은 저장실에 혼합 저장이 가능한 것은?

① 수소와 염소가스 ② 수소와 산소
③ 아세틸렌가스와 산소 ④ 수소와 질소

해설 질소가스는 불연성 가스로 가연성인 수소와 혼합저장이 가능하다.

13 액화석유가스의 시설기준 중 저장탱크의 설치 방법을 틀린 것은?

① 천장, 벽 및 바닥의 두께가 각각 30cm 이상의 방수조치를 한 철근콘크리트구조로 한다.
② 저장탱크실 상부 윗면으로부터 저장탱크 상부까지의 깊이는 60cm 이상으로 한다.
③ 저장탱크에 설치한 안전밸브에는 지면으로부터 5m 이상의 방출관을 설치한다.
④ 저장탱크 주위 빈 공간에는 세립분을 25% 이상 함유한 마른 모래를 채운다.

해설 저장탱크 주위에 빈 공간이 없도록 마른모래로 채운다.

14 가스공급 배관 용접 후 검사하는 비파괴 검사방법이 아닌 것은?

① 방사선투과검사
② 초음파탐상검사
③ 자분탐상검사
④ 주사전자현미경검사

해설 비파괴 검사의 종류
- 방사선투과검사
- 초음파탐상검사
- 자분탐상검사
- 음향검사
- 설파 프린트 등

15 고압가스 제조시설에 설치되는 피해저감설비로 방호벽을 설치해야 하는 경우가 아닌 것은?

① 압축기와 충전장소 사이
② 압축기와 가스충전용기 보관장소 사이
③ 충전장소와 충전용 주관밸브, 조작밸브 사이
④ 압축기와 저장탱크 사이

해설 압축기와 그 충전장소 사이, 압축기와 그 가스충전용기 보관장소 사이, 충전장소와 그 가스충전용기 보관장소 사이 및 충전장소와 그 충전용 주관밸브, 조작밸브 사이에는 가스폭발에 따른 충격에 견딜 수 있는 방호벽을 설치한다.

16 가연성 가스의 위험성에 대한 설명으로 틀린 것은?

① 누출 시 산소결핍에 의한 질식의 위험성이 있다.
② 가스의 온도 및 압력이 높을수록 위험성이 커진다.
③ 폭발한계가 넓을수록 위험하다.
④ 폭발하한이 높을수록 위험하다.

해설 가연성 가스는 폭발하한이 낮을수록 위험하다.

17 수소에 대한 설명 중 틀린 것은?

① 수소용기의 안전밸브는 가용전식과 파열판식을 병용한다.
② 용기밸브는 오른나사이다.
③ 수소가스는 피로갈롤 시약을 사용한 오르자트법에 의한 시험법에서 순도가 98.5% 이상이어야 한다.
④ 공업용 용기의 도색은 주황색으로 하고 문자의 표시는 백색으로 한다.

해설 수소 등 가연성 가스의 용기밸브는 왼나사로 한다.

18 산소 가스설비의 수리 및 청소를 위한 저장탱크 내의 산소를 치환할 때 산소측정기 등으로 치환결과를 측정하여 산소의 농도가 최대 몇 % 이하가 될 때까지 계속하여 치환작업을 하여야 하는가?

① 18% ② 20%
③ 22% ④ 24%

해설 작업자가 작업할 수 있는 산소치환 농도는 18~22%로 한다.

11. ① 12. ④ 13. ④ 14. ④ 15. ④ 16. ④ 17. ② 18. ③ | ANSWER

19 다음 중 폭발성이 예민하므로 마찰 및 타격으로 격렬히 폭발하는 물질에 해당되지 않는 것은?

① 황화질소 ② 메틸아민
③ 염화질소 ④ 아세틸라이드

해설 메틸아민(CH_3NH_2)은 분자량 31.06, 녹는점 −92.5℃, 비등점 −6.5℃, 비중 0.699이다. 암모니아(NH_3)의 수소 원자 하나를 메틸기($-CH_3$)로 치환한 것으로 마찰에 의한 폭발의 위험이 적다.

20 고압가스특정제조시설에서 지하매설 배관은 그 외면으로부터 지하의 다른 시설물과 몇 m 이상 거리를 유지하여야 하는가?

① 0.1 ② 0.2
③ 0.3 ④ 0.5

해설 고압가스특정제조시설에서 지하매설배관은 그 외면으로부터 다른 지하시설물까지 0.3m 이상 유지한다.

21 다음 [보기]의 독성 가스 중 독성(LC_{50})이 가장 강한 것과 가장 약한 것을 바르게 나열한 것은?

[보기]
㉠ 염화수소 ㉡ 암모니아
㉢ 황화수소 ㉣ 일산화탄소

① ㉠, ㉡ ② ㉠, ㉣
③ ㉢, ㉡ ④ ㉢, ㉣

해설 허용농도가 낮을수록 위험한 독성 가스이다.(황화수소 : 강하다, 암모니아 : 약하다.)

22 LPG 충전시설의 충전소에 기재한 "화기엄금"이라고 표시한 게시판의 색깔로 옳은 것은?

① 황색 바탕에 흑색 글씨
② 황색 바탕에 적색 글씨
③ 흰색 바탕에 흑색 글씨
④ 흰색 바탕에 적색 글씨

해설 LPG 충전시설 충전소의 표지 게시판은 백색 바탕으로 하고 글씨는 적색으로 한다.

23 고압가스 제조설비에서 누출된 가스의 확산을 방지할 수 있는 재해조치를 하여야 하는 가스가 아닌 것은?

① 이산화탄소 ② 암모니아
③ 염소 ④ 염화메틸

해설 제해조치는 독성 가스의 경우 확산방지를 하는 것으로, 이산화탄소는 무독성 불연성 가스로 해당하지 않는다.

24 액화가스를 운반하는 탱크로리(차량에 고정된 탱크)의 내부에 설치하는 것으로서 탱크 내 액화가스 액면 요동을 방지하기 위해 설치하는 것은?

① 폭발방지장치
② 방파판
③ 압력방출장치
④ 다공성 충진제

해설 차량에 고정된 탱크에 고압가스를 충전하거나 운송 중에 액유동을 방지하기 위해 방파판을 설치한다.

25 염소의 성질에 대한 설명으로 틀린 것은?

① 상온, 상압에서 황록색의 기체이다.
② 수분 존재 시 철을 부식시킨다.
③ 피부에 닿으면 손상의 위험이 있다.
④ 암모니아와 반응하여 푸른 연기를 생성한다.

해설 염소는 암모니아와 반응하여 흰색의 염화암모늄을 생성한다.

26 고압가스의 제조시설에서 실시하는 가스설비의 점검 중 사용 개시 전에 점검할 사항이 아닌 것은?

① 기초의 경사 및 침하
② 인터록, 자동제어장치의 기능
③ 가스설비의 전반적인 누출 유무
④ 배관계통의 밸브 개폐 상황

해설 고압가스 제조설비의 사용 개시 전과 사용종료 후에는 반드시 그 제조설비에 속하는 제조시설의 이상 유무를 점검하고, 기초의 경사 및 침하는 상시 점검한다.

ANSWER | 19. ② 20. ③ 21. ③ 22. ④ 23. ① 24. ② 25. ④ 26. ①

27 다음 중 고압가스의 성질에 따른 분류에 속하지 않는 것은?

① 가연성 가스　　② 액화가스
③ 조연성 가스　　④ 불연성 가스

해설 액화가스는 상태에 따른 분리이다.

28 LPG를 수송할 때의 주의사항으로 틀린 것은?

① 운전 중이나 정차 중에도 허가된 장소를 제외하고는 담배를 피워서는 안 된다.
② 운전자는 운전기술 외에 LPG의 취급 및 소화기 사용 등에 관한 지식을 가져야 한다.
③ 주차할 때는 안전한 장소에 주차하며, 운반책임자와 운전자는 동시에 차량에서 이탈하지 않는다.
④ 누출됨을 알았을 때는 가까운 경찰서, 소방서까지 직접 운행하여 알린다.

해설 운행 중 가스 누출을 알았을 경우 운행을 즉시 중지하고 가까운 소방서나 경찰에 알린다.

29 시안화수소의 중합폭발을 방지할 수 있는 안정제로 옳은 것은?

① 수증기, 질소
② 수증기, 탄산가스
③ 질소, 탄산가스
④ 아황산가스, 황산

해설 시안화수소의 중합방지제로는 아황산, 황산을 이용한다.

30 방폭전기기기의 용기 내부에서 가연성 가스의 폭발이 발생할 경우 그 용기가 폭발압력에 견디고 접합면, 개구부 등을 통해 외부의 가연성 가스에 인화되지 않도록 한 방폭구조는?

① 내압(耐壓)방폭구조
② 유입(油入)방폭구조
③ 압력(壓力)방폭구조
④ 본질안전방폭구조

해설 방폭전기기기의 분류

- 내압방폭구조 : 방폭전기기기의 용기 내부에서 가연성 가스의 폭발이 발생할 경우 그 용기가 폭발압력에 견디고, 접합면, 개구부 등을 통하여 외부의 가연성 가스에 인화되지 아니하도록 한 구조를 말한다.
- 유입방폭구조 : 용기 내부에 절연유를 주입하여 불꽃 · 아크 또는 고온발생부분이 기름 속에 잠기게 함으로써 기름면 위에 존재하는 가연성 가스에 인화되지 아니하도록 한 구조를 말한다.
- 압력방폭구조 : 용기 내부에 보호가스(신선한 공기 또는 불활성 가스)를 압입하여 내부압력을 유지함으로써 가연성 가스가 용기 내부로 유입되지 아니하도록 한 구조를 말한다.
- 안전증방폭구조 : 정상운전 중에 가연성 가스의 점화원이 될 전기불꽃 · 아크 또는 고온부분 등의 발생을 방지하기 위하여 기계적 · 전기적 구조상 또는 온도상승에 대하여 특히 안전도를 증가시킨 구조를 말한다.
- 본질안전방폭구조 : 정상 시 및 사고 시에 발생하는 전기불꽃 · 아크 또는 고온부에 의하여 가연성 가스가 점화되지 아니하는 것이 점화시험, 기타 방법에 의하여 확인된 구조를 말한다.
- 특수방폭구조 : 방폭구조로서 가연성 가스에 점화를 방지할 수 있다는 것이 시험, 기타 방법에 의하여 확인된 구조를 말한다.

[방폭전기기기의 구조별 표시방법]

방폭전기기기의 구조별 표시방법	표시방법
내압방폭구조	d
유입방폭구조	o
압력방폭구조	p
안전증방폭구조	e
본질안전방폭구조	ia 또는 ib
특수방폭구조	s

31 다음 고압가스 설비 중 축열식 반응기를 사용하여 제조하는 것은?

① 아크릴로라이드　　② 염화비닐
③ 아세틸렌　　④ 에틸벤젠

해설 아세틸렌은 분해폭발의 위험이 있어 축열식 반응기를 이용하여 제조한다.

27. ② 28. ④ 29. ④ 30. ① 31. ③ | ANSWER

32 **고압가스 설비의 안전장치에 관한 설명 중 옳지 않은 것은?**

① 고압가스 용기에 사용되는 가용전은 열을 받으면 가용합금이 용해되어 내부의 가스를 방출한다.
② 액화가스용 안전밸브의 토출량은 저장탱크 등의 내부의 액화가스가 가열될 때의 증발량 이상이 필요하다.
③ 급격한 압력상승이 있는 경우에는 파열판은 부적당하다.
④ 펌프 및 배관에는 압력상승 방지를 위해 릴리프 밸브가 사용된다.

해설 파열판이란 안전밸브와 같은 용도로 박판을 이용한 급격한 압력변화에 이용한다.

33 **흡수식 냉동기에서 냉매로 물을 사용할 경우 흡수제로 사용하는 것은?**

① 암모니아 ② 사염화에탄
③ 리튬브로마이드 ④ 파라핀유

해설 흡수식 냉 · 온수기는 리튬브로마이드(LiBr)이라는 물질의 흡수성을 이용하여 물이 증발할 때 온도가 내려가는 성질로 냉방을 한다.

34 **다음 중 이음매 없는 용기의 특징이 아닌 것은?**

① 독성 가스를 충전하는 데 사용한다.
② 내압에 대한 응력 분포가 균일하다.
③ 고압에 견디기 어려운 구조이다.
④ 용접용기에 비해 값이 비싸다.

해설 이음매 없는 용기는 고압용 용기에 이용한다.

35 **다음 중 압력계 사용 시 주의사항으로 틀린 것은?**

① 정기적으로 점검한다.
② 압력계의 눈금판은 조작자가 보기 쉽도록 안면을 향하게 한다.
③ 가스의 종류에 적합한 압력계를 선정한다.
④ 압력의 도입이나 배출은 서서히 행한다.

해설 압력계는 ①, ③, ④ 이외의 진동이 없고, 될 수 있는 한 보기 좋은 곳에 설치한다.

36 **다음 가스 분석 중 화학분석법에 속하지 않는 방법은?**

① 가스크로마토그래피법
② 중량법
③ 분광광도법
④ 요오드적정법

해설 가스크로마토그래피는 기기분석법에 해당한다.

37 **부유 피스톤형 압력계에서 실린더 지름 5cm, 추와 피스톤의 무게가 130kg일 때 이 압력계에 접속된 부르동관의 압력계 눈금이 7kg/cm^2를 나타내었다. 이 부르동관 압력계의 오차는 약 몇 %인가?**

① 5.7 ② 6.6
③ 9.7 ④ 10.5

해설
① 표준압력 $= \dfrac{\text{힘}(F)}{\text{면적}(A)} = \dfrac{130}{\dfrac{\pi D^2}{4}} = \dfrac{130}{\dfrac{\pi \times 5^2}{4}} = 6.625\text{kg/cm}^2$

② 계기압력 $= 7\text{kg/cm}^2$

③ 오차 $= \dfrac{\text{계기압력} - \text{표준압력}}{\text{표준압력}} \times 100 = \dfrac{(7-6.625)\text{kg/cm}^2}{6.625\text{kg/cm}^2} \times 100 = 5.7\%$

38 **계측기기의 구비조건으로 틀린 것은?**

① 설치장소 및 주위 조건에 대한 내구성이 클 것
② 설비비 및 유지비가 적게 들 것
③ 구조가 간단하고 정도(精度)가 낮을 것
④ 원거리 지시 및 기록이 가능할 것

해설 계측기기는 구조가 간단하고 정도가 좋아야 한다.

ANSWER | 32. ③ 33. ③ 34. ③ 35. ② 36. ① 37. ① 38. ③

39 LPG(C_4H_{10}) 공급방식에서 공기를 3배 희석했다면 발열량은 약 몇 kcal/Sm^3이 되는가?(단, C_4H_{10}의 발열량은 30,000kcal/Sm^3으로 가정한다.)

① 5,000 ② 7,500
③ 10,000 ④ 11,000

해설 희석 발열량= $\frac{표준발열량}{1+희석배수}=\frac{30,000}{1+3}=7,500\text{kcal/m}^3$

40 고점도 액체나 부유 현탁액의 유체 압력측정에 가장 적당한 압력계는?

① 벨로스 ② 다이어프램
③ 부르동관 ④ 피스톤

해설 다이어프램 압력계
미소압력 측정에 이용하며 고점도, 부유성 액체의 압력측정에 이용한다.

41 고압가스제조소의 작업원은 얼마의 기간 이내에 1회 이상 보호구의 사용훈련을 받아 사용방법을 숙지하여야 하는가?

① 1개월 ② 3개월
③ 6개월 ④ 12개월

해설 고압가스 제조소의 작업원은 3개월에 1회 이상 보호구 사용훈련을 받아야 한다.

42 다음 고압장치의 금속재료 사용에 대한 설명으로 옳은 것은?

① LNG 저장탱크－고장력강
② 아세틸렌 압축기 실린더－주철
③ 암모니아 압력계 도관－동
④ 액화산소 저장탱크－탄소강

해설
- LNG 저장탱크 : 탄소강, 스테인리스강
- 암모니아 압력계 도관 : 연강재
- 액화산소 저장탱크 : 동합금, 9% 니켈강, 알루미늄 및 알루미늄합금강, 스테인리스강 등
- 압축기 실린더 : 주철

43 다음 중 유체의 흐름방향을 한 방향으로만 흐르게 하는 밸브는?

① 글로브밸브 ② 체크밸브
③ 앵글밸브 ④ 게이트밸브

해설 급수장치 등에 사용되는 체크밸브는 한 방향으로만 흐르도록 구성된 밸브이다.

44 열기전력을 이용한 온도계가 아닌 것은?

① 백금－백금 · 로듐 온도계
② 동－콘스탄탄 온도계
③ 철－콘스탄탄 온도계
④ 백금－콘스탄탄 온도계

해설 열기전력을 이용한 온도계로는 ①, ②, ③ 이외에 크로멜－알루멜 온도계가 있다.

45 내산화성이 우수하고 양파 썩는 냄새가 나는 부취제는?

① THT ② TBM
③ DMS ④ Naphtha

해설
- THT : 석탄가스 냄새
- TBM : 양파 썩는 냄새
- DMS : 마늘 냄새

46 표준상태에서 산소의 밀도는 몇 g/L인가?

① 1.33 ② 1.43
③ 1.53 ④ 1.63

해설 산소의 밀도= $\frac{산소분자량}{22.4}=\frac{32}{22.4}=1.43\text{g/L}$

47 가스배관 내 잔류물질을 제거할 때 사용하는 것이 아닌 것은?

① 피그 ② 거버너
③ 압력계 ④ 컴프레서

해설 거버너(Governor)는 정압기이다.

39. ② 40. ② 41. ② 42. ② 43. ② 44. ④ 45. ② 46. ② 47. ② | ANSWER

48 **다음 중 화씨온도와 가장 관계가 깊은 것은?**

① 표준대기압에서 물의 어는점을 0으로 한다.
② 표준대기압에서 물의 어는점을 12로 한다.
③ 표준대기압에서 물의 끓는점을 100으로 한다.
④ 표준대기압에서 물의 끓는점을 212로 한다.

해설 화씨온도
물의 어는 온도는 32°F, 끓는 온도는 212°F로 한다.

49 **다음 중 부탄가스의 완전연소 반응식은?**

① $C_3H_8 + 4O_2 \rightarrow 3CO_2 + 5H_2O$
② $C_3H_8 + 5O_2 \rightarrow 3CO_2 + 4H_2O$
③ $C_4H_{10} + 6O_2 \rightarrow 4CO_2 + 5H_2O$
④ $2C_4H_{10} + 13O_2 \rightarrow 8CO_2 + 10H_2O$

해설 탄화수소의 완전연소 시 발생되는 가스 CO_2, H_2O이다.
②항은 프로판 가스의 완전연소 반응식이며, ④항은 부탄의 완전연소반응식이다.

50 **산소가스의 품질검사에 사용되는 시약은?**

① 동 · 암모니아 시약
② 피로갈롤 시약
③ 브롬 시약
④ 하이드로설파이드 시약

해설 품질검사에서 산소는 99.5%를 유지하고 동 · 암모니아 시약을 사용한다. 수소는 98.5% 피로갈롤, 하이드로설파이드 시약을 사용하고, 아세틸렌은 98% 발열황산 시약을 사용한다.

51 **−10℃인 얼음 10kg을 1기압에서 증기로 변화시킬 때 필요한 열량은 약 몇 kcal인가?(단, 얼음의 비열은 0.5kcal/kg · ℃, 얼음의 융해열은 80kcal/kg, 물의 기화열은 539kcal/kg이다.)**

① 5,400 ② 6,000
③ 6,240 ④ 7,240

해설 Q(현열) $= GCt$, Q(잠열) $= G \times h$
㉠ −10℃ 얼음 열량 = 10kg × 0.5 × 10 = 50kcal
㉡ 0℃ 물 열량 = 10kg × 80 = 800kcal
㉢ 100℃ 물 열량 = 10kg × 1 × 100 = 1,000kcal
㉣ 수증기 열량 = 10kg × 539 = 5,390kcal
필요한 열량 = ㉠ + ㉡ + ㉢ + ㉣ = 7,240kcal

52 **염소에 대한 설명 중 틀린 것은?**

① 황록색을 띠며 독성이 강하다.
② 표백작용이 있다.
③ 액상은 물보다 무겁고 기상은 공기보다 가볍다.
④ 비교적 쉽게 액화된다.

해설 염소가스(Cl_2)는 황녹색을 띠며 산화력과 독성이 강하고, 쉽게 액화하며 표백작용이 있고 공기보다 2.5배 무겁다. 소량을 흡입해도 눈 · 코 · 목의 점막을 파괴하고, 다량 흡입하면 폐에 염증을 일으켜 호흡이 곤란하다.

53 **LP가스의 성질에 대한 설명으로 틀린 것은?**

① 온도변화에 따른 액 팽창률이 크다.
② 석유류 또는 동 · 식물유나 천연고무를 잘 용해시킨다.
③ 물에 잘 녹으며 알코올과 에테르에 용해된다.
④ 액체는 물보다 가볍고, 기체는 공기보다 무겁다.

해설 액화석유가스는 유전에서 석유와 함께 나오는 프로판(C_3H_8)과 부탄(C_4H_{10})을 주성분으로 한 가스를 상온에서 압축하여 액체로 되며, 액화 · 기화가 용이하고, 액화하면 체적이 작아진다. 상온(15℃)하에서 프로판은 액화하면 1/260의 부피로 줄어들며, 부탄은 1/230의 부피로 줄어들어 수송 · 저장이 용이하고 물에 녹지 않으며 유기용매(알코올, 에테르 등)에 녹는다.

54 **다음 중 염소의 주된 용도가 아닌 것은?**

① 표백 ② 살균
③ 염화비닐 합성 ④ 강재의 녹 제거용

해설 강재의 녹 제거에는 염산이 사용된다.

55 **표준물질에 대한 어떤 물질의 밀도의 비를 무엇이라고 하는가?**

① 비중 ② 비중량
③ 비용 ④ 비열

해설 비중$(S)=\frac{\text{성분 물질의 무게}}{\text{물의 무게}}=\frac{\text{성분물질의 밀도}}{\text{물의 밀도}}$

56 공기 중에 누출 시 폭발 위험이 가장 큰 가스는?

① C_3H_8　② C_4H_{10}
③ CH_4　④ C_2H_2

해설 • 위험도가 클수록 위험하다.
• 아세틸렌 위험도

$$H=\frac{\text{폭발상한}-\text{폭발하한}}{\text{폭발하한}}=\frac{81-2.5}{2.5}=31.4$$

57 LP가스가 증발할 때 흡수하는 열을 무엇이라 하는가?

① 현열　② 비열
③ 잠열　④ 융해열

해설 잠열은 온도의 변화 없이 상태가 변하는 것을 말하므로 물질이 증발할 때 흡수되는 열을 잠열이라 할 수 있다. 또한 현열은 상태변화 없이 온도가 변화되는 열을 말한다.

58 다음 중 1atm과 다른 것은?

① $9.8N/m^2$　② 101,325Pa
③ $14.7lb/in^2$　④ $10.332mH_2O$

해설 $1atm=101,325Pa=101,325N/m^2$
$=14.7lb/in^2=10.332mH_2O$

59 도시가스 제조공정 중 접촉분해공정에 해당하는 것은?

① 저온수증기 개질법
② 열분해 공정
③ 부분연소 공정
④ 수소화분해 공정

해설 도시가스 제조 공정 중 접촉분해공정은 사이클링식 접촉분해 공정, 저온 수증기 개질 공정, 고온 수증기 개질 공정으로 구분 한다.

60 LP가스를 자동차연료로 사용할 때의 장점이 아닌 것은?

① 배기가스의 독성이 가솔린보다 적다.
② 완전연소로 발열량이 높고 청결하다.
③ 옥탄가가 높아서 녹킹현상이 없다.
④ 균일하게 연소되므로 엔진수명이 연장된다.

해설 옥탄가는 휘발유의 고급 정도를 재는 수치이자, 노킹을 억제하는 정도를 수치로 표시한 것으로 LP가스 자동차 연료와는 관계가 없다.

56. ④ 57. ③ 58. ① 59. ① 60. ③ | ANSWER

2013년 3회 가스기능사

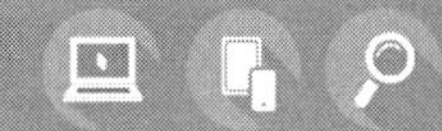

01 신규검사에 합격된 용기의 각인사항과 그 기호의 연결이 틀린 것은?

① 내용적 : V
② 최고충전압력 : FP
③ 내압시험압력 : TP
④ 용기의 질량 : M

해설 W(단위 : kg)
초저온 용기의 질량(단, 초저온 용기 외의 용기는 밸브나 부속품을 포함하지 아니한 용기의 질량 기호) 또는 용기부속품의 질량 기호

02 역화방지장치를 설치하지 않아도 되는 곳은?

① 가연성 가스 압축기와 충전용 주관 사이의 배관
② 가연성 가스 압축기와 오토클레이브 사이의 배관
③ 아세틸렌 충전용 지관
④ 아세틸렌 고압건조기와 충전용 교체밸브 사이의 배관

해설 역류방지밸브 설치
가연성 가스를 압축하는 압축기와 충전용 주관 사이의 배관에 설치한다.

03 아세틸렌 용접용기의 내압시험 압력으로 옳은 것은?

① 최고 충전압력의 1.5배
② 최고 충전압력의 1.8배
③ 최고 충전압력의 5/3배
④ 최고 충전압력의 3배

해설 아세틸렌 용접용기 내압시험(압축가스)
최고 충전압력의 3배(아세틸렌가스 이외의 가스나 또는 초저온 용기 및 저온용기의 경우 최고 충전압력의 $\frac{5}{3}$배)

04 가연성 가스의 제조설비 또는 저장설비 중 전기설비 방폭 구조를 하지 않아도 되는 가스는?

① 암모니아, 시안화수소
② 암모니아, 염화메탄
③ 브롬화메탄, 일산화탄소
④ 암모니아, 브롬화메탄

해설 암모니아, 브롬화메탄 가연성 가스
저장설비 중 전기설비의 경우 방폭구조로 하지 않아도 된다.(폭발력이 작기 때문)

05 고압가스특정제조시설에서 안전구역 설정 시 사용하는 안전구역 안의 고압가스설비 연소열량수치(Q)의 값은 얼마 이하로 정해져 있는가?

① 6×10^8 ② 6×10^9
③ 7×10^8 ④ 7×10^9

해설 고압가스 특정 제조시설의 안전구역 설정 시 사용하는 안전구역 안의 고압가스설비 연소열량 수치(Q) $=6\times10^8$

06 LP가스 사용시설에서 호스의 길이는 연소기까지 몇 m 이내로 하여야 하는가?

① 3m ② 5m
③ 7m ④ 9m

해설 LP가스 사용시설 호스길이 ←3m 이내→ 연소기까지

07 액상의 염소가 피부에 닿았을 경우의 조치로써 가장 적절한 것은?

① 암모니아로 씻어낸다.
② 이산화탄소로 씻어낸다.
③ 소금물로 씻어낸다
④ 맑은 물로 씻어낸다.

해설 액상의 염소(Cl_2)가 피부에 닿았을 경우 맑은 물로 씻어낸다.

ANSWER | 1. ④ 2. ① 3. ④ 4. ④ 5. ① 6. ① 7. ④

08 용기에 의한 고압가스 판매시설 저장실 설치기준으로 틀린 것은?

① 고압가스의 용적이 $300m^3$을 넘는 저장설비는 보호시설과 안전거리를 유지하여야 한다.
② 용기보관실 및 사무실은 동일 부지 내에 구분하여 설치한다.
③ 사업소의 부지는 한 면이 폭 5m 이상의 도로에 접하여야 한다.
④ 가연성 가스 및 독성 가스를 보관하는 용기보관실의 면적은 각 고압가스별로 $10m^2$ 이상으로 한다.

해설 사업소의 부지는 한 면이 4m 이상의 도로에 접할 것(판매시설 저장실 기준에서)

09 아세틸렌 용기에 다공질 물질을 고루 채운 후 아세틸렌을 충전하기 전에 침윤시키는 물질은?

① 알코올 ② 아세톤
③ 규조토 ④ 탄산마그네슘

해설 아세틸렌가스 침윤 용제 : 아세톤, 디메틸포름아미드

10 운전 중인 액화석유가스 충전설비의 작동상황에 대하여 주기적으로 점검하여야 한다. 점검주기는?

① 1일에 1회 이상 ② 1주일에 1회 이상
③ 3월에 1회 이상 ④ 6월에 1회 이상

해설 운전 중인 액화석유가스(LPG) 충전설비 작동상황은 1일에 1회 이상 점검이 필요하다.

11 수소와 다음 중 어떤 가스를 동일 차량에 적재하여 운반하는 때에 그 충전용기와 밸브가 서로 마주보지 않도록 적재하여야 하는가?

① 산소 ② 아세틸렌
③ 브롬화메탄 ④ 염소

해설
- 염소와 아세틸렌, 암모니아 또는 수소는 동일 차량에 적재하여 운반하지 않는다.
- 가연성 가스(수소 등)와 산소를 동일 차량에 적재하여 운반할 때 그 충전용기와 밸브는 서로 마주보지 않도록 한다.

12 LP가스가 누출될 때 감지할 수 있도록 첨가하는 냄새가 나는 물질의 측정방법이 아닌 것은?

① 유취실법 ② 주사기법
③ 냄새주머니법 ④ 오더(Odor)미터법

해설 액화석유가스 냄새 측정법
- 오더(Odor) 미터법 : 냄새측정기법
- 냄새주머니법
- 주사기법

13 독성 가스 허용농도의 종류가 아닌 것은?

① 시간가중 평균농도(TLV−TWA)
② 단시간 노출허용농도(TLV−STEL)
③ 최고허용농도(TLV−C)
④ 순간 사망허용농도(TLV−D)

해설 독성 가스 허용농도 종류
- TLV−TWA 법
- TLV−STEL 법
- 최고허용농도 TLV−C 법

14 내용적 94L인 액화프로판 용기의 저장능력은 몇 kg인가?(단, 충전상수 C는 2.35이다.)

① 20 ② 40
③ 60 ④ 80

해설 $질량(W) = \frac{V}{C} = \frac{94}{2.35} = 40kg$(저장능력)

15 가연성 가스의 제조설비 중 1종 장소에서의 변압기 방폭구조는?

① 내압방폭구조 ② 안전증방폭구조
③ 유입방폭구조 ④ 압력방폭구조

해설 내압방폭구조(표시방법 : d)
제1종 위험장소 : 상용상태에서 가연성 가스가 체류하여 위험하게 될 우려가 있는 장소나 정비보수 또는 누출 등으로 인하여 종종 가연성 가스가 체류하여 위험하게 될 우려가 있는 장소

8. ③ 9. ② 10. ① 11. ① 12. ① 13. ④ 14. ② 15. ① | ANSWER

16 **액화석유가스 용기를 실외저장소에 보관하는 기준으로 틀린 것은?**

① 용기보관장소의 경계 안에서 용기를 보관할 것
② 용기는 눕혀서 보관할 것
③ 충전용기는 항상 40℃ 이하를 유지할 것
④ 충전용기는 눈 · 비를 피할 수 있도록 할 것

해설 액화석유가스(LPG)는 가능하면 세워서 보관하여야 한다.

17 **가스계량기와 전기계량기는 최소 몇 cm 이상의 거리를 유지하여야 하는가?**

① 15cm ② 30cm
③ 60cm ④ 80cm

해설
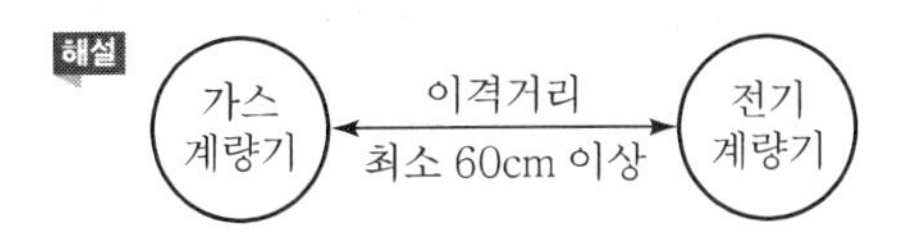

18 **산소에 대한 설명 중 옳지 않은 것은?**

① 고압의 산소와 유지류의 접촉은 위험하다.
② 과잉의 산소는 인체에 유해하다.
③ 내산화성 재료로는 주로 납(Pb)이 사용된다.
④ 산소의 화학반응에서 과산화물은 위험성이 있다.

해설 내산화성 재료
크롬(Cr), 규소(Si), 알루미늄(Al) 합금

19 **재검사 용기에 대한 파기방법의 기준으로 틀린 것은?**

① 절단 등의 방법으로 파기하여 원형으로 가공할 수 없도록 할 것
② 허가관청에 파기의 사유 · 일시 · 장소 및 인수시한 등에 대한 신고를 하고 파기할 것
③ 잔가스를 전부 제거한 후 절단할 것
④ 파기하는 때에는 검사원이 검사 장소에서 직접 실시할 것

해설 재검사 용기의 파기 시 허가관청에 파기 등에 대한 신고절차는 필요없다.

20 **시내버스의 연료로 사용되고 있는 CNG의 주요 성분은?**

① 메탄(CH_4) ② 프로판(C_3H_8)
③ 부탄(C_4H_{10}) ④ 수소(H_2)

해설 CNG(압축천연가스) 주성분 : 메탄

21 **액화석유가스의 냄새 측정 기준에서 사용하는 용어에 대한 설명으로 옳지 않은 것은?**

① 시험가스란 냄새를 측정할 수 있도록 액화석유가스를 기화시킨 가스를 말한다.
② 시험자란 미리 선정한 정상적인 후각을 가진 사람으로서 냄새를 판정하는 자를 말한다.
③ 시료기체란 시험가스를 청정한 공기로 희석한 판정용 기체를 말한다.
④ 희석배수란 시료기체의 양을 시험가스의 양으로 나눈 값을 말한다.

해설 ②항의 내용은 시험자가 아닌 패널(Panel)에 대한 설명이다.

22 **가스의 폭발에 대한 설명 중 틀린 것은?**

① 폭발범위가 넓은 것은 위험하다.
② 폭굉은 화염전파속도가 음속보다 크다.
③ 안전간격이 큰 것일수록 위험하다.
④ 가스의 비중이 큰 것은 낮은 곳에 체류할 위험이 있다.

해설 안전간격이 작은 가스일수록 폭발 위험이 크다.
• 폭발1등급 : 안전간격 0.6mm 초과
• 폭발2등급 : 안전간격 0.4mm 초과~0.6mm 이하
• 폭발3등급 : 안전간격 0.4mm 이하

23 **독성 가스의 저장탱크에는 그 가스의 용량을 탱크 내용적의 몇 %까지 채워야 하는가?**

① 80% ② 85%
③ 90% ④ 95%

해설 독성 가스나 액화가스는 탱크 내용적의 90%까지만 채워야 한다.(안전공간 10%)

ANSWER | 16 ② 17. ③ 18. ③ 19. ② 20. ① 21. ② 22. ③ 23. ③

24 **고압가스특정제조시설에서 상용압력 0.2MPa 미만의 가연성 가스 배관을 지상에 노출하여 설치 시 유지하여야 할 공지의 폭 기준은?**

① 2m 이상 ② 5m 이상
③ 9m 이상 ④ 15m 이상

해설 공지의 폭

상용압력(MPa)	공지의 폭(m)
0.2 미만	5
0.2 이상~1 미만	9
1 이상	15

25 **고압가스 공급자 안전점검 시 가스누출검지기를 갖추어야 할 대상은?**

① 산소 ② 가연성 가스
③ 불연성 가스 ④ 독성 가스

해설 고압가스 공급자 안전점검 시 가스누출검지기를 갖추어야 할 대상가스는 가연성 가스이다.

26 **고압가스 설비에 설치하는 압력계의 최고눈금 범위는?**

① 상용압력의 1배 이상, 1.5배 이하
② 상용압력의 1.5배 이상, 2배 이하
③ 상용압력의 2배 이상, 3배 이하
④ 상용압력의 3배 이상, 5배 이하

해설 고압설비 압력계 최고 눈금
상용압력의 1.5배 이상~2배 이하

27 **고압가스특정제조시설에서 고압가스설비의 설치기준에 대한 설명으로 틀린 것은?**

① 아세틸렌의 충전용 교체밸브는 충전하는 장소에 직접 설치한다.
② 에어졸 제조시설에는 정량을 충전할 수 있는 자동충전기를 설치한다.
③ 공기액화분리기로 처리하는 원료공기의 흡입구는 공기가 맑은 곳에 설치한다.
④ 공기액화분리기에 설치하는 피트는 양호한 환기구조로 한다.

해설
- 아세틸렌 충전용 교체 밸브는 충전하는 장소가 아니라 충전기에 설치하여야 한다.
- 충전설비에는 충전기, 잔량측정기, 자동계량기를 갖춘다.

28 **2013년에 도시가스 사용시설에 정압기를 설치하였다. 다음 중 이 정압기의 분해점검 만료시기로 옳은 것은?**

① 2015년 ② 2016년
③ 2017년 ④ 2018년

해설 정압기 : 설치 후 2년에 1회 이상 분해 점검(단독정압기는 3년에 1회 이상)한다.

29 **액화석유가스 충전사업장에서 가스충전준비 및 충전작업에 대한 설명으로 틀린 것은?**

① 자동차에 고정된 탱크는 저장탱크의 외면으로부터 3m 이상 떨어져 정지한다.
② 안전밸브에 설치된 스톱밸브는 항상 열어둔다.
③ 자동차에 고정된 탱크(내용적이 1만 리터 이상의 것에 한한다.)로부터 가스를 이입받을 때에는 자동차가 고정되도록 자동차 정지목 등을 설치한다.
④ 자동차에 고정된 탱크로부터 저장탱크에 액화석유가스를 이입받을 때에는 5시간 이상 연속하여 자동차에 고정된 탱크를 저장탱크에 접속하지 아니한다.

해설 자동차 정지목 : 내용적이 5,000L 이상인 것에 한하여 설치한다.

30 **저장량이 10,000kg인 산소저장설비는 제1종 보호시설과의 거리가 얼마 이상이면 방호벽을 설치하지 아니할 수 있는가?**

① 9m ② 10m
③ 11m ④ 12m

해설 산소저장설비의 저장량이 1만 kg 이하일 경우 제1종 보호시설과 12m 안전거리를 확보하면 방호벽이 불필요하다.(제2종 보호시설은 8m)

24. ② 25. ② 26. ② 27. ① 28. ② 29. ③ 30. ④ | ANSWER

31 압력계의 측정방법에는 탄성을 이용하는 것과 전기적 변화를 이용하는 방법 등이 있다. 다음 중 전기적 변화를 이용하는 압력계는?

① 부르동관 압력계 ② 벨로스 압력계
③ 스트레인 게이지 ④ 다이어프램 압력계

해설 스트레인 게이지
전기적 변화 이용 압력계

32 금속 재료에서 고온일 때 가스에 의한 부식으로 틀린 것은?

① 산소 및 탄산가스에 의한 산화
② 암모니아에 의한 강의 질화
③ 수소가스에 의한 탈탄작용
④ 아세틸렌에 의한 황화

해설
- 아세틸렌은 구리나 은, 수은과 접촉시 폭발성 물질(금속 아세틸라이드)을 형성한다.
- 수소, 산소, CO, 암모니아 등은 고온에서 반응한다.

33 오리피스미터로 유량을 측정할 때 갖추지 않아도 되는 조건은?

① 관로가 수평일 것
② 정상류 흐름일 것
③ 관속에 유체가 충만되어 있을 것
④ 유체의 전도 및 압축의 영향이 클 것

해설 오리피스 차압식 유량계는 유체의 전도나 압축의 영향이 적어야 한다.

34 액화석유가스용 강제용기란 액화석유가스를 충전하기 위한 내용적이 얼마 미만인 용기를 말하는가?

① 30L ② 50L
③ 100L ④ 125L

해설 액화석유가스용 강제용기 : 내용적 125L 미만 용기

35 나사압축기에서 수로터의 직경 150mm, 로터 길이 100mm 회전수가 350rpm이라고 할 때 이론적 토출량은 약 몇 m^3/min인가?(단, 로터 형상에 의한 계수(C_v)는 0.476이다.)

① 0.11 ② 0.21
③ 0.37 ④ 0.47

해설 나사압축기 토출량 계산(Q)

$$Q = K \cdot D^3 \cdot \frac{L}{D} \cdot n \cdot 60 (m^3/h)$$

$$\therefore 0.476 \times (0.15)^3 \times \frac{0.1}{0.15} \times 350 \times 60$$

$$= 22.491 m^3/h = 0.37 m^3/min$$

36 고압가스설비는 그 고압가스의 취급에 적합한 기계적 성질을 가져야 한다. 충전용 지관에는 탄소 함유량이 얼마 이하인 강을 사용하여야 하는가?

① 0.1% ② 0.33%
③ 0.5% ④ 1%

해설 충전용 지관에는 탐소함량 0.1% 이하의 강을 사용한다.

37 고압식 액화산소분리장치의 원료공기에 대한 설명 중 틀린 것은?

① 탄산가스가 제거된 후 압축기에서 압축된다.
② 압축된 원료공기는 예냉기에서 열교환하여 냉각된다.
③ 건조기에서 수분이 제거된 후에는 팽창기와 정류탑의 하부로 열교환하며 들어간다.
④ 압축기로 압축한 후 물로 냉각한 다음 축랭기에 보내진다.

해설 압축기로 압축한 후 압축된 공기는 CO_2 흡수탑에서(공기 중 포함된 CO_2)를 가성소다(NaOH) 용액을 이용하여 제거한다.
$2NaOH + CO_2 \rightarrow Na_2CO_3 + H_2O$

38 LP가스 수송관의 이음부분에 사용할 수 있는 패킹 재료로 적합한 것은?

① 종이 ② 천연고무
③ 구리 ④ 실리콘 고무

ANSWER | 31. ③ 32. ④ 33. ④ 34. ④ 35. ③ 36. ① 37. ④ 38. ④

해설 LPG가스는 천연고무를 용해하므로 합성고무인 실리콘 고무를 사용한다.(누설방지용 패킹에서도 실리콘 고무를 사용한다.)

39 회전 펌프의 특징에 대한 설명으로 틀린 것은?

① 고압에 적당하다.
② 점성이 있는 액체에서 성능이 좋다.
③ 송출량의 맥동이 거의 없다.
④ 왕복펌프와 같은 흡입 · 토출 밸브가 있다.

해설 회전펌프(로터리 펌프)는 펌프 본체 속에 회전자(Roter)를 이용하며 흡입 및 토출밸브 장착은 없다.

40 공기액화분리기에서 이산화탄소 7.2kg을 제거하기 위해 필요한 건조제(NaOH)의 양은 약 몇 kg인가?

① 6　　② 9
③ 13　　④ 15

해설 $2NaOH + CO_2 \rightarrow Na_2CO_3 + H_2O$

$2 \times 40 + 44 \rightarrow 106 + 18$

∴ CO_2 1g 제거 시 NaOH는 $\frac{2 \times 40}{44} = 1.81g$ 소비되므로

7.2kg×1.81kg=13kg이 필요하다.

41 염화메탄을 사용하는 배관에 사용해서는 안 되는 금속은?

① 철　　② 강
③ 동합금　　④ 알루미늄

해설 염화메탄(CH_3Cl)

- 폭발범위 : 8.32~18.7%
- 독성 허용농도 : 100ppm
- 마그네슘(Mg), 알루미늄(Al), 아연(Zn)과 반응한다.

42 저온장치에 사용하는 금속재료로 적합하지 않은 것은?

① 탄소강　　② 18-8 스테인리스강
③ 알루미늄　　④ 크롬-망간강

해설 탄소강은 저온에서 충격값이 0이 되므로 사용이 불가능하다.

43 관 내를 흐르는 유체의 압력강하에 대한 설명으로 틀린 것은?

① 가스비중에 비례한다.
② 관 길이에 비례한다.
③ 관 내경의 5승에 반비례한다.
④ 압력에 비례한다.

해설 관 내를 흐르는 유체는 압력과는 무관하다.

가스유량$(Q) = K\sqrt{\frac{D^5 h}{SL}}$

압력손실$(h) = \frac{Q^2 \cdot S \cdot L}{K^2 \cdot D^5}$

44 액화천연가스(LNG) 저장탱크의 지붕 시공 시 지붕에 대한 좌굴강도(Buckling Strength)를 검토하는 경우 반드시 고려하여야 할 사항이 아닌 것은?

① 가스압력
② 탱크의 지붕판 및 지붕뼈대의 중량
③ 지붕부위 단열재의 중량
④ 내부탱크 재료 및 중량

해설 LNG 저장탱크 지붕시공에서 지붕에 대한 좌굴강도 검토 시 고려사항은 ①, ②, ③항이다.

45 연소기의 설치방법에 대한 설명으로 틀린 것은?

① 가스온수기나 가스보일러는 목욕탕에 설치할 수 있다.
② 배기통이 가연성 물질로 된 벽 또는 천장 등을 통과하는 때에는 금속 외의 불연성 재료로 단열조치를 한다.
③ 배기팬이 있는 밀폐형 또는 반밀폐형의 연소기를 설치한 경우 그 배기팬의 배기가스와 접촉하는 부분은 불연성 재료로 한다.
④ 개방형 연소기를 설치한 실에는 환풍기 또는 환기구를 설치한다.

39. ④ 40. ③ 41. ④ 42. ① 43. ④ 44. ④ 45. ① | ANSWER

해설 가스온수기나 가스보일러를 습기가 많은 목욕탕에 설치하는 것은 금물이다.

46 "자연계에 아무런 변화도 남기지 않고 어느 열원의 열을 계속해서 일로 바꿀 수 없다. 즉 고온물체의 열을 계속해서 일로 바꾸려면 저온물체로 열을 버려야만 한다."라고 표현되는 법칙은?

① 열역학 제0법칙 ② 열역학 제1법칙
③ 열역학 제2법칙 ④ 열역학 제3법칙

해설 열역학 제2법칙
자연계에 아무런 변화도 남기지 않고 어느 열원의 열을 계속해서 일로 바꿀 수는 없다.

47 공기 중에서의 프로판의 폭발범위(하한과 상한)를 바르게 나타낸 것은?

① 1.8~8.4% ② 2.2~9.5%
③ 2.1~8.4% ④ 1.8~9.5%

해설 프로판(C_3H_8) 가스의 폭발범위
2.2%~9.5%(하한치~상한치)

48 다음 중 액화석유가스의 주성분이 아닌 것은?

① 부탄 ② 헵탄
③ 프로판 ④ 프로필렌

해설 액화석유가스(LPG) 주성분
- 프로판
- 부탄
- 프로필렌
- 부틸렌
- 부타디엔

49 고압가스안전관리법령에 따라 "상용의 온도에서 압력이 1MPa 이상이 되는 압축가스로서 실제로 그 압력이 1MPa 이상이 되는 경우에는 고압가스에 해당한다." 여기에서 압력은 어떠한 압력을 말하는가?

① 대기압 ② 게이지압력
③ 절대압력 ④ 진공압력

해설
- 용기나 저장탱크 내 압력은 모두 게이지 압력(atg)이다.
- 절대압력(abs) = 게이지 압력 + 대기압력

50 비중병의 무게가 비었을 때는 0.2kg이고, 액체로 충만되어 있을 때에는 0.8kg이었다. 액체의 체적이 0.4L이라면 비중량(kg/m³)은 얼마인가?

① 120 ② 150
③ 1,200 ④ 1,500

해설 $0.4L = 0.0004m^3$
$0.8 - 0.2 = 0.6kg$(액체가스)
$\therefore$ 비중량$(\gamma) = \dfrac{0.6}{0.0004} = 1,500kg/m^3$

51 가스를 그대로 대기 중에 분출시켜 연소에 필요한 공기를 전부 불꽃의 주변에서 취하는 연소방식은?

① 적화식 ② 분젠식
③ 세미분젠식 ④ 전1차공기식

해설 가스의 연소방식
- 적화식 : 연소에 필요한 공기를 2차 공기로 사용(가스를 대기 중에 분출하여 연소)
- 분젠식 : 1차 공기 60%+2차 공기 40%
- 세미분젠식 : 1, 2차 공기 사용, 2차 공기가 더 많다.
- 전1차식 : 1차 공기만 사용

52 천연가스(NG)를 공급하는 도시가스의 주요 특성이 아닌 것은?

① 공기보다 가볍다.
② 메탄이 주성분이다.
③ 발전용, 일반공업용 연료로도 널리 사용된다.
④ LPG보다 발열량이 높아 최근 사용량이 급격히 많아졌다.

해설 가스 발열량
- NG : $7,000 \sim 11,000kcal/m^3$
- LPG : $20,000 \sim 30,000kcal/m^3$

ANSWER | 46. ③ 47. ② 48. ② 49. ② 50. ④ 51. ① 52. ④

53 **다음 중 엔트로피의 단위는?**

① kcal/h ② kcal/kg
③ kcal/kg · m ④ kcal/kg · K

해설
- 엔트로피(ΔS)= $\frac{dQ}{T}$(kcal/kg · K)
- 단열변화 : 등엔트로피(엔트로피 변화가 없다.)

54 **압력에 대한 설명으로 옳은 것은?**

① 절대압력=게이지압력+대기압이다.
② 절대압력=대기압+진공압이다.
③ 대기압은 진공압보다 낮다.
④ 1atm은 1,033.2kg/m^{2}이다.

해설
- 절대압력=대기압−진공압
- 진공압력은 760mmHg(1.033kg/cm^2)보다 낮다.
- 1atm=1.033kg/cm^2=101,325Pa(101.325kPa)

55 **수분이 존재할 때 일반 강재를 부식시키는 가스는?**

① 황화수소 ② 수소
③ 일산화탄소 ④ 질소

해설 황화수소(H_2S)
습기를 함유한 공기 중에서는 금, 백금 이외의 거의 모든 금속과 작용하여 황화물을 만들고 부식을 시킨다.(일반적으로 강재를 부식시킨다).
$4Cu+2H_2S+O_2 \rightarrow 2Cu_2S+2H_2O$
- 허용농도 10ppm의 맹독성 가스
- 폭발범위 : 4.3~45%

56 **브로민화수소의 성질에 대한 설명으로 틀린 것은?**

① 독성 가스이다.
② 기체는 공기보다 가볍다.
③ 유기물 등과 격렬하게 반응한다.
④ 가열 시 폭발 위험성이 있다.

해설 브로민화수소(HBr)는 허용농도 10ppm의 독성 가스로 공기보다 무겁다.(기체상에서)

57 **증기압이 낮고 비점이 높은 가스는 기화가 쉽게 되지 않는다. 다음 가스 중 기화가 가장 안 되는 가스는?**

① CH_4 ② C_2H_4
③ C_3H_8 ④ C_4H_{10}

해설 부탄가스(C_4H_{10})
- 비점 : −0.5℃
- 밀도 : 2.589g/L
- 폭발범위 : 1.8~8.4%
- 착화온도 : 480℃

58 **절대온도 40K을 랭킨온도로 환산하면 몇 °R인가?**

① 36 ② 54
③ 72 ④ 90

해설
- 랭킨온도(°R)=켈빈온도×1.8배
 =40×1.8=72°R
- 켈빈온도(K)= $\frac{\text{랭킨온도}}{1.8}$
- 랭킨온도=화씨온도+460
- 켈빈온도=섭씨온도+273

59 **도시가스에 사용되는 부취제 중 DMS의 냄새는?**

① 석탄가스 냄새 ② 마늘 냄새
③ 양파 썩는 냄새 ④ 암모니아 냄새

해설 부취제 : 가스 속에 첨가하여 향료의 냄새로 가스누설을 판별
- THT : 석탄가스 냄새(토양에 대한 투과성은 보통이다.)
- TBM : 양파 썩는 냄새(취기가 가장 강하고 토양에 대한 투과성이 크다.)
- DMS : 마늘 냄새(취기가 가장 약하고 토양에 대한 투과성은 가장 우수하다.)

60 **0℃, 1atm인 표준상태에서 공기와의 같은 부피에 대한 무게비를 무엇이라고 하는가?**

① 비중 ② 비체적
③ 밀도 ④ 비열

해설
- 가스의 비중= $\frac{\text{가스의 분자량}}{\text{공기분자량(29)}}$
(비중이 1보다 크면 공기보다 무거운 가스)
- 메탄 비중= $\frac{16}{29}$=0.53
- 프로판 비중= $\frac{44}{29}$=1.53(공기보다 무겁다.)

※ atm : 표준대기압(760mmHg=1.033kg/cm^2)

53. ④ 54. ① 55. ① 56. ② 57. ④ 58. ③ 59. ② 60. ① | ANSWER

2013년 4회 가스기능사

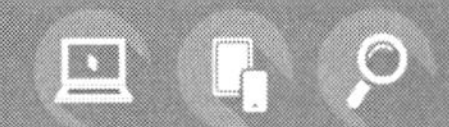

01 가스가 누출되었을 때의 조치로서 가장 적당한 것은?

① 용기 밸브가 열려서 누출 시 부근 화기를 멀리하고 즉시 밸브를 잠근다.
② 용기 밸브 파손으로 누출 시 전부 대피한다.
③ 용기 안전밸브 누출 시 그 부위를 열습포로 감싸준다.
④ 가스 누출로 실내에 가스 체류 시 그냥 놔두고 밖으로 피신한다.

해설 가스 누출 시 긴급조치사항
용기 부근 화기를 엄금하고 즉시 용기밸브를 잠근다.

02 무색, 무미, 무취의 폭발범위가 넓은 가연성 가스로서 할로겐원소와 격렬하게 반응하여 폭발반응을 일으키는 가스는?

① H_2　② Cl_2
③ HCl　④ C_2H_2

해설 염소폭명기
- Cl_2+H_2(수소) $\xrightarrow{\text{직사광선}}$ $2HCl+44kcal$
- $2H_2+O_2$ $\xrightarrow{\text{직사광선}}$ $2H_2O+136.6kcal$
- 수소(H_2)의 폭발범위 : 4~75%

03 가스사용시설의 연소기 각각에 대하여 퓨즈콕을 설치하여야 하나, 연소기 용량이 몇 kcal/h를 초과할 때 배관용 밸브로 대용할 수 있는가?

① 12,500　② 15,500
③ 19,400　④ 25,500

해설 연소기 용량 19,400kcal/h 초과 시 퓨즈콕 대신 배관용 밸브로 대용이 가능하다.

04 C_2H_2 제조설비에서 제조된 C_2H_2를 충전용기에 충전 시 위험한 경우는?

① 아세틸렌이 접촉되는 설비부분에 동 함량 72%의 동합금을 사용하였다.
② 충전 중의 압력을 2.5MPa 이하로 하였다.
③ 충전 후에 압력이 15℃에서 1.5MPa 이하로 될 때까지 정치하였다.
④ 충전용 지관은 탄소함유량 0.1% 이하의 강을 사용하였다.

해설
- 아세틸렌가스는 구리와 반응하여 폭발물을 발생한다.
  $C_2H_2+2Cu \rightarrow Cu_2C_2$(동아세틸라이드)$+H_2$
- 동 함유량이 62% 이상이 되면 용기에 충전 시 위험하다.

05 LP가스 저장탱크를 수리할 때 작업원이 저장탱크 속으로 들어가서는 안 되는 탱크 내의 산소농도는?

① 16%　② 19%
③ 20%　④ 21%

해설 탱크 내 수리 시 탱크 내 산소 농도가 18% 이하가 되면 산소결핍에 의한 사고 발생

06 고압가스용기 등에서 실시하는 재검사 대상이 아닌 것은?

① 충전할 고압가스 종류가 변경된 경우
② 합격표시가 훼손된 경우
③ 용기밸브를 교체한 경우
④ 손상이 발생된 경우

해설 고압가스 제조자가 용기밸브의 부품을 교체하는 것은 수리범위에 속한다.

07 다음 중 제독제로서 다량의 물을 사용하는 가스는?

① 일산화탄소　② 이황화탄소
③ 황화수소　④ 암모니아

해설 가스 제독제(독성 가스 중화제)
① 일산화탄소 : 해당 없음
② 이황화탄소 : 해당 없음
③ 황화수소 : 가성소다 수용액, 탄산소다 수용액
④ 암모니아, 산화에틸렌, 염화메탄 : 다량의 물

ANSWER | 1. ① 2. ① 3. ③ 4. ① 5. ① 6. ③ 7. ④

08 고압가스 냉매설비의 기밀시험 시 압축공기를 공급할 때 공기의 온도는 몇 ℃ 이하로 할 수 있는가?

① 40℃ 이하　② 70℃ 이하
③ 100℃ 이하　④ 140℃ 이하

해설 고압가스 냉매설비의 기밀시험원인 압축공기는 140℃ 이하로 기밀시험을 한다.

09 LP가스 저온 저장탱크에 반드시 설치하지 않아도 되는 장치는?

① 압력계　② 진공안전밸브
③ 감압밸브　④ 압력경보설비

해설 LP가스 저온 저장탱크에 반드시 설치해야 하는 장치
- 압력계
- 진공안전밸브
- 압력경보설비

10 가연성 가스 제조설비 중 전기설비는 방폭성능을 가지는 구조이어야 한다. 다음 중 반드시 방폭성능을 가지는 구조로 하지 않아도 되는 가연성 가스는?

① 수소
② 프로판
③ 아세틸렌
④ 암모니아

해설 암모니아, 브롬화메탄 가스는 가연성 가스이나 폭발범위 하한치가 10%를 초과하여 전기설비는 방폭성능이 불필요하다.

11 도시가스 품질검사 시 허용기준 중 틀린 것은?

① 전유황 : 30mg/m³ 이하
② 암모니아 : 10mg/m³ 이하
③ 할로겐총량 : 10mg/m³ 이하
④ 실록산 : 10mg/m³ 이하

해설 도시가스 유해성분 측정
암모니아 가스는 0.2g(200mg)을 초과하지 못하게 하여야 한다.

12 포스겐의 취급방법에 대한 설명 중 틀린 것은?

① 환기시설을 갖추어 작업한다.
② 취급 시에는 반드시 방독마스크를 착용한다.
③ 누출 시 용기가 부식되는 원인이 되므로 약간의 누출에도 주의한다.
④ 포스겐을 함유한 폐기액은 염화수소로 충분히 처리한 후 처분한다.

해설 포스겐($COCl_2$) 맹독성 가스는 독성제해제
- 가성소다 수용액(NaOH)으로 처리한다.
- 소석회[$Ca(OH)_2$]로 처리한다.

※ 허용농도 : 0.1ppm

13 가스보일러의 공통 설치기준에 대한 설명으로 틀린 것은?

① 가스보일러는 전용보일러실에 설치한다.
② 가스보일러는 지하실 또는 반지하실에 설치하지 아니한다.
③ 전용보일러실에는 반드시 환기팬을 설치한다.
④ 전용보일러실에는 사람이 거주하는 곳과 통기될 수 있는 가스레인지 배기덕트를 설치하지 아니한다.

해설 전용보일러실에 가스보일러를 설치 시에는 환기팬은 반드시 설치할 필요가 없다.

14 수소 가스의 위험도(H)는 약 얼마인가?

① 13.5　② 17.8
③ 19.5　④ 21.3

해설
가스위험도$(H) = \frac{u-L}{L}$
수소가스 폭발범위=4~75%
$\therefore H = \frac{75-4}{4} = 17.8$

15 액화석유가스 용기충전시설의 저장탱크에 폭발 방지장치를 의무적으로 설치하여야 하는 경우는?

① 상업지역에 저장능력 15톤의 저장탱크를 지상에 설치하는 경우
② 녹지지역에 저장능력 20톤의 저장탱크를 지상에

8. ④ 9. ③ 10. ④ 11. ② 12. ④ 13. ③ 14. ② 15. ① | ANSWER

설치하는 경우

③ 주거지역에 저장능력 5톤의 저장탱크를 지상에 설치하는 경우

④ 녹지지역에 저장능력 30톤의 저장탱크를 지상에 설치하는 경우

해설 액화석유가스(LP가스)는 주거지역 또는 상업지역에 설치하는 10톤 이상의 저장탱크에는 반드시 폭발 방지장치를 설치한다.

16 다음 가스 저장시설 중 환기구를 갖추는 등의 조치를 반드시 하여야 하는 곳은?

① 산소 저장소 ② 질소 저장소
③ 헬륨 저장소 ④ 부탄 저장소

해설 가연성 가스 중 공기보다 비중이 무거운 가스(부탄, 프로판 등)는 반드시 저장시설 중 환기구가 필요하다.

17 고압가스 용기를 내압 시험한 결과 전증가량은 400mL, 영구증가량이 20mL이었다. 영구증가율은 얼마인가?

① 0.2% ② 0.5%
③ 5% ④ 20%

해설

$$\text{가스용기 영구증가율} = \frac{\text{영구증가량}}{\text{전 증가량}} \times 100 = \frac{20}{400} \times 100 = 5\%$$

18 염소의 일반적인 성질에 대한 설명으로 틀린 것은?

① 암모니아와 반응하여 염화암모늄을 생성한다.

② 무색의 자극적인 냄새를 가진 독성, 가연성 가스이다.

③ 수분과 작용하면 염산을 생성하여 철강을 심하게 부식시킨다.

④ 수돗물의 살균 소독제, 표백분 제조에 이용된다.

해설 염소(Cl_2) : 자극성이 강한 맹독성 가스

- 액체염소 : 담황색
- 기체염소 : 황록색

19 독성 가스 용기 운반차량의 경계표지를 정사각형으로 할 경우 그 면적의 기준은?

① 500cm^2 이상 ② 600cm^2 이상
③ 700cm^2 이상 ④ 800cm^2 이상

해설 고압가스 운반 경계표지

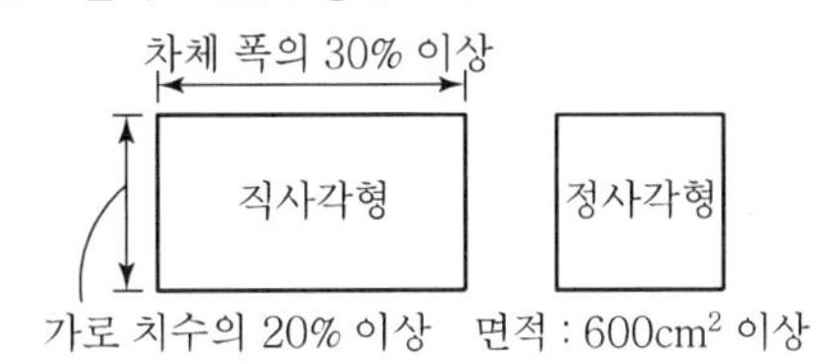

20 독성 가스인 염소를 운반하는 차량에 반드시 갖추어야 할 용구나 물품에 해당되지 않는 것은?

① 소화장비 ② 제독제
③ 내산장갑 ④ 누출검지기

해설

- 소화장비 : 가연성 가스 운반차량에 반드시 갖추어야 한다.
- 제독제 : 독성 가스 운반용 물품

21 다음 중 연소기구에서 발생할 수 있는 역화(Back Fire)의 원인이 아닌 것은?

① 염공이 적게 되었을 때

② 가스의 압력이 너무 낮을 때

③ 콕이 충분히 열리지 않았을 때

④ 버너 위에 큰 용기를 올려서 장시간 사용할 경우

해설

- 선화(Lifting) : 염공 노즐이 지나치게 크게 되면 염공으로부터 가스유출속도가 연소속도보다 크게 되며 화염이 염공으로부터 떠나 공간에서 연소한다.
- 역화원인 : 염공이 부식하여 구경이 너무 큰 경우

22 다음 중 특정고압가스에 해당되지 않는 것은?

① 이산화탄소 ② 수소
③ 산소 ④ 천연가스

해설 이산화탄소(CO_2) : 불연성 가스

$C + O_2 \rightarrow CO_2$

$H_2O + CO_2 \rightarrow H_2CO_3$(탄산 : 강제부식)

ANSWER | 16. ④ 17. ③ 18. ② 19. ② 20. ① 21. ① 22. ①

23 일반도시가스 배관의 설치기준 중 하천 등을 횡단하여 매설하는 경우로서 적합하지 않은 것은?

① 하천을 횡단하여 배관을 설치하는 경우에는 배관의 외면과 계획하상(河床, 하천의 바닥) 높이와의 거리는 원칙적으로 4.0m 이상으로 한다.
② 소하천, 수로를 횡단하여 배관을 매설하는 경우 배관의 외면과 계획하상(河床, 하천의 바닥) 높이와의 거리는 원칙적으로 2.5m 이상으로 한다.
③ 그 밖의 좁은 수로를 횡단하여 배관을 매설하는 경우 배관의 외면과 계획하상(河床, 하천의 바닥) 높이와의 거리는 원칙적으로 1.5m 이상으로 한다.
④ 하상변동, 패임, 닻내림 등의 영향을 받지 아니하는 깊이에 매설한다.

해설 ③항에서는 1.5m가 아닌 1.2m 이상으로 해야 한다.

24 일반 공업지역의 암모니아를 사용하는 A공장에서 저장능력 25톤의 저장탱크를 지상에 설치하고자 한다. 저장설비 외면으로부터 사업소 외의 주택까지 몇 m 이상의 안전거리를 유지하여야 하는가?

① 12m　② 14m
③ 16m　④ 18m

해설 암모니아(독성 가스) 25톤 : 25,000kg
2만 초과~3만 사이의 저장능력에서 주택은 제2종 보호시설이므로 안전거리는 16m 이상(제1종 보호시설이라면 24m 이상)

25 다음 중 폭발범위의 상한값이 가장 낮은 가스는?

① 암모니아　② 프로판
③ 메탄　④ 일산화탄소

해설 폭발범위(하한값~상한값)
① 암모니아 : 15~28%
② 프로판 : 2.1~9.5%
③ 메탄 : 5~15%
④ 일산화탄소 : 12.5~74%

26 고압가스 설비의 내압 및 기밀시험에 대한 설명으로 옳은 것은?

① 내압시험은 상용압력의 1.1배 이상의 압력으로 실시한다.
② 기체로 내압시험을 하는 것은 위험하므로 어떠한 경우라도 금지된다.
③ 내압시험을 할 경우에는 기밀시험을 생략할 수 있다.
④ 기밀시험은 상용압력 이상으로 하되, 0.7MPa을 초과하는 경우 0.7MPa 이상으로 한다.

해설 고압가스 설비의 내압시험 및 기밀시험기준
- 기밀시험 : 상용압력 이상
- 0.7MPa 초과 가스 : 0.7MPa 이상

27 저장탱크에 의한 LPG 사용시설에서 가스계량기의 설치기준에 대한 설명으로 틀린 것은?

① 가스계량기와 화기의 우회거리 확인은 계량기의 외면과 화기를 취급하는 설비의 외면을 실측하여 확인한다.
② 가스계량기는 화기와 3m 이상의 우회거리를 유지하는 곳에 설치한다.
③ 가스계량기의 설치높이는 1.6m 이상, 2m 이내에 설치하여 고정한다.
④ 가스계량기와 굴뚝 및 전기점멸기와의 거리는 30cm 이상의 거리를 유지한다.

해설
가스계량기 ←(2m 이상)→ 화기

28 차량에 고정된 탱크로서 고압가스를 운반할 때 그 내용적의 기준으로 틀린 것은?

① 수소 : 18,000L
② 액화 암모니아 : 12,000L
③ 산소 : 18,000L
④ 액화 염소 : 12,000L

해설
- 독성 가스 : 1만 2,000L 초과 금지(다만 액화 암모니아는 제외한다.)
- LPG를 제외한 가연성 가스나 산소탱크 내용적은 1만 8,000L 초과 금지

23. ③ 24. ③ 25. ② 26. ④ 27. ② 28. ② | ANSWER

29 고압가스 특정제조시설에서 안전구역 안의 고압가스설비는 그 외면으로부터 다른 안전구역 안에 있는 고압가스설비의 외면까지 몇 m 이상의 거리를 유지하여야 하는가?

① 5m　② 10m
③ 20m　④ 30m

해설
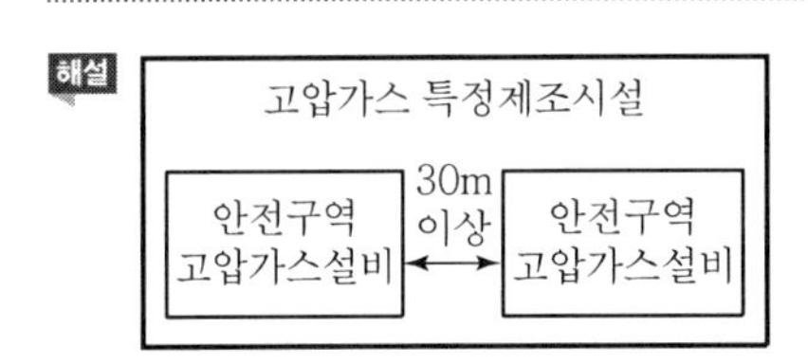

30 다음 중 독성 가스에 해당하지 않는 것은?

① 아황산가스　② 암모니아
③ 일산화탄소　④ 이산화탄소

해설 ㉠ 이산화탄소 : 불연성 가스
㉡ 독성 가스 허용농도
- 아황산가스 : 5ppm
- 암모니아 가스 : 25ppm
- 일산화탄소 : 50ppm

31 고압식 공기액화 분리장치의 복식 정류탑 하부에서 분리되어 액체산소 저장탱크에 저장되는 액체산소의 순도는 약 얼마인가?

① 99.6~99.8%　② 96~98%
③ 90~92%　④ 88~90%

해설 공기액화분리장치 복식 정류탑 하부에서 분리되는 액체산소의 순도 : 99.6~99.8%

32 초저온 용기의 단열성능 검사 시 측정하는 침입열량의 단위는?

① kcal/h · L · ℃　② kcal/m^2 · h · ℃
③ kcal/m · h · ℃　④ kcal/m · h · bar

해설
- 초저온 용기의 단열성능 검사 시 측정하는 침입열량의 단위 : kcal/h · L · ℃
- 시험용 가스 : 액화질소, 액화산소, 액화아르곤

33 저장능력 10톤 이상의 저장탱크에는 폭발 방지장치를 설치한다. 이때 사용되는 폭발 방지제의 재질로서 가장 적당한 것은?

① 탄소강　② 구리
③ 스테인리스　④ 알루미늄

해설 저장능력 10톤 이상인 저장탱크 폭발 방지장치의 재질은 알루미늄이다.

34 긴급차단장치의 동력원으로 부적당한 것은?

① 스프링　② X선
③ 기압　④ 전기

해설 긴급차단장치의 동력원
스프링, 기압, 전기

35 다음 중 1차 압력계는?

① 부르동관 압력계　② 전기저항식 압력계
③ U자관형 마노미터　④ 벨로스 압력계

해설 1차 압력계(액주식 압력계)
- U자관형 마노미터
- 경사관식 압력계
- U자관형 압력계
- 호르단형 압력계
- 침종식 압력계

36 압축기의 윤활에 대한 설명으로 옳은 것은?

① 산소압축기의 윤활유로는 물을 사용한다.
② 염소압축기의 윤활유로는 양질의 광유가 사용된다.
③ 수소압축기의 윤활유로는 식물성유가 사용된다.
④ 공기압축기의 윤활유로는 식물성유가 사용된다.

해설 ① 산소압축기 : 산소는 가연성 가스의 연소성을 도와주는 조연성 가스(자연성 가스)이기 때문에 윤활유로 물을 사용한다.
② 염소압축기 : 진한 황산류
③ 수소압축기 : 양질의 광유
④ 공기압축기 : 양질의 광유

ANSWER | 29. ④ 30. ④ 31. ① 32. ① 33. ④ 34. ② 35. ③ 36. ①

37 다음 금속재료 중 저온재료로 부적당한 것은?

① 탄소강　② 니켈강
③ 스테인리스강　④ 황동

해설 탄소강
−70℃에서 충격값이 0이기 때문에 저온재료로는 부적당하다.

38 다음 유량 측정방법 중 직접법은?

① 습식 가스미터　② 벤투리미터
③ 오리피스미터　④ 피토튜브

해설 가스미터의 종류
㉠ 실측식
- 건식
  - 막식(독립내기식, 그로바식)
  - 회전식(루트식, 로터리식, 오벌식)
- 습식

㉡ 추측식 : 오리피스식, 터빈식, 선근차식

39 내용적 47L인 LP가스 용기의 최대 충전량은 몇 kg인가?(단, LP가스 정수는 2.35이다.)

① 20　② 42
③ 50　④ 110

해설 충전량$(G)=\frac{V}{C}=\frac{47}{2.35}=20\text{kg}$

40 다음 중 정압기의 부속설비가 아닌 것은?

① 불순물 제거장치
② 이상압력 상승 방지장치
③ 검사용 맨홀
④ 압력기록장치

해설 정압기(거버너)의 부속설비
- 불순물 제거장치
- 이상압력 상승 방지장치
- 압력기록장치

41 다음 [보기]의 특징을 가지는 펌프는?

[보기]
- 고압, 소유량에 적당하다.
- 토출량이 일정하다.
- 송수량의 가감이 가능하다.
- 맥동이 일어나기 쉽다.

① 원심 펌프　② 왕복 펌프
③ 축류 펌프　④ 사류 펌프

해설 보기에 해당하는 펌프는 왕복식 펌프(워싱턴, 웨어, 플런저 펌프 등)이며 다이어프램 펌프, 윙(깃) 펌프도 왕복식 펌프의 일종이다.

42 터보식 펌프로서 비교적 저양정에 적합하며, 효율 변화가 비교적 급한 펌프는?

① 원심 펌프　② 축류 펌프
③ 왕복 펌프　④ 베인 펌프

해설
- 축류 펌프(터보형 비용적형 펌프) : 비교적 저양정에 적합하며 효율 변화가 비교적 급하다.
- 터보형 펌프 : 원심식, 사류식, 축류식

43 산소용기의 최고충전압력이 15MPa일 때 이 용기의 내압시험압력은 얼마인가?

① 15MPa　② 20MPa
③ 22.5MPa　④ 25MPa

해설 내압시험압력 = 최고충전압력 × $\frac{5}{3}$배 = $15\times\frac{5}{3}=25\text{MPa}$

44 기화기에 대한 설명으로 틀린 것은?

① 기화기 사용 시 장점은 LP가스 종류에 관계없이 한랭시에도 충분히 기화시킨다.
② 기화장치의 구성요소 중에는 기화부, 제어부, 조압부 등이 있다.
③ 감압가열방식은 열교환기에 의해 액상의 가스를 기화시킨 후 조정기로 감압시켜 공급하는 방식이다.
④ 기화기를 증발형식에 의해 분류하면 순간 증발식과 유입 증발식이 있다.

37. ① 38. ① 39. ① 40. ③ 41. ② 42. ② 43. ④ 44. ③ | ANSWER

해설 기화기의 기화방식(자연기화, 강제기화)

㉠ 작동원리에 따른 분류
- 가온 감압방식(조정기로 감압)
- 감압 가온방식

㉡ 강제기화장치
- 대기온이용방식
- 간접가열방식

㉢ 장치구성형식
- 다관식 기화기
- 단관식 기화기
- 사관식 기화기
- 열판식 기화기

㉣ 기화기 증발 형식
- 순간 증발식
- 유입 증발식

45 펌프에서 유량을 Q(m³/min), 양정을 H(m), 회전수를 N(rpm)이라 할 때 1단 펌프에서 비교회전도 η_s를 구하는 식은?

① $\eta_s = \dfrac{Q^2\sqrt{N}}{H^{3/4}}$ ② $\eta_s = \dfrac{N^2\sqrt{Q}}{H^{3/4}}$

③ $\eta_s = \dfrac{N\sqrt{Q}}{H^{3/4}}$ ④ $\eta_s = \dfrac{\sqrt{NQ}}{H^{3/4}}$

해설 펌프의 비교회전도
- 1단식$(\eta_s) = \dfrac{N \cdot \sqrt{Q}}{H^{\frac{3}{4}}}$
- 다단식$(\eta_s) = \dfrac{N \cdot \sqrt{Q}}{\left(\dfrac{H}{N}\right)^{\frac{3}{4}}}$

46 액체 산소의 색깔은?

① 담황색 ② 담적색

③ 회백색 ④ 담청색

해설 액체 산소
- 액체 산소의 색깔은 담청색
- 상온에서는 기체로, 무색, 무미, 무취이다.
- 압축가스(1MPa) 이상으로 사용한다.

47 LPG에 대한 설명 중 틀린 것은?

① 액체상태는 물(비중 1)보다 가볍다.

② 기화열이 커서 액체가 피부에 닿으면 동상의 우려가 있다.

③ 공기와 혼합시켜 도시가스 원료로도 사용된다.

④ 가정에서 연료용으로 사용하는 LPG는 올레핀계 탄화수소이다.

해설 LPG(액화석유가스)

㉠ 지방족 탄화수소 중에서 메탄(CH_4), 에탄(C_2Hs), 프로판(C_3H_8) 등은 메탄계 탄화수소 또는 알칸(Alkane)계 탄화수소이다.

㉡ 파라핀계(C_nH_{2n+2})
- C_1~C_4(상온에서 기체)
- C_5~C_{15}(상온에서 액체)

㉢ 나프텐계(C_nH_{2n}) : 포화

㉣ 방향족(C_nH_{2n-6})

㉤ 올레핀계(C_nH_{2n}) : 불포화

48 "기체의 온도를 일정하게 유지할 때 기체가 차지하는 부피는 절대 압력에 반비례한다."라는 법칙은?

① 보일의 법칙 ② 샤를의 법칙

③ 헨리의 법칙 ④ 아보가드로의 법칙

해설 보일의 법칙

기체의 온도를 일정하게 하면 기체의 용적은 절대압력에 반비례한다.

49 압력 환산값을 서로 가장 바르게 나타낸 것은?

① 1lb/ft² ≒ 0.142kg/cm²

② 1kg/cm² ≒ 13.7lb/in²

③ 1atm ≒ 1,033g/cm²

④ 76cmHg ≒ 1,013dyne/cm²

해설 ① $1\text{lb/in}^2 = 1.019716 \times 10^{-5}\text{kg/cm}^2$

② $1\text{kg/cm}^2 = 14.22334\text{lb/im}^2$

③ $1\text{atm} = 1{,}033\text{g/cm}^2$

④ $76\text{cmHg} = 1.033227\text{kg/cm}^2$

※ $1\text{N} = 0.1019716\text{kg} = 10^{-5}\text{dyne} = 0.2248089\text{lb}$

50 절대온도 0K은 섭씨온도로 약 몇 ℃인가?

① −273 ② 0
③ 32 ④ 273

해설 켈빈온도(K)=℃+273
℃=K−273
∴ 0−273=−273℃

51 수소와 산소 또는 공기와의 혼합기체에 점화하면 급격히 화합하여 폭발하므로 위험하다. 이 혼합기체를 무엇이라고 하는가?

① 염소 폭명기 ② 수소 폭명기
③ 산소 폭명기 ④ 공기 폭명기

해설 • 수소 폭명기
$H_2+O_2 \rightarrow 2H_2O+136.6kcal$
• 염소 폭명기
$Cl_2+H_2 \rightarrow 2HCl+44kcal$

52 기체연료의 일반적인 특징에 대한 설명으로 틀린 것은?

① 완전연소가 가능하다.
② 고온을 얻을 수 있다.
③ 화재 및 폭발의 위험성이 적다.
④ 연소조절 및 점화, 소화가 용이하다.

해설 기체연료는 화재나 폭발의 위험성이 크다.

53 다음 중 압력단위가 아닌 것은?

① Pa ② atm
③ bar ④ N

해설 ㉠ 공학단위
• 힘의 단위(kgf)
• 무게 단위(kgt)
㉡ SI 단위
• 힘의 단위(N)
• 무게 단위(N)
※ $1kgf=9.80665N$, $1N=1kg \cdot m/s^2$
$1N \cdot m=1J$

54 공기비가 클 경우 나타나는 현상이 아닌 것은?

① 통풍력이 강하여 배기가스에 의한 열손실 증대
② 불완전연소에 의한 매연 발생이 심함
③ 연소가스 중 SO_3의 양이 증대되어 저온 부식 촉진
④ 연소가스 중 NO_2의 발생이 심하여 대기오염 유발

해설 공기비$(m)=\frac{실제공기량}{이론공기량}$(항상 1보다 크다.)
공기비가 크면 과잉공기량의 투입으로 완전연소는 가능하나 질소산화물, 배기가스 열손실이 증가한다.

55 표준상태에서 1몰의 아세틸렌이 완전연소될 때 필요한 산소의 몰수는?

① 1몰 ② 1.5몰
③ 2몰 ④ 2.5몰

해설 아세틸렌 반응식
$C_2H_2 + 2.5O_2 \rightarrow 2CO_2 + H_2O$
(1몰)+(2.5몰) → (2몰)+(1몰)

56 다음 [보기]에서 설명하는 가스는?

[보기]
• 독성이 강하다.
• 연소시키면 잘 탄다.
• 각종 금속에 작용한다.
• 가압 · 냉각에 의해 액화가 쉽다.

① HCl ② NH_3
③ CO ④ C_2H_2

해설 보기에서 설명하는 특성의 가스는 암모니아(NH_3)이다.

57 질소의 용도가 아닌 것은?

① 비료에 이용 ② 질산 제조에 이용
③ 연료용에 이용 ④ 냉매로 이용

해설 질소(N) 가스
불연성 가스(공기 중 78% 함유)이며 흡열반응가스로서 암모니아 가스를 제조한다.
$N_2+3H_2 \rightarrow 2NH_3$(암모니아)

50. ① 51. ② 52. ③ 53. ④ 54. ② 55. ④ 56. ② 57. ③ | ANSWER

58 27℃, 1기압하에서 메탄가스 80g이 차지하는 부피는 약 몇 L인가?

① 112 ② 123
③ 224 ④ 246

해설 메탄(CH_4)가스
- 분자량 16, 1몰=22.4L(16g=22.4L)
- 부피(V)= $\frac{가스양}{분자량} \times 22.4 = 112L$

$\therefore V' = V \times \frac{T_2}{T_1} = 112 \times \frac{(273+27)}{273} = 123L$

59 산소 농도의 증가에 대한 설명으로 틀린 것은?

① 연소속도가 빨라진다.
② 발화온도가 올라간다.
③ 화염온도가 올라간다.
④ 폭발력이 세어진다.

해설 공기 중 산소(O_2) 농도가 증가하면 발화온도(착화온도)가 내려간다.

60 다음 중 보관 시 유리를 사용할 수 없는 것은?

① HF ② C_6H_6
③ $NaHCO_3$ ④ KBr

해설 불화수소(HF)
- 무색의 기체
- 물에 잘 용해(수용액=불화수소산)
- 허용농도 3ppm의 맹독성 가스
- 유리를 부식시키므로 유리용기에 저장 불가(납 그릇이나 베크라이트 용기 및 폴리에틸렌병 등에 저장한다.)
- 유리에 눈금을 긋거나 무늬를 넣는 용도로 이용

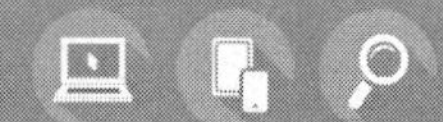

01 **도로굴착공사에 의한 도시가스배관 손상 방지기준으로 틀린 것은?**

① 착공 전 도면에 표시된 가스배관과 기타 지장물 매설 유무를 조사하여야 한다.
② 도로굴착자의 굴착공사로 인하여 노출된 배관 길이가 10m 이상인 경우에는 점검통로 및 조명시설을 하여야 한다.
③ 가스배관이 있을 것으로 예상되는 지점으로부터 2m 이내에서 줄파기를 할 때에는 안전관리전담자의 입회하에 시행하여야 한다.
④ 가스배관의 주위를 굴착하고자 할 때에는 가스배관의 좌우 1m 이내의 부분은 인력으로 굴착한다.

해설 노출된 배관길이가 15m 이상인 경우 고시령에 의해 점검통로 및 조명시설이 필요하다.

02 **도시가스 배관이 하천을 횡단하는 배관 주위의 흙이 사질토의 경우 방호구조물의 비중은?**

① 배관 내 유체 비중 이상의 값
② 물의 비중 이상의 값
③ 토양의 비중 이상의 값
④ 공기의 비중 이상의 값

해설 도시가스 배관이 하천을 횡단하는 배관 주위의 흙이 사질토의 경우 방호구조물의 비중은 물의 비중 이상이어야 한다.

03 **액화석유가스 사용시설에서 LPG용기 집합설비의 저장능력이 얼마 이하일 때 용기, 용기밸브, 압력조정기가 직사광선, 눈 또는 빗물에 노출되지 않도록 해야 하는가?**

① 50kg 이하　② 100kg 이하
③ 300kg 이하　④ 500kg 이하

해설 LPG 용기 집합설비 저장능력이 100kg 이하일 때 용기, 밸브, 압력조정기가 직사광선, 눈 또는 빗물에 노출되지 않도록 한다.

04 **아세틸렌 용기를 제조하고자 하는 자가 갖추어야 하는 설비가 아닌 것은?**

① 원료혼합기　② 건조로
③ 원료충전기　④ 소결로

해설 소결로 : 금속요로에 속한다.(용기 제조자 설비와는 관련성이 없다.)

05 **가스의 연소한계에 대하여 가장 바르게 나타낸 것은?**

① 착화온도의 상한과 하한
② 물질이 탈 수 있는 최저온도
③ 완전연소가 될 때의 산소공급 한계
④ 연소가 가능한 가스의 공기와의 혼합비율의 상한과 하한

해설 가연성 가스 연소한계 : 연소가 가능한 가스의 공기와의 혼합비율의 상한과 하한
※ 메탄가스(CH_4) 연소한계(폭발범위) : 5%(하한계)~15%(상한계)

06 **LPG 사용시설에서 가스누출경보장치 검지부 설치 높이의 기준으로 옳은 것은?**

① 지면에서 30cm 이내
② 지면에서 60cm 이내
③ 천장에서 30cm 이내
④ 천장에서 60cm 이내

해설 가스누출경보장치 설치위치

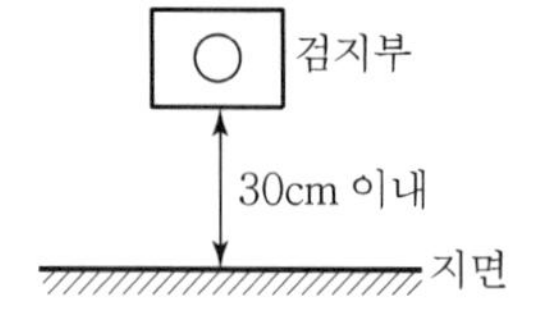

1.② 2.② 3.② 4.④ 5.④ 6.① | ANSWER

07 도시가스사업자는 가스공급시설을 효율적으로 관리하기 위하여 배관 · 정압기에 대하여 도시가스배관망을 전산화하여야 한다. 이 때 전산관리 대상이 아닌 것은?

① 설치도면　② 시방서
③ 시공자　④ 배관제조자

해설 도시가스 정압기 도시가스 배관망 전산화 전산관리 대상
- 설치도면
- 시방서
- 시공자

08 겨울철 LP가스용기 표면에 성에가 생겨 가스가 잘 나오지 않을 경우 가스를 사용하기 위한 가장 적절한 조치는?

① 연탄불로 쪼인다.
② 용기를 힘차게 흔든다.
③ 열 습포를 사용한다.
④ 90℃ 정도의 물을 용기에 붓는다.

해설 겨울철 LP가스용기 표면 성에 제거 작업 : 열습포를 사용하여 가스가 증발기화 하도록 한다.

09 액화석유가스를 저장하기 위하여 지상 또는 지하에 고정 설치된 탱크로서 액화석유가스의 안전관리 및 사업법에서 정한 "소형저장탱크"는 그 저장능력이 얼마인 것을 말하는가?

① 1톤 미만　② 3톤 미만
③ 5톤 미만　④ 10톤 미만

해설 액화석유가스 소형저장탱크 저장능력 : 3톤 미만

10 차량에 고정된 탱크로 염소를 운반할 때 탱크의 최대 내용적은?

① 12,000L　② 18,000L
③ 20,000L　④ 38,000L

해설
- 염소 등(독성 가스) 탱크의 내용적은 12,000L 이하를 유지한다.(단, 암모니아 독성 가스는 제외)
- 가연성 가스 : 18,000L 이내

11 굴착으로 인하여 도시가스배관이 65m가 노출되었을 경우 가스누출경보기의 설치 개수로 알맞은 것은?

① 1개　② 2개
③ 3개　④ 4개

해설 노출배관의 경우 가스배관 길이가 20m마다 가스누출경보기를 설치한다.
∴ 65/20＝약 4개가 필요하다.

12 도시가스 제조소 저장탱크의 방류둑에 대한 설명으로 틀린 것은?

① 지하에 묻은 저장탱크 내의 액화가스가 전부 유출된 경우에 그 액면이 지면보다 낮도록 된 구조는 방류둑을 설치한 것으로 본다.
② 방류둑의 용량은 저장탱크 저장능력의 90%에 상당하는 용적 이상이어야 한다.
③ 방류둑의 재료는 철근콘크리트, 금속, 흙, 철골 · 철근 콘크리트 또는 이들을 혼합하여야 한다.
④ 방류둑은 액밀한 것이어야 한다.

해설
- 방류둑의 용량 : 저장탱크의 저장능력에 상당하는 용적
- 냉동설비 수액기 방류둑 용량 : 수액기 내의 90% 이상 용적

13 냉동기란 고압가스를 사용하여 냉동하기 위한 기기로서 냉동능력 산정기준에 따라 계산된 냉동능력 몇 톤 이상인 것을 말하는가?

① 1　② 1.2
③ 2　④ 3

해설 냉동능력 산정기준

$R=\frac{V}{C}$(3톤 이상)

여기서, R : 1일의 냉동능력
V : 압축기 1시간의 피스톤 압축량(m^3)
C : 냉매가스의 종류에 따른 수치

14 에어졸 제조설비와 인화성 물질과의 최소 우회거리는?

① 3m 이상　② 5m 이상
③ 8m 이상　④ 10m 이상

ANSWER | 7. ④ 8. ③ 9. ② 10. ① 11. ④ 12. ② 13. ④ 14. ③

해설
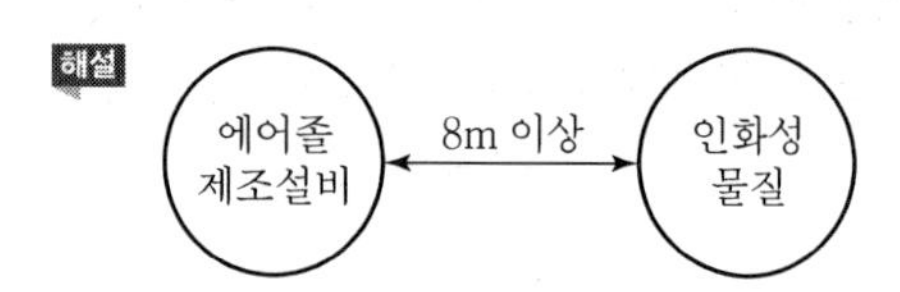

15 **지상 배관은 안전을 확보하기 위해 그 배관의 외부에 다음의 항목들을 표기하여야 한다. 해당하지 않는 것은?**

① 사용가스명 ② 최고사용압력
③ 가스의 흐름방향 ④ 공급회사명

해설 지상배관 외부에 공급회사명 표기는 생략한다.

16 **고압가스제조시설에서 가연성 가스 가스설비 중 전기설비를 방폭구조로 하여야 하는 가스는?**

① 암모니아
② 브롬화메탄
③ 수소
④ 공기 중에서 자기 발화하는 가스

해설
- 가연성 가스인 수소(H_2 : 폭발범위 4~74%)는 전기설비를 방폭구조로 하여야 한다.
- ①, ②, ④항의 가스는 방폭구조를 생략한다.

17 **용기종류별 부속품의 기호 중 아세틸렌을 충전하는 용기의 부속품 기호는?**

① AT ② AG
③ AA ④ AB

해설 아세틸렌가스 용기 부속품기호 : AG

18 **도시가스 배관을 노출하여 설치하고자 할 때 배관 손상방지를 위한 방호조치 기준으로 옳은 것은?**

① 방호철판 두께는 최소 10mm 이상으로 한다.
② 방호철판의 크기는 1m 이상으로 한다.
③ 철근 콘크리트재 방호 구조물은 두께가 15cm 이상이어야 한다.
④ 철근 콘크리트재 방호 구조물은 높이가 1.5m 이상이어야 한다.

해설 ① 4mm 이상
② 1m 이상, 앵커볼트 등에 의해 건축물 외벽에 견고하게 고정시킬 것
③ 10cm 이상 높이 1m 이상
④ 1m 이상

19 **다음 중 누출 시 다량의 물로 제독할 수 있는 가스는?**

① 산화에틸렌 ② 염소
③ 일산화탄소 ④ 황화수소

해설 다량의 물로 제독이 가능한 가스
아황산가스, 암모니아, 산화에틸렌, 염화메탄

20 **시안화수소의 충전 시 사용되는 안정제가 아닌 것은?**

① 암모니아 ② 황산
③ 염화칼슘 ④ 인산

해설 시안화수소(HCN)가스 저장 · 충전 시 안정제
황산, 아황산가스, 염화칼슘, 인산, 오산화인, 동망(구리망) 등

21 **가스계량기와 전기개폐기와의 최소 안전거리는?**

① 15cm ② 30cm
③ 60cm ④ 80cm

해설
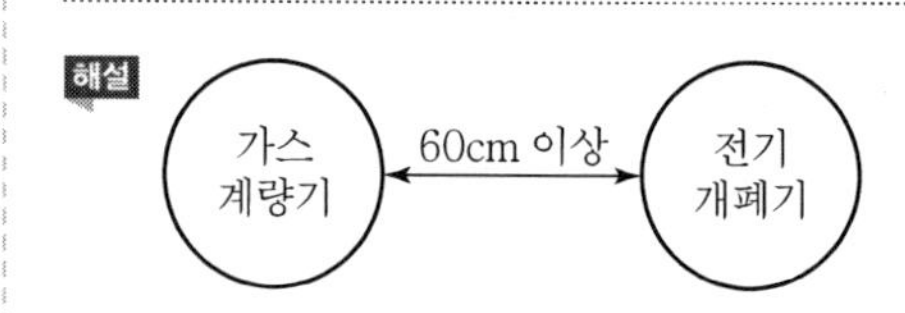

22 **다음 중 공동주택 등에 도시가스를 공급하기 위한 것으로서 압력조정기의 설치가 가능한 경우는?**

① 가스압력이 중압으로서 전체세대수가 100세대인 경우
② 가스압력이 중압으로서 전체세대수가 150세대인 경우
③ 가스압력이 저압으로서 전체세대수가 250세대인 경우
④ 가스압력이 저압으로서 전체세대수가 300세대인 경우

15. ④ 16. ③ 17. ② 18. ② 19. ① 20. ① 21. ③ 22. ① | ANSWER

해설 공동주택에서 도시가스 공급 시 가스압력이 중압인 경우, 전체 세대수가 100세대인 경우 압력조정기 설치가 가능하다.

23 **다음 중 동일 차량에 적재하여 운반할 수 없는 가스는?**

① 산소와 질소 ② 염소와 아세틸렌
③ 질소와 탄산가스 ④ 탄산가스와 아세틸렌

해설 혼합적재의 금지
염소와 (아세틸렌, 암모니아, 또는 수소)는 동일 차량에 적재하여 운반하지 아니할 것

24 **고압가스 배관의 설치기준 중 하천과 병행하여 매설하는 경우에 대한 설명으로 틀린 것은?**

① 배관은 견고하고 내구력을 갖는 방호구조물 안에 설치한다.
② 배관의 외면으로부터 2.5m 이상의 매설심도를 유지한다.
③ 하상(河床, 하천의 바닥)을 포함한 하천구역에 하천과 병행하여 설치한다.
④ 배관손상으로 인한 가스누출 등 위급한 상황이 발생한 때에 그 배관에 유입되는 가스를 신속히 차단할 수 있는 장치를 설치한다.

해설 고압가스 배관의 설치기준 중 하천과 병행하여 매설하는 경우 ①, ②, ④항 기준에 따른다.

25 **가스사용시설에서 원칙적으로 PE배관을 노출배관으로 사용할 수 있는 경우는?**

① 지상배관과 연결하기 위하여 금속관을 사용하여 보호조치를 한 경우로서 지면에서 20cm 이하로 노출하여 시공하는 경우
② 지상배관과 연결하기 위하여 금속관을 사용하여 보호조치를 한 경우로서 지면에서 30cm 이하로 노출하여 시공하는 경우
③ 지상배관과 연결하기 위하여 금속관을 사용하여 보호조치를 한 경우로서 지면에서 50cm 이하로 노출하여 시공하는 경우
④ 지상배관과 연결하기 위하여 금속관을 사용하여 보호조치를 한 경우로서 지면에서 1m 이하로 노출하여 시공하는 경우

해설 PE(가스용 폴리에틸렌관) 관은 노출배관 허용은 지상배관과 연결을 위하여 금속관을 사용하여 보호조치를 한 관으로 지면에서 30cm 이하로 노출하여 시공하는 경우

26 **가연물의 종류에 따른 화재의 구분이 잘못된 것은?**

① A급 : 일반화재
② B급 : 유류화재
③ C급 : 전기화재
④ D급 : 식용유 화재

해설 D급 화재 : 금속화재

27 **정전기에 대한 설명 중 틀린 것은?**

① 습도가 낮을수록 정전기를 축적하기 쉽다.
② 화학섬유로 된 의류는 흡수성이 높으므로 정전기가 대전하기 쉽다.
③ 액상의 LP가스는 전기 절연성이 높으므로 유동 시에는 대전하기 쉽다.
④ 재료 선택 시 접촉 전위차를 적게 하여 정전기 발생을 줄인다.

해설 화학섬유로 된 의류는 흡수성이 낮아서 정전기가 대전하기가 용이하다.

28 **비중이 공기보다 커서 바닥에 체류하는 가스로만 나열된 것은?**

① 프로판, 염소, 포스겐
② 프로판, 수소, 아세틸렌
③ 염소, 암모니아, 아세틸렌
④ 염소, 포스겐, 암모니아

해설 분자량이 공기의 분자량(29)보다 큰 것은 누설 시 바닥에 체류한다.
• 프로판(44)
• 염소(71)
• 포스겐(99)

ANSWER | 23. ② 24. ③ 25. ② 26. ④ 27. ② 28. ①

29 **아세틸렌을 용기에 충전 시 미리 용기에 다공물질을 채우는데 이때 다공도의 기준은?**

① 75% 이상 92% 미만
② 80% 이상 95% 미만
③ 95% 이상
④ 98% 이상

해설 아세틸렌가스
- $C_2H_2 + 2.5O_2 \rightarrow 2CO_2 + H_2O$
- 다공물질 : 목탄, 규조토, 석면, 석회석, 탄산마그네슘
- 다공도 : 75% 이상~92% 미만
- 용제 : 아세톤, 디메틸포름아미드(DMF)

30 **다음 중 폭발방지대책으로서 가장 거리가 먼 것은?**

① 압력계 설치
② 정전기 제거를 위한 접지
③ 방폭성능 전기설비 설치
④ 폭발하한 이내로 불활성 가스에 의한 희석

해설 압력계 : 가스나 유체의 압력을 측정하여 안전관리에 일조한다.
- 액주식 압력계
- 탄성식 압력계
- 전기식 압력계

31 **재료에 인장과 압축하중을 오랜 시간 반복적으로 작용시키면 그 응력이 인장강도보다 작은 경우에도 파괴되는 현상은?**

① 인성파괴 ② 피로파괴
③ 취성파괴 ④ 크리프파괴

해설 피로파괴
재료에 인장과 압축하중을 오랜 시간 반복적으로 작용시키면 그 응력이 인장강도보다 작은 경우에도 파괴되는 현상

32 **아세틸렌용기에 주로 사용되는 안전밸브의 종류는?**

① 스프링식 ② 가용전식
③ 파열판식 ④ 압전식

해설 아세틸렌용기 안전밸브 : 가용전식

33 **다량의 메탄을 액화시키려면 어떤 액화사이클을 사용해야 하는가?**

① 캐스케이드 사이클 ② 필립스 사이클
③ 캐피자 사이클 ④ 클라우드 사이클

해설 캐스케이드 사이클
- 메탄가스(CH_4)를 다량으로 액화시킨다.(다원 액화사이클)
- 비점이 낮은 냉매를 사용하여 저비점의 기체를 액화시킨다.(초저온을 얻기 위하여 2개의 냉동사이클 운영)

34 **저온 액체 저장설비에서 열의 침입요인으로 가장 거리가 먼 것은?**

① 단열재를 직접 통한 열대류
② 외면으로부터의 열복사
③ 연결 파이프를 통한 열전도
④ 밸브 등에 의한 열전도

해설 열의 침입요인
- 외면으로부터 열복사
- 연결 파이프를 통한 열전도
- 밸브 등에 의한 열전도
- 지지 요크 등에 의한 열전도
- 단열재를 넣은 공간에 남은 가스의 분자 열전도
- 밸브, 안전밸브 등에 의한 열전도

35 **LP가스 이송설비 중 압축기의 부속장치로서 토출측과 흡입측을 전환시키며 액송과 가스회수를 한 동작으로 할 수 있는 것은?**

① 액트랩 ② 액가스분리기
③ 전자밸브 ④ 사방밸브

해설 사방밸브
LP가스(액화석유가스) 이송설비 중 압축기의 부속장치로서 토출측과 흡입측의 경로를 전환시키며 액의 이송과 가스의 회수를 한 동작으로 할 수 있게 하는 밸브이다.

36 **다음 중 고압배관용 탄소강 강관의 KS규격 기호는?**

① SPPS ② SPHT
③ STS ④ SPPH

29. ① 30. ① 31. ② 32. ② 33. ① 34. ① 35. ④ 36. ④ | ANSWER

해설 ① SPPS : 압력 배관용
② SPHT : 고온 배관용
③ STS : 스테인리스강

37 **저온장치용 재료 선정에 있어서 가장 중요하게 고려해야 하는 사항은?**

① 고온 취성에 의한 충격치의 증가
② 저온 취성에 의한 충격치의 감소
③ 고온 취성에 의한 충격치의 감소
④ 저온 취성에 의한 충격치의 증가

해설
- 저온장치용 재료 선정시 가장 중요하게 고려해야 할 사항 : 저온 취성에 의한 충격치 감소
- 저온용 금속 : 동 및 동합금, 알루미늄, 니켈

38 **다음 가연성 가스검출기 중 가연성 가스의 굴절률 차이를 이용하여 농도를 측정하는 것은?**

① 열선형 ② 안전등형
③ 검지관형 ④ 간섭계형

해설 가연성 가스 검출기
- 간섭계형 : 가연성 가스 굴절율 차이 이용농도 측정
- 안전등형 : 탄광 내 메탄가스 농도 측정(등유 사용)
- 열선형 : 브리지 회로의 편위전류로 가스농도 측정 및 경보

39 **다음 곡률 반지름(r)이 50mm일 때 90° 구부림 곡선 길이는 얼마인가?**

① 48.75mm ② 58.75mm
③ 68.75mm ④ 78.75mm

해설
$$곡선길이(L) = 2\times3.14\times\frac{\theta}{360}\times R$$
$$= 2\times3.14\times\frac{90}{360}\times50 = 78.5\text{mm}$$

40 **다음 펌프 중 시동하기 전에 프라이밍이 필요한 펌프는?**

① 기어펌프 ② 원심펌프
③ 축류펌프 ④ 왕복펌프

해설 원심식 펌프 : 프라이밍(공기를 빼기 위해 물을 채워 넣는 것)이 필요한 급수펌프
- 터빈 펌프(고양정용)
- 볼류트 펌프(저양정용)

41 **강관의 녹을 방지하기 위해 페인트를 칠하기 전에 먼저 사용되는 도료는?**

① 알루미늄 도료 ② 산화철 도료
③ 합성수지 도료 ④ 광명단 도료

해설 광명단 도료
강관의 녹을 방지하기 위해 페인트를 칠하기 전에 먼저 밑칠용으로 사용하는 도료이다.

42 **"압축된 가스를 단열 팽창시키면 온도가 강하한다"는 것은 무슨 효과라고 하는가?**

① 단열효과 ② 줄-톰슨효과
③ 정류효과 ④ 팽윤효과

해설 줄-톰슨효과
압축된 가스를 단열 팽창시키면 온도가 하강하는 효과이다.(팽창 전의 압력이 높고 최초의 온도가 낮을수록 효과가 커진다)

43 **다음 중 저온 장치 재료로서 가장 우수한 것은?**

① 13% 크롬강 ② 9% 니켈강
③ 탄소강 ④ 주철

해설 9% 니켈강 : 저온장치 재료로서 가장 우수하다.

44 **펌프의 회전수를 1,000rpm에서 1,200rpm으로 변화시키면 동력은 약 몇 배가 되는가?**

① 1.3 ② 1.5
③ 1.7 ④ 2.0

해설 펌프의 동력은 회전수 증가의 3승에 비례한다.
$$동력\times\left(\frac{N_2}{N_1}\right) = 1\times\left(\frac{1,200}{1,000}\right)^3 = 1.7배$$

ANSWER | 37. ② 38. ④ 39. ④ 40. ② 41. ④ 42. ② 43. ② 44. ③

45 다음 중 왕복동 압축기의 특징이 아닌 것은?

① 압축하면 맥동이 생기기 쉽다.
② 기체의 비중에 관계없이 고압이 얻어진다.
③ 용량 조절의 폭이 넓다.
④ 비용적식 압축기이다.

해설 왕복동식 압축기 특징
- 용적식(1회전당 냉매가스가 정량됨)
- 운전이 단속적이다.
- 중량이 무겁고 설치면적을 많이 차지한다.
- 마찰저항을 줄이기 위해 오일이 공급되므로 토출냉매가스에 오일의 혼입이 우려된다.
- 흡입 토출 밸브가 필요하고 저속으로 단단 고압을 얻으며 기타 위 문제의 ①, ②, ③항이 추가된다.
- 횡형, 입형 배열이 있다.

46 다음 각 가스의 성질에 대한 설명으로 옳은 것은?

① 실소는 안정한 가스로서 불활성 가스라고도 하고, 고온에서도 금속과 화합하지 않는다.
② 염소는 반응성이 강한 가스로 강재에 대하여 상온에서도 무수(無水) 상태로 현저한 부식성을 갖는다.
③ 암모니아는 동을 부식하고 고온고압에서는 강재를 침식한다.
④ 산소는 액체 공기를 분류하여 제조하는 반응성이 강한 가스로 그 자신이 잘 연소한다.

해설 ① 질소는 고온에서는 산소와 화합한다.
② 염소는 무수상태에서는 부식성이 없다.
④ 산소는 연소성은 없고 가연성 가스의 조연성 가스이다.

47 어떤 액의 비중을 측정하였더니 2.5이었다. 이 액의 액주 6m의 압력은 몇 kg/cm^2인가?

① $15kg/cm^2$　　② $1.5kg/cm^2$
③ $0.15kg/cm^2$　　④ $0.015kg/cm^2$

해설 H_2O $10m = 1kgf/cm^2$

$1 \times 2.5 \times \left(\frac{6}{10}\right) = 1.5kgf/cm^2$

48 100℃를 화씨온도로 단위 환산하면 몇 ℉인가?

① 212　　② 234
③ 248　　④ 273

해설 ℉ = 1.8 × ℃ + 32 = 1.8 × 100 + 32 = 212℉

49 밀도의 단위로 옳은 것은?

① g/s^2　　② L/g
③ g/cm^3　　④ lb/in^2

해설
- 밀도의 단위 : g/cm^3, kg/m^3
- 비체적 단위 : cm^3/g, m^3/kg, L/g
- 압력의 단위 : lb/in^2

50 수돗물의 살균과 섬유의 표백용으로 주로 사용되는 가스는?

① F_2　　② Cl_2
③ O_2　　④ CO_2

해설 염소(Cl_2)의 특징
- 상온에서 강한 자극성 냄새가 난다.
- 상온에서 황록색 기체이다.
- −34℃, 6~8atm 이상 압력을 가하면 쉽게 액화가스가 된다.
- 상온에서 물에 용해되면 소량의 염산 및 차아염소산(HClO)을 생성하여 살균, 표백작용이 가능하다.(수소와 혼합 염소 폭명기 발생)

51 다음 중 1atm에 해당하지 않는 것은?

① 760mmHg
② 14.7psi
③ 29.92inHg
④ $1013kg/m^2$

해설 1atm = 101,325Pa = 101,325N/m^2
= 10,332kg/m^2 = 10.332mH_2O
= 10,332mmH_2O = 760mmHg
= 14.7psi = 29.92inHg = 1.0313bar

45. ④ 46. ③ 47. ② 48. ① 49. ③ 50. ② 51. ④ | ANSWER

52 다음 중 액화석유가스의 일반적인 특성이 아닌 것은?

① 기화 및 액화가 용이하다.
② 공기보다 무겁다.
③ 액상의 액화석유가스는 물보다 무겁다.
④ 증발잠열이 크다.

해설 액화석유가스의 비중은 0.52~0.58로서(물보다 가볍다) 물과 혼합 시 물에 잘 용해되지 않고 물 위에 뜬다.(단, 가스는 공기보다 무겁다)

53 다음 가스 1몰을 완전연소시키고자 할 때 공기가 가장 적게 필요한 것은?

① 수소 ② 메탄
③ 아세틸렌 ④ 에탄

해설 공기가 적게 소비되려면 산소요구량이 적어야 한다.
① 수소 : $H_2 + 0.5O_2 \rightarrow H_2O$
② 메탄 : $CH_4 + 2O_2 \rightarrow CO_2 + 2H_2O$
③ 아세틸렌 : $C_2H_2 + 2.5O_2 \rightarrow 2CO_2 + H_2O$
④ 에탄 : $C_2H_6 + 3.5O_2 \rightarrow 2CO_2 + 3H_2O$

54 다음 중 열(熱)에 대한 설명이 틀린 것은?

① 비열이 큰 물질은 열용량이 크다.
② 1cal은 약 4.2J이다.
③ 열은 고온에서 저온으로 흐른다.
④ 비열은 물보다 공기가 크다.

해설
• 물의 비열 : 1kcal/kg℃
• 공기의 비열 : 0.24kcal/kg℃

55 다음 중 무색, 무취의 가스가 아닌 것은?

① O_2 ② N_2
③ CO_2 ④ O_3

해설 오존가스
독성의 허용농도가 0.1ppm의 맹독성 가스

56 불완전연소 현상의 원인으로 옳지 않은 것은?

① 가스압력에 비하여 공급 공기량이 부족할 때
② 환기가 불충분한 공간에 연소기가 설치되었을 때
③ 공기와의 접촉혼합이 불충분할 때
④ 불꽃의 온도가 증대되었을 때

해설 불꽃이나 화염의 온도가 낮을 때 불완전연소 현상이 발생한다.

57 무색의 복숭아 냄새가 나는 독성 가스는?

① Cl_2 ② HCN
③ NH_3 ④ PH_3

해설 시안화수소(HCN) 특성
• 무색, 복숭아 냄새가 나는 허용농도 10ppm의 독성 가스이다.
• 극히 휘발하기 쉽고 물에 잘 용해한다.
• 60일이 경과하면 중합폭발 발생의 우려가 있다.

58 다음 가스 중 기체밀도가 가장 작은 것은?

① 프로판 ② 메탄
③ 부탄 ④ 아세틸렌

해설
• 밀도(kg/m^3)가 작은 가스는 분자량이 작다.
• 가스의 분자량 :
프로판 44, 메탄 16, 부탄 58, 아세틸렌 26

59 수소의 성질에 대한 설명 중 틀린 것은?

① 무색, 무미, 무취의 가연성 기체이다.
② 밀도가 아주 작아 확산속도가 빠르다.
③ 열전도율이 작다.
④ 높은 온도일 때에는 강재, 기타 금속재료라도 쉽게 투과한다.

해설 수소가스
• 수소는 열전도율이 대단히 크다.
(공기 : 0.026, 수소 : 0.18)
• 상온에서 무색, 무미, 무취, 가연성 가스이다.
• 비중이 작고(2/29=0.069), 확산속도가 가장 빠르다.
• 고온에서 금속산화물을 환원시킨다.

ANSWER | 52. ③ 53. ① 54. ④ 55. ④ 56. ④ 57. ② 58. ② 59. ③

60 **액화천연가스(LNG)의 폭발성 및 인화성에 대한 설명으로 틀린 것은?**

① 다른 지방족 탄화수소에 비해 연소속도가 느리다.
② 다른 지방족 탄화수소에 비해 최소발화에너지가 낮다.
③ 다른 지방족 탄화수소에 비해 폭발하한 농도가 높다.
④ 전기저항이 작으며 유동 등에 의한 정전기 발생은 다른 가연성 탄화수소류보다 크다.

해설 최소발화에너지
가스가 발화하는 데 필요한 최소의 에너지이며 가스의 온도, 압력, 조성에 따라 다르다.(다른 지방족 탄화수소에 비해 액화천연가스는 최소발화에너지가 다소 높다.)

60. ② | ANSWER

2014년 2회 가스기능사

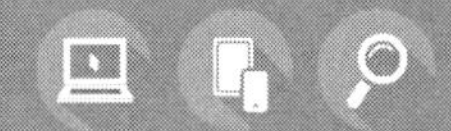

01 다음 중 가연성이면서 독성 가스인 것은?

① NH_3 ② H_2
③ CH_4 ④ N_2

해설 • 가연성 : 암모니아(NH_3), 수소(H_2), 메탄(CH_4)
• 독성 : 암모니아(NH_3)
• 불연성 : 질소(N_2)

02 가연성 물질을 공기로 연소시키는 경우 공기 중의 산소농도를 높게 하면 연소속도와 발화온도는 어떻게 변하는가?

① 연소속도는 빠르게 되고, 발화온도는 높아진다.
② 연소속도는 빠르게 되고, 발화온도는 낮아진다.
③ 연소속도는 느리게 되고, 발화온도는 높아진다.
④ 연소속도는 느리게 되고, 발화온도는 낮아진다.

해설 공기 중 산소(O_2) 농도가 높아지면 가연성 물질의 연소속도가 증가하고 발화온도(착화온도)가 낮아진다.

03 고압가스 특정제조 시설에서 긴급이송설비에 의하여 이송되는 가스를 안전하게 연소시킬 수 있는 장치는?

① 플레어스택 ② 벤트스택
③ 인터록기구 ④ 긴급차단장치

해설 플레어 스택
긴급이송설비에 의하여 이송되는 가스를 안전하게 연소시킬 수 있다.

04 도시가스로 천연가스를 사용하는 경우 가스누출경보기의 검지부 설치위치로 가장 적합한 것은?

① 바닥에서 15cm 이내
② 바닥에서 30cm 이내
③ 천장에서 15cm 이내
④ 천장에서 30cm 이내

해설

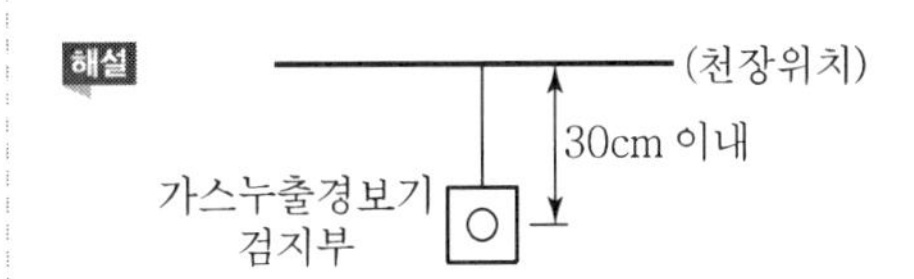

05 다음 중 독성(LC_{50})이 가장 강한 가스는?

① 염소 ② 시안화수소
③ 산화에틸렌 ④ 불소

해설 LC_{50} 기준 독성 가스 허용농도(ppm)
① 염소(Cl_2) : 293
② 시안화수소(HCN) : 140
③ 산화에틸렌(C_2H_4O) : 2,900
④ 불소(F) : 185
※ 수치가 작을수록 독성이 크다.

06 LPG 저장탱크 지하설치 시 저장탱크실 상부 윗면으로부터 저장탱크 상부까지의 깊이는 얼마 이상으로 하여야 하는가?

① 0.6m ② 0.8m
③ 1m ④ 1.2m

해설

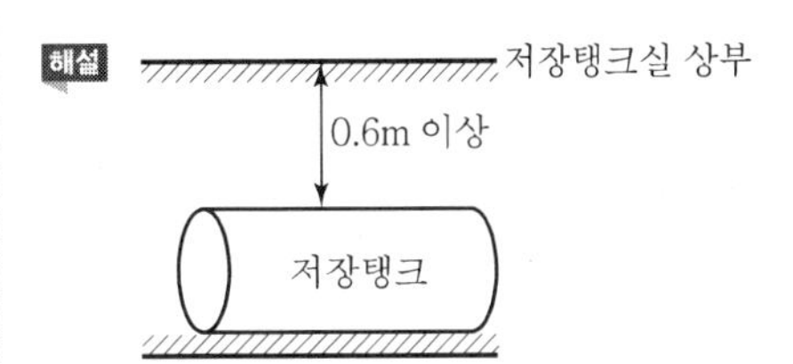

07 차량에 고정된 충전탱크는 그 온도를 항상 몇 ℃ 이하로 유지하여야 하는가?

① 20 ② 30
③ 40 ④ 50

해설

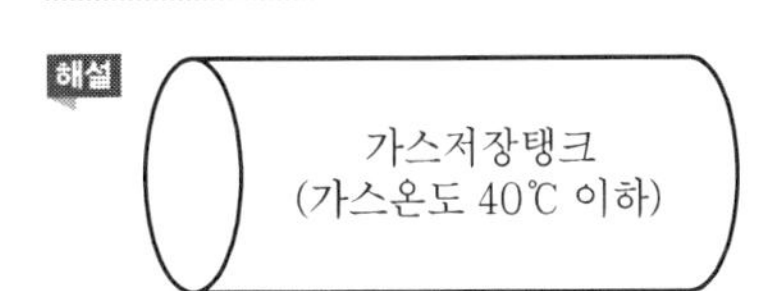

ANSWER | 1. ① 2. ② 3. ① 4. ④ 5. ② 6. ① 7. ③

08 초저온용기나 저온용기의 부속품에 표시하는 기호는?

① AG ② PG
③ LG ④ LT

해설 ① AG : 아세틸렌
② PG : 압축가스
③ LG : 그 밖의 가스
④ LT : 저온 및 초저온용 가스

09 상용의 온도에서 사용압력이 1.2MPa인 고압가스 설비에 사용되는 배관의 재료로서 부적합한 것은?

① KS D 3562(압력배관용 탄소 강관)
② KS D 3570(고온배관용 탄소 강관)
③ KS D 3507(배관용 탄소 강관)
④ KS D 3576(배관용 스테인리스 강관)

해설 1.2MPa(12kg/cm^2), 배관용 탄소강관은 1MPa(10kg/cm^2) 이하용 배관이다.

10 도시가스 사용시설의 지상배관은 표면색상을 무슨 색으로 도색하여야 하는가?

① 황색 ② 적색
③ 회색 ④ 백색

해설 도시가스 지상배관 : 황색

11 액화석유가스 충전시설 중 충전설비는 그 외면으로부터 사업소 경계까지 몇 m 이상의 거리를 유지하여야 하는가?

① 5 ② 10
③ 15 ④ 24

해설

액화석유가스(LPG) 충전시설 충전설비	← 24m 이상 이격 →	사업소 경계

12 가스의 경우 폭굉(Detonation)의 연소속도는 약 몇 m/s 정도인가?

① 0.03~10 ② 10~50 ③ 100~600 ④ 1,000~3,000

해설 • 연소 : 10m/s 이내
• 폭연 : 10m/s 초과~1,000m/s 이내
• 폭굉 : 1,000m/s 초과~3,000m/s 이내

13 의료용 가스용기의 도색 구분이 틀린 것은?

① 산소－백색 ② 액화탄산가스－회색
③ 질소－흑색 ④ 에틸렌－갈색

해설 에틸렌가스(C_2H_4)
• 의료용 용기 도색 : 백색
• 공업용 용기 도색 : 백색

14 다음 가스 중 위험도(H)가 가장 큰 것은?

① 프로판 ② 일산화탄소
③ 아세틸렌 ④ 암모니아

해설 ㉠ 아세틸렌 가연성 가스의 위험도(H)

$$H=\frac{u-L}{L}=\frac{81-2.5}{2.5}=31.4$$

㉡ 가스의 폭발범위
• 프로판 : 2.1~9.5%
• 암모니아 : 15~28%
• 아세틸렌 : 2.5~81%
• 일산화탄소 : 12.5~74%

15 용기의 안전점검 기준에 대한 설명으로 틀린 것은?

① 용기의 도색 및 표시 여부를 확인
② 용기의 내 · 외면을 점검
③ 재검사 기간의 도래 여부를 확인
④ 열 영향을 받은 용기는 재검사와 상관없이 새 용기로 교환

해설 열 영향을 받은 용기는 재검사 시 불합격이 판명되면 새 용기로 교환한다.

8. ④ 9. ③ 10. ① 11. ④ 12. ④ 13. ④ 14. ③ 15. ④ | ANSWER

16 **다음 각 독성 가스 누출 시 사용하는 제독제로서 적합하지 않은 것은?**

① 염소 : 탄산소다수용액
② 포스겐 : 소석회
③ 산화에틸렌 : 소석회
④ 황화수소 : 가성소다수용액

해설 산화에틸렌가스 제독제
많은 양의 물(H_2O)

17 **에어졸 시험방법에서 불꽃길이 시험을 위해 채취한 시료의 온도 조건은?**

① 24℃ 이상, 26℃ 이하
② 26℃ 이상, 30℃ 미만
③ 46℃ 이상, 50℃ 미만
④ 60℃ 이상, 66℃ 미만

해설 에어졸 시험방법(불꽃길이 시험용 가스온도)
24℃ 이상~26℃ 이하

18 **교량에 도시가스 배관을 설치하는 경우 보호조치 등 설계 · 시공에 대한 설명으로 옳은 것은?**

① 교량첨가 배관은 강관을 사용하며 기계적 접합을 원칙으로 한다.
② 제3자의 출입이 용이한 교량설치 배관의 경우 보행방지철조망 또는 방호철조망을 설치한다.
③ 지진발생 시 등 비상 시 긴급차단을 목적으로 첨가배관의 길이가 200m 이상인 경우 교량 양단의 가까운 곳에 밸브를 설치토록 한다.
④ 교량첨가 배관에 가해지는 여러 하중에 대한 합성응력이 배관의 허용응력을 초과하도록 설계한다.

해설 교량에 도시가스 배관 설치 시 보호조치
제3자의 출입이 용이한 교량설치 배관의 경우 보행방지 철조망 또는 방호철조망을 설치한다.

19 **고압가스 저장실 등에 설치하는 경계책과 관련된 기준으로 틀린 것은?**

① 저장설비 · 처리설비 등을 설치한 장소의 주위에는 높이 1.5m 이상의 철책 또는 철망 등의 경계표지를 설치하여야 한다.
② 건축물 내에 설치하였거나, 차량의 통행 등 조업시행이 현저히 곤란하여 위해 요인이 가중될 우려가 있는 경우에는 경계책 설치를 생략할 수 있다.
③ 경계책 주위에는 외부사람이 무단출입을 금하는 내용의 경계표지를 보기 쉬운 장소에 부착하여야 한다.
④ 경계책 안에는 불가피한 사유발생 등 어떠한 경우라도 화기, 발화 또는 인화하기 쉬운 물질을 휴대하고 들어가서는 아니 된다.

해설 고압가스 저장실 경계책 안에도 불가피한 사유 시에는 화기나 인화성 물질의 휴대가 가능한 상태로 출입이 가능하다.

20 **독성 가스 사용시설에서 처리설비의 저장능력이 45,000kg인 경우 제 2종 보호시설까지 안전거리는 얼마 이상 유지하여야 하는가?**

① 14m ② 16m
③ 18m ④ 20m

해설 독성 가스 안전거리 : 40,000kg 초과~50,000kg 이하
• 제1종 보호시설 : 30m 이상
• 제2종 보호시설 : 20m 이상

21 **아세틸렌의 성질에 대한 설명으로 틀린 것은?**

① 색이 없고 불순물이 있을 경우 악취가 난다.
② 융점과 비점이 비슷하여 고체 아세틸렌은 융해하지 않고 승화한다.
③ 발열화합물이므로 대기에 개방하면 분해폭발할 우려가 있다.
④ 액체 아세틸렌보다 고체 아세틸렌이 안정하다.

해설 아세틸렌(C_2H_2) 가스는 흡열화합(압축 시 분해폭발)
$2C + H_2 \rightarrow C_2H_2 - 54.2kcal$
C_2H_2(압축하면) $\rightarrow 2C + H_2 + 54.2kcal$

ANSWER | 16. ③ 17. ① 18. ② 19. ④ 20. ④ 21. ③

22 **고압가스용 이음매 없는 용기의 재검사 시 내압시험 합격판정의 기준이 되는 영구증가율은?**

① 0.1% 이하　② 3% 이하
③ 5% 이하　④ 10% 이하

해설 용기내압시험 합격판정기준 : 영구증가율 10% 이하

23 **프로판을 사용하고 있던 버너에 부탄을 사용하려고 한다. 프로판의 경우보다 약 몇 배의 공기가 필요한가?**

① 1.2배　② 1.3배
③ 1.5배　④ 2.0배

해설 • 프로판(C_3H_8) + $5O_2$ → $3CO_2$ + $4H_2O$
• 부탄(C_4H_{10}) + $6.5O_2$ → $4CO_2$ + $5H_2O$

$$\text{소요공기량} = \frac{\text{부탄}\left(6.5\times\frac{1}{0.21}\right)}{\text{프로판}\left(5\times\frac{1}{0.21}\right)} = 1.3\text{배}$$

24 **가스의 연소에 대한 설명으로 틀린 것은?**

① 인화점은 낮을수록 위험하다.
② 발화점은 낮을수록 위험하다.
③ 탄화수소에서 착화점은 탄소수가 많은 분자일수록 낮아진다.
④ 최소점화에너지는 가스의 표면장력에 의해 주로 결정된다.

해설 • 가스의 연소 특성은 ①, ②, ③항과 같다.
• 탄화수소의 최소점화에너지 : 표준상태에서 10^{-1}mJ
• 최소점화에너지는 가스 종류, 혼합가스 조성, 온도, 압력 등의 조건에 따라 결정된다.

25 **아세틸렌의 취급방법에 대한 설명으로 가장 부적절한 것은?**

① 저장소는 화기엄금을 명기한다.
② 가스 출구 동결 시 60℃ 이하의 온수로 녹인다.
③ 산소용기와 같이 저장하지 않는다.
④ 저장소는 통풍이 양호한 구조이어야 한다.

해설 가스의 동결 시에는 40℃ 이하의 열습포로 녹인다.

26 **가스 폭발을 일으키는 영향 요소로 가장 거리가 먼 것은?**

① 온도　② 매개체
③ 조성　④ 압력

해설 최소점화에너지는 가스 종류, 혼합가스 조성, 온도, 압력 등의 조건에 따라 결정된다.

27 **어떤 도시가스의 웨버지수를 측정하였더니 36.52 MJ/m³이었다. 품질검사기준에 의한 합격 여부는?**

① 웨버지수 허용기준보다 높으므로 합격이다.
② 웨버지수 허용기준보다 낮으므로 합격이다.
③ 웨버지수 허용기준보다 높으므로 불합격이다.
④ 웨버지수 허용기준보다 낮으므로 불합격이다.

해설
$$\text{웨버지수}(WI) = \frac{\text{도시가스 총 발열량}(MJ/m^3)}{\sqrt{\text{도시가스비중}}}$$
• $36.52MJ/m^3 = 32,520kJ/m^3 = 7,743kcal/m^3$
• 표준도시가스 발열량 : LNG의 경우 $10,550kcal/m^3$

28 **300kg의 액화프레온12(R-12)가스를 내용적 50L 용기에 충전할 때 필요한 용기의 개수는?(단, 가스정수 C는 0.86이다.)**

① 5개　② 6개
③ 7개　④ 8개

해설
용기 1개당 $\frac{50}{0.86} = 58.14$kg

필요 용기 수 $= \frac{300}{58.14} =$ 약 6개

29 **저장탱크에 의한 액화석유가스 사용시설에서 가스계량기는 화기와 몇 m 이상의 우회거리를 유지해야 하는가?**

① 2m　② 3m
③ 5m　④ 8m

해설
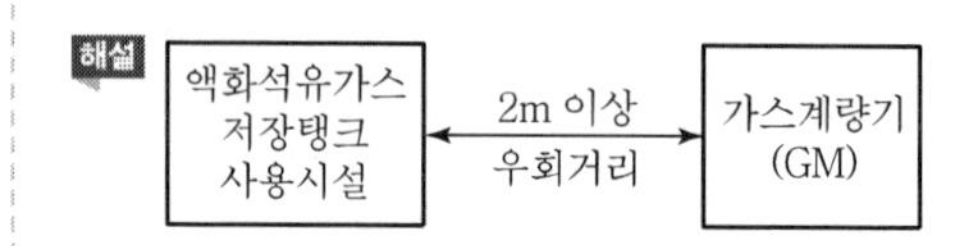

30 **가스사고가 발생하면 산업통상자원부령에서 정하는 바에 따라 관계기관에 가스사고를 통보해야 한다. 다음 중 사고 통보내용이 아닌 것은?**

① 통보자의 소속, 직위, 성명 및 연락처
② 사고원인자 인적사항
③ 사고발생 일시 및 장소
④ 시설현황 및 피해현황(인명 및 재산)

해설 가스사고의 통보 : ①, ③, ④항의 내용을 관계기관에 통보한다.

31 **가스크로마토그래피의 구성요소가 아닌 것은?**

① 광원 ② 컬럼
③ 검출기 ④ 기록계

해설 가스크로마토그래피(물리적 가스분석계) 구성요소
- 컬럼(분리기)
- 검출기
- 기록계

32 **도시가스공급시설에서 사용되는 안전제어장치와 관계가 없는 것은?**

① 중화장치
② 압력안전장치
③ 가스누출검지경보장치
④ 긴급차단장치

해설 중화장치
독성 가스 중 독성 제독용 중화제

33 **LPG나 액화가스와 같이 비점이 낮고 내압이 0.4~0.5MPa 이상인 액체에 주로 사용되는 펌프의 메커니컬 실의 형식은?**

① 더블 실형 ② 인사이드 실형
③ 아웃사이드 실형 ④ 밸런스 실형

해설 밸런스 실
메커니컬 실이며 펌프의 축봉장치(유체의 누설방지용)로서 유체 압력 0.4~0.5MPa 이상에 사용된다. LPG와 같이 저비점의 액체 또는 하이드로 카본일 때 사용된다.

34 **유량을 측정하는 데 사용하는 계측기기가 아닌 것은?**

① 피토관 ② 오리피스
③ 벨로스 ④ 벤투리

해설 벨로스 : 저압 압력계로 많이 사용한다.

35 **기화기의 성능에 대한 설명으로 틀린 것은?**

① 온수가열방식은 그 온수의 온도가 90℃ 이하일 것
② 증기가열방식은 그 증기의 온도가 120℃ 이하일 것
③ 압력계는 그 최고눈금이 상용압력의 1.5~2배일 것
④ 기화통 안의 가스액이 토출배관으로 흐르지 않도록 적합한 자동제어장치를 설치할 것

해설 기화기(온수가열방식)의 온수온도는 80℃ 이하일 것

36 **고압장치의 재료로서 가장 적합하게 연결된 것은?**

① 액화염소용기 – 화이트메탈
② 압축기의 베어링 – 13% 크롬강
③ LNG 탱크 – 9% 니켈강
④ 고온고압의 수소반응탑 – 탄소강

해설
- LNG탱크(저온장치) : 9% 니켈강 사용
- 염소용기 : 탄소강
- 압축기 : 주철 또는 단조강
- 수소반응탑 : 특수강

37 **구조에 따라 외치식, 내치식, 편심로터리식 등이 있으며 베이퍼록 현상이 일어나기 쉬운 펌프는?**

① 제트펌프 ② 기포펌프
③ 왕복펌프 ④ 기어펌프

해설 기어펌프(회전식) : 베이퍼록 발생 우려
- 외치식
- 내치식
- 편심식

38 **다음 중 터보(Turbo)형 펌프가 아닌 것은?**

① 원심펌프 ② 사류펌프
③ 축류펌프 ④ 플런저 펌프

ANSWER | 30. ② 31. ① 32. ① 33. ④ 34. ③ 35. ① 36. ③ 37. ④ 38. ④

해설 플런저 펌프 : 왕복동식 펌프

39 가스액화분리장치에서 냉동사이클과 액화사이클을 응용한 장치는?

① 한랭발생장치 ② 정유분출장치
③ 정유흡수장치 ④ 불순물제거장치

해설 한랭발생장치(가스액화분리장치)
냉동사이클+액화사이클 응용

40 저압가스 수송배관의 유량공식에 대한 설명으로 틀린 것은?

① 배관길이에 반비례한다.
② 가스비중에 비례한다.
③ 허용압력손실에 비례한다.
④ 관경에 의해 결정되는 계수에 비례한다.

해설 가스수송에서 그 수송량은 가스비중에 반비례한다.
- 유량(m^3/s) = 단면적(m^2) × 유속(m/s)
- 유속(m/s) $= \dfrac{유량(m^3/s)}{단면적(m^2)}$
- 단면적(A) $= \dfrac{\pi}{4}d^2(m^2)$

41 탄소강 중에 저온취성을 일으키는 원소로 옳은 것은?

① P ② S
③ Mo ④ Cu

해설 ① 인(P) : 저온취성인자
② 황(S) : 적열취성인자
③ 몰리브덴(Mo) : 고온에서 인장강도, 경도 증가
④ 구리(Cu) : 대기 중 내산화성 증가

42 가스의 연소방식이 아닌 것은?

① 적화식 ② 세미분젠식
③ 분젠식 ④ 원지식

해설 가스연소방식
- 적화식
- 세미분젠식
- 분젠식
- 전1차공기식

43 양정 90m, 유량이 $90m^3/h$인 송수 펌프의 소요동력은 약 몇 kW인가?(단, 펌프의 효율은 60%이다.)

① 30.6 ② 36.8
③ 50.2 ④ 56.8

해설 펌프소요동력(kW)
$$P = \frac{rQH}{102 \times 3,600 \times 3} = \frac{1,000 \times 90 \times 90}{102 \times 3,600 \times 0.6} = 36.8\text{kW}$$
※ 1kW=102kg · m/s, 1시간=3,600초
물 $1m^3 = 1,000kg$

44 재료가 일정 온도 이상에서 응력이 작용할 때 시간이 경과함에 따라 변형이 증대되고 때로는 파괴되는 현상을 무엇이라 하는가?

① 피로 ② 크리프
③ 에로숀 ④ 탈탄

해설 크리프현상에 대한 설명이다.

45 LP가스 공급방식 중 강제기화방식의 특징에 대한 설명 중 틀린 것은?

① 기화량 가감이 용이하다.
② 공급가스의 조성이 일정하다.
③ 계량기를 설치하지 않아도 된다.
④ 한랭 시에도 충분히 기화시킬 수 있다.

해설 계량기는 자연기화나 강제기화나 모두가 설치하여 가스사용량을 측정한다.

46 다음 설명과 관계있는 법칙은?

열은 스스로 저온의 물체에서 고온의 물체로 이동하는 것은 불가능하다.

① 에너지 보존의 법칙 ② 열역학 제2법칙
③ 평형 이동의 법칙 ④ 보일-샤를의 법칙

해설 • 열역학 제2법칙 : 열은 스스로 저온에서 고온으로의 이동이 불가능하다는 법칙이다.
• ①항은 열역학 제1법칙이다.

39. ① 40. ② 41. ① 42. ④ 43. ② 44. ② 45. ③ 46. ② | ANSWER

47 **산소(O_2)에 대한 설명 중 틀린 것은?**

① 무색, 무취의 기체이며, 물에는 약간 녹는다.
② 가연성 가스이나 그 자신은 연소하지 않는다.
③ 용기의 도색은 일반 공업용이 녹색, 의료용이 백색이다.
④ 저장용기는 무계목 용기를 사용한다.

해설 산소는 연소성을 도와주는 조연성(지연성) 가스이다.
메탄(CH_4) + $2O_2$ → CO_2 + $2H_2O$(연소반응식)

48 **다음 중 암모니아 건조제로 사용되는 것은?**

① 진한 황산 ② 할로겐 화합물
③ 소다석회 ④ 황산동 수용액

해설 암모니아 건조제
- NaOH
- CaO
- KOH

49 **10L 용기에 들어 있는 산소의 압력이 10MPa이었다. 이 기체를 20L 용기에 옮겨놓으면 압력은 몇 MPa로 변하는가?**

① 2 ② 5
③ 10 ④ 20

해설 10L : 10MPa = 20L : x
$\therefore\ x = 10\text{MPa} \times \dfrac{10}{20} = 5\text{MPa}$
※ 같은 양의 가스가 용기가 커지면 압력은 감소한다.

50 **다음 [보기]와 같은 성질을 갖는 것은?**

[보기]
- 공기보다 무거워서 누출 시 낮은 곳에 체류한다.
- 기화 및 액화가 용이하며, 발열량이 크다.
- 증발잠열이 크기 때문에 냉매로도 이용된다.

① O_2 ② CO
③ LPG ④ C_2H_4

해설 LPG(액화석유가스) : 가연성 가스
- 주성분 : 프로판, 부탄
- 비중 : 1.53~2 정도(공기보다 무겁다.)
- 기화 및 액화가 용이하다.
- 증발잠열(92~102kcal/kg)이 크다.
- 냉매가스 사용이 가능하다.

51 **다음 압력 중 가장 높은 압력은?**

① 1.5kg/cm^2 ② $10\text{mH}_2\text{O}$
③ 745mmHg ④ 0.6atm

해설 ② $10\text{mH}_2\text{O} = 1\text{kg/cm}^2$
③ $760 : 1.033 = 745 : x$
$x = 1.033 \times \dfrac{745}{760} = 1.02\text{kg/cm}^2$
④ $1\text{atm} = 1.033\text{kg/cm}^2$
$1.033 \times \dfrac{0.6}{1} = 0.6\text{kg/cm}^2$

52 **다음 중 게이지압력을 옳게 표시한 것은?**

① 게이지압력 = 절대압력 − 대기압
② 게이지압력 = 대기압 − 절대압력
③ 게이지압력 = 대기압 + 절대압력
④ 게이지압력 = 절대압력 + 진공압력

해설
- 게이지압력 = 절대압력 − 대기압
- 절대압력 = 대기압 + 게기압
- 절대압력 = 대기압 − 진공압

53 **같은 조건일 때 액화시키기 가장 쉬운 가스는?**

① 수소 ② 암모니아
③ 아세틸렌 ④ 네온

해설 비점
① 수소 : 비점 −252℃, 임계압력 12.8atm
② 암모니아 : 비점 −33℃, 임계압력 111.3atm
③ 아세틸렌 : 비점 −84℃, 임계압력 61.6atm
④ 네온 : 비점 −249.9℃, 임계압력 26.9atm
※ 비점이 높으면 액화가 용이하다.

54 가스분석 시 이산화탄소의 흡수제로 사용되는 것은?

① KOH ② H_2SO_4
③ NH_4Cl ④ $CaCl_2$

해설 가스분석 시 이산화탄소(CO_2)의 흡수제로 사용되는 것은 수산화칼륨용액(KOH)이다.

55 연소기 연소상태 시험에 사용되는 도시가스 중 역화하기 쉬운 가스는?

① 13A－1 ② 13A－2
③ 13A－3 ④ 13A－R

해설 역화하기 쉬운 도시가스 : 13A－2 가스

56 나프타(Naphtha)의 가스화 효율이 좋으려면?

① 올레핀계 탄화수소 함량이 많을수록 좋다.
② 파라핀계 탄화수소 함량이 많을수록 좋다.
③ 나프텐계 탄화수소 함량이 많을수록 좋다.
④ 방향족계 탄화수소 함량이 많을수록 좋다.

해설 나프타
- 원유의 증류에 의해 얻는 유분(경질휘발유와 등유의 중간에서 나온다.), 일명 중질가솔린이다.
- 도시가스, 합성가스 제조이며 파라핀계 탄화수소 함량이 많을수록 좋다.

57 순수한 물 1kg을 1℃ 높이는 데 필요한 열량을 무엇이라 하는가?

① 1kcal ② 1BTU
③ 1CHU ④ 1kJ

해설 1kcal : 순수한 물 1kg을 1℃ 높이는 데 필요한 열량 단위

58 기체의 성질을 나타내는 보일의 법칙(Boyle's Law)에서 일정한 값으로 가정한 인자는?

① 압력 ② 온도
③ 부피 ④ 비중

해설 보일의 법칙
기체가 온도 일정에서 그 부피는 압력에 반비례한다.(그 반대는 샤를의 법칙)

59 섭씨온도(℃)의 눈금과 일치하는 화씨온도(℉)는?

① 0 ② －10
③ －30 ④ －40

해설 $°F(\text{화씨온도}) = \frac{9}{5}°C + 32 = \frac{9}{5} \times -40 + 32 = -40°F$

60 다음 중 폭발범위가 가장 넓은 가스는?

① 암모니아 ② 메탄
③ 황화수소 ④ 일산화탄소

해설 가연성 가스의 폭발범위
① 암모니아 : 15~28%
② 메탄 : 5~15%
③ 황화수소(H_2S) : 4.3~45%
④ 일산화탄소 : 12.5~74%

54. ① 55. ② 56. ② 57. ① 58. ② 59. ④ 60. ④ | ANSWER

2014년 3회 가스기능사

01 아세틸렌은 폭발형태에 따라 크게 3가지로 분류된다. 이에 해당되지 않는 폭발은?

① 화합폭발 ② 중합폭발
③ 산화폭발 ④ 분해폭발

해설 ㉠ 아세틸렌가스 폭발
- 화합폭발
- 산화폭발
- 분해폭발

㉡ 시안화수소 : 수분에 의해 중합폭발 발생

02 연소에 대한 일반적인 설명 중 옳지 않은 것은?

① 인화점이 낮을수록 위험성이 크다.
② 인화점보다 착화점의 온도가 낮다.
③ 발열량이 높을수록 착화온도는 낮아진다.
④ 가스의 온도가 높아지면 연소범위는 넓어진다.

해설 가연물은 인화점(점화원에 의한 불이 붙는 최저온도)이 착화점(주위 산화열에 의해 온도상승으로 불이 붙는 최저온도)보다 낮다.

03 일반도시가스사업 가스공급시설의 입상관 밸브는 분리가 가능한 것으로서 바닥으로부터 몇 m 범위에 설치하여야 하는가?

① 0.5~1m ② 1.2~1.5m
③ 1.6~2.0m ④ 2.5~3.0m

해설 가스공급시설 입상관 밸브는 바닥면에서 1.6~2.0m 이내에 설치한다.

04 액화석유가스 사용시설을 변경하여 도시가스를 사용하기 위해서 실시하여야 하는 안전조치 중 잘못 설명한 것은?

① 일반도시가스사업자는 도시가스를 공급한 이후에 연소기 열량의 변경 사실을 확인하여야 한다.
② 액화석유가스의 배관 양단에 막음조치를 하고 호스는 철거하여 설치하려는 도시가스 배관과 구분되도록 한다.
③ 용기 및 부대설비가 액화석유가스 공급자의 소유인 경우에는 도시가스공급 예정일 까지 용기 등을 철거해 줄 것을 공급자에게 요청해야 한다.
④ 도시가스로 연료를 전환하기 전에 액화석유가스 안전공급계약을 해지하고 용기 등의 철거와 안전조치를 확인하여야 한다.

해설 일반 도시가스사업자는 도시가스를 공급하기 전에 연소기 열량의 변경사실을 확인한다.

05 시안화수소(HCN)의 위험성에 대한 설명으로 틀린 것은?

① 인화온도가 아주 낮다.
② 오래된 시안화수소는 자체 폭발할 수 있다.
③ 용기에 충전한 후 60일을 초과하지 않아야 한다.
④ 호흡 시 흡입하면 위험하나 피부에 묻으면 아무 이상이 없다.

해설 시안화수소 특징은 ①, ②, ③항 외 무색투명한 액화가스로 허용농도 10ppm의 독성 가스, 폭발범위 6~41% 가연성 가스, 특이한 복숭아 향이 나며 고농도를 흡입하면 목숨을 잃는다. 물에 용해되면 시안화수소산이라고 한다.

06 고정식 압축도시가스자동차 충전의 저장설비, 처리설비, 압축가스설비 외부에 설치하는 경계책의 설치기준으로 틀린 것은?

① 긴급차단장치를 설치할 경우는 설치하지 아니할 수 있다.
② 방호벽(철근콘크리트로 만든 것)을 설치할 경우는 설치하지 아니할 수 있다.
③ 처리설비 및 압축가스설비가 밀폐형 구조물 안에 설치된 경우는 설치하지 아니할 수 있다.
④ 저장설비 및 처리설비가 액확산방지시설 내에 설치된 경우는 설치하지 아니할 수 있다.

ANSWER | 1. ② 2. ② 3. ③ 4. ① 5. ④ 6. ①

해설 고정식 압축도시가스 자동차 충전의 설비 외부에 긴급차단장치가 설치되어도 경계책은 필요하다.

07 다음 ( ) 안에 들어갈 명칭은?

> 아세틸렌을 용기에 충전하는 때에는 미리 용기에 다공물질을 고루 채워 다공도가 75% 이상, 92% 미만이 되도록 한 후 (㉠) 또는 (㉡)를(을) 고루 침윤시키고 충전하여야 한다.

① ㉠ 아세톤, ㉡ 알코올
② ㉠ 아세톤, ㉡ 물(H_2O)
③ ㉠ 아세톤, ㉡ 디메틸포름아미드
④ ㉠ 알코올, ㉡ 물(H_2O)

해설 ㉠ 아세톤[$(CH_3)_2CO$]
㉡ 디메틸포름아미드[$HCON(CH_3)_2$]

08 고압가스용 냉동기에 설치하는 안전장치의 구조에 대한 설명으로 틀린 것은?

① 고압차단장치는 그 설정압력이 눈으로 판별할 수 있는 것으로 한다.
② 고압차단장치는 원칙적으로 자동복귀방식으로 한다.
③ 안전밸브는 작동압력을 설정한 후 봉인될 수 있는 구조로 한다.
④ 안전밸브 각부의 가스통과 면적은 안전밸브의 구경면적 이상으로 한다.

해설 고압가스용 냉동기 안전장치 중 고압차단장치는 원칙적으로 수동복귀식으로 한다.

09 공기 중에서 폭발하한치가 가장 낮은 것은?

① 시안화수소 ② 암모니아
③ 에틸렌 ④ 부탄

해설 가연성 가스 폭발범위(하한치~상한치)
① 시안화수소(HCN) : 6~41%
② 암모니아(NH_3) : 15~25%
③ 에틸렌(C_2H_4) : 2.7~36%
④ 부탄(C_4H_{10}) : 1.8~8.4%

10 도시가스사용시설 중 자연배기식 반밀폐식 보일러에서 배기톱의 옥상돌출부는 지붕면으로부터 수직거리로 몇 cm 이상으로 하여야 하는가?

① 30 ② 50
③ 90 ④ 100

해설 자연배기방식(반밀폐식 보일러) 배기톱의 옥상돌출부 지붕면으로부터 수직거리 100cm 이상

11 고압가스 제조설비에 설치하는 가스누출경보 및 자동차단장치에 대한 설명으로 틀린 것은?

① 계기실 내부에도 1개 이상 설치한다.
② 잡가스에는 경보하지 아니하는 것으로 한다.
③ 누출을 검지하여 그 농도를 지시함과 동시에 경보를 울리는 방식으로 한다.
④ 가연성 가스의 제조설비에 격막 갈바니 전지방식의 것을 설치한다.

해설 ㉠ 가스검지법
- 시험지법
- 검지관법
- 가연성 가스 검출기(안전등형, 간섭계형, 열선형)

㉡ 격막 갈바니 전지방식 : 가스누출검지경보장치

12 고압가스 용기의 파열사고 원인으로서 가장 거리가 먼 내용은?

① 압축산소를 충전한 용기를 차량에 눕혀서 운반하였을 때
② 용기의 내압이 이상 상승하였을 때
③ 용기 재질의 불량으로 인하여 인장강도가 떨어질 때
④ 균열되었을 때

해설 압축가스는 부득이한 경우에는 용기를 차량에 눕혀서 운반할 수 있다.

13 공기 중 폭발범위에 따른 위험도가 가장 큰 가스는?

① 암모니아 ② 황화수소
③ 석탄가스 ④ 이황화탄소

7. ③ 8. ② 9. ④ 10. ④ 11. ④ 12. ① 13. ④ | ANSWER

해설 ㉠ 가연성 가스 위험도

$$H=\frac{\text{폭발상한계}-\text{폭발하한계}}{\text{폭발하한계}}$$

㉡ 가스의 폭발범위
- 암모니아 : 15~25%
- 황화수소 : 4.3~45%
- 이황화탄소 : 1.25~44%
- 석탄가스(CO) : 12.5~74%

㉢ 위험도(이황화탄소)

$$H=\frac{44-1.25}{1.25}=34.2$$

14 LP가스 충전설비의 작동상황 점검주기로 옳은 것은?

① 1일 1회 이상　② 1주일 1회 이상
③ 1월 1회 이상　④ 1년 1회 이상

해설 액화석유가스(LPG) 충전설비 작동상황
1일 1회 이상

15 고압가스설비에 장치하는 압력계의 눈금은?

① 상용압력의 2.5배 이상, 3배 이하
② 상용압력의 2배 이상, 2.5배 이하
③ 상용압력의 1.5배 이상, 2배 이하
④ 상용압력의 1배 이상, 1.5배 이하

해설 고압가스설비 압력계 눈금
상용압력의 1.5배 이상, 2배 이하 범위

16 도시가스공급시설의 공사계획 승인 및 신고대상에 대한 설명으로 틀린 것은?

① 제조소 안에서 액화가스용 저장탱크의 위치변경 공사는 공사계획 신고대상이다.
② 밸브기지의 위치변경공사는 공사계획 신고대상이다.
③ 호칭지름이 50mm 이하인 저압의 공급관을 설치하는 공사는 공사계획 신고대상에서 제외한다.
④ 저압인 사용자공급관 50m를 변경하는 공사는 공사계획 신고대상이다.

해설 도시가스 공급시설의 공사계획 승인 및 신고대상에서 밸브기지의 위치변경공사는 신고대상이 아니다.

17 공정과 설비의 고장형태 및 영향, 고장형태별 위험도 순위 등을 결정하는 안전성평가기법은?

① 위험과 운전분석(HAZOP)
② 예비위험분석(PHA)
③ 결함수분석(FTA)
④ 이상위험도 분석(FMECA)

해설 이상위험도 분석(FMECA ; Failure Modes Effects and Criticalty Analysis)
공정 및 설비고장의 형태 및 영향, 고장형태별 위험도 순위 등을 결정하는 기법이다.

18 다음은 이동식 압축도시가스 자동차충전시설을 점검한 내용이다. 이 중 기준에 부적합한 경우는?

① 이동충전차량과 가스배관구를 연결하는 호수의 길이가 6m였다.
② 가스배관구 주위에는 가스배관구를 보호하기 위하여 높이 40cm, 두께 13cm인 철근콘크리트 구조물이 설치되어 있었다.
③ 이동충전차량과 충전설비 사이 거리는 8m이었고, 이동충전차량과 충전설비 사이에 강판제 방호벽이 설치되어 있었다.
④ 충전설비 근처 및 충전설비에서 6m 떨어진 장소에 수동긴급차단장치가 각각 설치되어 있었으며 눈에 잘 띄었다.

해설 호스의 길이 : 3m 이내

19 독성 가스 저장시설의 제독조치로서 옳지 않은 것은?

① 흡수, 중화조치
② 흡착 제거조치
③ 이송설비로 대기 중에 배출
④ 연소조치

해설 독성 가스 저장시설의 제독조치
①, ②, ④항

20 **도시가스 배관의 지하매설시 사용하는 침상재료(Bedding)는 배관 하단에서 배관 상단 몇 cm까지 포설하는가?**

① 10 ② 20
③ 30 ④ 50

해설

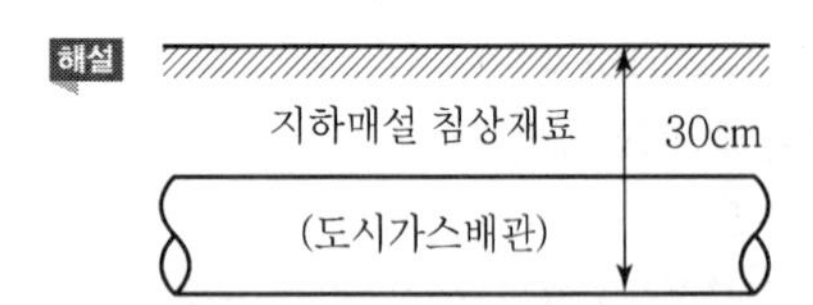

21 **시안화수소를 충전한 용기는 충전 후 몇 시간 정치한 뒤 가스의 누출검사를 해야 하는가?**

① 6 ② 12
③ 18 ④ 24

해설 시안화수소(HCN)를 충전한 용기는 충전 후 24시간 정치한 후에 가스의 누출검사를 해야 한다.

22 **폭발등급은 안전간격에 따라 구분한다. 폭발등급 1급이 아닌 것은?**

① 일산화탄소 ② 메탄
③ 암모니아 ④ 수소

해설
- 폭발등급에 따른 위험성 : 3등급>2등급>1등급
- 3등급 가스 : 수소(H_2), 수성 가스($CO+H_2$), 이황화탄소(CS_2), 아세틸렌(C_2H_2)

23 **염소(Cl_2)의 재해방지용으로서 흡수제 및 제해제가 아닌 것은?**

① 가성소다 수용액 ② 소석회
③ 탄산소다 수용액 ④ 물

해설 물이 흡수제 및 제해제인 독성 가스
- 아황산가스
- 암모니아
- 산화에틸렌
- 염화메탄

24 **다음 굴착공사 중 굴착공사를 하기 전에 도시가스사업자와 협의를 하여야 하는 것은?**

① 굴착공사 예정지역 범위에 묻혀 있는 도시가스 배관의 길이가 110m인 굴착공사
② 굴착공사 예정지역 범위에 묻혀 있는 송유관의 길이가 200m인 굴착공사
③ 해당 굴착공사로 인하여 압력이 3.2kPa인 도시가스배관의 길이가 30m 노출될 것으로 예상되는 굴착공사
④ 해당 굴착공사로 인하여 압력이 0.8MPa인 도시가스배관의 길이가 8m 노출될 것으로 예상되는 굴착공사

해설 굴착으로 인한 배관손상 방지를 위하여 고압배관 길이가 100m 이상이면 도시가스사업자와 협의해야 한다.

25 **건축물 내 도시가스 매설배관으로 부적합한 것은?**

① 동관
② 강관
③ 스테인리스강
④ 가스용 금속플렉시블호스

해설 강관은 부식력이 커서 매설배관으로 사용하는 것은 부적당하다.

26 **고압가스안전관리법의 적용을 받는 가스는?**

① 철도차량의 에어컨디셔너 안의 고압가스
② 냉동능력 3톤 미만인 냉동설비 안의 고압가스
③ 용접용 아세틸렌가스
④ 액화브롬화메탄 제조설비 외에 있는 액화브롬화메탄

해설 시행령 제2조에 의거 15℃에서 압력이 0Pa을 초과하는 아세틸렌가스는 고압가스이다.(①, ②, ④항의 가스는 고압가스안전관리법에서 제외한다)

20. ③ 21. ④ 22. ④ 23. ④ 24. ① 25. ② 26. ③ | ANSWER

27 일반도시가스사업자의 가스공급시설 중 정압기의 분해점검주기의 기준은?

① 1년에 1회 이상 ② 2년에 1회 이상
③ 3년에 1회 이상 ④ 5년에 1회 이상

해설 도시가스 정압기의 분해점검주기 : 2년에 1회 이상

28 자동차용 압축천연가스 완속충전설비에서 실린더 내경이 100mm, 실린더의 행정이 200mm, 회전수가 100rpm일 때 처리능력(m^3/h)은 얼마인가?

① 9.42 ② 8.21
③ 7.05 ④ 6.15

해설 단면적 $= \frac{\pi}{4}d^2 = \frac{3.14}{4} \times (0.1)^2$
1행정 가스 용적 = 단면적 × 실린더 행정
1분당 회전수 = 100회, 1시간 = 60분
∴ 처리능력 $= \frac{3.14}{4} \times (0.1)^2 \times 0.2 \times 100 \times 60 = 9.42m^3$

29 다음 중 가연성이면서 유독한 가스는?

① NH_3 ② H_2
③ CH_4 ④ N_2

해설 ① 암모니아(NH_3) : 가연성, 독성 가스
② 수소(H_2) : 가연성 가스
③ 메탄(CH_4) : 가연성 가스
④ 질소(N_2) : 불연성 가스

30 다음은 어떤 안전설비에 대한 설명인가?

> 설비가 잘못 조작되거나 정상적인 제조를 할 수 없는 경우 자동으로 원재료의 공급을 차단시키는 등 고압가스 제조설비 안의 제조를 제어하는 기능을 한다.

① 긴급이송설비 ② 인터록기구
③ 안전밸브 ④ 벤트스택

해설 인터록기구
설비가 잘못 조작되거나 정상적인 제조를 할 수 없는 경우 자동적으로 원재료의 공급을 차단시키는 등 고압가스 제조설비 안의 제조를 제어하는 기능이다.

31 LPG를 탱크로리에서 저장탱크로 이송 시 작업을 중단해야 되는 경우가 아닌 것은?

① 과충전이 된 경우
② 충전기에서 자동차에 충전하고 있을 때
③ 작업 중 주위에 화재 발생 시
④ 누출이 생길 경우

해설 LPG(액화석유가스) 탱크로리에서 저장탱크로 이송 시 작업을 중단해야 하는 사항
①, ③, ④항

32 다음 배관재료 중 사용온도 350℃ 이하, 압력 10 MPa 이상의 고압관에 사용되는 것은?

① SPP ② SPPH
③ SPPW ④ SPPG

해설
- 10MPa 이하용 : SPPS(압력배관용)
- 10MPa 이상용 : SPPH(고압배관용)

33 대형 저장탱크 내를 가는 스테인리스관으로 상하로 움직여 관 내에서 분출하는 가스상태와 액체상태의 경계면을 찾아 액면을 측정하는 액면계로 옳은 것은?

① 슬립튜브식 액면계 ② 유리관식 액면계
③ 클링커식 액면계 ④ 플로트식 액면계

해설 슬립튜브식 액면계
대형 저장탱크 내를 가는 스테인리스관을상하로 움직여 관 내에서 분출하는 가스상태와 액체상태의 경계면을 찾아 액면을 측정하는 액면체

34 내압이 0.4~0.5MPa 이상이고, LPG나 액화가스와 같이 낮은 비점의 액체일 때 사용되는 터보식 펌프의 매커니컬실 형식은?

① 더블 실 ② 아웃사이드 실
③ 밸런스 실 ④ 언밸런스 실

해설 밸런스 실(면압밸런스 형식)
축봉장치(터보식 펌프 메커니컬 실)에서 내압이 0.4~0.5 MPa 이상이고 LPG나 액화가스에서 비교적 비점이 낮은 액화가스용

ANSWER | 27. ② 28. ① 29. ① 30. ② 31. ② 32. ② 33. ① 34. ③

35 3단 토출압력이 2MPa · g이고, 압축비가 2인 4단공기압축기에서 1단 흡입 압력은 약 몇 MPa · g인가?

① 0.16MPa · g
② 0.26MPa · g
③ 0.36MPa · g
④ 0.46MPa · g

해설

압축비$(P_m) = \sqrt[z]{\left(\frac{P_2}{P_1}\right)} = 2$

3단 토출압력 = 2MPa · g
절대압력 = 2 + 0.1 = 2.1MPa · a

압축비 $= \frac{\text{토출절대압력}}{\text{흡입절대압력}}$

3단 흡입압력(2단 토출압력) $= \frac{\text{토출압력}}{\text{압축비}}$

- 3단 흡입 $= \frac{2.1}{2} = 1.05$MPa · a
- 2단 흡입 $= \frac{1.05}{2} = 0.525$MPa · a
- 1단 흡입 $= \frac{0.525}{2} = 0.26$MPa · a

∴ 1단 흡입 = 0.26MPa · a − 0.1MPa · a
= 0.16MPa · g(게이지압력)

36 반복하중에 의해 재료의 저항력이 저하하는 현상을 무엇이라고 하는가?

① 교축 ② 크리프
③ 피로 ④ 응력

해설 피로 : 반복하중에 의해 재료의 저항력이 저하하는 현상

37 가연성 가스 검출기 중 탄광에서 발생하는 CH_4의 농도를 측정하는 데 주로 사용되는 것은?

① 간섭계형 ② 안전등형
③ 열선형 ④ 반도체형

해설 안전등형 가연성 가스 검출기
탄광에서 발생하는 메탄(CH_4) 가스의 농도측정기

38 저온액화가스 탱크에서 발생할 수 있는 열의 침입현상으로 가장 거리가 먼 것은?

① 연결된 배관을 통한 열전도
② 단열재를 충전한 공간에 남은 가스분자의 열전도
③ 내면으로부터의 열전도
④ 외면의 열복사

해설 저온가스 내 열의 침입은 내면이 아닌 외면으로부터 침입현상을 방지하여야 한다.

39 가연성 가스를 냉매로 사용하는 냉동제조시설의 수액기에는 액면계를 설치한다. 다음 중 수액기의 액면계로 사용할 수 없는 것은?

① 환형유리관 액면계
② 차압식 액면계
③ 초음파식 액면계
④ 방사선식 액면계

해설 환형유리관 액면계는 유리원통관이라서 냉매액을 저장하는 수액기의 액면계로 사용할 수 없다.

40 LP가스 자동차충전소에서 사용하는 디스펜서(Dispen-ser)에 대하여 옳게 설명한 것은?

① LP가스 충전소에서 용기에 일정량의 LP가스를 충전하는 충전기기이다.
② LP가스 충전소에서 용기에 충전하는 가스용적을 계량하는 기기이다.
③ 압축기를 이용하여 탱크로리에서 저장탱크로 LP가스를 이송하는 장치이다.
④ 펌프를 이용하여 LP가스를 저장탱크로 이송할 때 사용하는 안전장치이다.

해설 LP가스 디스펜서
충전소에서 LP가스 용기에 일정량의 LP가스를 충전하는 충전기기이다.

35. ① 36. ③ 37. ② 38. ③ 39. ① 40. ① | ANSWER

41 **다음 중 왕복식 펌프에 해당하는 것은?**

① 기어펌프 ② 베인펌프
③ 터빈펌프 ④ 플런저펌프

해설 왕복식 펌프
- 플런저 펌프
- 워싱턴 펌프
- 웨어 펌프

42 **도시가스의 측정사항에 있어서 반드시 측정하지 않아도 되는 것은?**

① 농도 측정 ② 연소성 측정
③ 압력 측정 ④ 열량 측정

해설 독성 가스는 독성 허용농도 측정이 가능하다.

43 **펌프의 실제 송출유량을 Q, 펌프 내부에서의 누설유량을 $0.6Q$, 임펠러 속을 지나는 유량을 $1.6Q$라 할 때 펌프의 체적효율(ηV)은?**

① 37.5% ② 40%
③ 60% ④ 62.5%

해설 펌프의 체적효율$=\left(1-\frac{0.6Q}{1.6Q}\right)\times 100=62.5\%$

44 **LP가스 공급방식 중 자연기화방식의 특징에 대한 설명으로 틀린 것은?**

① 기화능력이 좋아 대량 소비 시에 적당하다.
② 가스 조성의 변화량이 크다.
③ 설비장소가 크게 된다.
④ 발열량의 변화량이 크다.

해설 LP 자연기화방식(외기온도 사용)
기화능력이 나빠서 소량 소비 시에 적당하다.

45 **다음 [보기]에서 설명하는 정압기의 종류는?**

> [보기]
> - Unloading 형이다.
> - 본체는 복좌밸브로 되어 있어 상부에 다이어프램을 가진다.
> - 정특성은 아주 좋으나 안정성은 떨어진다.
> - 다른 형식에 비하여 크기가 크다.

① 레이놀드 정압기 ② 엠코 정압기
③ 피셔식 정압기 ④ 액시얼플로식 정압기

해설 레이놀드식 정압기
- 언로딩형(변칙성)
- 정특성, 동특성 양호
- 비교적 콤팩트하다.
- 본체는 복좌밸브형(상부에 다이어프램이 있다.)

46 **도시가스 제조방식 중 촉매를 사용하여 사용온도 400~800℃에서 탄화수소와 수증기를 반응시켜 수소, 메탄, 일산화탄소, 탄산가스 등의 저급 탄화수소로 변환시키는 프로세스는?**

① 열분해 프로세스 ② 접촉분해 프로세스
③ 부분연소 프로세스 ④ 수소화분해 프로세스

해설 접촉분해 프로세스
- 도시가스 제조방식이다.
- 촉매를 사용하여 400~800℃에서 탄화수소와 H_2O를 반응시킨다.
- 수소, 메탄, CO, CO_2 등의 저급탄화수소 제조에 이용된다.

47 **수소의 공업적 용도가 아닌 것은?**

① 수증기의 합성 ② 경화유의 제조
③ 메탄올의 합성 ④ 암모니아 합성

해설 수소는 NH_3 제조, CH_3OH(메탄올)의 원료 등 ②, ③, ④항의 용도에 사용된다.

48 **다음 각 온도의 단위환산 관계로서 틀린 것은?**

① 0℃ = 273K ② 32°F = 492°R
③ 0K = −273℃ ④ 0K = 460°R

해설 • $0K = -273℃$
• $0°R = -460°F$

49 다음 중 저장소의 바닥부 환기에 가장 중점을 두어야 하는 가스는?

① 메탄 ② 에틸렌
③ 아세틸렌 ④ 부탄

해설 ㉠ 가스의 비중이 클수록(분자량이 큰 가스) 저장소 바닥에 환기시킨다.
㉡ 가스비중
• 메탄(16) • 에틸렌(28)
• 아세틸렌(26) • 부탄(58)

50 고압가스의 성질에 따른 분류가 아닌 것은?

① 가연성 가스 ② 액화 가스
③ 조연성 가스 ④ 불연성 가스

해설 고압가스의 종류
• 압축가스
• 액화가스
• 용해가스

51 압력이 일정할 때 기체의 절대온도와 체적은 어떤 관계가 있는가?

① 절대온도와 체적은 비례한다.
② 절대온도와 체적은 반비례한다.
③ 절대온도는 체적의 제곱에 비례한다.
④ 절대온도는 체적의 제곱에 반비례한다.

해설 기체는 압력이 일정한 가운데 그 체적은 절대온도에 비례한다(온도 상승=용적 증가, 온도 하강=용적 감소).

52 100J의 일의 양을 cal 단위로 나타내면 약 얼마인가?

① 24 ② 40
③ 240 ④ 400

해설 1cal=4.186J(4.186kJ/kcal)
∴ 100/4.186=24cal

53 표준 상태에서 분자량이 44인 기체의 밀도는?

① 1.96g/L ② 1.96kg/L
③ 1.55g/L ④ 1.55kg/L

해설 밀도$=\dfrac{\text{질량}}{\text{체적}}=\dfrac{44}{22.4}=196\text{g/L}$
※ 1몰=22.4L(질량=고유의 분자량)

54 고압가스 종류별 발생 현상 또는 작용으로 틀린 것은?

① 수소 – 탈탄작용
② 염소 – 부식
③ 아세틸렌 – 아세틸라이드 생성
④ 암모니아 – 카르보닐 생성

해설 일산화탄소(CO)

$Ni + 4CO \xrightarrow{150℃} Ni(CO)_4$: 니켈 카르보닐

$Fe + 5CO \xrightarrow[\text{고압}]{200℃} Fe(CO)_5$: 철 카르보닐

55 정압비열(C_p)과 정적비열(C_v)의 관계를 나타내는 비열비(k)를 옳게 나타낸 것은?

① $k = C_p / C_v$ ② $k = C_v / C_p$
③ $k < 1$ ④ $k = C_v - C_p$

해설 기체비열비$(k)=\dfrac{C_p}{C_v}$(항상 1보다 크다.)

56 다음 중 수소(H_2)의 제조법이 아닌 것은?

① 공기액화 분리법
② 석유 분해법
③ 천연가스 분해법
④ 일산화탄소 전화법

해설 ㉠ 수소
• 공업적 제법
• 실험적 제법
㉡ 산소
• 공기액화분리법(공업적 제법)
• 실험적 제법

49. ④ 50. ② 51. ① 52. ① 53. ① 54. ④ 55. ① 56. ① | ANSWER

57 수은주 760mmHg 압력은 수주로는 얼마가 되는가?

① 9.33mH_2O ② 10.33mH_2O
③ 11.33mH_2O ④ 12.33mH_2O

해설 1atm = 10.33mH_2O = 1.033kg/cm^2
= 14.7psi = 101,325Pa = 1.013bar = 1,013mbar
= 101,325N/m^2 = 30inHg = 760mmHg

58 일산화탄소의 성질에 대한 설명 중 틀린 것은?

① 산화성이 강한 가스이다.
② 공기보다 약간 가벼우므로 수상치환으로 포집한다.
③ 개미산에 진한 황산을 작용시켜 만든다.
④ 혈액 속의 헤모글로빈과 반응하여 산소의 운반력을 저하시킨다.

해설 일산화탄소(CO)는 환원성이 강한 가스로서 금속의 산화물을 환원시켜 단체금속을 생성한다.
$C+H_2O \rightarrow CO+H_2$(수성 가스법으로 제조)

59 프로판의 완전연소반응식으로 옳은 것은?

① $C_3H_8+4O_2 \rightarrow 3CO_2+2H_2O$
② $C_3H_8+5O_2 \rightarrow 3CO_2+4H_2O$
③ $C_3H_8+2O_2 \rightarrow 3CO+H_2O$
④ $C_3H_8+O_2 \rightarrow CO_2+H_2O$

해설 프로판가스(C_3H_8) 연소반응식
$\underline{C_3H_8}+\underline{5O_2} \rightarrow \underline{3CO_2}+\underline{4H_2O}$
$1m^3+5m^3 \rightarrow 3m^3+4m^3$

60 다음 중 확산속도가 가장 빠른 것은?

① O_2 ② N_2
③ CH_4 ④ CO_2

해설 기체의 확산속도비(그레이엄의 법칙)

$$\frac{U_1}{U_2}=\sqrt{\frac{M_2}{M_1}}=\sqrt{\frac{d_2}{d_1}}$$

기체의 확산속도는 분자량, 밀도의 제곱근에 반비례한다(분자량이 작은 기체는 확산속도가 커진다).
※ 분자량의 크기
산소(32), 질소(28), 메탄(16), 탄산가스(44)

ANSWER | 57. ② 58. ① 59. ② 60. ③

2014년 4회 가스기능사

01 일반도시가스사업 정압기실에 설치되는 기계환기설비 중 배기구의 관경은 얼마 이상으로 하여야 하는가?

① 10cm ② 20cm
③ 30cm ④ 50cm

해설 일반도시가스사업 정압기(거버너)실 기계환기설비 중 배기구의 관경은 10cm(0.1m) 이상 요구된다.

02 액화염소가스 1,375kg을 용량 50L인 용기에 충전하려면 몇 개의 용기가 필요한가?(단, 액화염소가스의 정수(C)는 0.8이다.)

① 20 ② 22
③ 35 ④ 37

해설 용량(V) $= G \times C = 1{,}375 \times 0.8 = 1{,}100\text{L}$

용기 개수 $= \dfrac{\text{총 용량}}{\text{용기 내용적}} = \dfrac{1{,}100\text{L}}{50\text{L}} = 22$개

03 차량에 고정된 산소용기 운반차량에는 일반인이 쉽게 식별할 수 있도록 표시하여야 한다. 운반차량에 표시하여야 하는 것은?

① 위험고압가스, 회사명
② 위험고압가스, 전화번호
③ 화기엄금, 회사명
④ 화기엄금, 전화번호

해설 산소용기 운반차량 식별표시사항
위험고압가스, 전화번호

04 고압가스 품질검사에 대한 설명으로 틀린 것은?

① 품질검사 대상 가스는 산소, 아세틸렌, 수소이다.
② 품질검사는 안전관리책임자가 실시한다.
③ 산소는 동·암모니아 시약을 사용한 오르잣드법에 의한 시험결과 순도가 99.5% 이상이어야 한다.
④ 수소는 하이드로설파이트 시약을 사용한 오르잣드법에 의한 시험결과 순도가 99.0% 이상이어야 한다.

해설
- 수소가스 : 순도가 98.5% 이상이어야 한다.(용기 내 가스 충전압력이 35℃에서 12MPa 이상일 것)
- 아세틸렌 : 발연황산시약 사용(순도 98% 이상)

05 압력조정기 출구에서 연소기 입구까지의 호스는 얼마 이상의 압력으로 기밀시험을 실시하는가?

① 2.3kPa ② 3.3kPa
③ 5.63kPa ④ 8.4kPa

해설 가스압력조정기(R) 출구에서 연소기 입구까지의 호스 기밀시험 압력은 8.4kPa이다.

06 도시가스 중압 배관을 매몰할 경우 다음 중 적당한 색상은?

① 회색 ② 청색
③ 녹색 ④ 적색

해설 도시가스 중압배관 매몰 시 색상 : 적색(지상은 황색 배관)

07 도시가스 공급시설을 제어하기 위한 기기를 설치한 계기실의 구조에 대한 설명으로 틀린 것은?

① 계기실의 구조는 내화구조로 한다.
② 내장재는 불연성 재료로 한다.
③ 창문은 망입(網入)유리 및 안전유리 등으로 한다.
④ 출입구는 1곳 이상에 설치하고 출입문은 방폭문으로 한다.

해설 계기실의 출입구는 2곳 이상 설치하고 출입문은 방폭문(폭발방지문)이어야 한다.

08 LPG 저장탱크에 설치하는 압력계는 상용압력 몇 배 범위의 최고 눈금이 있는 것을 사용하여야 하는가?

① 1~1.5배 ② 1.5~2배
③ 2~2.5배 ④ 2.5~3배

1. ① 2. ② 3. ② 4. ④ 5. ④ 6. ④ 7. ④ 8. ② | ANSWER

해설 LPG(액화석유가스) 압력계는 상용압력의 1.5~2배 이하의 최고 눈금을 요한다.

09 고압가스 저장능력 산정기준에서 액화가스의 저장탱크 저장능력을 구하는 식은?(단, Q, W는 저장능력, P는 최고충전압력, V는 내용적, C는 가스종류에 따른 정수, d는 가스의 비중이다.)

① $W=0.9dV$
② $Q=10PV$
③ $W=\frac{V}{C}$
④ $Q=(10P+1)V$

해설 액화가스 저장탱크 저장능력(W)
$W=0.9dV$(90% 이하 저장 완료)

10 가연성 가스를 취급하는 장소에서 공구의 재질로 사용하였을 경우 불꽃이 발생할 가능성이 가장 큰 것은?

① 고무
② 가죽
③ 알루미늄합금
④ 나무

해설 알루미늄, 마그네슘 분말은 금속화재가 발생할 우려가 있다.

11 액화가스를 충전하는 탱크는 그 내부에 액면요동을 방지하기 위하여 무엇을 설치하여야 하는가?

① 방파판
② 안전밸브
③ 액면계
④ 긴급차단장치

해설 액화가스 저장탱크

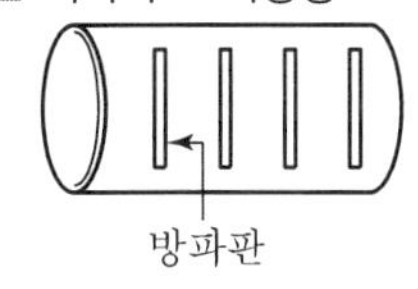

12 고압가스 충전용 밸브를 가열할 때의 방법으로 가장 적당한 것은?

① 60℃ 이상의 더운물을 사용한다.
② 열습포를 사용한다.
③ 가스버너를 사용한다.
④ 복사열을 사용한다.

해설 고압가스 충전용 밸브 가열 시 40℃ 이하의 열습포 사용(가스 온도 기화 및 폭발 방지를 위하여)

13 과압안전장치 형식에서 용전의 용융온도로서 옳은 것은?(단, 저압부에 사용하는 것은 제외한다.)

① 40℃ 이하
② 60℃ 이하
③ 75℃ 이하
④ 105℃ 이하

해설
- 암모니아가스 안전장치 : 파열판, 가용전(용전)을 사용하며 가용전(납+주석)의 용융온도는 75℃ 이하
- 염소의 가용전 용융온도 : 65~68℃

14 특정고압가스 사용시설에서 독성 가스 감압설비와 그 가스의 반응설비 간의 배관에 반드시 설치하여야 하는 설비는?

① 안전밸브
② 역화방지장치
③ 중화장치
④ 역류방지장치

해설 특정고압가스 사용시설

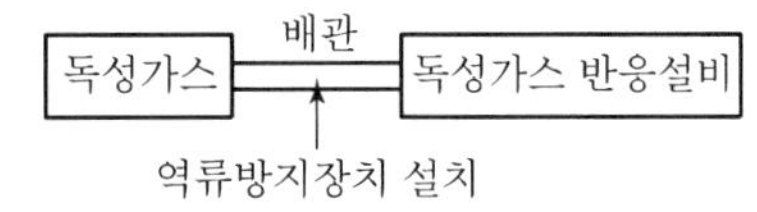

15 도시가스 도매사업자가 제조소 내에 저장능력이 20만 톤인 지상식 액화천연가스 저장탱크를 설치하고자 한다. 이때 처리능력이 30만 m^3인 압축기와 얼마 이상의 거리를 유지하여야 하는가?

① 10m
② 24m
③ 30m
④ 50m

해설 도시가스 도매사업자가 제조소 내 저장능력 20만 톤인 지상식 액화천연가스 저장탱크를 설치할 때 처리능력이 30만 m^3인 압축기와의 이격거리(L)는

$L=C\times\sqrt[3]{143,000\times W}$
$=0.576\times\sqrt[3]{143,000\times200,000}=30\text{m}$

※ 처리설비에서 $C=0.576$(저압 지하식 저장탱크는 0.240이다.)

16 가스사용시설인 가스보일러의 급 · 배기방식에 따른 구분으로 틀린 것은?

① 반밀폐형 자연배기식(CF)
② 반밀폐형 강제배기식(FE)
③ 밀폐형 자연배기식(RF)
④ 밀폐형 강제급 · 배기식(FF)

해설 밀폐형 자연배기식 : FC 방식

17 다음 중 2중관으로 하여야 하는 가스가 아닌 것은?

① 일산화탄소　② 암모니아
③ 염화메탄　④ 염소

해설 2중관으로 하여야 하는 독성 가스
염소, 포스겐, 불소, 아크릴알데히드, 아황산가스, 시안화수소, 황화수소, 염화메탄, 염소, 암모니아

18 용기의 재검사 주기에 대한 기준으로 맞는 것은?

① 압력용기는 1년마다 재검사
② 저장탱크가 없는 곳에 설치한 기화기는 2년마다 재검사
③ 500L 이상 이음매 없는 용기는 5년마다 재검사
④ 용접용기로서 신규검사 후 15년 이상 20년 미만인 용기는 3년마다 재검사

해설 용기의 재검사 주기
① 압력용기 : 4년
② 기화기(저장탱크가 없는 곳의 기화기) : 3년
③ 이음매 없는 용기 : 500L 이상은 5년, 500L 미만 용기 중 10년 이하 용기는 5년, 10년 초과 사용용기는 3년
④ 용접용기 : 신규검사 후 15년 이상~20년 미만은 2년

19 도시가스 공급시설의 안전조작에 필요한 조명등의 조도는 몇 럭스 이상이어야 하는가?

① 100　② 150
③ 200　④ 300

해설 도시가스 공급시설의 안전조작 조명등은 조도 150럭스 이상 필요하다.

20 암모니아(NH_3) 가스 취급 시 피부에 닿았을 때의 조치사항으로 가장 적당한 것은?

① 열습포로 감싸준다.
② 아연화 연고를 바른다.
③ 산으로 중화시키고 붕대로 감는다.
④ 다량의 물로 세척 후 붕산수를 바른다.

해설 암모니아가 피부에 닿았을 때는 다량의 물로 세척 후 붕산수를 바른다.

21 차량에 고정된 탱크 중 독성 가스는 내용적을 얼마 이하로 하여야 하는가?

① 12,000L　② 15,000L
③ 16,000L　④ 18,000L

해설 차량의 탱크 내용적 제한
• 가연성 가스, 산소 : 18,000L 이하
• 독성 가스 : 12,000L 이하(암모니아 독성 가스는 제외)

22 가연성 가스용 가스누출경보 및 자동차단장치의 경보농도 설정치의 기준은?

① ±5% 이하　② ±10% 이하
③ ±15% 이하　④ ±25% 이하

해설 가연성 가스의 누출경보 및 자동차단장치 경보농도 설정치 기준은 ±25% 이하(독성은 ±30% 이하)이다.

23 저장탱크 방류둑 용량은 저장능력에 상당하는 용적 이상이어야 한다. 다만, 액화산소 저장탱크의 경우에는 저장능력 상당용적의 몇 % 이상으로 할 수 있는가?

① 40　② 60
③ 80　④ 90

해설 방류둑의 용량
• 저장탱크의 저장능력에 상당하는 용적
• 수액기는 내용적의 90% 이상
• 액화산소 저장탱크의 방류둑은 저장능력 상당용적의 60% 이상

16. ③ 17. ① 18. ③ 19. ② 20. ④ 21. ① 22. ④ 23. ② | ANSWER

24 **도시가스사업법에서 정한 특정가스사용시설에 해당하지 않는 것은?**

① 제1종 보호시설 내 월사용예정량 1,000m^3 이상인 가스사용시설
② 제2종 보호시설 내 월사용예정량 2,000m^3 이상인 가스사용시설
③ 월사용예정량 2,000m^3 이하인 가스사용시설 중 많은 사람이 이용하는 시설로 시 · 도지사가 지정하는 시설
④ 전기사업법, 에너지이용합리화법에 의한 가스사용시설

해설 고압가스법에서는 전기사업법, 에너지이용합리화법에 의한 가스사용시설은 제외한다.

25 **LPG 충전 · 집단공급 저장시설의 공기에 의한 내압시험 시 상용압력의 일정 압력 이상으로 승압한 후 단계적으로 승압시킬 때, 상용압력의 몇 %씩 증가시켜 내압시험 압력에 달하였을 때 이상이 없어야 하는가?**

① 5% ② 10%
③ 15% ④ 20%

해설 저장시설 내압시험 단계승압 범위
10%씩 증가시켜 단계별로 내압시험을 한다.

26 **도시가스 배관을 지상에 설치 시 검사 및 보수를 위하여 지면으로부터 몇 cm 이상의 거리를 유지하여야 하는가?**

① 10cm ② 15cm
③ 20cm ④ 30cm

해설
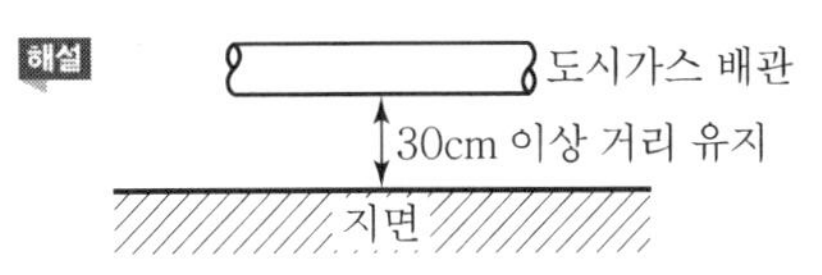

27 **다음 각 가스의 정의에 대한 설명으로 틀린 것은?**

① 압축가스란 일정한 압력에 의하여 압축되어 있는 가스를 말한다.
② 액화가스란 가압 · 냉각 등의 방법에 의하여 액체상태로 되어 있는 것으로서 대기압에서의 끓는점이 40℃ 이하 또는 상용온도 이하인 것을 말한다.
③ 독성 가스란 인체에 유해한 독성을 가진 가스로서 허용농도가 100만분의 3,000 이하인 것을 말한다.
④ 가연성 가스란 공기 중에서 연소하는 가스로서 폭발한계의 하한이 10% 이하인 것과 폭발한계의 상한과 하한의 차가 20% 이상인 것을 말한다.

해설 독성 가스
독성 허용농도가 100만분의 200 이하인 가스이다.

28 **용기 신규검사에 합격된 용기 부속품 각인에서 초저온 용기나 저온 용기의 부속품에 해당하는 기호는?**

① LT ② PT
③ MT ④ UT

해설
• LT : 초저온 용기 및 저온 용기
• PG : 압축가스 충전용기
• AG : 아세틸렌가스 충전용기
• LPG : 액화석유가스 충전용기

29 **압축, 액화 등의 방법으로 처리할 수 있는 가스의 용적이 1일 100m^3 이상인 사업소에는 표준이 되는 압력계를 몇 개 이상 비치하여야 하는가?**

① 1개 ② 2개
③ 3개 ④ 4개

해설 1일 100m^3 이상의 처리사업소는 압력계를 2개 이상 비치한다.

30 **가연성 가스 및 독성 가스의 충전용기보관실에 대한 안전거리 규정으로 옳은 것은?**

① 충전용기 보관실 1m 이내에 발화성 물질을 두지 말 것
② 충전용기 보관실 2m 이내에 인화성 물질을 두지 말 것
③ 충전용기 보관실 3m 이내에 발화성 물질을 두지 말 것
④ 충전용기 보관실 8m 이내에 인화성 물질을 두지 말 것

ANSWER | 24. ④ 25. ② 26. ④ 27. ③ 28. ① 29. ② 30. ②

해설

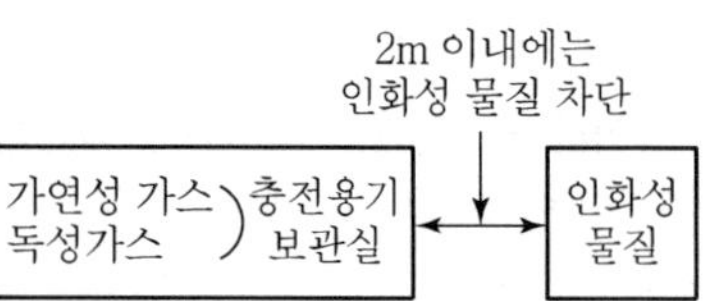

31 **배관 속을 흐르는 액체의 속도를 급격히 변화시키면 물이 관벽을 치는 현상이 일어나는데 이런 현상을 무엇이라 하는가?**

① 캐비테이션 현상 ② 워터해머링 현상
③ 서징 현상 ④ 맥동현상

해설 액해머링(워터해머링)현상
배관 내 유체의 속도를 급격히 변화시키면 물이 관벽을 치는 현상

32 **증기 압축식 냉동기에서 냉매가 순환되는 경로로 옳은 것은?**

① 압축기 → 증발기 → 응축기 → 팽창밸브
② 증발기 → 응축기 → 압축기 → 팽창밸브
③ 증발기 → 팽창밸브 → 응축기 → 압축기
④ 압축기 → 응축기 → 팽창밸브 → 증발기

해설 증기압축식 냉동기(프레온, 암모니아 사용)의 냉매 순환경로
압축기 → 응축기 → 팽창밸브 → 증발기

33 **오리피스 미터의 특징에 대한 설명으로 옳은 것은?**

① 압력 손실이 매우 작다.
② 침전물이 관 벽에 부착되지 않는다.
③ 내구성이 좋다.
④ 제작이 간단하고 교환이 쉽다.

해설 오리피스 차압식 유량계는 압력손실이 크고 침전물의 생성 우려가 많지만 제작이 간단하고 교환이 용이하며, 유량신뢰도가 크다.

34 **도시가스의 품질검사 시 가장 많이 사용되는 검사방법은?**

① 원자흡광광도법
② 가스크로마토그래피법
③ 자외선, 적외선 흡수분광법
④ ICP법

해설 가스크로마토그래피법
도시가스 품질검사 시 가장 많이 사용하는 검사법

35 **고압가스안전관리법령에 따라 고압가스 판매시설에서 갖추어야 할 계측설비가 바르게 짝지어진 것은?**

① 압력계, 계량기 ② 온도계, 계량기
③ 압력계, 온도계 ④ 온도계, 가스분석계

해설 고압가스 판매시설 계측설비
- 가스압력계
- 가스계량기(가스미터기)

36 **연소기의 설치방법으로 틀린 것은?**

① 환기가 잘되지 않은 곳에는 가스온수기를 설치하지 아니한다.
② 밀폐형 연소기는 급기구 및 배기통을 설치하여야 한다.
③ 배기통의 재료는 불연성 재료로 한다.
④ 개방형 연소기가 설치된 실내에는 환풍기를 설치한다.

해설 밀폐형 연소기는 급기와 배기가 혼합되어 설치되므로 별도로 부착하지 않아도 된다.

37 **도시가스 정압기에 사용되는 정압기용 필터의 제조 기술 기준으로 옳은 것은?**

① 내가스 성능시험의 질량변화율은 5~8%이다.
② 입 · 출구 연결부는 플랜지식으로 한다.
③ 기밀시험은 최고사용압력 1.25배 이상의 수압으로 실시한다.
④ 내압시험은 최고사용압력 2배의 공기압으로 실시한다.

31. ② 32. ④ 33. ④ 34. ② 35. ① 36. ② 37. ② | ANSWER

해설 도시가스 정압기 필터 제조기술 기준은 입, 출구 연결부는 플랜지식으로 한다.

38 압력조정기의 종류에 따른 조정압력이 틀린 것은?

① 1단 감압식 저압조정기 : 2.3~3.3kPa
② 1단 감압식 준저압조정기 : 5~30kPa 이내에서 제조자가 설정한 기준압력의 ±20%
③ 2단 감압식 2차용 저압조정기 : 2.3~3.3kPa
④ 자동절체식 일체형 저압조정기 : 2.3~3.3kPa

해설 자동절체식 일체형 저압조정기 조정압력 : 2.55~3.3kPa

39 용기의 내용적이 105L인 액화암모니아 용기에 충전할 수 있는 가스의 충전량은 약 몇 kg인가?(단, 액화암모니아의 가스정수 C값은 1.86이다.)

① 20.5 ② 45.5
③ 56.5 ④ 117.5

해설 가스 충전량(W) $=\frac{V}{C}=\frac{105}{1.86}=56.5$kg

40 가스미터의 설치장소로서 가장 부적당한 곳은?

① 통풍이 양호한 곳
② 전기공작물 주변의 직사광선이 비치는 곳
③ 가능한 한 배관의 길이가 짧고 꺾이지 않는 곳
④ 화기와 습기에서 멀리 떨어져 있고 청결하며 진동이 없는 곳

해설 가스미터기(가스계량기)는 전기공작물 주변이나 직사광선이 비치지 않는 곳에 설치하여야 한다.

41 구조가 간단하고 고압, 고온 밀폐탱크의 압력까지 측정이 가능하여 가장 널리 사용되는 액면계는?

① 클링커식 액면계
② 벨로스식 액면계
③ 차압식 액면계
④ 부자식 액면계

해설 부자식(플로트식) 액면계
- 구조가 간단하다.
- 고압, 고온에 사용된다.
- 밀폐탱크에 사용된다.

42 도시가스시설 중 입상관에 대한 설명으로 틀린 것은?

① 입상관이 화기가 있을 가능성이 있는 주위를 통과하여 불연재료로 차단조치를 하였다.
② 입상관의 밸브는 분리 가능한 것으로서 바닥으로부터 1.7m의 높이에 설치하였다.
③ 입상관의 밸브를 어린 아이들이 장난을 못하도록 3m의 높이에 설치하였다.
④ 입상관의 밸브 높이가 1m이어서 보호상자 안에 설치하였다.

해설 입상관 밸브 설치높이
1.6~2m 이내에 설치한다.

43 사용 압력이 2MPa, 관의 인장강도가 20kg/mm²일 때의 스케줄 번호(Sch No.)는?(단, 안전율은 4로 한다.)

① 10 ② 20
③ 40 ④ 80

해설 스케줄 번호(Sch) $=10\times\frac{P}{S}=10\times\frac{20\text{kg/cm}^2}{20\times\frac{1}{4}}=40$

※ 1MPa = 10kg/cm²
허용응력(S) = 인장강도 × $\frac{1}{\text{안전율}}$

44 액주식 압력계에 사용되는 액체의 구비조건으로 틀린 것은?

① 화학적으로 안정되어야 한다.
② 모세관 현상이 없어야 한다.
③ 점도와 팽창계수가 작아야 한다.
④ 온도변화에 의한 밀도변화가 커야 한다.

해설 액주식 압력계(유자관, 경사관 등)는 온도변화에 의한 밀도(kg/m³)변화가 적어야 한다.

ANSWER | 38. ④ 39. ③ 40. ② 41. ④ 42. ③ 43. ③ 44. ④

45 부취제 주입용기를 가스압으로 밸런스시켜 중력에 의해서 부취제를 가스 흐름 중에 주입하는 방식은?

① 적하 주입방식
② 펌프 주입방식
③ 위크증발식 주입방식
④ 미터연결 바이패스 주입방식

해설 적하 주입방식
가스 부취제(냄새) 주입용기를 가스압으로 밸런스시켜 중력에 의해서 가스부취제를 가스흐름 중에 주입한다.(부취제는 가스양의 $\frac{1}{1,000}$ 의 양)

46 절대영도로 표시한 것 중 가장 거리가 먼 것은?

① −273.15℃　② 0K
③ 0°R　④ 0°F

해설
• 0K = −273℃
• K = ℃ + 273
• 0°R = −460°F
• °R = °F + 460

47 압력단위를 나타낸 것은?

① kg/cm^2　② kL/m^2
③ $kcal/mm^2$　④ kV/km^2

해설 압력단위
kg/cm^2, psi, kPa, MPa, mmHg 등

48 '효율이 100%인 열기관은 제작이 불가능하다.'라고 표현되는 법칙은?

① 열역학 제0법칙
② 열역학 제1법칙
③ 열역학 제2법칙
④ 열역학 제3법칙

해설 열역학 제2법칙
효율이 100%인 열기관 제작은 불가능하다.(입력과 출력이 같은 기관은 제2종 영구기관이며 열역학 제2법칙에 위배된다.)

49 일산화탄소 전화법에 의해 얻고자 하는 가스는?

① 암모니아　② 일산화탄소
③ 수소　④ 수성가스

해설 수소가스
일산화탄소 전화법에 의해 제조가 가능하다.
$CO + H_2O \rightarrow CO_2 + H_2 + 9.8kcal$

50 공급가스인 천연가스 비중이 0.6이라 할 때 45m 높이의 아파트 옥상까지의 압력손실은 약 몇 mmH_2O인가?

① 18.0　② 23.3
③ 34.9　④ 27.0

해설 압력손실 $= 1.293(S-1)h$
$= 1.293 \times (1-0.6) \times 45$
$= 23.3mmH_2O$
※ $1.293kg/Nm^3$: 표준상태의 공기 밀도(비중량)

51 염소(Cl_2)에 대한 설명으로 틀린 것은?

① 황록색의 기체로 조연성이 있다.
② 강한 자극성의 취기가 있는 독성 기체이다.
③ 수소와 염소의 등량 혼합기체를 염소폭명기라 한다.
④ 건조 상태의 상온에서 강재에 대하여 부식성을 갖는다.

해설 염소가스는 습한 상태에서만 강재에 대한 부식성을 갖는다.(조연성 : 연소성을 도와준다.)

52 A의 분자량은 B의 분자량의 2배이다. A와 B의 확산속도의 비는?

① $\sqrt{2}$: 1　② 4 : 1
③ 1 : 4　④ 1 : $\sqrt{2}$

해설 확산속도 $= \frac{u_1}{u_2} = \frac{\sqrt{M_2}}{\sqrt{M_1}} = \sqrt{\frac{d_2}{d_1}} = \sqrt{\frac{1}{2}}$
$\therefore 1 : \sqrt{2}$

45. ① 46. ④ 47. ① 48. ③ 49. ③ 50. ② 51. ④ 52. ④ | ANSWER

53 **순수한 물의 증발잠열은?**

① 539kcal/kg ② 79.68kcal/kg
③ 539cal/kg ④ 79.68cal/kg

해설 • 물 100℃의 증발잠열 : 539kcal/kg(2,256.25kJ/kg)
• 얼음 0℃의 융해잠열 : 79.68kcal/kg(333.54kJ/kg)

54 **주기율표의 0족에 속하는 불활성 가스의 성질이 아닌 것은?**

① 상온에서 기체이며, 단원자 분자이다.
② 다른 원소와 잘 화합한다.
③ 상온에서 무색, 무미, 무취의 기체이다.
④ 방전관에 넣어 방전시키면 특유의 색을 낸다.

해설 불활성 가스는 안정되어서 다른 원소와는 화합하지 않는다.(아르곤, 네온, 헬륨, 크립톤, 크세논, 라돈 등 O족)

55 **게이지압력 1,520mmHg는 절대압력으로 몇 기압인가?**

① 0.33atm ② 3atm
③ 30atm ④ 33atm

해설 1atm(표준대기압) = 760mmHg
절대압력 = 게이지압력 + 1atm

$1 \times \frac{1,520}{760} = 2\text{atm}$

∴ abs(절대압) = 2 + 1 = 3atm

56 **부탄(C_4H_{10}) 가스의 비중은?**

① 0.55 ② 0.9
③ 1.5 ④ 2

해설 $\text{가스비중} = \frac{\text{가스분자량}}{\text{공기분자량(29)}}$

부탄(C_4H_{10}) 분자량 = 12×4 + 1×10 = 58

$\therefore \text{비중} = \frac{58}{29} = 2$

57 **도시가스는 무색, 무취이기 때문에 누출 시 중독 및 사고를 미연에 방지하기 위하여 부취제를 첨가하는데 그 첨가비율의 용량이 얼마인 상태에서 냄새를 감지할 수 있어야 하는가?**

① 0.1% ② 0.01%
③ 0.2% ④ 0.02%

해설 $\text{도시가스의 부취제 함량} = \frac{1}{1,000} = 0.1\%$

58 **LPG 1L가 기화해서 약 250L의 가스가 된다면 10kg의 액화 LPG가 기화하면 가스 체적은 얼마가 되는가?(단, 액화 LPG의 비중은 0.5이다.)**

① 1.25m³ ② 5.0m³
③ 10.0m³ ④ 25m³

해설 $\text{LPG가스용량}(V) = \frac{10}{0.5} = 20\text{L}$

$\therefore \text{기화가스양}(V_2) = 20 \times 250 = 5,000\text{L} = 5\text{m}^3$

59 **시안화수소 충전에 대한 설명 중 틀린 것은?**

① 용기에 충전하는 시안화수소는 순도가 98% 이상이어야 한다.
② 시안화수소를 충전한 용기는 충전 후 24시간 이상 정치한다.
③ 시안화수소는 충전 후 30일이 경과되기 전에 다른 용기에 옮겨 충전하여야 한다.
④ 시안화수소 충전용기는 1일 1회 이상 질산구리벤젠지 등의 시험지로 가스누출 검사를 한다.

해설 • 시안화수소(HCN) 가스는 충전 후 60일이 경과되기 전 다른 용기에 옮겨서 충전하여야 한다.
• 시안화수소의 가연성 폭발범위 : 6~41%
• 시안화수소의 독성 허용농도 : 10ppm

60 **다음 중 절대압력을 정하는데 기준이 되는 것은?**

① 게이지압력 ② 국소대기압
③ 완전진공 ④ 표준대기압

해설 • 절대압력 : 완전진공상태에서 정하는 압력
• 게이지압력 = 절대압력 − 대기압력
• 대기압력 = 절대압력 − 게이지압력

ANSWER | 53. ① 54. ② 55. ② 56. ④ 57. ① 58. ② 59. ③ 60. ③

2015년 1회 가스기능사

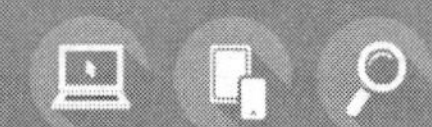

01 도시가스의 매설 배관에 설치하는 보호판은 누출가스가 지면으로 확산되도록 구멍을 뚫는데 그 간격의 기준으로 옳은 것은?

① 1m 이하 간격 ② 2m 이하 간격
③ 3m 이하 간격 ④ 5m 이하 간격

해설

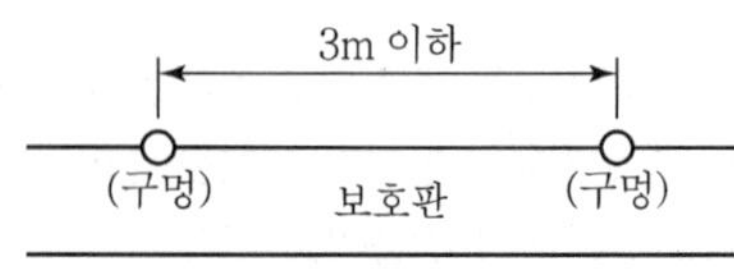

02 처리능력이 1일 35,000m³인 산소 처리설비로 전용 공업지역이 아닌 지역일 경우 처리설비 외면과 사업소 밖에 있는 병원과는 몇 m 이상 안전거리를 유지하여야 하는가?

① 16m ② 17m
③ 18m ④ 20m

해설 병원은 제1종 보호시설로, 산소 처리능력이 3만 초과~4만 이하인 산소 처리설비와는 18m 이상의 안전거리를 유지해야 한다.(제2종 보호시설과는 13m)

03 도시가스사업자는 굴착공사정보지원센터로부터 굴착계획의 통보내용을 통지받은 때에는 얼마 이내에 매설된 배관이 있는지를 확인하고 그 결과를 굴착공사정보지원센터에 통지하여야 하는가?

① 24시간 ② 36시간
③ 48시간 ④ 60시간

해설 도시가스 사업자 굴착계획 시 매설배관 확인 통보시간 24시간 이내

04 공기 중에서 폭발범위가 가장 좁은 것은?

① 메탄 ② 프로판
③ 수소 ④ 아세틸렌

해설 가연성 가스의 폭발범위
① 메탄(CH_4) : 5~15%
② 프로판(C_3H_8) : 2.1~9.5%
③ 수소(H_2) : 4~74%
④ 아세틸렌(C_2H_2) : 2.5~81%

05 용기에 의한 액화석유가스 저장소에서 실외저장소 주위의 경계 울타리와 용기보관장소 사이에는 얼마 이상의 거리를 유지하여야 하는가?

① 2m ② 8m
③ 15m ④ 20m

해설

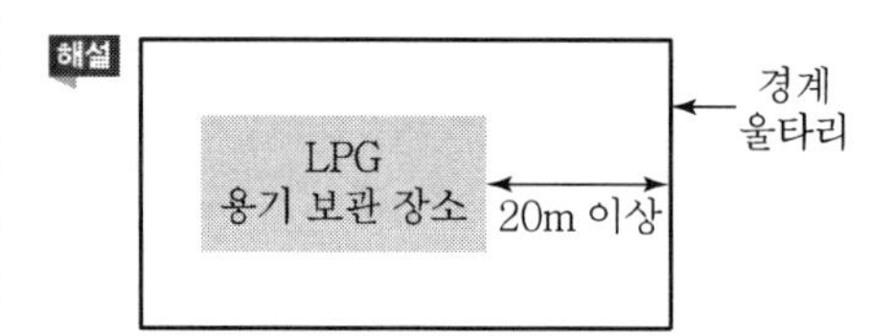

06 다음 중 고압가스 특정제조허가의 대상이 아닌 것은?

① 석유정제시설에서 고압가스를 제조하는 것으로서 그 저장능력이 100톤 이상인 것
② 석유화학공업시설에서 고압가스를 제조하는 것으로서 그 처리능력이 1만 세제곱미터 이상인 것
③ 철강공업시설에서 고압가스를 제조하는 것으로서 그 처리능력이 1만 세제곱미터 이상인 것
④ 비료제조시설에서 고압가스를 제조하는 것으로서 그 저장능력이 100톤 이상인 것

해설 ③항에서는 10만 세제곱미터 이상이어야 고압가스 특정제조허가 대상이다.

1. ③ 2. ③ 3. ① 4. ② 5. ④ 6. ③ | ANSWER

07 **가연성 가스의 제조설비 중 전기설비를 방폭성능을 가지는 구조로 갖추지 아니하여도 되는 가스는?**

① 암모니아　　② 염화메탄
③ 아크릴알데히드　　④ 산화에틸렌

해설 가연성 가스 중 전기설비가 방폭성능을 가지지 않아도 되는 가스 및 가스 폭발범위
- 암모니아 : 15~28%
- 브롬화메탄 : 13.5~14.5%

08 **가스도매사업 제조소의 배관장치에 설치하는 경보장치가 울려야 하는 시기의 기준으로 잘못된 것은?**

① 배관 안의 압력이 상용압력의 1.05배를 초과한 때
② 배관 안의 압력이 정상운전 때의 압력보다 15% 이상 강하한 경우 이를 검지한 때
③ 긴급차단밸브의 조작회로가 고장 난 때 또는 긴급차단밸브가 폐쇄된 때
④ 상용압력이 5MPa 이상인 경우에는 상용압력에 0.5MPa를 더한 압력을 초과한 때

해설 ④항에서는 배관 내의 유량이 정상운전 시의 유량보다 7% 이상 변동한 경우 경보가 울려야 한다.

09 **다음 중 상온에서 가스를 압축, 액화상태로 용기에 충전시키기가 가장 어려운 가스는?**

① C_3H_8　　② CH_4
③ Cl_2　　④ CO_2

해설 메탄(CH_4) 가스는 비점이 −162℃로 매우 낮아서 액화상태로 만들기가 어렵다.

10 **일반도시가스사업의 가스공급시설기준에서 배관을 지상에 설치할 경우 가스 배관의 표면 색상은?**

① 흑색　　② 청색
③ 적색　　④ 황색

해설 도시가스 배관 중 지상 배관의 표면 색상 : 황색

11 **가스도매사업의 가스공급시설 중 배관을 지하에 매설할 때의 기준으로 틀린 것은?**

① 배관은 그 외면으로부터 수평거리로 건축물까지 1.0m 이상을 유지한다.
② 배관은 그 외면으로부터 지하의 다른 시설물과 0.3m 이상의 거리를 유지한다.
③ 배관을 산과 들에 매설할 때는 지표면으로부터 배관의 외면까지의 매설깊이를 1m 이상으로 한다.
④ 배관은 지반 동결로 손상을 받지 아니하는 깊이로 매설한다.

해설

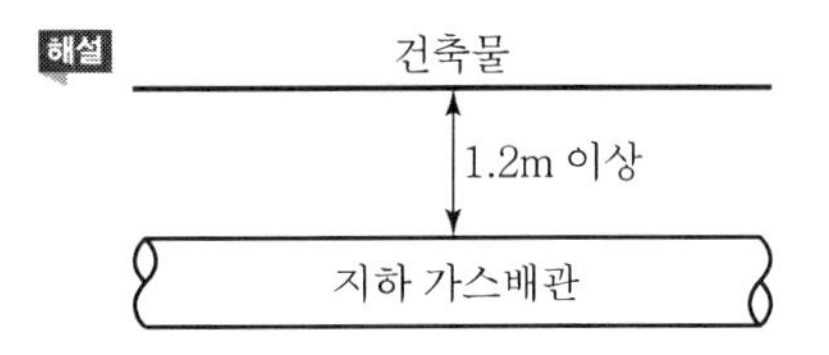

12 **운반 책임자를 동승시키지 않고 운반하는 액화석유가스용 차량에서 고정된 탱크에 설치하여야 하는 장치는?**

① 살수장치　　② 누설방지장치
③ 폭발방지장치　　④ 누설경보장치

해설 액화석유가스 LPG 차량(운반 책임자가 동승하지 않는 경우)의 고정탱크에는 가스 폭발방지장치를 설치해야 한다.

13 **수소의 특징에 대한 설명으로 옳은 것은?**

① 조연성 기체이다.
② 폭발범위가 넓다.
③ 가스의 비중이 커서 확산이 느리다.
④ 저온에서 탄소와 수소취성을 일으킨다.

해설 수소(H_2) 가스
- 분자량 2(비중은 $\frac{2}{29}$로 매우 작다.)
- 가연성 기체이다.
- 비중이 작아서 확산이 매우 빠르다.
- 고온에서 탄소와 수소취성을 일으킨다.

ANSWER | 7. ① 8. ④ 9. ② 10. ④ 11. ① 12. ③ 13. ②

14 **다음 중 제1종 보호시설이 아닌 것은?**

① 가설건축물이 아닌 사람을 수용하는 건축물로서 사실상 독립된 부분의 연면적이 1,500 m^2인 건축물
② 문화재보호법에 의하여 지정문화재로 지정된 건축물
③ 수용 능력이 100인(人) 이상인 공연장
④ 어린이집 및 어린이놀이시설

해설 ③ 수용 능력 300인 이상인 공연장

15 **가연성 가스와 동일 차량에 적재하여 운반할 경우 충전용기의 밸브가 서로 마주보지 않도록 적재해야 할 가스는?**

① 수소 ② 산소
③ 질소 ④ 아르곤

해설

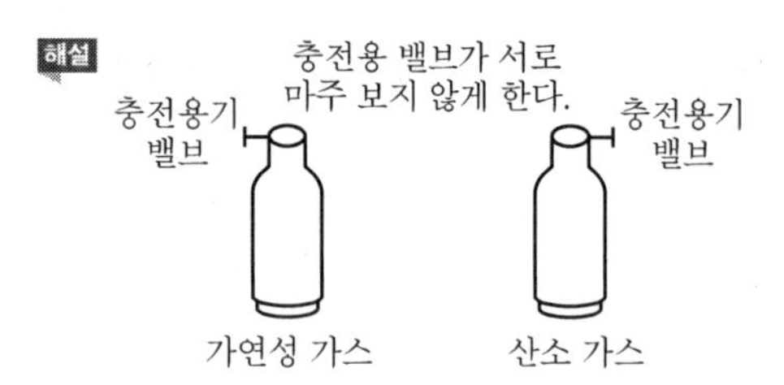

16 **천연가스의 발열량이 10,400kcal/Sm^3이다. SI 단위인 MJ/Sm^3으로 나타내면?**

① 2.47 ② 43.68
③ 2,476 ④ 43,680

해설 1kcal = 4.186kJ(4.2kJ)
10,400 × 4.2 = 43,680kJ/Sm^3
1MJ = 1,000kJ
$\therefore \frac{43,680}{1,000} = 43.68$MJ/$Sm^3$

17 **다음 중 연소의 3요소가 아닌 것은?**

① 가연물 ② 산소공급원
③ 점화원 ④ 인화점

해설 연소의 3대 요소
가연물, 산소공급원, 점화원

18 **다음 중 허가대상 가스용품이 아닌 것은?**

① 용접절단기용으로 사용되는 LPG 압력조정기
② 가스용 폴리에틸렌 플러그형 밸브
③ 가스소비량이 132.6kW인 연료전지
④ 도시가스정압기에 내장된 필터

해설 액화석유가스법 별표 4에 의해 정압기용 필터는 허가 대상 품목이나 정압기에 내장된 것은 제외한다.

19 **가연성 가스 충전용기 보관실의 벽 재료의 기준은?**

① 불연재료 ② 난연재료
③ 가벼운 재료 ④ 불연 또는 난연재료

해설

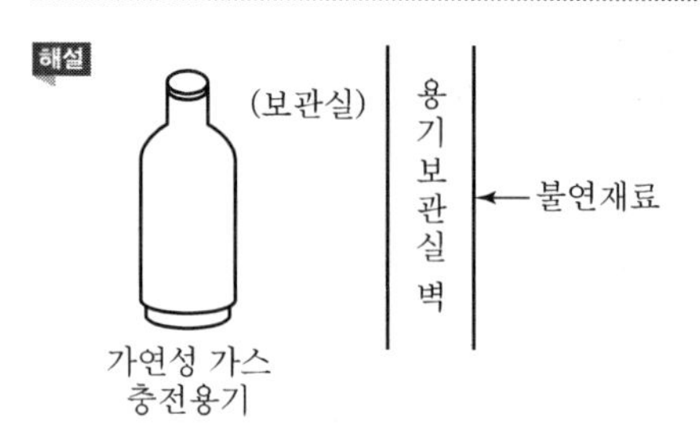

20 **고압가스안전관리법상 독성 가스는 공기 중에 일정량 이상 존재하는 경우 인체에 유해한 독성을 가진 가스로서 허용농도(해당 가스를 성숙한 흰쥐 집단에게 대기 중에서 1시간 동안 계속하여 노출시킨 경우 14일 이내에 그 흰쥐의 2분의 1 이상이 죽게 되는 가스의 농도를 말한다.)가 얼마인 것을 말하는가?**

① 100만분의 2,000 이하
② 100만분의 3,000 이하
③ 100만분의 4,000 이하
④ 100만분의 5,000 이하

해설 독성 가스 허용농도기준
$\frac{5,000}{10^6}$ 이하 가스
※ 10^6 = 100만

14. ③ 15. ② 16. ② 17. ④ 18. ④ 19. ① 20. ④ | ANSWER

21 **고압가스 저장시설에서 가연성 가스 저장시설에 설치하는 유동 방지 시설의 기준은?**

① 높이 2m 이상의 내화성 벽으로 한다.
② 높이 1.5m 이상의 내화성 벽으로 한다.
③ 높이 2m 이상의 불연성 벽으로 한다.
④ 높이 1.5m 이상의 불연성 벽으로 한다.

해설 가연성 가스 저장시설에 설치하는 유동 방지 시설기준
높이 2m 이상의 내화벽

22 **고압가스 용기 재료의 구비조건이 아닌 것은?**

① 내식성 · 내마모성을 가질 것
② 무겁고 충분한 강도를 가질 것
③ 용접성이 좋고 가공 중 결함이 생기지 않을 것
④ 저온 및 사용온도에 견디는 연성과 점성강도를 가질 것

해설 고압가스 용기 재료
가볍고 충분한 강도를 가질 것 외 ①, ③, ④항이 구비조건이다.

23 **LPG 충전소에는 시설의 안전확보상 "충전 중 엔진정지"를 주위의 보기 쉬운 곳에 설치해야 한다. 이 표지판의 바탕색과 문자색은?**

① 흑색 바탕에 백색 글씨
② 흑색 바탕에 황색 글씨
③ 백색 바탕에 흑색 글씨
④ 황색 바탕에 흑색 글씨

해설

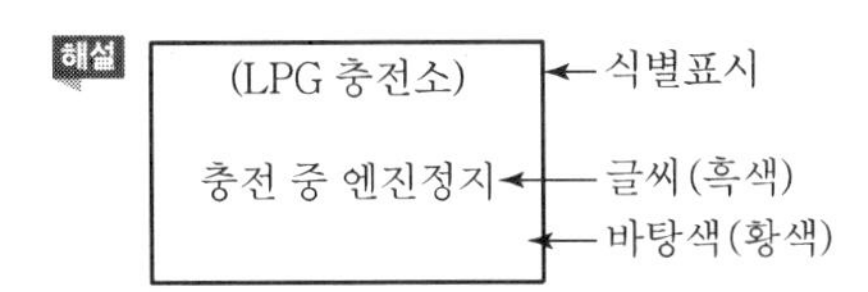

24 **도시가스 배관의 지름이 15mm인 배관에 대한 고정장치의 설치간격은 몇 m 이내마다 설치하여야 하는가?**

① 1 ② 2
③ 3 ④ 4

해설 도시가스 배관 고정장치 설치간격
- 13mm 미만 : 1m 이내
- 13mm 이상~33mm 미만 : 2m 이내
- 33mm 이상 : 3m 이내

25 **가스 운반 시 차량 비치 항목이 아닌 것은?**

① 가스 표시 색상
② 가스 특성(온도와 압력의 관계, 비중, 색깔, 냄새)
③ 인체에 대한 독성 유무
④ 화재, 폭발의 위험성 유무

해설 가스 표시 색상은 다음과 같은 용기에 이미 표시되어 있다.
- 가연성 가스 및 독성 가스의 용기
- 의료용 가스용기
- 그 밖의 가스용기

26 **고압가스 판매자가 실시하는 용기의 안전점검 및 유지관리의 기준으로 틀린 것은?**

① 용기 아랫부분의 부식상태를 확인할 것
② 완성검사 도래 여부를 확인할 것
③ 밸브의 그랜드너트가 고정핀으로 이탈 방지를 위한 조치가 되어 있는지의 여부를 확인할 것
④ 용기캡이 씌워져 있거나 프로텍터가 부착되어 있는지의 여부를 확인할 것

해설 ② 충전기한의 도래 여부를 확인해야 한다.

27 **독성 가스인 암모니아의 저장탱크에는 그 가스의 용량이 그 저장탱크 내용적의 몇 %를 초과하지 않아야 하는가?**

① 80% ② 85%
③ 90% ④ 95%

해설

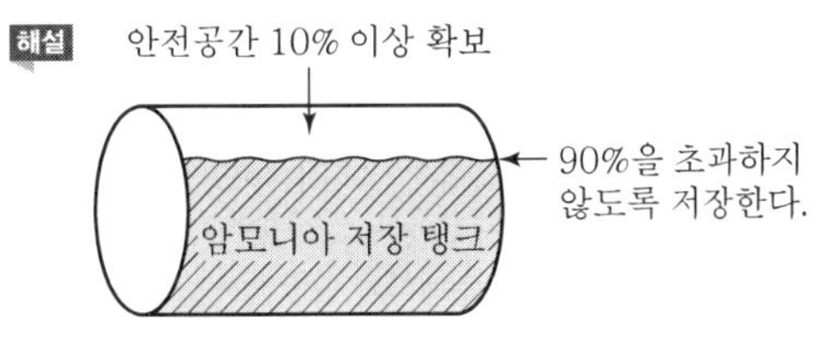

28 액화 암모니아 10kg을 기화시키면 표준상태에서 약 몇 m^3의 기체로 되는가?

① 4 ② 5
③ 13 ④ 26

해설 암모니아 분자량(17kg : 22.4m^3)

$\therefore\ 22.4\times\frac{10}{17}=13m^3(13,000L)$

29 용기에 의한 고압가스 판매시설의 충전용기보관실의 기준으로 옳지 않은 것은?

① 가연성 가스 충전용기 보관실은 불연성 재료나 난연성의 재료를 사용한 가벼운 지붕을 설치한다.
② 공기보다 무거운 가연성 가스의 용기보관실에는 가스누출검지경보장치를 설치한다.
③ 충전용기 보관실은 가연성 가스가 새어나오지 못하도록 밀폐구조로 한다.
④ 용기보관실의 주변에는 화기 또는 인화성 물질이나 발화성 물질을 두지 않는다.

해설 고압가스 충전용기 보관실은 가연성 가스의 누설 시 공기와 희석이 가능하도록 개방식 구조로 한다.

30 도시가스배관의 용어에 대한 설명으로 틀린 것은?

① 배관이란 본관, 공급관, 내관 또는 그 밖의 관을 말한다.
② 본관이란 도시가스제조사업소의 부지경계에서 정압기까지 이르는 배관을 말한다.
③ 사용자 공급관이란 공급관 중 정압기에서 가스사용자가 구분하여 소유하는 건축물의 외벽에 설치된 계량기까지 이르는 배관을 말한다.
④ 내관이란 가스사용자가 소유하거나 점유하고 있는 토지의 경계에서 연소기까지 이르는 배관을 말한다.

해설 사용자 공급관
공급관 중 가스사용자가 소유하거나 점유하고 있는 토지의 경계에서 가스사용자가 구분하여 소유하거나 점유하는 건축물의 외벽에 설치된 전단 밸브를 말한다.

31 측정압력이 0.01~10kg/cm^2 정도이고, 오차가 ±1~2% 정도이며 유체 내의 먼지 등의 영향이 적으나, 압력 변동에 적응하기 어렵고 주위 온도 오차에 의한 충분한 주의를 요하는 압력계는?

① 전기저항 압력계
② 벨로스(Bellows) 압력계
③ 부르동(Bourdon)관 압력계
④ 피스톤 압력계

해설 벨로스 탄성식 압력계의 측정압력 범위
0.01~10kg/cm^2 이내 사용 가능

32 1단 감압식 저압조정기의 조정압력(출구압력)은?

① 2.3~3.3kPa ② 5~30kPa
③ 32~83kPa ④ 57~83kPa

해설 ① 1단 감압식 저압조정기 조정압력
② 1단 감압식 준저압조정기 조정압력
③ 자동절체식 분리형 조정기
④ 2단 감압식 1차용 조정기

33 초저온 저장탱크에 주로 사용되며, 차압에 의하여 측정하는 액면계는?

① 시창식 ② 햄프슨식
③ 부자식 ④ 회전 튜브식

해설 햄프슨식 액면계
차압식이며 초저온용 액화가스 저장탱크용이다.

34 분말진공단열법에서 충진용 분말로 사용되지 않는 것은?

① 탄화규소 ② 펄라이트
③ 규조토 ④ 알루미늄 분말

해설 충진용 분말(분말진공단열법)
- 펄라이트
- 규조토
- 알루미늄 분말

28. ③ 29. ③ 30. ③ 31. ② 32. ① 33. ② 34. ① | ANSWER

35 **압축기에서 다단압축을 하는 목적으로 틀린 것은?**

① 소요 일량의 감소 ② 이용 효율의 증대
③ 힘의 평형 향상 ④ 토출온도 상승

해설 다단압축을 하는 목적은 ①, ②, ③항 외에 토출가스 온도 하강을 위함이다.

36 **1,000L의 액산 탱크에 액산을 넣어 방출밸브를 개방하여 12시간 방치하였더니 탱크 내의 액산이 4.8kg 방출되었다면 1시간당 탱크에 침입하는 열량은 약 몇 kcal인가?(단, 액산의 증발잠열은 60kcal/kg이다.)**

① 12 ② 24
③ 70 ④ 150

해설 액산의 총 증발열 $= 4.8 \times 60 = 288$kcal

$\therefore$ 시간당 증발열 $= \dfrac{288}{12} = 24$kcal/h

37 **도시가스용 압력조정기에 대한 설명으로 옳은 것은?**

① 유량성능은 제조자가 제시한 설정압력의 ±10% 이내로 한다.
② 합격표시는 바깥지름이 5mm인 "K"자 각인을 한다.
③ 입구 측 연결배관 관경은 50A 이상의 배관에 연결되어 사용되는 조정기이다.
④ 최대 표시유량이 300Nm^3/h 이상인 사용처에 사용되는 조정기이다.

해설 도시가스용 압력조정기
- 합격표시 외경 5mm
- 각인("K") 표시

38 **오리피스 유량계는 어떤 형식의 유량계인가?**

① 차압식 ② 면적식
③ 용적식 ④ 터빈식

해설 차압식 유량계
- 벤투리미터
- 오리피스
- 플로노즐

39 **질소를 취급하는 금속재료에서 내질화성을 증대시키는 원소는?**

① Ni ② Al
③ Cr ④ Ti

해설
- 내질화성 금속 : 니켈(Ni)
- 질화작용 금속 : Mg, Li, Ca

40 **다음 각 가스에 의한 부식현상 중 틀린 것은?**

① 암모니아에 의한 강의 질화
② 황화수소에 의한 철의 부식
③ 일산화탄소에 의한 금속의 카르보닐화
④ 수소원자에 의한 강의 탈수소화

해설
- 수소(H_2) 가스의 용기 내 탈탄작용
  $Fe_3C + 2H_2$(수소) $\rightarrow CH_4 + 3Fe$(탈탄)
- 탈탄작용 방지 금속 : W, Cr, Ti, Mo, V

41 **다음 중 아세틸렌과 치환반응을 하지 않는 것은?**

① Cu ② Ag
③ Hg ④ Ar

해설 아세틸렌(C_2H_2) 가스의 치환반응 금속
- 구리(Cu)
- 은(Ag)
- 수은(Hg)

42 **비점이 점차 낮아지는 냉매를 사용하여 저비점의 기체를 액화하는 사이클은?**

① 클라우드 액화사이클
② 플립스 액화사이클
③ 캐스케이드 액화사이클
④ 캐피자 액화사이클

해설 캐스케이드 액화사이클
비점이 점차 낮아지는 냉매를 사용하여 저비점의 기체를 액체상태로 액화시키는 사이클(일명 : 다원액화 사이클)

43 유체가 5m/s의 속도로 흐를 때 이 유체의 속도수두는 약 몇 m인가?(단, 중력가속도는 $9.8m/s^2$이다.)

① 0.98 ② 1.28
③ 12.2 ④ 14.1

해설 유속$(V) = \sqrt{2gh} = \sqrt{2 \times 9.8 \times h} = 5m/s$

속도수두$(h) = \frac{V^2}{2g} = \frac{5^2}{2 \times 9.8} = 1.28m$

44 빙점 이하의 낮은 온도에서 사용되며 LPG 탱크, 저온에도 인성이 감소되지 않는 화학공업 배관 등에 주로 사용되는 관의 종류는?

① SPLT ② SPHT
③ SPPH ④ SPPS

해설 ① SPLT : 빙점 이하의 배관에 사용되는 저온배관용 탄소강관
② SPHT : 고온배관용 탄소강관(350℃ 이상용)
③ SPPH : 고압배관용 탄소강관(10MPa 이상용)
④ SPPS : 압력 배관용 탄소강관(10MPa 미만용)

45 고압가스용 이음매 없는 용기에서 내력비란?

① 내력과 압궤강도의 비를 말한다.
② 내력과 파열강도의 비를 말한다.
③ 내력과 압축강도의 비를 말한다.
④ 내력과 인장강도의 비를 말한다.

해설 이음매 없는 용기의 내력비(무계목용기용)

$$내력비 = \frac{내력}{인장강도}$$

46 섭씨온도로 측정할 때 상승된 온도가 5℃이었다. 이때 화씨온도로 측정하면 상승온도는 몇 도인가?

① 7.5 ② 8.3
③ 9.0 ④ 41

해설 ℉ = ℃ 온도보다 눈금이 1.8배가 많다.

$\left(\frac{180}{100}\right)$

$\therefore 5 \times 1.8 = 9$℉

47 어떤 물질의 고유의 양으로 측정하는 장소에 따라 변함이 없는 물리량은?

① 질량 ② 중량
③ 부피 ④ 밀도

해설 질량
어떤 물질의 고유의 양으로, 측정하는 장소에 따라 변함이 없는 물리량(중량은 측정하는 장소의 압력에 따라 변화한다.)

48 하버-보시법으로 암모니아 44g을 제조하려면 표준상태에서 수소는 약 몇 L가 필요한가?

① 22 ② 44
③ 87 ④ 100

해설 암모니아 제조 $= N_2 + 3H_2 \rightarrow 2NH_3(34g)$
$22.4L + (3 \times 22.4L) \rightarrow (2 \times 22.4L)$
$34 : (3 \times 22.4) = 44 : x$

$\therefore x = \frac{44}{34} \times (3 \times 22.4) = 87L$

49 기체연료의 연소 특성으로 틀린 것은?

① 소형의 버너도 매연이 적고, 완전연소가 가능하다.
② 하나의 연료 공급원으로부터 다수의 연소로와 버너에 쉽게 공급된다.
③ 미세한 연소 조정이 어렵다.
④ 연소율의 가변범위가 넓다.

해설 기체연료는 버너 연소를 함으로써 미세한 연소 조정이 용이하다.

50 비중이 13.6인 수은은 76cm의 높이를 갖는다. 비중이 0.5인 알코올로 환산하면 그 수주는 몇 m인가?

① 20.67 ② 15.2
③ 13.6 ④ 5

해설 76cm = 0.76m

$비중차 = \frac{13.6}{0.5} = 27.2배$

$27.2 \times 0.76 = 20.67m$

43. ② 44. ① 45. ④ 46. ③ 47. ① 48. ③ 49. ③ 50. ① | ANSWER

51 SNG에 대한 설명으로 가장 적당한 것은?

① 액화석유가스 ② 액화천연가스
③ 정유가스 ④ 대체천연가스

해설
- 천연가스(LNG)
- 대체천연가스(SNG)
- 액화석유가스(LPG)

52 액체는 무색 투명하고, 특유의 복숭아향을 가진 맹독성 가스는?

① 일산화탄소 ② 포스겐
③ 시안화수소 ④ 메탄

해설 시안화수소(HCN)
- 복숭아 향기
- 무색이며 독성이 강하다.
- 저장은 60일을 초과하지 않는다.
- 용도 : 살충제, 아크릴수지 원료

53 단위체적당 물체의 질량은 무엇을 나타내는 것인가?

① 중량 ② 비열
③ 비체적 ④ 밀도

해설
- 밀도(kg/m^3) : 단위체적당 물체의 질량
- 중량(kg/m^3) : 단위체적당 물체의 중량
- 비체적(m^3/kg) : 단위질량당 물체의 체적

54 다음 중 지연성 가스로만 구성되어 있는 것은?

① 일산화탄소, 수소 ② 질소, 아르곤
③ 산소, 이산화질소 ④ 석탄가스, 수성가스

해설 연소성을 도와주는 조연성(지연성) 가스
산소, 공기, 오존, 염소, 이산화질소(NO_2)

55 메탄가스의 특성에 대한 설명으로 틀린 것은?

① 메탄은 프로판에 비해 연소에 필요한 산소량이 많다.
② 폭발하한농도가 프로판보다 높다.
③ 무색, 무취이다.
④ 폭발상한농도가 부탄보다 높다.

해설
- 메탄의 산소량

$CH_4 + \boxed{2O_2} \rightarrow CO_2 + 2H_2O$

- 프로판 산소량

$C_3H_8 + \boxed{5O_2} \rightarrow 3CO_2 + 4H_2O$

※ 산소량이 큰 가스는 소요공기량이 크다.

56 암모니아의 성질에 대한 설명으로 옳지 않은 것은?

① 가스일 때 공기보다 무겁다.
② 물에 잘 녹는다.
③ 구리에 대하여 부식성이 강하다.
④ 자극성 냄새가 있다.

해설 암모니아 분자량=17(공기보다 비중이 가볍다.)
공기의 분자량=29

∴ 암모니아 비중= $\frac{17}{29}=0.58$

※ 공기 비중=1

57 수소에 대한 설명으로 틀린 것은?

① 상온에서 자극성을 가지는 가연성 기체이다.
② 폭발범위는 공기 중에서 약 4~75%이다.
③ 염소와 반응하여 폭명기를 형성한다.
④ 고온 · 고압에서 강재 중 탄소와 반응하여 수소취성을 일으킨다.

해설 수소(H_2) 가스는 상온에서 자극성이 없는 가연성 가스이다.

$H_2 + \frac{1}{2}O_2 \rightarrow H_2O$

58 다음 중 표준상태에서 가스상 탄화수소의 점도가 가장 높은 가스는?

① 에탄 ② 메탄
③ 부탄 ④ 프로판

해설 가스의 분자량
① 에탄(C_2H_6) : 30
② 메탄(CH_4) : 16(점도가 높다.)
③ 부탄(C_4H_{10}) : 58
④ 프로판(C_3H_8) : 44

ANSWER | 51. ④ 52. ③ 53. ④ 54. ③ 55. ① 56. ① 57. ① 58. ②

59 **도시가스의 원료인 메탄가스를 완전연소시켰다. 이때 어떤 가스가 주로 발생되는가?**

① 부탄 ② 암모니아
③ 콜타르 ④ 이산화탄소

해설 메탄(CH_4) + $2O_2$ → $CO_2 + 2H_2O$
연소생성물 가스

60 **표준대기압하에서 물 1kg의 온도를 1℃ 올리는 데 필요한 열량은 얼마인가?**

① 0kcal ② 1kcal
③ 80kcal ④ 539kcal/kg · ℃

해설 물의 비열을 찾는 문제이다.
- 물의 비열 : 1kcal/kg · ℃
- 물의 증발열 : 539kcal/kg(100℃에서)
- 얼음의 융해잠열 : 80kcal/kg(0℃의 얼음에서)

59. ④ 60. ② | ANSWER

2015년 2회 가스기능사

01 액화석유가스의 안전관리 및 사업법에서 정한 용어에 대한 설명으로 틀린 것은?

① 저장설비란 액화석유가스를 저장하기 위한 설비로서 각종 저장탱크 및 용기를 말한다.
② 저장탱크란 액화석유가스를 저장하기 위하여 지상 또는 지하에 고정 설치된 탱크로서 그 저장능력이 3톤 이상인 탱크를 말한다.
③ 용기집합설비란 2개 이상의 용기를 집합하여 액화석유가스를 저장하기 위한 설비를 말한다.
④ 충전용기란 액화석유가스 충전 질량의 90% 이상이 충전되어 있는 상태의 용기를 말한다.

해설 충전용기

고압가스 충전질량 또는 충전압력의 $\frac{1}{2}$ 이상이 충전되어 있는 상태의 용기이다.($\frac{1}{2}$ 미만은 잔가스용기)

02 방호벽을 설치하지 않아도 되는 곳은?

① 아세틸렌가스 압축기와 충전장소 사이
② 판매소의 용기 보관실
③ 고압가스 저장설비와 사업소 안의 보호시설 사이
④ 아세틸렌가스 발생장치와 당해 가스충전용기 보관장소 사이

해설 방호벽이 필요한 장소는 ①, ②, ③항이다.

03 공기와 혼합된 가스가 압력이 높아지면 폭발범위가 좁아지는 가스는?

① 메탄 ② 프로판
③ 일산화탄소 ④ 아세틸렌

해설
- 일산화탄소(CO)는 고압일수록 폭발범위가 좁아진다.
- 수소(H_2)는 10atm까지는 폭발범위가 좁아지고 그 이상부터는 다시 넓어진다.
- 가스는 고온고압일수록 폭발범위가 넓어진다.

04 천연가스 지하매설배관의 퍼지용으로 주로 사용되는 가스는?

① N_2 ② Cl_2
③ H_2 ④ O_2

해설
- 지하 매설 가스의 퍼지용 가스 : N_2
- 지상 가스의 퍼지용 : CO_2, N_2 등

05 산소압축기의 내부 윤활유제로 주로 사용되는 것은?

① 석유
② 물
③ 유지
④ 황산

해설 윤활제
- 산소 압축기 : 물 또는 10% 이하의 글리세린수
- 염소 압축기 : 진한 황산
- 아세틸렌 압축기 : 양질의 광유

06 지하에 매설된 도시가스 배관의 전기방식 기준으로 틀린 것은?

① 전기방식전류가 흐르는 상태에서 토양 중에 있는 배관 등의 방식전위 상한값은 포화황산동 기준전극으로 −0.85V 이하일 것
② 전기방식전류가 흐르는 상태에서 자연전위와의 전위변화가 최소한 −300mV 이하일 것
③ 배관에 대한 전위측정은 가능한 배관 가까운 위치에서 실시할 것
④ 전기방식시설의 관대지전위 등을 2년에 1회 이상 점검할 것

해설 희생 양극법 전기방식시설은 관대지전위 등을 1년에 1회 이상 점검할 것

ANSWER | 1. ④ 2. ④ 3. ③ 4. ① 5. ② 6. ④

07 충전용기 등을 적재한 차량의 운반 개시 전용기 적재 상태의 점검내용이 아닌 것은?

① 차량의 적재중량 확인
② 용기 고정상태 확인
③ 용기 보호캡의 부착 유무 확인
④ 운반계획서 확인

해설 차량에 고정된 탱크를 운행할 경우 운행 전의 점검에서 ①, ②, ③항 외 안전운행 서류철을 휴대하여야 한다.

08 도시가스 사용시설에서 안전을 확보하기 위하여 최고사용 압력의 1.1배 또는 얼마의 압력 중 높은 압력으로 실시하는 기밀시험에 이상이 없어야 하는가?

① 5.4kPa ② 6.4kPa
③ 7.4kPa ④ 8.4kPa

해설 기밀시험 : 최고사용압력의 1.1배 또는 8.4kPa(840mmH_2O) 중 높은 압력 이상

09 다음 각 폭발의 종류와 그 관계로서 맞지 않은 것은?

① 화학 폭발 : 화약의 폭발
② 압력 폭발 : 보일러의 폭발
③ 촉매 폭발 : C_2H_2의 폭발
④ 중합 폭발 : HCN의 폭발

해설 아세틸렌가스(C_2H_2) 폭발
산화폭발, 분해폭발, 치환폭발

10 일반도시가스사업자가 설치하는 가스공급시설 중 정압기의 설치에 대한 설명으로 틀린 것은?

① 건축물 내부에 설치된 도시가스사업자의 정압기로서 가스누출경보기와 연동하여 작동하는 기계환기 설비를 설치하고 1일 1회 이상 안전점검을 실시하는 경우에는 건축물의 내부에 설치할 수 있다.
② 정압기에 설치되는 가스방출관의 방출구는 주위에 불 등이 없는 안전한 위치로서 지면으로부터 3m 이상의 높이에 설치하여야 하며, 전기시설물과의 접촉 등으로 사고의 우려가 있는 장소에서는 5m 이상의 높이로 설치한다.
③ 정압기에 설치하는 가스차단장치는 정압기의 입구 및 출구에 설치한다.
④ 정압기는 2년에 1회 이상 분해점검을 실시하고 필터는 가스공급 개시 후 1월 이내 및 가스공급 개시 후 매년 1회 이상 분해점검을 실시한다.

해설 도시가스 가스방출관의 방출구는 지면으로부터 5m 이상, 전기시설물과는 3m 이상 높이로 설치한다.

11 아세틸렌(C_2H_2)에 대한 설명으로 틀린 것은?

① 폭발범위는 수소보다 넓다.
② 공기보다 무겁고 황색의 가스이다.
③ 공기와 혼합되지 않아도 폭발하는 수가 있다.
④ 구리, 은, 수은 및 그 합금과 폭발성 화합물을 만든다.

해설 아세틸렌(C_2H_2)은 비중이 $\frac{26}{29}=0.9$로서 공기보다 가볍다.
무색의 기체이고 순수한 가스는 에테르의 향기가 있으나 불순물이 포함되면 악취가 난다.(공기비중=1이다.)

12 고압가스 충전용기는 항상 몇 ℃ 이하의 온도를 유지하여야 하는가?

① 10℃ ② 30℃
③ 40℃ ④ 50℃

해설 고압가스 충전용기는 항상 40℃ 이하의 온도를 유지하여야 한다.

13 용기에 의한 고압가스 운반기준으로 틀린 것은?

① 3,000kg의 액화 조연성 가스를 차량에 적재하여 운반할 때에는 운반책임자가 동승하여야 한다.
② 허용농도가 500ppm인 액화 독성 가스 1,000kg을 차량에 적재하여 운반할 때에는 운반책임자가 동승하여야 한다.
③ 충전용기와 위험물 안전관리법에서 정하는 위험물과는 동일 차량에 적재하여 운반할 수 없다.
④ 300m^3의 압축 가연성 가스를 차량에 적재하여 운반할 때에는 운전자가 운반책임자의 자격을 가진 경우에는 자격이 없는 사람을 동승시킬 수 있다.

7. ④ 8. ④ 9. ③ 10. ② 11. ② 12. ③ 13. ① | ANSWER

해설 조연성 가스의 운반기준(운반 책임자)
- 압축가스의 조연성 : $600m^3$ 이상일 때
- 액화가스의 조연성 : 6,000kg 이상일 때

14 공기 중으로 누출 시 냄새로 쉽게 알 수 있는 가스로만 나열된 것은?

① Cl_2, NH_3 ② CO, Ar
③ C_2H_2, CO ④ O_2, Cl_2

해설 자극성 냄새가 있는 가스
- 암모니아(NH_3)
- 염소(Cl_2)
- 염화수소(HCl)
- 포스겐($COCl_2$)
- 황화수소(H_2S)
- 이산화황(SO_2)

15 신규검사 후 20년이 경과한 용접용기(액화석유가스용 용기는 제외한다)의 재검사 주기는?

① 3년마다 ② 2년마다
③ 1년마다 ④ 6개월마다

해설 재검사 주기(용접용기)
- 15년 미만 : 500L 이상은 5년마다, 500L 미만은 3년마다
- 15년 이상~20년 미만 : 500L 이상은 2년마다, 500L 미만은 2년마다
- 20년 이상 : 1년마다(용기저장량에 관계없이)

16 액화석유가스 저장탱크 벽면의 국부적인 온도상승에 따른 저장탱크의 파열을 방지하기 위하여 저장탱크 내벽에 설치하는 폭발방지장치의 재료로 맞는 것은?

① 다공성 철판
② 다공성 알루미늄판
③ 다공성 아연판
④ 오스테나이트계 스테인리스판

해설 액화석유가스(LPG) 저장탱크 벽면의 저장탱크 파열 방지용 재료
다공성 알루미늄판(온도상승에 따른 파열 방지)

17 최대지름이 6m인 가연성 가스 저장탱크 2개가 서로 유지하여야 할 최소 거리는?

① 0.6m ② 1m
③ 2m ④ 3m

해설

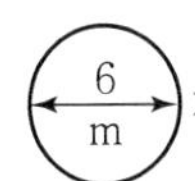
(6m) + (6m) $\times \frac{1}{4}$ = 3m(최소 이격거리)

18 다음 중 연소의 형태가 아닌 것은?

① 분해연소 ② 확산연소
③ 증발연소 ④ 물리연소

해설 연소의 형태
- 분해연소
- 증발연소
- 확산연소
- 분무연소

19 고압가스 일반제조시설 중 에어졸의 제조기준에 대한 설명으로 틀린 것은?

① 에어졸의 분사제는 독성 가스를 사용하지 아니한다.
② 35℃에서 그 용기의 내압이 0.8MPa 이하로 한다.
③ 에어졸 제조설비는 화기 또는 인화성 물질과 5m 이상의 우회거리를 유지한다.
④ 내용적이 $30m^3$ 이상인 용기는 에어졸의 제조에 재사용하지 아니한다.

해설 ③항에서는 8m 이상의 우회거리가 필요하다.

20 가스누출검지경보장치의 설치에 대한 설명으로 틀린 것은?

① 통풍이 잘 되는 곳에 설치한다.
② 가스의 누출을 신속하게 검지하고 경보하기에 충분한 개수 이상 설치한다.
③ 장치의 기능은 가스의 종류에 적절한 것으로 한다.
④ 가스가 체류할 우려가 있는 장소에 적절하게 설치한다.

해설 가스누출검지 경보장치는 일반적으로 실내 통풍이 잘 되지 않는 곳에 설치한다.

ANSWER | 14. ① 15. ③ 16. ② 17. ④ 18. ④ 19. ③ 20. ①

21 가스용기의 취급 및 주의사항에 대한 설명으로 틀린 것은?

① 충전 시 용기는 용기 재검사 기간이 지나지 않았는지 확인한다.
② LPG용기나 밸브를 가열할 때는 뜨거운 물(40℃ 이상)을 사용한다.
③ 충전한 후에는 용기밸브의 누출 여부를 확인한다.
④ 용기 내에 잔류물이 있을 때에는 잔류물을 제거하고 충전한다.

해설 가스용기나 밸브를 가열하려면 40℃ 이하의 물습포를 사용한다.

22 용기 신규검사에 합격된 용기 부속품 기호 중 압축가스를 충전하는 용기 부속품의 기호는?

① AG ② PG
③ LG ④ LT

해설
- AG : 아세틸렌
- PG : 압축가스
- LG : 기타 가스
- LT : 저온 및 초저온가스
- LPG : 액화석유가스

23 일반 액화석유가스 압력조정기에 표시하는 사항이 아닌 것은?

① 제조자명이나 그 약호
② 제조번호나 로트번호
③ 입구압력(기호 : P, 단위 : MPa)
④ 검사 연월일

해설 압력조정기 LPG용은 ①, ②, ③의 내용을 표시한다.

24 산화에틸렌 취급 시 주로 사용되는 제독제는?

① 가성소다 수용액 ② 탄산소다 수용액
③ 소석회 수용액 ④ 물

해설
- 산화에틸렌(C_2H_4O) 제독제 : 물(다량)
- 염소 제독제 : 가성소다 수용액
- 황화수소, 아황산가스 제독제 : 탄산소다 수용액

25 고압가스 설비에 설치하는 압력계의 최고눈금에 대한 측정범위의 기준으로 옳은 것은?

① 상용압력의 1.0배 이상, 1.2배 이하
② 상용압력의 1.2배 이상, 1.5배 이하
③ 상용압력의 1.5배 이상, 2.0배 이하
④ 상용압력의 2.0배 이상, 3.0배 이하

해설 고압가스 설비 압력계 최고눈금 측정범위는 ③항에 따른다.

26 0종 장소에는 원칙적으로 어떤 방폭구조를 하여야 하는가?

① 내압방폭구조 ② 본질안전방폭구조
③ 특수방폭구조 ④ 안전증방폭구조

해설 0종 장소
상용의 상태에서 가연성 가스의 농도가 연속해서 폭발한계 이상으로 되는 장소이며 방폭구조는 본질안전방폭구조(ia, ib 표시)로 한다.

27 도시가스 사용시설에서 PE배관은 온도가 몇 ℃ 이상이 되는 장소에 설치하지 아니하는가?

① 25℃ ② 30℃
③ 40℃ ④ 60℃

해설 도시가스 PE 배관(폴리에틸렌관) : 40℃ 이상이 되는 장소에는 설치하지 않는다.

28 충전용 주관의 압력계는 정기적으로 표준압력계로 그 기능을 검사하여야 한다. 다음 중 검사의 기준으로 옳은 것은?

① 매월 1회 이상
② 3개월에 1회 이상
③ 6개월에 1회 이상
④ 1년에 1회 이상

해설 압력계 검사(기능검사)
- 충전용 주관 : 매월 1회 이상
- 기타 : 3개월에 1회 이상

21. ② 22. ② 23. ④ 24. ④ 25. ③ 26. ② 27. ③ 28. ① | ANSWER

29 **방류둑의 내측 및 그 외면으로부터 몇 m 이내에 그 저장탱크의 부속설비 외의 것을 설치하지 못하도록 되어 있는가?**

① 3m ② 5m
③ 8m ④ 10m

해설 방류둑
외면으로부터 10m 이내에는 그 저장탱크 부속설비와 그 밖의 설비 또는 시설로서 안전상 지장이 없는 것 외에는 이를 설치하지 않는다.

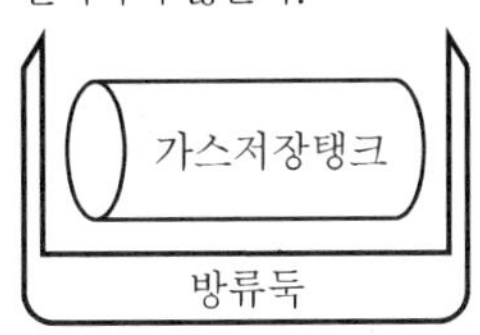

30 **가스의 성질에 대하여 옳은 것으로만 나열된 것은?**

> ㉠ 일산화탄소는 가연성이다.
> ㉡ 산소는 조연성이다.
> ㉢ 질소는 가연성도 조연성도 아니다.
> ㉣ 아르곤은 공기 중에 함유되어 있는 가스로서 가연성이다.

① ㉠, ㉡, ㉣ ② ㉠, ㉡, ㉢
③ ㉡, ㉢, ㉣ ④ ㉠, ㉢, ㉣

해설 ㉠ 일산화탄소 : 가연성, 독성
㉡ 산소 : 조연성
㉢ 질소 : 불연성
㉣ 아르곤 : 불활성, 불연성

31 **부취제를 외기로 분출하거나 부취설비로부터 부취제가 흘러나오는 경우 냄새를 감소시키는 방법으로 가장 거리가 먼 것은?**

① 연소법
② 수동조절
③ 화학적 산화처리
④ 활성탄에 의한 흡착

해설 부취제 냄새감소법은 ①, ③, ④항에 의한 방법을 선택한다.

32 **고압가스 매설배관에 실시하는 전기방식 중 외부 전원법의 장점이 아닌 것은?**

① 과방식의 염려가 없다.
② 전압, 전류의 조정이 용이하다.
③ 전식에 대해서도 방식이 가능하다.
④ 전극의 소모가 적어서 관리가 용이하다.

해설 외부전원법 전기방식
전류제어가 곤란하며 과방식의 배려가 필요하다.(비교적 가격이 싸다.)

33 **압력배관용 탄소강관의 사용압력 범위로 가장 적당한 것은?**

① 1~2MPa ② 1~10MPa
③ 10~20MPa ④ 10~50MPa

해설 압력배관용 탄소강관 사용압력 범위(SPPS)
1~10MPa(10~100kg/cm^2)

34 **정압기(Governor)의 기능을 모두 옳게 나열한 것은?**

① 감압기능
② 정압기능
③ 감압기능, 정압기능
④ 감압기능, 정압기능, 폐쇄기능

해설 정압기(거버너) 기능
감압기능, 정압기능, 폐쇄기능

35 **고압식 액화분리장치의 작동 개요에 대한 설명이 아닌 것은?**

① 원료 공기는 여과기를 통하여 압축기로 흡입하여 약 150~200kg/cm^2으로 압축시킨다.
② 압축기를 빠져나온 원료 공기는 열교환기에서 약간 냉각되고 건조기에서 수분이 제거된다.
③ 압축공기는 수세정탑을 거쳐 축랭기로 송입되어 원료공기와 불순 질소류가 서로 교환된다.
④ 액체 공기는 상부 정류탑에서 약 0.5atm 정도의 압력으로 정류된다.

ANSWER | 29. ④ 30. ② 31. ② 32. ① 33. ② 34. ④ 35. ③

해설 공기액화 분리장치
- 하부탑 정류판에서 공기가 정류된다.
- 하부탑 상부에서 액체질소, 산소의 공기가 분리된다. 또한 상부탑 하부에서 산소가 분리되어 액체산소탱크에 저장된다.
- 축랭기에서 수분, CO_2가 분리된다.

36 정압기의 분해점검 및 고장에 대비하여 예비정압기를 설치하여야 한다. 다음 중 예비정압기를 설치하지 않아도 되는 경우는?

① 캐비닛형 구조의 정압기실에 설치된 경우
② 바이패스관이 설치되어 있는 경우
③ 단독사용자에게 가스를 공급하는 경우
④ 공동사용자에게 가스를 공급하는 경우

해설 단독사용자에게는 예비정압기가 불필요하다.

37 부유 피스톤형 압력계에서 실린더 지름 0.02m, 추와 피스톤의 무게가 20,000g일 때 이 압력계에 접속된 부르동관의 압력계 눈금이 7kg/cm²를 나타내었다. 이 부르동관 압력계의 오차는 약 몇 %인가?

① 5 ② 10
③ 15 ④ 20

해설 20,000g = 20kg

단면적$(A)=\frac{\pi}{4}d^2\text{m}^2$

$=\frac{3.14}{4}\times(0.02)^2$

$=0.000314=3.14\text{cm}^2$

표준압력 $=\frac{20}{3.14}=6.37\text{kg/cm}^2$

$\therefore\ \frac{7-6.36}{6.36}\times 100=10\%$

38 저비점(低沸點) 액체용 펌프 사용상의 주의사항으로 틀린 것은?

① 밸브와 펌프 사이에 기화가스를 방출할 수 있는 안전밸브를 설치한다.
② 펌프의 흡입, 토출관에는 신축 조인트를 장치한다.
③ 펌프는 가급적 저장용기(貯槽)로부터 멀리 설치한다.
④ 운전 개시 전에는 펌프를 청정(淸淨)하여 건조한 다음 펌프를 충분히 예냉(豫冷)한다.

해설 저비점(O_2, H_2, N_2, Ar 등) 액체용 펌프는 사용상 저장용기와 가까이 설치하여 충전한다.

39 금속재료의 저온에서의 성질에 대한 설명으로 가장 거리가 먼 것은?

① 강은 암모니아 냉동기용 재료로서 적당하다.
② 탄소강은 저온도가 될수록 인장강도가 감소한다.
③ 구리는 액화분리장치용 금속재료로서 적당하다.
④ 18－8 스테인리스강은 우수한 저온장치용 재료이다.

해설 탄소강 : 200～300℃에서 인장강도가 최대(탄소강은 상온보다 낮아지면 인장강도가 증가)

40 상용압력 15MPa, 배관 내경 15mm, 재료의 인장강도 480N/mm², 관 내면 부식여유 1mm, 안전율 4, 외경과 내경의 비가 1.2 미만인 경우 배관의 두께는?

① 2mm ② 3mm
③ 4mm ④ 5mm

해설 $t=\frac{P\cdot D}{200S\cdot\eta-1.2P}+C$

41 수소불꽃을 이용하여 탄화수소의 누출을 검지할 수 있는 가스누출검출기는?

① FID ② OMD
③ 접촉연소식 ④ 반도체식

해설 FID
가스크로마토 분석기에서 수소이온화 검출기이다.(탄화수소 누출 검지, H_2, O_2, CO, CO_2, SO_2 등은 검출 불가)

36. ③ 37. ② 38. ③ 39. ② 40. ① 41. ① | ANSWER

42 압축기에 사용하는 윤활유 선택 시 주의사항으로 틀린 것은?

① 인화점이 높을 것
② 잔류탄소의 양이 적을 것
③ 점도가 적당하고 항유화성이 적을 것
④ 사용가스와 화학반응을 일으키지 않을 것

해설 압축기 윤활유의 구비조건은 ①, ②, ④항 외 점도가 적당하고 항유화성이 클 것

43 공기에 의한 전열은 어느 압력까지 내려가면 급히 압력에 비례하여 적어지는 성질을 이용하는 저온장치에 사용되는 진공단열법은?

① 고진공 단열법　② 분말 진공 단열법
③ 다층진공 단열법　④ 자연진공 단열법

해설
- 진공단열 : 고진공, 분말진공, 다층진공
- 고진공 단열법 : 공기에 의한 전열이 어느 압력까지 내려가면 압력에 비례하여 급히 적어지는 성질을 이용하여 저온장치에 사용

44 1단 감압식 저압조정기의 성능에서 조정기 최대폐쇄 압력은?

① 2.5kPa 이하　② 3.5kPa 이하
③ 4.5kPa 이하　④ 5.5kPa 이하

해설 1단 감압식 저압조정기
- 입구압력 : 0.7~15.6kg/cm^2
- 조정압력 : 2.3~3.3kPa
- 최대폐쇄압력 : 3.5kPa 이하

45 백금-백금로듐 열전대 온도계의 온도 측정 범위로 옳은 것은?

① -180~350℃　② -20~800℃
③ 0~1,700℃　④ 300~2,000℃

해설 열전대 온도계 측정범위
- 구리-콘스탄탄 : -180~350℃
- 철-콘스탄탄 : -20~800℃
- 크로멜-알루멜 : 0~1,200℃

46 비열에 대한 설명 중 틀린 것은?

① 단위는 kcal/kg · ℃이다.
② 비열비는 항상 1보다 크다.
③ 정적비열은 정압비열보다 크다.
④ 물의 비열은 얼음의 비열보다 크다.

해설
- 정압비열(C_p)은 정적비열(C_v)보다 크다.
- 비열비(C_p/C_v) > 1
- 물의 비열(1kcal/kg℃) > 얼음의 비열(0.5kcal/kg℃)

47 다음 화합물 중 탄소의 함유율이 가장 많은 것은?

① CO_2　② CH_4
③ C_2H_4　④ CO

해설 가스의 탄소 원자량
① CO_2 : 12(분자량 44)
② 메탄(CH_4) : 12(분자량 16)
③ 에탄(C_2H_4) : 24(분자량 28)
④ CO : 12(분자량 28)

48 수소(H_2)에 대한 설명으로 옳은 것은?

① 3중 수소는 방사능을 갖는다.
② 밀도가 크다.
③ 금속재료를 취화시키지 않는다.
④ 열전달률이 아주 작다.

해설 수소가스
- 수소의 분자량 : 2(밀도 : 2/22.4=0.089g/L)
- $Fe_3C+2H_2 \rightarrow CH_4+3Fe$(수소취화)
- 열전도율이 대단히 크다.
- 수소폭명기 : $O_2+H_2 \rightarrow 2H_2O+136.6kcal$

49 샤를의 법칙에서 기체의 압력이 일정할 때 모든 기체의 부피는 온도가 1℃ 상승함에 따라 0℃ 때의 부피보다 어떻게 되는가?

① 22.4배씩 증가한다.　② 22.4배씩 감소한다.
③ 1/273씩 증가한다.　④ 1/273씩 감소한다.

해설
- 1℃ 상승 시 0℃ 때 부피의 $\frac{1}{273}$씩 증가한다.
- 기체 1몰=22.4L이며 분자량은 가스마다 다르다.

50 다음 중 가장 높은 온도는?

① −35℃ ② −45°F
③ 213K ④ 450°R

해설 ① −35℃
② $-45°F = \frac{5}{9}(°F - 32) = \frac{5}{9}(-45 - 32) = -42℃$
③ 213K = 213 − 273 = −70℃
④ $450R = \frac{450}{1.8} = 250K$, 250K − 273 = −23℃

51 현열에 대한 가장 적절한 설명은?

① 물질이 상태변화 없이 온도가 변할 때 필요한 열이다.
② 물질이 온도변화 없이 상태가 변할 때 필요한 열이다.
③ 물질이 상태, 온도 모두 변할 때 필요한 열이다.
④ 물질이 온도변화 없이 압력이 변할 때 필요한 열이다.

해설 ①항은 현열, ②항은 잠열에 대한 내용이다.

52 일산화탄소와 염소가 반응하였을 때 주로 생성되는 것은?

① 포스겐 ② 카르보닐
③ 포스핀 ④ 사염화탄소

해설 일산화탄소(CO) + 염소(Cl_2) → $COCl_2$(포스겐)
※ 포스겐은 맹독성 가스이다.

53 다음 [보기]에서 압력이 높은 순서대로 나열된 것은?

[보기]
㉠ 100atm
㉡ $2kg/mm^2$
㉢ 15m 수은주

① ㉠>㉡>㉢ ② ㉡>㉢>㉠
③ ㉢>㉠>㉡ ④ ㉡>㉠>㉢

해설 압력 1atm = $1.033kg/cm^2$ = 0.76mHg
㉠ 100atm = 1.033 × 100 = $103.3kg/cm^2$
㉡ $2kg/mm^2$ = 2 × 100 = $200kg/cm^2$
㉢ 15mHg = 1.033 × (15/0.76) = $19.8kg/cm^2$

54 산소에 대한 설명으로 옳은 것은?

① 안전밸브는 파열판식을 주로 사용한다.
② 용기는 탄소강으로 된 용접용기이다.
③ 의료용 용기는 녹색으로 도색한다.
④ 압축기 내부 윤활유는 양질의 광유를 사용한다.

해설 산소(압축가스)
- 용기 : 무계 목 용기(용접을 하지 않는다) 재질은 탄소강
- 용기 바탕색 : 공업용(녹색), 의료용(백색)
- 압축기 내부 윤활유 : 물 또는 10% 이하의 묽은 글리세린수

55 다음 가스 중 가장 무거운 것은?

① 메탄 ② 프로판
③ 암모니아 ④ 헬륨

해설 분자량이 크면 무거운 가스이다.
① 메탄(CH_4) : 분자량 16
② 프로판(C_3H_8) : 분자량 44
③ 암모니아(NH_3) : 분자량 17
④ 헬륨(He) : 분자량 4

56 대기압하에서 0℃ 기체의 부피가 500mL였다. 이 기체의 부피가 2배가 될 때의 온도는 몇 ℃인가?(단, 압력은 일정하다.)

① −100℃ ② 32℃
③ 273℃ ④ 500℃

해설 0℃ = 273K
500mL × 2배 = 1,000mL
273K × 2배 = 546K
∴ ℃ = K − 273 = 546K − 273 = 273℃

50. ④ 51. ① 52. ① 53. ④ 54. ① 55. ② 56. ③ | ANSWER

57 다음에 설명하는 열역학 법칙은?

> 어떤 물체의 외부에서 일정량의 열을 가하면 물체는 이 열량의 일부분을 소비하여 외부에 대하여 일을 하고 남은 부분은 전부 내부에너지로 내부에 저장되고, 그 사이에 소비된 열은 발생되는 일과 같다.

① 열역학 제0법칙 ② 열역학 제1법칙
③ 열역학 제2법칙 ④ 열역학 제3법칙

해설 열역학 제1법칙
열량의 일부분을 소비하고 남은 부분은 전부 내부에너지로 저장된다.(가열을 받는 경우)

58 다음 중 불연성 가스는?

① CO_2 ② C_3H_6
③ C_2H_2 ④ C_2H_4

해설
- 탄산가스(CO_2), 질소, 공기 등은 불연성 가스
- 프로필렌(C_3H_6), 아세틸렌(C_2H_2), 에틸렌(C_2H_4) : 가연성 가스

59 에틸렌(C_2H_4)이 수소와 반응할 때 일으키는 반응은?

① 환원반응 ② 분해반응
③ 제거반응 ④ 첨가반응

해설
- 에틸렌가스가 수소(H_2)와 반응 : 첨가반응
- 아세틸렌+수소($C_2H_2 + H_2$) → C_2H_4(에틸렌가스 제조)
- C_2H_4 폭발범위 : 2.7～36%

60 황화수소의 주된 용도는?

① 도료 ② 냉매
③ 형광물질 원료 ④ 합성고무

해설 황화수소(H_2S)의 용도
금속 정련, 형광물질 원료 제조, 공업약품 · 의약품 제조, 유황 생성 등

ANSWER | 57. ② 58. ① 59. ④ 60. ③

2015년 3회 가스기능사

01 압축 또는 액화 그 밖의 방법으로 처리할 수 있는 가스의 용적이 1일 $100m^3$ 이상인 사업소는 압력계를 몇 개 이상 비치하도록 되어 있는가?

① 1 ② 2
③ 3 ④ 4

해설 $100m^3$ 이상의 가스용적을 처리하는 사업소는 2개 이상의 압력계를 비치해야 한다.

02 고압가스의 충전용기는 항상 몇 ℃ 이하의 온도를 유지하여야 하는가?

① 15 ② 20
③ 30 ④ 40

해설 고압가스 충전용기는 항상 40℃ 이하의 온도를 유지해야 한다.

03 암모니아 200kg을 내용적 50L 용기에 충전할 경우 필요한 용기의 개수는?(단, 충전 정수를 1.86으로 한다.)

① 4개 ② 6개
③ 8개 ④ 12개

해설 용기 1개당 질량$(W)=\frac{V}{C}=\frac{50}{1.86}=26.88\text{kg}$

∴ 필요용기 개수$=\frac{200}{26.88}=8$개

04 가스도매사업자 가스공급시설의 시설기준 및 기술기준에 의한 배관의 해저 설치의 기준에 대한 설명으로 틀린 것은?

① 배관은 원칙적으로 다른 배관과 교차하지 아니한다.
② 두 개 이상의 배관을 동시에 설치하는 경우에는 배관이 서로 접촉하지 아니하도록 필요한 조치를 한다.
③ 배관이 부양하거나 이동할 우려가 있는 경우에는 이를 방지하기 위한 조치를 한다.
④ 배관은 원칙적으로 다른 배관과 20m 이상의 수평거리를 유지한다.

해설 ④ 30m 이상의 수평거리를 유지하여야 한다.

05 도시가스 제조시설의 플레어스택 기준에 적합하지 않은 것은?

① 스택에서 방출된 가스가 지상에서 폭발한계에 도달하지 아니하도록 할 것
② 연소능력은 긴급이송설비로 이송되는 가스를 안전하게 연소시킬 수 있을 것
③ 스택에서 발생하는 최대열량에 장시간 견딜 수 있는 재료 및 구조로 되어 있을 것
④ 폭발을 방지하기 위한 조치가 되어 있을 것

해설 도시가스는 지하에서나 지면에서는 폭발한계(연소범위)에 도달하지 않게 한다.

06 초저온 용기에 대한 정의로 옳은 것은?

① 임계온도가 50℃ 이하인 액화가스를 충전하기 위한 용기
② 강판과 동판으로 제조된 용기
③ −50℃ 이하인 액화가스를 충전하기 위한 용기로서 용기 내의 가스온도가 상용의 온도를 초과하지 않도록 한 용기
④ 단열재로 피복하여 용기 내의 가스온도가 상용의 온도를 초과하도록 조치된 용기

해설 초저온 용기
−50℃ 이하인 액화가스를 충전하기 위한 용기로서 용기 내의 가스온도가 상용의 온도를 초과하지 않도록 한 용기

07 독성 가스의 제독제로 물을 사용하는 가스는?

① 염소 ② 포스겐
③ 황화수소 ④ 산화에틸렌

1. ② 2. ④ 3. ③ 4. ④ 5. ① 6. ③ 7. ④ | ANSWER

해설 독성 가스 제독제
- 염소 : 가성소다 수용액
- 포스겐 : 가성소다 수용액
- 황화수소 : 탄산소다 수용액

08 특정설비 중 압력용기의 재검사 주기는?

① 3년마다 ② 4년마다
③ 5년마다 ④ 10년마다

해설 ㉠ 특정설비
- 저장탱크 및 그 부속품
- 차량에 고정된 탱크 및 그 부속품
- 저장탱크와 함께 설치된 기화장치

㉡ 압력용기 재검사 주기 : 4년마다

09 아세틸렌 제조설비의 방호벽 설치기준으로 틀린 것은?

① 압축기와 충전용 주관밸브 조작밸브 사이
② 압축기와 가스충전용기 보관장소 사이
③ 충전장소와 가스충전용기 보관장소 사이
④ 충전장소와 충전용주관밸브 조작밸브 사이

해설 아세틸렌가스 또는 압력이 10MPa 이상인 압축기와 압축가스를 용기에 충전하는 경우 방호벽 설치 기준은 압축기와 그 충전장소 사이 및 ②, ③, ④항에 의한다.

10 용기 파열사고의 원인으로 가장 거리가 먼 것은?

① 용기의 내압력 부족
② 용기 내 규정압력의 초과
③ 용기 내에서 폭발성 혼합가스에 의한 발화
④ 안전밸브의 작동

해설 안전밸브가 압력초과 시 작동하지 않으면 파열사고가 발생한다.

11 액화산소 저장탱크 저장능력이 1,000m³일 때 방류둑의 용량은 얼마 이상으로 설치하여야 하는가?

① $400m^3$ ② $500m^3$
③ $600m^3$ ④ $1,000m^3$

해설 액화산소 저장탱크 저장능력당 방류둑 기준 60%
∴ $1,000 \times 0.6 = 600m^3$ 이상

12 당해 설비 내의 압력이 상용압력을 초과할 경우 즉시 상용압력 이하로 되돌릴 수 있는 안전장치의 종류에 해당하지 않는 것은?

① 안전밸브 ② 감압밸브
③ 바이패스밸브 ④ 파열판

해설 감압밸브
- 압력을 일정하게 공급한다.
- 고압, 저압을 동시에 사용 가능하다.
- 고압을 저압으로 감압시킨다.

13 일반도시가스 배관을 지하에 매설하는 경우에는 표지판을 설치해야 하는데 몇 m 간격으로 1개 이상을 설치해야 하는가?

① 100m ② 200m
③ 500m ④ 1,000m

해설 일반도시가스 지하 매설배관의 표지판 200m 간격당 1개 이상 설치한다.

14 도시가스 보일러 중 전용 보일러실에 반드시 설치하여야 하는 것은?

① 밀폐식 보일러
② 옥외에 설치하는 가스보일러
③ 반밀폐형 자연배기식 보일러
④ 전용급기통을 부착시키는 구조로 검사에 합격한 강제배기식 보일러

해설 반밀폐형 자연배기식 보일러
전용보일러실에 반드시 설치하여 급기, 배기가 원활하게 하여야 한다.

15 산소압축기의 내부 윤활제로 적당한 것은?

① 광유 ② 유지류
③ 물 ④ 황산

ANSWER | 8. ② 9. ① 10. ④ 11. ③ 12. ② 13. ② 14. ③ 15. ③

해설 산소압축기 윤활제
- 물
- 10% 이하 묽은 글리세린 수

16 고압가스 용기 제조의 시설기준에 대한 설명으로 옳은 것은?

① 용접용기 동판의 최대두께와 최소두께의 차이는 평균 두께의 5% 이하로 한다.
② 초저온 용기는 고압배관용 탄소 강관으로 제조한다.
③ 아세틸렌용기에 충전하는 다공질물은 다공도가 72% 이상 95% 미만으로 한다.
④ 용접용기에는 그 용기의 부속품을 보호하기 위하여 프로텍터 또는 캡을 고정식 또는 체인식으로 부착한다.

해설 고압배관용(SPPH)은 10MPa 이상용이다.
① 20%로 하여야 한다.
② 초저온 용기재료에는 니켈 등의 금속이 쓰인다.
③ 다공도가 75% 이상 92% 미만이어야 한다.

17 도시가스 배관 이음부와 전기점멸기, 전기접속기와는 몇 cm 이상의 거리를 유지해야 하는가?

① 10cm ② 15cm
③ 30cm ④ 40cm

해설 15cm 이상의 거리를 유지해야 한다.

18 용기종류별 부속품의 기호 표시로서 틀린 것은?

① AG : 아세틸렌가스를 충전하는 용기의 부속품
② PG : 압축가스를 충전하는 용기의 부속품
③ LG : 액화석유가스를 충전하는 용기의 부속품
④ LT : 초저온 용기 및 저온 용기의 부속품

해설 LG
액화석유가스(LPG) 외의 액화가스 충전용기 부속품

19 독성 가스 제독작업에 필요한 보호구의 보관에 대한 설명으로 틀린 것은?

① 독성 가스가 누출할 우려가 있는 장소에 가까우면서 관리하기 쉬운 장소에 보관한다.
② 긴급 시 독성 가스에 접하고 반출할 수 있는 장소에 보관한다.
③ 정화통 등의 소모품은 정기적 또는 사용 후에 점검하여 교환 및 보충한다.
④ 항상 청결하고 그 기능이 양호한 장소에 보관한다.

해설 독성 가스 제독작업 시 필요한 보호구의 보관은 긴급 시 독성 가스에서 떨어진 곳에서 반출이 가능한 장소에 보관한다.

20 일반 공업용 용기의 도색 기준으로 틀린 것은?

① 액화염소 – 갈색 ② 액화암모니아 – 백색
③ 아세틸렌 – 황색 ④ 수소 – 회색

해설
- 수소가스 용기 도색 : 주황색
- 회색용기 : 기타 그 밖의 가스

21 액화석유가스의 안전관리 및 사업법에 규정된 용어의 정의에 대한 설명으로 틀린 것은?

① 저장설비라 함은 액화석유가스를 저장하기 위한 설비로서 저장탱크, 마운드형 저장탱크, 소형저장탱크 및 용기를 말한다.
② 자동차에 고정된 탱크라 함은 액화석유가스의 수송, 운반을 위하여 자동차에 고정 설치된 탱크를 말한다.
③ 소형저장탱크라 함은 액화석유가스를 저장하기 위하여 지상 또는 지하에 고정 설치된 탱크로서 그 저장능력이 3톤 미만인 탱크를 말한다.
④ 가스설비라 함은 저장설비외의 설비로서 액화석유가스가 통하는 설비(배관을 포함한다)와 그 부속설비를 말한다.

해설 가스설비
저장설비 외의 설비로서 액화석유가스가 통하는 설비와 그 부속설비를 말한다.(배관은 제외한다.)

16. ④ 17. ② 18. ③ 19. ② 20. ④ 21. ④ | ANSWER

22 **1%에 해당하는 ppm의 값은?**

① 10^2ppm　② 10^3ppm
③ 10^4ppm　④ 10^5ppm

해설 %는 백분율$\left(\frac{1}{100}=0.01\right)$

ppm은 백만분율$\left(\frac{1}{10^6}=0.000001\right)$

$\therefore$ $1\% = 10^4\text{ppm}\left(\frac{0.01}{0.000001}=10{,}000=10^4\right)$

23 **가스배관의 시공 신뢰성을 높이는 일환으로 실시하는 비파괴검사 방법 중 내부선원법, 이중벽 이중상법 등을 이용하는 방법은?**

① 초음파탐상시험　② 자분탐상시험
③ 방사선투과시험　④ 침투탐상방법

해설 방사선투과시험(비파괴법)
X선, γ선을 투과하여 용접부 결함 유무를 판단하는 검사법(내부선원법, 이중벽 이중상법)이다. 장치가 크고 가격이 비싸다.

24 **차량에 고정된 저장탱크로 염소를 운반할 때 용기의 내용적(L)은 얼마 이하가 되어야 하는가?**

① 10,000　② 12,000
③ 15,000　④ 18,000

해설 염소는 독성 가스(Cl_2=허용농도 1ppm)이다. 독성 가스 저장탱크의 내용적은 12,000L 이하로 제작하여야 한다.

25 **일산화탄소와 공기의 혼합가스는 압력이 높아지면 폭발범위는 어떻게 되는가?**

① 변함없다.
② 좁아진다.
③ 넓어진다.
④ 일정치 않다.

해설
- 일산화탄소(CO)는 다른 가연성 가스와 반대로 압력이 고압일수록 폭발범위가 좁아진다.
- CO 가스 폭발범위 : 12.5~74%

26 **도시가스 배관을 폭 8m 이상의 도로에서 지하에 매설 시 지표면으로부터 배관의 외면까지의 매설깊이의 기준은?**

① 0.6m 이상　② 1.0m 이상
③ 1.2m 이상　④ 1.5m 이상

해설

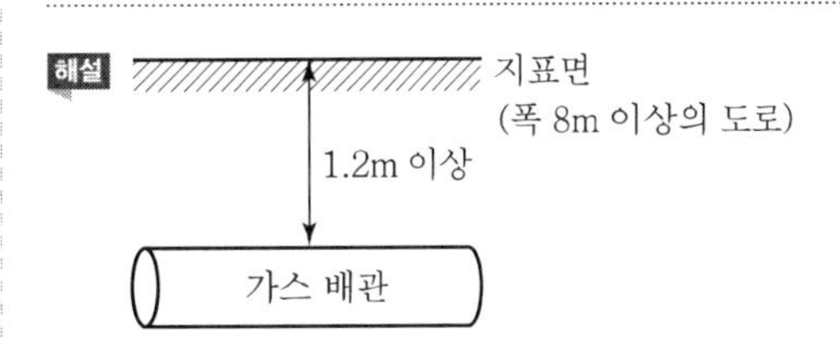

27 **도시가스시설의 설치공사 또는 변경공사를 하는 때에 이루어지는 주요 공정 시공감리 대상은?**

① 도시가스사업자 외의 가스공급시설 설치자의 배관 설치공사
② 가스도매사업자의 가스공급시설 설치공사
③ 일반도시가스사업자의 정압기 설치공사
④ 일반도시가스사업자의 제조소 설치공사

해설 도시가스시설(설치공사, 변경공사) 주요 공정 시공감리 대상
도시가스사업자 외의 가스공급시설 설치자의 배관 설치공사

28 **고압가스 공급자의 안전점검 항목이 아닌 것은?**

① 충전용기의 설치위치
② 충전용기의 운반방법 및 상태
③ 충전용기와 화기와의 거리
④ 독성 가스의 경우 합수장치, 제해장치 및 보호구 등에 대한 적합 여부

해설 고압가스 공급자의 안전점검 항목은 ①, ③, ④항이다.

29 **액화석유가스 판매업소의 충전용기 보관실에 강제통풍장치 설치 시 통풍능력의 기준은?**

① 바닥면적 $1m^2$당 $0.5m^3$/분 이상
② 바닥면적 $1m^2$당 $1.0m^3$/분 이상
③ 바닥면적 $1m^2$당 $1.5m^3$/분 이상
④ 바닥면적 $1m^2$당 $2.0m^3$/분 이상

ANSWER | 22. ③ 23. ③ 24. ② 25. ② 26. ③ 27. ① 28. ② 29. ①

해설 액화석유가스 통풍능력
바닥면적 $1m^2$당 $0.5m^3$/분 이상으로 할 것

30 다음 중 동일 차량에 적재하여 운반할 수 없는 경우는?

① 산소와 질소
② 질소와 탄산가스
③ 탄산가스와 아세틸렌
④ 염소와 아세틸렌

해설 염소가스와 아세틸렌, 암모니아, 수소는 동일 차량에 적재하여 운반하지 아니할 것

31 액화가스의 이송 펌프에서 발생하는 캐비테이션 현상을 방지하기 위한 대책으로서 틀린 것은?

① 흡입 배관을 크게 한다.
② 펌프의 회전수를 크게 한다.
③ 펌프의 설치위치를 낮게 한다.
④ 펌프의 흡입구 부근을 냉각한다.

해설 캐비테이션 현상
순간의 압력저하로 액이 기화하는 현상이며 펌프의 회전수를 작게 하면 방지할 수 있다.

32 다음 중 대표적인 차압식 유량계는?

① 오리피스미터 ② 로터미터
③ 마노미터 ④ 습식 가스미터

해설 차압식 유량계
• 오리피스미터
• 플로노즐
• 벤투리미터

33 공기액화분리기 내의 CO_2를 제거하기 위해 NaOH 수용액을 사용한다. 1.0kg의 CO_2를 제거하기 위해서는 약 몇 kg의 NaOH를 가해야 하는가?

① 0.9 ② 1.8
③ 3.0 ④ 3.8

해설 $\underline{2NaOH}$(가성소다) + $\underline{CO_2}$ → $Na_2CO_3 + H_2O$
2×40 　　　　+44
NaOH 분자량=40
CO_2 분자량=44
∴ 가성소다 소비량(NaOH) $= \frac{2\times40}{44} = 1.81$kg/kg

34 왕복동 압축기 용량조정방법 중 단계적으로 조절하는 방법에 해당되는 것은?

① 회전수를 변경하는 방법
② 흡입 주밸브를 폐쇄하는 방법
③ 타임드 밸브 제어에 의한 방법
④ 클리어런스 밸브에 의해 용적 효율을 낮추는 방법

해설 왕복동 압축기 용량조정방법 중 단계적 조절방법에 해당하는 것은 ④항이다.

35 LP가스에 공기를 희석시키는 목적이 아닌 것은?

① 발열량 조절 ② 연소효율 증대
③ 누설 시 손실감소 ④ 재액화 촉진

해설 액화석유가스에 공기를 섞어서 희석시키는 목적은 ①, ②, ③항이다.

36 다음 중 정압기의 부속설비가 아닌 것은?

① 불순물 제거장치
② 이상압력 상승 방지장치
③ 검사용 맨홀
④ 압력기록장치

해설 정압기(거버너) 부속설비
• 불순물 제거장치
• 이상압력 상승 방지장치
• 압력기록장치

37 금속재료 중 저온재료로 적당하지 않은 것은?

① 탄소강 ② 황동
③ 9% 니켈강 ④ 18−8 스테인리스강

30. ④ 31. ② 32. ① 33. ② 34. ④ 35. ④ 36. ③ 37. ① | ANSWER

해설 탄소(C)
인성, 연신율, 충격치, 비중, 융해온도, 열전도율, 인장강도, 경도, 항복점, 비열, 취성, 전기저항에 관계된다.

38 다음 중 터보압축기에서 주로 발생할 수 있는 현상은?

① 수격작용(Water Hammer)
② 베이퍼 록(Vapor Lock)
③ 서징(Surging)
④ 캐비테이션(Cavitation)

해설 터보압축기(원심식 압축기)
서징현상 발생(주기적으로 한숨을 일으키는 소리)

39 파이프 커터로 강관을 절단하면 거스러미(Burr)가 생긴다. 이것을 제거하는 공구는?

① 파이프 벤더 ② 파이프 렌치
③ 파이프 바이스 ④ 파이프 리머

해설 파이프 리머
강관 절단면 거스러미 제거용 공구

40 고속회전하는 임펠러의 원심력에 의해 속도에너지를 압력에너지로 바꾸어 압축하는 형식으로서 유량이 크고 설치면적이 적게 차지하는 압축기의 종류는?

① 왕복식 ② 터보식
③ 회전식 ④ 흡수식

해설 터보식 압축기
원심력을 이용(속도에너지 → 압력에너지 변화)하는 비용적식 압축기로서 대용량 압축기

41 가스홀더의 압력을 이용하여 가스를 공급하며 가스 제조공장과 공급지역이 가깝거나 공급면적이 좁을 때 적당한 가스공급방법은?

① 저압공급방식 ② 중앙공급방식
③ 고압공급방식 ④ 초고압공급방식

해설 가스홀더 저압식
유수식, 무수식이 있다. 가스 제조공장과 공급지역이 가깝거나 공급면적이 좁을 때 적당하다.

42 가스 종류에 따른 용기의 재질로서 부적합한 것은?

① LPG : 탄소강
② 암모니아 : 동
③ 수소 : 크롬강
④ 염소 : 탄소강

해설 ㉠ 암모니아 가스가 아연, 동(구리), 은, 알루미늄, 코발트와 만나면 착이온을 생성시킨다.
㉡ 암모니아 제조
- $CaCN_2$(칼슘시안아미드) + $3H_2O \rightarrow CaCO_3 + 2NH_3$
- $3H_2 + N_2 \rightarrow 2NH_3 + 24kcal$

43 오르자트법으로 시료가스를 분석할 때의 성분분석순서로서 옳은 것은?

① $CO_2 \rightarrow O_2 \rightarrow CO$
② $CO \rightarrow CO_2 \rightarrow O_2$
③ $O_2 \rightarrow CO \rightarrow CO_2$
④ $O_2 \rightarrow CO_2 \rightarrow CO$

해설 오르자트 화학식 가스분석순서
$CO_2 \rightarrow O_2 \rightarrow CO$

44 수소염 이온화식(FID) 가스 검출기에 대한 설명으로 틀린 것은?

① 감도가 우수하다.
② CO_2와 NO_2는 검출할 수 없다.
③ 연소하는 동안 시료가 파괴된다.
④ 무기화합물의 가스검지에 적합하다.

해설 FID(수소염 이온화 검출기) 가스크로마토기기 분석법
- 탄화수소에서 감도가 최고
- H_2, O_2, CO, CO_2, SO_2 등은 분석 불가

ANSWER | 38. ③ 39. ④ 40. ② 41. ① 42. ② 43. ① 44. ④

45 다음 [보기]와 관련 있는 분석방법은?

[보기]
- 쌍극자모멘트의 알짜변화
- 진동 짝지움
- Nernst 백열등
- Fourier 변환분광계

① 질량분석법 ② 흡광광도법
③ 적외선 분광분석법 ④ 킬레이트 적정법

해설 적외선 분광분석법
H_2, O_2, N_2, Cl_2 등의 가스는 (2원자 분자) 적외선을 흡수하지 않아서 가스분석 불가, 보기의 4가지를 이용하여 진동에 의해서 적외선의 흡수가 일어난다.

46 표준상태에서 1,000L의 체적을 갖는 가스상태의 부탄은 약 몇 kg인가?

① 2.6 ② 3.1
③ 5.0 ④ 6.1

해설 부탄가스(C_4H_{10}) 분자량 : 58(22.4L/mol)
몰수$=\frac{1,000}{22.4}=44.64$몰(1몰$=58$g)
$\therefore 44.64\times58=2,589.29\text{g}\fallingdotseq2.6\text{kg}$

47 다음 중 일반기체상수(R)의 단위는?

① kg · m/kmol · K ② kg · m/kcal · K
③ kg · m/m³ · K ④ kcal/kg · ℃

해설 일반기체상수(R)
- $R=848\text{kg}\cdot\text{m/kmol}\cdot\text{K}$
- $R=\frac{101,300\times22.4}{273}=8,314\text{J/kmol}\cdot\text{K}$
  $=8.314\text{kJ/kmol}\cdot\text{K}$

48 열역학 제1법칙에 대한 설명이 아닌 것은?

① 에너지 보존의 법칙이라고 한다.
② 열은 항상 고온에서 저온으로 흐른다.
③ 열과 일은 일정한 관계로 상호 교환된다.
④ 제1종 영구기관이 영구적으로 일하는 것은 불가능하다는 것을 알려준다.

해설 ②항은 열역학 제2법칙이다.

49 표준상태의 가스 1m³를 완전연소시키기 위하여 필요한 최소한의 공기를 이론공기량이라고 한다. 다음 중 이론공기량으로 적합한 것은?(단, 공기 중에 산소는 21% 존재한다.)

① 메탄 : 9.5배 ② 메탄 : 12.5배
③ 프로판 : 15배 ④ 프로판 : 30배

해설
- 메탄(CH_4)$+2O_2\rightarrow CO_2+2H_2O$
  이론공기량(A_0)$=$이론산소량(O_0)$\times\frac{1}{0.21}=2\times\frac{1}{0.21}$
  $=9.52\text{Nm}^3/\text{Nm}^3$
- 프로판(C_3H_8)$+5O_2\rightarrow 3CO_2+4H_2O$
  이론공기량(A_0)$=$이론산소량(O_0)$\times\frac{1}{0.21}=5\times\frac{1}{0.21}$
  $=23.3\text{Nm}^3/\text{Nm}^3$

50 다음 중 액화가 가장 어려운 가스는?

① H_2 ② He
③ N_2 ④ CH_4

해설 ㉠ 비점(끓는점)이 낮은 가스는 액화가 매우 어렵다.
㉡ 가스의 비점
- 수소 : −252℃ • 헬륨 : −272.2℃
- 질소 : −196℃ • 메탄 : −162℃

51 다음 중 아세틸렌의 발생방식이 아닌 것은?

① 주수식 : 카바이드에 물을 넣는 방법
② 투입식 : 물에 카바이드를 넣는 방법
③ 접촉식 : 물과 카바이드를 소량씩 접촉시키는 방법
④ 가열식 : 카바이드를 가열하는 방법

해설 아세틸렌가스 발생방식
- 투입식
- 주수식
- 접촉식
  $CaO+3C\rightarrow CaC_2+CO$
  CaC_2(카바이드)$+2H_2O\rightarrow Ca(OH)+C_2H_2$(아세틸렌)

45. ③ 46. ① 47. ① 48. ② 49. ① 50. ② 51. ④ | ANSWER

52 이상기체의 등온과정에서 압력이 증가하면 엔탈피(H)는?

① 증가한다.　② 감소한다.
③ 일정하다.　④ 증가하다가 감소한다.

해설 등온과정(온도일정)
변화전후의 기체가 갖는 내부에너지 엔탈피는 모두 같다.
(가열된 열량은 공업일, 절대일로 방출된다.)
- 내부에너지(Δu)$= mC_v(T_2 - T_1) = 0$
- 가열량(Q)$= AP_1V_1\ln\left(\frac{V_2}{V_1}\right)$

53 1kW의 열량을 환산한 것으로 옳은 것은?

① 536kcal/h　② 632kcal/h
③ 720kcal/h　④ 860kcal/h

해설 1kW=102kg · m/s
1kWh=120kg · m/s×1h×3,600s/h
$\times \frac{1}{427}$kcal/kg · m
=860kcal=3,600kJ/h

54 섭씨온도와 화씨온도가 같은 경우는?

① −40℃　② 32°F
③ 273℃　④ 45°F

해설 $-40℃ = \frac{9}{5} \times -40 + 32 = -40°F$
- $°F = \frac{9}{5} \times ℃ + 32$
- $℃ = \frac{5}{9}(°F - 32)$
- °R=°F+460
- K=℃+273

55 다음 중 1기압(1atm)과 같지 않은 것은?

① 760mmHg　② 0.9807bar
③ 10.332mH_2O　④ 101.3kPa

해설 1atm=1.013bar=1,013mbar=101,325N/m^2
=30inHg=14.7lb/in^2=101,325Pa
※ Aq(Aqua) : 수두압

56 어떤 기구가 1atm, 30℃에서 10,000L의 헬륨으로 채워져 있다. 이 기구가 압력이 0.6atm이고 온도가 −20℃인 고도까지 올라갔을 때 부피는 약 몇 L가 되는가?

① 10,000　② 12,000
③ 14,000　④ 16,000

해설 $V_2 = V_1 \times \frac{T_2}{T_1} \times \frac{P_1}{P_2}$
$= 10,000 \times \frac{273-20}{273+30} \times \frac{1}{0.6}$
≒ 14,000L

57 다음 중 절대온도 단위는?

① K　② °R
③ °F　④ ℃

해설 절대온도
- K=℃+273
- °R=°F+460

58 이상기체를 정적하에서 가열하면 압력과 온도의 변화는?

① 압력증가, 온도일정　② 압력일정, 온도일정
③ 압력증가, 온도상승　④ 압력일정, 온도상승

해설 정적(체적일정)하에서 가열하면
- 압력증가
- 온도상승

59 산소의 물리적인 성질에 대한 설명으로 틀린 것은?

① 산소는 약 −183℃에서 액화한다.
② 액체산소는 청색으로 비중이 약 1.13이다.
③ 무색무취의 기체이며 물에는 약간 녹는다.
④ 강력한 조연성 가스이므로 자신이 연소한다.

해설
- O_2(산소)는 조연성 가스이므로 자신은 연소되지 못하고 가연성 가스를 연소시킨다.(불연성 가스)
- 가연성 가스 : H_2, CH_4, C_2H_2, C_3H_8, C_4H_{10} 등

ANSWER | 52. ③ 53. ④ 54. ① 55. ② 56. ③ 57. ① 58. ③ 59. ④

60 **도시가스의 주원료인 메탄(CH_4)의 비점은 약 얼마인가?**

① －50℃　　② －82℃
③ －120℃　　④ －162℃

해설 메탄(CH_4)
- 분자량 : 16
- 액비중 : 0.415
- 비점 : －161.5℃
- 임계압력 : 45.8atm
- 임계온도 : －82.1℃
- 폭발범위 : 5～15%

2015년 4회 가스기능사

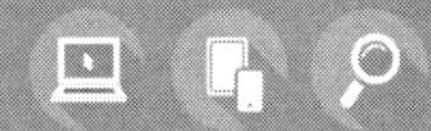

01 다음 중 사용신고를 하여야 하는 특정고압가스에 해당하지 않는 것은?

① 게르만 ② 삼불화질소
③ 사불화규소 ④ 오불화붕소

해설 • 특정 고압가스 : 포스핀, 세렌화수소, 디실란, 오불화비소, 오불화인, 삼불화인, 삼불화붕소, 사불화유황 외 ①, ②, ③ 등이다.
• 특수가스 : 압축모노실란, 압축디보레인, 액화알진, 포스핀, 세렌화수소, 게르만, 디실란 등

02 LP가스 저장탱크 지하에 설치하는 기준에 대한 설명으로 틀린 것은?

① 저장탱크실 상부 윗면으로부터 저장탱크 상부까지의 깊이는 1m 이상으로 한다.
② 저장탱크 주위 빈 공간에는 세립분을 함유하지 않은 것으로서 손으로 만졌을 때 물이 손에서 흘러내리지 않는 상태의 모래를 채운다.
③ 저장탱크를 2개 이상 인접하여 설치하는 경우에는 상호 간에 1m 이상의 거리를 유지한다.
④ 저장탱크실은 천장, 벽 및 바닥의 두께가 각각 30cm 이상의 방수조치를 한 철근 콘크리트 구조로 한다.

해설

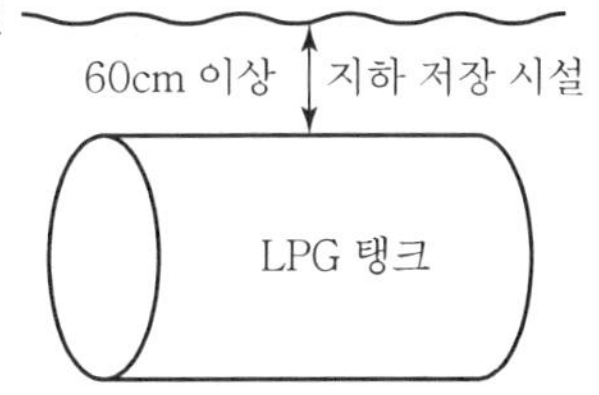

03 용기의 설계단계 검사항목이 아닌 것은?

① 단열성능 ② 내압성능
③ 작동성능 ④ 용접부의 기계적 성능

해설 용기의 설계단계 검사항목
• 단열성능
• 내압성능
• 용접부 기계적 성능

04 고압가스용 저장탱크 및 압력용기 제조시설에 대하여 실시하는 내압검사에서 압력용기 등의 재질이 주철인 경우 내압시험압력의 기준은?

① 설계압력의 1.2배의 압력
② 설계압력의 1.5배의 압력
③ 설계압력의 2배의 압력
④ 설계압력의 3배의 압력

해설 압력용기 재질이 주철제인 경우 내압시험
설계압력의 2배

05 초저온 용기의 단열성능시험에 있어 침입열량 산식은 다음과 같이 구해진다. 여기서 "q"가 의미하는 것은?

$$Q = \frac{W \cdot q}{H \cdot \Delta t \cdot V}$$

① 침입열량
② 측정시간
③ 기화된 가스양
④ 시험용 가스의 기화잠열

해설 • W : 기화된 가스양
• q : 시험용 가스의 기화 잠열
• H : 측정시간
• Δt : 시험용 가스의 비점과 외기온도차
• V : 용기 내용적

06 인체용 에어졸 제품의 용기에 기재하여야 할 사항으로 틀린 것은?

① 불 속에 버리지 말 것
② 가능한 한 인체에서 10cm 이상 떨어져서 사용할 것
③ 온도가 40℃ 이상 되는 장소에 보관하지 말 것
④ 특정부위에 계속하여 장시간 사용하지 말 것

해설

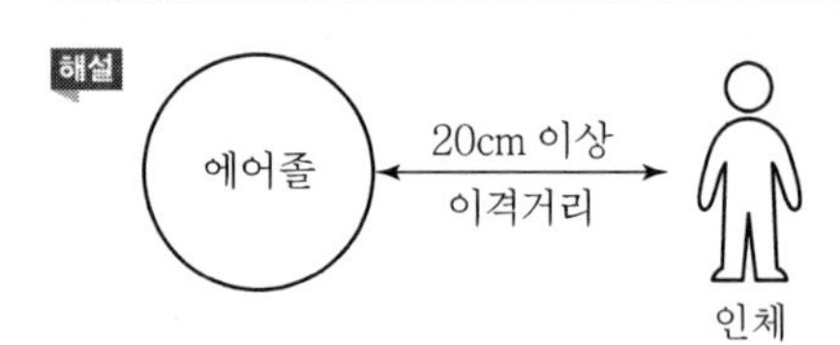

07 **비등액체팽창증기폭발(BLEVE)이 일어날 가능성이 가장 낮은 곳은?**

① LPG 저장탱크 ② LNG 저장탱크
③ 액화가스 탱크로리 ④ 천연가스 지구정압기

해설 BLEVE
가연성 액체 저장탱크 주변에서 화재가 발생하여 기상부의 탱크가 국부적으로 가열되면 그 부분이 강도가 약해져 탱크가 파열된다. 이때 내부의 액화가스가 급격히 유출팽창되어 화구를 형성하는 폭발

08 **자연발화의 열의 발생 속도에 대한 설명으로 틀린 것은?**

① 발열량이 큰 쪽이 일어나기 쉽다.
② 표면적이 작을수록 일어나기 쉽다.
③ 초기 온도가 높은 쪽이 일어나기 쉽다.
④ 촉매 물질이 존재하면 반응속도가 빨라진다.

해설 자연발화는 표면적이 클수록 일어나기가 용이하다.

09 **다음 가스의 용기보관실 중 그 가스가 누출된 때에 체류하지 않도록 통풍구를 갖추고, 통풍이 잘 되지 않는 곳에는 강제환기시설을 설치하여야 하는 곳은?**

① 질소 저장소 ② 탄산가스 저장소
③ 헬륨 저장소 ④ 부탄 저장소

해설 공기보다 무거운 가연성 가스(부탄의 분자량은 58)가 누출되면 체류하지 않도록 통풍구를 갖추고 강제환기시설을 설치한다.

10 **발열량이 9,500kcal/m^{3}이고 가스비중이 0.65인 (공기 1) 가스의 웨버지수는 약 얼마인가?**

① 6,175 ② 9,500
③ 11,780 ④ 14,615

해설 웨버지수(WI)$=\dfrac{H_g}{\sqrt{d}}=\dfrac{9,500}{\sqrt{0.65}}=11,780$

11 **도시가스 배관의 매설심도를 확보할 수 없거나 타 시설물과 이격거리를 유지하지 못하는 경우 등에는 보호판을 설치한다. 압력이 중압 배관일 경우 보호판의 두께 기준은?**

① 3mm ② 4mm
③ 5mm ④ 6mm

해설

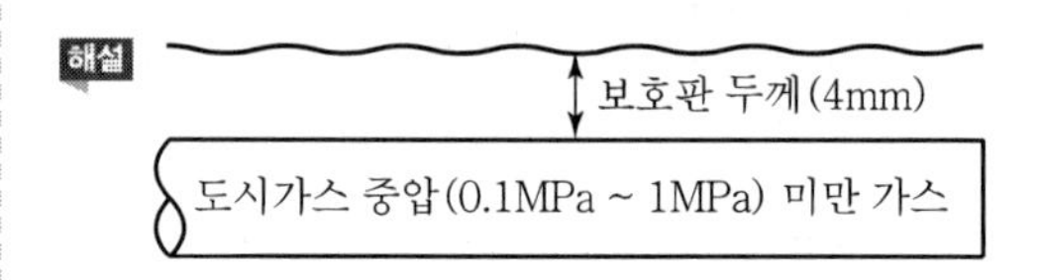

12 **고압가스안전관리법의 적용을 받는 고압가스의 종류 및 범위로서 틀린 것은?**

① 상용의 온도에서 압력이 1MPa 이상이 되는 압축가스
② 섭씨 35도의 온도에서 압력이 0Pa을 초과하는 아세틸렌가스
③ 상용의 온도에서 압력이 0.2MPa 이상이 되는 액화가스
④ 섭씨 35도의 온도에서 압력이 0Pa을 초과하는 액화가스 중 액화시안화수소

해설 아세틸렌가스(C_2H_2)는 15℃에서 압력이 0Pa을 초과하면 고압가스이다.

13 **고압가스 제조허가의 종류가 아닌 것은?**

① 고압가스 특수제조
② 고압가스 일반제조
③ 고압가스 충전
④ 냉동제조

해설 ①항에서는 제조허가가 특정제조이어야 고압가스 제조허가가 필요하다.

7. ④ 8. ② 9. ④ 10. ③ 11. ② 12. ② 13. ① | ANSWER

14 암모니아 충전용기로서 내용적이 1,000L 이하인 것은 부식여유두께의 수치가 (A)mm이고, 염소 충전용기로서 내용적이 1,000L 초과하는 것은 부식여유두께의 수치가 (B)mm이다. A 와 B에 알맞은 부식여유치는?

① A : 1, B : 3　　② A : 2, B : 3
③ A : 1, B : 5　　④ A : 2, B : 5

해설 ㉠ 암모니아 용기 부식여유의 수치
- 1,000L 이하 : 1mm
- 1,000L 초과 : 2mm

㉡ 염소 용기 부식여유의 수치
- 1,000L 이하 : 3mm
- 1,000L 초과 : 5mm

15 LPG 자동차에 고정된 용기충전시설에서 저장탱크의 물분무장치는 최대수량을 몇 분 이상 연속해서 방사할 수 있는 수원에 접속되어 있도록 하여야 하는가?

① 20분　　② 30분
③ 40분　　④ 60분

해설

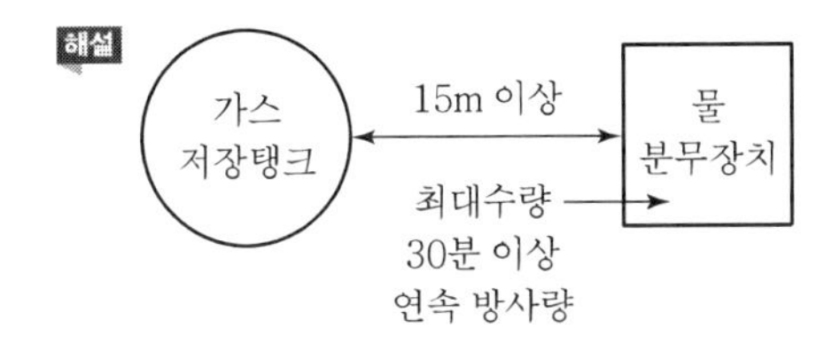

16 산화에틸렌 충전용기에는 질소 또는 탄산가스를 충전하는데 그 내부가스 압력의 기준으로 옳은 것은?

① 상온에서 0.2MPa 이상
② 35℃에서 0.2MPa 이상
③ 40℃에서 0.4MPa 이상
④ 45℃에서 0.4MPa 이상

해설 산화에틸렌(C_2H_4O) 충전용기 상부에 질소나 탄산가스를 45℃에서 0.4MPa 이상이 되도록 그 내부에 충전시킨다.

17 다음 중 보일러 중독사고의 주원인이 되는 가스는?

① 이산화탄소　　② 일산화탄소
③ 질소　　④ 염소

해설
- $CO + \frac{1}{2}O_2 \rightarrow CO_2$
- CO의 독성 허용농도 : TLV 기준 50ppm

18 플레어스택에 대한 설명으로 틀린 것은?

① 플레어스택에서 발생하는 복사열이 다른 제조 시설에 나쁜 영향을 미치지 아니하도록 안전한 높이 및 위치에 설치한다.
② 플레어스택에서 발생하는 최대열량에 장시간 견딜 수 있는 재료 및 구조로 되어 있는 것으로 한다.
③ 파일럿버너를 항상 점화하여 두는 등 플레어스택에 관련된 폭발을 방지하기 위한 조치가 되어 있는 것으로 한다.
④ 특수반응설비 또는 이와 유사한 고압가스설비에는 그 특수반응설비 또는 고압가스설비마다 설치한다.

해설 플레어스택의 기준은 ①, ②, ③항이며 설치높이는 지표면에 미치는 복사열이 4,000kcal/m^2h 이하가 되도록 할 것

19 도시가스사용시설에서 도시가스 배관의 표시등에 대한 기준으로 틀린 것은?

① 지하에 매설하는 배관은 그 외부에 사용가스명, 최고사용압력, 가스의 흐름방향을 표시한다.
② 지상배관은 부식방지 도장 후 황색으로 도색한다.
③ 지하매설배관은 최고사용압력이 저압인 배관은 황색으로 한다.
④ 지하매설배관은 최고사용압력이 중압이상인 배관은 적색으로 한다.

해설 도시가스 지하매설배관
흐름방향 표지는 생략할 수 있다.

ANSWER | 14. ③ 15. ② 16. ④ 17. ② 18. ④ 19. ①

20 특정고압가스 사용시설에서 용기의 안전조치 방법으로 틀린 것은?

① 고압가스의 충전용기는 항상 40℃ 이하를 유지하도록 한다.
② 고압가스의 충전용기 밸브는 서서히 개폐한다.
③ 고압가스의 충전용기 밸브 또는 배관을 가열할 때에는 열습포나 40℃ 이하의 더운 물을 사용한다.
④ 고압가스의 충전용기를 사용한 후에는 밸브를 열어 둔다.

해설 충전용기는 항상 사용이 끝나면 밸브를 잠가둔다.

21 일반도시가스의 배관을 철도부지 밑에 매설할 경우 배관의 외면과 지표면과의 거리는 몇 m 이상으로 하여야 하는가?

① 1.0m ② 1.2m
③ 1.3m ④ 1.5m

해설
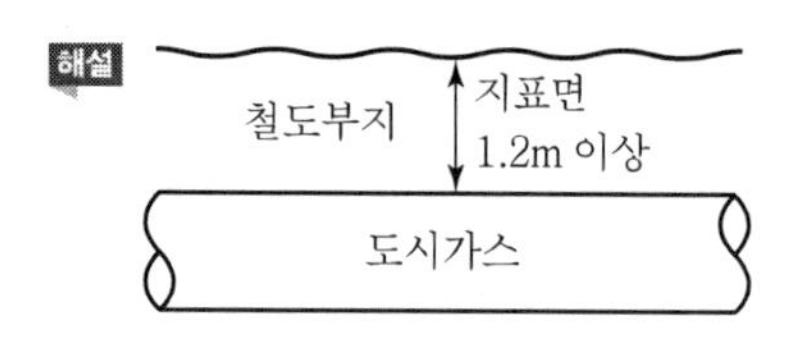

22 가스도매사업시설에서 배관 지하매설의 설치기준으로 옳은 것은?

① 산과 들 이외의 지역에서 배관의 매설 깊이는 1.5m 이상
② 산과 들에서의 배관의 매설깊이는 1m 이상
③ 배관은 그 외면으로부터 수평거리로 건축물까지 1.2m 이상 거리 유지
④ 배관은 그 외면으로부터 지하의 다른 시설물과 1.2m 이상 거리 유지

해설
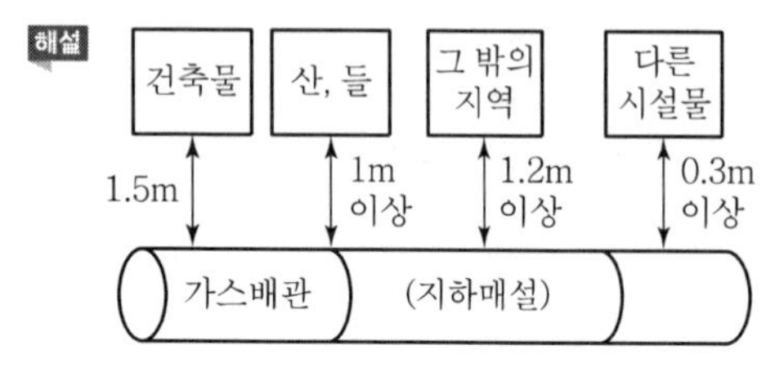

23 인화온도가 약 −30℃이고 발화온도가 매우 낮아 전구 표면이나 증기파이프 등의 열에 의해 발화할 수 있는 가스는?

① CS_2 ② C_2H_2
③ C_2H_4 ④ C_3H_8

해설 이황화탄소(CS_2)
- 폭발범위 : 1.25~44%(독성 허용농도 20ppm)
- 발화등급 : G_5 등급(발화온도 : 100℃ 초과~135℃ 이하)
- 인화점 : −30℃

24 액화가스를 충전하는 차량에 고정된 탱크는 그 내부에 액면요동을 방지하기 위하여 액면요동방지조치를 하여야 한다. 다음 중 액면요동방지조치로 올바른 것은?

① 방파판 ② 액면계
③ 온도계 ④ 스톱밸브

해설
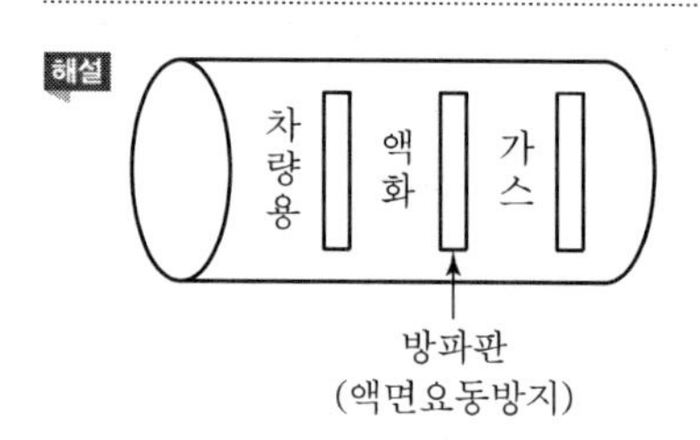

25 가연성 가스의 지상저장탱크의 경우 외부에 바르는 도료의 색깔은 무엇인가?

① 청색 ② 녹색
③ 은·백색 ④ 검은색

해설
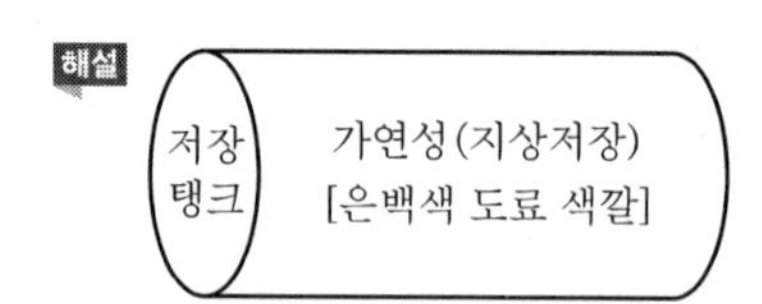

26 아르곤(Ar) 가스 충전용기의 도색은 어떤 색상으로 하여야 하는가?

① 백색 ② 녹색
③ 갈색 ④ 회색

해설 아르곤가스(그 밖의 가스) 등의 충전용기 도색은 회색이다.

20. ④ 21. ② 22. ② 23. ① 24. ① 25. ③ 26. ④ | ANSWER

27 **지하에 매몰하는 도시가스 배관의 재료로 사용할 수 없는 것은?**

① 가스용 폴리에틸렌관
② 압력 배관용 탄소강관
③ 압출식 폴리에틸렌 피복강관
④ 분말융착식 폴리에틸렌 피복강관

해설 압력배관용 탄소강관(SPPS)을 지하 매몰용으로 사용하면 부식이 발생한다.

28 **아세틸렌 용기에 대한 다공물질 충전검사 적합판정 기준은?**

① 다공물질은 용기 벽을 따라서 용기안지름의 1/200 또는 1mm를 초과하는 틈이 없는 것으로 한다.
② 다공물질은 용기 벽을 따라서 용기안지름의 1/200 또는 3mm를 초과하는 틈이 없는 것으로 한다.
③ 다공물질은 용기 벽을 따라서 용기안지름의 1/100 또는 5mm를 초과하는 틈이 없는 것으로 한다.
④ 다공물질은 용기 벽을 따라서 용기안지름의 1/100 또는 10mm를 초과하는 틈이 없는 것으로 한다.

해설 가스용기 내의 다공물질(규조토, 점토, 목탄, 석회, 산화철 등) 검사는 용기 안지름의 $\frac{1}{200}$ 또는 3mm를 초과하는 틈이 없는 것으로 한다.

29 **액화석유가스가 공기 중에 얼마의 비율로 혼합되었을 때 그 사실을 알 수 있도록 냄새가 나는 물질을 섞어 용기에 충전하여야 하는가?**

① $\frac{1}{1,000}$　② $\frac{1}{10,000}$
③ $\frac{1}{100,000}$　④ $\frac{1}{1,000,000}$

해설 가스부취제는 가스양의 $\frac{1}{1,000}$ 비율로 섞어서 가스를 제조한다.

부취제 종류
- THT : 석탄가스 냄새
- TBM : 양파 썩는 냄새
- DMS : 마늘 냄새

30 **가스누출자동차단장치의 구성요소에 해당하지 않는 것은?**

① 지시부　② 검지부
③ 차단부　④ 제어부

해설 가스누출자동차단장치 구성요소
- 검지부
- 차단부
- 제어부

31 **도시가스사용시설의 정압기실에 설치된 가스누출경보기의 점검주기는?**

① 1일 1회 이상　② 1주일 1회 이상
③ 2주일 1회 이상　④ 1개월 1회 이상

해설 도시가스 정압기(거버너)의 가스누출경보기 점검주기
- 1주일에 1회 이상
- 정압기 종류 : 피셔식, 액시얼플로식, 레이놀드식

32 **고압가스 제조설비에서 정전기의 발생 또는 대전 방지에 대한 설명으로 옳은 것은?**

① 가연성 가스 제조설비의 탑류, 벤트스택 등은 단독으로 접지한다.
② 제조장치 등에 본딩용 접속선은 단면적 5.5mm^2 미만의 단선을 사용한다.
③ 대전 방지를 위하여 기계 및 장치에 절연 재료를 사용한다.
④ 접지저항치 총합이 100Ω 이하인 경우에는 정전기 제거 조치가 필요하다.

해설 ② 5.5mm^2 이상(단선은 제외한다.)
③ 본딩용 접속선을 한다.
④ 정전기 제거 조치는 하면 아니된다.

33 **이동식 부탄연소기의 용기 연결방법에 따른 분류가 아닌 것은?**

① 용기이탈식　② 분리식
③ 카세트식　④ 직결식

ANSWER | 27. ② 28. ② 29. ① 30. ① 31. ② 32. ① 33. ①

해설 이동식 부탄(C_4H_{10}) 가스 용기 연결방법
- 분리식
- 카세트식
- 직결식

34 액화산소, LNG 등에 일반적으로 사용될 수 있는 재질이 아닌 것은?

① Al 및 Al 합금　② Cu 및 Cu 합금
③ 고장력 주철강　④ 18－8 스테인리스강

해설 액화산소, LNG 초저온 가스의 용기 재질에서 주철강은 사용이 불가능하다.

35 저압식(Linde－Frankl식) 공기액화분리장치의 정류탑 하부의 압력은 어느 정도인가?

① 1기압　② 5기압
③ 10기압　④ 20기압

해설 공기액화분리장치
- 하부탑의 압력 : 5at(－150℃ 저온 생성)
- 원료공기 압축 : 150~200at
- 중간단 압축 : 15at
- 상부탑 압력 : 0.5at(액체 산소분리)

36 LP가스 저압배관공사를 완료하여 기밀시험을 하기 위해 공기압을 1,000mmH_2O로 하였다. 이때 관지름 25mm, 길이 30m로 할 경우 배관의 전체 부피는 약 몇 L인가?

① 5.7L　② 12.7L
③ 14.7L　④ 23.7L

해설 Q(부피) = 단면적$\left(\frac{\pi}{4}d^2\right)$ × 길이

25mm = 0.025m, $1m^3$ = 1,000L

$\therefore Q = \frac{3.14}{4} \times (0.025)^2 \times 30 \times 1{,}000 = 14.7L$

37 저온, 고압의 액화석유가스 저장 탱크가 있다. 이 탱크를 퍼지하여 수리 점검 작업할 때에 대한 설명으로 옳지 않은 것은?

① 공기로 재치환하여 산소 농도가 최소 18%인지 확인한다.
② 질소가스로 충분히 퍼지하여 가연성 가스의 농도가 폭발하한계의 1/4 이하가 될 때까지 치환을 계속한다.
③ 단시간에 고온으로 가열하면 탱크가 손상될 우려가 있으므로 국부가열이 되지 않게 한다.
④ 가스는 공기보다 가벼우므로 상부 맨홀을 열어 자연적으로 퍼지가 되도록 한다.

해설 액화석유가스는 비중이 1.53~2 사이이므로 공기비중(1)보다 커서 강제환기가 필요하다.

38 연소에 필요한 공기를 전부 2차 공기로 취하며 불꽃의 길이가 길고, 온도가 가장 낮은 연소방식은?

① 분젠식　② 세미분젠식
③ 적화식　④ 전1차 공기식

해설 ① 분젠식 : 1차 공기 60%, 2차 공기 40%
② 세미분젠식 : 1차 공기량이 분젠식보다 적다.
④ 전1차 공기식 : 연소공기가 전부 1차 공기만 취합

39 액주식 압력계에 대한 설명으로 틀린 것은?

① 경사관식은 정도가 좋다.
② 단관식은 차압계로도 사용된다.
③ 링 밸런스식은 저압가스의 압력측정에 적당하다.
④ U자관은 메니스커스의 영향을 받지 않는다.

해설 단관식 압력계는 유체의 압력측정이 가능하다.(U자관은 메니스커스의 영향을 받는다.)

40 압축천연가스자동차 충전소에 설치하는 압축가스설비의 설계압력이 25MPa인 경우 이 설비에 설치하는 압력계의 지시눈금은?

① 최소 25.0MPa까지 지시할 수 있는 것
② 최소 27.5MPa까지 지시할 수 있는 것
③ 최소 37.5MPa까지 지시할 수 있는 것
④ 최소 50.0MPa까지 지시할 수 있는 것

34. ③ 35. ② 36. ③ 37. ④ 38. ③ 39. ④ 40. ③ | ANSWER

해설 가스 압력계는 설계압력의 1.5배 이상~2배 이하 지시 눈금이 필요하다.
∴ 25×(1.5~2)=37.5(최소)~50MPa(최대)

41 저온장치에서 열의 침입 원인으로 가장 거리가 먼 것은?

① 내면으로부터의 열전도
② 연결 배관 등에 의한 열전도
③ 지지 요크 등에 의한 열전도
④ 단열재를 넣은 공간에 남은 가스의 분자 열전도

해설 ②, ③, ④항은 저온장치(액화 산소, 질소, 아르곤)에서 열의 침입원인이다.

42 저장탱크 내부의 압력이 외부의 압력보다 낮아져 그 탱크가 파괴되는 것을 방지하기 위한 설비와 관계없는 것은?

① 압력계 ② 진공안전밸브
③ 압력경보설비 ④ 벤트스택

해설 벤트스택
가스제조과정에서 불필요한 가연성 가스 · 독성 가스 이상상태가 생성될 때 외부로 배출시키는 안전용 굴뚝이다.(방출구는 작업원이 통행하는 장소로부터 10m 이상 떨어진 곳)

43 공기액화분리장치에는 다음 중 어떤 가스 때문에 가연성 물질을 단열재로 사용할 수 없는가?

① 질소 ② 수소
③ 산소 ④ 아르곤

해설 • 공기액화 분리장치 제조가스 : 질소, 산소, 아르곤
• 산소 : 가연성 가스의 연소성을 도와주는 조연성 가스

44 도시가스 공급시설이 아닌 것은?

① 압축기 ② 홀더
③ 정압기 ④ 용기

해설 도시가스는 배관으로 공급하는 가스이므로 용기는 필요하지 않다.

45 암모니아 용기의 재료로 주로 사용되는 것은?

① 동 ② 알루미늄합금
③ 동합금 ④ 탄소강

해설 암모니아 가스는 착이온을 생성하는 용기재료로서 아연, 구리, 은, 알루미늄, 코발트 재료는 사용이 불가능하다.

46 표준상태에서 부탄가스의 비중은 약 얼마인가?(단, 부탄의 분자량은 58이다.)

① 1.6 ② 1.8
③ 2.0 ④ 2.2

해설 부탄(C_4H_{10}) 가스 분자량 : 58
공기의 분자량 : 29

$$비중=\frac{가스\ 분자량}{공기의\ 분자량}=\frac{58}{29}=2.0$$

연소식(C_4H_{10})$+6.5O_2 \rightarrow 4CO_2+5H_2O$

47 메탄(CH_4)의 공기 중 폭발범위 값에 가장 가까운 것은?

① 5~15.4% ② 3.2~12.5%
③ 2.4~9.5% ④ 1.9~8.4%

해설 메탄가스의 폭발 연소범위
5~15% 정도($CH_4+2O_2 \rightarrow CO_2+2H_2O$)

48 다음 중 가장 낮은 압력은?

① 1atm ② 1kg/cm²
③ $10.33mH_2O$ ④ 1MPa

해설 • $1atm=10.33mH_2O=760mmHg=14.7psi$
$=101.325kPa=1.033kg/cm^2$
• $1MPa=10kg/cm^2$
• 1at(공학기압)$=1kg/cm^2=735mmHg≒100kPa$

49 부탄가스의 주된 용도가 아닌 것은?

① 산화에틸렌 제조 ② 자동차 연료
③ 라이터 연료 ④ 에어졸 제조

ANSWER | 41. ① 42. ④ 43. ③ 44. ④ 45. ④ 46. ③ 47. ① 48. ② 49. ①

해설 산화에틸렌(C_2H_4O) 제조
- 에틸렌크롤히드린을 경유하는 방법
- 에틸렌을 직접 산화하는 공업적 제법(C_2H_4O 가스는 무색의 가연성 가스로서 폭발범위 3~80%, 허용농도 50ppm의 독성 가스이며, 자극성 냄새가 난다.)

50 포스겐의 화학식은?

① $COCl_2$　② $COCl_3$
③ PH_2　④ PH_3

해설 $COCl_2$(포스겐 : 염화카보닐 가스)
- 상온에서 자극성 냄새가 난다.
- 허용농도 0.1ppm 가스
- 열분해하면 $COCl_2 \xrightarrow{800℃} CO + Cl_2$로 분해한다.
- 제조 $= Cl_2 + CO \xrightarrow{\text{활성탄}} COCl_2$
- 가스분해하면 $COCl_2 + H_2O \rightarrow CO_2 + 2HCl$로 CO_2와 염산 발생

51 다음 중 헨리의 법칙에 잘 적용되지 않는 가스는?

① 암모니아(NH_3)　② 수소(H_2)
③ 산소(O_2)　④ 이산화탄소(CO_2)

해설 기체의 용해도(헨리의 법칙)
- 기체는 온도가 낮고 압력이 높을수록 용해가 빠르다.
- 기체의 용해도는 무게비로 압력에 비례한다.
- 물에 잘 녹지 않는 기체만 적용한다.
- HCl, SO_2, NH_3 등 물에 잘 녹는 기체는 적용하지 않는다.

52 착화원이 있을 때 가연성 액체나 고체의 표면에 연소하한계 농도의 가연성 혼합기가 형성되는 최저온도는?

① 인화온도　② 임계온도
③ 발화온도　④ 포화온도

해설 인화온도
착화원이 있을 때 가연성 액체나 고체의 표면에서 연소하한계 농도의 가연성 혼합기가 형성되는 최저온도(착화원이 없는 경우에는 발화온도이다.)

53 부양기구의 수소 대체용으로 사용되는 가스는?

① 아르곤　② 헬륨
③ 질소　④ 공기

해설 부양기구는 공기보다 매우 가벼운 수소(H_2) 가스가 좋으나 대체용은 헬륨(분자량 4)이 사용된다.(분자량 : 공기 29, 수소 2, 헬륨 4, 아르곤 40, 질소 28)

54 시안화수소를 충전한 용기는 충전 후 얼마를 정치해야 하는가?

① 4시간　② 8시간
③ 16시간　④ 24시간

해설 시안화수소가스(HCN)
- 허용농도 : 10ppm(독성 가스)
- 폭발범위 : 6~41%(가연성 가스)
- 중합방지제 : 황산, 동망, 염화칼슘, 인산, 오산화인 등
- 충전한 용기는 24시간 정치시간이 필요하다.
- 2% 이상 수분이 혼입되면 중합폭발 발생

55 아세틸렌(C_2H_2)에 대한 설명 중 틀린 것은?

① 공기보다 무거워 낮은 곳에 체류한다.
② 카바이드(CaC_2)에 물을 넣어 제조한다.
③ 공기 중 폭발범위는 약 2.5~81%이다.
④ 흡열화합물이므로 압축하면 폭발을 일으킬 수 있다.

해설
- 아세틸렌(C_2H_2) 가스의 분자량은 28로서 공기의 분자량보다 작다.
- 카바이드로 C_2H_2 제조한다.
  $CaO + 3C \rightarrow CaC_2 + CO$
  카바이드$(CaC_2) + 2H_2O \rightarrow Ca(OH)_2 + C_2H_2$(아세틸렌)
- 구리, 은, 수은과 접촉 시 금속아세틸라이드 생성(치환폭발 발생)

56 황화수소에 대한 설명으로 틀린 것은?

① 무색이다.
② 유독하다.
③ 냄새가 없다.
④ 인화성이 아주 강하다.

50. ① 51. ① 52. ① 53. ② 54. ④ 55. ① 56. ③ | ANSWER

해설 황화수소(H_2S)
- 무색으로 특유한 계란 썩는 냄새가 난다.
- 허용농도 10ppm의 유독성 기체이다.
- 완전연소 : $2H_2S + 3O_2 \rightarrow 2H_2O + 2SO_2$
- 불완전연소 : $2H_2S + O_2 \rightarrow 2H_2O + 2S$

57 표준상태에서 산소의 밀도(g/L)는?

① 0.7　　② 1.43
③ 2.72　　④ 2.88

해설 밀도(ρ)$= \dfrac{\text{분자량}}{22.4}$, 산소분자량=32

$\therefore$ 산소밀도(ρ)$= \dfrac{32}{22.4} = 1.43$g/L

58 다음 가스 중 비중이 가장 적은 것은?

① CO　　② C_3H_8
③ Cl_2　　④ NH_3

해설 가스 비중$= \dfrac{\text{가스분자량}}{\text{공기분자량(29)}}$

※ 분자량 : CO(28), C_3H_8(44), Cl_2(70), NH_3(17)

59 이상기체의 정압비열(C_p)과 정적비열(C_v)에 대한 설명 중 틀린 것은?(단, k는 비열비이고, R은 이상기체상수이다.)

① 정적비열과 R의 합은 정압비열이다.

② 비열비(k)는 $\dfrac{C_p}{C_v}$로 표현된다.

③ 정적비열은 $\dfrac{R}{k-1}$로 표현된다.

④ 정적비열은 $\dfrac{k-1}{k}$로 표현된다.

해설
- 정압비열(C_p) $= \dfrac{kR}{k-1}$
- $C_p - C_v = R$(기체상수)

  가스상수(R)$= \dfrac{8.314}{M}$(kJ/kg · K)
- 비열비(k)$= \dfrac{C_p}{C_v} = \dfrac{\text{정압비열}}{\text{정적비열}}$
- 기체는 정압비열이 정적 비열보다 커서 비열비가 항상 1보다 크다.

60 LNG의 주성분은?

① 메탄　　② 에탄
③ 프로판　　④ 부탄

해설 메탄(CH_4) : LNG(액화천연가스)의 주성분
- 연소반응식 : $CH_4 + 2O_2 \rightarrow CO_2 + 2H_2O$
- 분자량은 16이다.(비중$= \dfrac{16}{29} = 0.55$)
- 비점은 −161.5℃이다.
- CH_4 가스가 액화되면 부피가 $\dfrac{1}{600}$로 축소된다.

ANSWER | 57. ② 58. ④ 59. ④ 60. ①

2016년 1회 가스기능사

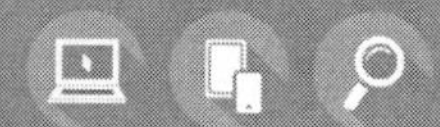

01 고압가스 제조설비에서 기밀시험용으로 사용할 수 없는 것은?

① 산소　② 질소
③ 공기　④ 탄산가스

해설 산소
조연성 가스이므로(연소성을 도와주는 기체) 또는 산화용 가스로서 제조설비 기밀용으로는 사용이 불가하다.

02 액화석유가스 자동차에 고정된 용기충전시설에 설치하는 긴급차단장치에 접속하는 배관에 대하여 어떠한 조치를 하도록 되어 있는가?

① 워터해머가 발생하지 않도록 조치
② 긴급차단에 따른 정전기 등이 발생하지 않도록 하는 조치
③ 체크 밸브를 설치하여 과량 공급이 되지 않도록 조치
④ 바이패스 배관을 설치하여 차단성능을 향상시키는 조치

해설 LPG 자동차 용기충전시설용 긴급차단장치에 접속하는 배관에서 워터해머(액해머)가 발생하지 않도록 조치한다.

03 액화석유가스 자동차에 고정된 용기 충전시설에 게시한 "화기엄금"이라 표시한 게시판의 색상은?

① 황색 바탕에 흑색 글씨
② 흑색 바탕에 황색 글씨
③ 백색 바탕에 적색 글씨
④ 적색 바탕에 백색 글씨

해설

화기엄금 표시 → 적색 글씨 (백색 바탕)

04 특정고압가스 사용시설의 시설기준 및 기술기준으로 틀린 것은?

① 가연성 가스의 사용설비에는 정전기 제거설비를 설치한다.
② 지하에 매설하는 배관에는 전기부식 방지조치를 한다.
③ 독성 가스의 저장설비에는 가스가 누출된 때 이를 흡수 또는 중화할 수 있는 장치를 설치한다.
④ 산소를 사용하는 밸브에는 밸브가 잘 동작할 수 있도록 석유류 및 유지류를 주유하여 사용한다.

해설 산소는 조연성 가스로서 석유류나 유지류 주입을 금지하는 밸브를 사용한다.

05 다음 중 가연성이면서 독성인 가스는?

① $CHClF_2$　② HCl
③ C_2H_2　④ HCN

해설 ① $CHClF_2$(R−22냉매) : 불연성 기체
② HCl(염화수소) : 5ppm 독성 가스
③ C_2H_2(아세틸렌) : 가연성 가스(2.5~81%)
④ HCN(시안화수소) : 가연성(6~41%), 10ppm 독성 가스

06 액화석유가스 집단공급시설에서 가스설비의 상용압력이 1MPa일 때 이 설비의 내압시험 압력은 몇 MPa으로 하는가?

① 1　② 1.25
③ 1.5　④ 2.0

해설 내압시험압력(TP)=상용압력의 1.5배
$\therefore 1 \times 1.5 = 1.5$MPa

07 아세틸렌가스 또는 압력이 9.8MPa 이상인 압축가스를 용기에 충전하는 경우 방호벽을 설치하지 않아도 되는 곳은?

① 압축기와 충전장소 사이
② 압축가스 충전장소와 그 가스충전용기 보관장소 사이

1. ① 2. ① 3. ③ 4. ④ 5. ④ 6. ③ 7. ④ | ANSWER

③ 압축기와 그 가스 충전용기 보관장소 사이
④ 압축가스를 운반하는 차량과 충전용기 사이

해설 ①, ②, ③항의 장소에는 방호벽 설치가 필요하다.

08 저장탱크에 의한 액화석유가스 저장소에서 지상에 노출된 배관을 차량 등으로부터 보호하기 위하여 설치하는 방호철판의 두께는 얼마 이상으로 하여야 하는가?

① 2mm ② 3mm
③ 4mm ④ 5mm

해설

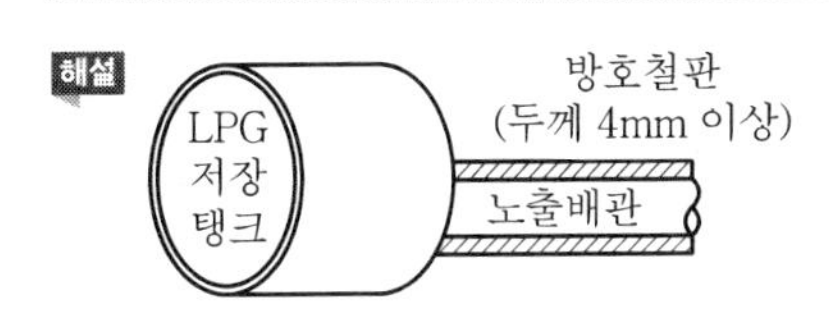

09 가스제조시설에 설치하는 방호벽의 규격으로 옳은 것은?

① 박강판 벽으로 두께 3.2cm 이상, 높이 3m 이상
② 후강판 벽으로 두께 10mm 이상, 높이 3m 이상
③ 철근콘크리트 벽으로 두께 12cm 이상, 높이 2m 이상
④ 철근콘크리트 블록 벽으로 두께 20cm 이상, 높이 2m 이상

해설 ① 두께 3.2mm 이상, 높이 2m 이상
② 두께 6mm 이상, 높이 2m 이상
④ 두께 15cm 이상, 높이 2m 이상

10 고압가스안전관리법의 적용범위에서 제외되는 고압가스가 아닌 것은?

① 섭씨 35℃의 온도에서 게이지압력이 4.9MPa 이하인 유니트형 공기압축장치 안의 압축공기
② 섭씨 15℃의 온도에서 압력이 0Pa을 초과하는 아세틸렌가스
③ 내연기관의 시동, 타이어의 공기 충전, 리벳팅, 착암 또는 토목공사에 사용되는 압축장치 안의 고압가스
④ 냉동능력이 3톤 미만인 냉동설비 안의 고압가스

해설 ① 1MPa 이상이어야 고압가스이다.
② 고압가스에 해당한다.
③, ④ 고압가스 적용범위 제외가스이다.

11 도시가스배관에 설치하는 희생양극법에 의한 전위 측정용 터미널은 몇 m 이내의 간격으로 하여야 하는가?

① 200m ② 300m
③ 500m ④ 600m

해설 • 전위 측정용 터미널 간격(희생양극법, 배류법) : 300m 내의 간격
• 외부전원법 : 500m 이내의 간격

12 고압가스 용기를 취급 또는 보관할 때의 기준으로 옳은 것은?

① 충전용기와 잔가스용기는 각각 구분하여 용기보관장소에 놓는다.
② 용기는 항상 60℃ 이하의 온도를 유지한다.
③ 충전용기는 통풍이 잘 되고 직사광선을 받을 수 있는 따스한 곳에 둔다.
④ 용기 보관장소의 주위 5m 이내에는 화기, 인화성 물질을 두지 아니한다.

해설 ② 40℃ 이하
③ 직사광선이 없는 곳에 둔다.
④ 2m 이내

13 도시가스에 대한 설명 중 틀린 것은?

① 국내에서 공급하는 대부분의 도시가스는 메탄을 주성분으로 하는 천연가스이다.
② 도시가스는 주로 배관을 통하여 수요가에게 공급된다.
③ 도시가스의 원료로 LPG를 사용할 수 있다.
④ 도시가스는 공기와 혼합되면 폭발한다.

해설 도시가스는 점화원이 있어야 폭발한다.

ANSWER | 8. ③ 9. ③ 10. ② 11. ② 12. ① 13. ④

14 **고압가스의 용어에 대한 설명으로 틀린 것은?**

① 액화가스란 가압, 냉각 등의 방법에 의하여 액체상태로 되어 있는 것으로서 대기압에서의 끓는점이 섭씨 40도 이하 또는 상용의 온도 이하인 것을 말한다.
② 독성 가스란 공기 중에 일정량이 존재하는 경우 인체에 유해한 독성을 가진 가스로서 허용농도가 100만분의 2,000 이하인 가스를 말한다.
③ 초저온저장탱크라 함은 섭씨 영하 50도 이하의 액화가스를 저장하기 위한 저장탱크로서 단열재로 씌우거나 냉동설비로 냉각하는 등의 방법으로 저장탱크 내의 가스온도가 상용의 온도를 초과하지 아니하도록 한 것을 말한다.
④ 가연성 가스라 함은 공기 중에서 연소하는 가스로서 폭발한계의 하한이 10% 이하인 것과 폭발한계의 상한과 하한의 차가 20% 이상인 것을 말한다.

해설 • 독성 가스(TLV-TWA) 기준 : 100만분의 200 이하
• 독성 가스(LC_{50}) 기준 : 100만분의 5,000 이하

15 **도시가스 배관에는 도시가스를 사용하는 배관임을 명확하게 식별할 수 있도록 표시를 한다. 다음 중 그 표시방법에 대한 설명으로 옳은 것은?**

① 지상에 설치하는 배관 외부에는 사용가스명, 최고사용압력 및 가스의 흐름방향을 표시한다.
② 매설배관의 표면색상은 최고사용압력이 저압인 경우에는 녹색으로 도색한다.
③ 매설배관의 표면색상은 최고사용압력이 중압인 경우에는 황색으로 도색한다.
④ 지상배관의 표면색상은 백색으로 도색한다. 다만, 흑색으로 2중 띠를 표시한 경우 백색으로 하지 않아도 된다.

해설 ②, ③은 매설배관 저압(황색), 중압(적색), ④는 3cm의 황색 띠로 표시한다.

16 **고압가스 특정제조시설에서 선임하여야 하는 안전관리원의 선임인원 기준은?**

① 1명 이상 ② 2명 이상
③ 3명 이상 ④ 5명 이상

해설 특정제조시설 : 안전관리원 2명 이상

17 **일반도시가스 공급시설에 설치하는 정압기의 분해점검 주기는?**

① 1년에 1회 이상
② 2년에 1회 이상
③ 3년에 1회 이상
④ 1주일에 1회 이상

해설 일반도시가스 공급시설 정압기(거버너)의 분해 점검시기 2년에 1회 이상(작동상황은 1주에 1회 이상)

18 **방폭전기 기기구조별 표시방법 중 "e"의 표시는?**

① 안전증방폭구조 ② 내압방폭구조
③ 유입방폭구조 ④ 압력방폭구조

해설 ① e, ② d, ③ o, ④ p로 표시한다.
※ 본질안전 : ia 또는 ib, 특수 : s

19 **자연환기설비 설치 시 LP가스의 용기 보관실 바닥 면적이 $3m^2$이라면 통풍구의 크기는 몇 cm^2 이상으로 하도록 되어 있는가?(단, 철망 등이 부착되어 있지 않은 것으로 간주한다.)**

① 500 ② 700
③ 900 ④ 1,100

해설 통풍구 크기는 바닥면적 $1m^2$당 $300cm^2$ 이상
$\therefore 300 \times 3 = 900cm^2$

20 **고속도로 휴게소에서 액화석유가스 저장능력이 얼마를 초과하는 경우에 소형 저장탱크를 설치하여야 하는가?**

① 300kg ② 500kg
③ 1,000kg ④ 3,000kg

해설 저장능력 500kg 이상은 저장탱크나 소형저장탱크로 한다.

14. ② 15. ① 16. ② 17. ② 18. ① 19. ③ 20. ② | ANSWER

21 **액화석유가스의 용기보관소 시설기준으로 틀린 것은?**

① 용기보관실은 사무실과 구분하여 동일 부지에 설치한다.
② 저장 설비 용기는 집합식으로 한다.
③ 용기보관실은 불연재료를 사용한다.
④ 용기보관실 창의 유리는 망입유리 또는 안전유리로 한다.

해설 액화석유가스의 용기 보관실 용기는 집합식으로 하지 않는다.

22 **액화석유가스 사용시설의 연소기 설치방법으로 옳지 않은 것은?**

① 밀폐형 연소기는 급기구, 배기통과 벽과의 사이에 배기가스가 실내로 들어올 수 없게 한다.
② 반밀폐형 연소기는 급기구와 배기통을 설치한다.
③ 개방형 연소기를 설치한 실에는 환풍기 또는 환기구를 설치한다.
④ 배기통이 가연성 물질로 된 벽을 통과 시에는 금속 등 불연성 재료로 단열조치를 한다.

해설 배기통이 가연성 물질로 된 벽을 통과하는 부분은 방화조치를 하고 배기가스가 실내로 유입되지 않도록 한다.

23 **상용압력이 10MPa인 고압설비의 안전밸브 작동압력은 얼마인가?**

① 10MPa ② 12MPa
③ 15MPa ④ 20MPa

해설 안전밸브 작동압력

- 내압시험압력 $\times \frac{8}{10}$ 이하
- 상용압력의 1.2배

24 **다음 가스 중 독성(LC_{50})이 가장 강한 것은?**

① 암모니아 ② 디메틸아민
③ 브롬화메탄 ④ 아크릴로니트릴

해설 LC_{50} 독성 가스 허용농도(농도수치가 적을수록 독성이 강하다.)

① 암모니아 : 4,230ppm/h
② 디메틸아민 : TLV 기준 10ppm
③ 브롬화메탄 : 850ppm
④ 아크릴로니트릴 : 660ppm

25 **특정고압가스 사용시설에서 취급하는 용기의 안전조치사항으로 틀린 것은?**

① 고압가스 충전용기는 항상 40℃ 이하를 유지한다.
② 고압가스 충전용기 밸브는 서서히 개폐하고 밸브 또는 배관을 가열하는 때에는 열습포나 40℃ 이하의 더운 물을 사용한다.
③ 고압가스 충전용기를 사용한 후에는 폭발을 방지하기 위하여 밸브를 열어 둔다.
④ 용기보관실에 충전용기를 보관하는 경우에는 넘어짐 등으로 충격 및 밸브 등의 손상을 방지하는 조치를 한다.

해설 고압가스 충전용기를 사용한 후에는 반드시 밸브를 닫아 두어야 한다.

26 **LPG충전자가 실시하는 용기의 안전점검기준에서 내용적 얼마 이하의 용기에 대하여 "실내보관 금지" 표시 여부를 확인하여야 하는가?**

① 15L ② 20L
③ 30L ④ 50L

해설 LPG는 내용적 15L 이하의 용기는 실내보관 금지 표시를 충전자가 확인해야 한다.

27 **독성 가스 충전용기를 차량에 적재할 때의 기준에 대한 설명으로 틀린 것은?**

① 운반차량에 세워서 운반한다.
② 차량의 적재함을 초과하여 적재하지 아니한다.
③ 차량의 최대적재량을 초과하여 적재하지 아니한다.
④ 충전용기는 2단 이상으로 겹쳐 쌓아 용기가 서로 이격되지 않도록 한다.

해설 독성 가스 충전용기를 차량에 적재하여 운반하는 경우에는 ①, ②, ③항의 조치에 따른다.(충전용기는 겹쳐 쌓지 않는다.)

ANSWER | 21. ② 22. ④ 23. ② 24. ④ 25. ③ 26. ① 27. ④

28 **허용농도가 100만분의 200 이하인 독성 가스 용기 중 내용적이 얼마 미만인 충전용기를 운반하는 차량의 적재함에 대하여 밀폐된 구조로 하여야 하는가?**

① 500L　② 1,000L
③ 2,000L　④ 3,000L

해설 허용농도가 100만분의 200 이하 독성 가스 용기 중 내용적이 1,000L 미만의 충전용기를 운반하는 차량의 적재함은 밀폐구조로 한다.

29 **도시가스 배관 굴착작업 시 배관의 보호를 위하여 배관 주위 얼마 이내에는 인력으로 굴착하여야 하는가?**

① 0.3m　② 0.6m
③ 1m　④ 1.5m

해설

1m 이내는 사고발생 방지를 위해 굴착 시 인력으로 굴착한다.
지하 도시가스 배관

30 **차량에 고정된 고압가스 탱크를 운행할 경우 휴대하여야 할 서류가 아닌 것은?**

① 차량등록증
② 탱크 테이블(용량 환산표)
③ 고압가스 이동계획서
④ 탱크 제조시방서

해설 ①, ②, ③항 외에도 차량운행일지, 운전면허증, 자격증, 그 밖에 필요한 서류가 있어야 한다.

31 **다단 왕복동 압축기의 중간단의 토출온도가 상승하는 주된 원인이 아닌 것은?**

① 압축비 감소
② 토출 밸브 불량에 의한 역류
③ 흡입밸브 불량에 의한 고온가스 흡입
④ 전단쿨러 불량에 의한 고온가스의 흡입

해설 ①항에서는 중간단의 토출온도가 상승하는 원인으로서 압축비가 감소가 아닌 증가하는 경우이다.

32 **LP가스의 자동 교체식 조정기 설치 시의 장점에 대한 설명 중 틀린 것은?**

① 도관의 압력손실을 적게 해야 한다.
② 용기 숫자가 수동식보다 적어도 된다.
③ 용기 교환 주기의 폭을 넓힐 수 있다.
④ 잔액이 거의 없어질 때까지 소비가 가능하다.

해설 LP가스 자동교체식 분리형의 경우(단단감압식) 도관의 압력손실을 크게 해도 된다.

33 **수은을 이용한 U자관 압력계에서 액주높이(h) 600mm, 대기압(P_1)은 1kg/cm²일 때 P_2는 약 몇 kg/cm²인가?**

① 0.22　② 0.92
③ 1.82　④ 9.16

해설 600mm = 0.6m
$1kg/cm^2 = 10mH_2O = 10,000mmH_2O$
수은의 비중 = 13.56
물의 비중 = 1(1,000kg/m³)
$1m^2 = 10,000cm^2$

$$P_2 = 1 + \frac{600 \times 13.56}{10,000} = 1.82kg/cm^2$$

또는 $P_2 = 1 + (13.56 \times 10^3 \times 0.6 \times 10^{-4})$
$\fallingdotseq 1.82kg/cm^2$

34 **오리피스 유량계의 특징에 대한 설명으로 옳은 것은?**

① 내구성이 좋다.
② 저압, 저유량에 적당하다.
③ 유체의 압력손실이 크다.
④ 협소한 장소에는 설치가 어렵다.

해설 ① 벤투리미터 특성
② 플로노즐의 특성
④ 오리피스는 제작이나 설치가 용이하다.(침전물의 생성 우려가 있다.)

35 **공기액화 분리장치의 내부를 세척하고자 할 때 세정액으로 가장 적당한 것은?**

① 염산(HCl)　② 가성소다(NaOH)
③ 사염화탄소(CCl_4)　④ 탄산나트륨(Na_2CO_3)

28. ② 29. ③ 30. ④ 31. ① 32. ① 33. ③ 34. ③ 35. ③ | ANSWER

해설 공기액화 분리장치의 내부세척제 : 사염화탄소(1년에 1회 정도 CCl_4로 장치 내부를 세척한다.)

36 **가스 유량 2.03kg/h, 관의 내경 1.61cm, 길이 20m의 직관에서의 압력손실은 약 몇 mm 수주인가?(단, 온도 15℃에서 비중 1.58, 밀도 2.04kg/m³, 유량계수 0.436이다.)**

① 11.4　　② 14.0
③ 15.2　　④ 17.5

해설

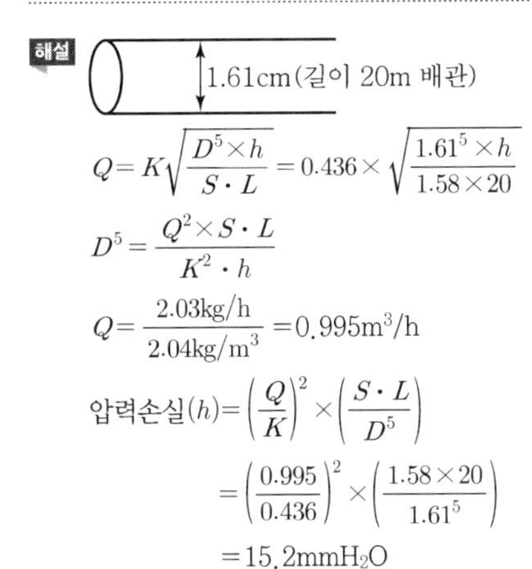

$$Q=K\sqrt{\frac{D^5\times h}{S\cdot L}}=0.436\times\sqrt{\frac{1.61^5\times h}{1.58\times 20}}$$

$$D^5=\frac{Q^2\times S\cdot L}{K^2\cdot h}$$

$$Q=\frac{2.03\text{kg/h}}{2.04\text{kg/m}^3}=0.995\text{m}^3\text{/h}$$

$$\text{압력손실}(h)=\left(\frac{Q}{K}\right)^2\times\left(\frac{S\cdot L}{D^5}\right)=\left(\frac{0.995}{0.436}\right)^2\times\left(\frac{1.58\times 20}{1.61^5}\right)=15.2\text{mmH}_2\text{O}$$

37 **암모니아를 사용하는 고온 · 고압가스 장치의 재료로 가장 적당한 것은?**

① 동　　② PVC 코팅강
③ 알루미늄 합금　　④ 18－8 스테인리스강

해설
- 암모니아 금속착이온(구리, 아연, 은, 알루미늄, 코발트 등은 사용불가 금속)
- NH_3 장치재료 : 18－8 스테인리스강

38 **가스보일러의 본체에 표시된 가스소비량이 100,000kcal/h이고, 버너에 표시된 가스소비량이 120,000kcal/h일 때 도시가스 소비량 산정은 얼마를 기준으로 하는가?**

① 100,000kcal/h　　② 105,000kcal/h
③ 110,000kcal/h　　④ 120,000kcal/h

해설 도시가스 월(月) 사용 예정량 산정기준(m³)

$$=\frac{(\text{연소기 소비량 합계(kcal/h)}\times 240)+(B\times 90)}{11{,}000}$$

- B : 도시가스 산업용이 아닌 연소기 명판 가스소비량 합계
- 보일러 본체의 가스소비량을 기준으로 산정한다.

39 **다음 중 다공도를 측정할 때 사용되는 식은?(단, V : 다공물질의 용적, E : 아세톤 침윤잔용적이다.)**

① 다공도$=\dfrac{V}{(V-E)}$

② 다공도$=(V-E)\times\dfrac{100}{V}$

③ 다공도$=(V+E)\times V$

④ 다공도$=(V+E)\times\dfrac{V}{100}$

해설 아세틸렌 용기 다공도$=(V-E)\times\dfrac{100}{V}=\dfrac{V-E}{V}\times 100(\%)$

40 **공기액화분리장치의 부산물로 얻어지는 아르곤가스는 불활성 가스이다. 아르곤가스의 원자가는?**

① 0　　② 1
③ 3　　④ 8

해설 아르곤가스(Ar, 분자량 40) : 불활성 기체
- 융점 : －189.2℃
- 비점 : －185.87℃
- 임계온도 : －122℃
- 임계압력 : 40atm

※ Ar, He, Ne 등의 불활성 가스는 단원자 분자
O_2, N_2, H_2 등은 2원자 분자
O_3, H_2O, CO_2 등은 3원자 분자

41 **로터미터는 어떤 형식의 유량계인가?**

① 차압식　　② 터빈식
③ 회전식　　④ 면적식

해설 ① 차압식 : 오리피스, 플로노즐, 벤투리미터 등
② 터빈식(임펠러식 : 용적식)
③ 회전식(용적식) : 오벌기어식, 루트식
④ 면적식 : 플로트식(로터미터), 게이트식

42 LP가스 사용 시 주의사항으로 틀린 것은?

① 용기밸브, 콕 등은 신속하게 열 것
② 연소기구 주위에 가연물을 두지 말 것
③ 가스누출 유무를 냄새 등으로 확인할 것
④ 고무호스의 노화, 갈라짐 등은 항상 점검할 것

해설 LP가스 용기에서 밸브나 콕은 서서히 연다.

43 원심펌프의 양정과 회전속도의 관계는?(단, N_1 : 처음 회전수, N_2 : 변화된 회전수)

① $\left(\frac{N_2}{N_1}\right)$ ② $\left(\frac{N_2}{N_1}\right)^2$
③ $\left(\frac{N_2}{N_1}\right)^3$ ④ $\left(\frac{N_2}{N_1}\right)^5$

해설 원심식 펌프의 양정과 회전속도와의 관계는 $\left(\frac{N_2}{N_1}\right)^2$
①은 유량과의 관계, ③은 동력과의 관계이다.

44 조정압력이 2.8kPa인 액화석유가스 압력조정기의 안전장치 작동표준압력은?

① 5.0kPa ② 6.0kPa
③ 7.0kPa ④ 8.0kPa

해설 조정압력 3.3kPa 이하 LPG가스 압력조정기
- 작동표준압력(7.0kPa)
- 작동개시압력(5.6~8.4kPa)
- 작동정지압력(5.04~8.4kPa)

45 오스테나이트계 스테인리스강에 대한 설명으로 틀린 것은?

① Fe－Cr－Ni 합금이다.
② 내식성이 우수하다.
③ 강한 자성을 갖는다.
④ 18－8 스테인리스강이 대표적이다.

해설 오스테나이트계(Austenite)는 고탄소강을 열처리 과정에서 수랭하면 나타나는 조직으로 비자성체이며 전기저항이 크고 경도는 작으나 인장강도에 비하여 연신율이 크다.

46 임계온도에 대한 설명으로 옳은 것은?

① 기체를 액화할 수 있는 절대온도
② 기체를 액화할 수 있는 평균온도
③ 기체를 액화할 수 있는 최저의 온도
④ 기체를 액화할 수 있는 최고의 온도

해설
- 임계온도 : 기체를 액화시킬 수 있는 최고 온도
- 임계압력 : 기체를 액화시킬 수 있는 최저 압력

47 암모니아에 대한 설명 중 틀린 것은?

① 물에 잘 용해된다.
② 무색, 무취의 가스이다.
③ 비료의 제조에 이용된다.
④ 암모니아가 분해하면 질소와 수소가 된다.

해설 암모니아(NH_3) 가스는 상온, 상압에서 자극성 냄새를 가진 무색의 기체이다.(가연성 15~28%이며 독성 가스이다.)

48 LNG의 특징에 대한 설명 중 틀린 것은?

① 냉열을 이용할 수 있다.
② 천연에서 산출한 천연가스를 약 －162℃까지 냉각하여 액화시킨 것이다.
③ LNG는 도시가스, 발전용 이외에 일반 공업용으로도 사용된다.
④ LNG로부터 기화한 가스는 부탄이 주성분이다.

해설 LNG 액화천연가스는 거의 대부분 메탄(CH_4)이 주성분이다.

49 불꽃의 끝이 적황색으로 연소하는 현상을 의미하는 것은?

① 리프트
② 옐로팁
③ 캐비테이션
④ 워터해머

해설
- 리프팅(선화) : 가스의 유출속도가 연소속도보다 빨라서 염공을 떠나서 연소하는 현상
- 옐로팁(Yellow Tip) : 버너 선단에서 불꽃이 적황색으로 연소한다.(일차공기 부족)

42. ① 43. ② 44. ③ 45. ③ 46. ④ 47. ② 48. ④ 49. ② | ANSWER

50 랭킨온도가 420°R일 경우 섭씨온도로 환산한 값으로 옳은 것은?

① −30℃ ② −40℃
③ −50℃ ④ −60℃

해설
- 켈빈온도(K) = ℃ + 273 = $\left(\frac{°R}{1.8}\right)$
- 랭킨온도(°R) = °F + 460(1.8×K)
- ℃ = $\frac{420}{1.8}$ − 273 = −40℃
- °F = K×1.8 − 460

51 도시가스의 제조공정이 아닌 것은?

① 열분해 공정 ② 접촉분해 공정
③ 수소화분해 공정 ④ 상압증류 공정

해설 도시가스 제조
- 열분해
- 접촉분해
- 부분연소
- 수첨분해
- 대체천연가스

52 포화온도에 대하여 가장 잘 나타낸 것은?

① 액체가 증발하기 시작할 때의 온도
② 액체가 증발현상 없이 기체로 변하기 시작할 때의 온도
③ 액체가 증발하여 어떤 용기 안이 증기로 꽉 차 있을 때의 온도
④ 액체와 증기가 공존할 때 그 압력에 상당한 일정한 값의 온도

해설 포화온도
액체와 증기 공존 시 그 압력에 상당한 일정한 값의 온도
1atm(물의 포화온도 : 100℃)

53 다음 중 1MPa과 같은 것은?

① $10N/cm^2$ ② $100N/cm^2$
③ $1,000N/cm^2$ ④ $10,000N/cm^2$

해설 $1MPa = 10kg/cm^2$
$1Pa = 1kg \cdot m/s^2$
$1N = 1kg \cdot m/s^2$
$1kgf = 1kg \times 9.8m/s^2 = 9.8N$
$10kg/cm^2 = 100N/cm^2$

54 20℃의 물 50kg을 90℃로 올리기 위해 LPG를 사용하였다면, 이때 필요한 LPG의 양은 몇 kg인가?(단, LPG 발열량은 10,000kcal/kg이고, 열효율은 50%이다.)

① 0.5 ② 0.6
③ 0.7 ④ 0.8

해설 물의 현열(Q) = 50kg × 1kcal/kg℃ × (90 − 20)℃
= 3,500kcal
∴ LPG 소비량 = $\frac{3,500}{10,000 \times 0.5}$ = 0.7(70%)

55 다음 중 압축가스에 속하는 것은?

① 산소 ② 염소
③ 탄산가스 ④ 암모니아

해설 비점(끓는점)이 낮은 가스가 압축가스이다.
① 산소 : −183℃ ② 염소 : −33.7℃
③ 탄산가스 : −78.5℃ ④ 암모니아 : −33.3℃

56 진공도 200mmHg는 절대압력으로 약 몇 $kg/cm^2 \cdot abs$인가?

① 0.76 ② 0.80
③ 0.94 ④ 1.03

해설
- abs(절대압력) = 대기압 − 진공압
= 760 − 200
= 560mmHg

∴ $1.033 \times \frac{560}{760} = 0.76kg/cm^2abs$

- 진공게이지압력 = $200 \times \frac{1.033}{760} = 0.27kg/cm^2g$
- 진공도 = $\frac{200}{760} \times 100 = 26.4\%$

57 다음 중 압력단위로 사용하지 않는 것은?

① kg/cm^2　　② Pa
③ mmH_2O　　④ kg/m^3

해설
- 비용적단위 : m^3/kg
- 비중량단위 : kg/m^3(밀도의 단위)
- ①, ②, ③항은 압력의 단위이다.

58 다음 중 엔트로피의 단위는?

① kcal/h　　② kcal/kg
③ kcal/kg · m　　④ kcal/kg · K

해설 엔트로피
- 어떤 물질에 열을 가하면 엔트로피(kcal/kg · K)가 증가한다.
- 어떤 물질의 열을 냉각시키면 엔트로피는 감소한다.
- 가역 단열변화 시에는 엔트로피가 일정하고 비가역 단열변화 시에는 엔트로피가 증가한다.

59 다음 각 가스의 특성에 대한 설명으로 틀린 것은?

① 수소는 고온 · 고압에서 탄소강과 반응하여 수소취성을 일으킨다.
② 산소는 공기액화분리장치를 통해 제조하며, 질소와 분리 시 비등점 차이를 이용한다.
③ 일산화탄소는 담황색의 무취기체로 허용농도는 TLV－TWA 기준으로 50ppm이다.
④ 암모니아는 붉은 리트머스를 푸르게 변화시키는 성질을 이용하여 검출할 수 있다.

해설 일산화탄소(TLV－TWA 기준 독성 50ppm)는 담황색이 아닌 무색무취의 독성 가스이다.

60 대기압하에서 다음 각 물질별 온도를 바르게 나타낸 것은?

① 물의 동결점 : －273K
② 질소 비등점 : －183℃
③ 물의 동결점 : 32°F
④ 산소 비등점 : －196℃

해설 ① 물의 동결점 : 0℃(273K), 32°F(492°R)
② 질소 비등점 : －195.8℃
④ 산소 비등점 : －183℃

57. ④ 58. ④ 59. ③ 60. ③ | ANSWER

2016년 2회 가스기능사

01 다음 중 전기설비 방폭구조의 종류가 아닌 것은?

① 접지방폭구조 ② 유입방폭구조
③ 압력방폭구조 ④ 안전증방폭구조

해설 방폭구조
②, ③, ④항 외에도 내압방폭구조, 본질안전방폭구조, 특수방폭구조가 있다.

02 다음 중 특정고압가스에 해당되지 않는 것은?

① 이산화탄소 ② 수소
③ 산소 ④ 천연가스

해설 특정고압가스
포스핀, 셀렌화수소, 게르만, 디실란, 오불비화소, 오불화인, 삼불화인, 삼불화질소, 삼불화붕소, 사불화유황, 사불화규소

03 내부용적이 25,000L인 액화산소 저장탱크의 저장능력은 얼마인가?(단, 비중은 1.14이다.)

① 21,930kg ② 24,780kg
③ 25,650kg ④ 28,500kg

해설 액화가스 저장능력(kg)
$G = V \times 0.9 \times$ 비중
$= 25{,}000 \times 1.14 \times 0.9 = 25{,}650\text{kg}$
(액화가스는 안전 차원에서 90%만 저장)

04 배관의 설치방법으로 산소 또는 천연메탄을 수송하기 위한 배관과 이에 접속하는 압축기와의 사이에 반드시 설치하여야 하는 것은?

① 방파판 ② 솔레노이드
③ 수취기 ④ 안전밸브

해설

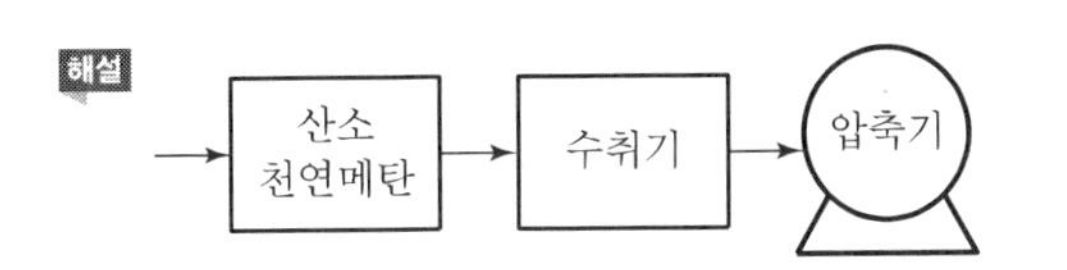

05 공정에 존재하는 위험요소와 비록 위험하지는 않더라도 공정의 효율을 떨어뜨릴 수 있는 운전상의 문제를 파악하기 위한 안전성 평가기법은?

① 안전성 검토(Safety Review) 기법
② 예비위험성 평가(Preliminary Hazard Analysis) 기법
③ 사고예상 질문(What If Analysis) 기법
④ 위험과 운전분석(HAZOP) 기법

해설 안전성 평가기법(위험과 운전분석, HAZOP)
공정에 존재하는 위험요소들과 공정의 효율을 떨어뜨릴 수 있는 운전상의 문제점을 찾아내어 그 원인을 제거하는 정상적인 안정성 평가기법이다.(체크리스트기법, 상대위험순위 결정기법, 작업자실수분석 HEA 기법, 사고예상질문분석 WHAT−IF 기법, 이상위험도 분석 FMECA 기법, 결함수분석 FTA 기법, 사건수분석 ETA 기법, 원인결과분석 CCA 기법 등이 있다.)

06 다음 특정설비 중 재검사 대상인 것은?

① 역화 방지장치
② 차량에 고정된 탱크
③ 독성 가스 배관용 밸브
④ 자동차용 가스 자동주입기

해설
- 특정설비 : 차량에 고정된 탱크, 저장탱크, 안전밸브 및 긴급차단장치, 기화장치, 압력용기
- 차량에 고정된 탱크(15년 미만 : 5년마다, 15년 이상~20년 미만 : 2년마다, 20년 이상 : 1년마다 재검사 실시)

07 독성 가스 외의 고압가스 충전용기를 차량에 적재하여 운반할 때 부착하는 경계표지에 대한 내용으로 옳은 것은?

① 적색 글씨로 "위험 고압가스"라고 표시
② 황색 글씨로 "위험 고압가스"라고 표시
③ 적색 글씨로 "주의 고압가스"라고 표시
④ 황색 글씨로 "주의 고압가스"라고 표시

ANSWER | 1. ① 2. ① 3. ③ 4. ③ 5. ④ 6. ② 7. ①

해설 독성 가스 외의 고압가스 충전용기 차량 경계표지

위험 고압가스(적색 글씨)

08 LP가스설비를 수리할 때 내부의 LP가스를 질소 또는 물로 치환하고, 치환에 사용된 가스나 액체를 공기로 재치환하여야 하는데, 이때 공기에 의한 재치환 결과가 산소농도 측정기로 측정하여 산소 농도가 얼마의 범위 내에 있을 때까지 공기로 재치환하여야 하는가?

① 4~6% ② 7~11%
③ 12~16% ④ 18~22%

해설 LP가스설비의 수리 후에 공기 치환 시 산소농도는 18~22%로 한다.

09 고압가스특정제조시설 중 도로 밑에 매설하는 배관의 기준에 대한 설명으로 틀린 것은?

① 시가지의 도로 밑에 배관을 설치하는 경우에는 보호판을 배관의 정상부로부터 30cm 이상 떨어진 그 배관의 직상부에 설치한다.
② 배관은 그 외면으로부터 도로의 경계와 수평거리로 1m 이상을 유지한다.
③ 배관은 원칙적으로 자동차 등의 하중의 영향이 적은 곳에 매설한다.
④ 배관은 그 외면으로부터 도로 밑의 다른 시설물과 60cm 이상의 거리를 유지한다.

해설 가스배관 그 외면으로부터 도로 밑의 다른 시설물과 30cm 이상의 거리를 유지할 것

10 공기보다 비중이 가벼운 도시가스의 공급시설로서 공급시설이 지하에 설치된 경우의 통풍구조의 기준으로 틀린 것은?

① 통풍구조는 환기구를 2방향 이상 분산하여 설치한다.
② 배기구는 천장면으로부터 30cm 이내에 설치한다.
③ 흡입구 및 배기구의 관경은 500mm 이상으로 하되, 통풍이 양호하도록 한다.
④ 배기가스 방출구는 지면에서 3m 이상의 높이에 설치하되, 화기가 없는 안전한 장소에 설치한다.

해설 흡입구, 배기구의 관경
100mm 이상으로 하며 통풍이 양호하도록 할 것

11 다음 중 폭발한계의 범위가 가장 좁은 것은?

① 프로판 ② 암모니아
③ 수소 ④ 아세틸렌

해설 가연성 가스의 폭발범위(하한계~상한계)
① 프로판 : 2.1~9.5%
② 암모니아 : 15~28%
③ 수소 : 4~74%
④ 아세틸렌 : 2.5~81%

12 도시가스 사용시설에서 정한 액화가스란 상용의 온도 또는 섭씨 35도의 온도에서 압력이 얼마 이상이 되는 것을 말하는가?

① 0.1MPa ② 0.2MPa
③ 0.5MPa ④ 1MPa

해설 도시가스 사용시설에서 정한 액화가스란 상용온도 또는 섭씨 35℃에서 압력 0.2MPa 이상의 가스를 의미한다.

13 염소가스 저장탱크의 과충전 방지장치는 가스충전량이 저장탱크 내용적의 몇 %를 초과할 때 가스충전이 되지 않도록 동작하는가?

① 60% ② 80%
③ 90% ④ 95%

해설
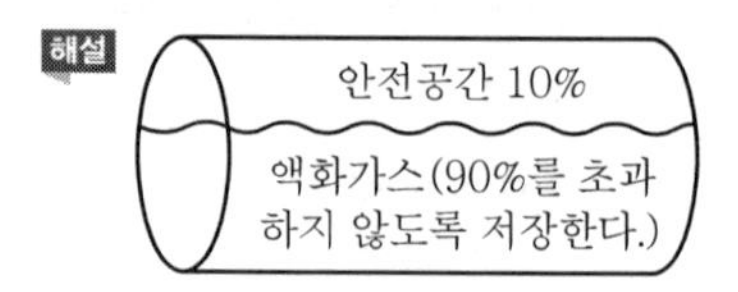

14 도시가스 사고의 유형이 아닌 것은?

① 시설 부식 ② 시설 부적합
③ 보호포 설치 ④ 연결부 이완

8. ④ 9. ④ 10. ③ 11. ① 12. ② 13. ③ 14. ③ | ANSWER

해설 보호포
도시가스 배관 매입 시 안전관리 차원에서 설치한다.

15 가연성 가스 저온저장탱크 내부의 압력이 외부의 압력보다 낮아져 저장탱크가 파괴되는 것을 방지하기 위한 조치로서 갖추어야 할 설비가 아닌 것은?

① 압력계 ② 압력 경보설비
③ 정전기 제거설비 ④ 진공 안전밸브

해설 정전기 제거설비는 가스의 발화나 폭발을 방지하기 위하여 설치한다.(탱크 내부의 진공압에 의한 저장탱크 파괴와는 관련성이 없다.)

16 일반 도시가스 배관 중 중압 이하의 배관과 고압배관을 매설하는 경우 서로 간의 거리를 몇 m 이상으로 유지하여야 하는가?

① 1 ② 2
③ 3 ④ 5

해설 도시가스 배관 설비

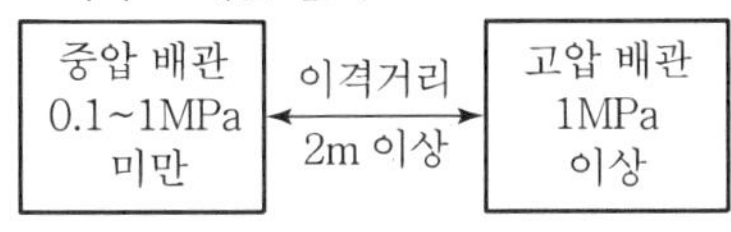

17 초저온 용기의 단열성능 시험용 저온액화가스가 아닌 것은?

① 액화아르곤 ② 액화산소
③ 액화공기 ④ 액화질소

해설 단열성능 시험용 기체
- 액화질소 : 비점 −196℃, 기화잠열 48kcal/kg
- 액화산소 : 비점 −183℃, 기화잠열 51kcal/kg
- 액화아르곤 : 비점 −186℃, 기화잠열 38kcal/kg

18 고압가스 판매소의 시설기준에 대한 설명으로 틀린 것은?

① 충전용기의 보관실은 불연재료를 사용한다.
② 가연성 가스 · 산소 및 독성 가스의 저장실은 각각 구분하여 설치한다.
③ 용기보관실 및 사무실은 부지를 구분하여 설치한다.
④ 산소, 독성 가스 또는 가연성 가스를 보관하는 용기보관실의 면적은 각 고압가스별로 $10m^2$ 이상으로 한다.

해설 고압가스 판매소의 시설기준
용기보관실 및 사무실은 부지를 구분하지 않고 함께 설치한다.

19 운전 중인 액화석유가스 충전설비는 작동상황에 대하여 주기적으로 점검하여야 한다. 점검주기는?(단, 철망 등이 부착되어 있지 않은 것으로 간주한다.)

① 1일에 1회 이상
② 1주일에 1회 이상
③ 3월에 1회 이상
④ 6월에 1회 이상

해설 자동차 운전 중 액화석유가스(LPG) 충전설비는 작동상황에 대해 1일 1회 이상 점검해야 한다.

20 재검사 용기 및 특정 설비의 파기방법으로 틀린 것은?

① 잔가스를 전부 제거한 후 절단한다.
② 절단 등의 방법으로 파기하여 원형으로 가공할 수 없도록 한다.
③ 파기 시에는 검사장소에서 검사원 입회하에 사용자가 실시할 수 있다.
④ 파기 물품은 검사 신청인이 인수시한 내에 인수하지 아니한 때도 검사인이 임의로 매각처분하면 안 된다.

해설 파기 물품은 검사 신청인이 인수시한 내에 인수하지 않으면 검사기관으로 하여금 임의로 매각 처분하게 할 것

21 도시가스 배관이 굴착으로 20m 이상이 노출되어 누출가스가 체류하기 쉬운 장소일 때 가스누출경보기는 몇 m마다 설치해야 하는가?

① 5 ② 10
③ 20 ④ 30

ANSWER | 15. ③ 16. ② 17. ③ 18. ③ 19. ① 20. ④ 21. ③

해설 도시가스 배관이 굴착으로 20m 이상 노출이 된 경우라면 누출가스가 체류하기 쉬운 장소일 때 가스누출경보기는 20m마다 설치한다.

22 시안화수소의 중합폭발을 방지하기 위하여 주로 사용할 수 있는 안정제는?

① 탄산가스 ② 황산
③ 질소 ④ 일산화탄소

해설 시안화수소(HCN)
- 폭발범위 6~41%, 독성 허용농도 10ppm의 액화가스로서 특이한 복숭아 향이 난다.
- 순수하지 못하면 2% 소량의 수분이나 장기간 저장 시 중합에 의해 중합폭발이 발생한다.(중합방지제 : 황산, 동망, 염화칼슘, 인산, 오산화인, 아황산가스 등)

23 고압가스 용접용기 동체의 내경은 약 몇 mm인가?

• 동체 두께 : 2mm	• 최고충전압력 : 2.5MPa
• 인장강도 : 480N/mm²	• 부식여유 : 0
• 용접효율 : 1	

① 190mm ② 290mm
③ 660mm ④ 760mm

해설
동판 두께$(t) = \dfrac{P.D}{2s \cdot \eta - 1.2p} + C$

$2 = \dfrac{2.5 \cdot D}{2 \times \left(\dfrac{480}{4} \times 1\right) - 1.2 \times 2.5} + 0$

$2 = \dfrac{2.5 \times D}{240 - 3} + 0$

$2 = \dfrac{2.5 \cdot D}{237} + 0$

∴ 동체 내경$(D) = \dfrac{237}{2.5} \times 2 \fallingdotseq 190\text{mm}$

※ 인장강도$\times \dfrac{1}{4}$=허용응력(N/mm²)

24 고압가스관련법에서 사용되는 용어의 정의에 대한 설명 중 틀린 것은?

① 가연성 가스라 함은 공기 중에서 연소하는 가스로서 폭발한계의 하한이 10% 이하인 것과 폭발한계의 상한과 하한의 차가 20% 이상인 것을 말한다.
② 독성 가스라 함은 인체에 유해한 독성을 가진 가스로서 허용농도가 100만분의 100 이하인 것을 말한다.
③ 액화가스라 함은 가압 · 냉각 등의 방법에 의하여 액체 상태로 되어 있는 것으로서 대기압에서의 비점이 섭씨 40도 이하 또는 상용의 온도 이하인 것을 말한다.
④ 초저온저장탱크라 함은 섭씨 영하 50도 이하의 저장탱크로서 단열재로 피복하거나 냉동설비로 냉각하는 등의 방법으로 저장탱크 내의 가스온도가 상용의 온도를 초과하지 아니하도록 한 것을 말한다.

해설 독성 가스(LC_{50} 기준)
허용농도$\left(\dfrac{5,000}{100만}\right)$ 이하의 가스

25 다음 고압가스 압축작업 중 작업을 즉시 중단해야 하는 경우인 것은?

① 산소 중의 아세틸렌, 에틸렌 및 수소의 용량합계가 전체 용량의 2% 이상인 것
② 아세틸렌 중의 산소 용량이 전체 용량의 1% 이하의 것
③ 산소 중의 가연성 가스(아세틸렌, 에틸렌 및 수소를 제외한다.)의 용량이 전체 용량의 2% 이하의 것
④ 시안화수소 중의 산소 용량이 전체 용량의 2% 이상의 것

해설 ② 4% 이상의 것
③ 4% 이상의 것
④ 4% 이상의 것

26 다음 중 가스사고를 분류하는 일반적인 방법이 아닌 것은?

① 원인에 따른 분류
② 사용처에 따른 분류
③ 사고형태에 따른 분류
④ 사용자의 연령에 따른 분류

22. ② 23. ① 24. ② 25. ① 26. ④ | ANSWER

해설 가스사고를 분류하는 일반적인 방법은 ①, ②, ③항이다.

27 고압가스 저장시설에 설치하는 방류둑에는 계단, 사다리 또는 토사를 높이 쌓아올림 등에 의한 출입구를 둘레 몇 m마다 1개 이상을 두어야 하는가?

① 30　② 50
③ 75　④ 100

해설 고압가스 저장시설의 방류둑 설치
둘레 50m마다 1개 이상 출입구가 필요하다.

28 LPG 용기 및 저장탱크에 주로 사용되는 안전밸브의 형식은?

① 가용전식　② 파열판식
③ 중추식　④ 스프링식

해설
- 염소의 안전장치 : 가용전식
- 암모니아 안전장치 : 파열판식, 가용전식
- LPG 안전장치 : 스프링식

29 가스 충전용기 운반 시 동일 차량에 적재할 수 없는 것은?

① 염소와 아세틸렌　② 질소와 아세틸렌
③ 프로판과 아세틸렌　④ 염소와 산소

해설 동일 차량에 염소와 함께 적재할 수 없는 가스
- 아세틸렌
- 수소
- 암모니아

30 다음 ( ) 안에 들어갈 수 있는 경우로 옳지 않은 것은?

> 액화천연가스의 저장설비와 처리설비는 그 외면으로부터 사업소 경계까지 일정 규모 이상의 안전거리를 유지하여야 한다. 이 때 사업소 경계가 ( )의 경우에는 이들의 반대 편 끝을 경계로 보고 있다.

① 산　② 호수
③ 하천　④ 바다

해설 ( ) 안의 내용은 호수, 하천, 바다가 해당한다.

31 비중이 0.5인 LPG를 제조하는 공장에서 1일 10만 L를 생산하여 24시간 정치 후 모두 산업현장으로 보낸다. 이 회사에서 생산하는 LPG를 저장하려면 저장용량이 5톤인 저장탱크 몇 개를 설치해야 하는가?

① 2　② 5
③ 7　④ 10

해설 LPG 저장용량 = 100,000L × 0.5kg/L = 50,000kg
∴ 저장용량이 5톤인 탱크 수량 = $\frac{50,000}{5 \times 10^3}$ = 10개

32 고압용기나 탱크 및 라인(Line) 등의 퍼지(Perge)용으로 주로 쓰이는 기체는?

① 산소　② 수소
③ 산화질소　④ 질소

해설 고압용기, 고압탱크, 고압라인 등의 퍼지가스는 불연성, 비독성 가스인 질소(N_2)가 가장 이상적이다.

33 고압가스 제조소의 작업원은 얼마의 기간 이내에 1회 이상 보호구의 사용훈련을 받아 사용방법을 숙지하여야 하는가?

① 1개월　② 3개월
③ 6개월　④ 12개월

해설 고압가스 제조소의 작업원 보호구 사용훈련 숙지는 3개월 기간 내에 1회 이상 훈련이 필요하다.

34 LPG 기화장치의 작동원리에 따른 구분으로 저온의 액화가스를 조정기를 통하여 감압한 후 열교환기에 공급해 강제 기화시켜 공급하는 방식은?

① 해수가열방식　② 가온감압방식
③ 감압가열방식　④ 중간매체방식

해설 LPG가스 감압에 의한 강제기화방식 : 감압가열방식

ANSWER | 27. ② 28. ④ 29. ① 30. ① 31. ④ 32. ④ 33. ② 34. ③

35 **도시가스사업법령에서는 도시가스를 압력에 따라 고압, 중압 및 저압으로 구분하고 있다. 중압의 범위로 옳은 것은?(단, 액화가스가 기화되고 다른 물질과 혼합되지 않은 경우로 가정한다.)**

① 0.1MPa 이상 1MPa 미만
② 0.2MPa 이상 1MPa 미만
③ 0.1MPa 이상 0.2MPa 미만
④ 0.01MPa 이상 0.2MPa 미만

해설 도시가스 공급압력
- 저압 : 0.1MPa/cm^2 미만
- 중압 : 0.1MPa 이상~1MPa/cm^2 미만
- 고압 : 1MPa이상/cm^2

※ 단, 액화가스가 기화되고 다른 물질과 혼합되지 아니한 경우는 ④항에 의한다.

36 **가연성 가스 누출검지 경보장치의 경보농도는 얼마인가?**

① 폭발 하한계 이하
② LC_{50} 기준농도 이하
③ 폭발하한계 1/4 이하
④ TLV-TWA 기준농도 이하

해설 가연성 가스 누출검지 경보장치의 경보농도

경보농도=가연성 가스 폭발하한계$\times\frac{1}{4}$ 이하의 농도

37 **내용적 47L인 LP가스 용기의 최대 충전량은 몇 kg인가?(단, LP가스 정수는 2.35이다.)**

① 20 ② 42
③ 50 ④ 110

해설 충전량$(W)=\frac{V}{C}=\frac{47}{2.35}=20$kg

38 **부식성 유체나 고점도 유체 및 소량의 유체 측정에 가장 적합한 유량계는?**

① 차압식 유량계 ② 면적식 유량계
③ 용적식 유량계 ④ 유속식 유량계

해설 면적식 로터미터 유량계
부식성 유체, 고점도 유체나 소량의 유체 유량측정에 유리한 유량계이다.

39 **LP가스 이송설비 중 압축기에 의한 이송방식에 대한 설명으로 틀린 것은?**

① 베이퍼록 현상이 없다.
② 잔가스 회수가 용이하다.
③ 펌프에 비해 이송시간이 짧다.
④ 저온에서 부탄가스가 재액화되지 않는다.

해설 압축기에 의한 LP가스 이송설비 중, 비점이 높은 부탄가스는 저온에서 재액화가 용이하다.

40 **공기, 질소, 산소 및 헬륨 등과 같이 임계온도가 낮은 기체를 액화하는 액화사이클의 종류가 아닌 것은?**

① 구데 공기액화사이클
② 린데 공기액화사이클
③ 필립스 공기액화사이클
④ 캐스케이드 공기액화사이클

해설
- 공기(기체) 액화사이클 : ②, ③, ④ 외에 클로우드식, 가역가스식, 다원액화식 등이 있다.
- 액화방법 : 단열팽창법(자유팽창법, 팽창기에 의한 방법)이 있다.
- 자유팽창법 : 줄 톰슨 효과 이용

41 **다기능 가스안전계량기에 대한 설명으로 틀린 것은?**

① 사용자가 쉽게 조작할 수 있는 테스트차단 기능이 있는 것으로 한다.
② 통상의 사용 상태에서 빗물, 먼지 등이 침입할 수 없는 구조로 한다.
③ 차단밸브가 작동한 후에는 복원조작을 하지 아니하는 한 열리지 않는 구조로 한다.
④ 복원을 위한 버튼이나 레버 등은 조작을 쉽게 실시할 수 있는 위치에 있는 것으로 한다.

해설 다기능 가스안전계량기
사용자가 쉽게 조작이 불가능하게 한 테스트 차단기능이 있어야 한다.

35. ④ 36. ③ 37. ① 38. ② 39. ④ 40. ① 41. ① | ANSWER

42 계측기기의 구비조건으로 틀린 것은?

① 설비비 및 유지비가 적게 들 것
② 원거리 지시 및 기록이 가능할 것
③ 구조가 간단하고 정도(精度)가 낮을 것
④ 설치장소 및 주위조건에 대한 내구성이 클 것

해설 계측기기는 정도가 높아야 신뢰성이 크다.

43 압축기에서 두압이란?

① 흡입 압력이다.
② 증발기 내의 압력이다.
③ 피스톤 상부의 압력이다.
④ 크랭크 케이스 내의 압력이다.

해설 압축기

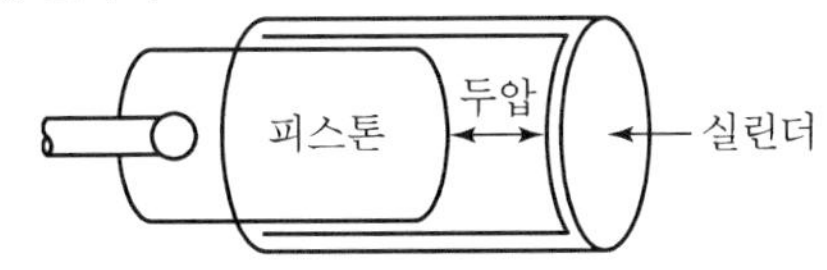

44 반밀폐식 보일러의 급·배기설비에 대한 설명으로 틀린 것은?

① 배기통의 끝은 옥외로 뽑아낸다.
② 배기통의 굴곡 수는 5개 이하로 한다.
③ 배기통의 가로 길이는 5m 이하로서 될 수 있는 한 짧게 한다.
④ 배기통의 입상높이는 원칙적으로 10m 이하로 한다.

해설

45 흡입압력이 대기압과 같으며 최종압력이 15kgf/cm²·g인 4단 공기압축기의 압축비는 약 얼마인가?(단, 대기압은 1kgf/cm²로 한다.)

① 2　　② 4
③ 8　　④ 16

해설 압축비 $= \frac{15+1}{1+1} = 8$

$\therefore$ 4단 압축기의 압축비 $= \frac{8}{4} = 2$

46 순수한 것은 안정하나 소량의 수분이나 알칼리성 물질을 함유하면 중합이 촉진되고 독성이 매우 강한 가스는?

① 염소　　② 포스겐
③ 황화수소　　④ 시안화수소

해설 시안화수소(HCN)
순수한 것은 안정, 소량의 수분(H_2O)이나 알칼리성 물질을 함유하면 중합폭발이 발생하는 가연성이면서 독성 가스이다.

47 다음 중 비점이 가장 높은 가스는?

① 수소　　② 산소
③ 아세틸렌　　④ 프로판

해설 가스의 비점
① 수소 : −252℃　　② 산소 : −183℃
③ 아세틸렌 : −84℃　　④ 프로판 : −42.1℃

48 단위질량인 물질의 온도를 단위온도차만큼 올리는 데 필요한 열량을 무엇이라고 하는가?

① 일률　　② 비열
③ 비중　　④ 엔트로피

해설 비열(kcal/kg·℃)
단위질량인 물질의 온도를 1℃ 높이는 데 필요한 열량(비열은 물질마다 다르다.)

49 LNG의 성질에 대한 설명 중 틀린 것은?

① NG 가스가 액화되면 체적이 약 1/600로 줄어든다.
② 무독, 무공해의 청정가스로 발열량이 약 9,500 kcal/m³ 정도이다.
③ 메탄올을 주성분으로 하며 에탄, 프로판 등이 포함되어 있다.
④ LNG는 기체 상태에서는 공기보다 가벼우나 액체 상태에서는 물보다 무겁다.

ANSWER | 42. ③ 43. ③ 44. ② 45. ① 46. ④ 47. ④ 48. ② 49. ④

해설 • LNG는 기체 상태에서는 공기보다 가볍고 액체상태는 물보다 가볍다.
• LNG의 주성분 : 메탄(CH_4)

50 압력에 대한 설명 중 틀린 것은?

① 게이지 압력은 절대압력에 대기압을 더한 압력이다.
② 압력이란 단위 면적당 작용하는 힘의 세기를 말한다.
③ 1.0332kg/cm²의 대기압을 표준대기압이라고 한다.
④ 대기압은 수은주를 76cm만큼의 높이로 밀어 올릴 수 있는 힘이다.

해설 • 게이지 압력(kg/cm²g) : 절대압력 - 대기압력
• 절대압력 : 게이지압력 + 대기압력
• 절대압력 : 대기압력 - 진공압력

51 프로판을 완전연소시켰을 때 주로 생성되는 물질은?

① CO_2, H_2 ② CO_2, H_2O
③ C_2H_4, H_2O ④ C_4H_{10}, CO

해설 프로판(C_3H_8) + $5O_2$ → $3CO_2$ + $4H_2O$
가스산화반응 연소생성물

52 요소비료 제조 시 주로 사용되는 가스는?

① 염화수소 ② 질소
③ 일산화탄소 ④ 암모니아

해설 요소비료 제조 반응식
$2NH_3$(암모니아) + CO_2 → $(NH_2)_2CO$ + H_2O
요소비료

53 수분이 존재할 때 일반 강재를 부식시키는 가스는?

① 황화수소 ② 수소
③ 일산화탄소 ④ 질소

해설 황화수소(H_2S) + $1.5O_2$ → H_2O + SO_2
SO_2(아황산가스) + H_2O → H_2SO_3(무수황산)
$H_2SO_3 + \frac{1}{2}O_2 \rightarrow H_2SO_4$(진한 황산) : 저온부식 발생

54 폭발위험에 대한 설명 중 틀린 것은?

① 폭발범위의 하한값이 낮을수록 폭발위험은 커진다.
② 폭발범위의 상한값과 하한값의 차가 작을수록 폭발위험은 커진다.
③ 프로판보다 부탄의 폭발범위 하한값이 낮다.
④ 프로판보다 부탄의 폭발범위 상한값이 낮다.

해설 폭발범위의 (상한값 - 하한값)의 차이가 클수록 폭발위험은 커진다.
• 아세틸렌가스 : 2.5~81%(81 - 2.5 = 78.5)
• 프로판 : 2.1~9.5%
• 부탄 : 1.8~8.4%

55 액체가 기체로 변하기 위해 필요한 열은?

① 융해열 ② 응축열
③ 승화열 ④ 기화열

해설 물질의 삼상태

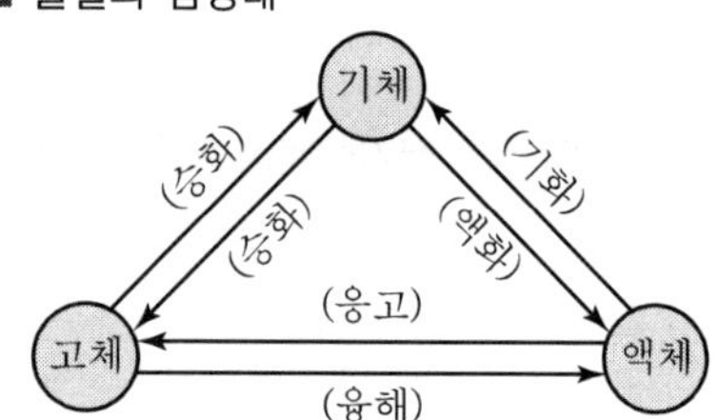

56 부탄 1Nm³을 완전연소시키는 데 필요한 이론 공기량은 약 몇 Nm³인가?(단, 공기 중의 산소농도는 21v%이다.)

① 5 ② 6.5
③ 23.8 ④ 31

해설 부탄가스(C_4H_{10})
$C_4H_{10} + 6.5O_2 \rightarrow 4CO_2 + 5H_2O$
이론산소량 = 6.5Nm³/Nm³
공기량 = 산소량 × $\frac{1}{0.21}$
∴ 공기량(A_o) = $6.5 \times \frac{1}{0.21}$ = 31Nm³/Nm³

50. ① 51. ② 52. ④ 53. ① 54. ② 55. ④ 56. ④ | ANSWER

57 **온도 410℉을 절대온도로 나타내면?**

① 273K　② 483K
③ 512K　④ 612K

해설 켈빈의 절대온도(K) = ℃ + 273

섭씨 $= \frac{5}{9}(°F - 32) = \frac{5}{9}(410 - 32) = 210℃$

∴ K = 210 + 273 = 483

58 **도시가스에 사용되는 부취제 중 DMS의 냄새는?**

① 석탄가스 냄새　② 마늘 냄새
③ 양파 썩는 냄새　④ 암모니아 냄새

해설 ㉠ 부취제 : 가스양의 $\frac{1}{1,000}$ 부가

㉡ 종류
- THT(석탄가스 냄새) : 토양투과성 보통
- TBM(양파 썩는 냄새) : 토양투과성 우수
- DMS(마늘 냄새) : 토양투과성 가장 우수

59 **다음에서 설명하는 기체와 관련된 법칙은?**

기체의 종류에 관계없이 모든 기체 1몰은 표준상태(0℃, 1기압)에서 22.4L의 부피를 차지한다.

① 보일의 법칙　② 헨리의 법칙
③ 아보가드로의 법칙　④ 아르키메데스의 법칙

해설 아보가드로 법칙에서 기체 1몰은 표준상태(STP)에서 22.4L이다.

60 **내용적 47L인 용기에 C_3H_8 15kg이 충전되어 있을 때 용기 내 안전공간은 약 몇 %인가?(단, C_3H_8의 액밀도는 0.5kg/L이다.)**

① 20　② 25.2
③ 36.1　④ 40.1

해설 용기 내 가스 질량 = 47 × 0.5 = 23.5kg

∴ 안전공간 $= \left(1 - \frac{15}{23.5}\right) \times 100 = 36.17\%$

2016년 3회 가스기능사

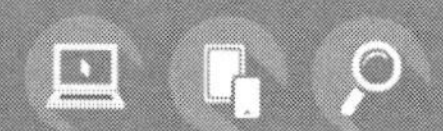

01 가스 공급시설의 임시사용기준 항목이 아닌 것은?

① 공급의 이익 여부
② 도시가스의 공급이 가능한지의 여부
③ 가스공급시설을 사용할 때 안전을 해칠 우려가 있는지 여부
④ 도시가스의 수급상태를 고려할 때 해당지역에 도시가스의 공급이 필요한지의 여부

해설 가스 및 도시가스 공급시설의 임시사용기준 항목은 ②, ③, ④항이다.

02 다음 [보기]의 독성 가스 중 독성(LC_{50})이 가장 강한 것과 가장 약한 것을 바르게 나열한 것은?

[보기]	
㉠ 염화수소	㉡ 암모니아
㉢ 황화수소	㉣ 일산화탄소

① ㉠, ㉡　　② ㉢, ㉡
③ ㉠, ㉣　　④ ㉢, ㉣

해설 가스독성농도(TLV-TWA 기준) 및 LC_{50}(치사농도기준, Lethal Concentration 50 기준)
㉠ 염화수소 5ppm(3,124)
㉡ 암모니아 25ppm(7,338)
㉢ 황화수소 10ppm(750)
㉣ 일산화탄소 50ppm(3,760)

03 가연성 가스의 발화점이 낮아지는 경우가 아닌 것은?

① 압력이 높을수록
② 산소 농도가 높을수록
③ 탄화수소의 탄소 수가 많을수록
④ 화학적으로 발열량이 낮을수록

해설 발열량이 높은 가스가 발화점이 낮아진다.

04 다음 각 가스의 품질검사 합격기준으로 옳은 것은?

① 수소 : 99.0% 이상
② 산소 : 98.5% 이상
③ 아세틸렌 : 98.0% 이상
④ 모든 가스 : 99.5% 이상

해설 품질검사 합격기준
• 수소 : 98.5% 이상
• 산소 : 99.5% 이상
• 아세틸렌 : 98% 이상

05 0℃에서 10L의 밀폐된 용기 속에 32g의 산소가 들어 있다. 온도를 150℃로 가열하면 압력은 약 얼마가 되는가?

① 0.11atm　　② 3.47atm
③ 34.7atm　　④ 111atm

해설 산소가 0℃에서 10L 들어 있으므로

150℃에서 산소의 팽창량 $= 10 \times \dfrac{273+150}{273+0} = 15.5\text{L}$

산소 32g = 22.4L(압력 $= \dfrac{22.4\text{L}}{10\text{L}} = 2.24\text{atm}$)

$\therefore$ 압력 $= 2.24 \times \dfrac{15.5\text{L}}{10\text{L}} = 3.47\text{atm}$

※ 가스는 분자량 값이 1몰(22.4L)이다.

06 염소에 다음 가스를 혼합하였을 때 가장 위험할 수 있는 가스는?

① 일산화탄소
② 수소
③ 이산화탄소
④ 산소

해설 혼합적재 금지가스
염소와 (아세틸렌, 암모니아, 수소)는 동일 차량에 적재하여 운반하지 않는다.

1. ① 2. ② 3. ④ 4. ③ 5. ② 6. ② | ANSWER

07 고압가스 특정제조시설에서 배관을 해저에 설치하는 경우의 기준으로 틀린 것은?

① 배관은 해저면 밑에 매설한다.
② 배관은 원칙적으로 다른 배관과 교차하지 아니하여야 한다.
③ 배관은 원칙적으로 다른 배관과 수평거리로 30m 이상을 유지하여야 한다.
④ 배관의 입상부에는 방호시설물을 설치하지 아니한다.

해설 배관을 해저에 설치하는 경우에는 배관의 입상부에는 방호시설물을 반드시 설치하여야 한다.

08 고압가스 특정제조시설 중 비가연성 가스의 저장탱크는 몇 m^3 이상일 경우에 지진 영향에 대한 안전한 구조로 설계하여야 하는가?

① 300　② 500
③ 1,000　④ 2,000

해설 비가연성 가스의 저장탱크 저장능력이 1,000m^3 이상일 경우에는 지진 영향에 대한 안전한 구조로 설계하여야 한다.

09 압축도시가스 이동식 충전차량 충전시설에서 가스누출 검지경보장치의 설치위치가 아닌 것은?

① 펌프 주변
② 압축설비 주변
③ 압축가스설비 주변
④ 개별 충전설비 본체 외부

해설 압축도시가스 이동식 충전차량(CNG) 가스의 충전시설에서 가스누출 검지경보장치 설치위치는 ①, ②, ③항이다.

10 흡수식 냉동설비의 냉동능력 정의로 옳은 것은?

① 발생기를 가열하는 1시간의 입열량 3,320kcal를 1일의 냉동능력 1톤으로 본다.
② 발생기를 가열하는 1시간의 입열량 6,640kcal를 1일의 냉동능력 1톤으로 본다.
③ 발생기를 가열하는 24시간의 입열량 3,320kcal를 1일의 냉동능력 1톤으로 본다.
④ 발생기를 가열하는 24시간의 입열량 6,640kcal를 1일의 냉동능력 1톤으로 본다.

해설 흡수식 냉동기 1RT
6,640kcal/h의 냉동능력(발생기에서의 능력)

11 폭발범위에 대한 설명으로 옳은 것은?

① 공기 중의 폭발범위는 산소 중의 폭발범위보다 넓다.
② 공기 중 아세틸렌가스의 폭발범위는 약 4~71%이다.
③ 한계산소 농도치 이하에서는 폭발성 혼합가스가 생성된다.
④ 고온 · 고압일 때 폭발범위는 대부분 넓어진다.

해설 폭발범위(가연성 가스)
- 가연성 가스는 공기 중보다 산소(O_2) 중의 폭발범위가 넓다.
- 아세틸렌 : 2.5~81%(공기 중)
- 한계산소농도치 이상에서 폭발된다.
- CO 가스만은 고압일수록 폭발범위가 좁아진다.(기타는 반대현상)

12 도시가스사용시설에서 배관의 이음부와 절연전선과의 이격거리는 몇 cm 이상으로 하여야 하는가?

① 10　② 15
③ 30　④ 60

해설

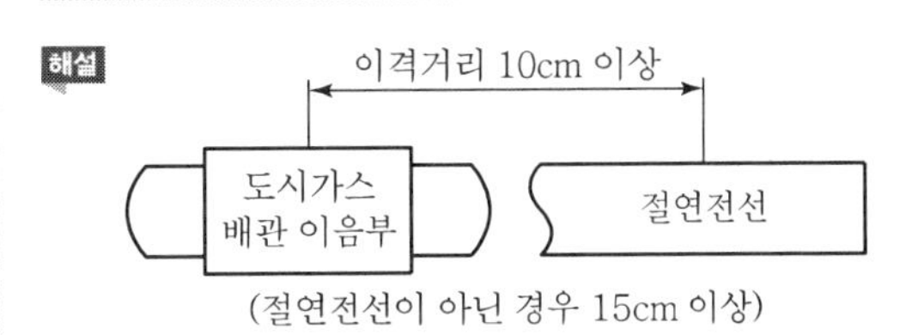

13 압축기 최종단에 설치된 고압가스 냉동제조시설의 안전밸브는 얼마마다 작동압력을 조정하여야 하는가?

① 3개월에 1회 이상　② 6개월에 1회 이상
③ 1년에 1회 이상　④ 2년에 1회 이상

해설 압축기 최종단에 설치된 고압가스 안전밸브는 1년에 1회 이상 압력 조정(그 밖의 안전밸브는 2년에 1회 이상 조정)

ANSWER | 7. ④ 8. ③ 9. ④ 10. ② 11. ④ 12. ① 13. ③

14 **고압가스 특정제조시설에서 플레어스택의 설치기준으로 틀린 것은?**

① 파이로트버너를 항상 점화하여 두는 등 플레어스택에 관련된 폭발을 방지하기 위한 조치가 되어 있는 것으로 한다.
② 긴급이송설비로 이송되는 가스를 대기로 방출할 수 있는 것으로 한다.
③ 플레어스택에서 발생하는 복사열이 다른 제조시설에 나쁜 영향을 미치지 아니하도록 안전한 높이 및 위치에 설치한다.
④ 플레어스택에서 발생하는 최대열량에 장시간 견딜 수 있는 재료 및 구조로 되어 있는 것으로 한다.

해설 플레어스택 설치기준에서 긴급이송설비에 의하여 이송되는 가스를 안전하게 연소시킬 수 있는 것일 것(②항의 내용은 벤트스텍 구조이다.)

15 **액화석유가스 판매시설에 설치되는 용기보관실에 대한 시설기준으로 틀린 것은?**

① 용기보관실에는 가스가 누출될 경우 이를 신속히 검지하여 효과적으로 대응할 수 있도록 하기 위하여 반드시 일체형 가스누출경보기를 설치한다.
② 용기보관실에 설치되는 전기설비는 누출된 가스의 점화원이 되는 것을 방지하기 위하여 반드시 방폭구조로 한다.
③ 용기보관실에는 누출된 가스가 머물지 않도록 하기 위하여 그 용기보관실의 구조에 따라 환기구를 갖추고 환기가 잘 되지 아니하는 곳에는 강제통풍시설을 설치한다.
④ 용기보관실에는 용기가 넘어지는 것을 방지하기 위하여 적절한 조치를 마련한다.

해설 가스누출경보기
일체형이 아닌 분리형 가스누출경보기를 설치한다.

16 **20kg LPG 용기의 내용적은 몇 L인가?(단, 충전상수 C는 2.35이다.)**

① 8.51 ② 20
③ 42.3 ④ 47

해설 내용적$(V) = W \times C = 20 \times 2.35$

17 **독성 가스 용기를 운반할 때에는 보호구를 갖추어야 한다. 비치하여야 하는 기준은?**

① 종류별로 1개 이상
② 종류별로 2개 이상
③ 종류별로 3개 이상
④ 그 차량의 승무원수에 상당한 수량

해설 독성 가스 용기 운반 시 보호구
그 차량의 승무원 수에 상당한 수량을 비치한다.

18 **가스보일러의 안전사항에 대한 설명으로 틀린 것은?**

① 가동 중 연소상태, 화염 유무를 수시로 확인한다.
② 가동 중지 후 노 내 잔류가스를 충분히 배출한다.
③ 수면계의 수위는 적정한지 자주 확인한다.
④ 점화 전 연료가스를 노 내에 충분히 공급하여 착화를 원활하게 한다.

해설 가스보일러 운전 시 점화 전에는 연료가스를 노 내에 넣지 않는다.(역화 방지를 위하여)

19 **고압가스배관의 설치기준 중 하천과 병행하여 매설하는 경우로서 적합하지 않은 것은?**

① 배관은 견고하고 내구력을 갖는 방호구조물 안에 설치한다.
② 매설심도는 배관의 외면으로부터 1.5m 이상 유지한다.
③ 설치지역은 하상(河床, 하천의 바닥)이 아닌 곳으로 한다.
④ 배관손상으로 인한 가스누출 등 위급한 상황이 발생한 때에 그 배관에 유입되는 가스를 신속히 차단할 수 있는 장치를 설치한다.

해설 ②항에서는 1.5m 이상이 아닌 2.5m 이상이다.

14. ② 15. ① 16. ④ 17. ④ 18. ④ 19. ② | ANSWER

20 LP가스 사용 시 주의사항에 대한 설명으로 틀린 것은?

① 중간 밸브 개폐는 서서히 한다.
② 사용 시 조정기 압력은 적당히 조절한다.
③ 완전 연소되도록 공기조절기를 조절한다.
④ 연소기는 급배기가 충분히 행해지는 장소에 설치하여 사용하도록 한다.

해설 조정기 조정압력은 법에서 정하는 범위 이내에서 조정하여 사용한다.(단단식, 다단식, 자동절체식 조정기의 경우)

21 도시가스 매설배관의 주위에 파일박기 작업 시 손상방지를 위하여 유지하여야 할 최소거리는?

① 30cm ② 50cm
③ 1m ④ 2m

해설

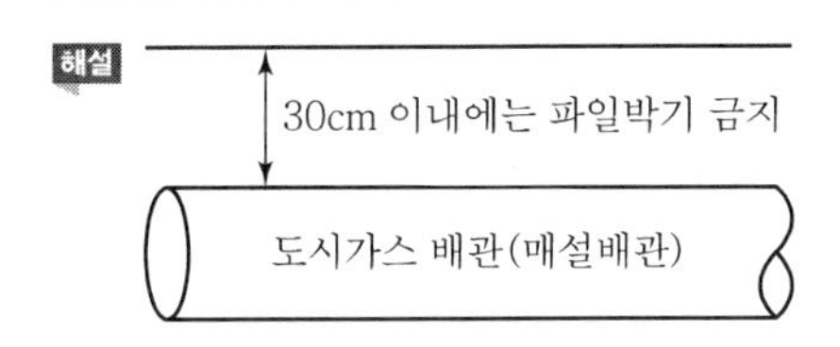

22 액화 독성 가스의 운반질량이 1,000kg 미만일 경우 이동 시 휴대해야 할 소석회는 몇 kg 이상이어야 하는가?

① 20kg ② 30kg
③ 40kg ④ 50kg

해설
- 1,000kg 미만 : 소석회 20kg 이상 휴대
- 1,000kg 이상 : 40kg 이상의 소석회 휴대

23 고압가스를 취급하는 자가 용기 안전점검 시 하지 않아도 되는 것은?

① 도색 표시 확인
② 재검사 기간 확인
③ 프로텍터의 변형 여부 확인
④ 밸브의 개폐조작이 쉬운 핸들 부착 여부 확인

해설 ③항은 프로텍터의 변형이 아닌 부착 여부를 확인한다(별표 18).

24 도시가스 도매사업의 가스공급시설 기준에 대한 설명으로 옳은 것은?

① 고압의 가스공급시설은 안전구획 안에 설치하고 그 안전구역의 면적은 1만 m^2 미만으로 한다.
② 안전구역 안의 고압인 가스공급시설은 그 외면으로부터 다른 안전구역 안에 있는 고압인 가스공급시설의 외면까지 20m 이상의 거리를 유지한다.
③ 액화천연가스의 저장탱크는 그 외면으로부터 처리능력이 20만 m^3 이상인 압축기까지 30m 이상의 거리를 유지한다.
④ 두 개 이상의 제조소가 인접하여 있는 경우의 가스공급시설은 그 외면으로부터 그 제조소와 다른 제조소의 경계까지 10m 이상의 거리를 유지한다.

해설 ① 2만 m^3 미만일 것
② 30m 이상의 거리 유지
④ 20m 이상의 거리 유지

25 가연성 가스의 폭발등급 및 이에 대응하는 본질안전방폭구조의 폭발등급 분류 시 사용하는 최소점화전류비는 어느 가스의 최소점화전류를 기준으로 하는가?

① 메탄 ② 프로판
③ 수소 ④ 아세틸렌

해설 본질안전방폭구조(ia 또는 ib)에서는 최소 점화전류비는 메탄(CH_4) 가스의 최소 점화전류를 기준으로 설정한다.

26 수소의 성질에 대한 설명 중 옳지 않은 것은?

① 열전도도가 적다.
② 열에 대하여 안정하다.
③ 고온에서 철과 반응한다.
④ 확산속도가 빠른 무취의 기체이다.

해설 수소가스는 열전도율이 대단히 크고 열에 대해 안정하다.

27 용기 종류별 부속품 기호로 틀린 것은?

① AG : 아세틸렌가스를 충전하는 용기의 부속품
② LPG : 액화석유가스를 충전하는 용기의 부속품
③ TL : 초저온용기 및 저온용기의 부속품
④ PG : 압축가스를 충전하는 용기의 부속품

ANSWER | 20. ② 21. ① 22. ① 23. ③ 24. ③ 25. ① 26. ① 27. ③

해설 LT
저온 및 초저온 가스용 용기부속품 기호

28 **공기액화 분리장치의 폭발원인이 아닌 것은?**

① 액체공기 중의 아르곤의 혼입
② 공기 취입구로부터 아세틸렌 혼입
③ 공기 중의 질소화합물(NO, NO_2)의 혼입
④ 압축기용 윤활유 분해에 따른 탄화수소 생성

해설 액체공기 중의 오존(O_3)의 혼입이 있으면 공기액화 분리기의 폭발 원인이 된다(산소, 아르곤, 질소가스 등의 제조).

29 **고압가스 충전용기를 운반할 때 운반책임자를 동승시키지 않아도 되는 경우는?**

① 가연성 압축가스 $-$ 300m^3
② 조연성 액화가스 $-$ 5,000kg
③ 독성 압축가스(허용농도가 100만분의 200 초과, 100만분의 5,000 이하) $-$ 100m^3
④ 독성 액화가스(허용농도가 100만분의 200 초과, 100만분의 5,000 이하) $-$ 1,000kg

해설 조연성 가스(산소, 염소, 불소 등)는 액화가스의 경우 6,000kg 이상일 경우에만 운반책임자가 동승한다.

30 **다음 중 폭발범위의 상한값이 가장 낮은 가스는?**

① 암모니아 ② 프로판
③ 메탄 ④ 일산화탄소

해설 가연성 가스 폭발범위(하한값~상한값)
① 암모니아(NH_3) : 15~28%
② 프로판(C_3H_8) : 2.1~9.5%
③ 메탄(CH_4) : 5~15%
④ 일산화탄소(CO) : 12.5~74%

31 **고압가스 배관재료로 사용되는 동관의 특징에 대한 설명으로 틀린 것은?**

① 가공성이 좋다. ② 열전도율이 적다.
③ 시공이 용이하다. ④ 내식성이 크다.

해설 동관(구리관)은 열전도율(332kcal/m · h · ℃)이 매우 크다.

32 **자동절체식 일체형 저압조정기의 조정압력은?**

① 2.30~3.30kPa
② 2.55~3.30kPa
③ 57~83kPa
④ 5.0~30kPa 이내에서 제조자가 설정한 기준압력의 ±20%

해설 자동절체식 일체형 저압조정기의 조정압력
2.55~3.30kPa(분리형의 경우에는 0.032~0.083MPa이다.)
① 1단 감압식 저압조정기용
③ 2단 감압식 저압조정기용
④ 1단 감압식 준저압조정기용

33 **수소(H_2) 가스 분석방법으로 가장 적당한 것은?**

① 팔라듐관 연소법 ② 헴펠법
③ 황산바륨 침전법 ④ 흡광광도법

해설 수소가스 분석방법
- 열전도도법
- 폭발법
- 산화동에 의한 연소법
- 팔라듐 블랙에 의한 흡수법

34 **터보압축기의 구성이 아닌 것은?**

① 임펠러 ② 피스톤
③ 디퓨저 ④ 증속기어장치

해설 피스톤은 왕복식 압축기의 구성요소이다.

35 **피토관을 사용하기에 적당한 유속은?**

① 0.001m/s 이상 ② 0.1m/s 이상
③ 1m/s 이상 ④ 5m/s 이상

해설 피토관 유속 측정기는 기체의 유속이 5m/s 이상이면 정밀도가 높다.

28. ① 29. ② 30. ② 31. ② 32. ② 33. ① 34. ② 35. ④ | ANSWER

36 **수소를 취급하는 고온, 고압 장치용 재료로서 사용할 수 있는 것은?**

① 탄소강, 니켈강
② 탄소강, 망간강
③ 탄소강, 18－8 스테인리스강
④ 18－8 스테인리스강, 크롬－바나듐강

해설
• 수소취성 : $Fe_3C+2H_2 \rightarrow CH_4+3Fe$
• 수소취성 방지 금속 : 크롬, 타이타늄, 바나듐, 텅스텐, 몰리브덴, 나이오븀

37 **원심식 압축기 중 터보형의 날개 출구각도에 해당하는 것은?**

① 90° 보다 작다.
② 90°이다.
③ 90° 보다 크다.
④ 평행이다.

해설 원심식 압축기
• 터보형 : 임펠러 출구각이 90° 이하일 때
• 레이디얼형 : 임펠러 출구각이 90°일 때
• 다익형 : 임펠러 출구각이 90° 이상일 때

38 **압력변화에 의한 탄성변위를 이용한 탄성압력계에 해당하지 않는 것은?**

① 플로트식 압력계
② 부르동관식 압력계
③ 벨로스식 압력계
④ 다이어프램식 압력계

해설 플로트식(부자식)
• 유량계 이용
• 액면계 이용

39 **액면 측정장치가 아닌 것은?**

① 임펠러식 액면계
② 유리관식 액면계
③ 부자식 액면계
④ 포지식 액면계

해설 임펠러식
• 압축기에 사용
• 유량계에 사용

40 **나사압축기에서 수로터의 직경 150mm, 로터의 길이 100mm, 회전수가 350rpm이라고 할 때 이론적 토출량은 약 몇 m^3/min인가?(단, 로터 형상에 의한 계수(C_v)는 0.476이다.)**

① 0.11
② 0.21
③ 0.37
④ 0.47

해설
토출량(Q)$= K \cdot D^3 \times \frac{L}{D} \times n \times 60$(시간당)

$$= 0.476 \times (0.15)^3 \times \frac{0.1}{0.15} \times 350 \times 60$$

$$= 22.49\,m^3/h = 0.37\,m^3/min\text{(분당)}$$

41 **아세틸렌의 정성시험에 사용되는 시약은?**

① 질산은
② 구리암모니아
③ 염산
④ 피로갈롤

해설 아세틸렌
• 정성시험 : 질산은 시약
• 가스분석 : 시안화수은, 수산화칼륨 용액 흡수법

42 **정압기를 평가 · 선정할 경우 고려해야 할 특성이 아닌 것은?**

① 정특성
② 동특성
③ 유량특성
④ 압력특성

해설 정압기 평가 · 선정 시 고려사항
정특성, 동특성, 유량특성

43 **액화석유가스 소형 저장탱크가 외경 1,000mm, 길이 2,000mm, 충전상수 0.03125, 온도보정계수 2.15일 때의 자연기화능력(kg/h)은 얼마인가?**

① 11.2
② 13.2
③ 15.2
④ 17.2

해설 1,000mm＝1m, 2,000mm＝2m, $W=0.9G$
G(가스양)$=\pi Dl = 3.14 \times 1 \times 2 = 6.28\,m^3$

$$6.28 \times \frac{44}{22.4} = 12.4\,kg/h$$

$\therefore 12.4 \times 0.9 = 11.2\,kg/h$

ANSWER | 36. ④ 37. ① 38. ① 39. ① 40. ③ 41. ① 42. ④ 43. ①

44 가스누출을 감지하고 차단하는 가스누출 자동차단기의 구성요소가 아닌 것은?

① 제어부 ② 중앙통제부
③ 검지부 ④ 차단부

해설 가스누출 자동차단기의 구성요소
- 제어부
- 검지부
- 차단부

45 다음 중 단별 최대 압축비를 가질 수 있는 압축기는?

① 원심식 ② 왕복식
③ 축류식 ④ 회전식

해설 $P_m(\text{압축비}) = \frac{\text{고압 측}}{\text{저압 측}} = \frac{\text{응축압력}(kg/cm^2a)}{\text{증발압력}(kg/cm^2a)}$

다단압축기의 압축비$(P_m) = \sqrt[Z]{\frac{P_2}{P_1}}$ $(Z : \text{단수})$

46 C_3H_8 비중이 1.5라고 할 때 20m 높이 옥상까지의 압력손실은 약 몇 mmH_2O인가?

① 12.9 ② 16.9
③ 19.4 ④ 21.4

해설 압력손실$(H) = 1.293(S-1)h$
$= 1.293(1.5-1) \times 20 = 12.93mmH_2O$

47 실제기체가 이상기체의 상태식을 만족시키는 경우는?

① 압력과 온도가 높을 때
② 압력과 온도가 낮을 때
③ 압력이 높고 온도가 낮을 때
④ 압력이 낮고 온도가 높을 때

해설 실제기체가 이상기체의 상태식을 만족시키는 조건
- 압력을 낮게 한다.
- 온도를 높게 한다.

48 다음 중 유리병에 보관해서는 안 되는 가스는?

① O_2 ② Cl_2
③ HF ④ Xe

해설 불화수소(HF)는 맹독성 가스로 증기는 극히 유독하다(유리를 부식시키므로 유리용기에 저장하지 못한다).

49 황화수소에 대한 설명으로 틀린 것은?

① 무색의 기체로서 유독하다.
② 공기 중에서 연소가 잘 된다.
③ 산화하면 주로 황산이 생성된다.
④ 형광물질 원료의 제조 시 사용된다.

해설 황화수소(H_2S)
- 계란 썩는 냄새가 나는 유독성 기체이다.
- 폭발범위는 4.3~45%이다.
- $2H_2S + 3O_2 \rightarrow 2H_2O$(수증기)$ + 2SO_2$(아황산가스)

50 다음 중 가연성 가스가 아닌 것은?

① 일산화탄소 ② 질소
③ 에탄 ④ 에틸렌

해설 질소(N_2)
- 상온에서 무색, 무미, 무취의 압축가스이다.
- 상온에서는 다른 원소와 반응하지 않는 불연성 가스이다.
- $N_2 + 3H_2 \rightarrow 2NH_3$(암모니아 제조)
- 고온에서는 Mg, Ca, Li 등과 금속화합하여 질화물을 만든다.

51 나프타의 성상과 가스화에 미치는 영향 중 PONA 값의 각 의미에 대하여 잘못 나타낸 것은?

① P : 파라핀계 탄화수소
② O : 올레핀계 탄화수소
③ N : 나프텐계 탄화수소
④ A : 지방족 탄화수소

해설
- A : 나프타의 방향족 탄화수소
- 나프타 : 원유의 상압증류에 의한 비점 200℃ 이하의 유분을 나프타라고 한다.

44. ② 45. ② 46. ① 47. ④ 48. ③ 49. ③ 50. ② 51. ④ | ANSWER

52 **25℃의 물 10kg을 대기압하에서 비등시켜 모두 기화시키는 데는 약 몇 kcal의 열이 필요한가?(단, 물의 증발잠열은 540kcal/kg이다.)**

① 750 ② 5,400
③ 6,150 ④ 7,100

해설 물의 현열 = 10kg × 1kcal/kg℃ × (100 − 25) = 750kcal
물의 기화열 = 10kg × 540kcal/kg = 5,400kcal
∴ Q = 750 + 5,400 = 6,150kcal

53 **다음에서 설명하는 법칙은?**

> 같은 온도(T)와 압력(P)에서 같은 부피(V)의 기체는 같은 분자 수를 가진다.

① Dalton의 법칙 ② Henry의 법칙
③ Avogadro의 법칙 ④ Hess의 법칙

해설 아보가드로의 법칙 : 표준상태(STP)에서 모든 기체 1몰(22.4L)에는 6.02×10^{23}개의 분자가 들어 있다.

54 **LP가스의 제법으로서 가장 거리가 먼 것은?**

① 원유를 정제하여 부산물로 생산
② 석유정제공정에서 부산물로 생산
③ 석탄을 건류하여 부산물로 생산
④ 나프타 분해공정에서 부산물로 생산

해설 석탄을 건류하여 부산물로 생산한 가스 : 도시가스 제조

55 **가스의 연소와 관련하여 공기 중에서 점화원 없이 연소하기 시작하는 최저온도를 무엇이라 하는가?**

① 인화점 ② 발화점
③ 끓는점 ④ 융해점

해설 발화점(착화점) : 가스의 연소와 관련하여 공기 중에서 점화원 없이 연소하기 시작하는 최저온도

56 **아세틸렌가스 폭발의 종류로서 가장 거리가 먼 것은?**

① 중합폭발 ② 산화폭발
③ 분해폭발 ④ 화합폭발

해설 산화에틸렌(C_2H_4O)은 폭발범위가 3~80%이고 에테르 향을 가지며 고농도에서 자극성 냄새를 내는 독성 가스이다(중합하여 중합폭발의 염려 및 분해폭발이 발생한다).

57 **도시가스 제조 시 사용되는 부취제 중 THT의 냄새는?**

① 마늘 냄새 ② 양파 썩는 냄새
③ 석탄가스 냄새 ④ 암모니아 냄새

해설 ①은 DMS, ②는 TBM, ③은 THT에 해당한다.

58 **압력에 대한 설명으로 틀린 것은?**

① 수주 280cm는 0.28kg/cm^{2}와 같다.
② 1kg/cm^{2}는 수은주 760mm와 같다.
③ 160kg/mm^{2}는 16,000kg/cm^{2}에 해당한다.
④ 1atm이란 1cm^{2}당 1.033kg의 무게와 같다.

해설 ① 수주 10m(1,000cm) = 1kg/cm^2
② 1kg/cm^2(공학기압 at) = 735mmHg
③ 160kg/mm^2=16,000kg/cm^2
④ 1atm = 1.033kg/cm^2

59 **프레온(Freon)의 성질에 대한 설명으로 틀린 것은?**

① 불연성이다.
② 무색, 무취이다.
③ 증발잠열이 적다.
④ 가압에 의해 액화되기 쉽다.

해설 프레온 가스는 냉매가스이며 종류에 따라 증발잠열(kcal/kg)이 크다.

60 **다음 중 가장 낮은 온도는?**

① −40°F ② 430°R
③ −50℃ ④ 240K

해설 ① $\frac{5}{9}(°F - 32) = \frac{5}{9}(-40 - 32) = -40℃$
② $430 - 460 = -30°F$, $\frac{5}{9}(-30 - 32) = -34℃$
④ $240K - 273 = -33℃$

ANSWER | 52. ③ 53. ③ 54. ③ 55. ② 56. ① 57. ③ 58. ② 59. ③ 60. ③

가스기능사 필기 10일 완성
C R A F T S M A N   G A S

PART

03

CBT 실전모의고사

01 회 실전점검!

CBT 실전모의고사

수험번호 :
수험자명 :

제한 시간 : 1시간
남은 시간 :

글자 크기 100% 150% 200% 화면 배치

전체 문제 수 :
안 푼 문제 수 :

01 내용적 100L인 염소용기 제조 시 부식여유는 몇 mm 이상 주어야 하는가?

① 1 ② 2
③ 3 ④ 5

02 독성 가스의 저장탱크에는 과충전 방지장치를 설치하도록 규정되어 있다. 저장탱크의 내용적이 몇 %를 초과하여 충전되는 것을 방지하기 위한 것인가?

① 80% ② 85%
③ 90% ④ 95%

03 가스가 누설될 경우 가스의 검지에 사용되는 시험지가 옳게 짝지어진 것은?

① 암모니아 – 하리슨시약
② 황화수소 – 초산벤지딘지
③ 염소 – 염화제1동 착염지
④ 일산화탄소 – 염화파라듐지

04 가스공급자는 안전유지를 위하여 안전관리자를 선임한다. 이때 안전관리자의 업무가 아닌 것은?

① 용기 또는 작업과정의 안전유지
② 안전관리규정시행 및 그 기록의 작성 · 보존
③ 종사자에 대한 안전관리를 위하여 필요한 지휘 · 감독
④ 공급시설의 정기검사

05 가스계량기와 화기(그 시설 안에서 사용하는 자체 화기는 제외)와의 우회거리는 몇 m 이상 유지하여야 하는가?

① 1 ② 2
③ 3 ④ 5

답안 표기란

번호				
1	①	②	③	④
2	①	②	③	④
3	①	②	③	④
4	①	②	③	④
5	①	②	③	④
6	①	②	③	④
7	①	②	③	④
8	①	②	③	④
9	①	②	③	④
10	①	②	③	④
11	①	②	③	④
12	①	②	③	④
13	①	②	③	④
14	①	②	③	④
15	①	②	③	④
16	①	②	③	④
17	①	②	③	④
18	①	②	③	④
19	①	②	③	④
20	①	②	③	④
21	①	②	③	④
22	①	②	③	④
23	①	②	③	④
24	①	②	③	④
25	①	②	③	④
26	①	②	③	④
27	①	②	③	④
28	①	②	③	④
29	①	②	③	④
30	①	②	③	④

계산기 다음 ▶ 안 푼 문제 답안 제출

01 회 실전점검!
CBT 실전모의고사

수험번호 :
수험자명 :

제한 시간 : 1시간
남은 시간 :

글자 크기 100% 150% 200% 화면 배치 전체 문제 수 : 안 푼 문제 수 :

06 지상에 액화석유가스(LPG) 저장탱크를 설치하는 경우 냉각살수장치는 그 외면으로부터 몇 m 이상 떨어진 곳에서 조작할 수 있어야 하는가?

① 2
② 3
③ 5
④ 7

07 고압가스의 운반기준으로 옳지 않은 것은?

① 염소와 아세틸렌, 수소는 동일 차량에 적재하여 운반하지 못한다.
② 아세틸렌과 산소는 동일 차량에 적재하여 운반하지 못한다.
③ 독성 가스 중 가연성 가스와 조연성 가스는 동일 차량에 적재하여 운반하지 못한다.
④ 충전용기와 휘발유는 동일 차량에 적재하여 운반하지 못한다.

08 용기 내부에 절연유를 주입하여 불꽃, 아크 또는 고온발생부분이 기름 속에 잠기게 함으로써 기름면 위에 존재하는 가연성 가스에 인화되지 않도록 한 방폭구조는?

① 압력방폭구조
② 유입방폭구조
③ 내압방폭구조
④ 안전증방폭구조

09 다음 중 에어졸이 충전된 용기에서 에어졸의 누출시험을 하기 위한 시설은?

① 자동충전기
② 수압시험탱크
③ 가압시험탱크
④ 온수시험탱크

10 배관 내의 상용압력이 4MPa인 도시가스 배관의 압력이 상승하여 경보장치의 경보가 울리기 시작하는 압력은?

① 4MPa 초과 시
② 4.2MPa 초과 시
③ 5MPa 초과 시
④ 5.2MPa 초과 시

답안 표기란

번호				
1	①	②	③	④
2	①	②	③	④
3	①	②	③	④
4	①	②	③	④
5	①	②	③	④
6	①	②	③	④
7	①	②	③	④
8	①	②	③	④
9	①	②	③	④
10	①	②	③	④
11	①	②	③	④
12	①	②	③	④
13	①	②	③	④
14	①	②	③	④
15	①	②	③	④
16	①	②	③	④
17	①	②	③	④
18	①	②	③	④
19	①	②	③	④
20	①	②	③	④
21	①	②	③	④
22	①	②	③	④
23	①	②	③	④
24	①	②	③	④
25	①	②	③	④
26	①	②	③	④
27	①	②	③	④
28	①	②	③	④
29	①	②	③	④
30	①	②	③	④

계산기 다음 ▶ 안 푼 문제 답안 제출

01 회 실전점검!
CBT 실전모의고사

수험번호 :
수험자명 :

제한 시간 : 1시간
남은 시간 :

글자 크기 100% 150% 200% 화면 배치 전체 문제 수 : 안 푼 문제 수 :

11 다음 가스 중 고압가스의 제조장치에서 누설되고 있는 것을 그 냄새로 알 수 있는 것은?

① 일산화탄소 ② 이산화탄소
③ 염소 ④ 아르곤

12 액화석유가스는 공기 중의 혼합비율의 용량이 얼마의 상태에서 감지할 수 있도록 냄새가 나는 물질을 섞어 용기에 충전하여야 하는가?

① $\frac{1}{10}$ ② $\frac{1}{100}$
③ $\frac{1}{1,000}$ ④ $\frac{1}{10,000}$

13 고압가스 설비에 장치하는 압력계의 최고눈금의 기준으로 옳은 것은?

① 상용압력의 1.0배 이하
② 상용압력의 2.0배 이하
③ 상용압력의 1.5배 이상 2.0배 이하
④ 상용압력의 2.0배 이상 2.5배 이하

14 아세틸렌이 은, 수은과 반응하여 폭발성의 금속 아세틸라이드를 형성하여 폭발하는 형태는?

① 분해폭발 ② 화합폭발
③ 산화폭발 ④ 압력폭발

15 폭발범위에 대한 설명 중 옳은 것은?

① 공기 중의 아세틸렌가스의 폭발범위는 약 4~71%이다.
② 공기 중의 폭발범위는 산소 중의 폭발범위보다 넓다.
③ 고온 고압일 때 폭발범위는 대부분 넓어진다.
④ 한계산소 농도치 이하에서는 폭발성 혼합가스가 생성된다.

답안 표기란

번호				
1	①	②	③	④
2	①	②	③	④
3	①	②	③	④
4	①	②	③	④
5	①	②	③	④
6	①	②	③	④
7	①	②	③	④
8	①	②	③	④
9	①	②	③	④
10	①	②	③	④
11	①	②	③	④
12	①	②	③	④
13	①	②	③	④
14	①	②	③	④
15	①	②	③	④
16	①	②	③	④
17	①	②	③	④
18	①	②	③	④
19	①	②	③	④
20	①	②	③	④
21	①	②	③	④
22	①	②	③	④
23	①	②	③	④
24	①	②	③	④
25	①	②	③	④
26	①	②	③	④
27	①	②	③	④
28	①	②	③	④
29	①	②	③	④
30	①	②	③	④

계산기 다음 ▶ 안 푼 문제 답안 제출

01 회 실전점검! CBT 실전모의고사

수험번호 :
수험자명 :

제한 시간 : 1시간
남은 시간 :

글자 크기 100% 150% 200% 화면 배치

전체 문제 수 :
안 푼 문제 수 :

답안 표기란

16 **연소에 대한 일반적인 설명 중 옳지 않은 것은?**

① 인화점이 낮을수록 위험성이 크다.
② 인화점보다 착화점의 온도가 낮다.
③ 발열량이 높을수록 착화온도는 낮아진다.
④ 가스의 온도가 높아지면 연소범위는 넓어진다.

17 **도시가스 배관의 지하매설 시 사용하는 침상재료(Bedding)는 배관 하단에서 배관 상단 몇 cm까지 포설하는가?**

① 10 ② 20
③ 30 ④ 50

18 **고압가스설비에서 폭발, 화재의 원인이 되는 정전기발생을 방지하거나 억제하는 방법으로 옳지 않은 것은?**

① 마찰을 적게 한다. ② 유속을 크게 한다.
③ 주위를 이온화하여 중화한다. ④ 습도를 높게 한다.

19 **인체용 에어졸 제품의 용기에 기재할 사항으로 옳지 않은 것은?**

① 특정부위에 계속하여 장시간 사용하지 말 것
② 가능한 한 인체에서 10cm 이상 떨어져서 사용할 것
③ 온도가 40℃ 이상 되는 장소에 보관하지 말 것
④ 불 속에 버리지 말 것

20 **염소(Cl_2)의 성질에 대한 설명 중 옳지 않은 것은?**

① 상온에서 물에 용해하여 염산과 차아염소산을 생성한다.
② 암모니아와 반응하여 염화암모늄을 생성한다.
③ 소석회에 용이하게 흡수된다.
④ 완전히 건조된 염소는 철과 반응하므로 철강용기를 사용할 수 없다.

번호				
1	①	②	③	④
2	①	②	③	④
3	①	②	③	④
4	①	②	③	④
5	①	②	③	④
6	①	②	③	④
7	①	②	③	④
8	①	②	③	④
9	①	②	③	④
10	①	②	③	④
11	①	②	③	④
12	①	②	③	④
13	①	②	③	④
14	①	②	③	④
15	①	②	③	④
16	①	②	③	④
17	①	②	③	④
18	①	②	③	④
19	①	②	③	④
20	①	②	③	④
21	①	②	③	④
22	①	②	③	④
23	①	②	③	④
24	①	②	③	④
25	①	②	③	④
26	①	②	③	④
27	①	②	③	④
28	①	②	③	④
29	①	②	③	④
30	①	②	③	④

계산기 다음 ▶ 안 푼 문제 답안 제출

01 회 실전점검!

CBT 실전모의고사

수험번호 :
수험자명 :

제한 시간 : 1시간
남은 시간 :

글자 크기 100% 150% 200% 화면 배치

전체 문제 수 :
안 푼 문제 수 :

답안 표기란

21 다음 중 웨베지수(WI)의 계산식을 바르게 나타낸 것은?(단, H_g는 도시가스의 총 발열량, d는 도시가스의 공기에 대한 비중을 나타낸다.)

① $WI = \frac{H_g}{\sqrt{d}}$
② $WI = \frac{\sqrt{H_g}}{d}$
③ $WI = H_g \times \sqrt{d}$
④ $WI = H_g \times d^2$

22 긴급용 벤트스택 방출구의 위치는 작업원이 정상작업을 하는 데 필요한 장소 및 작업원이 항시 통행하는 장소로부터 몇 m 이상 떨어진 곳에 설치하여야 하는가?

① 5
② 7
③ 10
④ 15

23 가스가 누출되었을 때 사용하는 가스누출 검지경보장치 중에서 독성 가스용 가스누출 검지경보장치의 경보농도는 어떻게 정하여져 있는가?

① 폭발한계의 $\frac{1}{2}$ 이하에서 경보
② 폭발한계의 $\frac{1}{4}$ 이하에서 경보
③ 허용농도 이하에서 경보
④ 허용농도의 2배 이하에서 경보

24 다음 중 연소의 3요소에 해당되는 것은?

① 공기, 산소공급원, 열
② 가연물, 연료, 빛
③ 가연물, 산소공급원, 공기
④ 가연물, 공기, 점화원

25 탱크를 지상에 설치하고자 할 때 방류둑을 설치하지 않아도 되는 저장탱크는?

① 저장능력 1,000톤 이상의 질소탱크
② 저장능력 1,000톤 이상의 부탄탱크
③ 저장능력 1,000톤 이상의 산소탱크
④ 저장능력 5톤 이상의 염소탱크

번호				
1	①	②	③	④
2	①	②	③	④
3	①	②	③	④
4	①	②	③	④
5	①	②	③	④
6	①	②	③	④
7	①	②	③	④
8	①	②	③	④
9	①	②	③	④
10	①	②	③	④
11	①	②	③	④
12	①	②	③	④
13	①	②	③	④
14	①	②	③	④
15	①	②	③	④
16	①	②	③	④
17	①	②	③	④
18	①	②	③	④
19	①	②	③	④
20	①	②	③	④
21	①	②	③	④
22	①	②	③	④
23	①	②	③	④
24	①	②	③	④
25	①	②	③	④
26	①	②	③	④
27	①	②	③	④
28	①	②	③	④
29	①	②	③	④
30	①	②	③	④

계산기 다음 ▶ 안 푼 문제 답안 제출

26 다음 중 독성이면서 가연성 가스가 아닌 것은?

① 포스겐　② 황화수소
③ 시안화수소　④ 일산화탄소

27 고압가스 특정제조시설에서 지상에 배관을 설치하는 경우 상용압력이 1MPa 이상일 때 공지의 폭은 얼마 이상을 유지하여야 하는가?(단, 전용 공업지역 이외의 경우이다.)

① 5m　② 9m
③ 15m　④ 20m

28 액화염소가스 2,000kg을 운반 시에 차량에 휴대하여야 하는 소석회의 양은 얼마 이상이어야 하는가?

① 20kg　② 40kg
③ 60kg　④ 80kg

29 고압가스 충전시설의 안전밸브 중 압축기의 최종단에 설치한 것은 내압시험 압력의 $\frac{8}{10}$ 이하의 압력에서 작동할 수 있도록 조정을 몇 년에 몇 회 이상 실시하여야 하는가?

① 2년에 1회 이상　② 1년에 1회 이상
③ 1년에 2회 이상　④ 2년에 3회 이상

30 다음 ( ) 안의 ㉠과 ㉡에 들어갈 명칭은?

> 아세틸렌을 용기에 충전하는 때에는 미리 용기에 다공물질을 고루 채워 다공도가 75% 이상, 92% 미만이 되도록 한 후 (㉠) 또는 (㉡)를(을) 고루 침윤시키고 충전하여야 한다.

① ㉠ 아세톤　㉡ 알코올
② ㉠ 아세톤　㉡ 물(H_2O)
③ ㉠ 아세톤　㉡ 디메틸포름아미드
④ ㉠ 알코올　㉡ 물(H_2O)

번호	①	②	③	④
1	①	②	③	④
2	①	②	③	④
3	①	②	③	④
4	①	②	③	④
5	①	②	③	④
6	①	②	③	④
7	①	②	③	④
8	①	②	③	④
9	①	②	③	④
10	①	②	③	④
11	①	②	③	④
12	①	②	③	④
13	①	②	③	④
14	①	②	③	④
15	①	②	③	④
16	①	②	③	④
17	①	②	③	④
18	①	②	③	④
19	①	②	③	④
20	①	②	③	④
21	①	②	③	④
22	①	②	③	④
23	①	②	③	④
24	①	②	③	④
25	①	②	③	④
26	①	②	③	④
27	①	②	③	④
28	①	②	③	④
29	①	②	③	④
30	①	②	③	④

31 직동식 정압기의 기본 구성요소가 아닌 것은?

① 다이어프램 ② 스프링
③ 메인밸브 ④ 안전밸브

32 다음 [보기]와 같은 정압기의 종류는?

> [보기]
> • Unloading 형이다.
> • 본체는 복좌밸브로 되어 있어 상부에 다이어프램을 가진다.
> • 정특성은 아주 좋으나 안정성은 떨어진다.
> • 다른 형식에 비하여 크기가 크다.

① 레이놀드 정압기 ② 엠코 정압기
③ 피셔식 정압기 ④ 액시얼플로식 정압기

33 "초저온용기"라 함은 몇 ℃ 이하의 액화가스를 충전하기 위한 용기를 말하는가?

① −50 ② −100
③ −150 ④ −186

34 불꽃의 주위, 특히 불꽃의 기저부에 대한 공기의 움직임이 강해지면 불꽃이 노즐에 정착하지 않고 떨어지게 되어 꺼져 버리는 현상은?

① 옐로팁(Yellow Tip) ② 리프팅(Lifting)
③ 블로오프(Blow−off) ④ 백파이어(Back Fire)

35 다음 중 공기액화 사이클의 종류에 해당되지 않는 것은?

① 클라우드 공기액화 사이클
② 캐피자 공기액화 사이클
③ 뉴파우더 공기액화 사이클
④ 필립스 공기액화 사이클

번호				
31	①	②	③	④
32	①	②	③	④
33	①	②	③	④
34	①	②	③	④
35	①	②	③	④
36	①	②	③	④
37	①	②	③	④
38	①	②	③	④
39	①	②	③	④
40	①	②	③	④
41	①	②	③	④
42	①	②	③	④
43	①	②	③	④
44	①	②	③	④
45	①	②	③	④
46	①	②	③	④
47	①	②	③	④
48	①	②	③	④
49	①	②	③	④
50	①	②	③	④
51	①	②	③	④
52	①	②	③	④
53	①	②	③	④
54	①	②	③	④
55	①	②	③	④
56	①	②	③	④
57	①	②	③	④
58	①	②	③	④
59	①	②	③	④
60	①	②	③	④

31	①	②	③	④
32	①	②	③	④
33	①	②	③	④
34	①	②	③	④
35	①	②	③	④
36	①	②	③	④
37	①	②	③	④
38	①	②	③	④
39	①	②	③	④
40	①	②	③	④
41	①	②	③	④
42	①	②	③	④
43	①	②	③	④
44	①	②	③	④
45	①	②	③	④
46	①	②	③	④
47	①	②	③	④
48	①	②	③	④
49	①	②	③	④
50	①	②	③	④
51	①	②	③	④
52	①	②	③	④
53	①	②	③	④
54	①	②	③	④
55	①	②	③	④
56	①	②	③	④
57	①	②	③	④
58	①	②	③	④
59	①	②	③	④
60	①	②	③	④

36 배관작업 시 관 끝을 막을 때 주로 사용하는 부속품은?

① 캡　　② 엘보
③ 플랜지　　④ 니플

37 도시가스 제조방식 중 접촉분해공정에 해당하지 않는 것은?

① 수소화 분해공정　　② 고압 수증기 개질공정
③ 저온 수증기 개질공정　　④ 사이클식 접촉분해공정

38 압축기에서 다단압축의 목적이 아닌 것은?

① 가스의 온도 상승을 방지하기 위하여
② 힘의 평형을 달리 하기 위해서
③ 이용 효율을 증가시키기 위하여
④ 압축 일량의 절약을 위하여

39 다음 그림과 같이 깊이 10cm인 물탱크 출구에서의 물의 유속은 약 몇 m/s인가?

① 1.2
② 12
③ 1.4
④ 1

10cm
V

40 다음 열전대 중 측정온도가 가장 높은 것은?

① 백금－백금 · 로듐형　　② 크로멜－알루멜형
③ 철－콘스탄탄형　　④ 동－콘스탄탄형

01 회 실전점검! CBT 실전모의고사

수험번호 :
수험자명 :

제한 시간 : 1시간
남은 시간 :

글자 크기 100% 150% 200% 화면 배치 전체 문제 수 : 안 푼 문제 수 :

답안 표기란

41 반복하중에 의해 재료의 저항력이 저하하는 현상을 무엇이라고 하는가?

① 교축 ② 크리프
③ 피로 ④ 응력

42 왕복펌프에 사용하는 밸브 중 점성액이나 고형물이 들어가 있는 액에 적합한 밸브는?

① 원판밸프 ② 윤형밸브
③ 플랫밸브 ④ 구밸브

43 스테판－볼츠만의 법칙을 이용하여 측정 물체에서 방사되는 전방사 에너지를 렌즈 또는 반사경을 이용하여 온도를 측정하는 온도계는?

① 색 온도계 ② 방사 온도계
③ 열전대 온도계 ④ 광전관 온도계

44 양정 20m, 송수량 $0.25m^3/min$, 펌프효율 65%인 터빈펌프의 축동력은 약 몇 kW인가?

① 1.26 ② 1.36
③ 1.59 ④ 1.69

45 공기액화 분리장치용 구성기기 중 압축기에서 고압으로 압축된 공기를 저온저압으로 낮추는 역할을 하는 장치는?

① 응축기 ② 유분리기
③ 팽창기 ④ 열교환기

번호				
31	①	②	③	④
32	①	②	③	④
33	①	②	③	④
34	①	②	③	④
35	①	②	③	④
36	①	②	③	④
37	①	②	③	④
38	①	②	③	④
39	①	②	③	④
40	①	②	③	④
41	①	②	③	④
42	①	②	③	④
43	①	②	③	④
44	①	②	③	④
45	①	②	③	④
46	①	②	③	④
47	①	②	③	④
48	①	②	③	④
49	①	②	③	④
50	①	②	③	④
51	①	②	③	④
52	①	②	③	④
53	①	②	③	④
54	①	②	③	④
55	①	②	③	④
56	①	②	③	④
57	①	②	③	④
58	①	②	③	④
59	①	②	③	④
60	①	②	③	④

계산기 다음 ▶ 안 푼 문제 답안 제출

46 LP가스가 불완전 연소되는 원인으로 가장 거리가 먼 것은?

① 공기 공급량 부족 시
② 가스의 조성이 맞지 않을 때
③ 가스기구 및 연소기구가 맞지 않을 때
④ 산소 공급이 과잉일 때

47 천연가스를 연료화하기 위한 전처리 공정 중 제거대상 물질이 아닌 것은?

① 수분　　② 파라핀계 탄화수소
③ 탄산가스　　④ 유황분

48 다음 온도관계식 중 옳은 것은?(단, 켈빈온도는 T_K, 섭씨온도는 t_C, 랭킨온도는 T_R, 화씨온도는 t_F이다.)

① $t_C = \frac{9}{5}(t_F - 32)$　　② $T_K = t_C + 273.15$
③ $T_R = \frac{5}{9} T_K$　　④ $t_F = T_R + 460$

49 도시가스와 비교한 LP가스의 특성이 아닌 것은?

① 발열량이 높기 때문에 단시간에 온도를 높일 수 있다.
② 열용량이 크므로 작은 배관지름으로도 공급에 무리가 없다.
③ 자가 공급이므로 Peak Time이나 한가한 때는 일정한 공급을 할 수 없다.
④ 가스의 조성이 일정하고 소규모 또는 일시적으로 사용할 때는 경제적이다.

50 절대온도 300K은 랭킨온도(°R)로 약 몇 도인가?

① 27　　② 167
③ 541　　④ 572

31	①	②	③	④
32	①	②	③	④
33	①	②	③	④
34	①	②	③	④
35	①	②	③	④
36	①	②	③	④
37	①	②	③	④
38	①	②	③	④
39	①	②	③	④
40	①	②	③	④
41	①	②	③	④
42	①	②	③	④
43	①	②	③	④
44	①	②	③	④
45	①	②	③	④
46	①	②	③	④
47	①	②	③	④
48	①	②	③	④
49	①	②	③	④
50	①	②	③	④
51	①	②	③	④
52	①	②	③	④
53	①	②	③	④
54	①	②	③	④
55	①	②	③	④
56	①	②	③	④
57	①	②	③	④
58	①	②	③	④
59	①	②	③	④
60	①	②	③	④

51 다음 설명 중 틀린 것은?

① 대기압보다 낮은 압력을 진공이라고 한다.
② 진공압은 mmHg · V로 나타낸다.
③ 절대압력＝대기압－진공압이다.
④ 진공도의 단위는 %로 표시하며 대기압일 때 진공도 100%라고 한다.

52 염소폭명기에 대한 반응식은?

① $Cl_2 + CH_4 \rightarrow CH_3Cl + HCl$
② $Cl_2 + CO \rightarrow COCl_2$
③ $Cl_2 + H_2O \rightarrow HClO + HCl$
④ $Cl_2 + H_2 \rightarrow 2HCl$

53 암모니아 누설 검사법으로 가장 적합한 방법은?

① 뷰렛법 검사
② 타이록스법 검사
③ 네슬러시약 검사
④ 알카이드법 검사

54 동합금제의 부르동관을 사용한 압력계가 있다. 다음 중 이 압력계를 사용할 수 없는 가스는?

① 수소
② 산소
③ 질소
④ 암모니아

55 완전진공을 0으로 하여 측정한 압력을 의미하는 것은?

① 절대압력
② 게이지압력
③ 표준대기압
④ 진공압력

01회 실전점검! CBT 실전모의고사

수험번호 :
수험자명 :

제한 시간 : 1시간
남은 시간 :

글자 크기 100% 150% 200% 화면 배치 전체 문제 수 : 안 푼 문제 수 :

답안 표기란

56 기체의 밀도를 이용해서 분자량을 구할 수 있는 법칙과 관계가 가장 깊은 것은?

① 아보가드로의 법칙
② 헨리의 법칙
③ 반데르발스의 법칙
④ 일정성분비의 법칙

57 고온, 고압의 수소와 작용시키면 화합하여 암모니아를 생성하는 가스는?

① 질소　② 탄소
③ 염소　④ 메탄

58 다음 설명 중 틀린 것은?

① 비열의 단위는 kcal/℃이다.
② 1kcal란 물 1kg을 1℃ 올리는 데 필요한 열량을 말한다.
③ 1CHU란 물 1lb를 1℃ 올리는 데 필요한 열량을 말한다.
④ 비열비(C_p/C_v)의 값은 언제나 1보다 크다.

59 산소의 성질에 대한 설명 중 옳지 않은 것은?

① 그 자신은 폭발위험은 없으나 연소를 돕는 조연제이다.
② 액체산소는 무색, 무취이다.
③ 화학적으로 활성이 강하며, 많은 원소와 반응하며 산화물을 만든다.
④ 상자성을 가지고 있다.

60 프로판 용기에 50kg의 가스가 충전되어 있다. 이때 액상의 LP가스는 몇 L의 체적을 갖는가?(단, 프로판의 액 비중량은 0.5kg/L이다.)

① 25　② 50
③ 100　④ 150

번호	①	②	③	④
31	①	②	③	④
32	①	②	③	④
33	①	②	③	④
34	①	②	③	④
35	①	②	③	④
36	①	②	③	④
37	①	②	③	④
38	①	②	③	④
39	①	②	③	④
40	①	②	③	④
41	①	②	③	④
42	①	②	③	④
43	①	②	③	④
44	①	②	③	④
45	①	②	③	④
46	①	②	③	④
47	①	②	③	④
48	①	②	③	④
49	①	②	③	④
50	①	②	③	④
51	①	②	③	④
52	①	②	③	④
53	①	②	③	④
54	①	②	③	④
55	①	②	③	④
56	①	②	③	④
57	①	②	③	④
58	①	②	③	④
59	①	②	③	④
60	①	②	③	④

계산기　다음 ▶　안 푼 문제　답안 제출

CBT 정답 및 해설

01	02	03	04	05	06	07	08	09	10
③	③	④	④	②	③	②	②	④	②
11	12	13	14	15	16	17	18	19	20
③	③	③	②	③	②	③	②	②	④
21	22	23	24	25	26	27	28	29	30
①	③	③	④	①	①	③	②	②	③
31	32	33	34	35	36	37	38	39	40
④	①	①	③	③	①	①	②	③	①
41	42	43	44	45	46	47	48	49	50
③	④	②	①	③	④	②	②	③	③
51	52	53	54	55	56	57	58	59	60
④	④	③	④	①	①	①	①	②	③

01 정답 | ③

풀이 | 부식여유

㉠ 암모니아
- 1,000L 이하 : 1mm
- 1,000L 초과 : 2mm

㉡ 염소
- 1,000L 이하 : 3mm
- 1,000L 초과 : 5mm

02 정답 | ③

풀이 | 독성 가스 저장탱크
- 안전공간확보 : 10% 이상
- 충전공간확보 : 90% 이하

03 정답 | ④

풀이 |
- 암모니아 : 적색리트머스 시험지(청색)
- 황화수소 : 연당지(초산납 시험지)(흑색)
- 염소 : KI 전분지(요오드화칼륨 시험지)(청색)

04 정답 | ④

풀이 | 정기검사는 검사원의 역할이며 안전관리자의 업무에서는 제외된다.

05 정답 | ②

풀이 | 가스계량기와 화기와의 우회거리는 2m 이상 유지

06 정답 | ③

풀이 | 냉각살수장치 이격거리

저장탱크 외면 5m 이상 떨어진 곳

07 정답 | ②

풀이 | 아세틸렌가연성 가스와 조연성인 산소와는 밸브가 서로 마주 바라보지 않게 하여 동일 차량에 적재운반이 가능하다.

08 정답 | ②

풀이 | 유입방폭구조

용기 내부에 절연유를 주입하여 불꽃, 아크, 고온발생 부분이 기름 속에 잠기게 하여 기름면 위의 가연성 가스에 인화되지 않게 한다.

09 정답 | ④

풀이 | 에어졸의 누출시험은 46~50℃ 미만의 온수시험탱크에서 실시한다.

10 정답 | ②

풀이 | 사용압력이 4MPa 이상에서 경보가 울리는 압력은(상용압력+0.2MPa) 초과

∴ 4+0.2=4.2MPa 초과

11 정답 | ③

풀이 | 염소
- 독성 허용농도 1ppm 가스
- 황록색의 기체(상온)
- 자극성이 강한 맹독성 가스
- 액화염소는 담황색

12 정답 | ③

풀이 | 액화석유가스에 냄새나는 물질을 첨가시 가스용량의 $\frac{1}{1,000}$ 상태로 혼입시킨다.

13 정답 | ③

풀이 | 압력계 눈금범위

상용압력의 1.5배 이상~2.0배 이하

14 정답 | ②

풀이 | C_2H_2 화합폭발(구리, 수은, 은)
- $C_2H_2 + 2Cu \rightarrow Cu_2C_2 + H_2$
- $C_2H_2 + 2Hg \rightarrow Hg_2C_2 + H_2$
- $C_2H_2 + 2Ag \rightarrow Ag_2C_2 + H_2$

15 정답 | ③

풀이 | 가연성 가스는 고온 고압일 때 폭발범위는 대부분 넓어진다.

16 정답 | ②
풀이 | 인화점은 착화점 온도보다 낮다.

17 정답 | ③
풀이 | 도시가스배관을 지하매설시 침상재료는 배관 하단에서 배관 상단 30cm까지 포설작업을 한다.

18 정답 | ②
풀이 | 가스의 정전기발생 방지를 위해 가스유속을 천천히 한다.

19 정답 | ②
풀이 | 인체용 에어졸은 가능한 인체에서 20cm 이상 떨어져 사용할 것

20 정답 | ④
풀이 | 염소는 습한 상태에서만 철과 반응하여 철강용기를 부식시킨다.

21 정답 | ①
풀이 | $WI = \frac{H_g}{\sqrt{d}}$

22 정답 | ③
풀이 | 긴급용 벤트스택 방출구는 그 위치가 작업원이 정상작업을 하는 데 필요한 장소 및 작업원이 항시 통하는 장소로부터 10m 이상 떨어진 곳에 설치한다.

23 정답 | ③
풀이 | ②의 경우는 가연성 가스에 해당
③의 경우는 독성 가스에 해당

24 정답 | ④
풀이 | 연소의 3대 요소
가연물, 공기, 점화원

25 정답 | ①
풀이 | 질소탱크는 불연성 가스탱크이므로 방류둑이 필요없다.

26 정답 | ①
풀이 | 포스겐은 허용농도 0.1ppm의 맹독성 가스이다.

27 정답 | ③
풀이 | 공지폭
- 0.2MPa 미만 : 5m
- 0.2 이상~1MPa 미만 : 9m
- 1MPa 이상 : 15m

28 정답 | ②
풀이 | 독성 가스의 양
- 1,000kg 미만 : 20kg 이상
- 1,000kg 이상 : 40kg 이상

29 정답 | ②
풀이 | 압력계 작동시험
- 압축기 최종단용 : 1년에 1회 이상
- 그 밖의 용도 : 2년에 1회 이상

30 정답 | ③
풀이 | ㉠ 아세톤[$(CH_3)_2CO$]
㉡ 디메틸포름아미드[$HCON(CH_3)_2$]

31 정답 | ④
풀이 | 직동식 정압기의 기본구성요소
- 다이어프램
- 스프링
- 메인밸브

32 정답 | ①
풀이 | 보기에 해당하는 정압기는 레이놀드식(Reynolds식)이다.

33 정답 | ①
풀이 | 초저온용기
−50℃ 이하의 액화가스 충전용기

34 정답 | ③
풀이 | 블로오프
불꽃의 기저부에 대한 공기의 움직임이 강해지면 불꽃이 노즐에 정착하지 않고 떨어지게 되어 꺼져 버린다.

35 정답 | ③
풀이 | 뉴파우더법
암모니아 중압합성법($300kg/cm^2$ 전후), 즉 하버 보시법이다.

36 정답 | ①

풀이 | 캡, 플러그

배관의 관 끝 폐쇄용

37 정답 | ①

풀이 | 접촉분해(수증기 개질법) 공정

- 고온고압수증기 개질
- 저온수증기 개질
- 사이클식 접촉분해

38 정답 | ②

풀이 | 다단압축의 목적은 ①, ③, ④항 외에도 힘의 평형을 유지하기 위해서이다.

39 정답 | ③

풀이 | $V=K\sqrt{2gh}=\sqrt{2\times9.8\times0.1}=1.4\text{m/s}$

40 정답 | ①

풀이 | ① 백금－백금 · 로듐형 : 0~1,600℃

② 크로멜－알루멜형 : 0~1,200℃

③ 철－콘스탄탄형 : －200~800℃

④ 구리－콘스탄탄형 : －200~350℃

41 정답 | ③

풀이 | 피로현상

반복하중에 의해 재료의 저항력이 저하하는 현상

42 정답 | ④

풀이 | 구밸브(둥근밸브)

왕복펌프에 사용하는 밸브로서 점성액이나 고형물이 들어가 있는 액에 적합한 밸브이다.

43 정답 | ②

풀이 | 방사온도 고온계

스테판－볼츠만의 법칙을 이용한 반사경 온도계

44 정답 | ①

풀이 | $1\text{kW}=102\text{kg}\cdot\text{m/s}$

$$=\frac{1,000\times Q\times H}{102\times60\times\eta}=\frac{1,000\times0.25\times20}{102\times60\times0.65}$$

$=1.2569\text{kW}$

45 정답 | ③

풀이 | 팽창기

공기액화 분리기로 압축기에서 고압압축된 공기를 저온저압으로 낮추는 기기이다.

46 정답 | ④

풀이 | 산소의 공급이 과잉되면 노내온도는 저하하나 완전 연소가 가능하고 배기가스 열손실이 발생된다.

47 정답 | ②

풀이 | 나프타

- 파라핀계 탄화수소
- 올레핀계 탄화수소
- 나프탄계 탄화수소
- 방향족 탄화수소

48 정답 | ②

풀이 |
- $T_K=t_C+273.15$
- $T_R=t_F+460$
- $t_C=\frac{9}{5}(t_F-32)$
- $t_F=\frac{9}{5}\times t_C+32$

49 정답 | ③

풀이 | LP가스는 자가 공급이므로 자연기화시 피크－타임시는 일정한 공급이 불가능하나 한가한 때는 가능하다.

50 정답 | ③

풀이 | °R=°F+460=80.6+460=540.6°R

°F=1.8×°C+32=1.8×27+32=80.6

°C=K－273=300－273=27°C

51 정답 | ④

풀이 | 표준대기압이 0이면 진공도 100%이다.(완전진공 상태일 때)

52 정답 | ④

풀이 | 염소폭명기

$Cl_2+H_2\xrightarrow{\text{직사광선}}2HCl+44\text{kal}$

53 정답 | ③

풀이 | 암모니아 누설 검사법

- 네슬러시약(소량 누설 : 황색 변화, 다량 누설 : 자색 변화)
- 페놀프탈렌지 시약 : 홍색 변화

54 정답 | ④

풀이 | 암모니아가스는 구리, 아연, 은, 알루미늄, 코발트 등의 금속과는 착이온을 일으킨다.

55 정답 | ①

풀이 | • 절대압력 : 완전진공을 0으로 측정한 압력
• 게이지압력 : 대기압을 0으로 측정한 압력
• 진공압 : 대기압보다 낮은 입력

56 정답 | ①

풀이 | 아보가드로의 법칙

$$\text{밀도} = \frac{\text{분자량(질량)}}{\text{체적}}(g/L)$$

57 정답 | ①

풀이 | 암모니아 제조

$3H_2 + N_2 \rightarrow 2NH_3 + 24kcal$

58 정답 | ①

풀이 | • 비열 : kcal/kg · K(℃)
• 열용량 : kcal/℃(K)

59 정답 | ②

풀이 | • 산소기체 : 상온에서 무색, 무미, 무취
• 산소액체 : 담청색

60 정답 | ③

풀이 | $\frac{50}{0.5} = 100L$

02회 실전점검! CBT 실전모의고사

수험번호 :
수험자명 :

제한 시간 : 1시간
남은 시간 :

글자 크기 100% 150% 200% 화면 배치

전체 문제 수 :
안 푼 문제 수 :

답안 표기란

번호				
1	①	②	③	④
2	①	②	③	④
3	①	②	③	④
4	①	②	③	④
5	①	②	③	④
6	①	②	③	④
7	①	②	③	④
8	①	②	③	④
9	①	②	③	④
10	①	②	③	④
11	①	②	③	④
12	①	②	③	④
13	①	②	③	④
14	①	②	③	④
15	①	②	③	④
16	①	②	③	④
17	①	②	③	④
18	①	②	③	④
19	①	②	③	④
20	①	②	③	④
21	①	②	③	④
22	①	②	③	④
23	①	②	③	④
24	①	②	③	④
25	①	②	③	④
26	①	②	③	④
27	①	②	③	④
28	①	②	③	④
29	①	②	③	④
30	①	②	③	④

01 도시가스 사용시설의 월사용 예정량(m^3) 산출식으로 올바른 것은?(단, A는 산업용으로 사용하는 연소가스의 명판에 기재된 가스소비량의 합계(kcal/h), B는 산업용이 아닌 연소기의 명판에 기재된 가스소비량의 합계(kcal/h)이다.)

① $\frac{(A\times 240)+(B\times 90)}{11,000}$
② $\frac{(A\times 240)+(B\times 90)}{10,500}$
③ $\frac{(A\times 220)+(B\times 80)}{11,000}$
④ $\frac{(A\times 220)+(B\times 80)}{10,500}$

02 방폭전기기기의 구조별 표시방법 중 "e"의 표시는?

① 안전증방폭구조
② 내압방폭구조
③ 유입방폭구조
④ 압력방폭구조

03 가연성 가스 제조시설의 고압가스 설비는 그 외면으로부터 산소 제조시설의 고압가스 설비와 몇 m 이상의 거리를 유지하여야 하는가?

① 5m
② 10m
③ 15m
④ 20m

04 차량에 고정된 산소 탱크는 내용적이 몇 L를 초과해서는 안 되는가?

① 12,000
② 15,000
③ 18,000
④ 20,000

05 다음 중 가연성이며 독성 가스인 것은?

① NH_3
② H_2
③ CH_4
④ N_2

계산기 다음 ▶ 안 푼 문제 답안 제출

02회 실전점검! CBT 실전모의고사

수험번호 :
수험자명 :

제한 시간 : 1시간
남은 시간 :

글자 크기 100% 150% 200% 화면 배치 전체 문제 수 : 안 푼 문제 수 :

답안 표기란

06 공기액화분리장치에 들어가는 공기 중에 아세틸렌가스가 혼입되면 안 되는 이유로서 가장 옳은 것은?

① 산소의 순도가 나빠지기 때문에
② 분리기 내의 액화산소 탱크 내에 들어가 폭발하기 때문에
③ 배관 내에서 동결되어 막히므로
④ 질소와 산소의 분리에 방해가 되므로

07 초저온 용기의 단열 성능시험용 저온 액화가스가 아닌 것은?

① 액화아르곤 ② 액화산소
③ 액화공기 ④ 액화질소

08 일반용 고압가스 용기의 도색이 옳게 짝지어진 것은?

① 액화암모니아 – 백색 ② 수소 – 회색
③ 아세틸렌 – 흑색 ④ 액화염소 – 황색

09 다음 중 기체연료의 연소형태로서 가장 옳은 것은?

① 증발연소 ② 표면연소
③ 분해연소 ④ 확산연소

10 다음 중 특정고압가스에 해당되지 않는 것은?

① 이산화탄소 ② 수소
③ 산소 ④ 천연가스

번호				
1	①	②	③	④
2	①	②	③	④
3	①	②	③	④
4	①	②	③	④
5	①	②	③	④
6	①	②	③	④
7	①	②	③	④
8	①	②	③	④
9	①	②	③	④
10	①	②	③	④
11	①	②	③	④
12	①	②	③	④
13	①	②	③	④
14	①	②	③	④
15	①	②	③	④
16	①	②	③	④
17	①	②	③	④
18	①	②	③	④
19	①	②	③	④
20	①	②	③	④
21	①	②	③	④
22	①	②	③	④
23	①	②	③	④
24	①	②	③	④
25	①	②	③	④
26	①	②	③	④
27	①	②	③	④
28	①	②	③	④
29	①	②	③	④
30	①	②	③	④

계산기 다음 ▶ 안 푼 문제 답안 제출

02회 실전점검! CBT 실전모의고사

수험번호 :
수험자명 :

제한 시간 : 1시간
남은 시간 :

글자 크기 100% 150% 200% 화면 배치

전체 문제 수 :
안 푼 문제 수 :

답안 표기란

1	①	②	③	④
2	①	②	③	④
3	①	②	③	④
4	①	②	③	④
5	①	②	③	④
6	①	②	③	④
7	①	②	③	④
8	①	②	③	④
9	①	②	③	④
10	①	②	③	④
11	①	②	③	④
12	①	②	③	④
13	①	②	③	④
14	①	②	③	④
15	①	②	③	④
16	①	②	③	④
17	①	②	③	④
18	①	②	③	④
19	①	②	③	④
20	①	②	③	④
21	①	②	③	④
22	①	②	③	④
23	①	②	③	④
24	①	②	③	④
25	①	②	③	④
26	①	②	③	④
27	①	②	③	④
28	①	②	③	④
29	①	②	③	④
30	①	②	③	④

11 공기 중에서 가연성 물질을 연소시킬 때 공기 중의 산소농도를 증가시키면, 연소속도와 발화온도는 각각 어떻게 되는가?

① 연소속도는 빨라지고, 발화온도는 높아진다.
② 연소속도는 빨라지고, 발화온도는 낮아진다.
③ 연소속도는 느려지고, 발화온도는 높아진다.
④ 연소속도는 느려지고, 발화온도는 낮아진다.

12 도시가스 사용시설은 최고사용압력의 1.1배 또는 얼마의 압력 중 높은 압력으로 실시하는 기밀시험에 이상이 없어야 하는가?

① 5.4kPa
② 6.4kPa
③ 7.4kPa
④ 8.4kPa

13 액화석유가스를 저장하기 위하여 지상 또는 지하에 고정 설치된 저장탱크는 그 저장능력이 몇 톤 이상인 탱크를 말하는가?

① 3
② 5
③ 10
④ 100

14 LPG 사용시설의 저압배관은 얼마 이상의 압력으로 실시하는 내압시험에서 이상이 없어야 하는 것으로 규정되어 있는가?

① 0.2MPa
② 0.5MPa
③ 0.8MPa
④ 1.0MPa

15 다음 중 도시가스 매설배관 보호용 보호표에 표시하지 않아도 되는 사항은?

① 가스명
② 사용압력
③ 공급자명
④ 배관 매설연도

계산기 다음 ▶ 안 푼 문제 답안 제출

02회 실전점검! CBT 실전모의고사

수험번호 :
수험자명 :

제한 시간 : 1시간
남은 시간 :

글자 크기 100% 150% 200% 화면 배치

전체 문제 수 :
안 푼 문제 수 :

답안 표기란

1	①	②	③	④
2	①	②	③	④
3	①	②	③	④
4	①	②	③	④
5	①	②	③	④
6	①	②	③	④
7	①	②	③	④
8	①	②	③	④
9	①	②	③	④
10	①	②	③	④
11	①	②	③	④
12	①	②	③	④
13	①	②	③	④
14	①	②	③	④
15	①	②	③	④
16	①	②	③	④
17	①	②	③	④
18	①	②	③	④
19	①	②	③	④
20	①	②	③	④
21	①	②	③	④
22	①	②	③	④
23	①	②	③	④
24	①	②	③	④
25	①	②	③	④
26	①	②	③	④
27	①	②	③	④
28	①	②	③	④
29	①	②	③	④
30	①	②	③	④

16 가스사용자가 소유하거나 점유하고 있는 토지의 경계에서 가스사용자가 구분하여 소유하거나 점유하는 건축물의 외벽에 설치된 계량기의 전단밸브까지에 이르는 배관을 무엇이라고 하는가?

① 본관　② 저압관
③ 사용자 공급관　④ 내관

17 고압가스 운반 시 밸브가 돌출한 충전용기에는 밸브의 손상을 방지하기 위하여 무엇을 설치하여 운반하여야 하는가?

① 고무판　② 프로텍터 또는 캡
③ 스커트　④ 목재칸막이

18 500kg의 R-12를 내용적 50L 용기에 충전하려 할 때 필요한 용기는 몇 개인가? (단, 가스정수 C는 0.86이다.)

① 5　② 7
③ 9　④ 11

19 LPG에 대한 설명 중 옳지 않은 것은?

① 액화석유가스의 약자이다.
② 고급 탄화수소의 혼합물이다.
③ 탄소수 3 및 4의 탄화수소 또는 이를 주성분으로 하는 혼합물이다.
④ 무색, 투명하고 물에 난용이다.

20 암모니아 냉매의 누설시험법으로 틀린 것은?

① 적색 리트머스시험지가 푸른색으로 변화
② 자극성 냄새로 발견
③ 진한 염산에 접촉시키면 흰 연기가 발생
④ 네슬러시약에 접촉하면 백색으로 변화

계산기　다음 ▶　안 푼 문제　답안 제출

02회 실전점검! CBT 실전모의고사

수험번호 :
수험자명 :

제한 시간 : 1시간
남은 시간 :

글자 크기 100% 150% 200% 화면 배치

전체 문제 수 :
안 푼 문제 수 :

답안 표기란

21 고압가스 저장에 대한 설명 중 옳지 않은 것은?

① 충전용기는 넘어짐 및 충격을 방지하는 조치를 할 것
② 가연성 가스의 저장실은 누출된 가스가 체류하지 아니하도록 할 것
③ 가연성 가스를 저장하는 곳에는 방폭형 휴대용 손전등 외의 등화를 휴대하지 아니할 것
④ 충전용기와 잔가스용기는 서로 단단히 결속하여 넘어지지 않도록 할 것

22 LPG 충전소에는 시설의 안전확보상 "충전 중 엔진 정지"를 주위의 보기 쉬운 곳에 설치해야 한다. 이 표지판의 바탕색과 문자색은?

① 흑색 바탕에 백색 글씨
② 흑색 바탕에 황색 글씨
③ 백색 바탕에 흑색 글씨
④ 황색 바탕에 흑색 글씨

23 아세틸렌 제조설비에서 충전용 지관은 탄소 함유량이 얼마 이하인 강을 사용하여야 하는가?

① 0.1%
② 2.1%
③ 4.3%
④ 6.7%

24 액화석유가스 용기에 가장 적합한 안전밸브는?

① 가용전식
② 스프링식
③ 중추식
④ 파열판식

25 제조소에 설치하는 긴급차단장치에 대한 설명으로 옳지 않은 것은?

① 긴급차단장치는 저장탱크 주밸브의 외측에 가능한 한 저장탱크의 가까운 위치에 설치해야 한다.
② 긴급차단장치는 저장탱크 주밸브와 겸용으로 하여 신속하게 차단할 수 있어야 한다.
③ 긴급차단장치의 동력원은 그 구조에 따라 액압, 기압, 전기 또는 스프링 등으로 할 수 있다.
④ 긴급차단장치는 당해 저장탱크 외면으로부터 5m 이상 떨어진 곳에서 조작할 수 있어야 한다.

번호				
1	①	②	③	④
2	①	②	③	④
3	①	②	③	④
4	①	②	③	④
5	①	②	③	④
6	①	②	③	④
7	①	②	③	④
8	①	②	③	④
9	①	②	③	④
10	①	②	③	④
11	①	②	③	④
12	①	②	③	④
13	①	②	③	④
14	①	②	③	④
15	①	②	③	④
16	①	②	③	④
17	①	②	③	④
18	①	②	③	④
19	①	②	③	④
20	①	②	③	④
21	①	②	③	④
22	①	②	③	④
23	①	②	③	④
24	①	②	③	④
25	①	②	③	④
26	①	②	③	④
27	①	②	③	④
28	①	②	③	④
29	①	②	③	④
30	①	②	③	④

계산기 다음 ▶ 안 푼 문제 답안 제출

02회 실전점검! CBT 실전모의고사

수험번호 :
수험자명 :

제한 시간 : 1시간
남은 시간 :

글자 크기 100% 150% 200% 화면 배치

전체 문제 수 :
안 푼 문제 수 :

답안 표기란

26 산소에 대한 설명 중 옳지 않은 것은?

① 고압의 산소와 유지류의 접촉은 위험하다.
② 과잉 산소는 인체에 해롭다.
③ 내산화성 재료로서는 주로 납(Pb)이 사용된다.
④ 산소의 화학반응에서 과산화물은 위험성이 있다.

27 아세틸렌가스를 제조하기 위한 설비를 설치하고자 할 때 아세틸렌가스가 통하는 부분은 동 함유량이 몇 % 이하인 것을 사용해야 하는가?

① 62
② 72
③ 75
④ 85

28 천연가스로 도시가스를 공급하고 있다. 이 천연가스의 주성분은?

① CH_4
② C_2H_6
③ C_3H_8
④ C_4H_{10}

29 지하에 매설된 도시가스 배관의 전기방식 방법이 아닌 것은?

① 희생양극법
② 직류법
③ 배류법
④ 외부전원법

30 액화석유가스 자동차충전소에서 이 충전작업을 위하여 저장탱크와 탱크로리를 연결하는 가스용품의 명칭은?

① 역화방지장치
② 로딩암
③ 퀵 카플러
④ 긴급차단밸브

1	①	②	③	④
2	①	②	③	④
3	①	②	③	④
4	①	②	③	④
5	①	②	③	④
6	①	②	③	④
7	①	②	③	④
8	①	②	③	④
9	①	②	③	④
10	①	②	③	④
11	①	②	③	④
12	①	②	③	④
13	①	②	③	④
14	①	②	③	④
15	①	②	③	④
16	①	②	③	④
17	①	②	③	④
18	①	②	③	④
19	①	②	③	④
20	①	②	③	④
21	①	②	③	④
22	①	②	③	④
23	①	②	③	④
24	①	②	③	④
25	①	②	③	④
26	①	②	③	④
27	①	②	③	④
28	①	②	③	④
29	①	②	③	④
30	①	②	③	④

계산기 다음 ▶ 안 푼 문제 답안 제출

31 용기의 원통으로부터 길이 방향으로 잘라내어 탄성한도, 연신율, 항복점, 단면수축률 등을 측정하는 검사방법은?

① 외관검사
② 인장시험
③ 충격시험
④ 내압시험

32 펌프의 성능을 표시하는 특성곡선에서 일반적으로 표시되어 있지 않은 것은?

① 양정
② 축동력
③ 토출량
④ 임펠러 재질

33 공기를 공기액화 분리법으로 액화시킬 때 가장 먼저 액화되는 것은?

① N_2
② O_2
③ Ar
④ He

34 고압식 액체 산소 분리장치의 주요 구성이 아닌 것은?

① 공기압축기
② 기화기
③ 액화산소탱크
④ 저온열교환기

35 헴펠법에 의한 가스분석 시 가장 먼저 흡수되는 가스는?

① C_2H_6
② CO_2
③ O_2
④ CO

36 LP가스 용기의 재질로서 가장 적합한 것은?

① 주철
② 탄소강
③ 내산강
④ 두랄루민

37 암모니아용 부르동관 압력계의 재질로서 가장 적당한 것은?

① 황동　② Al강
③ 청동　④ 연강

38 카피차(Kapitza) 공기액화 사이클에서 공기의 압축압력은 약 얼마 정도인가?

① 3atm　② 7atm
③ 29atm　④ 40atm

39 20RT의 냉동능력을 갖는 냉동기에서 응축온도가 +30℃, 증발온도가 −25℃일 때 냉동기를 운전하는 데 필요한 냉동기의 성적계수(COP)는 얼마인가?

① 4.51　② 7.46
③ 14.51　④ 17.46

40 차압을 측정하여 유량을 계측하는 유량계가 아닌 것은?

① 오리피스미터　② 피토관
③ 벤투리미터　④ 플로노즐

41 흡입압력이 대기압과 같으며 최종압력이 $15kgf/cm^2 \cdot g$인 4단 공기압축기의 압축비는?(단, 대기압은 $1kgf/cm^2$로 한다.)

① 2　② 4
③ 8　④ 16

42 아세틸렌 제조시설에서 가스발생기의 종류에 해당되지 않는 것은?

① 주수식　② 침지식
③ 투입식　④ 사관식

43 **정압기의 특성에 대한 설명 중 틀린 것은?**

① 정특성은 정상상태에서의 유량과 2차 압력의 관계를 말한다.
② 동특성은 부하변동에 대한 응답의 신속성과 안전성이 요구된다.
③ 유량특성은 메인밸브의 열림과 정도의 관계를 말한다.
④ 사용최대 차압은 실용적으로 사용할 수 있는 범위에서 최대로 되었을 때의 차압을 말한다.

44 **액체주입식 부취제 설비의 종류에 해당되지 않는 것은?**

① 위크증발식　② 적하주입식
③ 펌프주입식　④ 미터연결바이패스식

45 **다음 중 터보(Turbo)형 펌프가 아닌 것은?**

① 원심 펌프　② 사류 펌프
③ 축류 펌프　④ 플런저 펌프

46 **질소와 수소를 원료로 하여 암모니아를 합성한다. 표준상태에서 수소 $5m^3$가 반응하였을 때 암모니아는 약 몇 kg이 생성되는가?**

① 1.52　② 2.53
③ 3.54　④ 4.55

47 **국내 도시가스 연료로 사용되고 있는 LNG와 LPG(+Air)의 특성에 대한 설명 중 틀린 것은?**

① 모두 무색무취이나 누출할 경우 쉽게 알 수 있도록 냄새 첨가제(부취제)를 넣고 있다.
② LNG는 냉열이용이 가능하나, LPG(+Air)는 냉열이용이 가능하지 않다.
③ LNG는 천연고무에 대한 용해성이 있으나, LPG(+Air)는 천연고무에 대한 용해성이 없다.
④ 연소 시 필요한 공기량은 LNG가 LPG보다 적다.

실전점검!
CBT 실전모의고사

수험번호 :
수험자명 :

제한 시간 : 1시간
남은 시간 :

글자 크기 100% 150% 200%  화면 배치 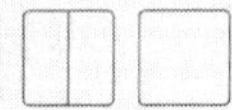 전체 문제 수 : 안 푼 문제 수 :

답안 표기란

31	①	②	③	④
32	①	②	③	④
33	①	②	③	④
34	①	②	③	④
35	①	②	③	④
36	①	②	③	④
37	①	②	③	④
38	①	②	③	④
39	①	②	③	④
40	①	②	③	④
41	①	②	③	④
42	①	②	③	④
43	①	②	③	④
44	①	②	③	④
45	①	②	③	④
46	①	②	③	④
47	①	②	③	④
48	①	②	③	④
49	①	②	③	④
50	①	②	③	④
51	①	②	③	④
52	①	②	③	④
53	①	②	③	④
54	①	②	③	④
55	①	②	③	④
56	①	②	③	④
57	①	②	③	④
58	①	②	③	④
59	①	②	③	④
60	①	②	③	④

48 다음 설명 중 옳지 않은 것은?

① 1J은 1N · m와 같다.
② 등엔트로피 과정이란 가역단열 과정을 말한다.
③ 1kcal는 427kg_f · m와 같다.
④ 카르노 사이클은 2개의 등온과정과 2개의 등압과정으로 구성된 사이클이다.

49 프로판의 완전연소 반응식으로 옳은 것은?

① $C_3H_8+4O_2 \rightarrow 3CO_2+2H_2O$
② $C_3H_8+5O_2 \rightarrow 3CO_2+4H_2O$
③ $C_3H_8+2O_2 \rightarrow 3CO_2+H_2O$
④ $C_3H_8+O_2 \rightarrow CO_2+H_2O$

50 임계온도에 대한 설명으로 옳은 것은?

① 기체를 액화할 수 있는 최저의 온도
② 기체를 액화할 수 있는 절대온도
③ 기체를 액화할 수 있는 최고의 온도
④ 기체를 액화할 수 있는 평균온도

51 다음 중 표준대기압(1atm)이 아닌 것은?

① 760mmHg ② 1.013bar
③ 101,302.7N/m^2 ④ 10.332psi

52 암모니아 가스의 특성에 대한 설명 중 옳은 것은?

① 물에 잘 녹는다.
② 무색의 기체이다.
③ 상온에서 아주 불안정하다.
④ 물에 녹으면 산성이 된다.

계산기 다음 ▶ 안 푼 문제 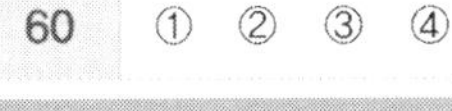 답안 제출

53 다음 중 가장 높은 온도는?

① 25℃ ② 250K
③ 41°F ④ 460°R

54 물을 전기분해하여 수소를 얻고자 할 때 주로 사용되는 전해액은 무엇인가?

① 1% 정도의 묽은 염산
② 20% 정도의 수산화나트륨 용액
③ 10% 정도의 탄산칼슘 용액
④ 25% 정도의 황산용액

55 다음 화합물 중 탄소의 함유량이 가장 많은 것은?

① CO_2 ② CH_4
③ C_2H_4 ④ CO

56 다음 중 수성가스는 어느 것인가?

① CO_2+H_2O ② CO_2+H_2
③ $CO+H_2$ ④ $CO+H_2O$

57 다음 중 헨리의 법칙에 잘 적용되지 않는 가스는?

① 암모니아 ② 수소
③ 산소 ④ 이산화탄소

58 이상기체의 정압비열(C_p)과 정적비열(C_v)에 대한 설명 중 틀린 것은?(단, k는 비열비이고, R은 이상기체 상수이다.)

① 정적비열과 R의 합은 정압비열이다.

② 비열비(k)는 $\frac{C_p}{C_v}$로 표현된다.

③ 정적비열은 $\frac{R}{k-1}$로 표현된다.

④ 정압비열은 $\frac{k-1}{k}$으로 표현된다.

59 메탄가스의 특성에 대한 설명 중 틀린 것은?

① 메탄은 프로판에 비해 연소에 필요한 산소량이 많다.
② 폭발하한농도가 프로판보다 높다.
③ 무색, 무취이다.
④ 폭발상한농도가 부탄보다 높다.

60 상온의 물 1lb를 1°F 올리는 데 필요한 열량을 의미하는 것은?

① 1cal
② 1BTU
③ 1CHU
④ 1erg

CBT 정답 및 해설

01	02	03	04	05	06	07	08	09	10
①	①	②	③	①	②	③	①	④	①
11	12	13	14	15	16	17	18	19	20
②	④	①	③	④	③	②	③	②	④
21	22	23	24	25	26	27	28	29	30
④	④	①	②	②	③	①	①	②	②
31	32	33	34	35	36	37	38	39	40
②	④	②	②	②	②	④	②	①	②
41	42	43	44	45	46	47	48	49	50
①	④	③	①	④	②	③	④	②	③
51	52	53	54	55	56	57	58	59	60
④	②	①	②	③	③	①	④	①	②

01 정답 | ①

풀이 | 도시가스 월간 사용예정량 산출식

$$\frac{(A\times 240)+(B\times 90)}{11,000}(\mathrm{m}^3)$$

02 정답 | ①

풀이 | • 내압 : d
- 유입 : o
- 압력 : p
- 안전증 : e
- 본질안전 : ia 또는 ib
- 특수 : s

03 정답 | ②

풀이 |

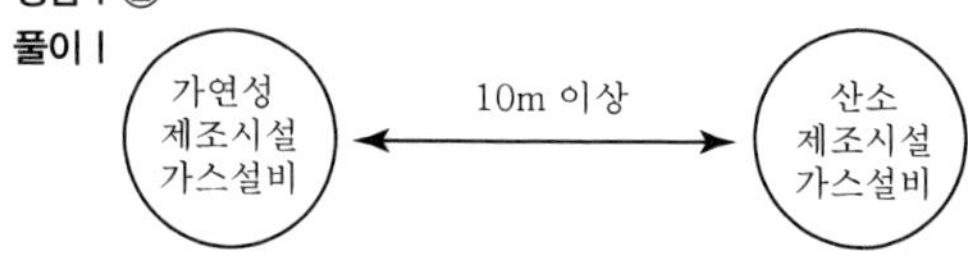

04 정답 | ③

풀이 | • 산소, 가연성 가스 : 18,000L
- 독성 가스 : 12,000L
- 암모니아 : 18,000L

05 정답 | ①

풀이 | 암모니아
- 가연성(15~28%)
- 독성(허용농도 25ppm)

06 정답 | ②

풀이 | 공기액화분리장치에 C_2H_2 가스 혼입 시 분리기 내의 액화산소 탱크 내에 들어가 폭발하기 때문에

07 정답 | ③

풀이 | 초저온 용기의 단열성능 시험용 가스
- 액화아르곤
- 액화산소
- 액화질소

08 정답 | ①

풀이 | ① 액화암모니아 – 백색
② 수소 – 주황색
③ 아세틸렌 – 황색
④ 액화염소 – 갈색

09 정답 | ④

풀이 | 기체연료의 연소방식
- 확산연소
- 예혼합연소

10 정답 | ①

풀이 | 특정고압가스
- 수소
- 산소
- 천연가스 등

11 정답 | ②

풀이 | 연소 시 산소농도가 증가하면
- 연소속도 증가
- 발화온도 저하

12 정답 | ④

풀이 | 연소기를 제외한 도시가스사용시설은 최고사용압력의 1.1배 또는 840mmH_2O(8.4kPa) 중 높은 압력 이상으로 기밀시험 실시

13 정답 | ①

풀이 | • 액화석유가스 소형 저장탱크 : 3톤 미만
- 지상, 지하에 고정 설치된 저장탱크 : 3톤 이상

14 정답 | ③

풀이 | • 고압배관 : 연결된 용기 또는 소형 저장탱크의 내압시험 압력 이상
- 저압배관 : 8kg/cm^2 압력 이상 내압시험 (8kg/cm^2=0.8MPa=800kPa)

15 정답 | ④

풀이 | 도시가스 매설배관 보호용 보호표 표시사항
가스명, 사용압력, 공급자명

16 정답 | ③

풀이 |

토지의 경계 — 사용자 공급관 → 계량기

17 정답 | ②

풀이 | 프로텍터, 캡 : 충전용기 돌출밸브 손상 방지

18 정답 | ③

풀이 | $\frac{50}{0.8} = 62.5\text{kg}$

$\therefore \frac{500}{62.5} = 8\text{EA}$

19 정답 | ②

풀이 | LPG
- 프로판
- 부탄
- 프로필렌
- 부틸렌

20 정답 | ④

풀이 | ㉠ 네슬러 시약
- 소량 누설 시 황색 변화
- 다량 누설 시 자색 변화

㉡ 페놀프탈레인지 : 누설 시 홍색 변화

21 정답 | ④

풀이 | 충전용기(충전압력의 $\frac{1}{2}$ 이상)와 잔가스용기(충전압력의 $\frac{1}{2}$ 미만)는 구별하여 저장한다.

22 정답 | ④

풀이 |

(흑색글씨) 충전 중 엔진 정지 (황색바탕)

23 정답 | ①

풀이 | 아세틸렌 충전용 지관

탄소의 함유량이 0.1% 이하인 강을 사용

24 정답 | ②

풀이 |
- 액화석유가스 안전밸브 : 스프링식
- 암모니아가스 안전밸브 : 파열판, 가용전
- 염소가스 안전밸브 : 가용전

25 정답 | ②

풀이 | 긴급차단장치와 주밸브는 겸용사용이 불가능하며 별도로 설치한다.

26 정답 | ③

풀이 | 내산화성

크롬강, 규소, 알루미늄 합금

27 정답 | ①

풀이 | 동 함유량은 62% 초과를 방지하여야 한다.

28 정답 | ①

풀이 | 천연가스(NG) 주성분

메탄(CH_4)

29 정답 | ②

풀이 | 전기방식
- 유전양극법(희생)
- 외부전원법
- 선택배류법
- 강재배류법

30 정답 | ②

풀이 | 로딩암

LPG 충전 시 저장탱크와 탱크로리를 연결시킨다.

31 정답 | ②

풀이 | 인장시험

탄성한도, 연신율, 항복점, 단면수축률 시험

32 정답 | ④

풀이 | 펌프의 특성곡선 표시사항

양정, 축동력, 토출량

33 정답 | ②

풀이 |
- 액화의 순서 : O_2, Ar, N_2
- 기화의 순서 : N_2, Ar, O_2

34 정답 | ②

풀이 | 기화기

액화가스 증발기

35 정답 | ②
풀이 | 헴펠법 측정순서
CO_2 → 중탄화수소 → O_2 → CO

36 정답 | ②
풀이 | LP가스 용기 재질
탄소강

37 정답 | ④
풀이 | 암모니아용 부르동관 압력계 재질
연강

38 정답 | ②
풀이 | 카피차 공기액화 사이클의 공기 압축압력
$7atm(7.2324kg/cm^2)$

39 정답 | ①
풀이 | 1RT = 3,320kcal/h
273 + 30 = 303K, 273 + (−25) = 248K
$$COP = \frac{248}{303-248} = 4.5090$$

40 정답 | ②
풀이 | 피토관 유량계(유속식 유량계)
Q=유속×단면적(m^3/s)

41 정답 | ①
풀이 | $P_m = \sqrt[2]{\frac{P_2}{P_1}} = \sqrt[4]{\frac{15+1}{1}} = 2$

42 정답 | ④
풀이 | 아세틸렌가스 발생기
• 주수식 • 침지식 • 투입식

43 정답 | ③
풀이 | 유량특성
메인 밸브의 열림과 유량의 관계를 말한다.

44 정답 | ①
풀이 | 부취제 액체주입방식
• 펌프주입방식
• 적하주입방식
• 미터연결 바이패스 방식

45 정답 | ④
풀이 | 플런저펌프는 왕복식이다.

46 정답 | ②
풀이 | $3H_2 + N_2 = 2NH_3$
6kg + 28kg → 34kg
3×22.4 + 22.4 → 22.4×2
5 → x kg
$$x = 34 \times \frac{5}{3 \times 22.4} = 2.53kg$$

47 정답 | ③
풀이 | LPG는 천연고무를 용해하므로 합성고무(실리콘 고무)를 사용한다.

48 정답 | ④
풀이 | 카르노 사이클
• 등온팽창 • 등온압축
• 단열팽창 • 단열압축

49 정답 | ②
풀이 | $C_3H_8 + 5O_2 \rightarrow 3CO_2 + 4H_2O$

50 정답 | ③
풀이 | • 임계온도 : 기체를 액화할 수 있는 최고의 온도
• 임계압력 : 기체를 액화할 수 있는 최저의 압력

51 정답 | ④
풀이 | 1atm = 14.7psi

52 정답 | ②
풀이 | 암모니아 가스는 상온 · 상압에서 자극성 냄새를 가진 무색의 기체이다.

53 정답 | ①
풀이 | • 250 − 273 = −23℃
• $\frac{5}{9} \times (41-32) = 5℃$
• 460 − 460 = 0°F
$\frac{5}{9} \times (0-32) = -18℃$

54 정답 | ②
풀이 | 수소의 공업적 제법
물의 전기분해법(수전해법) : 전해액의 농도 약 20% 정도의 NaOH(수산화나트륨 용액)

CBT 정답 및 해설

55 정답 | ③

풀이 |
- CO_2 : 탄소 12
- CH_4 : 탄소 12
- C_2H_4 : 탄소 24
- CO : 탄소 12

56 정답 | ③

풀이 | 수성가스＝$CO+H_2$

57 정답 | ①

풀이 | 암모니아는 용해도가 너무 커서 헨리의 법칙에서 제외된다.

58 정답 | ④

풀이 | 정압비열은 정적비열보다 크다.

$C_p = C_v \times k$

59 정답 | ①

풀이 | $CH_4+2O_2 \rightarrow CO_2+2H_2O$

$C_3H_8+5O_2 \rightarrow 3CO_2+4H_2O$

60 정답 | ②

풀이 | 1BTU

상온의 물 1파운드(1lb)를 1°F 올리는 데 필요한 열량

수험번호 :
수험자명 :

제한 시간 : 1시간
남은 시간 :

글자 크기 100% 150% 200% 화면 배치 전체 문제 수 : 안 푼 문제 수 :

답안 표기란

01 암모니아 취급 시 피부에 닿았을 때 조치사항으로 가장 적당한 것은?

① 열습포로 감싸준다.
② 다량의 물로 세척 후 붕산수를 바른다.
③ 산으로 중화시키고 붕대로 감는다.
④ 아연화 연고를 바른다.

02 도시가스배관의 설치기준 중 옥외 공동구 벽을 관통하는 배관의 손상방지 조치로 옳은 것은?

① 지반의 부등침하에 대한 영향을 줄이는 조치
② 보호관과 배관 사이에 일정한 공간을 비워두는 조치
③ 공동구의 내외에서 배관에 작용하는 응력의 촉진 조치
④ 배관의 바깥지름에 3cm를 더한 보호관 설치

03 다음 중 마찰, 타격 등으로 격렬히 폭발하는 예민한 폭발물질로서 가장 거리가 먼 것은?

① AgN_2
② H_2S
③ Ag_2C_2
④ N_4S_4

04 내용적 94L인 액화프로판 용기의 저장능력은 몇 kg인가?(단, 충전상수 C는 2.35이다.)

① 20
② 40
③ 60
④ 80

05 아세틸렌가스 또는 압력이 9.8MPa 이상인 압축가스를 용기에 충전하는 경우 방호벽을 설치하지 않아도 되는 경우는?

① 압축기와 충전장소 사이
② 압축기와 그 가스 충전용기 보관장소 사이
③ 압축가스를 운반하는 차량과 충전용기 사이
④ 압축가스 충전장소와 그 가스충전용기 보관장소 사이

번호				
1	①	②	③	④
2	①	②	③	④
3	①	②	③	④
4	①	②	③	④
5	①	②	③	④
6	①	②	③	④
7	①	②	③	④
8	①	②	③	④
9	①	②	③	④
10	①	②	③	④
11	①	②	③	④
12	①	②	③	④
13	①	②	③	④
14	①	②	③	④
15	①	②	③	④
16	①	②	③	④
17	①	②	③	④
18	①	②	③	④
19	①	②	③	④
20	①	②	③	④
21	①	②	③	④
22	①	②	③	④
23	①	②	③	④
24	①	②	③	④
25	①	②	③	④
26	①	②	③	④
27	①	②	③	④
28	①	②	③	④
29	①	②	③	④
30	①	②	③	④

계산기 다음 ▶ 안 푼 문제 답안 제출

06 액화천연가스 저장설비의 안전거리 산정식으로 옳은 것은?(단, L : 유지거리, C : 상수, W : 저장능력 제곱근 또는 질량이다.)

① $L = C\sqrt[3]{143{,}000\,W}$
② $L = W\sqrt{143{,}000\,C}$
③ $L = C\sqrt{143{,}000\,W}$
④ $W = L\sqrt[3]{143{,}000\,C}$

07 저장탱크를 지하에 매설하는 경우의 기준 중 틀린 것은?

① 저장탱크의 주위에 마른 모래를 채울 것
② 저장탱크의 정상부와 지면의 거리는 40cm 이상으로 할 것
③ 저장탱크를 2개 이상 인접하여 설치하는 경우에는 상호 간에 1m 이상의 거리를 유지할 것
④ 저장탱크를 묻은 곳의 주위에는 지상에 경계를 표시할 것

08 도시가스사업자는 가스공급시설을 효율적으로 관리하기 위하여 배관 · 정압기에 대하여 도시가스배관망을 전산화하여야 한다. 이때 전산관리 대상이 아닌 것은?

① 설치도면
② 시방서
③ 시공자
④ 배관제조자

09 독성 가스의 가스설비에 관한 배관 중 2중관으로 하여야 하는 가스는?

① 아황산가스
② 아황화탄소가스
③ 수소가스
④ 불소가스

10 고압가스 운반기준에 대한 안전기준 중 틀린 것은?

① 밸브돌출 용기는 고정식 프로텍터나 캡 등을 부착하여 손상을 방지한다.
② 운반 시 넘어짐 등으로 인한 충격을 방지하기 위하여 와이어로프 등으로 결속한다.
③ 위험물 안전관리법이 정하는 위험물과 충전용기를 동일 차량에 적재 시는 1m 정도 이격시킨 후 운반한다.
④ 독성 가스 중 가연성과 조연성 가스는 동일 차량 적재함에 적재하여 운반하지 않는다.

03회 실전점검! CBT 실전모의고사

수험번호 :
수험자명 :

제한 시간 : 1시간
남은 시간 :

글자 크기 100% 150% 200% 화면 배치 전체 문제 수 : 안 푼 문제 수 :

답안 표기란

11 **아황산가스의 제독제로 갖추어야 할 것이 아닌 것은?**

① 가성소다 수용액 ② 소석회
③ 탄산소다 수용액 ④ 물

12 **고압가스 용기보관 장소에 충전용기를 보관할 때의 기준 중 틀린 것은?**

① 충전용기와 잔가스용기는 각각 구분하여 용기보관 장소에 놓을 것
② 용기보관 장소의 주위 5m 이내에는 화기 또는 인화성 물질이나 발화성 물질을 두지 아니할 것
③ 충전용기는 항상 40℃ 이하의 온도를 유지하고, 직사광선을 받지 않도록 조치할 것
④ 가연성 가스 용기보관 장소에는 방폭형 휴대형 손전등 외의 등화를 휴대하고 들어가지 아니할 것

13 **액화석유가스를 저장하는 시설의 강제통풍구조에 대한 기준 중 틀린 것은?**

① 통풍능력을 바닥면적 $1m^2$ 마다 $0.5m^3$/분 이상으로 한다.
② 흡입구는 바닥면 가까이에 설치한다.
③ 배기가스 방출구를 지면에서 5m 이상의 높이에 설치한다.
④ 배기구는 천장면에서 30cm 이내에 설치한다.

14 **다음 가스 중 독성이 가장 강한 것은?**

① 암모니아 ② 디메틸아민
③ 브롬화메틸 ④ 아크릴로니트릴

15 **가스 중의 음속보다도 화염 전파속도가 큰 경우로서 충격파라고 하는 솟구치는 압력파가 생기는 현상을 무엇이라 하는가?**

① 폭발 ② 폭굉
③ 폭연 ④ 연소

번호	①	②	③	④
1	①	②	③	④
2	①	②	③	④
3	①	②	③	④
4	①	②	③	④
5	①	②	③	④
6	①	②	③	④
7	①	②	③	④
8	①	②	③	④
9	①	②	③	④
10	①	②	③	④
11	①	②	③	④
12	①	②	③	④
13	①	②	③	④
14	①	②	③	④
15	①	②	③	④
16	①	②	③	④
17	①	②	③	④
18	①	②	③	④
19	①	②	③	④
20	①	②	③	④
21	①	②	③	④
22	①	②	③	④
23	①	②	③	④
24	①	②	③	④
25	①	②	③	④
26	①	②	③	④
27	①	②	③	④
28	①	②	③	④
29	①	②	③	④
30	①	②	③	④

계산기 다음 ▶ 안 푼 문제 답안 제출

16 다음 가스 중 발화온도와 폭발등급에 의한 위험성을 비교하였을 때 위험도가 가장 큰 것은?

① 부탄　② 암모니아
③ 아세트알데히드　④ 메탄

17 LPG 충전 집단공급 저장시설의 공기 내압시험 시 사용압력을 일정압력 이상 승압 후 단계적으로 승압시킬 때 몇 %씩 증가시키는가?

① 상용압력의 5%씩　② 상용압력의 10%씩
③ 상용압력의 15%씩　④ 상용압력의 20%씩

18 도시가스 사용시설의 기밀시험 기준으로 옳은 것은?

① 최고사용압력의 1.1배 또는 8.40kPa 중 높은 압력 이상의 압력으로 실시하여 이상이 없을 것
② 최고사용압력의 1.2배 또는 10.00kPa 중 높은 압력 이상의 압력으로 실시하여 이상이 없을 것
③ 최고사용압력의 1.1배 또는 10.00kPa 중 높은 압력 이상의 압력으로 실시하여 이상이 없을 것
④ 최고사용압력의 1.2배 또는 8.40kPa 중 높은 압력 이상의 압력으로 실시하여 이상이 없을 것

19 독성 가스를 용기에 의하여 운반 시 구비하여야 할 보호장비 중 반드시 휴대하지 않아도 되는 것은?

① 방독면　② 제독제
③ 고무장갑 및 고무장화　④ 산소마스크

20 LPG 연소기의 명판에 기재할 사항이 아닌 것은?

① 연소기명　② 가스소비량
③ 연소기 재질명　④ 제조(로트)번호

21 **고압가스 설비에 장치하는 압력계의 최고 눈금 기준은?**

① 내압시험압력의 1배 이상, 2배 이하
② 사용압력의 1.5배 이상, 2배 이하
③ 사용압력의 2배 이상 3배 이하
④ 내압시험압력의 1.5배 이상, 2배 이하

22 **가연성 액화가스를 충전하여 200km를 초과하여 운반할 때 운반책임자를 동승시켜야 하는 기준은?(단, 납붙임 및 접합용기는 제외한다.)**

① 1,000kg 이상
② 2,000kg 이상
③ 3,000kg 이상
④ 6,000kg 이상

23 **저온 저장탱크에서 그 저장탱크의 내부압력이 외부압력보다 저하함에 따라 저장탱크가 파괴되는 것을 방지하기 위한 조치로서 갖추지 않아도 되는 설비는?**

① 진공 안전밸브
② 다른 저장탱크 또는 시설로부터의 가스도입 배관(균압관)
③ 압력과 연동하는 긴급차단장치를 설치한 송액설비
④ 물분무설비

24 **수소의 특징에 대한 설명으로 옳은 것은?**

① 조연성 기체이다.
② 폭발범위가 넓다.
③ 가스의 비중이 커서 확산이 느리다.
④ 저온에서 탄소와 수소취성을 일으킨다.

25 가스 공급시설의 임시 사용기준 항목이 아닌 것은?

① 도시가스 공급이 가능한지의 여부
② 당해 지역의 도시가스 수급상 도시가스 공급이 필요한지의 여부
③ 공급의 이익 여부
④ 가스 공급시설을 사용함에 따른 안전저해의 우려가 있는지의 여부

26 가연성 가스를 취급하는 장소에는 누출된 가스의 폭발사고를 방지하기 위하여 전기설비를 방폭구조로 한다. 다음 중 방폭구조가 아닌 것은?

① 안전증방폭구조
② 내열방폭구조
③ 압력방폭구조
④ 내압방폭구조

27 일반도시가스 사업자 정압기의 가스방출관 방출구는 지면으로부터 몇 m 이상의 높이에 설치하여야 하는가?(단, 전기시설물과의 접촉 등으로 사고의 우려가 없는 장소임)

① 1
② 2
③ 3
④ 5

28 수소와 염소에 일광을 비추었을 때 일어나는 폭발의 형태로서 가장 좋은 것은?

① 분해폭발
② 중합폭발
③ 촉매폭발
④ 산화폭발

29 가스사용시설의 지하매설배관이 저압인 경우 배관 색상은?

① 황색
② 적색
③ 백색
④ 청색

30 LPG 충전시설의 충전소에 기재한 "화기엄금"이라고 표시한 게시판의 색깔로 옳은 것은?

① 황색 바탕에 적색 글씨
② 황색 바탕에 흑색 글씨
③ 백색 바탕에 적색 글씨
④ 백색 바탕에 흑색 글씨

03회 실전점검! CBT 실전모의고사

수험번호 :
수험자명 :

제한 시간 : 1시간
남은 시간 :

글자 크기 100% 150% 200% 화면 배치

전체 문제 수 :
안 푼 문제 수 :

답안 표기란

번호				
31	①	②	③	④
32	①	②	③	④
33	①	②	③	④
34	①	②	③	④
35	①	②	③	④
36	①	②	③	④
37	①	②	③	④
38	①	②	③	④
39	①	②	③	④
40	①	②	③	④
41	①	②	③	④
42	①	②	③	④
43	①	②	③	④
44	①	②	③	④
45	①	②	③	④
46	①	②	③	④
47	①	②	③	④
48	①	②	③	④
49	①	②	③	④
50	①	②	③	④
51	①	②	③	④
52	①	②	③	④
53	①	②	③	④
54	①	②	③	④
55	①	②	③	④
56	①	②	③	④
57	①	②	③	④
58	①	②	③	④
59	①	②	③	④
60	①	②	③	④

31 LPG, 액화산소 등을 저장하는 탱크에 사용되는 단열재 선정 시 고려해야 할 사항으로 옳은 것은?

① 밀도가 크고 경량일 것
② 저온에 있어서의 강도는 작을 것
③ 열전도율이 클 것
④ 안전사용온도 범위가 넓을 것

32 연소의 이상현상 중 불꽃의 주위, 특히 불꽃의 기저부에 대한 공기의 움직임이 세어지면 불꽃이 노즐에서 정착하지 않고 떨어지게 되어 꺼지는 현상은?

① 선화　② 역화
③ 블로오프　④ 불완전연소

33 원심펌프를 병렬연결 운전할 때의 일반적인 특성으로 옳은 것은?

① 유량은 불변이다.　② 양정은 증가한다.
③ 유량은 감소한다.　④ 양정은 일정하다.

34 왕복펌프의 밸브로서 구비해야 할 조건이 아닌 것은?

① 누출물을 막기 위하여 밸브의 중량이 클 것
② 내구성이 있을 것
③ 밸브의 개폐가 정확할 것
④ 유체가 밸브를 지날 때의 저항을 최소한으로 할 것

35 부취제의 주입설비에서 액체주입법에 해당되지 않는 것은?

① 위크증발식　② 펌프주입식
③ 미터 연결 바이패스식　④ 적하주입식

계산기　다음 ▶　안 푼 문제　답안 제출

36 암모니아 합성공정 중 중압합성에 해당되지 않는 것은?

① IG법 ② 뉴파우더법
③ 케미크법 ④ 켈로그법

37 고온 · 고압의 가스배관에 주로 쓰이며 분해, 보수 등이 용이하나 매설배관에는 부적당한 접합방법은?

① 플랜지접합 ② 나사접합
③ 차입접합 ④ 용접접합

38 저온 배관용 탄소강관의 표시기호는?

① SPPS ② SPLT
③ SPPH ④ SPHT

39 열기전력을 이용한 온도계가 아닌 것은?

① 백금－백금 로듐 온도계 ② 동－콘스탄틴 온도계
③ 철－콘스탄탄 온도계 ④ 백금－콘스탄탄 온도계

40 염화파라듐지로 검지할 수 있는 가스는?

① 아세틸렌 ② 황화수소
③ 염소 ④ 일산화탄소

41 왕복식 압축기의 구성부품이 아닌 것은?

① 피스톤 ② 임펠러
③ 커넥팅 로드 ④ 크랭크 축

42 탄소강 중에 저온취성을 일으키는 원소로 옳은 것은?

① P
② S
③ Mo
④ Cu

43 유체가 5m/s의 속도로 흐를 때 이 유체의 속도수두는 약 몇 m인가?(단, 중력 가속도는 $9.8m/s^2$이다.)

① 0.98
② 1.28
③ 12.2
④ 14.1

44 다음 [보기]와 관련 있는 분석법은?

[보기]
- 쌍극자모멘트의 알짜변화
- 진동 짝지움
- Nernst 백열등
- Fourier 변환 분광계

① 질량분석법
② 흡광광도법
③ 적외선 분광분석법
④ 킬레이트 적정법

45 가늘고 긴 수직형 반응기로 유체가 순환됨으로써 교반이 행하여지는 방식으로 주로 대형 화학공장 등에 채택되는 오토클레이브는?

① 진탕형
② 교반형
③ 회전형
④ 가스교반형

46 물 1g을 1℃ 올리는 데 필요한 열량은 얼마인가?

① 1cal
② 1J
③ 1BTU
④ 1erg

47 메탄가스에 대한 설명 중 틀린 것은?

① 무색, 무취의 기체이다.
② 공기보다 무거운 기체이다.
③ 천연가스의 주성분이다.
④ 폭발범위는 약 5~15% 정도이다.

48 아세틸렌(C_2H_2)에 대한 설명 중 틀린 것은?

① 카바이드(CaC_2)에 물을 넣어 제조한다.
② 동과 접촉하여 동아세틸라이드를 만드므로 동 함유량 62% 이상을 설비로 사용한다.
③ 흡열화합물이므로 압축하면 분해폭발을 일으킬 수 있다.
④ 공기 중 폭발범위는 약 2.5~80.5%이다.

49 산소에 대한 설명으로 옳은 것은?

① 가연성 가스이다.
② 자성(磁性)을 가지고 있다.
③ 수소와는 반응하지 않는다.
④ 폭발범위가 비교적 큰 가스이다.

50 수소폭명기(Detonation Gas)에 대한 설명으로 옳은 것은?

① 수소와 산소가 부피비 1 : 1로 혼합된 기체이다.
② 수소와 산소가 부피비 2 : 1로 혼합된 기체이다.
③ 수소와 염소가 부피비 1 : 1로 혼합된 기체이다.
④ 수소와 염소가 부피비 2 : 1로 혼합된 기체이다.

51 다음 압력 중 표준대기압이 아닌 것은?

① $10.332mH_2O$　② 1atm
③ 14.7inHg　④ 76cmHg

52 **산화에틸렌의 성질에 대한 설명 중 틀린 것은?**

① 무색의 유독한 기체이다.
② 알코올과 반응하여 글리콜에테르를 생성한다.
③ 암모니아와 반응하여 에탄올아민을 생성한다.
④ 물, 아세톤, 사염화탄소 등에 불용이다.

53 **아세틸렌의 가스발생기 중 다량의 물속에 CaC_2를 투입하는 방법으로 주로 공업적 대량생산에 적합한 가스발생 방법은?**

① 주수식 ② 침지식
③ 접촉식 ④ 투입식

54 **도시가스 제조방식 중 촉매를 사용하여 사용온도 400~800℃에서 탄화수소와 수증기를 반응시켜 수소, 메탄, 일산화탄소, 탄산가스 등의 저급 탄화수소로 변환시키는 프로세스는?**

① 열분해 프로세스 ② 접촉분해 프로세스
③ 부분연소 프로세스 ④ 수소화분해 프로세스

55 **다음 중 냄새가 나는 물질(부취제)의 구비조건이 아닌 것은?**

① 독성이 없을 것
② 저농도에 있어서도 냄새를 알 수 있을 것
③ 완전연소하고 연소 후에는 유해물질을 남기지 말 것
④ 일상생활의 냄새와 구분되지 않을 것

56 **도시가스에 사용되는 부취제 중 DMS의 냄새는?**

① 석탄가스 냄새 ② 마늘 냄새
③ 양파 썩는 냄새 ④ 암모니아 냄새

번호				
31	①	②	③	④
32	①	②	③	④
33	①	②	③	④
34	①	②	③	④
35	①	②	③	④
36	①	②	③	④
37	①	②	③	④
38	①	②	③	④
39	①	②	③	④
40	①	②	③	④
41	①	②	③	④
42	①	②	③	④
43	①	②	③	④
44	①	②	③	④
45	①	②	③	④
46	①	②	③	④
47	①	②	③	④
48	①	②	③	④
49	①	②	③	④
50	①	②	③	④
51	①	②	③	④
52	①	②	③	④
53	①	②	③	④
54	①	②	③	④
55	①	②	③	④
56	①	②	③	④
57	①	②	③	④
58	①	②	③	④
59	①	②	③	④
60	①	②	③	④

57 다음 ( ) 안에 알맞은 것은?

절대압력 = ( ) + 게이지 압력

① 진공압 ② 수두압
③ 대기압 ④ 동압

58 표준상태에서 아세틸렌가스의 밀도는 약 몇 g/L인가?

① 0.86 ② 1.16
③ 1.34 ④ 2.24

59 다음 중 엔트로피의 단위로 옳은 것은?

① W/m°C ② W/m^3
③ J/K ④ kcal/kg

60 밀폐된 용기 내의 압력이 20기압일 때 O_2의 분압은?(단, 용기 내에는 N_2가 80%, O_2가 20% 있다.)

① 3기압 ② 4기압
③ 5기압 ④ 6기압

CBT 정답 및 해설

01	02	03	04	05	06	07	08	09	10
②	①	②	②	③	①	②	④	①	③
11	12	13	14	15	16	17	18	19	20
②	②	④	④	②	③	②	①	④	③
21	22	23	24	25	26	27	28	29	30
②	③	④	②	③	②	④	③	①	③
31	32	33	34	35	36	37	38	39	40
④	③	④	①	①	④	①	②	④	④
41	42	43	44	45	46	47	48	49	50
②	①	②	③	④	①	②	②	②	②
51	52	53	54	55	56	57	58	59	60
③	④	④	②	④	②	③	②	③	②

01 정답 | ②

풀이 | 암모니아 취급 시 피부에 닿으면 다량의 물로 세척 후 붕산수를 바른다.

02 정답 | ①

풀이 | 도시가스배관의 옥외 공동구 벽을 관통하는 배관의 손상방지로 지반의 부등침하에 대한 영향을 줄이는 조치가 필요하다.

03 정답 | ②

풀이 | 예민한 폭발물질

AgN_2, HgN_6, Ag_2C_2, 아세틸라이드, Cu_2C_2, N_4S_4, $C_2H_8ON_{10}$(데도라센), 질화수소산, 할로겐 치환체(H, N_3Cl, N_3I), NCl_3, NI_3(옥화질소)

04 정답 | ②

풀이 | $w=\dfrac{V_2}{C}=\dfrac{94}{2.35}=40\text{kg}$

05 정답 | ③

풀이 | 방호벽이 필요한 곳

- 아세틸렌가스 또는 100kg/cm^2(10MPa) 이상인 압축가스를 용기에 충전하는 경우에는 압축기와 그 충전장소 사이
- 압축기와 그 가스충전용기 보관장소 사이
- 충전장소와 그 가스충전용기 보관장소 사이 및 충전장소와 그 충전용 주관밸브, 조작밸브 사이

06 정답 | ①

풀이 | 액화천연가스 저장설비의 안전거리 산정식

$L=C\sqrt[3]{143{,}000\,W}\text{(m)}$

07 정답 | ②

풀이 | 저장탱크를 지하에 매설하는 경우 저장탱크의 정상부위와 지면의 거리를 60cm 이상으로 할 것

08 정답 | ④

풀이 | 도시가스 배관, 정압기 전산관리 대상자

설치도면, 시공자, 시방서

09 정답 | ①

풀이 | 2중관 해당 가스

염소, 포스겐, 불소, 아크릴알데히드, 아황산가스, 시안화수소, 황화수소

10 정답 | ③

풀이 | 위험물과 가스 충전용기를 동일 차량에 적재하는 것을 금지한다.

11 정답 | ②

풀이 | 아황산가스 제독제

- 가성소다 수용액
- 탄산소다 수용액
- 물(다량)

12 정답 | ②

풀이 | 용기보관 장소의 주위 2m 이내에는 화기나 인화성 물질 또는 발화성 물질을 두지 아니할 것

13 정답 | ④

풀이 | 액화석유가스 저장 시 강제통풍 구조에서 배기구는 바닥면의 30cm 이내에 설치한다.

14 정답 | ④

풀이 | 독성 허용농도

- 암모니아 : 25ppm
- 브롬화메틸 : 20ppm
- 디메틸아민 : 25ppm
- 아크릴로니트릴 : 20ppm

15 정답 | ②

풀이 | 폭굉(Detonation)

가스 중의 음속보다도 화염 · 전파속도가 큰 경우로서 충격파라고 하는 솟구치는 압력파가 생기는 현상이며 장애물에 파면압력은 2.5배 상승하며 밀폐된 공간에서는 반응에 따라 5~35배 상승, 화염전파속도는 1,000~3,500m/s이다.

16 정답 | ③
풀이 | 발화도 등급($G_1 \sim G_5$) 발화온도
- G_4(아세트알데히드 CH_3CHO, 에틸에테르는 135℃ 초과~200℃ 이하)
- 부탄, 암모니아, 메탄은 G(발화온도 450℃ 초과)

17 정답 | ②
풀이 | 내압시험 시 상용압력을 50%까지 올린 후 단계적으로 상용압력을 10%씩 승압시킨다.

18 정답 | ①
풀이 | 도시가스 사용시설 기밀시험 압력
최고사용압력의 1.1배 또는 840mmH_2O(8.40kPa) 중 높은 압력 이상의 압력으로 실시하여 이상이 없어야 한다.

19 정답 | ④
풀이 | 공기호흡기나 로프, 보호의가 필요하다.

20 정답 | ③
풀이 | LPG 연소기 명판 기재사항
- 연소기명
- 가스 소비량
- 제조번호

21 정답 | ②
풀이 | 압력계의 최고 눈금
상용압력의 1.5배 이상~2배 이하

22 정답 | ③
풀이 | 가연성 가스
- 300m^3 이상
- 3,000kg 이상

23 정답 | ④
풀이 | 부압장치 조치설비는 ①, ②, ③항 및 압력과 연동하는 긴급차단장치를 설치한 송액설비 등이 필요하다.

24 정답 | ②
풀이 | 수소가스
- 가연성 기체이다.
- 폭발범위가 4~75%이다.
- 가스비중이 적어서 확산이 빠르다.
- 고온에서 탄소와 수소취성을 일으킨다.

25 정답 | ③
풀이 | 공급의 이익 여부는 가스 공급시설의 임시사용기준 항목에서 제외된다.

26 정답 | ②
풀이 | 전기설비의 방폭구조
- 내압방폭구조
- 유입방폭구조
- 압력방폭구조
- 안전증방폭구조
- 본질안전방폭구조
- 특수방폭구조

27 정답 | ④
풀이 | 정압기의 가스방출관 방출구는 지면에서 5m 이상의 높이에 설치한다.

28 정답 | ③
풀이 |
- 수소폭명기
  $O_2 + 2H_2 \rightarrow 2H_2O + 136.6\text{kcal}$
- 염소폭명기
  $Cl_2 + H_2 \rightarrow 2HCl + 44\text{kcal}$

29 정답 | ①
풀이 | 도시가스 지하매설배관은 적색 또는 황색으로 표시한다.(지상배관은 황색)
- 저압배관 : 황색
- 중압 이상 배관 : 적색

30 정답 | ③
풀이 | LPG 충전시설 화기엄금 표시 게시판

(백색 바탕) 화 기 엄 금 (적색 글씨)

31 정답 | ④
풀이 | 단열재는 밀도가 가볍고 강도가 크며 열전도율이 적고 안전사용온도 범위가 넓어야 한다.

32 정답 | ③
풀이 | 블로오프
불꽃의 주위, 불꽃이 노즐에서 정착하지 않고 떨어지게 되어 불꽃이 꺼지는 현상

33 정답 | ④
풀이 | 병렬 원심펌프
- 유량은 증가한다.
- 양정은 일정하다.

34 정답 | ①
풀이 | ㉠ 왕복식 펌프의 밸브(흡입, 토출)
구비조건은 누설을 정확하게 방지하면 된다.
㉡ 밸브
- 나비 밸브
- 리프트 밸브
(원판 밸브, 원추 밸브, 볼 밸브 및 링 밸브)

35 정답 | ①
풀이 | 증발식 부취설비(기체주입방식)
- 위크 증발식
- 바이패스 증발식

36 정답 | ④
풀이 | 저압합성법
구데법, 켈로그법

37 정답 | ①
풀이 | 플랜지접합은 노출배관에 사용된다.

38 정답 | ②
풀이 | SPLT
저온 배관용 탄소강관

39 정답 | ④
풀이 | 크로멜−알루멜 온도계, 열전대 온도계

40 정답 | ④
풀이 | ① 아세틸렌 : 염화제1동 착염지
② 황화수소 : 초산납 시험지(연당지)
③ 염소 : KI 전분지(요오드칼륨 시험지)
④ 일산화탄소 : 염화파라듐지

41 정답 | ②
풀이 | 임펠러는 유량계 등에 부착된다.

42 정답 | ①
풀이 | 저온취성
온도가 저하함에 따라 연신율, 단면수축율, 충격치 등이 저하되고 어느 지점의 온도 이하에서 이 성질이 0이 되는 인(P)은 상온 및 저온취성의 원인이 된다.

43 정답 | ②
풀이 | $5 = \sqrt{2 \times 9.8 \times H}$

$$H = \frac{5^2}{2 \times 9.8} \fallingdotseq 1.28\text{m}$$

44 정답 | ③
풀이 | 적외선 분광분석법
분자의 진동 중 쌍극자모멘트의 변화를 일으킬 진동에 의하여 적외선의 흡수가 일어나는 것을 이용한 분석법이다.(기기 분석법이다.)

45 정답 | ④
풀이 | Auto Clave(오토클레이브)
- 교반형 : 교반효과는 횡형교반의 경우가 우수하며 진탕식에 비해 효과가 크다.
- 가스 교반형 : 가늘고 긴 수직형 반응기 연속실험의 실험식 및 공업적으로 대형의 화학공장에 사용된다.

46 정답 | ①
풀이 | 1cal(칼로리)
물 1g을 1℃ 올리는 데 필요한 열량

47 정답 | ②
풀이 | • CH_4(분자량 16), 공기의 분자량(29)
• $CH_4 + 2O_2 \rightarrow CO_2 + 2H_2O$

48 정답 | ②
풀이 | $C_2H_2 + 2Cu \rightarrow \underline{Cu_2C_2} + H_2$
62% 이상의 동(구리) 함유량 사용 불가

49 정답 | ②
풀이 | 산소의 특성
- 조연성 가스
- 자성이 있다.
- $H_2 + \frac{1}{2}O_2 \rightarrow H_2O$ 반응
- 폭발범위가 4~75%로 크다.
- 수소폭명기 $O_2 + 2H_2 \rightarrow 2H_2O + 136.6\text{kcal}$

50 정답 | ②
풀이 | • 수소폭명기 $2H_2 + O_2 \rightarrow 2H_2O + 136.6\text{kcal}$
• 염소폭명기 $Cl_2 + H_2 \rightarrow 2HCl + 44\text{kcal}$
※ 촉매는 직사광선(日光)이다.

CBT 정답 및 해설

51 정답 | ③
풀이 | 표준대기압은 14.7psi=76cmHg

52 정답 | ④
풀이 | 산화에틸렌(C_2H_4O)은 알코올, 물, 에테르 및 대부분의 유기용제에 용해된다.

53 정답 | ④
풀이 | • 투입식 : 공업적으로 대량생산이 가능하다.
• 접촉식 : 소량 생산용이다.
• 주수식 : 주수량의 가감에 따라 발생량 조절이 가능하다.

54 정답 | ②
풀이 | 접촉분해 프로세스
촉매를 사용해서 반응온도 400~800℃에서 탄화수소와 수증기를 반응시켜 CH_4, H_2, CO, CO_2로 변환시킨다.

55 정답 | ④
풀이 | 부취제는 일상생활의 냄새와 구분될 것

56 정답 | ②
풀이 | • THT : 석탄가스 냄새
• TBM : 양파 썩는 냄새
• DMS : 마늘 냄새

57 정답 | ③
풀이 | 절대압력=대기압+게이지 압력

58 정답 | ②
풀이 | C_2H_2의 분자량 26(22.4L)

$$\therefore 9 = \frac{26}{22.4} = 1.16\text{g/L}$$

59 정답 | ③
풀이 | 엔트로피의 단위
• kcal / kg · K
• J/K
• kJ / kg · K

60 정답 | ②
풀이 | 20 = N_2 80%+O_2 20%
$\therefore$ 20×0.2=4기압

04회 실전점검! CBT 실전모의고사

수험번호 :
수험자명 :

제한 시간 : 1시간
남은 시간 :

글자 크기 100% 150% 200% 화면 배치

전체 문제 수 :
안 푼 문제 수 :

01 **고압가스 저장탱크 2개를 지하에 인접하여 설치하는 경우 상호 간에 유지하여야 할 최소거리의 기준은?**

① 30cm ② 60cm
③ 1m ④ 3m

02 **고압가스 설비를 수리할 경우 가스설비 내를 대기압 이하까지 가스 치환을 생략할 수 없는 것은?**

① 사람이 그 설비의 밖에서 작업하는 것
② 당해 가스설비의 내용적이 $1m^3$ 이하인 것
③ 화기를 사용하지 아니하는 작업인 것
④ 출입구의 밸브가 확실히 폐지되어 있고 내용적이 $10m^3$ 이상의 가스설비에 이르는 사이에 1개 이상의 밸브를 설치한 것

03 **다음 중 가성소다를 제독제로 사용하지 않는 가스는?**

① 염소가스 ② 염화메탄
③ 아황산가스 ④ 시안화수소

04 **고압가스 일반제조시설에서 밸브가 돌출한 충전용기에서 충전한 후 넘어짐 방지조치를 하지 않아도 되는 용량은 내용적 몇 L 미만인가?**

① 5 ② 10
③ 20 ④ 50

05 **가스누출경보기의 기능에 대한 설명으로 옳은 것은?**

① 전원의 전압 등 변동이 ±3% 정도일 때에도 경보밀도가 저하되지 않을 것
② 가연성 가스의 경보농도는 폭발하한계의 $\frac{1}{2}$ 이하일 것
③ 경보를 울린 후 가스농도가 변하면 원칙적으로 경보를 중지시키는 구조일 것
④ 지시계의 눈금은 가연성 가스용은 0~폭발하한계값일 것

답안 표기란

번호				
1	①	②	③	④
2	①	②	③	④
3	①	②	③	④
4	①	②	③	④
5	①	②	③	④
6	①	②	③	④
7	①	②	③	④
8	①	②	③	④
9	①	②	③	④
10	①	②	③	④
11	①	②	③	④
12	①	②	③	④
13	①	②	③	④
14	①	②	③	④
15	①	②	③	④
16	①	②	③	④
17	①	②	③	④
18	①	②	③	④
19	①	②	③	④
20	①	②	③	④
21	①	②	③	④
22	①	②	③	④
23	①	②	③	④
24	①	②	③	④
25	①	②	③	④
26	①	②	③	④
27	①	②	③	④
28	①	②	③	④
29	①	②	③	④
30	①	②	③	④

계산기 다음 ▶ 안 푼 문제 답안 제출

06 도시가스배관의 외부전원법에 의한 전기방식 설비의 계기류 확인은 몇 개월에 1회 이상하여야 하는가?

① 1　　② 3
③ 6　　④ 12

07 다음 가스검지 시의 지시약과 반응색이 맞지 않는 것은?

① 산성가스－리트머스지 : 적색
② $COCl_2$－하리슨씨시약 : 심등색
③ CO－염화파라듐지 : 흑색
④ HCN－질산구리벤젠지 : 적색

08 산소압축기의 내부 윤활유로 사용되는 것은?

① 물 또는 10% 묽은 글리세린수
② 진한 황산
③ 양질의 광유
④ 디젤엔진유

09 다음 착화온도에 대한 설명 중 틀린 것은?

① 탄화수소에서 탄소수가 많은 분자일수록 착화온도는 낮아진다.
② 산소농도가 클수록, 압력이 클수록 착화온도는 낮아진다.
③ 화학적으로 발열량이 높을수록 착화온도는 낮아진다.
④ 반응활성도가 작을수록 착화온도는 낮아진다.

10 특정고압가스 사용시설에 대한 설명으로 옳은 것은?

① 산소의 저장설비 주위 5m 이내에서는 화기를 취급하지 않도록 할 것
② 가연성 가스의 사용시설 설치실은 누설된 가스가 체류될 수 있도록 할 것
③ 고압가스 설비는 상용압력의 1.5배 이상의 압력에서 항복을 일으키지 않는 두께일 것
④ 고압가스 설비에는 저장능력에 관계없이 안전밸브를 설치할 것

11 일반도시가스사업의 가스공급 시설의 정압기에 대한 분해점검 시기로서 옳은 것은?

① 6개월에 1회 이상
② 1년에 1회 이상
③ 2년에 1회 이상
④ 3년에 1회 이상

12 다음 ( ) 안에 알맞은 것은?

> 시안화수소를 충전한 용기는 충전한 후 ( )일이 경과되기 전에 다른 용기에 옮겨 충전할 것. 다만 순도 ( )% 이상으로서 착색되지 아니한 것은 다른 용기에 옮겨 충전하지 아니할 수 있다.

① 30, 90
② 30, 95
③ 60, 90
④ 60, 98

13 인화점이 약 −30℃로 전구 표면이나 증기파이프에 닿기만 해도 발화하는 것은?

① CS_2
② C_2H_2
③ C_2H_4
④ C_3H_8

14 다음 중 아세틸렌의 분석에 사용되는 시약은?

① 동암모니아
② 파라듐블랙
③ 발연황산
④ 피로갈롤

15 독성 가스의 저장설비에서 가스누출에 대비하여 설치하여야 하는 것은?

① 액화방지장치
② 액회수장치
③ 살수장치
④ 흡수장치

04회 실전점검! CBT 실전모의고사

수험번호 :
수험자명 :

제한 시간 : 1시간
남은 시간 :

글자 크기 100% 150% 200% | 화면 배치 | 전체 문제 수 : 안 푼 문제 수 :

답안 표기란

16 액화가스를 충전하는 탱크는 그 내부에 액면요동을 방지하기 위하여 무엇을 설치해야 하는가?

① 방파판　　② 안전밸브
③ 액면계　　④ 긴급차단장치

17 공기 중에서 폭발범위가 가장 넓은 가스는?

① C_2H_4O　　② CH_4
③ C_2H_4　　④ C_3H_8

18 다음 중 가스에 대한 정의가 잘못된 것은?

① 압축가스 – 일정한 압력에 의하여 압축되어 있는 가스
② 액화가스 – 가압 · 냉각 등의 방법에 의하여 액체상태로 되어 있는 것으로서 대기압에서의 비점이 40℃ 이하 또는 상용의 온도 이하인 것
③ 독성 가스 – 인체에 유해한 독성을 가진 가스로서 허용농도가 100만분의 300 이하인 것
④ 가연성 가스 – 공기 중에서 연소하는 가스로서 폭발하한계의 하한이 10% 이하인 것과 폭발한계의 상한과 하한의 차가 20% 이상인 것

19 아세틸렌을 용기에 충전 시 미리 용기에 다공질물질을 고루 채운 후 침윤 및 충전을 해야 하는데 이때 다공도는 얼마로 해야 하는가?

① 75% 이상 92% 미만　　② 70% 이상 95% 미만
③ 62% 이상 75% 미만　　④ 92% 이상

20 고압가스 안전관리상 제1종 보호시설이 아닌 것은?

① 학교　　② 여관
③ 주택　　④ 시장

1	①	②	③	④
2	①	②	③	④
3	①	②	③	④
4	①	②	③	④
5	①	②	③	④
6	①	②	③	④
7	①	②	③	④
8	①	②	③	④
9	①	②	③	④
10	①	②	③	④
11	①	②	③	④
12	①	②	③	④
13	①	②	③	④
14	①	②	③	④
15	①	②	③	④
16	①	②	③	④
17	①	②	③	④
18	①	②	③	④
19	①	②	③	④
20	①	②	③	④
21	①	②	③	④
22	①	②	③	④
23	①	②	③	④
24	①	②	③	④
25	①	②	③	④
26	①	②	③	④
27	①	②	③	④
28	①	②	③	④
29	①	②	③	④
30	①	②	③	④

계산기　　다음 ▶　　안 푼 문제　　답안 제출

04회 실전점검! CBT 실전모의고사

수험번호 :
수험자명 :

제한 시간 : 1시간
남은 시간 :

글자 크기 100% 150% 200% 화면 배치 전체 문제 수 : 안 푼 문제 수 :

답안 표기란

21 아세틸렌에 대한 설명 중 틀린 것은?

① 액체 아세틸렌은 비교적 안정하다.
② 접촉적으로 수소화되면 에틸렌, 에탄이 된다.
③ 압축하면 탄소와 수소로 자기분해한다.
④ 구리, 은, 수은 등의 금속과 화합 시 아세틸라이드를 생성한다.

22 포스겐의 취급사항에 대한 설명 중 틀린 것은?

① 포스겐을 함유한 폐기액은 산성 물질로 충분히 처리한 후 처분할 것
② 취급 시에는 반드시 방독마스크를 착용할 것
③ 환기시설을 갖출 것
④ 누설 시 용기부식의 원인이 되므로 약간의 누설에도 주의할 것

23 고압가스용기의 안전점검 기준에 해당되지 않는 것은?

① 용기의 부식, 도색 및 표시 확인
② 용기의 캡이 씌워져 있거나 프로텍터의 부착 여부 확인
③ 재검사 기간의 도래 여부를 확인
④ 용기의 누설을 성냥불로 확인

24 가스의 폭발범위에 영향을 주는 인자로서 가장 거리가 먼 것은?

① 비열
② 압력
③ 온도
④ 가스의 양

25 가스배관 주위에 매설물을 부설하고자 할 때 이격거리 기준은 몇 cm 이상인가?

① 20
② 30
③ 50
④ 60

계산기 다음 ▶ 안 푼 문제 답안 제출

수험번호 :
수험자명 :

제한 시간 : 1시간
남은 시간 :

글자 크기 100% 150% 200% 화면 배치

전체 문제 수 :
안 푼 문제 수 :

26 고압가스 특정제조에서 지하매설 배관은 그 외면으로부터 지하의 다른 시설물과 몇 m 이상 거리를 유지해야 하는가?

① 0.3 ② 0.5
③ 1 ④ 1.2

27 다음 중 가연성 가스 제조공장에서 착화의 원인으로 가장 거리가 먼 것은?

① 정전기 ② 사용촉매의 접촉작용
③ 밸브의 급격한 조작 ④ 베릴륨 합금제 공구에 의한 충격

28 초저온 용기에 대한 정의로 옳은 것은?

① 임계온도가 50℃ 이하인 액화가스를 충전하기 위한 용기
② 강판과 동판으로 제조된 용기
③ −50℃ 이하인 액화가스를 충전하기 위한 용기로서 용기 내의 가스온도가 사용의 온도를 초과하지 않도록 한 용기
④ 단열재로 피복하여 용기 내의 가스온도가 사용의 온도를 초과하도록 조치된 용기

29 에틸렌 공업용 가스용기에 사용하는 문자의 색상은?

① 적색 ② 녹색
③ 흑색 ④ 백색

30 사용압력이 10MPa인 고압가스설비의 내압시험 압력은 몇 MPa 이상으로 하여야 하는가?

① 8 ② 10
③ 12 ④ 15

답안 표기란

1	①	②	③	④
2	①	②	③	④
3	①	②	③	④
4	①	②	③	④
5	①	②	③	④
6	①	②	③	④
7	①	②	③	④
8	①	②	③	④
9	①	②	③	④
10	①	②	③	④
11	①	②	③	④
12	①	②	③	④
13	①	②	③	④
14	①	②	③	④
15	①	②	③	④
16	①	②	③	④
17	①	②	③	④
18	①	②	③	④
19	①	②	③	④
20	①	②	③	④
21	①	②	③	④
22	①	②	③	④
23	①	②	③	④
24	①	②	③	④
25	①	②	③	④
26	①	②	③	④
27	①	②	③	④
28	①	②	③	④
29	①	②	③	④
30	①	②	③	④

계산기 다음 ▶ 안 푼 문제 답안 제출

04회 실전점검! CBT 실전모의고사

수험번호 :
수험자명 :

제한 시간 : 1시간
남은 시간 :

글자 크기 100% 150% 200% | 화면 배치 | 전체 문제 수 : 안 푼 문제 수 :

답안 표기란

31 내용적 35L에 압력 0.2MPa의 수압을 걸었더니 내용적이 35.34L로 증가되었다. 이 용기의 항구증가율은 얼마인가?(단, 대기압으로 하였더니 35.03L였다.)

① 6.8%　　② 7.4%
③ 8.1%　　④ 8.8%

32 LPG나 액화가스와 같이 저비점이고 내압이 0.4~0.5MPa 이상인 액체에 주로 사용되는 펌프의 메커니컬 실의 형식은?

① 더블 실형　　② 인사이드 실형
③ 아웃사이드 실형　　④ 밸런스 실형

33 펌프의 유량이 $100m^3/s$, 전양정 50m, 효율이 75%일 때 회전수를 20% 증가시키면 소요동력은 몇 배가 되는가?

① 1.73　　② 2.36
③ 3.73　　④ 4.36

34 다음 중 충전구가 오른나사인 가연성 가스는?

① LPG　　② 수소
③ 액화암모니아　　④ 시안화수소

35 액화석유가스 이송용 펌프에서 발생하는 이상현상으로 가장 거리가 먼 것은?

① 캐비테이션　　② 수격작용
③ 오일포밍　　④ 베이퍼록

번호	①	②	③	④
31	①	②	③	④
32	①	②	③	④
33	①	②	③	④
34	①	②	③	④
35	①	②	③	④
36	①	②	③	④
37	①	②	③	④
38	①	②	③	④
39	①	②	③	④
40	①	②	③	④
41	①	②	③	④
42	①	②	③	④
43	①	②	③	④
44	①	②	③	④
45	①	②	③	④
46	①	②	③	④
47	①	②	③	④
48	①	②	③	④
49	①	②	③	④
50	①	②	③	④
51	①	②	③	④
52	①	②	③	④
53	①	②	③	④
54	①	②	③	④
55	①	②	③	④
56	①	②	③	④
57	①	②	③	④
58	①	②	③	④
59	①	②	③	④
60	①	②	③	④

계산기　다음 ▶　안 푼 문제　답안 제출

36 다음은 저압식 공기액화분리장치 작동개요의 일부이다. (   ) 안에 각각 알맞은 수치를 나열한 것은?

> 저압식 공기액화분리장치의 복식 정류탑에서는 하부탑 약 5atm의 압력하에서 원료공기가 정류되고, 동탑 상부에서는 (㉠)% 정도의 액체질소가, 탑하부에서는 (㉡)% 정도의 액체공기가 분리된다.

① ㉠ 98 ㉡ 40
② ㉠ 40 ㉡ 98
③ ㉠ 78 ㉡ 30
④ ㉠ 30 ㉡ 78

37 다음 가스분석법 중 흡수분석법에 해당되지 않는 것은?

① 헴펠법
② 산화동법
③ 오르자트법
④ 게겔법

38 가스액화 분리장치의 주요 구성부분이 아닌 것은?

① 기화장치
② 정류장치
③ 한랭발생장치
④ 불순물 제거장치

39 도시가스 제조공정 중 가열방식에 의한 분류에서 산화나 수첨반응에 의한 발열반응을 이용하는 방식은?

① 외열식
② 자열식
③ 축열식
④ 부분연소식

40 2단 감압조정기 사용 시의 장점에 대한 설명으로 가장 거리가 먼 것은?

① 공급 압력이 안정하다.
② 용기 교환주기의 폭을 넓힐 수 있다.
③ 중간 배관이 가늘어도 된다.
④ 입상에 의한 압력손실을 보정할 수 있다.

41 저온장치의 단열법 중 일반적으로 사용되는 단열법으로 단열공간에 분말, 섬유 등의 단열재를 충전하는 방법은?

① 상압 단열법
② 진공 단열법
③ 고진공 단열법
④ 다층진공 단열법

42 강관의 스케줄(Schedule) 번호가 의미하는 것은?

① 파이프의 길이
② 파이프의 바깥지름
③ 파이프의 무게
④ 파이프의 두께

43 열전대 온도계의 원리를 옳게 설명한 것은?

① 금속의 열전도를 이용한다.
② 2종 금속의 열기전력을 이용한다.
③ 금속과 비금속 사이의 유도 기전력을 이용한다.
④ 금속의 전기저항이 온도에 의해 변화하는 것을 이용한다.

44 기어펌프의 특징에 대한 설명 중 틀린 것은?

① 저압력에 적합하다.
② 토출압력이 바뀌어도 토출량은 크게 바뀌지 않는다.
③ 고점도액의 이송에 적합하다.
④ 흡입양정이 크다.

45 액주식 압력계에 사용되는 액체의 구비조건으로 틀린 것은?

① 화학적으로 안정되어야 한다.
② 모세관 현상이 없어야 한다.
③ 점도와 팽창계수가 작아야 한다.
④ 온도변화에 의한 밀도가 커야 한다.

번호				
31	①	②	③	④
32	①	②	③	④
33	①	②	③	④
34	①	②	③	④
35	①	②	③	④
36	①	②	③	④
37	①	②	③	④
38	①	②	③	④
39	①	②	③	④
40	①	②	③	④
41	①	②	③	④
42	①	②	③	④
43	①	②	③	④
44	①	②	③	④
45	①	②	③	④
46	①	②	③	④
47	①	②	③	④
48	①	②	③	④
49	①	②	③	④
50	①	②	③	④
51	①	②	③	④
52	①	②	③	④
53	①	②	③	④
54	①	②	③	④
55	①	②	③	④
56	①	②	③	④
57	①	②	③	④
58	①	②	③	④
59	①	②	③	④
60	①	②	③	④

46 다음 중 압력이 가장 높은 것은?

① 1atm ② $1kg/cm^2$
③ $8lb/in^2$ ④ 700mmHg

47 일산화탄소의 성질에 대한 설명 중 틀린 것은?

① 산화성이 강한 가스이다.
② 공기보다 약간 가벼우므로 수상치환으로 포집한다.
③ 개미산에 진한 황산을 작용시켜 만든다.
④ 혈액 속의 헤모글로빈과 반응하여 산소의 운반력을 저하시킨다.

48 다음 [보기]에서 염소가스의 성질에 대한 것을 모두 나열한 것은?

> [보기]
> ㉠ 상온에서 기체이다.
> ㉡ 상압에서 −40~−50℃로 냉각하면 쉽게 액화한다.
> ㉢ 인체에 대하여 극히 유독하다.

① ㉠, ㉡ ② ㉡, ㉢
③ ㉠, ㉢ ④ ㉠, ㉡, ㉢

49 프로판을 완전연소시켰을 때 주로 생성되는 물질은?

① CO_2, H_2 ② CO_2, H_2O
③ C_2H_4, H_2O ④ C_4H_{10}, CO

50 임계온도(Critical Temperature)에 대하여 옳게 설명한 것은?

① 액체를 기화시킬 수 있는 최고의 온도
② 가스를 기화시킬 수 있는 최저의 온도
③ 가스를 액화시킬 수 있는 최고의 온도
④ 가스를 액화시킬 수 있는 최저의 온도

번호				
31	①	②	③	④
32	①	②	③	④
33	①	②	③	④
34	①	②	③	④
35	①	②	③	④
36	①	②	③	④
37	①	②	③	④
38	①	②	③	④
39	①	②	③	④
40	①	②	③	④
41	①	②	③	④
42	①	②	③	④
43	①	②	③	④
44	①	②	③	④
45	①	②	③	④
46	①	②	③	④
47	①	②	③	④
48	①	②	③	④
49	①	②	③	④
50	①	②	③	④
51	①	②	③	④
52	①	②	③	④
53	①	②	③	④
54	①	②	③	④
55	①	②	③	④
56	①	②	③	④
57	①	②	③	④
58	①	②	③	④
59	①	②	③	④
60	①	②	③	④

04회 실전점검! CBT 실전모의고사

수험번호 :
수험자명 :

제한 시간 : 1시간
남은 시간 :

글자 크기 100% 150% 200% 화면 배치

전체 문제 수 :
안 푼 문제 수 :

답안 표기란

51 다음 중 드라이아이스의 제조에 사용되는 가스는?

① 일산화탄소 ② 이산화탄소
③ 아황산가스 ④ 염화수소

52 다음 중 수성가스(Water Gas)의 조성에 해당되는 것은?

① $CO+H_2$ ② CO_2+H_2
③ $CO+N_2$ ④ CO_2+N_2

53 다음 중 물의 비등점을 °F로 나타내면?

① 32 ② 100
③ 180 ④ 212

54 아세틸렌의 폭발하한은 부피로 2.5%이다. 가로 2m, 세로 2.5m, 높이 2m인 공간에서 아세틸렌이 약 몇 g 누출되면 폭발할 수 있는가?(단, 표준상태라고 가정하고, 아세틸렌의 분자량은 26이다.)

① 25 ② 29
③ 250 ④ 290

55 암모니아 합성공정 중 중압법이 아닌 것은?

① 뉴파우더법 ② 동공시법
③ IG법 ④ 켈로그법

56 내용적 40L의 용기에 아세틸렌가스 6kg(액비중 0.613)을 충전할 때 다공성 물질의 다공도를 90%라 하면 표준상태에서 안전공간은 약 몇 %인가?(단, 아세톤의 비중은 0.8이고, 주입된 아세톤량은 13.9kg이다.)

① 12 ② 18
③ 22 ④ 31

31	①	②	③	④
32	①	②	③	④
33	①	②	③	④
34	①	②	③	④
35	①	②	③	④
36	①	②	③	④
37	①	②	③	④
38	①	②	③	④
39	①	②	③	④
40	①	②	③	④
41	①	②	③	④
42	①	②	③	④
43	①	②	③	④
44	①	②	③	④
45	①	②	③	④
46	①	②	③	④
47	①	②	③	④
48	①	②	③	④
49	①	②	③	④
50	①	②	③	④
51	①	②	③	④
52	①	②	③	④
53	①	②	③	④
54	①	②	③	④
55	①	②	③	④
56	①	②	③	④
57	①	②	③	④
58	①	②	③	④
59	①	②	③	④
60	①	②	③	④

계산기 다음 ▶ 안 푼 문제 답안 제출

57 다음 중 수돗물의 살균과 섬유의 표백용으로 주로 사용되는 가스는?

① F_2
② Cl_2
③ O_2
④ CO_2

58 LPG에 대한 설명 중 틀린 것은?

① 액체상태는 물(비중 1)보다 가볍다.
② 기화열이 커서 액체가 피부에 닿으면 동상의 우려가 있다.
③ 공기와 혼합시켜 도시가스 원료로도 사용된다.
④ 가정에서 연료용으로 사용하는 LPG는 올레핀계 탄화수소이다.

59 다음 에너지에 대한 설명 중 틀린 것은?

① 열역학 제0법칙은 열평형에 관한 법칙이다.
② 열역학 제1법칙은 열과 일 사이의 방향성을 제시한다.
③ 이상기체를 정압하에서 가열하면 체적은 증가하고 온도는 상승한다.
④ 혼합기체의 압력이 각 성분의 분압의 합과 같다는 것은 돌턴의 법칙이다.

60 낮은 압력에서 방전시킬 때 붉은 색을 방출하는 비활성 기체는?

① He
② Kr
③ Ar
④ Xe

31	①	②	③	④
32	①	②	③	④
33	①	②	③	④
34	①	②	③	④
35	①	②	③	④
36	①	②	③	④
37	①	②	③	④
38	①	②	③	④
39	①	②	③	④
40	①	②	③	④
41	①	②	③	④
42	①	②	③	④
43	①	②	③	④
44	①	②	③	④
45	①	②	③	④
46	①	②	③	④
47	①	②	③	④
48	①	②	③	④
49	①	②	③	④
50	①	②	③	④
51	①	②	③	④
52	①	②	③	④
53	①	②	③	④
54	①	②	③	④
55	①	②	③	④
56	①	②	③	④
57	①	②	③	④
58	①	②	③	④
59	①	②	③	④
60	①	②	③	④

CBT 정답 및 해설

01	02	03	04	05	06	07	08	09	10
③	④	②	①	④	②	④	①	④	①
11	12	13	14	15	16	17	18	19	20
③	④	①	③	④	①	①	③	①	③
21	22	23	24	25	26	27	28	29	30
①	①	④	①	②	①	④	③	④	④
31	32	33	34	35	36	37	38	39	40
④	④	①	③	③	①	②	①	②	②
41	42	43	44	45	46	47	48	49	50
①	④	②	①	④	①	①	④	②	③
51	52	53	54	55	56	57	58	59	60
②	①	④	④	④	③	②	④	②	③

01 정답 I ③
풀이 I 고압가스 저장탱크 2개(지하에서 인접 상호 간의 거리 1m 이상 간격 유지)

02 정답 I ④
풀이 I ④는 $5m^3$ 이상, 2개 이상의 밸브를 설치하여야만 치환이 생략된다.

03 정답 I ②
풀이 I 염화메탄 제독제
다량의 물

04 정답 I ①
풀이 I 5L 미만인 경우 : 넘어짐 방지조치가 필요 없다.

05 정답 I ④
풀이 I
- 가연성 : 0~폭발하한계 값
- 독성 : 0~허용농도 3배 값(실내에서 사용하는 암모니아의 경우 150ppm)

06 정답 I ②
풀이 I 외부전원법 전기방식 설비의 계기류 확인은 3개월에 1회 이상 해야 한다.

07 정답 I ④
풀이 I 시안화수소(HCN) - 질산구리벤젠지는 청색이다.

08 정답 I ①
풀이 I 산소압축기 내부 윤활유 : 물, 10% 이하의 묽은 글리세린수

09 정답 I ④
풀이 I 반응활성도가 작을수록 착화온도는 증가한다.

10 정답 I ①
풀이 I 산소의 저장설비 주위 5m 이내에서는 화기를 엄히 금한다.

11 정답 I ③
풀이 I 정압기 분해점검 시기
2년에 1회 이상

12 정답 I ④
풀이 I 60일, 98%

13 정답 I ①
풀이 I 이황화탄소(CS_2)의 인화점은 약 −30℃이다.

14 정답 I ③
풀이 I 아세틸렌 분석시약
- 발연황산 시약
- 브롬시약
- 질산은 시약을 사용한 정성시험

15 정답 I ④
풀이 I 흡수장치
독성 가스 누출에 대비한 장치

16 정답 I ①
풀이 I 방파판
액화가스 액면요동 방지판

17 정답 I ①
풀이 I ① 산화에틸렌(C_2H_4O) : 3~80%
② 메탄(CH_4) : 5~15%
③ 에틸렌(C_2H_4) : 2.7~36%
④ 프로판(C_3H_8) : 2.1~9.5%

18 정답 I ③
풀이 I 독성 가스
허용농도가 100만분의 200 이하인 가스

19 정답 I ①
풀이 I C_2H_2 가스의 다공도
75% 이상 ~ 92% 미만

20 **정답 |** ③
풀이 | 주택 : 제2종 보호시설

21 **정답 |** ①
풀이 | 고체 아세틸렌은 비교적 안정하다.

22 **정답 |** ①
풀이 | 포스겐($COCl_{12}$) 가스의 제독제
가성소다 수용액(NaOH) 및 소석회[$Ca(OH)_2$]

23 **정답 |** ④
풀이 | 용기의 누설
비눗물이나 누설감지기 이용

24 **정답 |** ①
풀이 | 비열
어떤 물질 1kg을 1℃ 올리는 데 필요한 열량
(kcal/kg · K)

25 **정답 |** ②
풀이 | 가스배관 주위에 매설물 부설 이격거리
30cm 이상

26 **정답 |** ①
풀이 | 지하매설배관과 다른 지하매설배관의 이격거리는 0.3m 이상

27 **정답 |** ④
풀이 | 베릴륨, 베아론 합금제 공구는 착화 방지용

28 **정답 |** ③
풀이 | 초저온 용기의 정의는 ③항의 내용에 해당한다.

29 **정답 |** ④
풀이 | 에틸렌(C_2H_4) 공업용 가스용기 문자색상은 백색

30 **정답 |** ④
풀이 | 내압시험(TP) = 사용압력 × 1.5배
= 10 × 1.5
= 15MPa

31 **정답 |** ④
풀이 | $\frac{35.03-35}{35.34-35}=\frac{0.03}{0.34}\times 100=8.8\%$

32 **정답 |** ④
풀이 | 밸런스 실
내납 0.4~0.5MPa 이상, LPG 또는 저비점의 액체, 하이드로 카본일 때 메커니컬 실에 사용

33 **정답 |** ①
풀이 | $\frac{1,000\times 100\times 50}{75\times 0.75}=88.88\text{PS}$

$\therefore \left(\frac{100+20}{100}\right)^3=1.728$배

34 **정답 |** ③
풀이 | • 가연성 가스 : 충전구 나사, 왼나사
• 액화암모니아, 브롬화메탄의 가연성 가스 : 오른나사

35 **정답 |** ③
풀이 | 오일포밍
압축기에서 발생

36 **정답 |** ①
풀이 | ㉠ 98%
㉡ 40%

37 **정답 |** ②
풀이 | 산화동법은 연소분석법이다.

38 **정답 |** ①
풀이 | 기화장치는 액화가스의 기화 시에 사용된다.

39 **정답 |** ②
풀이 | 도시가스제조 자열식(가열방식)
산화나 수첨반응에서 발열반응을 이용

40 **정답 |** ②
풀이 | 자동 교체식 조정기는 용기 교환주기의 폭을 넓힐 수 있다.

41 **정답 |** ①
풀이 | 저온장치 단열법(상압 단열법)
단열공간에 분말섬유 등의 단열재 충진

42 **정답 |** ④
풀이 | 강관의 스케줄 번호(Sch)
파이프의 두께를 나타낸다.

43 정답 | ②
풀이 | 열전대 온도계
2종 금속의 열기전력 이용

44 정답 | ①
풀이 | 기어펌프(회전식 펌프)
점성이 높은 오일펌프 이송에 적합하다.

45 정답 | ④
풀이 | 액주식 압력계는 온도변화에 의한 밀도변화가 작아야 한다.

46 정답 | ①
풀이 | ① 1atm = 1.033kgf/cm²
② 1kg/cm² = 1kgf/cm²
③ 8lb/in² = 0.56kgf/cm²
④ 700mmHg = 0.95kgf/cm²

47 정답 | ①
풀이 | CO 가스는 환원성이 강한 가스이다.

48 정답 | ④
풀이 | 염소가스의 특성은 ㉠, ㉡, ㉢항이다.

49 정답 | ②
풀이 | $C_3H_8 + 5O_2 \rightarrow 3CO_2 + 4H_2O$

50 정답 | ③
풀이 | 임계온도
가스를 액화시킬 수 있는 최고의 온도

51 정답 | ②
풀이 | 드라이아이스
CO_2를 100atm까지 압축한 후에 냉각기를 이용하여 −25℃까지 냉각시켜 고체탄산을 만든다.

52 정답 | ①
풀이 | 수성가스
고체연료의 연소 시 H_2O를 불어 넣어서 CO, H_2 가스를 만든다.

53 정답 | ④
풀이 | 물의 비등점
• 100℃ • 212°F

54 정답 | ④
풀이 | $\frac{(2\times2.5\times2)\times1,000}{22.4}\times26 = 11,607\text{g}$
$\therefore\ 11,607\times0.025 = 290\text{g}$
※ $1\text{m}^3 = 1,000\text{L},\ 22.4\text{L} = 26\text{g}$

55 정답 | ④
풀이 | 암모니아 합성공정 중 켈로그법
• 150kgf/cm²
• 전후 저압합성법

56 정답 | ③
풀이 | $\frac{6}{0.613} = 9.8\text{L},\ \frac{13.9}{0.8} = 17\text{L}$
$\frac{40-(9.8+17)}{40}\times100 = 32\%$
$\therefore\ 32-10 = 22\%$

57 정답 | ②
풀이 | Cl_2(염소)
수돗물 살균, 섬유 표백용

58 정답 | ④
풀이 | LPG(프로판, 부탄)는 파라핀계 C_nH_{2n+2} 가스이다.

59 정답 | ②
풀이 | 열역학 제1법칙
에너지 보존의 법칙이다.

60 정답 | ③
풀이 | • He(헬륨) : 황백색
• Ne(네온) : 주황색
• Ar(아르곤) : 적색
• Kr(크립톤) : 녹자색
• Xe(크세톤) : 청자색
• Rn(라돈) : 청록색

05회 실전점검! CBT 실전모의고사

수험번호 :
수험자명 :

제한 시간 : 1시간
남은 시간 :

글자 크기 100% 150% 200% | 화면 배치 | 전체 문제 수 : 안 푼 문제 수 :

답안 표기란

1	①	②	③	④
2	①	②	③	④
3	①	②	③	④
4	①	②	③	④
5	①	②	③	④
6	①	②	③	④
7	①	②	③	④
8	①	②	③	④
9	①	②	③	④
10	①	②	③	④
11	①	②	③	④
12	①	②	③	④
13	①	②	③	④
14	①	②	③	④
15	①	②	③	④
16	①	②	③	④
17	①	②	③	④
18	①	②	③	④
19	①	②	③	④
20	①	②	③	④
21	①	②	③	④
22	①	②	③	④
23	①	②	③	④
24	①	②	③	④
25	①	②	③	④
26	①	②	③	④
27	①	②	③	④
28	①	②	③	④
29	①	②	③	④
30	①	②	③	④

01 용기의 재검사 주기에 대한 기준 중 옳지 않은 것은?

① 용접용기로서 신규검사 후 15년 이상 20년 미만인 용기는 2년마다 재검사
② 500L 이상 이음매 없는 용기는 5년마다 재검사
③ 저장탱크가 없는 곳에 설치한 기화기는 2년마다 재검사
④ 압력용기는 4년마다 재검사

02 가연성 물질을 공기로 연소시키는 경우에 공기 중의 산소농도를 높게 하면 연소속도와 발화온도는 어떻게 변화하는가?

① 연소속도는 빠르게 되고, 발화온도는 높아진다.
② 연소속도는 빠르게 되고, 발화온도는 낮아진다.
③ 연소속도는 느리게 되고, 발화온도는 높아진다.
④ 연소속도는 느리게 되고, 발화온도는 낮아진다.

03 다음 가연성 가스 중 위험성이 가장 큰 것은?

① 수소　② 프로판
③ 산화에틸렌　④ 아세틸렌

04 다음 가스 중 독성이 가장 큰 것은?

① 염소　② 불소
③ 시안화수소　④ 암모니아

05 후부 취출식 탱크에서 탱크 주밸브 및 긴급차단장치에 속하는 밸브와 차량의 뒷범퍼와의 수평거리는 얼마 이상 떨어져 있어야 하는가?

① 20cm　② 30cm
③ 40cm　④ 60cm

계산기　다음 ▶　안 푼 문제　답안 제출

05 회 실전점검! CBT 실전모의고사

수험번호 :
수험자명 :

제한 시간 : 1시간
남은 시간 :

글자 크기 100% 150% 200% 화면 배치 전체 문제 수 : 안 푼 문제 수 :

답안 표기란

06 습식 아세틸렌발생기의 표면온도는 몇 ℃ 이하로 유지하여야 하는가?

① 30 ② 40
③ 60 ④ 70

07 고압가스 일반제조의 시설기준에 대한 내용 중 틀린 것은?

① 가연성 가스 제조시설의 고압가스설비는 다른 가연성 가스 고압설비와 2m 이상 거리를 유지한다.
② 가연성 가스설비 및 저장설비는 화기와 8m 이상의 우회거리를 유지한다.
③ 사업소에는 경계표지와 경계책을 설치한다.
④ 독성 가스가 누출될 수 있는 장소에는 위험표지를 설치한다.

08 공업용 질소용기의 문자 색상은?

① 백색 ② 적색
③ 흑색 ④ 녹색

09 다음 중 허용농도 1ppb에 해당하는 것은?

① $\frac{1}{10^3}$ ② $\frac{1}{10^6}$
③ $\frac{1}{10^9}$ ④ $\frac{1}{10^{10}}$

10 산화에틸렌 충전용기에는 질소 또는 탄산가스를 충전하는데, 그 내부가스압력의 기준으로 옳은 것은?

① 상온에서 0.2MPa 이상 ② 35℃에서 0.2MPa 이상
③ 40℃에서 0.4MPa 이상 ④ 45℃에서 0.4MPa 이상

1	①	②	③	④
2	①	②	③	④
3	①	②	③	④
4	①	②	③	④
5	①	②	③	④
6	①	②	③	④
7	①	②	③	④
8	①	②	③	④
9	①	②	③	④
10	①	②	③	④
11	①	②	③	④
12	①	②	③	④
13	①	②	③	④
14	①	②	③	④
15	①	②	③	④
16	①	②	③	④
17	①	②	③	④
18	①	②	③	④
19	①	②	③	④
20	①	②	③	④
21	①	②	③	④
22	①	②	③	④
23	①	②	③	④
24	①	②	③	④
25	①	②	③	④
26	①	②	③	④
27	①	②	③	④
28	①	②	③	④
29	①	②	③	④
30	①	②	③	④

계산기 다음 ▶ 안 푼 문제 답안 제출

05회 실전점검! CBT 실전모의고사

수험번호 :
수험자명 :

제한 시간 : 1시간
남은 시간 :

글자 크기 100% 150% 200% 화면 배치

전체 문제 수 :
안 푼 문제 수 :

답안 표기란

11 가스를 사용하려 하는데 밸브에 얼음이 얼어붙었다. 이때의 조치방법으로 가장 적절한 것은?

① 40℃ 이하의 더운물을 사용하여 녹인다.
② 80℃의 램프로 가열하여 녹인다.
③ 100℃의 뜨거운 물을 사용하여 녹인다.
④ 가스토치로 가열하여 녹인다.

12 액화 염소가스의 1일 처리능력이 38,000kg일 때 수용정원이 350명인 공연장과의 안전거리는 얼마를 유지하여야 하는가?

① 17m ② 21m
③ 24m ④ 27m

13 다음 각 독성 가스 누출 시의 제독제로서 적합하지 않은 것은?

① 염소 : 탄산소다수용액
② 포스겐 : 소석회
③ 산화에틸렌 : 소석회
④ 황화수소 : 가성소다수용액

14 다음 가스의 용기보관실 중 그 가스가 누출된 때에 체류하지 않도록 통풍구를 갖추고, 통풍이 잘되지 않는 곳에는 강제통풍시설을 설치하여야 하는 곳은?

① 질소 저장소 ② 탄산가스 저장소
③ 헬륨 저장소 ④ 부탄 저장소

15 고압가스 일반제조시설에서 저장탱크 및 가스홀더는 몇 m^3 이상의 가스를 저장하는 것에 가스방출장치를 설치하여야 하는가?

① 5 ② 10
③ 15 ④ 20

번호				
1	①	②	③	④
2	①	②	③	④
3	①	②	③	④
4	①	②	③	④
5	①	②	③	④
6	①	②	③	④
7	①	②	③	④
8	①	②	③	④
9	①	②	③	④
10	①	②	③	④
11	①	②	③	④
12	①	②	③	④
13	①	②	③	④
14	①	②	③	④
15	①	②	③	④
16	①	②	③	④
17	①	②	③	④
18	①	②	③	④
19	①	②	③	④
20	①	②	③	④
21	①	②	③	④
22	①	②	③	④
23	①	②	③	④
24	①	②	③	④
25	①	②	③	④
26	①	②	③	④
27	①	②	③	④
28	①	②	③	④
29	①	②	③	④
30	①	②	③	④

계산기 다음 ▶ 안 푼 문제 답안 제출

05회 실전점검! CBT 실전모의고사

수험번호 :
수험자명 :

제한 시간 : 1시간
남은 시간 :

글자 크기 100% 150% 200% | 화면 배치 | 전체 문제 수 : 안 푼 문제 수 :

답안 표기란

16 도시가스 사용시설에서 가스계량기는 절연조치를 하지 아니한 전선과 몇 cm 이상의 거리를 유지하여야 하는가?

① 5　② 15
③ 30　④ 150

17 고압가스의 충전용기는 항상 몇 ℃ 이하의 온도를 유지하여야 하는가?

① 15　② 20
③ 30　④ 40

18 다음 중 1종 보호시설이 아닌 것은?

① 가설건축물이 아닌 사람을 수용하는 건축물로서 사실상 독립된 부분의 연면적이 1,500m^{2}인 건축물
② 문화재보호법에 의하여 지정문화재로 지정된 건축물
③ 교회의 시설로서 수용능력이 200인(人)인 건축물
④ 어린이집 및 어린이놀이터

19 내화구조의 가연성 가스의 저장탱크 상호 간의 거리가 1m 또는 두 저장 탱크의 최대지름을 합산한 길이의 $\frac{1}{4}$ 길이 중 큰 쪽의 거리를 유지하지 못한 경우 물분무장치의 수량 기준으로 옳은 것은?

① 4L/m^2 · min　② 5L/m^2 · min
③ 6.5L/m^2 · min　④ 8L/m^2 · min

20 액화석유가스 용기충전시설에서 방류둑의 내측과 그 외면으로부터 몇 m 이내에는 저장탱크 부속설비 외의 것을 설치하지 않아야 하는가?

① 5　② 7
③ 10　④ 15

번호				
1	①	②	③	④
2	①	②	③	④
3	①	②	③	④
4	①	②	③	④
5	①	②	③	④
6	①	②	③	④
7	①	②	③	④
8	①	②	③	④
9	①	②	③	④
10	①	②	③	④
11	①	②	③	④
12	①	②	③	④
13	①	②	③	④
14	①	②	③	④
15	①	②	③	④
16	①	②	③	④
17	①	②	③	④
18	①	②	③	④
19	①	②	③	④
20	①	②	③	④
21	①	②	③	④
22	①	②	③	④
23	①	②	③	④
24	①	②	③	④
25	①	②	③	④
26	①	②	③	④
27	①	②	③	④
28	①	②	③	④
29	①	②	③	④
30	①	②	③	④

계산기　다음 ▶　안 푼 문제　답안 제출

05 회

실전점검!

CBT 실전모의고사

수험번호 :

수험자명 :

제한 시간 : 1시간

남은 시간 :

글자 크기 100% 150% 200% 화면 배치

전체 문제 수 :

안 푼 문제 수 :

21 C_2H_2 제조설비에서 제조된 C_2H_2를 충전용기에 충전 시 위험한 경우는?

① 아세틸렌이 접촉되는 설비부분에 동 함량 72%의 동합금을 사용하였다.

② 충전 중의 압력을 2.5MPa 이하로 하였다.

③ 충전 후에 압력이 15℃에서 1.5MPa 이하로 될 때까지 정치하였다.

④ 충전용 지관은 탄소함유량 0.1% 이하의 강을 사용하였다.

22 방류둑에는 계단, 사다리 또는 토사를 높이 쌓아올림 등에 의한 출입구를 몇 m마다 1개 이상을 두어야 하는가?

① 30
② 40
③ 50
④ 60

23 고압가스 특정제조시설에서 배관을 해저에 설치하는 경우의 기준 중 옳지 않은 것은?

① 배관은 해저면 밑에 매설할 것

② 배관은 원칙적으로 다른 배관과 교차하지 아니할 것

③ 배관은 원칙적으로 다른 배관과 수평거리로 20m 이상을 유지할 것

④ 배관의 입상부에는 방호시설물을 설치할 것

24 액화석유가스의 안전관리 시 필요한 안전관리책임자가 해임 또는 퇴직하였을 때에는 그 날로부터 며칠 이내에 다른 안전관리책임자를 선임하여야 하는가?

① 10일
② 15일
③ 20일
④ 30일

25 일반도시가스 사업자 정압기의 분해점검 실시 주기는?

① 3개월에 1회 이상
② 6개월에 1회 이상
③ 1년에 1회 이상
④ 2년에 1회 이상

답안 표기란

1	①	②	③	④
2	①	②	③	④
3	①	②	③	④
4	①	②	③	④
5	①	②	③	④
6	①	②	③	④
7	①	②	③	④
8	①	②	③	④
9	①	②	③	④
10	①	②	③	④
11	①	②	③	④
12	①	②	③	④
13	①	②	③	④
14	①	②	③	④
15	①	②	③	④
16	①	②	③	④
17	①	②	③	④
18	①	②	③	④
19	①	②	③	④
20	①	②	③	④
21	①	②	③	④
22	①	②	③	④
23	①	②	③	④
24	①	②	③	④
25	①	②	③	④
26	①	②	③	④
27	①	②	③	④
28	①	②	③	④
29	①	②	③	④
30	①	②	③	④

계산기 다음 ▶ 안 푼 문제 답안 제출

05회 실전점검! CBT 실전모의고사

수험번호 :
수험자명 :

제한 시간 : 1시간
남은 시간 :

글자 크기 100% 150% 200% 화면 배치

전체 문제 수 :
안 푼 문제 수 :

답안 표기란

26 다음 중 가연성이면서 독성인 가스는?

① 프로판　② 불소
③ 염소　④ 암모니아

27 가스누출 검지경보장치의 설치기준 중 틀린 것은?

① 통풍이 잘 되는 곳에 설치할 것
② 가스의 누설을 신속하게 검지하고 경보하기에 충분한 수일 것
③ 그 기능은 가스종류에 적절한 것일 것
④ 체류할 우려가 있는 장소에 적절하게 설치할 것

28 다음 중 2중 배관으로 하지 않아도 되는 가스는?

① 일산화탄소　② 시안화수소
③ 염소　④ 포스겐

29 지하에 매설된 도시가스 배관의 전기방식 기준으로 틀린 것은?

① 전기방식전류가 흐르는 상태에서 토양 중에 있는 배관 등의 방식전위 상한값은 포화황산동 기준전극으로 −0.85V 이하일 것
② 전기방식전류가 흐르는 상태에서 자연전위와의 전위변호가 최소한 −300mV 이하일 것
③ 배관에 대한 전위측정은 가능한 배관 가까운 위치에서 실시할 것
④ 전기방식시설의 관대지전위 등을 2년에 1회 이상 점검할 것

30 LPG 사용시설의 기준에 대한 설명 중 틀린 것은?

① 연소기 사용압력이 3.3kPa을 초과하는 배관에는 배관용 밸브를 설치할 수 있다.
② 배관이 분기되는 경우에는 주배관에 배관용 밸브를 설치한다.
③ 배관의 관경이 33mm 이상의 것은 3m마다 고정장치를 한다.
④ 배관의 이음부(용접이음 제외)와 전기 접속기와는 15cm 이상의 거리를 유지한다.

번호				
1	①	②	③	④
2	①	②	③	④
3	①	②	③	④
4	①	②	③	④
5	①	②	③	④
6	①	②	③	④
7	①	②	③	④
8	①	②	③	④
9	①	②	③	④
10	①	②	③	④
11	①	②	③	④
12	①	②	③	④
13	①	②	③	④
14	①	②	③	④
15	①	②	③	④
16	①	②	③	④
17	①	②	③	④
18	①	②	③	④
19	①	②	③	④
20	①	②	③	④
21	①	②	③	④
22	①	②	③	④
23	①	②	③	④
24	①	②	③	④
25	①	②	③	④
26	①	②	③	④
27	①	②	③	④
28	①	②	③	④
29	①	②	③	④
30	①	②	③	④

계산기　다음 ▶　안 푼 문제　답안 제출

05회 실전점검! CBT 실전모의고사

수험번호 :
수험자명 :

제한 시간 : 1시간
남은 시간 :

글자 크기 100% 150% 200% | 화면 배치 | 전체 문제 수 : 안 푼 문제 수 :

답안 표기란

31 수소나 헬륨을 냉매로 사용한 냉동방식으로 실린더 중에 피스톤과 보조피스톤으로 구성되어 있는 액화사이클은?

① 클라우드 공기액화사이클 ② 린데 공기액화사이클
③ 필립스 공기액화사이클 ④ 캐피자 공기액화사이클

32 LPG 용기에 사용되는 조정기의 기능으로 가장 옳은 것은?

① 가스의 유량 조절 ② 가스의 유출압력 조정
③ 가스의 밀도 조정 ④ 가스의 유속 조정

33 고온 배관용 탄소강관의 규격기호는?

① SPPH ② SPHT
③ SPLT ④ SPPW

34 원통형의 관을 흐르는 물의 중심부의 유속을 피토관으로 측정하였더니 정압과 동압의 차가 수주 10m였다. 이때 중심부의 유속은 약 몇 m/s인가?

① 10 ② 14
③ 20 ④ 26

35 다음 보온재 중 안전사용온도가 가장 높은 것은?

① 글라스 파이버 ② 플라스틱 폼
③ 규산칼슘 ④ 세라믹 파이버

36 부르동관 압력계 사용 시의 주의사항으로 옳지 않은 것은?

① 사전에 지시의 정확성을 확인하여 둘 것
② 안전장치가 부착된 안전한 것을 사용할 것
③ 온도나 진도, 충격 등의 변화가 적은 장소에서 사용할 것
④ 압력계에 가스를 유입하거나 빼낼 때는 신속히 조작할 것

번호	①	②	③	④
31	①	②	③	④
32	①	②	③	④
33	①	②	③	④
34	①	②	③	④
35	①	②	③	④
36	①	②	③	④
37	①	②	③	④
38	①	②	③	④
39	①	②	③	④
40	①	②	③	④
41	①	②	③	④
42	①	②	③	④
43	①	②	③	④
44	①	②	③	④
45	①	②	③	④
46	①	②	③	④
47	①	②	③	④
48	①	②	③	④
49	①	②	③	④
50	①	②	③	④
51	①	②	③	④
52	①	②	③	④
53	①	②	③	④
54	①	②	③	④
55	①	②	③	④
56	①	②	③	④
57	①	②	③	④
58	①	②	③	④
59	①	②	③	④
60	①	②	③	④

계산기 | 다음 ▶ | 안 푼 문제 | 답안 제출

37 다음 중 공기액화분리장치의 주요 구성요소가 아닌 것은?

① 공기압축기 ② 팽창밸브
③ 열교환기 ④ 수취기

38 가스관(강관)의 특징으로 틀린 것은?

① 구리관보다 강도가 높고 충격에 강하다.
② 관의 치수가 큰 경우 구리관보다 비경제적이다.
③ 관의 접합작업이 용이하다.
④ 연관이나 주철관에 비해 가볍다.

39 아세틸렌 용기의 안전밸브 형식으로 가장 많이 사용되는 것은?

① 가용전식 ② 파열판식
③ 스프링식 ④ 중추식

40 압축된 가스를 단열팽창시키면 온도가 강하하는 것은 어떤 효과에 해당되는가?

① 단열효과 ② 줄-톰슨효과
③ 서징효과 ④ 블로워효과

41 땅속의 애노드에 강제 전압을 가하여 피방식 금속제를 캐소드로 하는 전기방식법은?

① 희생양극법 ② 외부전원법
③ 선택배류법 ④ 강제배류법

42 펌프의 회전수를 1,000rpm에서 1,200rpm으로 변화시키면 동력은 약 몇 배가 되는가?

① 1.3 ② 1.5
③ 1.7 ④ 2.0

43 기화기 혼합기(믹서)에 의해서 기화한 부탄에 공기를 혼합하여 만들어지며, 부탄을 다량 소비하는 경우에 적합한 공급방식은?

① 생가스 공급방식 ② 공기혼합 공급방식
③ 자연기화 공급방식 ④ 변성가스 공급방식

44 시간당 200톤의 물을 20cm의 내경을 갖는 PVC 파이프로 수송하였다. 관 내의 평균유속은 약 몇 m/s인가?

① 0.9 ② 1.2
③ 1.8 ④ 3.6

45 수소(H_2)가스 분석방법으로 가장 적당한 것은?

① 팔라듐관 연소법 ② 헴펠법
③ 황상바륨 침전법 ④ 흡광광도법

46 다음 중 주로 부가(첨가)반응을 하는 가스는?

① CH_4 ② C_2H_2
③ C_3H_8 ④ C_4H_{10}

47 다음 [보기]와 같은 성질을 갖는 것은?

> [보기]
> • 공기보다 무거워서 누출시 낮은 곳에 체류한다.
> • 기화 및 액화가 용이하며, 발열량이 크다.
> • 증발잠열이 크기 때문에 냉매로도 이용된다.

① O_2 ② CO
③ LPG ④ C_2H_4

05회 실전점검! CBT 실전모의고사

수험번호 :
수험자명 :

제한 시간 : 1시간
남은 시간 :

글자 크기 100% 150% 200% 화면 배치 전체 문제 수 : 안 푼 문제 수 :

답안 표기란

48 다음 중 공기보다 가벼운 가스는?

① O_2 ② SO_2
③ H_2 ④ CO_2

49 다음 중 무색투명한 액체로 특유의 복숭아향과 같은 취기를 가진 독성 가스는?

① 포스겐 ② 일산화탄소
③ 시안화수소 ④ 산화에틸렌

50 일반적으로 기체에 있어서 정압비열과 정적비열과의 관계는?

① 정적비열=정압비열
② 정적비열=2×정압비열
③ 정적비열>정압비열
④ 정적비열<정압비열

51 다음 중 표준상태에서 비점이 가장 높은 것은?

① 나프타 ② 프로판
③ 에탄 ④ 부탄

52 다음 중 표준대기압에 해당되지 않는 것은?

① 760mmHg ② 14.7psi
③ 0.101MPa ④ 1,013bar

53 열역학적 계(System)가 주위와의 열교환을 하지 않고 진행되는 과정을 무슨 과정이라고 하는가?

① 단열과정 ② 등온과정
③ 등압과정 ④ 등적과정

번호				
31	①	②	③	④
32	①	②	③	④
33	①	②	③	④
34	①	②	③	④
35	①	②	③	④
36	①	②	③	④
37	①	②	③	④
38	①	②	③	④
39	①	②	③	④
40	①	②	③	④
41	①	②	③	④
42	①	②	③	④
43	①	②	③	④
44	①	②	③	④
45	①	②	③	④
46	①	②	③	④
47	①	②	③	④
48	①	②	③	④
49	①	②	③	④
50	①	②	③	④
51	①	②	③	④
52	①	②	③	④
53	①	②	③	④
54	①	②	③	④
55	①	②	③	④
56	①	②	③	④
57	①	②	③	④
58	①	②	③	④
59	①	②	③	④
60	①	②	③	④

계산기 다음 ▶ 안 푼 문제 답안 제출

54 프로판가스 60mol%, 부탄가스 40mol%의 혼합가스 1mol을 완전연소시키기 위하여 필요한 이론공기량은 약 몇 mol인가?(단, 공기 중 산소는 21mol%이다.)

① 17.7
② 20.7
③ 23.7
④ 26.7

55 메탄 95% 및 에탄 5%로 구성된 천연가스 $1m^3$의 진발열량은 약 몇 kcal인가?(단, 표준상태에서 메탄의 진발열량은 8,124cal/L, 에탄은 14,602cal/L이다.)

① 8,151
② 8,242
③ 8,353
④ 8,448

56 염소에 대한 설명 중 틀린 것은?

① 상온, 상압에서 황록색의 기체로 조연성이 있다.
② 강한 자극성의 취기가 있는 독성기체이다.
③ 수소화 염소의 등량 혼합기체를 염소폭명기라 한다.
④ 건조상태의 상온에서 강재에 대하여 부식성을 갖는다.

57 다음 LNG와 SNG에 대한 설명으로 옳은 것은?

① 액체 상태의 나프타를 LNG라 한다.
② SNG는 대체 천연가스 또는 합성 천연가스를 말한다.
③ LNG는 액화석유가스를 말한다.
④ SNG는 각종 도시가스의 총칭이다.

58 다음 비열에 대한 설명 중 틀린 것은?

① 단위는 kcal/kg · ℃이다.
② 비열이 크면 열용량도 크다.
③ 비열이 크면 온도가 빨리 상승한다.
④ 구리(銅)는 물보다 비열이 작다.

05회 실전점검! CBT 실전모의고사

수험번호 :
수험자명 :

제한 시간 : 1시간
남은 시간 :

글자 크기 100% 150% 200% 화면 배치 전체 문제 수 : 안 푼 문제 수 :

답안 표기란

59 **황화수소에 대한 설명 중 옳지 않은 것은?**

① 건조된 상태에서 수은, 동과 같은 금속과 반응한다.
② 무색의 특유한 계란 썩는 냄새가 나는 기체이다.
③ 고농도를 다량으로 흡입할 경우에는 인체에 치명적이다.
④ 농질산, 발연질산 등의 산화제와 심하게 반응한다.

60 **기체의 체적이 커지면 밀도는?**

① 작아진다. ② 커진다.
③ 일정하다. ④ 체적과 밀도는 무관하다.

번호				
31	①	②	③	④
32	①	②	③	④
33	①	②	③	④
34	①	②	③	④
35	①	②	③	④
36	①	②	③	④
37	①	②	③	④
38	①	②	③	④
39	①	②	③	④
40	①	②	③	④
41	①	②	③	④
42	①	②	③	④
43	①	②	③	④
44	①	②	③	④
45	①	②	③	④
46	①	②	③	④
47	①	②	③	④
48	①	②	③	④
49	①	②	③	④
50	①	②	③	④
51	①	②	③	④
52	①	②	③	④
53	①	②	③	④
54	①	②	③	④
55	①	②	③	④
56	①	②	③	④
57	①	②	③	④
58	①	②	③	④
59	①	②	③	④
60	①	②	③	④

계산기 다음 ▶ 안 푼 문제 답안 제출

01	02	03	04	05	06	07	08	09	10
③	②	④	②	③	④	①	①	③	④
11	12	13	14	15	16	17	18	19	20
①	④	③	④	①	②	④	③	①	③
21	22	23	24	25	26	27	28	29	30
①	③	③	④	④	④	①	①	④	④
31	32	33	34	35	36	37	38	39	40
③	②	②	②	④	④	④	②	①	②
41	42	43	44	45	46	47	48	49	50
②	③	②	③	①	②	③	③	③	④
51	52	53	54	55	56	57	58	59	60
①	④	①	④	④	④	②	③	①	①

01 정답 | ③
풀이 | 저장탱크가 없는 곳에 설치한 기화기의 재검사 주기는 3년(특정설비)이다.

02 정답 | ②
풀이 | 산소농도가 높게 되면 연소속도가 빨라지며 발화온도는 낮아진다.

03 정답 | ④
풀이 | 가스의 폭발범위
① 수소 : 4~75%
② 프로판 : 2.1~9.5%
③ 산화에틸렌 : 3~80%
④ 아세틸렌 : 2.5~81%

04 정답 | ②
풀이 | 독성의 허용농도
① 염소 : 1ppm
② 불소 : 0.1ppm
③ 시안화수소 : 10ppm
④ 암모니아 : 25ppm

05 정답 | ③
풀이 | 후부 취출식 : 40cm 이상

06 정답 | ④
풀이 | 습식 아세틸렌발생기의 표면온도는 70℃ 이하로 유지

07 정답 | ①
풀이 |
가연성 가스 제조시설 —(5m 이상)→ 다른 가연성 가스의 고압설비

08 정답 | ①
풀이 | 질소의 용기 문자 색상(공업용) : 백색(의료용은 백색)

09 정답 | ③
풀이 | $1\text{ppb} = \frac{1}{10^9}$

10 정답 | ④
풀이 | 산화에틸렌(C_2H_4O)의 저장탱크나 충전용기에는 45℃에서 그 내부가스의 압력이 0.4MPa 이상이 되도록 N_2 또는 CO_2 가스를 충전할 것

11 정답 | ①
풀이 | 가스밸브 얼음의 용해온도는 40℃ 이하의 더운물

12 정답 | ④
풀이 | 독성, 가연성 가스 1일 처리능력 3만 초과~4만 이하의 경우
- 제1종 보호시설 : 27m 이상
- 제2종 보호시설 : 18m 이상

13 정답 | ③
풀이 | 산화에틸렌 제독제 : 다량의 물

14 정답 | ④
풀이 | 부탄가스는 가연성 가스이므로 바닥면에 접하여 개구한 2방향 이상의 개구부 또는 바닥면 가까이에 흡입구를 갖춘 강제통풍장치가 필요하다.

15 정답 | ①
풀이 | 가스저장탱크 및 가스홀더는 가스가 누출하지 아니하는 구조로 하고 $5m^3$ 이상의 가스를 저장하는 것에는 가스방출장치를 설치할 것

16 정답 | ②
풀이 |
- 전기계량기, 전기개폐기 : 60cm 이상
- 전기점멸기, 전기접속기 : 30cm 이상
- 절연조치를 하지 않은 전선 : 15cm 이상

17 정답 | ④
풀이 | 고압가스 충전용기 온도제한 : 40℃ 이하

18 정답 | ③
풀이 | 교회는 수용능력 300인 이상 건축물의 경우 제1종 보호시설에 해당

19 정답 | ①
풀이 | • 저장탱크 전표면 : $8L/m^2 \cdot min$
• 내화구조 : $4L/m^2 \cdot min$
• 준내화구조 : $6.5L/m^2 \cdot min$

20 정답 | ③
풀이 | 방류둑의 내측과 그 외면으로부터 10m 이내에는 저장탱크 부속설비 외의 것을 설치하지 아니한다.

21 정답 | ①
풀이 | C_2H_2 가스에 접촉되는 곳에는 62% 이상의 동함량 사용은 금물이다.

22 정답 | ③
풀이 | 방류둑의 사다리는 둘레 50m마다 1개 이상의 출입구가 필요하다.

23 정답 | ③
풀이 | 해저배관 설치 시 원칙적으로 다른 배관과는 30m 이상의 수평거리를 유지할 것

24 정답 | ④
풀이 | 안전관리자 선해임은 30일 이내에 한다.

25 정답 | ④
풀이 | 일반도시가스 사업장의 정압기는 2년에 1회 이상 분해점검이 필요하다.

26 정답 | ④
풀이 | NH_3 가스
• 가연성 범위(15~28%)
• 독성 허용농도(25ppm)

27 정답 | ①
풀이 | 가스누출검지경보장치는 통풍이 잘 되지 않는 곳에 설치한다.

28 정답 | ①
풀이 | 2중배관가스
염소, 포스겐, 불소, 아크릴알데히드, 아황산가스, 시안화수소 또는 황화수소

29 정답 | ④
풀이 | 전기방식시설의 관대지전위 등은 1년에 1회 이상 점검한다.

30 정답 | ④
풀이 | 배관의 이음부와 전기접속기와는 30cm 이상의 거리를 유지한다.

31 정답 | ③
풀이 | 필립스 공기액화사이클 : 냉매는 수소 또는 헬륨

32 정답 | ②
풀이 | 압력조정기의 기능 : 가스의 유출압력 조정

33 정답 | ②
풀이 | ① SPPH : 고압 배관용
② SPHT : 고온 배관용
③ SPLT : 저온 배관용
④ SPPW : 수도용 아연도금 배관용

34 정답 | ②
풀이 | $V = K\sqrt{2gh} = \sqrt{2 \times 9.8 \times 10} = 14\text{m/s}$

35 정답 | ④
풀이 | 안전사용온도
① 글라스 파이버 : 300℃ 이하
② 플라스틱 폼 : 80℃ 이하
③ 규산칼슘 : 650℃
④ 세라믹 파이버 : 1,300℃

36 정답 | ④
풀이 | 부르동관(탄성식) 압력계에 가스를 유입하거나 빼낼 때는 천천히 조작할 것

37 정답 | ④
풀이 | 수취기는 저압가스(도시가스) 공급배관에 설치한다.
(물이 체류할 우려가 있는 곳)

38 정답 | ②
풀이 | 강관은 관의 치수가 큰 경우 구리관보다 더 경제적이다.

39 정답 | ①
풀이 | C_2H_2 가스
• 안전밸브 : 가용전식
• 용융온도 : 105±5℃

40 정답 | ②
풀이 | 줄-톰슨효과
압축된 가스를 단열 팽창시키면 온도가 강하한다.

41 정답 | ②

풀이 | 외부전원법

땅속에 매설한 애노드에 강제 전압을 가하여 피방식 금속제를 캐소드로 하여 방식한다.

42 정답 | ③

풀이 | $PS = P \times \left(\frac{N_2}{N_1}\right)^3 = 1 \times \left(\frac{1,200}{1,000}\right)^3 = 1.728$배

43 정답 | ②

풀이 | 공기혼합 공급방식

기화된 부탄에 공기를 혼합하여 만들어서 부탄을 다량 소비하는 경우 적합한 공급방식이다.

44 정답 | ③

풀이 | 200톤 $= 200,000\text{kg} = 200\text{m}^3$

$$200 = \frac{3.14}{4} \times (0.2)^2 \times V \times 3,600$$

$$\therefore\ V = \frac{200}{0.0314 \times 3,600} = 1.77\text{m/s}$$

45 정답 | ①

풀이 |
- 분별연소법 : H_2, CO 가스 분석
- 팔라듐관 연소법 : 수소량 검출

46 정답 | ②

풀이 | $C_2H_2 + H_2O \xrightarrow{HgSO_4} CH_3CHO$

(촉매물을 부가)　　(아세트알데히드)

47 정답 | ③

풀이 | LPG
- 공기보다 무겁다.
- 발열량이 크고 기화, 액화가 용이하다.
- 증발열이 크며 냉매로도 사용가능하다.

48 정답 | ③

풀이 | 분자량
- 공기(29)
- 산소(32)
- 아황산가스(64)
- 수소(2)
- 탄산가스(44)

49 정답 | ③

풀이 | 시안화수소(HCN)

무색 투명한 가스로서 액화가스이며 특유의 복숭아향의 취기를 가진 독성(10ppm) 가스

50 정답 | ④

풀이 |
- 비열비 $= \frac{\text{정압비열}}{\text{정적비열}} > 1$
- 정압비열 > 정적비열

51 정답 | ①

풀이 | 비점

① 나프타 : 200~300℃
② 프로판 : −42.1℃
③ 에탄 : −88.63℃
④ 부탄 : −0.5℃

52 정답 | ④

풀이 | 표준대기압

$1\text{atm} = 1.01325\text{bar} \fallingdotseq 1,013\text{mbar}$

53 정답 | ①

풀이 | 단열과정

계가 주위와의 열교환을 하지 않는 과정

54 정답 | ④

풀이 | $C_3H_8 + 5O_2 \rightarrow 3CO_2 + 4H_2O$

$C_4H_{10} + 6.5O_2 \rightarrow 4CO_2 + 5H_2O$

$$\frac{(5 \times 0.6) + (6.5 \times 0.4)}{0.21} = 26.7\text{mol}$$

55 정답 | ④

풀이 | $CH_2 + 2O_2 \rightarrow CO_2 + 2H_2O$

$C_2H_6 + 3.5O_2 \rightarrow 2CO_2 + 3H_2O$

$H_l = (8,124 \times 0.95) + (14,602 \times 0.05)$

$= 7,717.8 + 730.1 = 8,447.9\text{cal/L}$

56 정답 | ④

풀이 | 염소는 습한 상태에서만 강재에 부식성을 나타낸다.

$H_2O + Cl_2 \rightarrow HCl + HClO$

$Fe + 2HCl \rightarrow \underline{FeCl_2} + H_2$

57 정답 | ②

풀이 |
- LNG : 액화천연가스
- LPG : 액화석유가스
- SNG : 대체천연가스(합성천연가스)

58 정답 | ③

풀이 | 비열(kcal/kg · K)이 크면 온도상승이 느리다.

59 정답 | ①

풀이 | 황화수소(H_2S)는 습기(H_2O)를 함유한 공기중에서 금, 백금 이외의 거의 모든 금속과는 반응하여 황화물을 만든다.

$4Cu + 2H_2S + O_2 \rightarrow 2Cu_2S + 2H_2O$

60 정답 | ①

풀이 | 기체의 체적이 커지면 밀도(kg_f/m^3)는 작아진다.

06회 실전점검!
CBT 실전모의고사

수험번호 :
수험자명 :

제한 시간 : 1시간
남은 시간 :

글자 크기 100% 150% 200% 화면 배치

전체 문제 수 :
안 푼 문제 수 :

답안 표기란

01 가연성 물질을 취급하는 설비의 주위라 함은 방류둑을 설치한 가연성 가스 저장탱크에서 당해 방류둑 외면으로부터 몇 m 이내를 말하는가?

① 5 ② 10
③ 15 ④ 20

02 도시가스의 가스발생설비, 가스정제설비, 가스홀더 등이 설치된 장소 주위에는 철책 또는 철망 등의 경계책을 설치하여야 하는데 그 높이는 몇 m 이상으로 하여야 하는가?

① 1 ② 1.5
③ 2.0 ④ 3.0

03 액화가스를 충전하는 탱크는 그 내부에 액면요동을 방지하기 위하여 무엇을 설치하는가?

① 방파판 ② 보호판
③ 박강판 ④ 후강판

04 다음 중 용기보관장소에 충전용기를 보관할 때의 기준으로 틀린 것은?

① 충전용기와 잔가스용기는 각각 구분하여 보관할 것
② 가연성 가스, 독성 가스 및 산소의 용기는 각각 구분하여 보관할 것
③ 충전용기는 항상 50℃ 이하의 온도를 유지하고 직사광선을 받지 아니하도록 할 것
④ 용기보관 장소의 주위 2m 이내에는 화기 또는 인화성 물질이나 발화성 물질을 두지 아니할 것

05 산소없이 분해폭발을 일으키는 물질이 아닌 것은?

① 아세틸렌 ② 히드라진
③ 산화에틸렌 ④ 시안화수소

번호	①	②	③	④
1	①	②	③	④
2	①	②	③	④
3	①	②	③	④
4	①	②	③	④
5	①	②	③	④
6	①	②	③	④
7	①	②	③	④
8	①	②	③	④
9	①	②	③	④
10	①	②	③	④
11	①	②	③	④
12	①	②	③	④
13	①	②	③	④
14	①	②	③	④
15	①	②	③	④
16	①	②	③	④
17	①	②	③	④
18	①	②	③	④
19	①	②	③	④
20	①	②	③	④
21	①	②	③	④
22	①	②	③	④
23	①	②	③	④
24	①	②	③	④
25	①	②	③	④
26	①	②	③	④
27	①	②	③	④
28	①	②	③	④
29	①	②	③	④
30	①	②	③	④

계산기 다음 ▶ 안 푼 문제 답안 제출

06 차량에 고정된 탱크로부터 가스를 저장탱크에 이송할 때의 작업내용으로 가장 거리가 먼 것은?

① 부근의 화기 유무를 확인한다.
② 차바퀴 전후를 고정목으로 고정한다.
③ 소화기를 비치한다.
④ 정전기제거용 접지코드를 제거한다.

07 다음 중 공기 중에서 폭발범위가 가장 넓은 가스는?

① 황화수소
② 암모니아
③ 산화에틸렌
④ 프로판

08 고압가스 용기 중 동일 차량에 혼합 적재하여 운반하여도 무방한 것은?

① 산소와 질소, 탄산가스
② 염소와 아세틸렌, 암모니아 또는 수소
③ 동일 차량에 용기의 밸브가 서로 마주보게 적재한 가연성 가스와 산소
④ 충전용기와 위험물안전관리법이 정하는 위험물

09 압축 가연성 가스 몇 m^3 이상을 차량에 적재하여 운반하는 때에 운반책임자를 동승시켜 운반에 대한 감독 또는 지원을 하도록 되어 있는가?

① 100
② 300
③ 600
④ 1,000

10 일산화탄소와 공기의 혼합가스는 압력이 높아지면 폭발범위는 어떻게 되는가?

① 변함없다.
② 좁아진다.
③ 넓어진다.
④ 일정치 않다.

06회 실전점검! CBT 실전모의고사

수험번호 :
수험자명 :

제한 시간 : 1시간
남은 시간 :

글자 크기 100% 150% 200% 화면 배치 전체 문제 수 : 안 푼 문제 수 :

답안 표기란

11 품질검사 기준 중 산소의 순도측정에 사용되는 시약은?

① 동 · 암모니아 시약 ② 발연황산 시약
③ 피로갈롤 시약 ④ 하이드로설파이드 시약

12 LP가스용기 충전시설을 설치하는 경우 저장탱크의 주위에는 액상의 LP가스가 유출하지 아니하도록 방류둑을 설치하여야 한다. 다음 중 얼마의 저장량 이상일 때 방류둑을 설치하여야 하는가?

① 500톤 ② 1,000톤
③ 1,500톤 ④ 2,000톤

13 다음 중 독성 가스의 가스설비 배관을 2중관으로 하지 않아도 되는 가스는?

① 암모니아 ② 염소
③ 황화수소 ④ 불소

14 도시가스사용시설 중 20A 가스관에 대한 고정장치의 간격으로 옳은 것은?

① 1m ② 2m
③ 3m ④ 5m

15 도시가스사업법에서 정한 중압의 기준은?

① 0.1MPa 미만의 압력 ② 1MPa 미만의 압력
③ 0.1MPa 이상 1MPa 미만의 압력 ④ 1MPa 이상의 압력

16 다음 중 독성 가스 재해설비를 갖추어야 하는 시설이 아닌 것은?

① 아황산가스 및 암모니아 충전설비
② 염소 및 황화수소 충전설비
③ 프레온 가스를 사용한 냉동제조시설 및 충전시설
④ 염화메탄 충전설비

번호				
1	①	②	③	④
2	①	②	③	④
3	①	②	③	④
4	①	②	③	④
5	①	②	③	④
6	①	②	③	④
7	①	②	③	④
8	①	②	③	④
9	①	②	③	④
10	①	②	③	④
11	①	②	③	④
12	①	②	③	④
13	①	②	③	④
14	①	②	③	④
15	①	②	③	④
16	①	②	③	④
17	①	②	③	④
18	①	②	③	④
19	①	②	③	④
20	①	②	③	④
21	①	②	③	④
22	①	②	③	④
23	①	②	③	④
24	①	②	③	④
25	①	②	③	④
26	①	②	③	④
27	①	②	③	④
28	①	②	③	④
29	①	②	③	④
30	①	②	③	④

계산기 다음 ▶ 안 푼 문제 답안 제출

06회 실전점검! CBT 실전모의고사

수험번호 :
수험자명 :

제한 시간 : 1시간
남은 시간 :

글자 크기 100% 150% 200% 화면 배치

전체 문제 수 :
안 푼 문제 수 :

답안 표기란

17 0℃, 1atm에서 4L이던 기체는 273℃, 1atm일 때 몇 L가 되는가?

① 2　② 4
③ 8　④ 12

18 LP가스설비 중 조정기(Regulator) 사용의 주된 목적은?

① 유량 조절　② 발열량 조절
③ 유속 조절　④ 공급압력 조절

19 용기밸브의 그랜트 너트의 6각 모서리에 V형의 홈을 낸 것은 무엇을 표시하는가?

① 왼나사임을 표시　② 오른나사임을 표시
③ 암나사임을 표시　④ 수나사임을 표시

20 고압가스 충전용기 파열사고의 직접 원인으로 가장 거리가 먼 것은?

① 질소 용기 내에 5%의 산소가 존재할 때
② 재료의 불량이나 용기가 부식되었을 때
③ 가스가 과충전되어 있을 때
④ 충전용기가 외부로부터 열을 받았을 때

21 도시가스 공급시설 중 저장탱크 주위의 온도상승 방지를 위하여 설치하는 고정식 물분무장치의 단위면적당 방사능력의 기준은?(단, 단열재를 피복한 준내화구조 저장탱크가 아니다.)

① 2.5L/분 · m^2 이상　② 5L/분 · m^2 이상
③ 7.5L/분 · m^2 이상　④ 10L/분 · m^2 이상

22 일산화탄소의 경우 가스누출검지 경보장치의 검지에서 발산까지 걸리는 시간은 경보농도의 1.6배 농도에서 몇 초 이내로 규정되어 있는가?

① 10　② 20
③ 30　④ 60

1	①	②	③	④
2	①	②	③	④
3	①	②	③	④
4	①	②	③	④
5	①	②	③	④
6	①	②	③	④
7	①	②	③	④
8	①	②	③	④
9	①	②	③	④
10	①	②	③	④
11	①	②	③	④
12	①	②	③	④
13	①	②	③	④
14	①	②	③	④
15	①	②	③	④
16	①	②	③	④
17	①	②	③	④
18	①	②	③	④
19	①	②	③	④
20	①	②	③	④
21	①	②	③	④
22	①	②	③	④
23	①	②	③	④
24	①	②	③	④
25	①	②	③	④
26	①	②	③	④
27	①	②	③	④
28	①	②	③	④
29	①	②	③	④
30	①	②	③	④

계산기　다음 ▶　안 푼 문제　답안 제출

06회 실전점검! CBT 실전모의고사

수험번호 :
수험자명 :

제한 시간 : 1시간
남은 시간 :

글자 크기 100% 150% 200% 화면 배치 전체 문제 수 : 안 푼 문제 수 :

답안 표기란

23 다음 중 운전 중의 제조설비에 대한 일일점검항목이 아닌 것은?

① 회전기계의 진동, 이상음, 이상온도 상승
② 인터록의 작동
③ 제조설비 등으로부터의 누출
④ 제조설비의 조업조건의 변동사항

24 가스중독의 원인이 되는 가스가 아닌 것은?

① 시안화수소 ② 염소
③ 아황산가스 ④ 수소

25 겨울철 LP가스용기에 서릿발이 생겨 가스가 잘 나오지 않을 경우 가스를 사용하기 위한 가장 적절한 조치는?

① 연탄불로 쪼인다.
② 용기를 힘차게 흔든다.
③ 열 습포를 사용한다.
④ 90℃ 정도의 물을 용기에 붓는다.

26 고압가스를 차량으로 운반할 때 몇 km 이상의 거리를 운행하는 경우에 중간에 휴식을 취한 후 운행하도록 되어 있는가?

① 100 ② 200
③ 300 ④ 400

27 다음 중 천연가스 지하매설배관의 퍼지용으로 주로 사용되는 가스는?

① H_2 ② Cl_2
③ N_2 ④ O_2

계산기 다음 ▶ 안 푼 문제 답안 제출

28 **고압가스 특정제조의 플레어스택 설치기준에 대한 설명이 아닌 것은?**

① 가연성 가스가 플레어스택에 항상 10% 정도 머물 수 있도록 그 높이를 결정하여 시설한다.
② 플레어스택에서 발생하는 복사열이 다른 시설에 영향을 미치지 않도록 안전한 높이와 위치에 설치한다.
③ 플레어스택에서 발생하는 최대열량에 장시간 견딜 수 있는 재료와 구조이어야 한다.
④ 파일럿 버너를 항상 점화하여 두는 등 플레어스택에 관련된 폭발을 방지하기 위한 조치를 한다.

29 **액화석유가스를 자동차에 충전하는 충전호스의 길이는 몇 m 이내이어야 하는가? (단, 자동차 제조공정 중에 설치된 것을 제외한다.)**

① 3
② 5
③ 8
④ 10

30 **선박용 액화석유가스 용기의 표시방법으로 옳은 것은?**

① 용기의 상단부에 폭 2cm의 황색 띠를 두 줄로 표시한다.
② 용기의 상단부에 폭 2cm의 백색 띠를 두 줄로 표시한다.
③ 용기의 상단부에 폭 5cm의 황색 띠를 한 줄로 표시한다.
④ 용기의 상단부에 폭 5cm의 백색띠를 한 줄로 표시한다.

답안 표기란

번호				
1	①	②	③	④
2	①	②	③	④
3	①	②	③	④
4	①	②	③	④
5	①	②	③	④
6	①	②	③	④
7	①	②	③	④
8	①	②	③	④
9	①	②	③	④
10	①	②	③	④
11	①	②	③	④
12	①	②	③	④
13	①	②	③	④
14	①	②	③	④
15	①	②	③	④
16	①	②	③	④
17	①	②	③	④
18	①	②	③	④
19	①	②	③	④
20	①	②	③	④
21	①	②	③	④
22	①	②	③	④
23	①	②	③	④
24	①	②	③	④
25	①	②	③	④
26	①	②	③	④
27	①	②	③	④
28	①	②	③	④
29	①	②	③	④
30	①	②	③	④

31 다음 중 고압가스용 금속재료에서 내질화성(耐窒化性)을 증대시키는 원소는?

① Ni　② Al
③ Cr　④ Mo

32 나사압축기에서 수로터 직경 150mm, 로터 길이 100mm, 수로터 회전수 350 rpm이라고 할 때 이론적 토출량은 약 몇 m^3/min인가?(단, 로터 형상에 의한 계수(C_v)는 0.467이다.)

① 0.11　② 0.21
③ 0.37　④ 0.47

33 가스버너의 일반적인 구비조건으로 옳지 않은 것은?

① 화염이 안정될 것
② 부하조절비가 적을 것
③ 저공기비로 완전 연소할 것
④ 제어하기 쉬울 것

34 다음 중 비접촉식 온도계에 해당되는 것은?

① 열전도온도계　② 압력식 온도계
③ 광고온계　④ 저항온도계

35 다음 흡수분석법 중 오르자트법에 의해서 분석되는 가스가 아닌 것은?

① CO_2　② C_2H_6
③ O_2　④ CO

36 다음 중 정유가스(Off 가스)의 주성분은?

① H_2+CH_4　② CH_4+CO
③ H_2+CO　④ $CO+C_3H_8$

06회 실전점검! CBT 실전모의고사

수험번호 :
수험자명 :

제한 시간 : 1시간
남은 시간 :

글자 크기 100% 150% 200% 화면 배치 전체 문제 수 : 안 푼 문제 수 :

답안 표기란

37 다음 중 주철관에 대한 접합법이 아닌 것은?

① 기계적 접합 ② 소켓 접합
③ 플레어 접합 ④ 빅토릭 접합

38 다음 중 저압식 공기액화분리장치에서 사용되지 않는 장치는?

① 여과기 ② 축랭기
③ 액화기 ④ 중간냉각기

39 흡수식 냉동기에서 냉매로 물을 사용할 경우 흡수제로 사용하는 것은?

① 암모니아 ② 사염화에탄
③ 리튬브로마이드 ④ 파라핀유

40 다음 유량계 중 간접 유량계가 아닌 것은?

① 피토관 ② 오리피스미터
③ 벤투리미터 ④ 습식 가스미터

41 LPG, 액화가스와 같은 저비점의 액체에 가장 적합한 펌프의 축봉장치는?

① 싱글 실형 ② 더블 실형
③ 언밸런스 실형 ④ 밸런스 실형

42 가스액화분리장치 중 축랭기에 대한 설명으로 틀린 것은?

① 열교환기이다.
② 수분을 제거시킨다.
③ 탄산가스를 제거시킨다.
④ 내부에는 열용량이 적은 충전물이 되어 있다.

번호	①	②	③	④
31	①	②	③	④
32	①	②	③	④
33	①	②	③	④
34	①	②	③	④
35	①	②	③	④
36	①	②	③	④
37	①	②	③	④
38	①	②	③	④
39	①	②	③	④
40	①	②	③	④
41	①	②	③	④
42	①	②	③	④
43	①	②	③	④
44	①	②	③	④
45	①	②	③	④
46	①	②	③	④
47	①	②	③	④
48	①	②	③	④
49	①	②	③	④
50	①	②	③	④
51	①	②	③	④
52	①	②	③	④
53	①	②	③	④
54	①	②	③	④
55	①	②	③	④
56	①	②	③	④
57	①	②	③	④
58	①	②	③	④
59	①	②	③	④
60	①	②	③	④

계산기 다음 ▶ 안 푼 문제 답안 제출

수험번호 :
수험자명 :

제한 시간 : 1시간
남은 시간 :

글자 크기   150% 200% 화면 배치 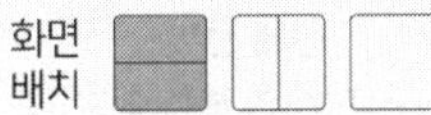 전체 문제 수 : 안 푼 문제 수 :

답안 표기란

번호				
31	①	②	③	④
32	①	②	③	④
33	①	②	③	④
34	①	②	③	④
35	①	②	③	④
36	①	②	③	④
37	①	②	③	④
38	①	②	③	④
39	①	②	③	④
40	①	②	③	④
41	①	②	③	④
42	①	②	③	④
43	①	②	③	④
44	①	②	③	④
45	①	②	③	④
46	①	②	③	④
47	①	②	③	④
48	①	②	③	④
49	①	②	③	④
50	①	②	③	④
51	①	②	③	④
52	①	②	③	④
53	①	②	③	④
54	①	②	③	④
55	①	②	③	④
56	①	②	③	④
57	①	②	③	④
58	①	②	③	④
59	①	②	③	④
60	①	②	③	④

43 공기액화분리기 내의 CO_2를 제거하기 위해 NaOH 수용액을 사용한다. 1.0kg의 CO_2를 제거하기 위해서는 약 몇 kg의 NaOH를 가해야 하는가?

① 0.9 ② 1.8
③ 3.0 ④ 3.8

44 펌프의 캐비테이션 발생에 따라 일어나는 현상이 아닌 것은?

① 양정곡선이 증가한다. ② 효율곡선이 저하한다.
③ 소음과 진동이 발생한다. ④ 깃에 대한 침식이 발생한다.

45 LP가스를 자동차용 연료로 사용할 때의 특징에 대한 설명 중 틀린 것은?

① 완전연소가 쉽다. ② 배기가스에 독성이 적다.
③ 기관의 부식 및 마모가 적다. ④ 시동이나 급가속이 용이하다.

46 진공압이 57cmHg일 때 절대압력은?(단, 대기압은 760mmHg이다.)

① $0.19kg/cm^2 \cdot a$ ② $0.26kg/cm^2 \cdot a$
③ $0.31kg/cm^2 \cdot a$ ④ $0.38kg/cm^2 \cdot a$

47 다음 온도의 환산식 중 틀린 것은?

① $°F = 1.8°C + 32$ ② $°C = \frac{5}{6}(°F - 32)$
③ $°R = 460 + °F$ ④ $°R = \frac{5}{9}K$

48 다음 암모니아에 대한 설명 중 틀린 것은?

① 무색 무취의 가스이다.
② 암모니아가 분해하면 질소와 수소가 된다.
③ 물에 잘 용해된다.
④ 유안 및 요소의 제조에 이용된다.

계산기 다음 ▶ 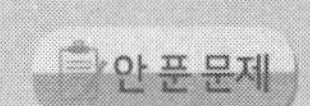 답안 제출

06회 실전점검! CBT 실전모의고사

수험번호 :
수험자명 :

제한 시간 : 1시간
남은 시간 :

글자 크기 100% 150% 200% | 화면 배치 | 전체 문제 수 : 안 푼 문제 수 :

49 다음 [보기]와 같은 반응은 어떤 반응인가?

> [보기]
> $CH_4 + Cl_2 \rightarrow CH_3Cl + HCl$
> $CH_3Cl + Cl_2 \rightarrow CH_2Cl_2 + HCl$

① 첨가 ② 치환
③ 중합 ④ 축합

50 에틸렌(C_2H_4)이 수소와 반응할 때 일으키는 반응은?

① 환원반응 ② 분해반응
③ 제거반응 ④ 첨가반응

51 파라핀계 탄화수소 중 간단한 형의 화합물로서 불순물을 전혀 함유하지 않는 도시가스의 원료는?

① 액화천연가스 ② 액화석유가스
③ Off 가스 ④ 나프타

52 다음 중 1기압(1atm)과 같지 않은 것은?

① 760mmHg ② 0.987bar
③ 10.332mH₂O ④ 101.3kPa

53 다음 비열(Specific Heat)에 대한 설명 중 틀린 것은?

① 어떤 물질 1kg을 1℃ 변화시킬 수 있는 열량이다.
② 일반적으로 금속은 비열이 작다.
③ 비열이 큰 물질일수록 온도의 변하가 쉽다.
④ 물의 비열은 약 1kcal/kg · ℃이다.

답안 표기란

번호	①	②	③	④
31	①	②	③	④
32	①	②	③	④
33	①	②	③	④
34	①	②	③	④
35	①	②	③	④
36	①	②	③	④
37	①	②	③	④
38	①	②	③	④
39	①	②	③	④
40	①	②	③	④
41	①	②	③	④
42	①	②	③	④
43	①	②	③	④
44	①	②	③	④
45	①	②	③	④
46	①	②	③	④
47	①	②	③	④
48	①	②	③	④
49	①	②	③	④
50	①	②	③	④
51	①	②	③	④
52	①	②	③	④
53	①	②	③	④
54	①	②	③	④
55	①	②	③	④
56	①	②	③	④
57	①	②	③	④
58	①	②	③	④
59	①	②	③	④
60	①	②	③	④

계산기 | 다음 ▶ | 안 푼 문제 | 답안 제출

54 다음은 산소에 대한 설명 중 틀린 것은?

① 폭발한계는 공기 중과 비교하면 산소 중에서는 현저하게 넓어진다.
② 화학반응에 사용하는 경우에는 산화물이 생성되어 폭발의 원인이 될 수 있다.
③ 산소는 치료의 목적으로 의료계에 널리 이용되고 있다.
④ 환원성을 이용하여 금속제련에 사용한다.

55 다음 수소(H_2)에 대한 설명으로 옳은 것은?

① 3중 수소는 방사능을 갖는다.
② 밀도가 크다.
③ 금속재료를 취화시키지 않는다.
④ 열전달률이 아주 작다.

56 다음 탄화수소에 대한 설명 중 틀린 것은?

① 외부의 압력이 커지게 되면 비등점은 낮아진다.
② 탄소수가 같을 때 포화 탄화수소는 불포화 탄화수소보다 비등점이 높다.
③ 이성체 화합물에서는 normal은 iso보다 비등점이 높다.
④ 분자 중의 탄소 원자수가 많아질수록 비등점은 높아진다.

57 프로판가스 1kg의 기화열은 약 몇 kcal인가?

① 75
② 92
③ 102
④ 539

58 산소 용기에 부착된 압력계의 읽음이 10kgf/cm^{2}이었다. 이때 절대압력은 몇 kgf/cm^{2}인가?(단, 대기압은 1.033kgf/cm^{3}이다.)

① 1.033
② 8.967
③ 10
④ 11.033

번호				
31	①	②	③	④
32	①	②	③	④
33	①	②	③	④
34	①	②	③	④
35	①	②	③	④
36	①	②	③	④
37	①	②	③	④
38	①	②	③	④
39	①	②	③	④
40	①	②	③	④
41	①	②	③	④
42	①	②	③	④
43	①	②	③	④
44	①	②	③	④
45	①	②	③	④
46	①	②	③	④
47	①	②	③	④
48	①	②	③	④
49	①	②	③	④
50	①	②	③	④
51	①	②	③	④
52	①	②	③	④
53	①	②	③	④
54	①	②	③	④
55	①	②	③	④
56	①	②	③	④
57	①	②	③	④
58	①	②	③	④
59	①	②	③	④
60	①	②	③	④

59 다음 중 일반적인 석유정제과정에서 발생되지 않는 가스는?

① 암모니아 ② 프로판
③ 메탄 ④ 부탄

60 다음 아세틸렌에 대한 설명 중 틀린 것은?

① 연소 시 고열을 얻을 수 있어 용접용으로 쓰인다.
② 압축하면 폭발을 일으킨다.
③ 2중 결합을 가진 불포화탄화수소이다.
④ 구리, 은과 반응하여 폭발성의 화합물을 만든다.

CBT 정답 및 해설

01	02	03	04	05	06	07	08	09	10
②	②	①	③	④	④	③	①	②	②
11	12	13	14	15	16	17	18	19	20
①	②	④	②	③	③	③	④	①	①
21	22	23	24	25	26	27	28	29	30
②	④	②	④	③	②	③	①	②	②
31	32	33	34	35	36	37	38	39	40
①	③	②	③	②	①	③	④	③	④
41	42	43	44	45	46	47	48	49	50
④	④	②	①	④	②	④	①	②	④
51	52	53	54	55	56	57	58	59	60
①	②	③	④	①	①	③	④	①	③

01 정답 | ②
풀이 | 방류둑 외면 10m 이내는 설비의 주위이다.

02 정답 | ②
풀이 | 경계책의 높이는 1.5m 이상으로 하여야 한다.

03 정답 | ①
풀이 | 방파판 : 액면요동을 방지한다.

04 정답 | ③
풀이 | 충전용기는 항상 40℃ 이하를 유지한다.

05 정답 | ④
풀이 | 시안화수소
- 산화폭발
- 중합폭발

06 정답 | ④
풀이 | 차량에 고정된 탱크와 지상의 저장탱크에 액화가스 이송 시 정전기 제거 접지코드를 연결

07 정답 | ③
풀이 | ① 황화수소(H_2S) : 4.3~45%
② 암모니아(NH_3) : 15~28%
③ 산화에틸렌(C_2H_4O) : 3~80%
④ 프로판(C_3H_8) : 2.1~9.5%

08 정답 | ①
풀이 |
- 산소 : 조연성 가스
- 질소 : 불연성 가스(폭발범위 없음)
- 탄산가스 : 불연성 가스(폭발범위 없음)

09 정답 | ②
풀이 | 가연성 압축가스 운반 책임자 동승기준은 $300m^3$ 이상 (가연성 액화가스는 3,000kg 이상)

10 정답 | ②
풀이 | 일산화탄소(CO)가스는 압력이 높아지면 폭발범위는 좁아진다.(단, 타 가스는 커진다.)

11 정답 | ①
풀이 |
- 산소 : 동 · 암모니아 시약(99.5% 이상)
- 아세틸렌 : 발열황산 시약(98% 이상)
- 수소 : 하이드로설파이드 시약(98.5% 이상)

12 정답 | ②
풀이 | LPG 저장탱크 용량 1,000톤 이상 : 방류둑 설치

13 정답 | ④
풀이 |
- 2중관 고압가스 대상(하천 등 횡단설비에서) 염소 > 포스겐 > 불소 > 아크릴알데히드 > 아황산가스 > 시안화수소 > 황화수소
- 독성 가스 재해설비 : 아황산가스, 암모니아, 염소, 염화메탄, 산화에틸렌, 시안화수소, 포스겐, 황화수소

14 정답 | ②
풀이 |
- 13mm 이상~33mm 미만 : 2m
- 33mm 이상 : 3m
- 13mm 미만 : 1m

15 정답 | ③
풀이 | ① 저압가스
② 중압가스
④ 고압가스

16 정답 | ③
풀이 | 프레온 가스는 냉매가스로 사용된다.

17 정답 | ③
풀이 | $V_2 = V_1 \times \frac{T_2}{T_1} = 4 \times \frac{273+273}{273} = 8L$

18 정답 | ④
풀이 | 압력조정기 : 가스공급압력 조절

19 **정답 |** ①
풀이 | 그랜드 너트 6각 모서리 V형 표시 : 왼나사 표시

20 **정답 |** ①
풀이 | 질소는 불연성 가스이므로 조연성 가스 산소와는 폭발성이 없고 과충전에 의한 압력초과 폭발은 가능하다.

21 **정답 |** ②
풀이 |
- 저장탱크 전표면 : 8L/분 · m^2 이상
- 내화구조 : 4L/분 · m^2 이상
- 준내화구조 : 6.5L/분 · m^2 이상
- 도시가스 : 5L/분 · m^2 이상(준내화구조는 2.5L)

22 **정답 |** ④
풀이 |
- 일반가연성, 독성 : 30초 이내
- 암모니아, 일산화탄소 : 60초 이내(1분)

23 **정답 |** ②
풀이 | 인터록 작동은 긴급 시에만 작동된다.

24 **정답 |** ④
풀이 |
- 수소는 가연성 가스이다.
- 시안화수소, 아황산가스, 염소는 독성 가스이다.

25 **정답 |** ③
풀이 | LP가스 동결 시 열습포(40℃ 이하)를 사용한다.

26 **정답 |** ②
풀이 | 200km 운행 시마다 중간 휴식을 취해야 한다.

27 **정답 |** ③
풀이 | 지하매설배관용 퍼지가스 : 질소

28 **정답 |** ①
풀이 | 플레어스택 위치 및 높이는 플레어스택 바로 지표면에 미치는 복사열이 4,000kcal/m^2h 이하가 되는 곳이다.

29 **정답 |** ②
풀이 | 자동차 충전 호스길이 : 5m 이내

30 **정답 |** ②
풀이 | 선박용 액화석유가스 용기 표시방법 : 용기 상단부에 폭 2cm의 백색 띠를 두 줄로 표시한다.

31 **정답 |** ①
풀이 | 내질화성 원소 : 니켈(Ni)

32 **정답 |** ③
풀이 | $Q = K \times D^3 \times \frac{L}{D} \times N \times 60$

$$= 0.467 \times (0.15)^3 \times \frac{0.1}{0.15} \times 350$$

$$= 0.3677 \text{m}^3/\text{min}$$

33 **정답 |** ②
풀이 | 가스버너는 부하조절비가 클 것

34 **정답 |** ③
풀이 | 비접촉식 온도계
- 광고온도계
- 방사온도계
- 색 온도계
- 광전관식 온도계

35 **정답 |** ②
풀이 | 오르사트법에 의한 분석가스
- CO_2
- O_2
- CO
- $N_2 = 100 - (CO_2 + O_2 + CO)$

36 **정답 |** ①
풀이 | 정유 Off 가스의 주성분
- H_2(수소)
- CH_4(메탄)

37 **정답 |** ③
풀이 | 플레어 접합(압축이음)
20A 이하의 동관용 접합용(분해가 가능)

38 **정답 |** ④
풀이 | 중간냉각기는 2단 압축 압축기에서 채택된다.

39 **정답 |** ③
풀이 | 흡수식 냉동기
- 냉매 : H_2O
- 흡수제 : LiBr(리튬브로마이드)

40 정답 | ④
풀이 | 직접식 유량계
- 가스미터기
- 오벌기어식
- 루트식
- 로터리 피스톤식
- 회전원판식

41 정답 | ④
풀이 | 밸런스 실
LPG와 같은 저비점 액화가스용 축봉장치

42 정답 | ④
풀이 | 축랭기
가스액화장치에 사용되며 열교환과 동시에 원료 공기 중의 불순물인 H_2O와 CO_2(탄산가스)를 제거시키는 일종의 열교환기이다.

43 정답 | ②
풀이 | $2NaOH + CO_2 \rightarrow NaCO_3 + H_2O$
80kg + 44kg
$\therefore \frac{80}{44} = 1.818$kg/kg

44 정답 | ①
풀이 | 캐비테이션(펌프의 공동현상)이 발생하면 양정곡선이 감소한다.

45 정답 | ④
풀이 | LP가스는 연소상태가 완만하나 고로 급속가속은 곤란하다.

46 정답 | ②
풀이 | 760mmHg(76cmHg)
76 − 57 = 19cmHg(절대압)
$\therefore 1.033 \times \frac{19}{76} = 0.25825\text{kg}_f/\text{cm}^2$ a

47 정답 | ④
풀이 | °R = K × 1.8
※ °R(랭킨 절대온도), K(켈빈 절대온도)

48 정답 | ①
풀이 | 암모니아(NH_3)가스는 상온 상압에서 자극성 냄새를 가진 무색의 기체이다.

49 정답 | ②
풀이 | 치환반응($AB + C \rightarrow AC + B$)
홑원소 물질이 화합물과 반응하여 화합물의 구성원소 일부가 바뀌는 반응이다.

50 정답 | ④
풀이 | $C_2H_4 + H_2 \rightarrow C_2H_6$(에탄)
부가반응(첨가반응)

51 정답 | ①
풀이 |
- 액화천연가스 : 불순물을 포함하지 않는 도시가스로 사용하며 주성분이 메탄(CH_4)이다.
- 전처리 : 제진 → 탈유 → 탈황 → 탈수 → 탈습 등

52 정답 | ②
풀이 | 표준대기압
$1\text{atm} = 760\text{mmHg} = 1.0332\text{kg}_f/\text{cm}^3$ a
$= 10.332\text{mmAq} = 30\text{inHg} = 14.7\text{lb/in}^2$
$= 1.013\text{bar} = 101.325\text{N/m}^2 = 101.325\text{kPa}$

53 정답 | ③
풀이 | 비열이 큰 물질은 데우기가 어렵고 온도변화가 수월하지 않다. 단위는 kcal/kg · K 또는 kJ/kg · K이다.

54 정답 | ④
풀이 | CO가스는 강한 환원성을 가지고 있어서 각종 금속을 단체로 생성한다.(금속의 야금법에 사용)
$CuO + CO \rightarrow CO_2 + Cu$ 등

55 정답 | ①
풀이 | 수소(H_2)가스
- 수소의 밀도 : $2\text{kg}/22.4\text{m}^3 = 0.089\text{kg/m}^3$
- 수소취성을 일으킨다.
  $Fe_3C + 2H_2 \rightarrow CH_4 + 3Fe$
- 열전도율이 매우 크고 열에 대해 안정하다.

56 정답 | ①
풀이 | 탄화수소는 외부압력이 커지면 비등점이 높아진다.

57 정답 | ③
풀이 | 프로판가스(C_3H_8)는 기화열이 102kcal/kg, 부탄가스는 92kcal/kg이다.

58 정답 | ④
풀이 | $\text{abs} = 10 + 1.033 = 11.033\text{kg}_f/\text{cm}^2$

59 정답 | ①

풀이 | 석유정제과정에서 발생되는 가스는 LPG, 메탄, 나프타 등이다.

60 정답 | ③

풀이 | C_2H_2(아세틸렌) 3분자가 중합하여 벤젠이 된다.

$$3C_2H_2 \xrightarrow[500℃]{Fe} C_6H_6(\text{벤젠})$$

07회 실전점검! CBT 실전모의고사

수험번호 :
수험자명 :

제한 시간 : 1시간
남은 시간 :

글자 크기 100% 150% 200% | 화면 배치 | 전체 문제 수 : 안 푼 문제 수 :

답안 표기란

번호	①	②	③	④
1	①	②	③	④
2	①	②	③	④
3	①	②	③	④
4	①	②	③	④
5	①	②	③	④
6	①	②	③	④
7	①	②	③	④
8	①	②	③	④
9	①	②	③	④
10	①	②	③	④
11	①	②	③	④
12	①	②	③	④
13	①	②	③	④
14	①	②	③	④
15	①	②	③	④
16	①	②	③	④
17	①	②	③	④
18	①	②	③	④
19	①	②	③	④
20	①	②	③	④
21	①	②	③	④
22	①	②	③	④
23	①	②	③	④
24	①	②	③	④
25	①	②	③	④
26	①	②	③	④
27	①	②	③	④
28	①	②	③	④
29	①	②	③	④
30	①	②	③	④

01 가스용기의 취급 및 주의사항에 대한 설명 중 틀린 것은?

① 충전 시 용기는 용기 재검사기간이 지나지 않았는지를 확인한다.
② LPG 용기나 밸브를 가열할 때는 뜨거운 물(40℃ 이상)을 사용해야 한다.
③ 충전한 후에는 용기밸브의 누출 여부를 확인한다.
④ 용기 내에 잔류물이 있을 때에는 잔류물을 제거하고 충전한다.

02 LP가스설비를 수리할 때 내부의 LP가스를 질소 또는 물로 치환하고, 치환에 사용된 가스나 액체를 공기로 재치환하여야 하는데, 이때 공기에 의한 재치환 결과가 산소농도 측정기로 측정하여 산소농도가 얼마의 범위 내에 있을 때까지 공기로 재치환하여야 하는가?

① 4~6%
② 7~11%
③ 12~16%
④ 18~22%

03 가스 사용시설의 배관을 움직이지 아니하도록 고정 부착하는 조치에 대한 설명 중 틀린 것은?

① 관경이 13mm 미만의 것에는 1,000mm마다 고정부착하는 조치를 해야 한다.
② 관경이 33mm 이상의 것에는 3,000mm마다 고정부착하는 조치를 해야 한다.
③ 관경이 13mm 이상 33mm 미만의 것에는 2,000mm마다 고정부착하는 조치를 해야 한다.
④ 관경이 43mm 이상의 것에는 4,000mm마다 고정부착하는 조치를 해야 한다.

04 내용적이 300L인 용기에 액화암모니아를 저장하려고 한다. 이 저장설비의 저장능력은 얼마인가?(단, 액화암모니아의 충전정수는 1.86이다.)

① 161kg
② 232kg
③ 279kg
④ 558kg

계산기 | 다음 ▶ | 안 푼 문제 | 답안 제출

07회 실전점검! CBT 실전모의고사

수험번호 :
수험자명 :

제한 시간 : 1시간
남은 시간 :

글자 크기 100% 150% 200% 화면 배치

전체 문제 수 :
안 푼 문제 수 :

답안 표기란

05 도시가스 공급배관에서 입상관의 밸브는 바닥으로부터 몇 m 범위로 설치하여야 하는가?

① 1m 이상, 1.5m 이내
② 1.6m 이상, 2m 이내
③ 1m 이상, 2m 이내
④ 1.5m 이상, 3m 이내

06 다음 가스의 저장시설 중 반드시 통풍구조로 하여야 하는 곳은?

① 산소 저장소　② 질소 저장소
③ 헬륨 저장소　④ 부탄 저장소

07 독성 가스 제조시설 식별표지의 글씨 색상은?(단, 가스의 명칭은 제외한다.)

① 백색　② 적색
③ 노란색　④ 흑색

08 다음 독성 가스 중 제독제로 물을 사용할 수 없는 것은?

① 암모니아　② 아황산가스
③ 염화메탄　④ 황화수소

09 다음 중 공기액화분리장치에서 발생할 수 있는 폭발의 원인으로 볼 수 없는 것은?

① 액체공기 중에 산소의 혼입
② 공기 취입구에서 아세틸렌의 침입
③ 윤활유 분해에 의한 탄화수소의 생성
④ 산화질소(NO), 과산화질소(NO_2)의 혼입

번호				
1	①	②	③	④
2	①	②	③	④
3	①	②	③	④
4	①	②	③	④
5	①	②	③	④
6	①	②	③	④
7	①	②	③	④
8	①	②	③	④
9	①	②	③	④
10	①	②	③	④
11	①	②	③	④
12	①	②	③	④
13	①	②	③	④
14	①	②	③	④
15	①	②	③	④
16	①	②	③	④
17	①	②	③	④
18	①	②	③	④
19	①	②	③	④
20	①	②	③	④
21	①	②	③	④
22	①	②	③	④
23	①	②	③	④
24	①	②	③	④
25	①	②	③	④
26	①	②	③	④
27	①	②	③	④
28	①	②	③	④
29	①	②	③	④
30	①	②	③	④

계산기　다음 ▶　안 푼 문제　답안 제출

10 **일반도시가스 공급시설의 시설기준으로 틀린 것은?**

① 가스공급 시설을 설치하는 실(제조소 및 공급소 내에 설치된 것에 한 함)은 양호한 통풍구조로 한다.
② 제조소 또는 공급소에 설치한 가스가 통하는 가스 공급 시설의 부근에 설치하는 전기설비는 방폭성능을 가져야 한다.
③ 가스방출관의 방출구는 지면으로부터 5m 이상의 높이로 설치하여야 한다.
④ 고압 또는 중압의 가스공급시설은 최고사용압력의 1.1배 이상의 압력으로 실시하는 내압시험에 합격해야 한다.

11 **산화에틸렌의 충전 시 산화에틸렌의 저장탱크는 그 내부의 분위기가스를 질소 또는 탄산가스로 치환하고 몇 ℃ 이하로 유지하여야 하는가?**

① 5　② 15
③ 40　④ 60

12 **LP가스의 용기보관실 바닥면적이 $3m^2$이라면 통풍구의 크기는 몇 cm^2 이상으로 하도록 되어 있는가?**

① 500　② 700
③ 900　④ 1,100

13 **고압가스 품질검사에서 산소의 경우 동 · 암모니아 시약을 사용한 오르자트법에 의한 시험에서 순도가 몇 % 이상이어야 하는가?**

① 98　② 98.5
③ 99　④ 99.5

14 **다음 각 가스의 위험성에 대한 설명 중 틀린 것은?**

① 가연성 가스의 고압배관 밸브를 급격히 열면 배관 내의 철, 녹 등이 급격히 움직여 발화의 원인이 될 수 있다.
② 염소와 암모니아가 접촉할 때, 염소 과잉의 경우는 대단히 강한 폭발성 물질인 NCl_3를 생성하여 사고 발생의 원인이 된다.
③ 아르곤은 수은과 접촉하면 위험한 성질인 아르곤 수은을 생성하여 사고발생의 원인이 된다.
④ 암모니아용의 장치나 계기로서 구리나 구리합금을 사용하면 금속이온과 반응하여 착이온을 만들어 위험하다.

15 **아세틸렌 용기에 다공질 물질을 고루 채운 후 아세틸렌을 충전하기 전에 침윤시키는 물질은?**

① 알코올　② 아세톤
③ 규조토　④ 탄산마그네슘

16 **액화석유가스가 공기 중에 누출 시 그 농도가 몇 %일 때 감지할 수 있도록 냄새가 나는 물질(부취제)을 섞는가?**

① 0.1　② 0.5
③ 1　④ 2

17 **탄화수소에서 탄소의 수가 증가할 때 생기는 현상으로 틀린 것은?**

① 증기압이 낮아진다.
② 발화점이 낮아진다.
③ 비등점이 낮아진다.
④ 폭발하한계가 낮아진다.

07회 실전점검! CBT 실전모의고사

수험번호 :
수험자명 :

제한 시간 : 1시간
남은 시간 :

글자 크기 100% 150% 200% | 화면 배치 | 전체 문제 수 : 안 푼 문제 수 :

18 압축 또는 액화 그 밖의 방법으로 처리할 수 있는 가스의 용적이 1일 $100m^3$ 이상인 사업소는 압력계를 몇 개 이상 비치하도록 되어 있는가?

① 1　　② 2
③ 3　　④ 4

19 다음 중 아세틸렌, 암모니아 또는 수소와 동일 차량에 적재 운반할 수 없는 가스는?

① 염소
② 액화석유가스
③ 질소
④ 일산화탄소

20 다음 각 가스의 성질에 대한 설명으로 옳은 것은?

① 산화에틸렌은 분해폭발성 가스이다.
② 포스겐의 비점은 −128℃로서 매우 낮다.
③ 염소는 가연성 가스로서 물에 매우 잘 녹는다.
④ 일산화탄소는 가연성이며 액화하기 쉬운 가스이다.

21 용기 또는 용기밸브에 안전밸브를 설치하는 이유는?

① 규정량 이상의 가스를 충전시켰을 때 여분의 가스를 분출하기 위해
② 용기 내 압력이 이상 상승 시 용기파열을 방지하기 위해
③ 가스출구가 막혔을 때 가스출구로 사용하기 위해
④ 분석용 가스출구로 사용하기 위해

답안 표기란

번호				
1	①	②	③	④
2	①	②	③	④
3	①	②	③	④
4	①	②	③	④
5	①	②	③	④
6	①	②	③	④
7	①	②	③	④
8	①	②	③	④
9	①	②	③	④
10	①	②	③	④
11	①	②	③	④
12	①	②	③	④
13	①	②	③	④
14	①	②	③	④
15	①	②	③	④
16	①	②	③	④
17	①	②	③	④
18	①	②	③	④
19	①	②	③	④
20	①	②	③	④
21	①	②	③	④
22	①	②	③	④
23	①	②	③	④
24	①	②	③	④
25	①	②	③	④
26	①	②	③	④
27	①	②	③	④
28	①	②	③	④
29	①	②	③	④
30	①	②	③	④

계산기　다음 ▶　안 푼 문제　답안 제출

22 다음 중 연소기구에서 발생할 수 있는 역화(Back Fire)의 원인이 아닌 것은?

① 염공이 적게 되었을 때
② 가스의 압력이 너무 낮을 때
③ 콕이 충분히 열리지 않았을 때
④ 버너 위에 큰 용기를 올려서 장시간 사용할 경우

23 방류둑의 내측 및 그 외면으로부터 몇 m 이내에 그 저장탱크의 부속설비 외의 것을 설치하지 못하도록 되어 있는가?

① 10　② 20
③ 30　④ 50

24 도시가스 지하 매설용 중압 배관의 색상은?

① 황색　② 적색
③ 청색　④ 흑색

25 고압가스 특정제조시설 중 비가연성 가스의 저장탱크는 몇 m^3 이상일 경우에 지진 영향에 대한 안전한 구조로 설계하여야 하는가?

① 5　② 250
③ 500　④ 1,000

26 독성 가스의 저장탱크에는 가스의 용량이 그 저장탱크 내용적의 90%를 초과하는 것을 방지하는 장치를 설치하여야 한다. 이 장치를 무엇이라고 하는가?

① 경보장치　② 액면계
③ 긴급차단장치　④ 과충전방지장치

27 **다음 중 고압가스 운반 등의 기준으로 틀린 것은?**

① 고압가스를 운반하는 때에는 재해방지를 위하여 필요한 주의사항을 기재한 서면을 운전자에게 교부하고 운전 중 휴대하게 한다.
② 차량의 고장, 교통사정 또는 운전자의 휴식 등 부득이한 경우를 제외하고는 장시간 정차하여서는 안 된다.
③ 고속도로 운행 중 점심식사를 하기 위해 운반책임자와 운전자가 동시에 차량을 이탈할 때에는 시건장치를 하여야 한다.
④ 지정한 도로, 시간, 속도에 따라 운반하여야 한다.

28 **다음 가스 중 착화온도가 가장 낮은 것은?**

① 메탄
② 에틸렌
③ 아세틸렌
④ 일산화탄소

29 **다음 중 보일러 중독사고의 주원인이 되는 가스는?**

① 이산화탄소
② 일산화탄소
③ 질소
④ 염소

30 **산소운반차량에 고정된 탱크의 내용적은 몇 L를 초과할 수 없는가?**

① 12,000
② 18,000
③ 24,000
④ 30,000

07회 실전점검! CBT 실전모의고사

수험번호 :
수험자명 :

제한 시간 : 1시간
남은 시간 :

글자 크기 100% 150% 200% 화면 배치 전체 문제 수 : 안 푼 문제 수 :

답안 표기란

31 펌프를 운전할 때 송출압력과 송출유량이 주기적으로 변동하여 펌프의 토출구 및 흡입구에서 압력계의 지침이 흔들리는 현상을 무엇이라고 하는가?

① 맥동(Surging)현상
② 진동(Vibration)현상
③ 공동(Cavitation)현상
④ 수격(Water Hammering)현상

32 다음 중 왕복식 펌프에 해당하는 것은?

① 기어펌프
② 베인펌프
③ 터빈펌프
④ 플런저펌프

33 다음 배관부속품 중 관 끝을 막을 때 사용하는 것은?

① 소켓
② 캡
③ 니플
④ 엘보

34 다음 중 흡수 분석법의 종류가 아닌 것은?

① 헴펠법
② 활성알루미나겔법
③ 오르자트법
④ 게겔법

35 다이어프램식 압력계의 특징에 대한 설명 중 틀린 것은?

① 정확성이 높다.
② 반응속도가 빠르다.
③ 온도에 따른 영향이 적다.
④ 미소압력을 측정할 때 유리하다.

36 부하변화가 큰 곳에 사용되는 정압기의 특성을 의미하는 것은?

① 정특성
② 동특성
③ 유량특성
④ 속도특성

번호				
31	①	②	③	④
32	①	②	③	④
33	①	②	③	④
34	①	②	③	④
35	①	②	③	④
36	①	②	③	④
37	①	②	③	④
38	①	②	③	④
39	①	②	③	④
40	①	②	③	④
41	①	②	③	④
42	①	②	③	④
43	①	②	③	④
44	①	②	③	④
45	①	②	③	④
46	①	②	③	④
47	①	②	③	④
48	①	②	③	④
49	①	②	③	④
50	①	②	③	④
51	①	②	③	④
52	①	②	③	④
53	①	②	③	④
54	①	②	③	④
55	①	②	③	④
56	①	②	③	④
57	①	②	③	④
58	①	②	③	④
59	①	②	③	④
60	①	②	③	④

계산기 다음 ▶ 안 푼 문제 답안 제출

07회 실전점검! CBT 실전모의고사

수험번호 :
수험자명 :

제한 시간 : 1시간
남은 시간 :

글자 크기 100% 150% 200% | 화면 배치 | 전체 문제 수 : 안 푼 문제 수 :

답안 표기란

37 다음 중 저온장치에서 사용되는 저온단열법의 종류가 아닌 것은?

① 고진공 단열법
② 분말진공 단열법
③ 다층진공 단열법
④ 단층진공 단열법

38 루트미터에 대한 설명으로 옳은 것은?

① 설치공간이 크다.
② 일반 수용가에 적합하다.
③ 스트레이너가 필요없다.
④ 대용량의 가스 측정에 적합하다.

39 다음 중 상온취성의 원인이 되는 원소는?

① S
② P
③ Cr
④ Mn

40 2,000rpm으로 회전하는 펌프를 3,500rpm으로 변환하였을 경우 펌프의 유량과 양정은 각각 몇 배가 되는가?

① 유량 : 2.65, 양정 : 4.12
② 유량 : 3.06, 양정 : 1.75
③ 유량 : 3.06, 양정 : 5.36
④ 유량 : 1.75, 양정 : 3.06

41 40L의 질소 충전용기에 20℃, 150atm의 질소가스가 들어있다. 이 용기의 질소분자의 수는 얼마인가?(단, 아보가드로수는 6.02×10^{23}이다.)

① 4.8×10^{21}
② 1.5×10^{24}
③ 2.4×10^{24}
④ 1.5×10^{26}

번호	①	②	③	④
31	①	②	③	④
32	①	②	③	④
33	①	②	③	④
34	①	②	③	④
35	①	②	③	④
36	①	②	③	④
37	①	②	③	④
38	①	②	③	④
39	①	②	③	④
40	①	②	③	④
41	①	②	③	④
42	①	②	③	④
43	①	②	③	④
44	①	②	③	④
45	①	②	③	④
46	①	②	③	④
47	①	②	③	④
48	①	②	③	④
49	①	②	③	④
50	①	②	③	④
51	①	②	③	④
52	①	②	③	④
53	①	②	③	④
54	①	②	③	④
55	①	②	③	④
56	①	②	③	④
57	①	②	③	④
58	①	②	③	④
59	①	②	③	④
60	①	②	③	④

계산기 | 다음 ▶ | 안 푼 문제 | 답안 제출

42 **LP가스의 이송 설비 중 압축기에 의한 공급방식의 설명으로 틀린 것은?**

① 이송시간이 짧다.
② 재액화의 우려가 없다.
③ 잔가스 회수가 용이하다.
④ 베이퍼록 현상의 우려가 없다.

43 **원심식 압축기의 특징에 대한 설명으로 옳은 것은?**

① 용량 조정 범위는 비교적 좁고, 어려운 편이다.
② 압축비가 크며, 효율이 대단히 높다.
③ 연속토출로 맥동현상이 크다.
④ 서징현상이 발생하지 않는다.

44 **소용돌이를 유체 중에 일으켜 소용돌이의 발생수가 유속과 비례하는 것을 응용한 형식의 유량계는?**

① 오리피스식
② 부자식
③ 와류식
④ 전자식

45 **열전대 온도계 보호관의 구비조건에 대한 설명 중 틀린 것은?**

① 압력에 견디는 힘이 강할 것
② 외부 온도 변화를 열전대에 전하는 속도가 느릴 것
③ 보호관 재료가 열전대에 유해한 가스를 발생시키지 않을 것
④ 고온에서도 변형되지 않고 온도의 급변에도 영향을 받지 않을 것

번호				
31	①	②	③	④
32	①	②	③	④
33	①	②	③	④
34	①	②	③	④
35	①	②	③	④
36	①	②	③	④
37	①	②	③	④
38	①	②	③	④
39	①	②	③	④
40	①	②	③	④
41	①	②	③	④
42	①	②	③	④
43	①	②	③	④
44	①	②	③	④
45	①	②	③	④
46	①	②	③	④
47	①	②	③	④
48	①	②	③	④
49	①	②	③	④
50	①	②	③	④
51	①	②	③	④
52	①	②	③	④
53	①	②	③	④
54	①	②	③	④
55	①	②	③	④
56	①	②	③	④
57	①	②	③	④
58	①	②	③	④
59	①	②	③	④
60	①	②	③	④

계산기 다음 ▶ 안 푼 문제 답안 제출

07회 실전점검! CBT 실전모의고사

수험번호 :
수험자명 :

제한 시간 : 1시간
남은 시간 :

글자 크기 100% 150% 200% 화면 배치

전체 문제 수 :
안 푼 문제 수 :

답안 표기란

46 **다음 가스의 일반적인 성질에 대한 설명으로 옳은 것은?**

① 질소는 안정된 가스로 불활성 가스라고도 하며, 고온, 고압에서도 금속과 화합하지 않는다.
② 산소는 액체공기를 분류하여 제조하는 반응성이 강한 가스로 그 자신이 잘 연소한다.
③ 염소는 반응성이 강한 가스로 강재에 대하여 상온, 건조한 상태에서도 현저한 부식성을 갖는다.
④ 아세틸렌은 은(Ag), 수은(Hg) 등의 금속과 반응하여 폭발성 물질을 생성한다.

47 **다음 가스 중 열전도율이 가장 큰 것은?**

① H_2
② N_2
③ CO_2
④ SO_2

48 **다음 중 게이지압력을 옳게 표시한 것은?**

① 게이지압력＝절대압력－대기압
② 게이지압력＝대기압－절대압력
③ 게이지압력＝대기압＋절대압력
④ 게이지압력＝절대압력＋진공압력

49 **다음 중 표준상태에서 가스상 탄화수소의 점도가 가장 높은 가스는?**

① 에탄
② 메탄
③ 부탄
④ 프로판

50 **다음 중 액화석유가스의 주성분이 아닌 것은?**

① 부탄
② 헵탄
③ 프로판
④ 프로필렌

번호				
31	①	②	③	④
32	①	②	③	④
33	①	②	③	④
34	①	②	③	④
35	①	②	③	④
36	①	②	③	④
37	①	②	③	④
38	①	②	③	④
39	①	②	③	④
40	①	②	③	④
41	①	②	③	④
42	①	②	③	④
43	①	②	③	④
44	①	②	③	④
45	①	②	③	④
46	①	②	③	④
47	①	②	③	④
48	①	②	③	④
49	①	②	③	④
50	①	②	③	④
51	①	②	③	④
52	①	②	③	④
53	①	②	③	④
54	①	②	③	④
55	①	②	③	④
56	①	②	③	④
57	①	②	③	④
58	①	②	③	④
59	①	②	③	④
60	①	②	③	④

계산기 다음 ▶ 안 푼 문제 답안 제출

51 다음 중 같은 조건하에서 기체의 확산속도가 가장 느린 것은?

① O_2
② CO_2
③ C_3H_8
④ C_4H_{10}

52 다음 중 LNG(액화천연가스)의 주성분은?

① C_3H_8
② C_2H_6
③ CH_4
④ H_2

53 다음의 가스가 누출될 때 사용되는 시험지와 변색 상태를 옳게 짝지어진 것은?

① 포스겐 : 하리슨시약 – 청색
② 황화수소 : 초산납시험지 – 흑색
③ 시안화수소 : 초산벤지딘지 – 적색
④ 일산화탄소 : 요오드칼륨전분지 – 황색

54 나프타의 성상과 가스화에 미치는 영향 중 PONA 값의 각 의미에 대하여 잘못 나타낸 것은?

① P : 파라핀계탄화수소
② O : 올레핀계탄화수소
③ N : 나프텐계탄화수소
④ A : 지방족탄화수소

55 아세틸렌의 분해폭발을 방지하기 위하여 첨가하는 희석제가 아닌 것은?

① 에틸렌
② 산소
③ 메탄
④ 질소

56 다음 중 NH_3의 용도가 아닌 것은?

① 요소 제조
② 질산 제조
③ 유안 제조
④ 포스겐 제조

번호				
31	①	②	③	④
32	①	②	③	④
33	①	②	③	④
34	①	②	③	④
35	①	②	③	④
36	①	②	③	④
37	①	②	③	④
38	①	②	③	④
39	①	②	③	④
40	①	②	③	④
41	①	②	③	④
42	①	②	③	④
43	①	②	③	④
44	①	②	③	④
45	①	②	③	④
46	①	②	③	④
47	①	②	③	④
48	①	②	③	④
49	①	②	③	④
50	①	②	③	④
51	①	②	③	④
52	①	②	③	④
53	①	②	③	④
54	①	②	③	④
55	①	②	③	④
56	①	②	③	④
57	①	②	③	④
58	①	②	③	④
59	①	②	③	④
60	①	②	③	④

57 다음 중 시안화수소에 안정제를 첨가하는 주된 이유는?

① 분해 폭발하므로
② 산화 폭발을 일으킬 염려가 있으므로
③ 시안화수소는 강한 인화성 액체이므로
④ 소량의 수분으로도 중합하여 그 열로 인해 폭발할 위험이 있으므로

58 다음 중 섭씨온도(℃)의 눈금과 일치하는 화씨온도(℉)는?

① 0
② −10
③ −30
④ −40

59 표준상태(0℃, 101.3kPa)에서 메탄(CH_4)가스의 비체적(L/g)은 얼마인가?

① 0.71
② 1.40
③ 1.71
④ 2.40

60 도시가스 배관이 10m 수직 상승했을 경우 배관 내의 압력상승은 약 몇 Pa이 되겠는가?(단, 가스의 비중은 0.65이다.)

① 44
② 64
③ 86
④ 105

CBT 정답 및 해설

01	02	03	04	05	06	07	08	09	10
②	④	④	①	②	④	④	④	①	④
11	12	13	14	15	16	17	18	19	20
①	③	④	③	②	①	③	②	①	①
21	22	23	24	25	26	27	28	29	30
②	①	①	②	④	④	③	③	②	②
31	32	33	34	35	36	37	38	39	40
①	④	②	②	③	②	④	④	②	④
41	42	43	44	45	46	47	48	49	50
④	②	①	③	②	④	①	①	②	②
51	52	53	54	55	56	57	58	59	60
④	③	②	④	②	④	④	④	②	①

01 **정답 |** ②

풀이 | 가스용기의 가열물의 온도는 반드시 40℃ 이하이어야 한다.

02 **정답 |** ④

풀이 | LP가스설비 수리 시 공기에 의한 재치환 시에 산소농도는 18~22% 농도이어야 한다.

03 **정답 |** ④

풀이 | 배관 관경 33mm 이상은 무조건 3,000mm(3m)마다 고정 부착시킨다.

04 **정답 |** ①

풀이 | $G=\frac{V}{C}=\frac{300}{1.86}=161.29\text{kg}$

05 **정답 |** ②

풀이 | 도시가스 입상관의 밸브는 바닥에서 1.6 이상~2m 이내에 설치한다.

06 **정답 |** ④

풀이 | 부탄은 가연성 폭발가스이므로 반드시 통풍구조로 한다.

07 **정답 |** ④

풀이 | 식별표지

- 가스명칭 : 적색
- 글씨색상 : 흑색
- 바탕색 : 백색

08 **정답 |** ④

풀이 | 황화수소 제독제

- 가성소다 수용액
- 탄산소다 수용액

09 **정답 |** ①

풀이 | 공기액화분리장치는 액화산소를 얻기 때문에 산소혼입은 무방

10 **정답 |** ④

풀이 | 일반도시가스 공급시설 내압시험
최고사용압력의 1.5배 이상 압력

11 **정답 |** ①

풀이 | 산화에틸렌가스(C_2H_4O)는 5℃ 이하로 유지

12 **정답 |** ③

풀이 | 바닥 1m^2 당 통풍구 300cm^2 이상
$\therefore\ 300\times3=900\text{cm}^2$ 이상 면적

13 **정답 |** ④

풀이 | ㉠ 산소 : 99.5% 이상
㉡ 아세틸렌 : 98% 이상
㉢ 수소 : 98.5% 이상

14 **정답 |** ③

풀이 | 아르곤은 불활성 가스이므로 다들 물질과 반응하지 않는다.

15 **정답 |** ②

풀이 | 침윤제

- 아세톤
- 디메틸포름아미드

16 **정답 |** ①

풀이 | 부취제는 공기 중 $0.1\%\left(\frac{1}{1,000}\right)$에서 냄새 구별이 가능하도록 주입시킨다.

17 **정답 |** ③

풀이 | 탄화수소에서는 탄소의 수가 증가할수록 비등점이 높아진다.

18 **정답 |** ②

풀이 | 1일 가스의 용적이 100m^3 이상의 양을 압축, 액화시키는 사업소는 압력계가 2개 이상 비치하도록 한다.

19 **정답 |** ①

풀이 | Cl_2(염소)는 C_2H_2, NH_3, H_2 가스와는 동일 차량에 적재하지 않는다.

20 **정답 |** ①
풀이 | 산화에틸렌(C_2H_4O) 가스의 분해
- 폭발성 인자 : 화염, 전기스파크, 충격, 아세틸드에 의해 분해폭발
- 폭발방지가스 : 질소, 탄산가스, 불활성 가스

21 **정답 |** ②
풀이 | 안전밸브 설치 목적
용기 내 압력의 이상상승 시 용기 파열을 방지하기 위해

22 **정답 |** ①
풀이 | • 부식에 의해 염공이 크게 되면 역화 발생
• 먼지 등에 의해 염공이 작아지면 선화 발생

23 **정답 |** ①
풀이 | 방류둑의 내측이나 그 외면으로부터 10m 이내에는 저장탱크 부속설비 외는 설치 불가

24 **정답 |** ②
풀이 | 도시가스 지하매설용 중압 배관 색상 : 적색

25 **정답 |** ④
풀이 | 비가연성 가스의 저장탱크 내용적이 1,000m^3 이상일 경우 지진영향에 대한 안전한 구조설계가 필요하다.

26 **정답 |** ④
풀이 | 과충전방지장치
저장탱크 내용적의 90% 초과 투입량 방지장치

27 **정답 |** ③
풀이 | 운반 책임자와 운전자는 자동차에서 동시에 이탈하여서는 안 된다.

28 **정답 |** ③
풀이 | ① 메탄 : 450℃ 초과
② 에틸렌 : 300~450℃ 이하
③ 아세틸렌 : 300~450℃ 이하
④ 일산화탄소 : 450℃ 초과

29 **정답 |** ②
풀이 | 보일러 불완전연소 시 발생 가스 : CO 가스

30 **정답 |** ②
풀이 | 산소운반차량 고정탱크 내용적은 가연성 가스와 동일하게 18,000L를 초과하지 않는다.

31 **정답 |** ①
풀이 | 맥동(서징)현상
펌프 운전 시 송출압력과 송출유량이 주기적으로 변동 시 나타나는 현상

32 **정답 |** ④
풀이 | 왕복동식 펌프 : 플런저펌프, 워싱턴펌프, 웨어펌프

33 **정답 |** ②
풀이 | 캡, 플러그는 배관 끝막음 이음쇠이다.

34 **정답 |** ②
풀이 | 활성알루미나겔은 수분흡수제이다.

35 **정답 |** ③
풀이 | 다이어프램식 압력계는 온도의 영향을 받기 쉬우므로 주의한다.

36 **정답 |** ②
풀이 | 동특성
부하변화가 큰 곳에 사용되는 정압기 특성

37 **정답 |** ④
풀이 | 저온 단열법
- 고진공 단열법
- 분말진공 단열법
- 다층진공 단열법

38 **정답 |** ④
풀이 | ① 막식 가스미터
② 막식 가스미터
④ 루트미터

39 **정답 |** ②
풀이 | 상온취성의 원인 원소 : 인(P)

40 **정답 |** ④
풀이 | • 유량 $=\left(\frac{3,500}{2,000}\right)=1.75$배
• 양정 $=\left(\frac{3,500}{2,000}\right)^2=3.0625$배
• 동력 $=\left(\frac{3,500}{2,000}\right)^3=5.359$배

41 정답 | ④
풀이 | 40×150=6,000L=267.857몰(표준상태에서 1몰은 22.4L, 분자수는 6.02×10^{23}개의 분자를 포함)

42 정답 | ②
풀이 | 압축기이송방식은 온도하강 시 재액화 우려가 발생된다.

43 정답 | ①
풀이 | 원심식 압축기(터보형)는 용량조정범위가 비교적 좁고 어려운 편이다.(서징현상발생)

44 정답 | ③
풀이 | 와류식 유량계
소용돌이를 유체 중에 일으켜 유속과 함께 유량 측정

45 정답 | ②
풀이 | 열전대 보호관은 외부 온도 변화를 열전대에 신속히 전달되어야 한다.

46 정답 | ④
풀이 | $C_2H_2 + 2Hg$(수은) → $Hg_2C_2 + H_2$
$C_2H_2 + 2Ag$(은) → $Ag_2C_2 + H_2$
$C_2H_2 + 2Cu$(동) → $Cu_2C_2 + H_2$

47 정답 | ①
풀이 | 수소가스는 열전도율(kcal/mh℃)이 매우 크다.

48 정답 | ①
풀이 | • 게이지압력=절대압력-대기압력
• 절대압력=게이지압력+대기압력
• 절대압력=대기압력-진공압력

49 정답 | ②
풀이 | 메탄가스는 탄화수소 중 점도가 가장 높다.

50 정답 | ②
풀이 | 액화석유가스(LPG)
• 프로판 및 프로필렌
• 부탄 및 부틸렌

51 정답 | ④
풀이 | 기체의 확산속도비
$\frac{u_o}{u_H} = \sqrt{\frac{M_H}{M_O}}$ 분자량 제곱근에 반비례 하므로 분자량이 커지는 기체는 확산속도가 느려진다.

52 정답 | ③
풀이 | LNG 주성분 : 메탄가스(CH_4)

53 정답 | ②
풀이 | 황화수소(H_2S)
초산납시험지(연당지) → 누설 시 흑색변화(포스겐은 오렌지색, 시안화수소는 청색, 일산화탄소는 염화파라듐지 및 흑색 변화)

54 정답 | ④
풀이 | A : 방향족 탄화수소

55 정답 | ②
풀이 | 희석가스
에틸렌, 메탄, 질소, 프로판 등

56 정답 | ④
풀이 | 포스겐($COCl_2$)=$CO + Cl_2$

57 정답 | ④
풀이 | 시안화수소(HCN) 가스
2% 이상의 수분에 의해 중합되어 중합 폭발 발생

58 정답 | ④
풀이 | $\frac{5}{9} \times (°F - 32) = \frac{5}{9} \times (-40 - 32) = -40℃$

59 정답 | ②
풀이 | CH_4=분자량 16, 용적 22.4L
비체적$= \frac{22.4}{16} = 1.40$ L/g

60 정답 | ①
풀이 | $H = 1.293 \times (S-1)h$
$= 1.293 \times (1 - 0.65) \times 10$
$= 4.5255$Aq(mmH_2O)
1atm=101,325Pa=10,332.5mmH_2O
∴ 4.5255Aq ≒ 44Pa
※ Aq(아큐 : 수두압)
Pa(파스칼)

08회 실전점검!
CBT 실전모의고사

수험번호 :
수험자명 :

제한 시간 : 1시간
남은 시간 :

글자 크기 100% 150% 200% 화면 배치 전체 문제 수 : 안 푼 문제 수 :

답안 표기란

1	①	②	③	④
2	①	②	③	④
3	①	②	③	④
4	①	②	③	④
5	①	②	③	④
6	①	②	③	④
7	①	②	③	④
8	①	②	③	④
9	①	②	③	④
10	①	②	③	④
11	①	②	③	④
12	①	②	③	④
13	①	②	③	④
14	①	②	③	④
15	①	②	③	④
16	①	②	③	④
17	①	②	③	④
18	①	②	③	④
19	①	②	③	④
20	①	②	③	④
21	①	②	③	④
22	①	②	③	④
23	①	②	③	④
24	①	②	③	④
25	①	②	③	④
26	①	②	③	④
27	①	②	③	④
28	①	②	③	④
29	①	②	③	④
30	①	②	③	④

01 다음은 도시가스사용시설의 월사용예정량을 산출하는 식이다. 이 중 기호 "A"가 의미하는 것은?

$$Q=\frac{(A\times 240)+(B\times 90)}{11,000}$$

① 월사용예정량
② 산업용으로 사용하는 연소기의 명판에 기재된 가스소비량의 합계
③ 산업용이 아닌 연소기의 명판에 기재된 가스소비량의 합계
④ 가정용 연소기의 가스소비량 합계

02 LPG 충전·집단공급 저장시설의 공기에 의한 내압시험 시 상용압력의 일정·압력 이상으로 승압한 후 단계적으로 승압시킬 때 사용압력의 몇 %씩 증가시켜 내압시험압력에 달하도록 하여야 하는가?

① 5　　② 10
③ 15　　④ 20

03 지상에 액화석유가스(LPG) 저장탱크를 설치할 때 냉각살수장치는 일반적인 경우 그 외면으로부터 몇 m 이상 떨어진 것에서 조작할 수 있어야 하는가?

① 2　　② 3
③ 5　　④ 7

04 아세틸렌가스를 제조하기 위한 설비를 설치하고자 할 때 아세틸렌가스가 통하는 부분에 동합금을 사용할 경우 동함유량은 몇 % 이하의 것을 사용하여야 하는가?

① 62　　② 72
③ 75　　④ 85

계산기　다음 ▶　안 푼 문제　답안 제출

08회 실전점검! CBT 실전모의고사

수험번호 :
수험자명 :

제한 시간 : 1시간
남은 시간 :

글자 크기 100% 150% 200% 화면 배치 전체 문제 수 : 안 푼 문제 수 :

답안 표기란

05 다음 중 동이나 동합금이 함유된 장치를 사용하였을 때 폭발의 위험성이 가장 큰 가스는?

① 황화수소
② 수소
③ 산소
④ 아르곤

06 전기시설물과의 접촉 등에 의한 사고의 우려가 없는 장소에서 일반도시가스사업자 정압기의 가스방출관 방출구는 지면으로부터 몇 m 이상의 높이에 설치하여야 하는가?

① 1
② 2
③ 3
④ 5

07 LPG 사용시설에 사용하는 압력조정기에 대하여 실시하는 각종 시험압력 중 가스의 압력이 가장 높은 것은?

① 1단 감압식 저압조정기의 조정압력
② 1단 감압식 저압조정기의 출구 측 기밀시험압력
③ 1단 감압식 저압조정기의 출구 측 내압시험압력
④ 1단 감압식 저압조정기의 안전밸브작동개시압력

08 다음은 이동식 압축천연가스 자동차 충전시설을 점검한 내용이다. 이 중 기준에 부적합한 것은?

① 이동충전차량과 가스배관구를 연결하는 호스의 길이가 6m였다.
② 가스배관구 주위에는 가스배관구를 보호하기 위하여 높이 40cm, 두께 13cm인 철근콘크리트 구조물이 설치되어 있었다.
③ 이동 충전차량과 충전설비 사이 거리는 8m이었고, 이동충전차량과 충전설비 사이에 강판제 방호벽이 설치되어 있었다.
④ 충전설비 근처 및 충전설비에서 6m 떨어진 장소에 수동 긴급차단장치가 각각 설치되어 있었으며 눈에 잘 띄었다.

계산기 다음 ▶ 안 푼 문제 답안 제출

09 내용적 1,000L 이하인 암모니아를 충전하는 용기를 제조할 때 부식여유의 두께는 몇 mm 이상으로 하여야 하는가?

① 1　　② 2
③ 3　　④ 5

10 고압가스 운반기준에 대한 설명 중 틀린 것은?

① 밸브가 돌출한 충전용기는 고정식 프로텍터나 캡을 부착하여 밸브의 손상을 방지한다.
② 충전 용기를 운반할 때 넘어짐 등으로 인한 충격을 방지하기 위하여 충전용기를 단단하게 묶는다.
③ 위험인물안전관리법이 정하는 위험물과 충전용기를 동일 차량에 적재 시는 1m 정도 이격시킨 후 운반한다.
④ 염소와 아세틸렌 · 암모니아 또는 수소는 동일 차량에 적재하여 운반하지 않는다.

11 다음 용기종류별 부속품의 기호가 옳지 않은 것은?

① 저온용기의 부속품 : LT
② 압축가스 충전용기 부속품 : PG
③ 액화가스 충전용기 부속품 : LPG
④ 아세틸렌가스 충전용기 : AG

12 다음 독성 가스의 제독제로 가성소다수용액이 사용되지 않는 것은?

① 포스겐　　② 염화메탄
③ 시안화수소　　④ 아황산가스

13 가연성 가스를 취급하는 장소에는 누출된 가스의 폭발사고를 방지하기 위하여 전기설비를 방폭구조로 한다. 다음 중 방폭구조가 아닌 것은?

① 안전증방폭구조　　② 내열방폭구조
③ 압력방폭구조　　④ 내압방폭구조

번호	①	②	③	④
1	①	②	③	④
2	①	②	③	④
3	①	②	③	④
4	①	②	③	④
5	①	②	③	④
6	①	②	③	④
7	①	②	③	④
8	①	②	③	④
9	①	②	③	④
10	①	②	③	④
11	①	②	③	④
12	①	②	③	④
13	①	②	③	④
14	①	②	③	④
15	①	②	③	④
16	①	②	③	④
17	①	②	③	④
18	①	②	③	④
19	①	②	③	④
20	①	②	③	④
21	①	②	③	④
22	①	②	③	④
23	①	②	③	④
24	①	②	③	④
25	①	②	③	④
26	①	②	③	④
27	①	②	③	④
28	①	②	③	④
29	①	②	③	④
30	①	②	③	④

08 회 실전점검! CBT 실전모의고사

수험번호 :
수험자명 :

제한 시간 : 1시간
남은 시간 :

글자 크기 100% 150% 200% 화면 배치 전체 문제 수 : 안 푼 문제 수 :

답안 표기란

14 **특정고압가스 사용시설의 시설기준 및 기술기준으로 틀린 것은?**

① 저장시설의 주위에는 보기 쉽게 경계표지를 할 것
② 사용시설은 습기 등으로 인한 부식을 방지하는 조치를 할 것
③ 독성 가스의 감압설비와 그 가스의 반응설비 간의 배관에는 일류방지장치를 할 것
④ 고압가스의 저장량이 300kg 이상인 용기 보관실의 벽은 방호벽으로 할 것

15 **우리나라도 지진으로부터 안전한 지역이 아니라는 판단하에 고압가스설비를 설치할 때에는 내진설계를 하도록 의무화하고 있다. 다음 중 내진설계 대상이 아닌 것은?**

① 동체부의 높이가 3m인 증류탑
② 저장능력이 1,000m^3인 수소저장탱크
③ 저장능력이 5톤인 염소저장탱크
④ 저장능력이 10톤인 액화질소저장탱크

16 **다음 중 가연성이며 독성 가스인 것은?**

① NH_3
② H_2
③ CH_4
④ N_2

17 **일반도시가스사업의 가스공급시설 중 최고사용압력이 저압인 유수식 가스홀더에서 갖추어야 할 기준이 아닌 것은?**

① 가스 방출장치를 설치한 것일 것
② 봉수의 동결방지조치를 한 것일 것
③ 모든 관의 입 · 출구에는 반드시 신축을 흡수하는 조치를 할 것
④ 수조에 물 공급관과 물이 넘쳐 빠지는 구멍을 설치한 것일 것

계산기 다음 ▶ 안 푼 문제 답안 제출

18 고압가스 운반 시 사고가 발생하여 가스 누출부분의 수리가 불가능한 경우의 조치 사항으로 틀린 것은?

① 상황에 따라 안전한 장소로 운반할 것
② 착화된 경우 용기 파열 등의 위험이 없다고 인정될 때는 그대로 둘 것
③ 독성 가스가 누출할 경우에는 가스를 제독할 것
④ 비상연락망에 따라 관계 업소에 원조를 의뢰할 것

19 액화암모니아 50kg을 충전하기 위하여 용기의 내용적은 몇 L로 하여야 하는가? (단, 암모니아의 정수 C는 1.86이다.)

① 27　② 40
③ 70　④ 93

20 LP가스가 충전된 납붙임용기 또는 접합용기는 얼마의 온도범위에서 가스누출시험을 할 수 있는 온수시험탱크를 갖추어야 하는가?

① 20℃ 이상 32℃ 미만　② 35℃ 이상 45℃ 미만
③ 46℃ 이상 50℃ 미만　④ 52℃ 이상 60℃ 미만

21 액화석유가스 충전사업시설 중 두 저장탱크의 최대직경을 합산한 길이의 $\frac{1}{4}$이 0.5m일 경우 저장탱크 간의 거리는 몇 m 이상을 유지하여야 하는가?

① 0.5　② 1
③ 2　④ 3

22 다음 중 초저온 용기에 대한 신규 검사항목에 해당되지 않는 것은?

① 압궤시험　② 다공도 시험
③ 단열성능시험　④ 용접부에 관한 방사선 검사

번호	답안
1	① ② ③ ④
2	① ② ③ ④
3	① ② ③ ④
4	① ② ③ ④
5	① ② ③ ④
6	① ② ③ ④
7	① ② ③ ④
8	① ② ③ ④
9	① ② ③ ④
10	① ② ③ ④
11	① ② ③ ④
12	① ② ③ ④
13	① ② ③ ④
14	① ② ③ ④
15	① ② ③ ④
16	① ② ③ ④
17	① ② ③ ④
18	① ② ③ ④
19	① ② ③ ④
20	① ② ③ ④
21	① ② ③ ④
22	① ② ③ ④
23	① ② ③ ④
24	① ② ③ ④
25	① ② ③ ④
26	① ② ③ ④
27	① ② ③ ④
28	① ② ③ ④
29	① ② ③ ④
30	① ② ③ ④

23 **다음 중 고압가스 관련 설비가 아닌 것은?**

① 일반압축가스배관용 밸브
② 자동차용 압축천연가스 완속충전설비
③ 액화석유가스용 용기 잔류가스 회수장치
④ 안전밸브, 긴급차단장치, 역화방지장치

24 **고압가스 용기의 어깨부분에 "FP : 15MPa"라고 표기되어 있다. 이 의미를 옳게 설명한 것은?**

① 사용압력이 15MPa이다.
② 설계압력이 15MPa이다.
③ 내압시험압력이 15MPa이다.
④ 최고충전압력이 15MPa이다.

25 **저장탱크의 방류둑 용량은 저장능력 상당용적 이상의 용적이어야 한다. 다만, 액화산소 저장탱크의 경우에는 저장능력 상당용적의 몇 % 용량 이상으로 할 수 있는가?**

① 40　② 60
③ 80　④ 90

26 **가연성 액화가스를 충전하여 200km를 초과하여 운반할 경우 몇 kg 이상일 때 운반책임자를 동승시켜야 하는가?**

① 1,000　② 2,000
③ 3,000　④ 6,000

27 **프로판가스의 위험도(H)는 약 얼마인가?(단, 공기 중의 폭발범위는 2.1~9.5v%이다.)**

① 2.1　② 3.5
③ 9.5　④ 11.6

수험번호 :
수험자명 :

제한 시간 : 1시간
남은 시간 :

글자 크기 100% 150% 200% 화면 배치 전체 문제 수 : 안 푼 문제 수 :

28 아세틸렌가스 또는 압력이 9.8MPa 이상인 압축가스를 용기에 충전하는 경우에 압축기와 그 충전장소 사이에 다음 중 반드시 설치하여야 하는 것은?

① 가스방출장치
② 안전밸브
③ 방호벽
④ 압력계와 액면계

29 방류둑 내측 및 그 외면으로부터 몇 m 이내에는 그 저장탱크의 부속설비 외의 것을 설치하지 않아야 하는가?(단, 저장능력이 2천 톤인 가연성 가스 저장탱크시설이다.)

① 10
② 15
③ 20
④ 25

30 카바이드(CaC_2) 저장 및 취급 시의 주의사항으로 옳지 않은 것은?

① 습기가 있는 곳을 피할 것
② 보관 드럼통은 조심스럽게 취급할 것
③ 저장실은 밀폐구조로 바람의 경로가 없도록 할 것
④ 인화성, 가연성 물질과 혼합하여 적재하지 말 것

답안 표기란

번호				
1	①	②	③	④
2	①	②	③	④
3	①	②	③	④
4	①	②	③	④
5	①	②	③	④
6	①	②	③	④
7	①	②	③	④
8	①	②	③	④
9	①	②	③	④
10	①	②	③	④
11	①	②	③	④
12	①	②	③	④
13	①	②	③	④
14	①	②	③	④
15	①	②	③	④
16	①	②	③	④
17	①	②	③	④
18	①	②	③	④
19	①	②	③	④
20	①	②	③	④
21	①	②	③	④
22	①	②	③	④
23	①	②	③	④
24	①	②	③	④
25	①	②	③	④
26	①	②	③	④
27	①	②	③	④
28	①	②	③	④
29	①	②	③	④
30	①	②	③	④

계산기 다음 ▶ 안 푼 문제 답안 제출

08회 실전점검! CBT 실전모의고사

수험번호 :
수험자명 :

제한 시간 : 1시간
남은 시간 :

글자 크기 100% 150% 200% 화면 배치 전체 문제 수 : 안 푼 문제 수 :

답안 표기란

31 도시가스에는 가스 누출 시 신속한 인지를 위해 냄새가 나는 물질(부취제)을 첨가하고, 정기적으로 농도를 측정하도록 하고 있다. 다음 중 농도측정방법이 아닌 것은?

① 오더(Oder)미터법
② 주사기법
③ 냄새 주머니법
④ 햄펠(Hempel)법

32 다음 배관 부속품 중 유니언 대용으로 사용할 수 있는 것은?

① 엘보
② 플랜지
③ 리듀서
④ 부싱

33 LP가스용기로서 갖추어야 할 조건으로 틀린 것은?

① 사용 중에 견딜 수 있는 연성, 인장강도가 있을 것
② 충분한 내식성, 내마모성이 있을 것
③ 완성된 용기는 균열, 뒤틀림, 찌그러짐 기타 해로운 결함이 없을 것
④ 중량이면서 충분한 강도를 가질 것

34 회전펌프의 일반적인 특징으로 틀린 것은?

① 토출압력이 높다.
② 흡입양정이 작다.
③ 연속회전하므로 토출액의 맥동이 적다.
④ 점성이 있는 액체에 대해서도 성능이 좋다.

35 산소용기의 최고 충전압력이 15MPa일 때, 이 용기의 내압시험압력은 얼마인가?

① 15MPa
② 20MPa
③ 20MPa
④ 25MPa

번호				
31	①	②	③	④
32	①	②	③	④
33	①	②	③	④
34	①	②	③	④
35	①	②	③	④
36	①	②	③	④
37	①	②	③	④
38	①	②	③	④
39	①	②	③	④
40	①	②	③	④
41	①	②	③	④
42	①	②	③	④
43	①	②	③	④
44	①	②	③	④
45	①	②	③	④
46	①	②	③	④
47	①	②	③	④
48	①	②	③	④
49	①	②	③	④
50	①	②	③	④
51	①	②	③	④
52	①	②	③	④
53	①	②	③	④
54	①	②	③	④
55	①	②	③	④
56	①	②	③	④
57	①	②	③	④
58	①	②	③	④
59	①	②	③	④
60	①	②	③	④

계산기 다음 ▶ 안 푼 문제 답안 제출

36 다음 [보기]와 관련 있는 분석법은?

> [보기]
> • 쌍극자모멘트의 알짜변화 • 진동 짝지움
> • Nernst 백열등 • Fourier 변환분광계

① 질량분석법 ② 흡광광도법
③ 적외선 분광분석법 ④ 킬레이트 적정법

37 다음 중 벨로스식 압력측정장치와 가장 관계가 있는 것은?

① 피스톤식 ② 전기식
③ 액체 봉입식 ④ 탄성식

38 세라믹버너를 사용하는 연소기에 반드시 부착하여야 하는 것은?

① 거버너 ② 과열방지장치
③ 산소결핍안전장치 ④ 전도안전장치

39 도로에 매설된 도시가스배관의 누출 여부를 검사하는 장비로서 적외선 흡광 특성을 이용한 가스누출검지기는?

① FID ② OMD
③ CO검지기 ④ 반도체식 검지기

40 다음 중 전기방식법에 속하지 않는 것은?

① 희생양극법 ② 외부전원법
③ 배류법 ④ 피복방식법

답안 표기란
31 ① ② ③ ④
32 ① ② ③ ④
33 ① ② ③ ④
34 ① ② ③ ④
35 ① ② ③ ④
36 ① ② ③ ④
37 ① ② ③ ④
38 ① ② ③ ④
39 ① ② ③ ④
40 ① ② ③ ④
41 ① ② ③ ④
42 ① ② ③ ④
43 ① ② ③ ④
44 ① ② ③ ④
45 ① ② ③ ④
46 ① ② ③ ④
47 ① ② ③ ④
48 ① ② ③ ④
49 ① ② ③ ④
50 ① ② ③ ④
51 ① ② ③ ④
52 ① ② ③ ④
53 ① ② ③ ④
54 ① ② ③ ④
55 ① ② ③ ④
56 ① ② ③ ④
57 ① ② ③ ④
58 ① ② ③ ④
59 ① ② ③ ④
60 ① ② ③ ④
계산기 다음 ▶ 안 푼 문제 답안 제출

08회 실전점검! CBT 실전모의고사

수험번호 :
수험자명 :

제한 시간 : 1시간
남은 시간 :

글자 크기 100% 150% 200% 화면 배치

전체 문제 수 :
안 푼 문제 수 :

답안 표기란

번호				
31	①	②	③	④
32	①	②	③	④
33	①	②	③	④
34	①	②	③	④
35	①	②	③	④
36	①	②	③	④
37	①	②	③	④
38	①	②	③	④
39	①	②	③	④
40	①	②	③	④
41	①	②	③	④
42	①	②	③	④
43	①	②	③	④
44	①	②	③	④
45	①	②	③	④
46	①	②	③	④
47	①	②	③	④
48	①	②	③	④
49	①	②	③	④
50	①	②	③	④
51	①	②	③	④
52	①	②	③	④
53	①	②	③	④
54	①	②	③	④
55	①	②	③	④
56	①	②	③	④
57	①	②	③	④
58	①	②	③	④
59	①	②	③	④
60	①	②	③	④

41 압축된 가스를 단열 팽창시키면 온도가 강하하는 것은 무슨 효과라고 하는가?

① 단열효과 ② 줄-톰슨 효과
③ 정류효과 ④ 팽윤효과

42 왕복식 압축기에서 피스톤과 크랭크 샤프트를 연결하여 왕복운동을 시키는 역할을 하는 것은?

① 크랭크 ② 피스톤링
③ 커넥팅 로드 ④ 톱 클리어런스

43 액화가스의 비중이 0.8, 배관직경이 50mm이고 시간당 유량이 15톤일 때 배관 내의 평균유속은 약 몇 m/s인가?

① 1.80 ② 2.66
③ 7.56 ④ 8.52

44 다음 중 구리판, 알루미늄판 등 판재의 연성을 시험하는 방법은?

① 인장시험 ② 크리프 시험
③ 에릭션 시험 ④ 토션 시험

45 다음 중 액면계의 측정방식에 해당되지 않는 것은?

① 압력식 ② 정전용량식
③ 초음파식 ④ 환상천평식

46 국제단위계는 7가지의 SI 기본단위로 구성된다. 다음 중 기본량과 SI 기본단위가 틀리게 짝지어진 것은?

① 질량-킬로그램(kg) ② 길이-미터(m)
③ 시간-초(s) ④ 몰질량-몰(mol)

계산기 다음 ▶ 안 푼 문제 답안 제출

수험번호 :
수험자명 :

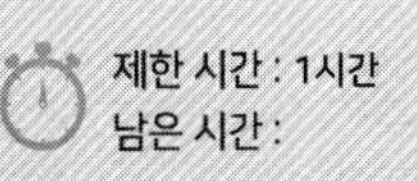

글자 크기  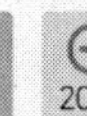 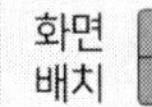  

화면 배치

전체 문제 수 :
안 푼 문제 수 :

답안 표기란

47 공기 중에서 폭발하한이 가장 낮은 탄화수소는?

① CH_4
② C_4H_{10}
③ C_3H_8
④ C_2H_6

48 표준상태에서 염소가스의 증기비중은 약 얼마인가?

① 0.5
② 1.5
③ 2.0
④ 2.4

49 다음 가스 중 표준상태에서 공기보다 가벼운 것은?

① 메탄
② 에탄
③ 프로판
④ 프로필렌

50 샤를의 법칙에서 기체의 압력이 일정할 때 모든 기체의 부피는 온도가 1℃ 상승함에 따라 0℃ 때의 부피보다 어떻게 되는가?

① 22.4배씩 증가한다.
② 22.4배씩 감소한다.
③ $\frac{1}{273}$씩 증가한다.
④ $\frac{1}{273}$씩 감소한다.

51 다음은 탄화수소(C_mH_n)의 완전연소식이다. ( ) 안에 알맞은 것은?

$$C_mH_n + \left(m + \frac{n}{4}\right)O_2 \rightarrow mCO_2 + (\quad)H_2O$$

① n
② $\frac{n}{2}$
③ m
④ $\frac{m}{2}$

번호				
31	①	②	③	④
32	①	②	③	④
33	①	②	③	④
34	①	②	③	④
35	①	②	③	④
36	①	②	③	④
37	①	②	③	④
38	①	②	③	④
39	①	②	③	④
40	①	②	③	④
41	①	②	③	④
42	①	②	③	④
43	①	②	③	④
44	①	②	③	④
45	①	②	③	④
46	①	②	③	④
47	①	②	③	④
48	①	②	③	④
49	①	②	③	④
50	①	②	③	④
51	①	②	③	④
52	①	②	③	④
53	①	②	③	④
54	①	②	③	④
55	①	②	③	④
56	①	②	③	④
57	①	②	③	④
58	①	②	③	④
59	①	②	③	④
60	①	②	③	④

다음 ▶ 안 푼 문제 답안 제출

52 다음 중 표준대기압으로 틀린 것은?

① $1.0332kg/cm^2$ ② 1,013.2bar
③ $10.332mH_2O$ ④ 76cmHg

53 다음 각 가스의 특성에 대한 설명으로 틀린 것은?

① 수소는 고온, 고압에서 탄소강과 반응하여 수소취성을 일으킨다.
② 산소는 공기액화분리장치를 통해 제조하며, 질소와 분리 시 비등점 차이를 이용한다.
③ 일산화탄소의 국내 독성 허용농도는 LC_{50} 기준으로 50ppm이다.
④ 암모니아는 붉은 리트머스를 푸르게 변화시키는 성질을 이용하여 검출할 수 있다.

54 다음 중 이상기체상수 R 값이 1.987일 때 이에 해당되는 단위는?

① J/mol · K ② atm · L/mol · K
③ cal/mol · K ④ N · m/mol · K

55 섭씨온도로 측정할 때 상승된 온도가 5℃였다. 이때 화씨온도로 측정하면 상승온도는 몇 도인가?

① 7.5 ② 8.3
③ 9.0 ④ 41

56 부탄 $1m^3$을 완전 연소시키는 데 필요한 이론공기량은 약 몇 m^3인가?(단, 공기 중의 산소농도는 21v%이다.)

① 5 ② 23.8
③ 6.5 ④ 31

답안 표기란

번호				
31	①	②	③	④
32	①	②	③	④
33	①	②	③	④
34	①	②	③	④
35	①	②	③	④
36	①	②	③	④
37	①	②	③	④
38	①	②	③	④
39	①	②	③	④
40	①	②	③	④
41	①	②	③	④
42	①	②	③	④
43	①	②	③	④
44	①	②	③	④
45	①	②	③	④
46	①	②	③	④
47	①	②	③	④
48	①	②	③	④
49	①	②	③	④
50	①	②	③	④
51	①	②	③	④
52	①	②	③	④
53	①	②	③	④
54	①	②	③	④
55	①	②	③	④
56	①	②	③	④
57	①	②	③	④
58	①	②	③	④
59	①	②	③	④
60	①	②	③	④

계산기 다음 ▶ 안 푼 문제 답안 제출

08회 실전점검! CBT 실전모의고사

수험번호 :
수험자명 :

제한 시간 : 1시간
남은 시간 :

글자 크기 100% 150% 200% | 화면 배치 | 전체 문제 수 : 안 푼 문제 수 :

답안 표기란

57 **메탄(CH_4)의 성질에 대한 설명 중 틀린 것은?**

① 무색, 무취의 기체로 잘 연소한다.
② 무극성이며 물에 대한 용해도가 크다.
③ 염소와 반응시키면 염소화합물을 만든다.
④ 니켈촉매하에 고온에서 산소 또는 수증기를 반응시키면 CO와 H_2를 발생한다.

58 **물을 전기분해하여 수소를 얻고자 할 때 주로 사용되는 전해액은 무엇인가?**

① 25% 정도의 황산수용액
② 1% 정도의 묽은 염산수용액
③ 10% 정도의 탄산칼슘수용액
④ 20% 정도의 수산화나트륨 수용액

59 **다음 중 LP가스의 제조법이 아닌 것은?**

① 석유정제공정으로부터 제조
② 일산화탄소의 전화법에 의해 제조
③ 나프타 분해 생성물로부터의 제조
④ 습성천연가스 및 원유로부터의 제조

60 **하버-보시법으로 암모니아 44g을 제조하려면 표준상태에서 수소는 약 몇 L가 필요한가?**

① 22 ② 44
③ 87 ④ 100

번호				
31	①	②	③	④
32	①	②	③	④
33	①	②	③	④
34	①	②	③	④
35	①	②	③	④
36	①	②	③	④
37	①	②	③	④
38	①	②	③	④
39	①	②	③	④
40	①	②	③	④
41	①	②	③	④
42	①	②	③	④
43	①	②	③	④
44	①	②	③	④
45	①	②	③	④
46	①	②	③	④
47	①	②	③	④
48	①	②	③	④
49	①	②	③	④
50	①	②	③	④
51	①	②	③	④
52	①	②	③	④
53	①	②	③	④
54	①	②	③	④
55	①	②	③	④
56	①	②	③	④
57	①	②	③	④
58	①	②	③	④
59	①	②	③	④
60	①	②	③	④

계산기 | 다음 ▶ | 안 푼 문제 | 답안 제출

CBT 정답 및 해설

01	02	03	04	05	06	07	08	09	10
②	②	③	①	①	④	③	①	①	③
11	12	13	14	15	16	17	18	19	20
③	②	②	③	①	①	③	②	④	③
21	22	23	24	25	26	27	28	29	30
②	②	①	④	②	③	②	③	①	③
31	32	33	34	35	36	37	38	39	40
④	②	④	②	④	③	④	①	②	④
41	42	43	44	45	46	47	48	49	50
②	③	②	③	④	④	②	④	①	③
51	52	53	54	55	56	57	58	59	60
②	②	③	③	③	④	②	④	②	③

01 정답 I ②

풀이 I • A : ②항 기준
• B : ①항 기준
• Q : ③항 기준

02 정답 I ②

풀이 I LPG 승압 시 상용압력의 10%씩 증가시킨다.

03 정답 I ③

풀이 I 살수장치의 조작 이격거리
저장탱크 외면에서 5m 이상 떨어진 곳

04 정답 I ①

풀이 I 동합금은 62 이하의 것을 사용한다.

05 정답 I ①

풀이 I $2H_2S + 4Cu + O_2 \rightarrow \underline{2Cu_2S} + 2H_2O$
황화수소가 구리와 반응하여 황화물을 생성한다.

06 정답 I ④

풀이 I 가스방출관의 방출구 높이는 지면에서 5m 이상으로 한다.

07 정답 I ③

풀이 I 내압시험압력은 조정압력이나 기밀시험 압력 또는 안전밸브의 작동개시압력보다 높다.(3kg/cm^2 압력)

08 정답 I ①

풀이 I 호스의 길이 : 5m

09 정답 I ①

풀이 I • 암모니아 : 1mm 이상
• 염소 : 3mm(내용적 1,000L 초과는 5mm)

10 정답 I ③

풀이 I 고압가스와 소방법이 정하는 위험물과는 동일 차량에 운반하지 아니할 것

11 정답 I ③

풀이 I • LT : 초저온 용기 및 저온용기
• LG : 액화석유가스(LPG) 외의 액화가스

12 정답 I ②

풀이 I 염화메탄의 제독제 : 다량의 물

13 정답 I ②

풀이 I 유입방폭구조, 본질안전방폭구조의 내용이 필요하다.

14 정답 I ③

풀이 I 독성 가스에는 일반적으로 역류방지장치가 필요하다.

15 정답 I ①

풀이 I 높이 3m 정도의 증류탑에는 내진설계가 불필요하다.

16 정답 I ①

풀이 I 암모니아(NH_3)
• 가연성 폭발범위 : 15~28%
• 독성 허용농도 : LC_{50} 기준 7,338ppm

17 정답 I ③

풀이 I 신축흡수장치는 온도와 관계된다.

18 정답 I ②

풀이 I 가스운반 시 가스 누출부분에 착화가 된 경우 신속히 소화시킬 것

19 정답 I ④

풀이 I $V = W \times C = 50 \times 1.86 = 93L$

20 정답 I ③

풀이 I 온수시험온도 : 46~50℃ 미만

21 정답 I ②

풀이 I $\frac{1}{4}$이 1m 미만인 경우 이격거리는 1m 이상이다.

22 정답 | ②
풀이 | 초저온용기 신규검사에서 다공도 시험은 면제된다.

23 정답 | ①
풀이 | 고압가스 관련 설비
- 안전밸브, 긴급차단장치, 역화방지장치
- 기화장치
- 압력용기
- 자동차용 가스 자동 주입기
- 독성 가스 배관용 밸브

24 정답 | ④
풀이 | FP : 최고충전압력 표시

25 정답 | ②
풀이 | 액화산소 저장 탱크 방류둑 저장 능력은 상당용적의 60% 이상

26 정답 | ③
풀이 | 액화가스 용량이 가연성의 경우 3,000kg 이상이면 운반책임자를 동승시켜야 한다.

27 정답 | ②
풀이 | $H=\frac{L-u}{u}=\frac{9.5-2.1}{2.1}=3.52$

28 정답 | ③
풀이 | 아세틸렌가스 또는 압력이 9.8MPa(100kg/cm^2) 이상인 압축가스를 용기에 충전하는 경우 반드시 방호벽이 필요하다.

29 정답 | ①
풀이 | 방류둑 내측이나 그 외면 10m 이내에는 부속설비 외의 것은 설치하지 않는다.

30 정답 | ③
풀이 | 카바이드 저장 시 아세틸렌의 발생 우려 때문에 저장실은 개방식 구조로 한다.

31 정답 | ④
풀이 | 도시가스 농도측정법
- 오더미터법
- 주사기법
- 냄새주머니법

32 정답 | ②
풀이 | 플랜지 : 유니언 이음 대용

33 정답 | ④
풀이 | 가스용기는 중량이면 운반이 용이하지 못하다.

34 정답 | ②
풀이 | 회전식 펌프는 흡입양정이 크다.

35 정답 | ④
풀이 | 내압시험압력 = 최고충전압력 $\times \frac{5}{3}$배

$$=15\times\frac{5}{3}=25\text{MPa}$$

36 정답 | ③
풀이 | 적외선 분광분석법
쌍극자 모멘트의 알짜변화를 일으킬 진동에 의해서 적외선을 이용한 분석법(2원자 분자가스는 분석 불가)

37 정답 | ④
풀이 | 벨로스식, 다이어프램식, 부르동관식은 탄성식 압력계

38 정답 | ①
풀이 | 버너입구에는 정압기(거버너)가 반드시 부착되어야 한다.

39 정답 | ②
풀이 | OMD : 도로에 매설된 배관의 적외선 흡광특성을 이용한 가스누출 검지기

40 정답 | ④
풀이 | 선택배류법, 강제배류법이 필요하다.

41 정답 | ②
풀이 | 줄－톰슨 효과
압축가스를 단열 팽창시키면 온도가 강하한다.

42 정답 | ③
풀이 | 커넥팅 로드
압축기 피스톤과 크랭크 샤프트를 연결시킨다.

43 **정답 |** ②

풀이 | 단면적 $= \frac{3.14}{4} \times (0.05)^2 = 0.0019625\text{m}^3$

$\therefore V = \frac{Q}{A} = \frac{15}{0.0019625 \times 3,600 \times 0.8}\text{m/s} \fallingdotseq 2.66$

※ 1시간=3,600초

44 **정답 |** ③

풀이 | 에릭션 시험 : 구리판, 알루미늄판의 연성시험

45 **정답 |** ④

풀이 | 환상천평식 : 압력계

46 **정답 |** ④

풀이 | • 물질량 : 기본단위는 몰(mol)
• 몰질량 : 분자량 값의 질량

47 **정답 |** ②

풀이 | ① 메탄(CH_4) : 5~15%
② 부탄(C_4H_{10}) : 1.8~8.4%
③ 프로판(C_3H_8) : 2.1~9.5%
④ 에탄(C_2H_6) : 3~12.5%

48 **정답 |** ④

풀이 | Cl_2 분자량 ≒ 71, 공기분자량 29

$\therefore$ 비중 $= \frac{71}{29} = 2.44$

49 **정답 |** ①

풀이 | 공기 분자량 29보다 가벼운 가스와 무거운 가스
• 메탄 분자량 : 16
• 에탄 분자량 : 30
• 프로판 분자량 : 44
• 프로필렌 분자량 : 42

50 **정답 |** ③

풀이 | 샤를의 법칙에 의해 가스는 1℃ 상승함에 따라 0℃ 때의 부피보다 $\frac{1}{273}$만큼 부피가 증가

51 **정답 |** ②

풀이 | $C_mH_n + \left(m + \frac{n}{4}\right)O_2 \rightarrow mCO_2 + \frac{n}{2}H_2O$
중탄화수소

52 **정답 |** ②

풀이 | 표준대기압(1atm)=1.01325bar

53 **정답 |** ③

풀이 | LC_{50} 기준 독성 허용농도
• 염소 : 293ppm
• 아황산가스 : 2,520ppm
• 일산화탄소 : 3,760ppm
• 암모니아 : 7,338ppm
• 염화메탄 : 8,300ppm
• 실란 : 19,000ppm
• 삼불화질소 : 6,700ppm

54 **정답 |** ③

풀이 | 이상기체상수(R)
$R = 1.987\text{cal/mol} \cdot \text{K} = 8.314\text{J/mol} \cdot \text{K}$

55 **정답 |** ③

풀이 | $\frac{180(°\text{F})}{100(℃)} \times 5 = 9.0°\text{F}$

56 **정답 |** ④

풀이 | $C_4H_{10} + 6.5O_2 \rightarrow 4CO_2 + 5H_2O$
이론공기량$(A_o) = 6.5 \times \frac{100}{21} = 30.95\text{m}^3/\text{m}^3$

57 **정답 |** ②

풀이 | 메탄은 무극성이며 수분자와는 결합 성질이 없으므로 용해도가 적다.

58 **정답 |** ④

풀이 | $2H_2O \rightarrow \underline{2H_2} + \underline{O_2}$ + (NaOH 수용액)
−극 +극

59 **정답 |** ②

풀이 | LPG(Liquefied Petroleum Gas)
액화 석유 가스
일산화탄소(CO)와는 관련성이 없다.

60 **정답 |** ③

풀이 | NH_3(분자량 17)
하버−보시법
$\underline{3H_2} + \underline{N_2} \rightarrow \underline{2NH_3} + 24\text{kcal}$
6g 28g 34g

$\therefore 34 : 6 = 44 : x,\ x = 6 \times \frac{44}{34} = 7.764\text{g}$

$7.764 \times \frac{22.4}{2} = 87\text{L}$(수소가스)

※ 수소분자량=2, 2g=22.4L

MEMO

저자약력

권오수

- (사)한국가스기술인협회 회장
- (자)한국에너지관리자격증연합회 회장
- 한국기계설비관리협회 명예회장
- (재)한국보일러사랑재단 이사장
- 가스기술기준위원회 분과위원
- 한국가스신문사 기술자문위원

임창기

- 인천도시가스 재직 중
- 한국가스신문사 명예기자
- 직업능력개발훈련교사(가스, 에너지, 배관)
- 우수숙련기술자 선정(가스분야, 고용노동부)
- NCS확인강사(산업안전분야)
- 한국가스기술인협회 임원

가스기능사 필기 10일 완성

발행일 | 2007년 2월 15일 초판 발행
2014년 1월 15일 10차 개정
2015년 1월 20일 11차 개정
2015년 4월 30일 12차 개정
2016년 1월 30일 13차 개정
2017년 2월 10일 14차 개정
2018년 1월 20일 15차 개정
2020년 2월 20일 16차 개정
2021년 1월 20일 17차 개정
2022년 3월 30일 18차 개정
2023년 2월 20일 19차 개정
2023년 8월 10일 20차 개정
2024년 1월 10일 21차 개정
2025년 1월 10일 22차 개정

저　자 | 권오수 · 임창기
발행인 | 정용수
발행처 | 예문사

주　소 | 경기도 파주시 직지길 460(출판도시) 도서출판 예문사
TEL | 031) 955 – 0550
FAX | 031) 955 – 0660
등록번호 | 11 – 76호

정가 : 23,000원

ISBN 978-89-274-5686-5 13570